21世纪高等学校规划教材 | 计算机应用

多媒体技术基础及应用（第2版）

季伟东 崔艳玲 于晓红 陶永红 张军 编著

清华大学出版社
北京

内容简介

本教材对多媒体技术及多媒体计算机系统做了翔实阐述，对多媒体技术中的音频媒体技术、视频媒体技术、数据压缩技术、多媒体时间表示与同步、多媒体数据库与基于内容检索技术、流媒体技术和多媒体计算机网络技术、多媒体计算机通信等技术基础知识和基本原理进行了深入的讲解，并对多媒体常用硬件设备进行了全面而又系统的介绍，同时以 Adobe Photoshop CS4 和 Macromedia Flash CS3 软件为开发创作编辑平台，以实训项目方式深入系统地讲授了两种软件的特点、项目创建与配置、素材采集与管理、创建与编辑系列、高级编辑技巧、动画的制作、抠像与合成、图像及动画的输出等内容。

本书既可以作为普通高等学校计算机、数字媒体技术、电化教育和信息管理与信息系统及其相关专业本科生的教材，也可以作为从事多媒体技术研究的工程技术人员和管理人员的参考书或培训教材。

图书在版编目(CIP)数据

多媒体技术基础及应用/季伟东等编著. —2 版. —北京：清华大学出版社，2015(2020.8重印)
(21 世纪高等学校规划教材・计算机应用)
ISBN 978-7-302-39681-9

Ⅰ. ①多…　Ⅱ. ①季…　Ⅲ. ①多媒体技术－高等学校－教材　Ⅳ. ①TP37

中国版本图书馆 CIP 数据核字(2015)第 058753 号

责任编辑：闫红梅　薛　阳
封面设计：傅瑞学
责任校对：胡伟民
责任印制：刘祎淼

出版发行：清华大学出版社
网　　址：http://www.tup.com.cn，http://www.wqbook.com
地　　址：北京清华大学学研大厦 A 座　　**邮　　编**：100084
社 总 机：010-62770175　　**邮　　购**：010-62786544
投稿与读者服务：010-62776969，c-service@tup.tsinghua.edu.cn
质量反馈：010-62772015，zhiliang@tup.tsinghua.edu.cn
课件下载：http://www.tup.com.cn,010-83470236
印 装 者：北京建宏印刷有限公司
经　　销：全国新华书店
开　　本：185mm×260mm　　**印　　张**：27.5　　**字　　数**：690 千字
版　　次：2012 年 6 月第 1 版　2015 年 10 月第 2 版　　**印　　次**：2020 年 8 月第 5 次印刷
印　　数：3001～3400
定　　价：59.00 元

产品编号：062802-02

出版说明

随着我国改革开放的进一步深化，高等教育也得到了快速发展，各地高校紧密结合地方经济建设发展需要，科学运用市场调节机制，加大了使用信息科学等现代科学技术提升、改造传统学科专业的投入力度，通过教育改革合理调整和配置了教育资源，优化了传统学科专业，积极为地方经济建设输送人才，为我国经济社会的快速、健康和可持续发展以及高等教育自身的改革发展做出了巨大贡献。但是，高等教育质量还需要进一步提高以适应经济社会发展的需要，不少高校的专业设置和结构不尽合理，教师队伍整体素质亟待提高，人才培养模式、教学内容和方法需要进一步转变，学生的实践能力和创新精神亟待加强。

教育部一直十分重视高等教育质量工作。2007 年 1 月，教育部下发了《关于实施高等学校本科教学质量与教学改革工程的意见》，计划实施“高等学校本科教学质量与教学改革工程（简称‘质量工程’）”，通过专业结构调整、课程教材建设、实践教学改革、教学团队建设等多项内容，进一步深化高等学校教学改革，提高人才培养的能力和水平，更好地满足经济社会发展对高素质人才的需要。在贯彻和落实教育部“质量工程”的过程中，各地高校发挥师资力量强、办学经验丰富、教学资源充裕等优势，对其特色专业及特色课程（群）加以规划、整理和总结，更新教学内容、改革课程体系，建设了一大批内容新、体系新、方法新、手段新的特色课程。在此基础上，经教育部相关教学指导委员会专家的指导和建议，清华大学出版社在多个领域精选各高校的特色课程，分别规划出版系列教材，以配合“质量工程”的实施，满足各高校教学质量和教学改革的需要。

为了深入贯彻落实教育部《关于加强高等学校本科教学工作，提高教学质量的若干意见》精神，紧密配合教育部已经启动的“高等学校教学质量与教学改革工程精品课程建设工作”，在有关专家、教授的倡议和有关部门的大力支持下，我们组织并成立了“清华大学出版社教材编审委员会”（以下简称“编委会”），旨在配合教育部制定精品课程教材的出版规划，讨论并实施精品课程教材的编写与出版工作。“编委会”成员皆来自全国各类高等学校教学与科研第一线的骨干教师，其中许多教师为各校相关院、系主管教学的院长或系主任。

按照教育部的要求，“编委会”一致认为，精品课程的建设工作从开始就要坚持高标准、严要求，处于一个比较高的起点上；精品课程教材应该能够反映各高校教学改革与课程建设的需要，要有特色风格、有创新性（新体系、新内容、新手段、新思路，教材的内容体系有较高的科学创新、技术创新和理念创新的含量）、先进性（对原有的学科体系有实质性的改革和发展，顺应并符合 21 世纪教学发展的规律，代表并引领课程发展的趋势和方向）、示范性（教材所体现的课程体系具有较广泛的辐射性和示范性）和一定的前瞻性。教材由个人申报或各校推荐（通过所在高校的“编委会”成员推荐），经“编委会”认真评审，最后由清华大学出版社审定出版。

目前,针对计算机类和电子信息类相关专业成立了两个"编委会",即"清华大学出版社计算机教材编审委员会"和"清华大学出版社电子信息教材编审委员会"。推出的特色精品教材包括:

(1) 21世纪高等学校规划教材·计算机应用——高等学校各类专业,特别是非计算机专业的计算机应用类教材。

(2) 21世纪高等学校规划教材·计算机科学与技术——高等学校计算机相关专业的教材。

(3) 21世纪高等学校规划教材·电子信息——高等学校电子信息相关专业的教材。

(4) 21世纪高等学校规划教材·软件工程——高等学校软件工程相关专业的教材。

(5) 21世纪高等学校规划教材·信息管理与信息系统。

(6) 21世纪高等学校规划教材·财经管理与应用。

(7) 21世纪高等学校规划教材·电子商务。

(8) 21世纪高等学校规划教材·物联网。

清华大学出版社经过三十多年的努力,在教材尤其是计算机和电子信息类专业教材出版方面树立了权威品牌,为我国的高等教育事业做出了重要贡献。清华版教材形成了技术准确、内容严谨的独特风格,这种风格将延续并反映在特色精品教材的建设中。

清华大学出版社教材编审委员会

联系人:魏江江

E-mail:weijj@tup.tsinghua.edu.cn

前言

多媒体技术是20世纪90年代计算机时代的特征，是人类处理信息手段的又一个飞跃。多媒体技术是一种迅速发展的综合性电子信息技术，它给传统的计算机系统、音频和视频设备带来了方向性的变革，对大众传媒产生了深远的影响。视听娱乐的普及、万维网的兴盛、4G移动通信的流行和电子游戏的火爆，极大地促进了多媒体技术的应用和发展。随着国际间多媒体技术的迅速发展及相应产业的建立与完善，我国的多媒体技术和产业也迅速崛起，了解、认识和掌握多媒体的基本技术和应用原理，将使人们充分地认识到多媒体在计算机技术变革中的重要地位，自由地享受这一技术革命给人们的生活所带来的温馨、快捷和愉快。

本书在汲取最新多媒体技术成果的基础上，全面系统地介绍了多媒体技术的原理及应用。本教材详细介绍多媒体技术的基本概念及其特点、用途，全面阐述了多媒体技术相关的理论基础知识，深入系统地讲解了音频、视频、数据压缩、电视、网络、多媒体数据库、流媒体等技术理论原理。本书在体现知识体系的同时，也注重体现实践性和应用性，以实训项目方式详细介绍了两款当前应用非常广泛的媒体创作软件 Photoshop CS4、Flash CS3，每一章节都有习题练习来加强学习效果。本教材内容体系完整，讲解理论深入丰富，图文并茂，操作步骤明确。既突出理论知识的学习，又注重实践能力的培养，理论与实践相结合是本教材的最大特色。

本书分为11章，其中第1章、第2章由于晓红撰写，第3章、第4章、第6章（部分）、第8章（部分）由季伟东撰写，第5章、第6章（部分）、第7章、第10章由张军撰写，第6章（部分）、第9章、第10章由崔艳玲撰写，第8章（部分）、第11章由陶永红撰写。

多媒体技术是一门综合性很强的技术，学科面宽，发展快，作者在编书过程中得到过很多前辈、学者的帮助，特别是参考文献所列书籍作者，在这里表示衷心感谢，同时限于作者的能力和水平，本书有限的篇幅不可能完全覆盖多媒体技术的方方面面，已写进的内容难免出现各种错误，敬请读者批评指正。

编　者

2014年10月

目 录

第1章 绪论

从20世纪80年代中后期开始，多媒体技术迅速成为人们关注的热点之一。多媒体技术是一种迅速发展的综合性电子信息技术，它给传统的计算机系统、音频和视频设备带来了方向性的变革，对大众传媒产生了深远的影响。视听娱乐的普及、万维网的兴盛、移动通信的流行和电子游戏的火爆，极大地促进了多媒体技术的应用和发展。

本章先引入多媒体技术的有关基本概念，然后介绍多媒体技术的产生和发展、多媒体技术的应用及多媒体技术的研究内容。

1.1 多媒体的基本概念

1.1.1 多媒体和多媒体技术的含义

媒体又称媒质或媒介，它是信息表示、信息传递和信息存储的载体。传统的媒体，如报纸、杂志、广播、电影和电视等，都是以各自的媒体形式进行传播的。在计算机领域中，媒体有两种含义：表示信息的载体和存储信息的实体。如文本、音频、图形、图像、动画和视频等是用来表示信息的载体，而纸张、磁带、磁盘、光盘等都是存储信息的实体。

按照国际电报电话咨询委员会(International Telegraph and Telephone Consultative Committee，CCITT)的分类，媒体被分为感觉媒体(Perception Medium)、表示媒体(Representation Medium)、显示媒体(Presentation Medium)、存储媒体(Storage Medium)、传输媒体(Transmission Medium)。

(1) 感觉媒体。帮助人们感知他们周围的世界，如声音、语音、图像、视频、甜、酸、苦、辣、冷、热等。核心的问题是：人们如何感知到计算机环境中的信息。答案是，尽管人类在计算机环境中对触觉的感知在不断地加强，但对于信息的感知多半还是通过看和听这些信息。

(2) 表示媒体。是计算机对信息的表示方法的描述。其核心问题是：计算机是如何对信息编码的。答案是在计算机中用不同的格式来表示媒体信息。

(3) 显示媒体。是指能够输入和输出信息的那些工具和设备。核心的问题是：信息通过什么方式进入计算机或从计算机中出来。纸、屏幕和音箱是计算机传出信息的媒体(输出媒体)。而键盘、鼠标、照相机和话筒是输入媒体。

(4) 存储媒体。是指能够存放信息的数据载体。然而，数据的存储并不局限于计算机的可用部件上,因此纸也是存储媒体。核心的问题是:信息究竟存储在什么地方。缩影胶片、软磁盘、硬盘、CD-ROM 以及 RADI 盘、磁带、活动硬盘、电子优盘等都是存储媒体。

(5) 传输媒体。是指那些能够连续数据传输的不同的信息载体。核心的问题是:信息通过什么来传输。答案是信息通过网络传输,而网络是通过线路、电缆(如同轴电缆和光纤)以及自由空间(无线通信)传输的。

2001 年,国际电信联盟(International Telecommunications Union,ITU)对多媒体含义的描述为:使用计算机交互式综合技术和数字通信网络技术处理多种表示媒体——文本、图形、图像和声音,使多种信息建立逻辑连接,集成一个交互式系统。

综上所述,再结合当今多媒体技术网络化、智能化以及与艺术紧密结合的发展趋势,可以尝试把多媒体技术定义为:多媒体技术是以数字技术为基础,把通信技术、广播技术和计算机技术融于一体,对文字、图形、图像、声音、视频等多种媒体信息进行存储、传输、处理和控制,在不同媒体间建立逻辑连接,集成为一个具有交互性的系统,以提供丰富生动的艺术表现来改善人们使用媒体体验的一门综合性的信息技术。

1.1.2 多媒体技术的特性

多媒体技术是计算机综合处理声、文、图、像信息的技术,综合性表现为以下几个特性,即多样性、交互性、集成性和实时性,这是区别于传统计算机系统的特征。

1. 多样性

多样性指两个方面,一方面是指信息媒体的多样性(或多维性),人类对于信息的接收和产生主要在 5 个感觉空间内,即视觉、听觉、触觉、嗅觉和味觉,其中前三者占了 95%以上的信息量,借助于这些多感觉形式的信息交流,使人类对于信息的处理可以说是达到了得心应手的地步。另一方面是指多媒体计算机在处理输入的信息时,不仅仅是简单获取和再现信息,如果声像信号的输入(常称获取)与输出(常称再现)完全一样,那只能称为记录和重放,从效果上来说并不是很好。如果能根据人的构思、创意而对信息进行变换、组合和加工来处理,就可以不再局限于顺序、单调和狭小的范围,而可以极大丰富和增强信息的表现力,具有更充分、更自由的发展空间,达到更生动、活泼和自然的效果。这些创作与综合不仅仅局限在对信息数据处理方面,同时也包括对设备、系统和网络等多种要素的重组和综合,目的都是为能够更好地组织信息、处理信息和表现信息,从而使用户更全面、准确地接收信息。多媒体技术为人性化处理信息的多样性提供了强有力的手段,多媒体计算机已成为处理信息多样性的重要设备。

2. 交互性

交互性是指用户与计算机之间的双向沟通,没有交互性的系统就不是多媒体系统。多媒体技术可以为用户提供更加有效地控制和处理信息的手段。多媒体系统利用图形多窗口、菜单、图标和按钮等美观、形象的图像界面作为人机交互界面。人们可以使用键盘、鼠标、触摸屏、话筒和数据手套等设备与计算机进行交互。多媒体技术的交互性可以增强对信息的注意和理解,延长信息存储的时间,人们可以改变信息的组织过程,从而获得更多的信息，形成一种全新的信息传播方式。

3. 集成性

多媒体系统的集成性主要表现在两方面：一是指存储信息的实体集成，即多种设备（包括视频、音频等输入/输出设备）的集成；二是指承载信息的载体集成，即把文本、图形、图像、动画、声音和视频等多种媒体的集成。多媒体系统将不同性质的设备和信息媒体集成为一个整体，并以计算机为中心安全地处理多种信息，从而克服了早期使用单一媒体获取信息的不足。

4. 实时性

指当多种媒体集成时，其中的声音和运动图像是与时间密切相关的，甚至是实时的。因此，多媒体技术必然要支持实时处理，如视频会议系统和可视电话等。

非循序性是多媒体的另一个特性。一般而言，使用者对非循序性的信息存取需求，要比对循序性存取大得多。以前的查询系统都按线性方式检索信息，不符合人类的联想记忆方式。多媒体系统克服了这个缺点，它用非线性的结构构成表达特定内容的信息网络，使得人们可以有选择地查询自己感兴趣的多媒体信息。

非纸张输出形式是多媒体系统应用有别于传统的出版模式的一个特点。传统的出版模式是以纸张为输出载体，通过记录在纸张上的文字及图形来传递和保存知识，但这种方式无法将有关的影像及声音记录下来。多媒体系统的出版模式中强调的是无纸输出形式，以光盘为主要的输出载体。这不但使存储容量大增，而且提高了它保存的方便性。

根据多媒体技术的特性，我们就可以判断什么是"多媒体"，因为电视不具备像计算机一样的交互性，不能对内容进行控制和处理，它就不是"多媒体"；同理，各种家电的组合、画报也不是。仅有个别种类媒体的计算机系统也不是。而那些采用计算机集成处理多种媒体（一般包括声音、图像、视频与文字等）的系统，如多媒体咨询台、交互式电视、交互式视频游戏、计算机支持的多媒体会议系统、多媒体课件及展示系统等，都属于多媒体的范畴。

1.1.3 常见媒体的种类

多媒体媒体元素是指多媒体应用中可显示给用户的媒体形式。在多媒体技术中研究的媒体主要指的是表示媒体。主要的表示媒体有以下三种：视觉类媒体、听觉类媒体和触觉类媒体。

1. 视觉类媒体

1）文本

文本（Text）是计算机文字处理程序的基础，也是多媒体应用程序的基础。通过对文本显示方式的组织，多媒体应用系统可以使显示的信息更易于理解。

文本数据可以在文本编辑软件里制作，如 Word、WPS 等所编辑的文本文件大都可被输入到多媒体应用设计之中。也可以直接在制作图形的软件或多媒体编辑软件中一起制作。

文本文件中，如果只有文本信息，没有其他任何有关格式的信息，则称为非格式化文本文件或纯文本文件；而带有各种文本排版信息等格式信息的文本文件，称为格式化文本文件。该文件中带有段落格式、字体格式、文章的编号、分栏、边框等格式信息。文本的多样化是由文字的变化，即字的格式(Style)、字的定位(Align)、字体(Font)、字的大小(Size)以及由这四种变化的各种组合形成的。

2）图形

图形(Graphic)一般指用计算机绘制的画面，如直线、圆、圆弧、矩形、任意曲线和图表等。图形的格式是一组描述点、线、面等几何图形的大小、形状及其位置、维数的指令集合，例如，line($x1$，$y1$，$x2$，$y2$，color)、circle(x，y，r，color)等，就分别是画线、画圆的指令。在图形文件中只记录生成图的算法和图上的某些特征点，因此也称矢量图。通过读取这些指令并将其转换为屏幕上所显示的形状和颜色而生成图形的软件通常称为绘图程序。在计算机还原输出时，相邻的特征点之间用特定的诸多段小直线连接就形成曲线，若曲线是一条封闭的图形，也可靠着色算法来填充颜色。图形的最大优点在于可以分别控制处理图中的各个部分，如在屏幕上移动、旋转、放大、缩小、扭曲而不失真，不同的物体还可在屏幕上重叠并保持各自的特性，必要时仍可分开。因此，图形主要用于表示线框型的图画、工程制图、美术字等。绝大多数 CAD 和 3D 造型软件使用矢量图形来作为基本图形存储格式。

对图形来说，数据的记录格式是很关键的内容，记录格式的好坏，直接影响到图形数据的操作方便与否。在计算机中图形的存储格式大都不固定，它要视各个软件的特点由开发者自定。计算机上常用的矢量图形文件有“. 3DS”(用于 3D 造型)、“. DXF”(用于 CAD)、“. WMF”(用于桌面出版)等。图形处术的关键是图形的制作和再现，图形只保存算法和特征点，所以相对于图像的大数据量来说，它占用的存储空间也就较小，但在屏幕每次显示时，它都需要经过重新计算。另外在打印输出和放大时，图形的质量较高。

3）图像

图像(Image)是指由输入设备捕捉的实际场景画面，或以数字化形式存储的任意画面。静止的图像是一个矩阵，由一些排成行列的点组成，这些点称之为像素点(Pixel)，这种图像称为位图(Bitmap)。位图中的位用来定义图中每个像素点的颜色和亮度。对于黑白线条图常用 1 位值表示，对灰度图常用 4 位(16 种灰度等级)或 8 位(256 种灰度等级)表示该点的亮度，而彩色图像则有多种描述方法。位图图像适合于表现层次和色彩比较丰富、包含大量细节的图像。彩色图像需由硬件(显示卡)合成显示。

图像文件在计算机中的存储格式有多种，如 BMP、PCX、TIF、TGA、GIF、JPG 等，一般数据量都较大。它除了可以表达真实的照片，也可以表现复杂绘画的某些细节，并具有灵活和富于创造力等特点。

4）视频

视频(Video)又称动态图像，是由一幅幅单独的画面序列(帧，Frame)组成，这些画面以一定的速率(fps)连续地投射在屏幕上，使观察者具有图像连续运动的感觉。视频文件的存储格式有 AVI、MPG、MOV 等。

5）动画

动画(Animation)也是动态图像的一种，是活动的画面，实质是一幅幅静态图像的连续播放。动画的连续播放既指时间上的连续，也指图像内容上的连续。

计算机设计动画有两种：一种是帧动画；另一种是造型动画。

2. 听觉类媒体

1) 波形声音

波形声音(Wave)是自然界的所有声音的拷贝,是声音数字化的基础。

2) 语音

语音(Voice)也表现为波形声音,有内在的含义。

3) 音乐

音乐(Music)就是符号化了的声音,这种符号就是乐曲,但音乐不能对所有的声音都进行符号化。

3. 触觉类媒体

1) 指点

指点包括间接指点和直接指点。通过指点可以确定对象的位置、大小、方向和方位,执行特定的过程和相应操作。

2) 位置跟踪

为了与系统交互,系统必须了解参与者的身体动作,包括头、眼的位置与运动方向。系统将这些位置与运动的数据转变为特定的模式,对相应的动作进行表示。

3) 力反馈与运动反馈

这与位置跟踪正好相反,是由系统向参与者反馈的运动及力的信息,如触觉刺激(例如物体的表面纹理、吹风等)、反作用力(例如推门的门重感觉)、运动感觉(例如摇晃、振动等)及温度、湿度等环境信息。这些媒体信息的表现必须借助一定的电子、机械的伺服机构才能实现。

1.1.4 媒体的性质和特点

1. 各种媒体具有不同特点和性质

没有一种媒体在所有场合都是最优的。每种媒体都有其各自擅长的特定范围,在使用时必须根据具体的信息内容、上下文和使用目的选择相应的媒体。人在问题求解过程中的不同阶段对信息媒体有不同的需要。相对来说,能够提供具体信息的媒体适用于最初的探索阶段,能够描述抽象概念的文本媒体适用于最后的分析阶段,而直观信息介于两者之间,比较适合于综合。一般说来,文本擅长表现概念和刻画细节,图形信息擅长表达思想的轮廓以及蕴含于大量数值数据内的趋向性信息,视频媒体则适合表现真实的场景。声音与视觉信息可以共同出现,往往适用于做说明和示意,进行效果的渲染和烘托。同样,运动媒体则反映用户直接的交互意图和系统所做出的反应。

从信息表达考虑,媒体数据具有以下四个性质。

(1) 媒体是有格式的。也就是说,只有对这种格式进行解释,才能使用这种媒体。

(2) 不同媒体表达信息的特点和程度各不相同:越接近原始媒体形式,信息量越大;越是抽象,信息量越小但越精确。

(3) 媒体之间可以相互转换,但可能丢失部分原始信息,或增加一些伪信息及冗余。

(4) 媒体之间的关系也具有丰富的信息。

2. 媒体具有空间性质

多媒体信息的空间意义有两种解释。

第一种空间意义是指表现空间,尤其是指显示空间的安排,目前在大多数研究中指的都是这一类。其中包括每种可视媒体在显示器上的显示位置、显示形式、先后关系等。对于声音媒体则安排它在听觉空间中表现,并且确定与哪些可视媒体同步。对触觉媒体目前则很少考虑。显示空间的这种安排主要考虑的是离散的表现,对于早期零散的信息类型比较合适,它更接近于幻灯形式,但不适合于更复杂的表现和信息存取。

第二种空间意义是把环境中各种表达信息的媒体按相互的空间关系进行组织,全面整体地反映信息的空间结构,而不仅仅是零散的信息片断。这种空间实际上是由系统通过显示器和其他设备给出一个观察世界的窗口,且将环境的媒体信息进行空间的组织,反映出媒体信息的空间结构。例如,对于一幅博物馆中雕塑的照片,可能使人联想起这座雕塑的侧面、后面、上面、下面等,也就要有相应的图像衔接这一幅照片的周围。随着用户的移动,可以观察到所有的信息。这种根据媒体内容的空间关系,实际上是将信息在空间上进行有序的组织,就是空间"上下文"关系。这种空间关系在虚拟现实系统的虚拟空间中将会体现得更加明显。

视觉空间、听觉空间和触觉空间三者既相互独立又需要相互结合。视觉空间的内容通过各种显示器、摄像机采集和表现,听觉空间通过麦克风、扬声器等进行获取和再现,触觉空间的跟踪与反馈则要有相应的采集和伺服机构。三个空间相互结合,就可构成多媒体下的虚拟空间信息环境。

3. 媒体的时间性质

媒体的时间也有两种含义。

一是表现所需的时间,这是所有媒体都需要的。对于图像、文字等静态媒体来说,它至少需要一定的表现时间,接收者也需要一定的接收时间去接收理解它。对声音来说没有时间也就没有声音。声音总是完全依赖于时间的变化,不同的时间坐标还会使得声音产生信息的异义。视频信息虽然也要依赖于时间的变化,但它的每帧都可单独存在(也就是图像),并且可以表现。触觉媒体的时间也是一样,与时间密切相关,任何的动作与反馈都要反映时间的相对关系。

二是时间关系。与媒体的空间一样,媒体的时间也可包含媒体在时间坐标轴上的相互关系。例如,同一地点的照片,由于时间的不同,表现出来的空间效果也不同。这种时间关系可以是周期性的(如春夏秋冬),也可以是非周期性的。时间关系还存在于同步、实时等许多方面,详细内容在后续章节中还要讨论。空间和时间组成一个三维的时空坐标系统。

4. 媒体的语义

各种媒体的信息在最低层次上都是二进制位流。如果仅仅作为信息的简单通道,系统不必了解媒体的语义。若要多媒体系统具有对媒体进行选择、合成等方面的能力,就必须赋予它媒体的语义知识，使得系统能在媒体之上对媒体进行比较、选择和合成。在获得媒体的语义过程中，抽象起着十分重要的作用。这种抽象是复杂的，而且与任务有关，通常包括若干抽象层，每个抽象层都包含与具体的任务和问题域相关的模型。从接近具体感官的信息表示层到接近符号的信息表示层，信息的抽象程度递增，而数据量则递减。语义就是在从感官数据到符号数据的抽象过程中逐步形成的。人的自然通信具有一种信息的轮廓与细节相分离的特征。通常轮廓是直接由有形媒体传递的，而细节则间接地经由上下文以及背景来传递，由此实现通信的高效率。

对不同媒体来说，媒体的语义是处于不同层次上的。抽象的程度不同，语义的重点也就不同。对文本来说，文本的语义关键是人对语言的理解，而不是对字符的解释；而图像的语义更多的是在对它的抽象上，如轮廓、颜色、纹理等。如何利用这些语义，是许多多媒体系统必须解决的关键问题。

5. 媒体结合的影响

多媒体的作用在很大程度上是媒体之间结合产生的。这种结合可以是低层次的，如在显示窗口中提供多种媒体信息片断，并将视觉、听觉相互结合，造成一种比较适合的媒体表现环境；也可以是高层次的，由各种媒体组成完全沉浸的虚拟空间。应该如何结合，现在还缺乏理论上的指导。媒体之间可以相互支持，也可以相互干扰。

从信息理解的角度来讲，多种媒体的合理结合是有利于信息接收和理解的。这种效果反映在理解程度和记忆驻留效果上。据有关资料介绍，由视觉传递的信息能被理解 83%，由听觉传递的信息能被理解 11%，由触觉传递的信息能被理解的占 3%，其余的不到 4%。从记忆驻留效果来看，以谈话方式传递的信息，两小时后能记住 70%，72 小时后能记住 10%；以观看的方式传递的信息，两小时后能记住的占 72%，72 小时后能记住的占 20%；而以视听并举的方式传递的信息，两小时后还能记住 85%，72 小时后能记住 65%。很显然，视觉和听觉的相互影响起到关键的作用。这就是所谓“感觉相乘”的效应。

1.2 多媒体技术的产生和发展

多媒体技术的概念起源于 20 世纪 80 年代初期，真正蓬勃发展起来是在 20 世纪 90 年代。多媒体是在计算技术、通信网络技术、大众传播技术等现代信息技术不断进步的条件下，由多学科不断融合、相互促进而产生出来的。它是信息技术与应用发展的必然。

自从 1946 年 2 月世界上第一台电子计算机 ENIAC 诞生以来，在短短的五十多年间，计算机已经历了电子管器件、晶体管、中小规模集成电路、大规模和超大规模集成电路 4 个时代，计算机系统结构已发生了巨大的变化，随着研制和开发出高性能的多媒体计算机设备和多媒体软件，使人们已学会使用语言、音乐、图形和图像、影像视频信息作为计算机输入输出的新信息媒体，并使人机交互界面更加友好完善。下面以几个著名公司开发的多媒体计算机系统来简要介绍多媒体技术的产生和发展。

1984 年，美国 Apple 公司为了改善人机界面，在研制的 Macintosh 个人计算机中首先引进了图形、图标窗口界面，并使用鼠标指点技术来改善用户接口，一改 DOS 文字界面单调乏味的风格，使计算机的交互界面焕然一新，受到广大用户的欢迎。它使原来只处理数字和文字的个人计算机具有了图像和音响的功能。

1985 年，美国 Commodore 公司率先推出了世界上第一台多媒体计算机系统 Amiga，后来经过不断完善，形成了一个完整的多媒体计算机系列，如 Amiga 500、Amiga 1000、Amiga 1500、Amiga 2000、Amiga 2500、Amiga 3000 和 Amiga 4000 等。

1986 年 3 月，Philips 和 Sony 公司通过联合研制和开发，推出了交互式压缩光盘系统 CD-I，该系统把各种多媒体信息以数字化的形式存放在容量为 650MB 的只读光盘上，用户可通过读光盘中的内容来播放多媒体信息。

1987 年 3 月，美国 RCA 公司推出了交互式数字视频系统 DVI，它以计算机技术为基础，用标准光盘来存储和检索静止图像、活动图像、声音和其他数据。后来美国通用电气公司从 RCA 公司购买了 DVI 技术，Intel 公司在 1988 年又从通用电气公司把 DVI 技术买到手，并经过进一步的研究和改善，于 1989 年初把 DVI 技术开发成了一种可以普及的商品，后来又与 IBM 公司合作，联合推出了新一代的多媒体技术产品 Action Media 750，DVI 正式成为一个普及性商品化的产品投放市场。

随着多媒体技术的迅速发展，特别是多媒体技术向产业化发展，为建立相应的标准，1990 年 11 月，由 Microsoft、Philips 和 NEC 等公司会同多家厂商召开了多媒体开发者会议，制定了多媒体计算机 MPC 标准 1.0，成立了 MPC 市场协会并规定今后凡要使用 MPC 这个标志，就必须按这个协会所规定的技术规格办理。1993 年 5 月 MPC 市场协会又发布了第二个多媒体个人计算机 MPC 标准 2.0，1995 年 6 月 MPC 市场协会又公布了第三个多媒体个人计算机 MPC 标准 3.0。

1992—1995 年，Microsoft 公司先后推出的 Windows 3.1、Windows 95 操作系统，不仅综合了原先 Windows 所有的多媒体扩展技术，还增加了多个多媒体应用软件，如多媒体播放器(Media Player)、录音机(Sound Recorder)等，而且还包括了一系列支持多媒体技术的驱动程序、动态链接库以及 OLE 技术，它们提供了 Windows 的多媒体应用编程接口(Multimedia Application Programming Interface，MAPI)、媒体控制接口(Media Control Interface，MCI)和乐器数字化接口(Musical Instrument Digital Interface，MIDI)，成为事实上的多媒体操作系统，获得了巨大的商业成功。1998 年 8 月，Microsoft 公司在 Windows 95 的基础上又推出了 Windows 98 和 Windows 2000 操作系统，使得界面更加友好，性能稳定、操作简便、多媒体功能更强。

在硬件方面，为了适应多媒体技术的发展，Intel 公司从 Pentium Pro 开始，把 MMX(Multimedia Extension)多媒体扩展技术加入到了微处理机 CPU 芯片中，Cyrix、AMD 公司也纷纷响应，把 MMX 技术加入到了他们生产的 CPU 芯片中。之后 Intel 公司又研制和生产了 Pentium 2、Pentium 3 和 Pentium 4 高速 CPU 芯片，使用高速传输速率总线的主机板、大容量的存储空间以及高品质的显示器，加上音频卡、视频卡和 CD-ROM 驱动器等，使计算机硬件性能的提高有了质的飞跃，极大地促进了多媒体技术的发展，使个人计算机步入到了多媒体计算机时代。

目前，多媒体技术的发展，显示出许多突出的特点，如多学科交叉，顺应信息时代的需求，促进和带动新产业的形成与发展、多领域的应用等。将来多媒体技术将向以下 6 个方向发展：高分辨化，提高显示质量；高速度化，缩短处理时间；简单化，便于操作；多维化，三维、四维或更多维；智能化，提高信息识别能力；标准化，便于信息交换和资源共享。其总的发展趋势是具有更好、更自然的交互性，更大范围的信息存收服务，为未来人类生活创造一个在功能、空间、时间及人与人交互方面更完美的、崭新的世界。

1.3 多媒体技术研究的主要内容

多媒体能够得到迅速发展，与视频、音频等媒体压缩/解压缩、多媒体专用芯片、多媒体输入/输出、多媒体存储设备、多媒体系统软件等诸多技术密不可分。近年来，随着计算机与网络的发展，多媒体被广泛应用于网络，又产生了一系列新的技术，如多媒体处理与编码技术、多媒体系统技术、多媒体信息组织与管理技术、多媒体通信网络技术等，它们将直接影响到多媒体在网络上的传播和接收效果。

1.3.1 数据压缩技术

多媒体需要解决的关键问题之一，是使计算机能够实时地综合处理声音、文字、图像等信息。然而，由于数字化的图像、声音等多媒体数据量非常大，而且视频、音频信号还要求快速地传输处理，这导致一般的计算机产品，特别是在个人计算机上开展多媒体应用难以实现。因此，视频、音频数字信号的编码和压缩算法成为一个重要的研究课题。

1.3.2 多媒体专用芯片技术

多媒体专用芯片是多媒体计算机硬件体系结构的关键。为了实现音频、视频信号的快速压缩、解压缩和播放处理，需要大量的快速计算。只有采用专用芯片，才能取得满意的效果。多媒体计算机专用芯片可归纳为两种类型：一种是固定功能的芯片；另一种是可编程的数字信号处理器(Digital Signal Processing，DSP)芯片。

今后，多媒体专用芯片的发展趋势是朝着更高的集成度、包含更多的功能，并且成本更加低廉的方向发展。

1.3.3 多媒体输入/输出技术

多媒体输入/输出技术包括多媒体变换技术、多媒体识别技术、多媒体理解技术和多媒体综合技术。

(1) 多媒体变换技术。多媒体变换技术是指改变媒体的表现形式。如当前广泛使用的视频卡、音频卡(声卡)都属于多媒体变换设备。

(2) 多媒体识别技术。多媒体识别技术是对信息进行一对一的映像过程。例如，语音识别技术和触摸屏技术等。

(3) 多媒体理解技术。多媒体理解技术是对信息进行更进一步的分析处理和理解信息内容。如自然语言理解、图像理解、模式识别等技术。

(4) 多媒体综合技术。多媒体综合技术是把低维信息表示映像成高维的模式空间的过程。如语音合成器就可以把语音的内部表示综合为声音输出。

1.3.4 多媒体系统软件技术

多媒体软件技术主要包括 6 个方面的内容,分别是多媒体操作系统、多媒体素材采集与制作技术、多媒体编辑与创作工具、多媒体数据库技术、超文本/超媒体技术和多媒体应用开发技术。下面具体介绍前 5 个方面的内容。

1. 多媒体操作系统

多媒体操作系统是多媒体软件的核心。它负责多媒体环境下多任务的调度,保证音频、视频同步控制以及信息处理的实时性,提供多媒体信息的各种基本操作和管理,它具有对设备的相对独立性与可扩展性。Windows 系列操作系统都提供了对多媒体的支持。

2. 多媒体素材采集与制作技术

它主要包括采集并编辑多种媒体数据,如声音信号的录制编辑和播放、图像扫描及预处理、全动态视频采集及编辑、动画的生成编辑、音频视频信号的混合和同步等。

3. 多媒体编辑与创作工具

它是多媒体专业人员在多媒体操作系统之上开发的一种工具,又称多媒体创作工具,供特定应用领域的专业人员组织、编排多媒体数据,并把它们连接成完整的多媒体应用系统。高档的多媒体编辑与创作工具用于影视系统的动画制作及特技效果,中档的用于培训、教育和娱乐节目制作,低档的用于商业简介、家庭学习材料的编辑。

4. 多媒体数据库技术

多媒体信息是结构型的,致使传统的关系数据库已不适用于多媒体的信息管理,需要从下面 4 个方面研究数据库技术。

- 多媒体数据模型。
- 媒体数据压缩和解压缩的模式。
- 多媒体数据管理及存取方法。
- 用户界面。

5. 超文本/超媒体技术

多媒体是文本、图像、声音、动画、视频等媒体的集成,当能够控制何时观看何种信息时,就成为交互式的多媒体。再往前一步,当交互式多媒体的开发者为用户的导航和交互提供一套结构化的链接元素,它便成为我们所谓的超媒体。

当超媒体项目中包含大量的文本或符号内容时,这些内容可以被编成索引,然后其元素可以通过链接来提供快速的电子化检索相关信息的能力。当一些单词被编入关键字或者作为其他单词的索引时,超文本(Hypertext)便产生了。

超文本与传统的文本有很大的区别,它是一种电子文档,一个非线性的网状结构,其中的文字包含有可以链接到其他字段或内容的超文本链接,允许跳跃式的阅读。用户可以根据需要,利用超文本系统提供的联想查询机制,迅速找到自己感兴趣的内容或有关信息。

超媒体可以看作是超文本的进一步深化，因为它们二者并没有本质的区别。超文本管理的是纯文本，而超媒体管理的是多媒体，不仅包括文本，还有声音、图像等，超媒体是超文本和多媒体的综合产物。随着多媒体技术的不断发展，它们二者之间的区别已很难划分，从目前的情形来看，单纯的超文本系统基本上已经没有，超媒体技术被广泛应用于教学、信息检索、字典和参考资料、商品演示等信息查询领域。

1.4 多媒体技术的应用

随着多媒体技术的不断发展，多媒体技术的应用也越来越广泛。多媒体技术涉及文字、图形、图像、声音、视频、网络通信等多个领域，多媒体应用系统可以处理的信息种类和数量越来越多，极大地缩短了人与人之间、人与计算机之间的距离，多媒体技术的标准化、集成化以及多媒体软件技术的发展，使信息的接收、处理和传输更方便快捷。多媒体技术应用主要涉及以下 5 个领域。

1.4.1 教育培训领域

多媒体计算机辅助教学（Computer Aided Instruction，CAI）已经在教育教学中得到广泛应用，多媒体教材通过图、文、声、像的有机组合，能多角度、多侧面地展示教学内容，多媒体技术通过视觉和听觉或视、听并用等多种方式同时刺激学生的感觉器官，能够激发学生的学习兴趣，提高学习效率，帮助教师将抽象的不易用语言和文字表达的教学内容，表达得更直观、更清晰。计算机多媒体技术能够以多种方式向学生提供学习材料，包括抽象的教学内容、动态的变化过程、多次的重复等。利用计算机存储容量大、显示速度快的特点，能快速展现和处理教学信息，拓展教学信息的来源，扩大教学容量，并且能够在有限的时间内检索到所需要的内容。

多媒体计算机辅助教学有效地支持了个别化的教学模式，促进了学生的自主学习活动，使学生从被动接受知识转变为自主选择教学信息，根据自己的学习情况，调整学习速度，针对不同的信息，采用相应的学习方法，克服传统教育在空间、时间和教育环境等方面的限制。学生可以利用多媒体计算机，结合自己的学习基础和学习能力，自主选择学习的步调去完成学习任务，也可以根据自己的兴趣、爱好、知识水平自主地选择学习内容，完成学习、练习、复习、测评等学习过程，计算机的交互功能也发挥了强大的作用，它要求学生必须集中精力，积极参与学习过程，因为没有学生的参与学习过程就无法进行，计算机可以对学生的每一个反应做出及时的评判，能帮助学生提高学习质量，在计算机辅助教学这种新的教学模式中充分体现了以学生为主体的教学理念。

多媒体教学网络系统在教育培训领域中得到广泛应用，教学网络系统可以提供丰富的教学资源，优化教师的教学设计，更有利于个别化学习。多媒体教学网络系统在教学管理、教育培训、远程教育等方面都发挥着重要的作用。

多媒体教学网络系统应用于教学中，突破了传统的教学模式，使学生在学习时间和学习地点上有了更多的自由选择的空间，越来越多地应用于各种培训教学、学校教学、个别化学习等教学和学习过程中。

校园网作为一种在学校中应用的局域网，它为学生的学习生活提供了多种服务，为学生提供了大量的学习资源；使学生之间的交流与合作更为便利；为教师的教学和科研提供服务，辅助教师备课，参与课堂教学活动；为学校的教学管理服务，如学生的学籍管理、人事管理等，成为学校与学校间相互交流的一种有效途径。

1.4.2 电子出版领域

电子出版是多媒体技术应用的一个重要方面。我国国家新闻出版总署对电子出版物曾有过如下定义：电子出版物是指以数字代码方式将图、文、声、像等信息存储在磁、光、电介质上，通过计算机或类似设备阅读使用，并可复制发行的大众传播媒体。

电子出版物的内容可以是多种多样的，当 CD-ROM 光盘出现以后，由于 CD-ROM 存储量大，能将文字、图形、图像、声音等信息进行存储和播放，出现了多种电子出版物，如电子杂志、百科全书、地图集、信息咨询、简报等。电子出版物可以将文字、声音、图像、动画、影像等种类繁多的信息集成为一体，存储密度非常高，这是纸质印刷品所不能比拟的。

电子出版物中信息的录入、编辑、制作和复制都借助计算机完成，人们在获取信息的过程中需要对信息进行检索、选择，电子出版物的使用方式灵活、方便，交互性强。

电子出版物的出版形式主要有电子网络出版和单行电子书刊两大类。电子网络出版是以数据库和通信网络为基础的一种新的出版形式，通过计算机向用户提供网络联机服务、电子报刊、电子邮件以及影视作品等服务，信息的传播速度快、更新快。单行电子书刊主要以只读光盘、交互式光盘、集成卡等为载体，容量大、成本低是其突出的特点。

1.4.3 娱乐领域

随着多媒体技术的日益成熟，多媒体系统已大量进入娱乐领域。多媒体计算机游戏和网络游戏，不仅具有很强的交互性而且人物造型逼真、情节引人入胜，使人很容易进入游戏情景，如同身临其境一般。数字照相机、数字摄像机、DVD 等越来越多地进入到人们的生活和娱乐活动中。

1.4.4 咨询服务领域

多媒体技术在咨询服务领域的应用主要是使用触摸屏查询相应的多媒体信息，如宾馆饭店查询、展览信息查询、图书情报查询、导购信息查询等，查询信息的内容可以是文字、图形、图像、声音和视频等。查询系统信息存储量较大，使用非常方便。

1.4.5 多媒体网络通信领域

20 世纪 90 年代，随着数据通信的快速发展，局域网(Local Area Network，LAN)、综合业务数字网(Integrated Services Digital Network，ISDN)，以异步传输模式(Asynchronous Transfer Mode，ATM)技术为主的宽带综合业务数字网(Broadband ISDN，B-ISDN)和以 IP 技术为主的宽带 IP 网，为实施多媒体网络通信奠定了技术基础。网络多媒体应用系统主要包括可视电话、多媒体会议系统、视频点播系统、远程教育系统、电话等。

复习思考题

1. 按照国际电报电话咨询委员会(CCITT)的分类,媒体被分为哪五类?通常所说的媒体是指其中的什么媒体?

2. 多媒体技术研究的主要内容有哪些?

3. 多媒体技术的特点有哪些?为什么传统电视不是多媒体?举出几种常见的多媒体系统与设备。

4. 多媒体技术的应用有哪些?

第2章 听觉类媒体技术

音频(Audio)指人能听到的声音，包括语音、音乐和其他声音(环境声、音效声、自然声等)。本章将简单介绍声音的物理属性、数字音频的编码技术与存储格式、语音处理，主要讨论音频信号的数字化、MIDI，重点研究话音音频的编码方法。

2.1 声音

声音是一种纵向压力波，主要用振幅和频率来刻画，具有响度、音调和音色等特征。人的听觉和发声都有一定的频率范围。本节介绍声音的物理属性和感知特性，以及各种声音的频率范围。

2.1.1 声波

声音是一种纵向压力波，其客观物理属性主要有振幅和频率，而其主观感知特性则有响度、音调和音色等，对于音乐还有风格、节奏、旋律等特征。

1. 声音与声波

声音(Sound)是一种由机械振动引起的可在物理介质(气体、液体或固体)中传播的纵向压力波(纵波或疏密波)，参见图 2-1，振动发声的物体被称为声源。

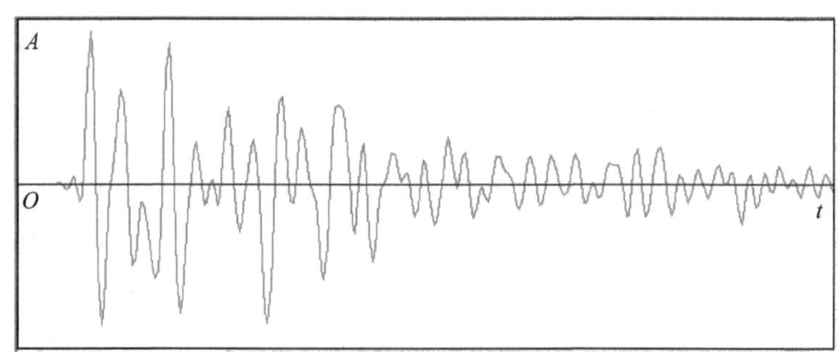

图 2-1　声音是一种连续的波(波形图)

声波(Sound Wave)指在物理介质中传播的声音。声音在真空中不能传播，这里主要讨论声音在空气中的传播。

1）声速

声音在空气中传播的速度几乎不受气压大小的影响，但是受气温的影响很大。在气温为 t℃时的声速：

$$c = 331.5 \times (1 + t/273)^{1/2} \approx 331.5 + 0.6t(\text{m/s})$$

例如在室温（15℃）下，声速 $c \approx 340\text{m/s}$。

2）振幅和频率

声音的强弱体现在声波压力的大小（振动的幅度）上，音调的高低体现在声波的频率上。因此，声波可用振幅和频率这两个基本物理量来描述。

（1）振幅。声波的振幅（Amplitude）A 定义为振动过程中振动的物质偏离平衡位置的最大绝对值。

（2）频率。声波的频率（Frequency）f 定义为单位时间内振动的次数，单位为赫兹 Hz（每秒振动的次数），人耳能听到的声音的频率范围为 20Hz～20kHz。

声音频率的高低，与声源物体的共振频率有关。一般情况下，发声的物体（如乐器）越粗大松软，则所发声音的频率就越低；反之，物体越细小坚硬，则所发声音的频率就越高。例如大编钟发出的声音比小编钟的频率低、大提琴的声音比小提琴的低；同是一把提琴，粗弦发出的声音比细弦的低；同是一根弦，放松时的声音比绷紧时的低。

振幅表示了声音的大小，也体现了声波能量的大小。同一发声物体（如乐器），敲打、弹拨、拉擦它所使的劲越大，则所产生振动的能量就越大、发出声音的音量就越大、对应声波的振幅也就越大。

3）波长与频率

可以用波长代替频率来刻画声音的物理特性。

声音的波长（Wave Length）λ 定义为声音每振动一次所走过的距离，单位为米（m）。声波的波长与频率的关系为：$\lambda = c/f(\text{m})$，其中 c 为声速。表 2-1 是一些频率的声波所对应的波长。

表 2-1　声音的频率与波长（c=340m/s）

f	20Hz	50Hz	100Hz	250Hz	500Hz	1kHz	2kHz	5kHz	10kHz	15kHz	20kHz
λ	17m	6.8m	3.4m	1.36m	68cm	34cm	17cm	6.8cm	3.4cm	2.3cm	1.7cm

4）纯音与复音

具有单一频率的声音被称为纯音（Pure Tone），具有多种频率成分的声音被称为复音（Complex Tone）。普通的声音（如人讲话和乐器演奏）一般都是复音。

5）基频与谐频

和谐的复音由基音（Fundamental Tone）和谐音（Harmonic Tone）所组成。基音的频率是和谐复音中的最低频（通常具有最大振幅），称为基频（Fundamental Frequency）；谐音也叫泛音（Over Tone），其频率是基频的整数倍，称为谐频（Harmonic Frequency），参见图 2-2。

基音决定声音的高低（音调），谐音则决定声音的音品（音色）。

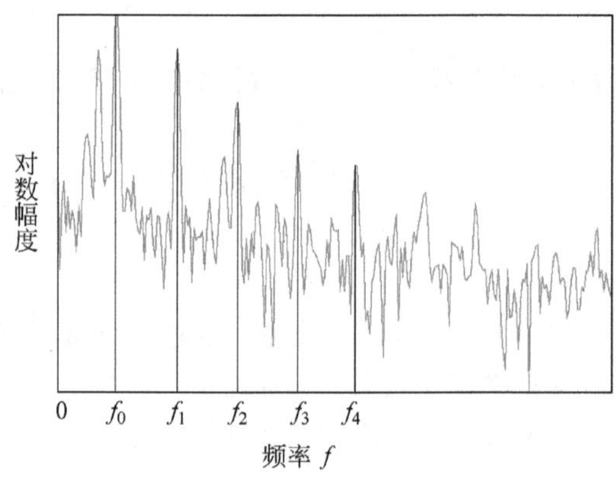

图 2-2　和谐复音的基频与谐频

注：f_0 为基频(红色)；$f_i=i\times f$，为谐频(蓝色)。

2. 声音三要素

除了上面所介绍的振幅和频率这两个物理属性外，声音还有若干感知特性，它们是人对声音的主观反应。声音的感知特性主要有响度、音调和音色，称之为声音的三要素。

(1) 响度。声音的响度(Loudness)就是对声音强弱的主观感知。声音的大小在客观上一般用声级(Soundlevel)表示，其单位为 dB(分贝)，无量纲，人能感知的声音大小的范围一般为 0～120dB。主观感觉的声音强弱则使用响度"宋(Sone)"或响度级"方(Phon)"来度量。

(2) 音调。人耳对声音高低的感觉称为音调(Tone)。音调主要与声音的频率有关，但不是简单的线性关系，而是成对数关系。除了频率外，影响音调的因素还有声音的声压级和声音的持续时间。音调的单位为美(mel)。

(3) 音色。音色(Timbre)是人们区别具有相同的响度和音调的两个(不同发声体所发出)声音的主观感觉，也称为音品。例如，每个人讲话都有自己的音色；每种乐器都有各自的音色，即使它们演奏相同的曲调，人们还是能将其区分开来。音色主要是由复音中不同谐音的分布和组成所决定的，影响音色的因素还有声音的时间过程。

关于声音感知特性的详细讨论见 2.1.4 节。

2.1.2 频率范围

下面依次介绍人类听觉、人声和话音等的频率范围。

1. 听觉

人耳能感受到(听觉——Hearing/Auditory Sensation)的频率范围约为 20Hz～20kHz，称此频率范围内的声音为可听声(Audible Sound)或音频(Audio)，频率<20Hz 声音为次声(Infrasound)，频率>20kHz 声音为超声(Ultrasound)，参见表 2-2。

表 2-2　声音的频率范围

<20Hz	20Hz～20kHz	>20kHz
次声	可听声(音频)	超声

音频的带宽约 20kHz，其范围内的频率相差达 1000 倍。人耳相当于一种对数频谱分析仪，可以很好地感知不同频率的声音。

2. 人声与话音

人的发音器官发出的声音（人声）的频率大约是 80～3400Hz。人说话的声音（话音——Voice/语音 Speech）的频率通常为 300～3000Hz（带宽约 3kHz）。

可见，与近两万赫兹的宽带（Broadband）听觉相比，只有不到三千赫兹的语音是一种窄带（Narrowband）的声音。宽带和窄带的声音，在编码上有很大的不同。

2.1.3　音量

音量（Sound/Volume）即声音的强弱，可以用声压（级）、声强（级）和声功率（级）来度量。

声音是一种在空气中传播的纵向压力波（疏密波），声音的强弱体现在声波压力的大小上。没有声波的空气中的压强为大气压，一个标准大气压等于 1.03×10^5Pa。在有声波传输时，空气的疏密发生变化，压强在原来大气压的上下波动，称这种由声波引起的压强变化为声压（Sound Pressure/Acoustic Pressure），用符号 P 表示，即

$$\text{声压 } P = \text{空气压强} - \text{大气压}$$

压强的单位为 Pa（帕），是 Pascal（帕斯卡）的简称，或为 μbar（微巴），有时也用 N/m^2（牛顿/平方米）：1Pa=1N/m^2，1μbar=0.1Pa。

瞬时声压可正可负，声压的平均值一般为零。通常所说的声压是指声压的有效值，即一段时间内瞬时声压的均方根值 $P=\sqrt{\frac{1}{n}\sum_{i=1}^{n}P_i^2}$，总是正的。对于正弦波，有效声压 $P=\frac{P_{\max}}{\sqrt{2}}$。

人耳对 1kHz 频率声音之听阈的声压约为 2×10^{-5}Pa，痛阈的声压约为 20Pa，正常说话时的声压约为 0.02～0.03Pa，是标准大气压的千万分之二三。

由于人耳对声压的感知范围大（相差约一百万倍），而且人的听觉与声压不是线性关系，而是近似于对数关系。所以常按对数式分级（Level）办法来表示声音的大小，这就是声压级（Sound Pressure Level）L_P、声强级和声功率级等。

声压级 L_P 定义为有效声压 P 与参考声压 P_{ref} 的比值取常用对数后再乘以 20，即

$$L_P = 20\lg\frac{P}{P_{\text{ref}}}(\text{dB})$$

其中，参考声压 P_{ref} 取为 1kHz 的听阈声压（2×10^{-5} Pa），声压级的值无量纲，单位为 dB。

于是，1kHz 频率声音的听阈之声压级 $=20\times\lg1=0$dB，痛阈之声压级 $=20\times\lg10\times6=120$dB。声压变化 10 倍，声压级才变化 20dB。

声波是能量传输的一种形式，因此也常用能量的大小来表示声音的强弱。声源在单位时间内向外输出的声能量叫做声功率（Acoustic Power/Sound Power），用符号 W 表示，单位为 W（瓦）。也可以定义与声压级类似的声功率级（Sound Power Level）。由于声功率与声压的平方成正比，所以声功率级是声压级的两倍，为了便于同级比较，可将声压级公式中

的 20 改为声功率级公式中的 10。声功率变化 10 倍,声功率级变化 10dB。

声音的强弱也可以用声强来度量。声场中某点的声强(Acoustic Intensity/Sound Intensity)是指在单位时间内,声波通过垂直于声波传播方向单位面积的声能量(声功率 W),单位为 W/m^2(瓦/平方米)。

由于声压级、声强级和声功率级的值是一致的,所以它们可以统称为声级(Soundlevel),参见表 2-3。

表 2-3 声压、声强、声功率与声压级、声强级、声功率级

声压/Pa	声强/(W/m^2)	声功率/W	声级/dB	环　境
2×10^2	10^2	10^2	140	飞机发动机(3m)
2×10^1	1	1	120	痛阈
2×10^0	10^{-2}	10^{-2}	100	织布机房
2×10^{-1}	10^{-4}	10^{-4}	80	汽车喇叭
2×10^{-2}	10^{-6}	10^{-6}	60	交谈(1m)
2×10^{-3}	10^{-8}	10^{-8}	40	安静室内
2×10^{-4}	10^{-10}	10^{-10}	20	轻声耳语
2×10^{-5}	10^{-12}	10^{-12}	0	听阈

人耳的听觉的动态范围很宽广,约为 0～140dB。一般正常年轻人在中频附近的听阈约为 0dB,人耳能忍受的强噪声(Noise)极限约为 125dB。

声压变化 10 倍,声压级变化 20dB。声强和声功率变化 10 倍,声强级和声功率级变化 10dB。声压增加 1 倍,声压级增加 6dB 左右。声强和声功率增加 1 倍,声强级和声功率级增加 3dB 左右。

对于 50Hz～10kHz 的纯音,在声压级超过听阈 50dB 时,人耳大约可以鉴别 1dB 的声压变化。在声压级超过听阈 40dB 时,频率低于 1kHz 时,人耳大约可以察觉 3Hz 的频率变化。

2.1.4 听觉系统的感知特性

科学工作者一直在研究听觉系统(Auditory System)对声音的感知特性,部分特性已经被用于音频信号的数据压缩(如 MP3 所使用的音感子带编码)。

下面介绍声音的感知,讨论三个主要的声音感知特性：响度、音高和音色,以及掩蔽等人耳效应。

1. 对音强的感知

在物理上,声音的大小使用客观测量单位来度量,即声压用 Pa(帕)或 N/m^2(牛/平方米)、声强用 W/m^2(瓦/平方米)、声功率用 W(瓦)、声级用 dB(分贝)。在心理上,主观感觉的声音强弱使用响度(Loudness)或响度级(Loudness Level)来度量。这两种感知声音强弱的计量单位是完全不同的两种概念,但是它们之间又有一定的联系。

响度的单位为“宋(Sone)”,为了对响度进行计算,定义声级为 40dB 的 1kHz 标准音的响度等于 1 宋；定义响度级的值为 1kHz 标准音的声级的 dB 值,单位为“方(Phon)”。响度

S 与响度级 P 之间有关系式：

$$S = 2^{0.1(P-40)}, \quad 40\text{方} \leqslant P \leqslant 105\text{方}$$

或

$$P = 40 + 10 \times \log_2 S = 40 + 33.219\,281 \times \lg S, \quad 1\text{宋} \leqslant S \leqslant 91\text{宋}$$

可见，40 方为 1 宋，2 宋比 1 宋响 1 倍，3 宋比 1 宋响 2 倍，其余可依次类推，参见图 2-3。

当声音弱到人的耳朵刚刚可以听见时，称此时的声音强度为“听阈（Hearing Threshold/Audibility Threshold）”。例如，1kHz 纯音的声强达到 $10^{-12}\,W/m^2$（定义成 0dB 声强级）时，人耳刚能听到，此时的主观响度级定为零方。实验表明，听阈是随频率变化的。测出的等响曲线如图 2-4 所示。

图 2-4 中最靠下面的一根曲线叫做“零方等响度级”曲线，也称“绝对听阈”曲线，即在安静环境中，能被人耳听到的纯音的最小值。

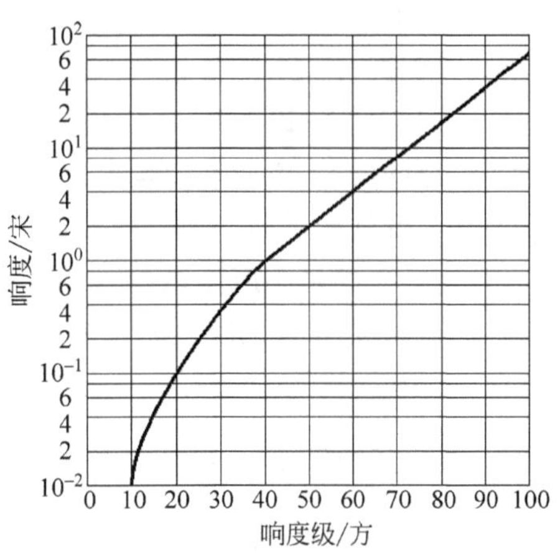

图 2-3 响度与响度级的关系

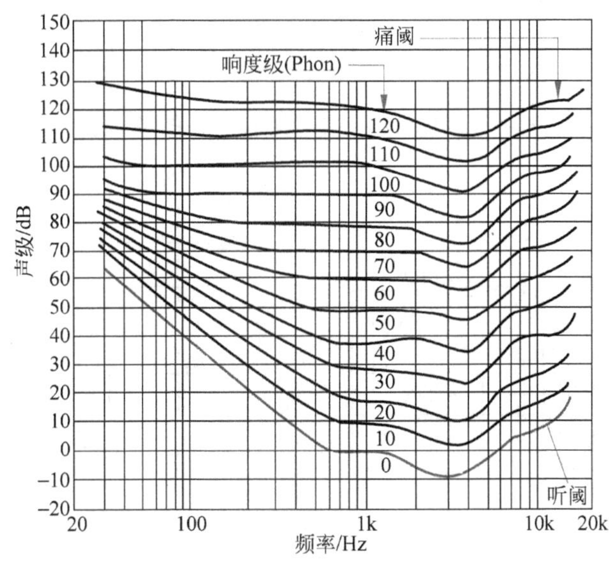

图 2-4 等响曲线

另一种极端的情况是声音强到使人耳感到疼痛。实验表明，如果频率为 1kHz 的纯音的声强级达到 120dB 左右时，人的耳朵就感到疼痛，这个阈值称为“痛阈（Pain Threshold）”。对不同的频率进行测量，可以得到“痛阈-频率”曲线，如图 2-4 中最靠上面的一根曲线。这条曲线也就是 120 方等响度级曲线。

在“听阈—频率”曲线和“痛阈-频率”曲线之间的区域就是人耳的听觉范围。这个范围内的等响度级曲线也是用同样的方法测量出来的。由图 2-4 可以看出，1kHz 的 10dB 的声音和 200Hz 的 30dB 的声音，在人耳听起来具有相同的响度。

该图说明人耳对不同频率的敏感程度差别很大,其中对 1～5kHz 范围的信号最为敏感,幅度很低的信号都能被人耳听到。而在低频区和高频区,能被人耳听到的信号幅度要高得多。

此外,人的听觉频响还随声压级的变化而变化,参见图 2-5。

声音的响度级还与声音的持续时间有关,对振幅一定的连续声音,开始听到的响度并不是立即达到其响度级,而是较急速地增大,经过一段时间后才达到最大值,随后则逐渐减小。对于持续时间在 1s 以下的声音,人耳会感到响度下降。频率越高的声音,下降得越多。持续时间越短的声音,听起来的响度也下降得越多。

人耳对音强差别的感知与声压级有关,而与频率的关系不大。当声压级在 50dB 以上时,人耳能辨别的最小声压级差大约为 1dB;如果声压级小于 40dB,则声压级需变化 2dB 左右才能被察觉出来。所以分挡调节的音量控制器的挡位差应该小于 1dB,以免人感觉音量突变。

2. 对音高的感知

客观上用频率来表示声音的音高,其单位是 Hz。而主观感觉的音高(音调)单位则是"美[尔](Mel)"和"巴克(Bark)",主观音高与客观音高的关系(参见图 2-6)为

$$\mathrm{Mel} = 1000 \cdot \log_2(1 + f)$$

$$\mathrm{Bark} = 13\tan^{-1}\frac{0.76f}{1000} + 3.5\tan^{-1}\frac{f^2}{7500^2}$$

其中 f 的单位为 Hz,这也是两个既不相同又有联系的单位。

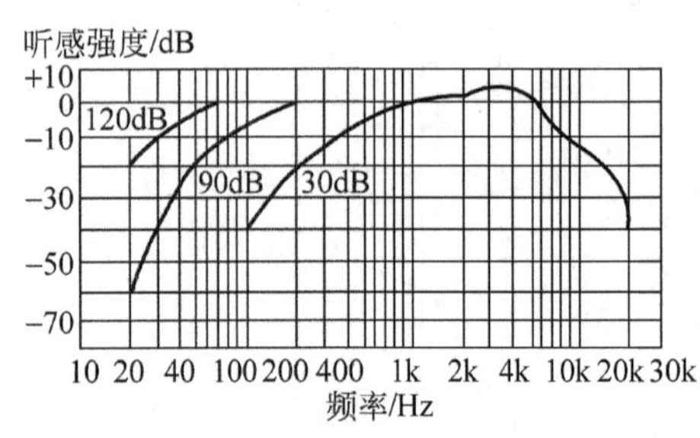

图 2-5 听觉的频响特性

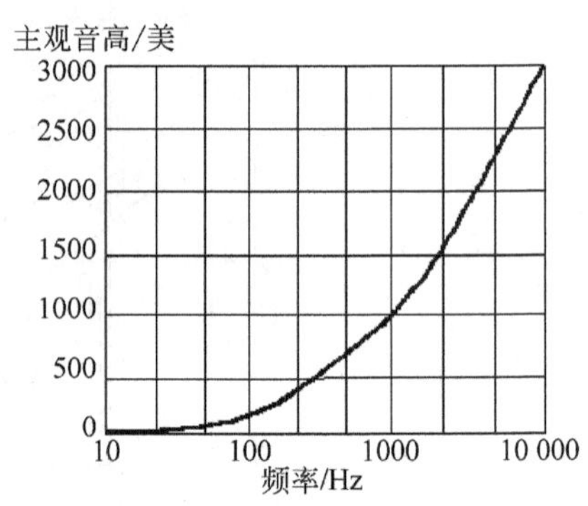

图 2-6 音高-频率曲线

人耳对响度的感觉有一个范围,即从听阈到痛阈。同样,人耳对频率的感觉也有一个范围。人耳可以听到的最低频率约 20Hz,最高频率约 20kHz。正如测量响度时是以 1kHz 纯音为基准一样,在测量音高时则以 40dB 声强为基准,并且同样由主观感觉来确定。

测量主观音高时,让实验者听两个声强级为 40dB 的纯音,固定其中一个纯音的频率,调节另一个纯音的频率,直到他感到后者的音高为前者的两倍,就标定这两个声音的音高差为两倍。实验表明,音高与频率之间也不是线性关系。测出的"音高-频率"曲线如图 2-7 所示。

除了频率这个主要因素外,影响音调的因素还有声音的强度和持续时间。

对低频的纯音,声压级升高时会感到音调变低;对 1～5kHz 的中频纯音,音调与声压

级几乎没有什么关系；对于高频的纯音，声压级升高时会感到音调也变高。复音的音调由其基音决定，复音声压级的高低对音调的影响比纯音要小得多。

持续时间在半秒以下时的声音的音调要比在一秒以上所感觉到的要低。持续时间太短（如10ms左右）的声音，人耳感觉不出它的音调，只听到喀哒声。使人耳能明确感知音调所需的声音持续时间，随声音频率而不同，低频声音所需要的持续时间要比高频声音的长。

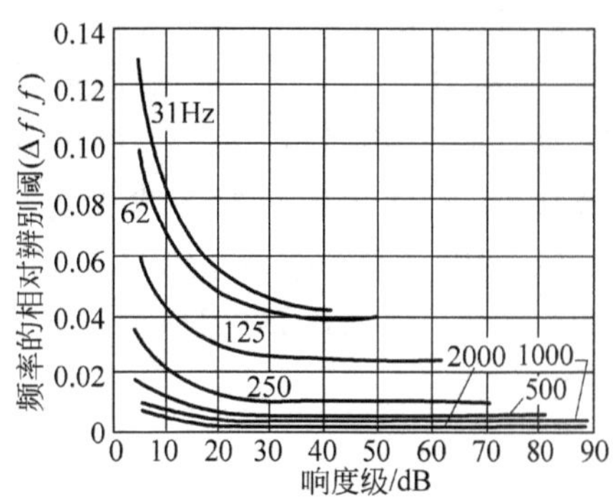

图 2-7　人耳对频率的辨别域

人对声音频率的微小变化的分辨能力，成为人耳对频率的分辨阈。根据实验结果，人耳对于中等强度的中频声音（500Hz～6kHz，50dB）最敏感，辨别阈为0.3%左右。例如，频率为3kHz的声音，变化（3000×0.3/100）=9Hz，人耳就能感觉出来。

3. 掩蔽效应

由于人耳蜗底隔膜振动的峰值位置取决于刺激的频率，所以耳蜗及其组成部分在工作时就相当于一个频率-位置转换装置。人耳将声音信号运载到高级听觉系统的传入神经元，存在锁相机制。并且在偏移周期的某个特定点（峰值点）上会发生谐振（相当于相位检测的鉴频器在工作）。由于这种相位锁定效应，大信号会淹没同一频段的小信号，从而产生掩蔽效应。

称一种频率的声音阻碍听觉系统感受另一种频率的声音的现象为掩蔽效应。前者称为掩蔽声（Masking Tone），后者称为被掩蔽声（Masked Tone）。掩蔽可分成频域掩蔽和时域掩蔽等。

1）频域掩蔽

（1）纯音掩蔽

一个强纯音会掩蔽在其附近同时发声的弱纯音，这种特性称为频域的纯音掩蔽，也称为同时掩蔽（Simultaneous Masking），如图2-8所示。一般来说，弱纯音离强纯音越近就越容易被掩蔽。

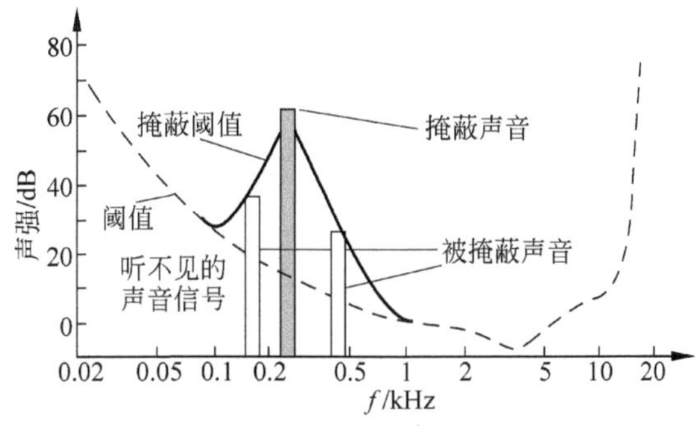

图 2-8　声强为60dB、频率为1000Hz纯音的掩蔽效应

从图 2-8 中可以看到,声音频率在 300Hz 附近、声强约为 60dB 的声音掩蔽了声音频率在 150Hz 附近、声强约为 40dB 的声音。

又如,一个声强为 60dB、频率为 1000Hz 的纯音,另外还有一个 1100Hz 的纯音,前者比后者高 18dB,在这种情况下我们的耳朵就只能听到那个 1000Hz 的强音。如果有一个 1000Hz 的纯音和一个声强比它低 18dB 的 2000Hz 的纯音,那么我们的耳朵将会同时听到这两个声音。要想让 2000Hz 的纯音也听不到,则需要把它降到比 1000Hz 的纯音低 45dB (见图 2-9)。

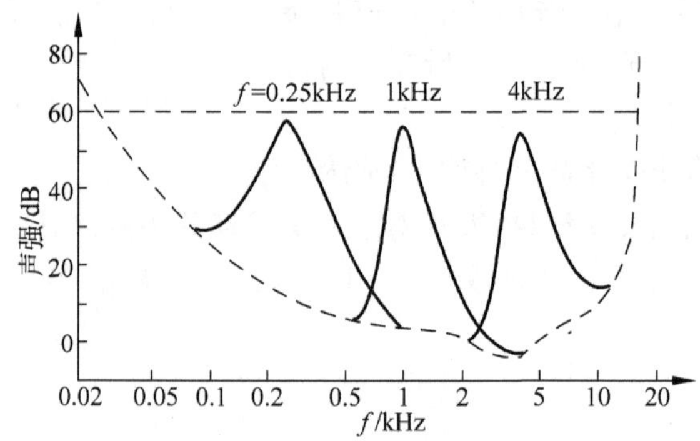

图 2-9 不同纯音的掩蔽效应曲线

在图 2-9 中的一组曲线分别表示频率为 250Hz、1kHz 和 4kHz 纯音的掩蔽效应,它们的声强均为 60dB。

从图 2-9 中可以看到:①在 250Hz,1kHz 和 4kHz 纯音附近,对其他纯音的掩蔽效果最明显;②低频纯音可以有效地掩蔽高频纯音,但高频纯音对低频纯音的掩蔽作用则不明显。

由于声音频率与掩蔽曲线不是线性关系,为从感知上来统一度量声音频率,引入了"临界频带(Critical Band)"的概念。临界频带表示的是人耳对两个纯音叠加时的分辨能力。通常将从 20Hz 到 20kHz 范围分成 24 个临界频带,临界频带的中心频率越高,其带宽也越大,如表 2-4 所示。临界频带的单位也叫 Bark(巴克),即 1Bark 等于一个临界频带的宽度,表 2-4 中的临界频带序号即 Bark 的数值。

临界频带的宽度 BW 与其中心频率 f_c 的关系,可用下式近似:

$$\mathrm{BW}(f_c) = 25 + 75\left[1 + 1.4\left(\frac{f_c}{1000}\right)^2\right]^{0.69}$$

而频率 f 与其所对应的临界频带序号(Bark 值)z 之间的关系,则可用下式来粗略近似:

$$z(f) \approx \begin{cases} \left\lfloor \dfrac{f}{100} \right\rfloor (\mathrm{Bark}), & f < 500\mathrm{Hz} \\ \left\lfloor 9 + 4\log_2\left(\dfrac{f}{1000}\right) \right\rfloor (\mathrm{Bark}), & f \geqslant 500\mathrm{Hz} \end{cases}$$

其中$\lfloor\ \rfloor$表示向下取整。

(2) 复音掩蔽

复音由多种频率的声音组成,人耳能分辨出复音所包含的各种分音,从而感受到它的音色。由于纯音的掩蔽效应可能使得复音中的部分分音人耳听不到,使得原来的音色发生改变，称之为复音掩蔽效应。

表 2-4 临界频带

临界频带	频率/Hz				临界频带	频率/Hz			
	低端	中心	高端	宽度		低端	中心	高端	宽度
0	0	50	100	100	13	2000	2160	2320	320
1	100	150	200	100	14	2320	2510	2700	380
2	200	250	300	100	15	2700	2925	3150	450
3	300	350	400	100	16	3150	3425	3700	550
4	400	455	510	110	17	3700	4050	4400	700
5	510	570	630	120	18	4400	4850	5300	900
6	630	700	770	140	19	5300	5850	6400	1100
7	770	845	920	150	20	6400	7050	7700	1300
8	920	1000	1080	160	21	7700	8600	9500	1800
9	1080	1175	1270	190	22	9500	10750	12000	2500
10	1270	1375	1480	210	23	12000	13750	15500	3500
11	1480	1600	1720	240	24	15500	18775	22050	6550
12	1720	1860	2000	280					

2）时域掩蔽

除了同时发出的声音之间有掩蔽现象之外，在时间上相邻的声音之间也有掩蔽现象，称为时域掩蔽。时域掩蔽又分为超前掩蔽(Pre-masking)和滞后掩蔽(Post-masking)，如图 2-10 所示。产生时域掩蔽的主要原因是人的大脑处理信息需要花费一定的时间。一般来说，超前掩蔽很短，只有 5～20ms，而滞后掩蔽可以持续 50～200ms。这个区别也是很容易理解的。

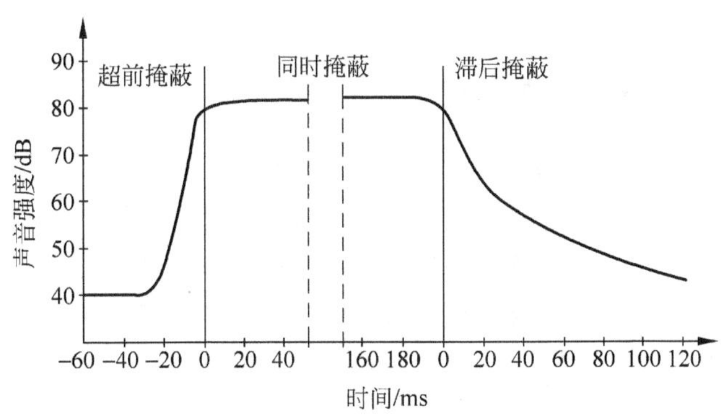

图 2-10 时域掩蔽

2.1.5 声道

声道(Sound Channel/Track)是分开录音然后结合起来以便同时听到的一段声音。

早期的声音重放(Playback/Reproduction)技术落后，只有单一声道(Mono/Monophony)，只能简单地发出声音(如留声机、调幅 AM 广播)；后来有了双声道的立体声(Stereo)技术(如立体声唱机、调频 FM 立体声广播、立体声盒式录音带、激光唱盘 CD-DA)，利用人耳的双耳效应,感受到声音的纵深和宽度,具有立体感。

现在又有了各种多声道的环绕声(Surround Sound)重放方式(如 4.1、5.1、6.1、7.1 声道),将多只喇叭(扬声器,Speaker)分布在听者的四周,建立起环绕聆听者周围的声学空间,使听者感受到自己被声音包围起来,具有强烈的现场感(如电影院、家庭影院、DVD-Audio、SACD、DTS-CD、HDTV)。

2.2 音频信号的数字化

声音用电表示时,声音信号在时间和幅度上都是连续的模拟信号。为了便于计算机处理,同时也为了信号在复制、存储和传输过程中少受损害,需要将模拟信号数字化。

2.2.1 模拟信号与数字信号

音频信号是典型的连续信号,不仅在时间上是连续的,而且在幅度上也是连续的。在时间上"连续"是指在任何一个指定的时间范围里声音信号都有无穷多个幅值;在幅度上"连续"是指幅度的数值为实数。我们把在时间(或空间)和幅度上都是连续的信号称为模拟信号(Analog Signal)。

在某些特定的时刻对这种模拟信号进行测量叫做采样(Sampling),在有限个特定时刻采样得到的信号称为离散时间信号。采样得到的幅值是无穷多个实数值中的一个,因此幅度还是连续的。把幅度取值的数目限定为有限个的信号就称为离散幅度信号。我们把时间和幅度都用离散的数字表示的信号称为数字信号(Digital Signal)。即

$$数字信号 = 离散时间信号 \cap 离散幅度信号$$

称从模拟信号到数字信号的转换为模数转换,记为 A/D(Analog-to-Digital);称从数字信号到模拟信号的转换为数模转换,记为 D/A(Digital-to-Analog)。

2.2.2 音频信号的数字化

将音频信号数字化,实际上就是对其进行采样和量化。

声音的数字化需要回答如下两个问题:每秒钟需要采集多少个声音样本,也就是采样频率(f_s,Sampling Frequency)是多少;每个声音样本的位数(b/s,bit per sample)应该是多少,也就是量化精度。为了做到无损数字化,采样频率需要满足奈奎斯特采样定理;为了保证声音的质量,必须提高量化精度。

1. 采样和量化

连续时间的离散化通过采样来实现。如果是每隔相等的一小段时间采样一次,则这种采样称为均匀采样(Uniform Sampling),相邻两个采样点的时间间隔称为采样周期(T_s,Sampling Period)或采样间隔(T,Sampling Interval)。

连续幅度的离散化通过量化(Quantization)来实现,就是把信号的强度划分成一小段一小段,在每一段中只取一个强度的等级值(一般用二进制整数表示),如果幅度的划分是等间隔的,就称为线性量化,否则就称为非线性量化,参见图 2-11。

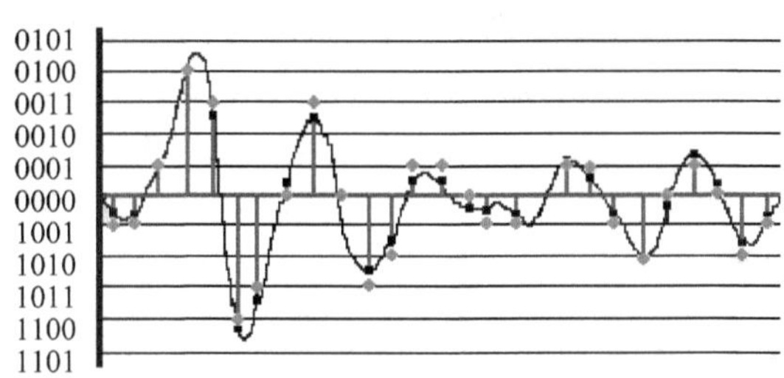

图 2-11 连续音频信号的采样和量化

图 2-12 是从声波通过话筒和声卡进行声/电转换和数字化转换变成离散的计算机数据,然后再通过声卡和喇叭/耳机还原到声波之全过程的示意图。

声波	话筒 →	电平信号	采样-A/D(声卡)-量化 →	离散时间信号 →	数字信号	D/A(声卡) →	电平信号	扬声器 →	声波
连续		时间幅度连续		时间离散/幅度连续	时间幅度离散		时间幅度连续		连续

图 2-12 从声音到计算机数据再到声音之全过程

2. 采样频率

采样频率的高低是根据奈奎斯特(Nyquist)理论和声音信号本身的最高频率决定的。奈奎斯特采样定理指出,采样频率不应低于声音信号最高频率的两倍,这样就能把以数字表达的声音没有失真地还原成原来的模拟声音,这也叫做无损数字化(Iossless Digitization)。

奈奎斯特采样定理可用公式表示为

$$f_s \geqslant 2f_{max} \quad 或者 \quad T_s \leqslant T_{min}/2$$

其中,f_s 为采样频率;f_{max}为被采样信号的最高频率;T_s 为采样周期;T_{min}为最小采样周期。

可以这样来理解奈奎斯特理论:声音信号可以看成由许许多多正弦波组成的,一个振幅为 A、频率为 f 的正弦波至少需要两个采样样本表示,因此,如果一个信号中的最高频率为 f_{max},采样频率最低要选择 $2f_{max}$。例如,电话话音的信号频率约为 3.4kHz,采样频率就应该≥6.8kHz,考虑到信号的衰减等因素,一般取为 8kHz。

常用的采样频率有 8kHz、11.025kHz、22.05kHz、44.1kHz、48kHz 等。

3. 量化精度

样本大小是用每个声音样本的位数 b/s 表示的,它反映了度量声音波形幅度的精度。例如,每个声音样本用 16 位(2 字节)表示,测得的声音样本值是在 0~65 536 的范围里,它的精度就是输入信号的 1/65 536。常用的采样精度为 8b/s、12 b/s、16b/s、20b/s、24b/s 等。

样本位数的大小影响到声音的质量,位数越多,声音的质量越高,但需要的存储空间也越多;位数越少,声音的质量越低,所需要的存储空间也越少。

样本精度的另一种表示方法是信号噪声比,简称为信噪比(Signal-to-Noise Ratio,SNR),并用下式计算:

$$\mathrm{SNR} = 10\lg\left[(V_{signal})^2/(V_{noise})^2\right] = 20\lg(V_{signal}/V_{noise})$$

其中,V_{signal}表示信号电压;V_{noise}表示噪声电压(一般取为1);SNR的单位为分贝(dB)。

例 2-1 假设$V_{noise}=1$,采样精度为1位表示$V_{signal}=2^1$,它的信噪比SNR=6dB。

例 2-2 假设$V_{noise}=1$,采样精度为16位表示$V_{signal}=2^{16}$,它的信噪比SNR=96dB。

2.2.3 声音质量

根据声音的频带宽度,通常把声音的质量分成5个等级,由低到高分别是电话(Telephone)、调幅(Amplitude Modulation,AM)广播、调频(Frequency Modulation,FM)广播、激光唱盘(CD-Audio)和数字录音带(Digital Audio Tape,DAT)的声音。在这5个等级中,使用的采样频率、样本精度、通道数和数据率列于表2-5中。

表 2-5 声音质量和数据率

质量	采样频率/kHz	样本精度/b/s	声道数	数据率/Kb/s	频率范围/Hz	频宽/kHz
电话	8	8	单声道	64	200～3400	3.2
AM	11.025	8	单声道	88.2	20～15 000	7
FM	22.050	16	立体声	705.6	50～7000	15
CD	44.1	16	立体声	1411.2	20～20 000	20
DAT	48	16	立体声	1536.0	20～20 000	20

声音质量的评价涉及心理学,是一个很困难的问题,是目前还在继续研究的课题。除了上面介绍的用声音信号的带宽来衡量声音的质量外,声音质量的度量还有两种基本的方法:一种是主要采用信噪比的客观质量度量,另一种是相对的主观质量度量。评价语音质量时,有时同时采取两种方法评估,有时以主观质量度量为主。

主观平均判分法:主观度量声音质量的方法,召集若干实验者,由他们对声音质量的好坏进行评分,求出平均值作为对声音质量的评价。这种方法称为主观平均判分法,所得的分数称为主观平均分(Mean Opinion Score,MOS)。

现在,对声音主观质量度量比较通用的标准是5分制,各档次的评分标准见表2-6。

表 2-6 声音质量评分标准

分数	质量级别	失真级别
5	优(Excellent)	无察觉
4	良(Good)	(刚)察觉但不讨厌
3	中(Fair)	(察觉)有点讨厌
2	差(Poor)	讨厌但不反感
1	劣(Bad)	极讨厌(令人反感)

2.3 数字音频技术与格式

数字音频的数据有波形和MIDI两种类型,本节主要介绍波形数字音频数据的存储格式(文件和光盘/磁带)和AC-3与DTS等各种主流音频技术。有关MIDI的问题,将在2.4节详细介绍。

2.3.1 文件格式

数字音频的存储文件的格式五花八门，本节重点介绍其中最基本的 WAV 文件格式。

1. 种类

数字音频的数据有以下两种类型。

(1) 波形数据。声波通过声/电和 A/D 而得到的量化后的采样数据。数字化的波形数据有以下两类存储方式。

- 文件存储。有多种文件格式，比较流行的有以.WAV、.AU、.AIFF 和.SND 为扩展名的文件格式(WAV 格式主要用在计算机上，AU 主要用在 UNIX 工作站上，AIFF 和 SND 主要用在苹果机和 SGI 工作站上)；还有较新的高压缩比的以.MP3、.RA 或.RM、.WMA 等为扩展名的文件格式。
- 非文件存储。包括激光唱盘(CD-DA)、微型光盘(MD)、数字录音带(DAT)、DVD-Audio、SACD 等。

(2) MIDI 数据。MIDI 是乐器和计算机之间交换音乐信息所使用的一种标准语言，MIDI 数据只是一些指令。所以，与波形文件相比，MIDI 文件非常小。常见的 MIDI 文件格式为计算机上扩展名为.MID 的文件。

2. 扩展名

表 2-7 列出的是常见的声音文件扩展名。

表 2-7 常见的声音文件扩展名

文件的扩展名	说明
.AIFF(Audio Interchange File Format)	Apple 计算机上的声音文件存储格式
.APE(猿)	Monkey's Audio 公司的音频文件存储格式
.AU(Audio)	Sun 和 NeXT 公司的声音文件存储格式
.MID(MIDI)	Windows 的 MIDI 文件存储格式
.MP3	MPEG-1 Audio Layer III
.MP4	MPEG-2 Audio 的 AAC 编码 或 MPEG-4 Audio
.RM(RealMedia)	RealNetworks 公司的流式媒体文件格式
.RA(RealAudio)	RealNetworks 公司的流式声音文件格式
.SND(sound)	Apple 计算机上的声音文件存储格式
.WAV(Waveform)	Windows 采用的波形声音文件存储格式
.WMA(Windows Media Audio)	Microsoft 公司的流式音频文件格式

3. 常见格式

- AIFF(.AIF)——AIFF(Audio Interchange File Format，音频交换文件格式)是苹果公司开发的声音文件格式，属于 QuickTime 技术。AIFF 虽然是一种很优秀的文件格式，但由于它是苹果电脑上的格式，并没有在计算机平台上流行。
- APE(.APE/.MAC)——APE(猿)是 Monkey's Audio(猴子音频)公司于 2000 年提

出的一种无损压缩格式。一般用.APE的文件扩展名,有时也采用.MAC的扩展名。Monkey's Audio软件提供了Windows Media Player和Winamp的插件支持。这种格式的压缩比远低于其他格式,但能够做到真正无损,因此获得了不少发烧用户的青睐。在现有不少无损压缩方案中,APE是一种有着突出性能的格式,令人满意的压缩比以及较快的压缩速度,成为了不少朋友私下交流发烧音乐的唯一选择。

- AU(.AU)——AU(Audio音频)是一种主要在Internet上使用的多媒体声音文件。AU文件是UNIX操作系统下的数字声音文件,这种格式本身也支持多种压缩方式,但文件结构的灵活性就比不上AIFF和WAV。目前可能唯一必须使用AU格式来保存音频文件的就是Java平台。
- MP3(.MP3)——MP3(MPEG-1 Audio Layer 3)是MPEG-1的衍生编码方式,采用的是音感子带编码方法,是由德国Fraunhofer IIS研究院和汤姆生公司于1993年合作发展成功的。MP3作为目前最为普及的音频压缩格式,可在12∶1的压缩比下保持近似于CD音质的基本可听的音质。基于闪存和U盘(手机)的MP3播放器也是现在随身听的主流产品。
- WAVE(.WAV)——基于PCM编码的WAV文件是音质最好的格式,实际上WAV格式的设计是非常灵活(非常复杂)的,它支持许多压缩算法,支持多种音频位数、取样频率和声道。例如,采用44.1kHz的取样频率和16b量化位数的WAV的音质与CD相差无几。Windows平台下,所有音频软件都能够提供对它的支持。Windows提供的WinAPI中有不少函数可以直接播放WAV,这个格式已经成为了事实上的通用音频格式。因此,WAV也是音乐编辑创作的首选格式,适合保存音乐素材。同时,WAV也被作为一种中介的格式,常常使用在其他编码的相互转换之中,例如,MP3转换成WMA。但WAV格式对存储空间需求太大,不便于保存、交流和传播。
- WMA(.WMA)——WMA(Windows Media Audio)是微软在互联网音频领域的力作。WMA格式是以减少数据流量但保持音质的方法来达到更高的压缩率目的,其压缩率一般可以达到18∶1。此外,WMA还可以通过DRM(Digital Rights Management)方案加入防止拷贝,或者加入限制播放时间和播放次数,甚至是播放机器的限制,可有力地防止盗版(保护版权)。应该说,WMA的推出,就是针对MP3没有版权限制的缺点而来,受到唱片业的大力支持。WMA支持流技术,即一边读一边播放,因此WMA可以很轻松地实现在线广播。当码率高于192Kb/s时,MP3的音质要好于WMA。但是较低比特率时,WMA可以在同样音质条件下获得比MP3文件更小的体积——甚至一半。WMA格式在采用64Kb/s低取样率时,声音质量比MP3的好。在超低取样率的情况下(例如16Kb/s),WMA格式要比MP3格式好得多。
- RealAudio(.RA/.RM)——RealAudio是由Real Networks公司推出的一种文件格式,最大的特点就是可以实时传输音频信息,尤其是在网速较慢的情况下(在非常低的带宽如28.8Kb/s下)仍然可以较为流畅地传送数据,提供足够好的音质让用户能在线聆听,因此RealAudio主要适用于网络上的在线播放。现在的RealAudio文件格式主要有RA(RealAudio)、RM(RealMedia,RealAudioG2)、RMX(RealAudio

Secured)三种,这些文件的共同性在于随着网络带宽的不同而改变声音的质量,在保证大多数人听到流畅声音的前提下,令带宽较宽敞的听众获得较好的音质。和WMA一样,RA不但支持边读边放,也同样支持使用特殊协议来隐匿文件的真实网络地址,从而实现只在线播放而不提供下载的欣赏方式。这对唱片公司和唱片销售公司很重要,在各方的大力推广下,RA和WMA是目前互联网上用于在线试听最多的音频媒体格式。

4. WAV 文件格式

波形音频文件格式(Waveform Audio File Format)(*.WAV)是Microsoft为Windows设计的多媒体文件格式RIFF(The Resource Interchange File Format,资源交换文件格式)中的一种(另一种常用的为AVI)。RIFF由文件头、数据类型标识及若干块(Chunk)组成。表2-8是WAV文件的基本格式。

表 2-8 WAV 文件的基本格式

<table>
<tr><th colspan="2">类型</th><th>内容</th><th>变量名</th><th>大小</th><th colspan="2">取值</th></tr>
<tr><td colspan="2" rowspan="2">RIFF头</td><td>文件标识符串</td><td>fileId</td><td>4B</td><td colspan="2">“RIFF”</td></tr>
<tr><td>头后文件长度</td><td>fileLen</td><td>4B</td><td colspan="2">非负整数(=文件长度-8)</td></tr>
<tr><td colspan="2">数据类型标识符</td><td>波形文件标识符</td><td>waveId</td><td>4B</td><td colspan="2">“WAVE”</td></tr>
<tr><td rowspan="10">格式块</td><td rowspan="2">块头</td><td>格式块标识符串</td><td>chkId</td><td>4B</td><td colspan="2">“fmt ”</td></tr>
<tr><td>头后块长度</td><td>chkLen</td><td>4B</td><td colspan="2">非负整数(=16或18)</td></tr>
<tr><td rowspan="8">块数据</td><td>格式标记</td><td>wFormatTag</td><td>2B</td><td colspan="2">非负短整数(PCM=1)</td></tr>
<tr><td>声道数</td><td>wChannels</td><td>2B</td><td colspan="2">非负短整数(=1或2)</td></tr>
<tr><td>采样率</td><td>dwSampleRate</td><td>4B</td><td colspan="2">非负整数(单声道采样数/秒)</td></tr>
<tr><td>平均字节率</td><td>dwAvgBytesRate</td><td>4B</td><td colspan="2">非负整数(字节数/秒)</td></tr>
<tr><td>数据块对齐</td><td>wBlockAlign</td><td>2B</td><td colspan="2">非负短整数(不足补零)</td></tr>
<tr><td>采样位数</td><td>wBitsPerSample</td><td>2B</td><td colspan="2">非负短整数(PCM时才有)</td></tr>
<tr><td>扩展域大小</td><td>extSize</td><td>2B</td><td>非负短整数</td><td rowspan="2">可选扩展块(PCM时无)</td></tr>
<tr><td>扩展域</td><td>extraInfo</td><td>extSize B</td><td>扩展信息</td></tr>
<tr><td rowspan="3">[其他块]</td><td rowspan="2">块头</td><td>数据块标识符串</td><td>chkId</td><td>4B</td><td colspan="2">4个小写字母</td></tr>
<tr><td>头后块长度</td><td>chkLen</td><td>4B</td><td colspan="2">非负整数</td></tr>
<tr><td>块数据</td><td>数据</td><td>—</td><td>chkLen B</td><td colspan="2">—</td></tr>
<tr><td colspan="7">…</td></tr>
<tr><td rowspan="3">数据块</td><td rowspan="2">块头</td><td>数据块标识符串</td><td>chkId</td><td>4B</td><td colspan="2">“data”</td></tr>
<tr><td>头后块长度</td><td>chkLen</td><td>4B</td><td colspan="2">非负整数</td></tr>
<tr><td>块数据</td><td>波形采样数据</td><td>x 或 x_l、x_r</td><td>chkLen B</td><td colspan="2">左右声道样本交叉排列;样本值为整数(整字节存储,不足位补零);整个数据块按 blockAlign 对齐</td></tr>
</table>

其中:

- 其他块可有 0～n 个。
- wFormatTag=1时为无压缩的PCM(Pulse Code Modulation,脉冲编码调制)标准格式(即等间隔采样、线性量化)。对wFormatTag≠1的压缩格式,这里不做要求。

- 多字节整数的低位在前(同 Intel CPU)。
- 单字节样本值 v 为无符号整数(0～255),实际样本值应为 $v-128$；多字节样本值本身就是有符号的,可直接使用。
- 表中的参数

$$\text{dwAvgBytesRate} \overset{\text{必须}}{=} \text{wChannels} \times \text{dsSampleRate} \times \left\lceil \frac{\text{wBitsPerSample}+7}{8} \right\rceil \times \text{wBlockAlign}$$

$$\overset{\text{必须}}{=} \text{wChannels} \times \left\lceil \frac{\text{wBitsPerSample}+7}{8} \right\rceil$$

2.3.2 音频技术

数字音频编码技术与格式众多,下面主要介绍 Dolby 和 DTS 的若干技术(其中最常见的两种是 AC-3 与 DTS)。

1. Dolby

杜比实验室(Dolby Lab)是一家专攻音频的压缩和复制的公司——杜比实验室公司(Dolby Laboratories Incorporated),由 Ray Dolby 于 1965 年在英国伦敦创建,1967 年公司被搬到美国旧金山。公司的第一个产品是 1965 年生产的杜比 A 型降噪器(Type A Dolby Noise Reduction),1966 年 Decca 唱片公司出版了第一张应用杜比 A 型降噪器录制的唱片；1968 年推出其民用消费版 B 型；1975 年发布用于电影的杜比立体声(Dolby Stereo)技术；在此基础上于 1976 年/1986 年又推出了 4 声道的杜比环绕声(Dolby Surround)和杜比逻辑(Dolby Pro Logic)模拟电影音频技术；后来杜比实验室又为电影和 HDTV 开发了 5.1 声道的数字环绕声方案——杜比数字(Dolby Digital) (AC-3),并于 1992 年随电影 Batman Returns 首度公布,1995 年被用于电影 Stargate 的 LD(LaserDisc,激光盘),后来又被广泛用于 DVD 和 HDTV。

杜比实验室开发了多种音频技术与编码格式,主要包括以下几种。

1) Dolby Digital/AC-3

Dolby Digital(杜比数字)也叫 AC-3(Adaptive Transform Coder 3,自适应变换编码器 3),是杜比公司于 1992 年推出的一种数字音频的有损压缩编码格式,支持 5.1 声道环绕立体声,也支持单声道、双单声道和双声道立体声,被广泛用于电影、DVD 和 HDTV。

在 DVD 和 ATSC(美国 HDTV 标准)中叫作 AC-3,但杜比公司称其为(商标名)杜比数字。其中 AC-3 的含义有多种解释,最准确的是 Adaptive Transform Coder 3(自适应变换编码器 3),也被叫作 Audio Codec 3 (音频编解码器 3)、Advanced Codec 3 (高级编解码器 3)或 Acoustic Codec 3 (声学编解码器 3)等。

AC-3 采用的是一种基于人类听觉特性的音感子带编码方法,所使用的采样频率为 32/44.1/48kHz、量化精度为 8/16b、码率为 32～640Kb/s(单声道 32～96Kb/s、双声道 128～192Kb/s、多声道 384/448/640Kb/s)。

杜比数字 (AC-3)是杜比最著名的数字技术,该技术通过不同介质提供多声道环绕声：在影院中通过 35mm 胶片给观众带来多声道环绕声体验；另外,杜比数字也通过 LD、DVD、数字广播节目、有线电视和卫星电视系统等进入普通家庭。该技术可以传输和存储多达 5 个全频带声道，以及一个低频效果声道（LFE），而所占用的存储空间比 CD 上一路线性 PCM 编码的声道所占用的空间还要少。杜比数字的特点还包括传输元数据，通过这些数据，可以控制回放参数（如以对话为主的回放电平；二声道解码起可以缩混多声道声轨等）。

2) Dolby Digital EX/Dolby Digital Surround EX

Dolby Digital EX (EXtension)（杜比数字扩展）是杜比公司于 2003 年 1 月推出的一种杜比数字扩展技术，能将 5.1 声道的 Dolby Digital 用矩阵编码为 6.1 声道（将添加的后中声道编入原来的左右环绕声声道中），可以在 6.1/7.1 声道的系统中播放。可应用于 DVD 和 DTV 等家用音/视频系统中。

Dolby Digital Surround EX（杜比数字环绕声扩展）是杜比公司于 2003 年 2 月推出的一种杜比数字环绕声扩展技术，类似于 Dolby Digital EX，但应用于电影院。

不过与 DTS-ES 不同，Dolby Digital EX 和 Dolby Digital Surround EX 都不是独立的 6.1 个分离声道。

3) Dolby Digital Plus

Dolby Digital Plus（杜比数字＋）是杜比公司于 2004 年 4 月 19 日推出的一种基于 AC-3 的增强型编码系统，提供更高的比特率（可达 6.144Mb/s）、支持更多声道（可达 13.1），还改善了编码技术以降低压缩人工效应，并与 Dolby Digital 在硬件上向后兼容。

Dolby Digital Plus 是一种下一代音频技术，应用前途十分广泛，当前可应用于 DVD 等家用音/视频系统，也可应用于高清音频广播、HD DVD 和蓝光盘（Blu-ray Disc）等下一代光存储技术中（它已经于 2005 年 5 月被 HD DVD 选为强制性音频格式，并于 2005 年 4 月 18 日被 Blu-ray Disc 选为可选音频格式），还可以用于 HDTV（它已于 2005 年 7 月 29 日/2 月 24 日被纳入 ATSC/DTV 标准）。

4) Dolby TrueHD

Dolby TrueHD（杜比真高清）是杜比公司于 2005 年 9 月 8 日推出的一种为高清光盘开发的下一代无损音频编码格式，它可以提供 100％的无损编码技术、码率可达 18Mb/s、8 个以上全频带的 24b/96kHz 声道（因为目前的 HD DVD 和 Blu-ray Disc 都限制音频的最大声道数为 8），被 HDMI™（High-Definition Media Interface，高清介质接口，一种新的音/视频单芯电缆数字连接接口）所支持，还支持扩充的元数据（包括对话规范化和动态范围控制）。它也已经被 HD DVD 选为强制性音频格式，并被 Blu-ray Disc 选为可选音频格式，参见表 2-9。

表 2-9 杜比技术在光存中的使用

<table>
<tr><th>光盘</th><th colspan="3">DVD</th><th colspan="3">DVD-Audio</th><th colspan="3">HD DVD</th><th colspan="3">Blu-ray Disc</th></tr>
<tr><td>编解码</td><td>播放器支持</td><td>最多声道数</td><td>最高码率</td><td>播放器支持</td><td>最多声道数</td><td>最高码率</td><td>播放器支持</td><td>最多声道数</td><td>最高码率</td><td>播放器支持</td><td>最多声道数</td><td>最高码率</td></tr>
<tr><td>Dolby Digital</td><td>强制使用</td><td>5.1</td><td>448Kb/s</td><td>指定播放器</td><td>5.1</td><td>448Kb/s</td><td>强制使用</td><td>5.1</td><td>504Kb/s</td><td>强制使用</td><td>5.1</td><td>640Kb/s</td></tr>
<tr><td>Dolby Digital Plus</td><td colspan="6" rowspan="2">N/A</td><td rowspan="2"></td><td>7.1</td><td>3Mb/s</td><td rowspan="2">选择性支持</td><td>7.1</td><td>1.7Mb/s</td></tr>
<tr><td>Dolby TrueHD</td><td>8</td><td>18Mb/s</td><td>7.1</td><td>18Mb/s</td></tr>
</table>

2. DTS

DTS(Digital Theater System,数字影院系统)是美国的DTS公司于1993年推出的一种用于商业和家庭的多声道环绕立体声格式,主要用作电影和DVD中的伴音,也用于音频光盘DTS-CD。DTS采用英国音频处理技术(Audio Processing Technology)公司的APT-X100数字压缩技术(压缩4倍)、4/5.1/6.1/n声道、48kHz采样、20b量化。

DTS公司由企业家、科学家Terry Beard与通用城市演播室公司(Universal City Studios,Inc)于1990年共同创立,1993年著名电影导演Steven Spielberg等人也正式加入。DTS公司的总部设在美国加州的Agoura Hills,在英国、日本和中国设有国际办事处。

从1991年起,不满于当时电影伴音质量的Beard和Spielberg等人,就开始研究电影伴音编码的新技术。他们在1990年被用于电影*Cyrano de Bergerac*的法国专利技术LC Concept基础上,推出了自己的DTS格式的新电影伴音技术。

采用DTS技术的电影,将伴音信号记录在CD-ROM(DTS-CD)上,而胶片只记录图像信息。放映时,用电影放映机和一台专用CD-ROM放音机一起同步播放。

DTS格式的首次亮相是在1993年6月Spielberg导演的电影《侏罗纪公园》中,由于其音质明显优于用胶片记录伴音的传统电影而一炮走红。1993年晚些时候又推出使用DTS技术的电影《侏罗纪公园》DVD。1996年推出了适用于家用产品的DTS结合声学(DTS Coherent Acoustics)技术,现在已经被广泛应用于家庭影院、汽车音频产品、视频游戏、DVD-Video、5.1声道的音乐光盘DTS-CD、DVD-Audio、计算机等。

DTS采用相干声学(Coherent Acoustics)编码技术。其最初的目标是要使音乐重放达到试听室的水平,即"音质高于CD",而多声道格式是要使得家庭影院的声音重放质量在保真度及声像准确度方面得到全面的提高。第二个主要目标是其压缩算法应是广泛适用而且灵活的。多媒体应用限制了数据带宽,因此需要工作在384Kb/s或更低的511声道模式。而专业音乐应用要有更高的采样频率、更长的量化数及多路分立音频通道,并且更需要无损压缩。DTS相干声学包括了所有这些特性。最后一个重要的目标就是确保所有的解码器算法相对简单而且向前兼容。这可保证今天的解码硬件在未来DTS编码技术进一步发展时仍可被继续使用。

DTS有如下几种常用格式。

(1) DTS-4。4声道(前左/中/右、后[左右同]),类似于Dolby Pro-Logic。

(2) DTS[-6]。5.1声道(前左/中/右、后左/右、LFE),类似于Dolby Digital。

(3) DTS-ES。6.1声道(前左/中/右、后左/中/右、LFE),可用于7.1家庭影院(前左/中左/前中/中右/前右、后[左右同]、LFE),ES为Extended Surround(扩展环绕)。类似于Dolby Digital Surround EX。

(4) DTS 96/24。5.1声道、96kHz采样、24b量化,用于DVD-Video。

(5) DTS交互。主要用于游戏,注重实时性。

(6) DTS HD(DTS++)。支持虚拟的无限多个环绕声通道,可将其混合输出到5.1或双声道;支持从DTS到无损的各种比特率;是蓝光盘BD和HD DVD的一种可选环绕声格式,也是唯一支持无损环绕声传输的格式。HD为High Definition(高清晰)。类似于Dolby TrueHD。

3. AAC

AAC(Advanced Audio Coding,先进音频编码),是由4个工业界的领导者(AT&T、杜比实验室、Fraunhofer IIS和索尼公司)共同开发的一种先进的有损音频压缩技术。AAC可以视为是MP3的发展,也被称为MP4,它是音视频编码标准MPEG-2/4的重要组成部分(ISO/IEC 13818-3、ISO/IEC 14496-3)。

AAC是一种非常灵活的声音感知编码标准。就像所有感知编码一样,AAC主要使用听觉系统的掩蔽特性来减少声音的数据量,并且通过把量化噪声分散到各个子带中,用全局信号把噪声掩蔽掉。

AAC支持的声音频率可从8kHz到96kHz,AAC编码器的音源可以是单声道的、立体声的和多声道的声音。AAC标准可支持48个主声道、16个低频音效加强通道LFE (Low Frequency Effects)、16个配音声道(Overdub Channel)或者叫做多语言声道(Multilingual Channel)和16个数据流。MPEG-2 AAC在压缩比为11∶1,即每个声道的数据率为(44.1×16)/11=64Kb/s,而5个声道的总数据率为320Kb/s的情况下,很难区分还原后的声音与原始声音之间的差别。与MPEG-1 Audio的层2相比,MPEG-2 AAC的压缩率可提高1倍,而且质量更高;与MP3相比,在质量相同的条件下数据率是它的70%。

AC-3与DTS的应用都十分广泛,既可用于电影院,也可用于DVD-Vedio、家庭影院、计算机、游戏机和汽车音响系统等,其中AC-3还用于HDTV,DTS也用于CD;AAC则主要用于MPEG标准,可用于DVD和MP4等。

2.4 MIDI

MIDI是电子乐器和计算机之间交换音乐信息所使用的一种标准协议。

本节介绍MIDI的基本概念、原理和系统。

2.4.1 MIDI简介

MIDI是用于在音乐合成器(Music Synthesizers)、乐器(Musical Instruments)和计算机之间交换音乐信息的一种标准协议,现已经逐步被音乐家和作曲家广泛接受和使用。

MIDI是乐器和计算机使用的标准语言,是一套指令(即命令的约定),它指示乐器即MIDI设备要做什么,怎么做,如演奏音符、加大音量、生成音响效果等。MIDI不是声音信号,在MIDI电缆上传送的不是声音,而是发给MIDI设备或其他装置让他产生声音或执行某个动作的指令。

MIDI的主要优点:

(1) 生成的文件比较小,因为MIDI文件存储的是命令,而不是声音波形。

(2) 容易编辑,因为编辑命令比编辑声音波形要容易得多。

MIDI常用作背景音乐。因为MIDI音乐可以和其他的媒体,如数字电视、图形、动画、话音等一起播放,这样可以加强演示效果。

2.4.2 MIDI 简史

- 20 世纪 20 年代,出现第 1 种流行的电子合成器(Electronic Synthesizer),但声音单一。
- 20 世纪 60 年代,Robert Moog 设计了首台广泛使用的模拟电子合成器。
- 20 世纪 70 年代初期出现计算机音乐合成器(Computer Music Synthesizer)。随着低价微处理器和集成电路的出现,到 20 世纪 70 年代末,计算机音乐合成器已经取代了模拟电子合成器,但各个厂商的产品互不兼容。
- 1981 年 6 月,在美国音乐商协会(National Association of Music Merchants, NAMM)展上,三个主要的合成器公司: Sequential Circuits、Roland Corporation 和 Oberheim Electronics,讨论合成器控制信号的标准化。
- 1981 年 11 月,Sequential Circuits 公司的 Dave Smith 写出通用合成器接口(Universal Synthesizer Interface,USI)协议提交给音频工程协会。
- 1982 年 1 月,在 NAMM 展上,Yamaha、Korg、Kawai 等日本合成器制造商也加入标准的制定。
- 1982 年 6 月,经过对 USI 的改进和扩展,在 NAMM 展上,提出 MIDI 规范(the MIDI Specification)。
- 1983 年 8 月,公布 MIDI 1.0 详细规范(Detailed Specification),1995 年 1 月推出版本 v95.1,1995 年 9 月推出版本 v95.2,1996 年 3 月推出版本 v96.1,当前最新版本为 2001 年 11 月推出的 v96.1 (Second Edition),现在正在制定下一版本 Schedule TBD。
- 1991 年 9 月,控制 MIDI 标准的两个组织——美国 MIDI 制造商协会(MIDI Manufacturers Association, MMA) 与日本 MIDI 标准委员会(Japan MIDI Standards Committee,JMSC)提出 GM1(General MIDI Level 1,通用 MIDI 级别 1)规范。1999 年 11 月,推出 GM2 规范(General MIDI 2 Specification),2003 年 9 月推出 GM2 规范 1.1,2007 年 2 月推出 GM2 规范 1.2。
- 1997 年 1 月,MMA 推出 DLS (Downloadable Sounds,可下载声音)标准,2004 年 9 月推出 1.1b 版,2006 年 4 月推出 2.2 版。
- 1997 年 11 月,MMA 推出 SMF(The Standard MIDI Files,标准 MIDI 文件)规范,1998 年 1 月、1999 年 6 月和 2001 年 1 月又分别推出了它的增强和更新版。
- 2001 年 8 月,MMA 推出 XMF (eXtensible Music Format,可扩展音乐格式)1.0,2003 年 8 月推出 XMF 1.0.1,2004 年 12 月推出 XMF 2.0。
- 2003 年 7 月,美国的 MMA 和日本的 AMEI(Association of Musical Electronics Industry,电子音乐工业协会)批准了 MIDI XML 规范。
- 2004 年 11 月,MMA 又推出了用于 3G 移动通信的 SP-MIDI(Scalable Polyphony MIDI Specification,可伸缩多音调 MIDI 规范)。

2.4.3 音乐生成方法

产生 MIDI 乐音的常用方法有两种: 调频频率调制(Frequency Modulation,FM)合成法和乐音样本合成法，乐音样本合成法也称为波形表(Wavetable)合成法，这两种方法目前主要用来生成音乐。

1. 调频合成声音

20 世纪 60 年代，音乐合成器的先驱 Robert Moog 采用了模拟电子器件生成了复杂的乐音。20 世纪 80 年代初，美国斯坦福大学(Stanford University)的研究生 John Chowning 发明了产生乐音的新方法——数字式频率调制合成法(Digital Frequency Modulation Synthesis)。他把几种乐音的波形用数字来表达，并且用数字计算机而不是用模拟电子器件把它们组合起来，通过数模转换器(Digital to Analog Convertor，DAC)来生成乐音。FM 合成法的发明使合成音乐工业发生了一次革命。

采用数字式调频合成法的集成电路芯片叫做 FM 合成器，它由 5 个基本模块组成(参见图 2-13)。

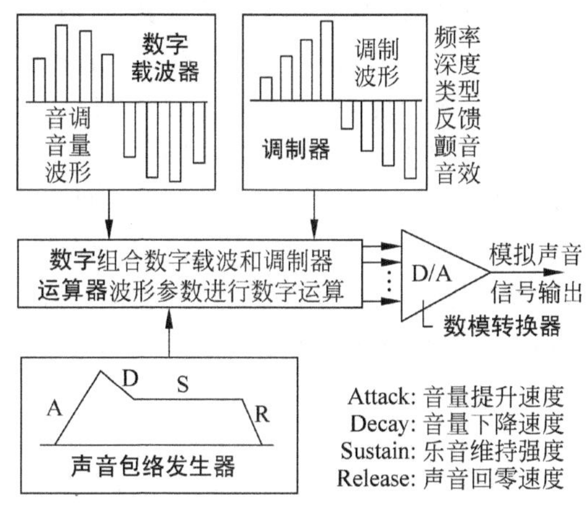

图 2-13 FM 声音合成器的工作原理

(1) 数字载波器。用于数字载波，使用了 3 个参数：音调、音量和波形。

(2) 调制器。用于波形调制，使用了 6 个参数：频率、调制深度、波形的类型、反馈量、颤音和音效。

(3) 声音包络发生器。乐器声音除了有它自己的波形参数外，还有它自己的比较典型的声音包络线，声音包络发生器用来调制声音的电平，这个过程也称为调幅(幅度调制，Amplitude Modulation，AM)，并且作为数字式音量控制旋钮，它的 4 个参数写成 ADSR (Attack，起声；Decay，衰落；Sustain，维持；Release，释放)，这条包络线也称为音量升降维持静音包络线。

(4) 数字运算器。用于组合数字载波和调制波形的参数进行数字运算。

(5) 数模转换器。将数字信号转换成模拟声音。

在乐音合成器中，数字载波波形和调制波形有很多种，不同型号的 FM 合成器所选用的波形也不同。图 2-14 是 Yamaha OPL-Ⅲ数字式 FM 合成器采用的波形。

各种不同乐音的产生是通过组合各种波形和各种波形参数并采用各种不同的方法实现的。用什么样的波形作为数字载波波形、用什么样的波形作为调制波形、用什么样的波形参

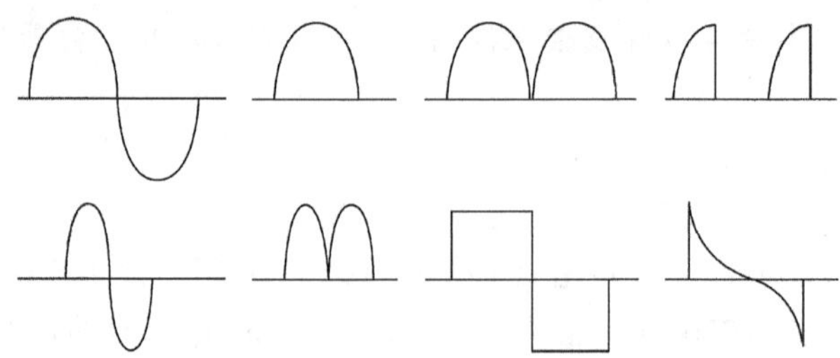

图 2-14 声音合成器的波形

数去组合才能产生所希望的乐音,这就是 FM 合成器的算法。

通过改变合成器的参数,可以生成不同的乐音,例如:

(1) 改变数字载波频率可以改变乐音的音调(音高)。

(2) 改变数字载波的幅度可以改变声音的音量。

(3) 改变波形的类型,如用正弦波、半正弦波或其他波形,会影响基本音调的完整性。

(4) 快速改变调制波形的频率(即音调周期)可以改变颤音的特性。

(5) 改变反馈量,就会改变正常的音调,产生刺耳的声音。

(6) 选择的算法不同,载波器和调制器的相互作用也不同,生成的音色也不同。

合成器的 13 个声音参数和 1 个算法种类共 14 个控制参数以字节的形式存储在声卡的 ROM 中。播放某种乐音时,计算机就发送一个信号,这个信号被转换成 ROM 的地址,从该地址中取出的数据就是用于产生这种乐音的数据。FM 合成器利用这些数据产生的乐音是否逼真,它的逼真程度有多高,取决于可用的波形源的数目、算法和波形的类型。

2. 波表合成声音

使用 FM 合成法来产生各种逼真的乐音是相当困难的,有些乐音几乎不能产生,因此很自然地就转向乐音样本合成法。这种方法就是把真实乐器发出的声音以数字的形式记录下来,播放时改变播放速度,从而改变音调周期,生成各种音阶的音符,参见图 2-15。

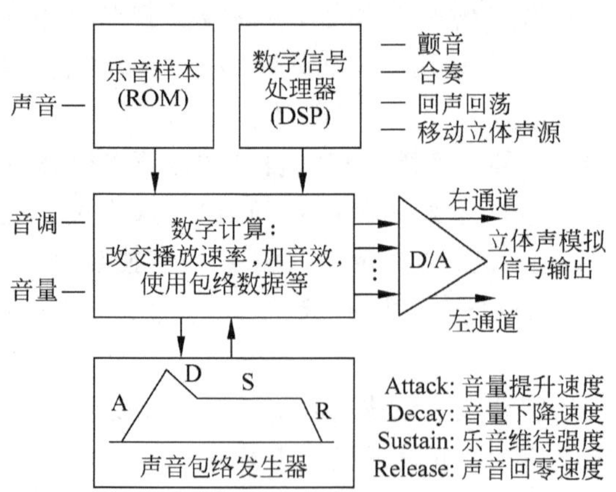

图 2-15 乐音样本合成器的工作原理

乐音样本的采集相对比较直观。音乐家在真实乐器上演奏不同的音符,按 CD-DA 的质量(44.1kHz 采样频率/16 位乐音样本)把不同音符的真实声音记录下来,这就完成了乐音样本的采集。乐音样本通常放在由超大规模集成电路制成的 ROM 芯片上。

乐音样本合成器所需要的输入控制参数比较少,可控的数字音效也不多,大多数采用这种合成方法的声音设备都可以控制声音包络的 ADSR 参数,产生的声音质量比 FM 合成方法产生的声音质量要高。

2.4.4 MIDI 系统

MIDI 协议提供了一种标准的和有效的方法,用来把演奏信息转换成电子数据,再由合成器根据这些数据生成乐音。MIDI 1.0 详细规范对 MIDI 协议做了完整的说明。

1. MIDI 消息与数据流、MIDI 控制器与音序器

MIDI 消息(MIDI Messages)是告诉音乐合成器如何演奏一小段音乐的一种指令,其数据流是单向异步的数据位流(Bit Stream),速率为 31.25Kb/s,每个字节为 10 位(1 位开始位、8 位数据位和 1 位停止位)。

MIDI 数据流通常由下面两种 MIDI 设备产生。

- MIDI 控制器(controller)。是当作乐器使用的一种设备(如乐器键盘),在播放时把演奏转换成实时的 MIDI 数据流。
- MIDI 音序器(Sequencer)。是一种允许 MIDI 数据被捕获、存储、编辑、组合和重奏的装置。

MIDI 乐器上的 MIDI 接口通常包含 3 种不同的 MIDI 连接器：IN(输入)、OUT(输出)和 THRU(穿越)。来自 MIDI 控制器或者音序器的 MIDI 数据输出通过其采用菊花式插头的 MIDI OUT 连接器传输。

通常,MIDI 数据流的接收设备是 MIDI 声音发生器(Sound Generator)或者 MIDI 声音模块(Sound Module),它们在 MIDI IN 端口接收 MIDI 信息,然后播放声音。

2. MIDI 系统

一个简单的 MIDI 系统由一个 MIDI 键盘控制器和一个 MIDI 声音模块组成。许多 MIDI 键盘乐器在其内部,既包含键盘控制器,又包含 MIDI 声音模块功能。在这些单元中,键盘控制器和声音模块之间已经有内部连接,这个连接可以通过该设备中的局部控制(Local Control)功能对连接进行打开(ON)或关闭(OFF)。

单个物理 MIDI 通道(Channel)分成 16 个逻辑通道,每个逻辑通道可指定一种乐器。在 MIDI 信息中,用 4 个二进制位来表示这 16 个逻辑通道。音乐键盘可设置在这 16 个通道之中的任何一个,而 MIDI 声源或者声音模块可被设置在指定的 MIDI 通道上接收。

在一个 MIDI 设备上的 MIDI IN 连接器接收到的信息可通过 MIDI THRU 连接器输出到另一个 MIDI 设备,并能以菊花链的方式连接多个 MIDI 设备,这样就可组成复杂的 MIDI 系统,参见图 2-16。

3. 计算机 MIDI 系统

图 2-16 是用计算机构造的 MIDI 系统,该系统使用的声音模块就是这样一种单独的多

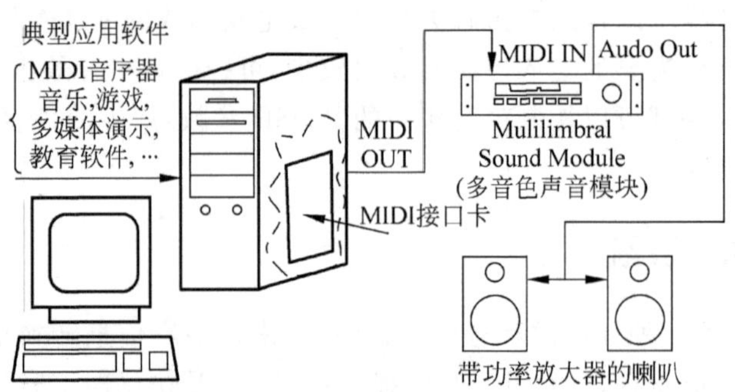

图 2-16 使用计算机构成的 MIDI 系统

音色声音模块。在这个系统中,计算机使用内置的 MIDI 接口卡,用来把 MIDI 数据发送到外部的多音色 MIDI 合成器模块。像多媒体演示程序、教育软件或者游戏等应用软件,它们把信息通过计算机总线发送到 MIDI 接口卡。MIDI 接口卡把信息转换成 MIDI 消息,然后送到多音色声音模块同时播放出许多不同的乐音(如钢琴声、低音和鼓声)。使用安装在计算机上的高级的 MIDI 音序器软件,用户可把 MIDI 键盘控制器(MIDI Keyboard Controller)连接到 MIDI 接口卡的 MIDI IN 端口,也可以有相同的音乐创作功能。

使用计算机构造 MIDI 系统可以有不同的方案。例如,可把 MIDI 接口和 MIDI 声音模块组合进声卡(包括独立声卡和嵌入到主板中的集成声卡)上。多媒体个人计算机(Multimedia PC,MPC)规范就要求计算机添加卡上必须有这样的声音模块,称为合成器(Synthesizer)。

2.4.5 通用 MIDI

通用 MIDI 规范 GM(General MIDI Specification)是由国际 MIDI 协会(International MIDI Association)颁布的,用于通用 MIDI 乐器(General MIDI Instruments)。该规范包括通用 MIDI 声音集(General MIDI Sound Set)即配音映射(Patch Map)、通用 MIDI 打击乐音集(General MIDI Percussion Set)即打击乐音与音符号之间的映射,以及一套通用 MIDI 演奏(General MIDI Performance)的指标,包括声音数目和 MIDI 消息类型等。

通用 MIDI 系统规定 MIDI 通道 1～9 和 11～16 用于旋律乐器声,而通道 10 用于以键盘为基础的打击乐器声。

2.5 音频编码

音频信号包括窄带(3.4kHz)的话音信号和宽带(20kHz)的其他音频信号(传统音乐 7kHz,电子音乐、自然声、环境声、效果声 20kHz),而音频数据又分为波形数据和指令数据,它们的编码方法各不相同。前面介绍的 MIDI 就是一种指令音乐数据的编码标准。

由于话音信号和非话音信号的波形数据的压缩/编码方法差别较大,本节重点介绍话音编码,同时介绍宽带音频所用的子带编码方法。

2.5.1 简介

单声道、8位/样本、采样频率为8kHz的话音数据流的码率是1×8b/样×8k样/s=64Kb/s。而现在调制解调器的速率一般为28.8Kb/s或56Kb/s。为了提高通信效率和带宽利用率,必须对话音数据进行编码压缩。联合国下属的国际电信联盟(International Telecommunication Union,ITU)制定了一系列的话音编码标准G.7××,参见表2-10。

表 2-10 音频编码算法与标准

编码	算法	名称	数 据 率	标准	时间	质量
波形编码	PCM	均匀量化	64Kb/s			4.0～4.5
	μ/A	μ/A律压扩	64Kb/s	G.711	1972	
	ADPCM	自适应差值量化	32Kb/s 24/40Kb/s 16/24/40Kb/s 16/24/40Kb/s	G.721 G.723 G.726 G.727	1984 1986 1988 1990	
	SB-ADPCM	子带-自适应差值量化	48/56/64Kb/s	G.722	1988	
音源编码	LPC	线性预测编码	2.4Kb/s			2.5～3.5
混合编码	LD-CELP	低延时码激励LPC	16Kb/s	G.728/G.729	1992	3.7～4.0
	MPEG-1	多子带感知编码	128Kb/s		1992	5.0

通常把已有的话音编译码器分成以下三种类型:波形编译码器(Waveform Codecs);音源编译码器(Source Codecs),又叫参数编译码器(Parameter Codec);混合编译码器(Hybrid Codecs),参见图2-17。

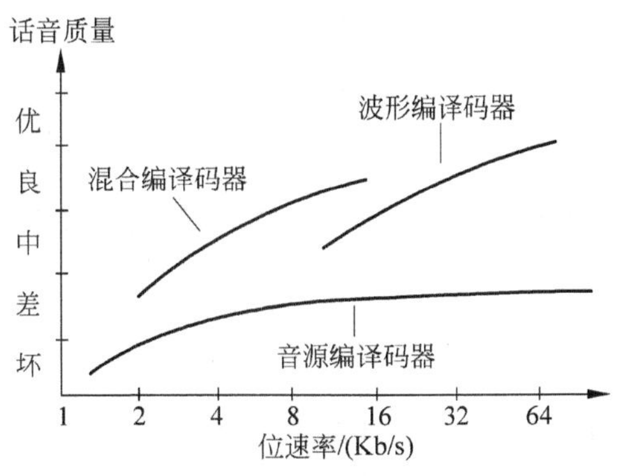

图 2-17 普通编译码器的音质与数据率

一般来说,波形编译码器的话音质量高,但数据率也很高;音源编译码器的数据率很低,产生的合成话音的音质有待提高;混合编译码器综合使用音源编译码技术和波形编译码技术,数据率和音质介于它们之间。图2-17表示了这三种编译码器的话音质量和数据率的关系。

2.5.2 波形编译码

波形编译码的想法是,不利用生成话音信号的任何知识而产生一种重构信号,它的波形与原始话音波形尽可能地一致。一般来说,这种编译码器的复杂程度比较低,数据速率高(一般在 16Kb/s 以上),质量相当高。低于这个数据速率时,音质急剧下降。

1. PCM

最简单的波形编码是 PCM(Pulse Code Modulation,脉冲编码调制),它仅仅是对输入信号进行采样(每隔一段时间间隔读一次声音的幅度)和量化(把采样得到的声音信号幅度转换成离散数字值)。

典型的窄带话音带宽限制在 4kHz,采样频率是 8kHz。如果要获得高一点的音质,样本精度要用 12 位,它的数据率就等于 96Kb/s,这个数据率可以使用非线性量化来降低。例如,可以使用近似于对数的对数量化器(Logarithmic Quantizer),使用它产生的样本精度为 8 位,它的数据率为 64Kb/s 时,重构的话音信号几乎与原始的话音信号没有什么差别。这种量化器在 20 世纪 80 年代就已经标准化,而且直到今天还在广泛使用。在北美的压扩标准是 μ 律,在欧洲的压扩标准是 A 律。它们的优点是编译码器简单,延迟时间短,音质高。但不足之处是数据速率比较高,对传输通道的错误比较敏感。

1) 概念

脉冲编码调制是概念上最简单、理论上最完善的编码系统,是最早研制成功、使用最为广泛的编码系统,但也是数据量最大的编码系统。PCM 的编码原理比较直观和简单,它的原理框图如图 2-18 所示。

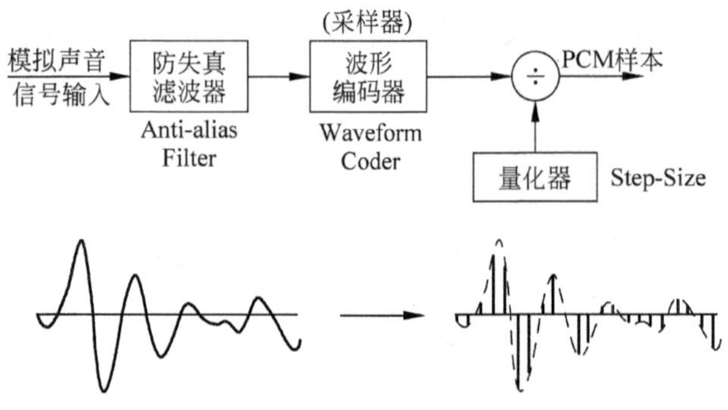

图 2-18 PCM 编码框图

在这个编码框图中,它的输入是模拟声音信号,它的输出是 PCM 样本。图 2-18 中的"防失真滤波器"是一个低通滤波器,用来滤除声音频带以外的信号;"波形编码器"可暂时理解为"采样器";"量化器"可理解为"量化阶大小(Step-Size)"生成器或者称为"量化间隔"生成器。

量化有好几种方法,但可归纳成为均匀量化与非均匀量化。采用的量化方法不同,量化后的数据量也就不同。因此,可以说量化也是一种压缩数据的方法。

2) 均匀量化

如果采用相等的量化间隔对采样得到的信号做量化,那么这种量化称为均匀量化,也称为线性量化,如图 2-19 所示。量化后的样本值 Y 和原始值 X 的差 $E=Y-X$ 称为量化误差或量化噪声。

用这种方法量化输入信号时，无论对大的输入信号还是小的输入信号一律都采用相同的量化间隔。为了适应幅度大的输入信号，同时又要满足精度要求，就需要增加样本的位数。但是，对话音信号来说，大信号出现的机会并不多，增加的样本位数就没有充分利用。为了克服这个不足，就出现了非均匀/非线性量化的方法。

3) 非均匀量化

非线性量化的基本想法是，对输入信号进行量化时，大的输入信号采用大的量化间隔，小的输入信号采用小的量化间隔，如图 2-20 所示。这样就可以在满足精度要求的情况下用较少的位数来表示。声音数据还原时，采用相同的规则。

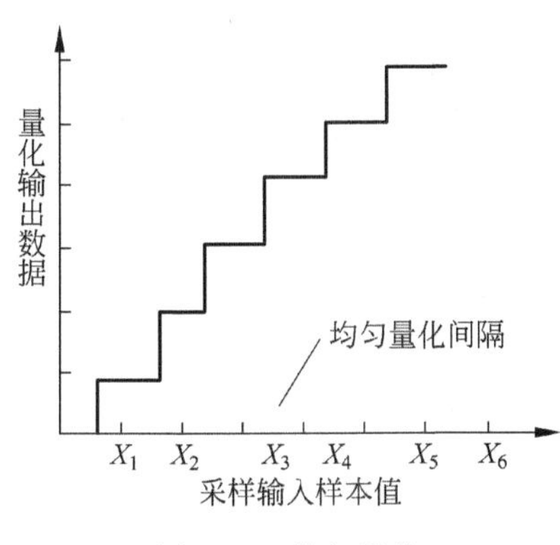

图 2-19 均匀量化

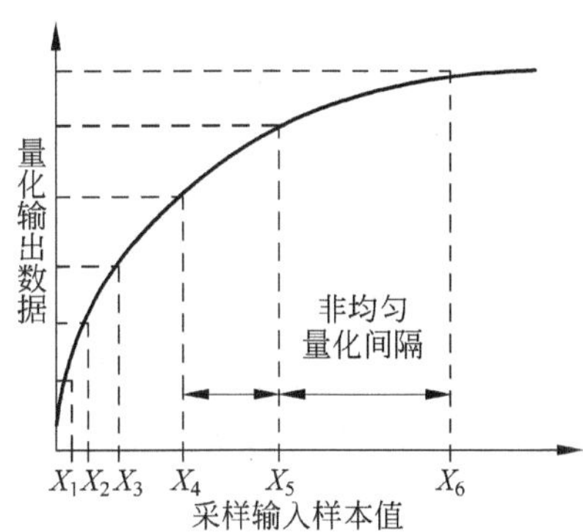

图 2-20 非均匀量化

在非线性量化中，采样输入信号幅度和量化输出数据之间定义了两种对应关系，一种称为 μ 律压扩算法，另一种称为 A 律压扩算法。

4) μ 律压扩

μ 律压扩(μ-Law Companding) (G. 711)主要用在北美和日本等地区的数字电话通信中，按下面的式子确定量化输入和输出的关系：

$$F_\mu(x) = \operatorname{sgn}(x)\frac{\ln(1+\mu|x|)}{\ln(1+\mu)}$$

式中：x 为输入信号幅度，规格化成 $-1\leqslant x\leqslant 1$；$\operatorname{sgn}(x)$为 x 的极性；μ 为确定压缩量的参数，它反映最大量化间隔和最小量化间隔之比，取 $100\leqslant\mu\leqslant 500$。

由于 μ 律压扩的输入和输出关系是对数关系，所以这种编码又称为对数 PCM。具体计算时，用 $\mu=255$，把对数曲线变成 8 条折线以简化计算过程，参见图 2-21。

5) A 律压扩

A 律压扩(A-Law Companding) (G. 711)主要用在欧洲和中国大陆等地区的数字电话通信中，按下面的式子确定量化输入和输出的关系：

$$F_A(x) = \operatorname{sgn}(x)\frac{A|x|}{1+\ln A},\quad 0\leqslant|x|\leqslant\frac{1}{A}$$

$$F_A(x) = \operatorname{sgn}(x)\frac{1+\ln(A|x|)}{1+\ln A},\quad \frac{1}{A}\leqslant|x|\leqslant 1$$

式中：x 为输入信号幅度，规格化成 $-1\leqslant x\leqslant 1$；$\operatorname{sgn}(x)$为 x 的极性；A 为确定压缩量的参数，它反映最大量化间隔和最小量化间隔之比。

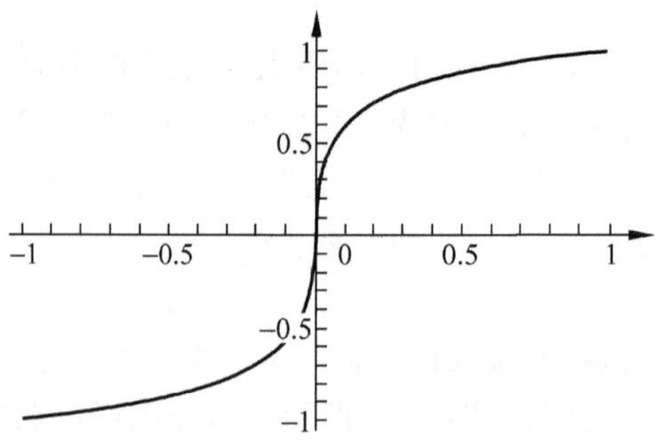

图 2-21 μ 律曲线图(μ=255)

A 律压扩的前一部分是线性的,其余部分与 μ 律压扩相似为对数的。具体计算时,A=87.56,为简化计算,同样把对数曲线部分变成折线,参见图 2-22。

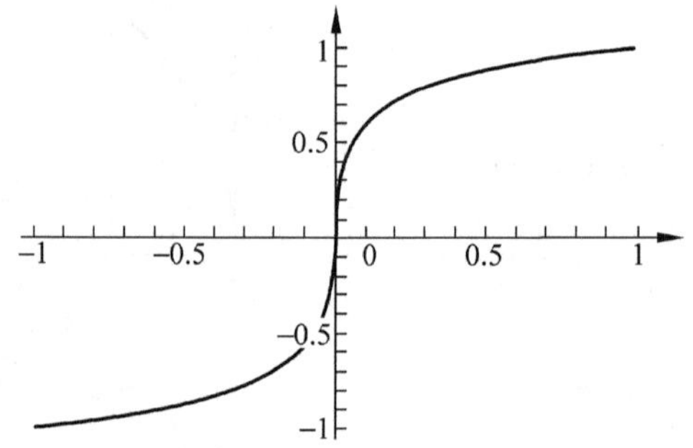

图 2-22 A 律曲线图(A=87.56,1/A=0.0114207)

对于采样频率为 8kHz,样本精度为 13 位、14 位或者 16 位的输入信号,使用 μ 率压扩编码或者使用 A 率压扩编码,经过 PCM 编码器之后每个样本的精度为 8 位,输出的数据率为 64Kb/s。这个数据就是 CCITT 推荐的 G.711 标准:话音频率脉冲编码调制(PCM of Voice Frequencies)。

6) PCM 在通信中的应用

PCM 编码早期主要用于话音通信中的多路复用。一般来说,在电信网中传输媒体费用约占总成本的 65%,设备费用约占成本的 35%,因此提高线路利用率是一个重要课题。提高线路利用率通常用下面两种方法。

- 频分多路复用 (Frequency-Division Multiplexing,FDM)。这种方法是把传输信道的频带分成好几个窄带,每个窄带传送一路信号。例如,一个信道的频带为 1400Hz,把这个信道分成 4 个子信道(Subchannels):820～990Hz,1230～1400Hz,1640～1810Hz 和 2050～2220Hz,相邻子信道间相距 240Hz,用于确保子信道之间不相互干扰。每对用户仅占用其中的一个子信道。这是模拟载波通信的主要手段;
- 时分多路复用(Time-Division Multiplexing,TDM)。这种方法是把传输信道按时间来分割,为每个用户指定一个时间间隔,每个间隔里传输信号的一部分,这样就可以使许多用户同时使用一条传输线路。这是数字通信的主要手段。例如,话音信号的采样频率 f 为 8000Hz,它的采样周期为 125μs,这个时间称为 1 帧(Frame)。在这个时间里可容纳的话路数有两种规格：24 路制和 30 路制。图 2-23 表示了 24 路制的结构。

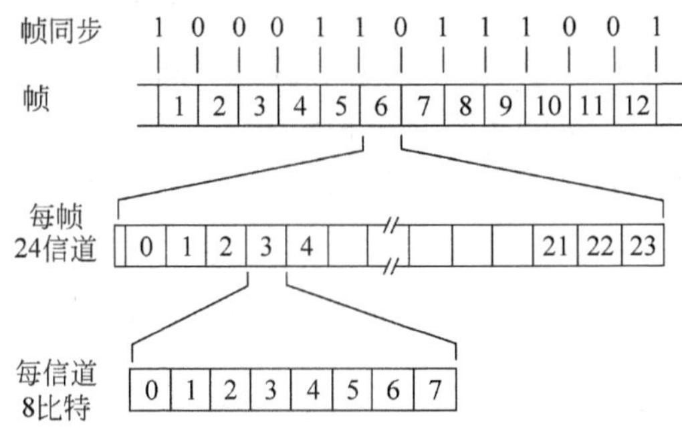

图 2-23 24 路 PCM 的帧结构

24 路制的重要参数如下：

- 每秒钟传送 8000 帧，每帧 125μs。
- 12 帧组成 1 复帧（用于同步）。
- 每帧由 24 个时间片（信道）和 1 位同步位组成。
- 每个信道每次传送 8 位代码，1 帧有 24×8+1=193。
- 数据传输率 $R=8000\times193=1544$Kb/s。
- 每一个话路的数据传输率=8000×8=64Kb/s。

30 路制的重要参数如下：

- 每秒钟传送 8000 帧，每帧 125μs。
- 16 帧组成 1 复帧（用于同步）。
- 每帧由 32 个时间片（信道）组成。
- 每个信道每次传送 8 位代码。
- 数据传输率 $R=8000\times32\times8=2048$Kb/s。
- 每一个话路的数据传输率=8000×8=64Kb/s。

时分多路复用（TDM）技术已广泛用在数字电话网中，为反映 PCM 信号复用的复杂程度，通常用“群（Group）”这个术语来表示，也称为数字网络的等级。PCM 通信方式发展很快，传输容量已由一次群（基群）的 30 路（或 24 路），增加到二次群的 120 路（或 96 路），三次群的 480 路（或 384 路）……图 2-24 为表示二次复用的示意图。

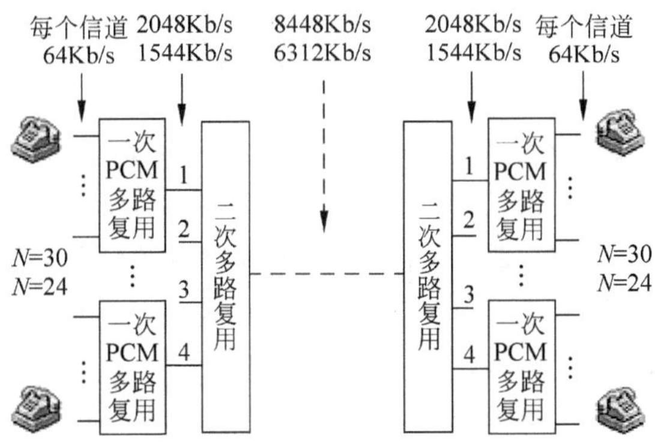

图 2-24 二次复用示意图

图 2-24 中的 N 表示话路数，无论 $N=30$ 还是 $N=24$，每个信道的数据率都是 64Kb/s，经过一次复用后的数据率就变成 2048Kb/s($N=30$)或者 1544Kb/s($N=24$)。在数字通信中，具有这种数据率的线路在北美叫做 T1 远距离数字通信线，提供这种数据率服务的级别称为 T1 等级，在欧洲叫做 E1 远距离数字通信线和 E1 等级。T1/E1、T2/E2、T3/E3、T4/E4 和 T5/E5 的数据率如表 2-11 所示。请注意，上述基本概念都是在多媒体通信中经常用到的。

表 2-11 多次复用的数据传输率表

地区	数字网络等级	T1/E1	T2/E2	T3/E3	T4/E4	T5/E5
美国	64Kb/s 话路数	24	96	672	4032	
	总传输率/Mb	1.544	6.312	44.736	274.176	
欧洲	64Kb/s 话路数	30	120	480	1920	7680
	总传输率/Mb	2.048	8.448	34.368	139.264	560.000
日本	64Kb/s 话路数	24	96	480	1440	
	总传输率/Mb	1.544	6.312	32.064	97.728	

2. ADPCM

在话音编码中，一种普遍使用的技术叫做预测技术，这种技术是企图从过去的样本来预测下一个样本的值。这样做的根据是认为在话音样本之间存在相关性。如果样本的预测值与样本的实际值比较接近，它们之间的差值幅度的变化就比原始话音样本幅度值的变化小，因此量化这种差值信号时就可以用比较少的位数来表示差值。这就是差分脉冲编码调制(Differential PCM，DPCM)的基础——对预测的样本值与原始的样本值之差进行编码，参见图 2-25。

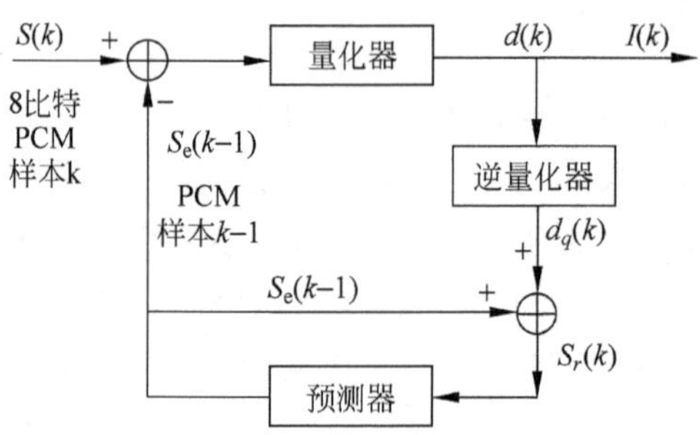

图 2-25 DPCM 方块图

DPCM 编译码器对幅度急剧变化的输入信号会产生比较大的噪声，改进的方法之一就是使用自适应的预测器和量化器，这就产生了自适应差分脉冲编码调制(Adaptive DPCM，ADPCM)。在 20 世纪 80 年代，国际电话与电报顾问委员会，现改为国际电信联盟-远程通信标准部(International Telecommunications Union-Telecommunications Standards Section，ITU-TSS)，就制定了数据率为 32Kb/s 的 ADPCM 标准，它的音质非常接近 64Kb/s 的 PCM 编译码器，随后又制定了数据率为 16Kb/s，24Kb/s 和 40Kb/s 的 ADPCM 标准。

ADPCM 综合了 APCM 的自适应特性和 DPCM 系统的差分特性，是一种性能比较好的波形编码。它的核心想法是：

① 利用自适应的思想改变量化阶的大小，即使用小的量化阶去编码小的差值，使用大的量化阶去编码大的差值。

② 使用过去的样本值估算下一个输入样本的预测值，使实际样本值和预测值之间的差值总是最小。它的编码简化框图如图 2-26 所示。

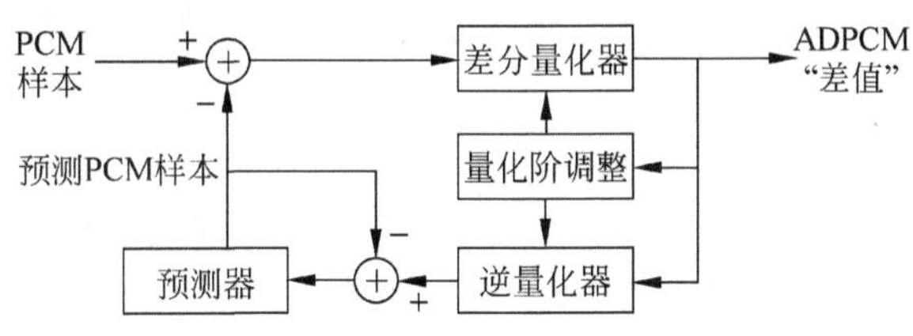

图 2-26 ADPCM 方块图

ADPCM 是利用样本与样本之间的高度相关性和量化阶自适应来压缩数据的一种波形编码技术，CCITT 为此制定了 G. 721 推荐标准，这个标准叫做 32Kb/s 自适应差分脉冲编码调制。在此基础上还制定了 G. 721 的扩充推荐标准，即 G. 723(Extension of Recommendation G. 721 Adaptive Differential Pulse Code Modulation to 24 and 40Kb/s for Digital Circuit Multiplication Equipment Application)，使用该标准的编码器的数据率可降低到 40Kb/s 和 24Kb/s。

CCITT 推荐的 G. 721 ADPCM 标准是一个代码转换系统。它使用 ADPCM 转换技术，实现 64Kb/sA 律或 μ 律 PCM 速率和 32Kb/s 速率之间的相互转换。G. 721 ADPCM 的简化框图如图 2-27 所示。

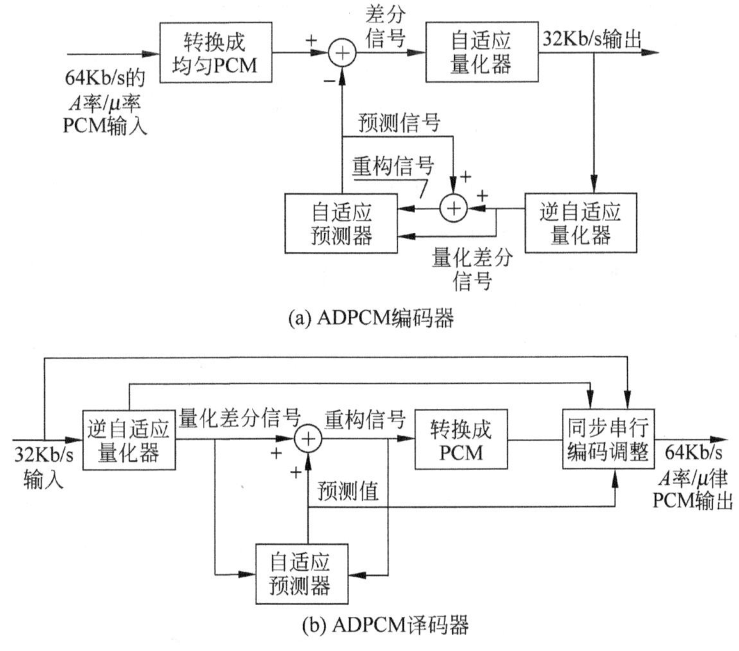

图 2-27 G. 721 ADPCM 简化框图

3. SB-ADPCM

上述的所有波形编译码器完全是在时间域里开发的,在时域里的编译码方法称为时域法(Time Domain Approach)。在开发波形编译码器中,人们还使用了另一种方法,叫做频域法(Frequency Domain Approach)。

例如,在子带编码中,输入的话音信号被分成好几个频带(即子带),变换到每个子带中的话音信号都进行独立编码,例如使用 ADPCM 编码器编码,在接收端,每个子带中的信号单独解码之后重新组合,然后产生重构话音信号。

子带编码的优点是每个子带中的噪声信号仅仅与该子带使用的编码方法有关系。对听觉感知比较重要的子带信号,编码器可分配比较多的位数来表示它们,于是在这些频率范围里噪声就比较低。对于其他的子带,由于对听觉感知的重要性比较低,允许比较高的噪声,于是编码器就可以分配比较少的位数来表示这些信号。自适应位分配的方案也可以考虑用来进一步提高音质。子带编码需要用滤波器把信号分成若干个子带,这比使用简单的 ADPCM 编译码器复杂,而且还增加了更多的编码时延。即使如此,与大多数混合编译码器相比,子带编译码的复杂性和时延相对来说还是比较低的。

为了适应可视电话会议日益增长的迫切需要,1988 年 CCITT 为此制定了 G. 722 推荐标准,叫做"数据率为 64Kb/s 的 7kHz 声音信号编码(7kHz Audio-coding with 64Kb/s)"。这个标准把话音信号的质量由电话质量提高到 AM 无线电广播质量,而其数据传输率仍保持为 64Kb/s。

宽带话音是指带宽在 50～7000Hz 的话音,这种话音在可懂度和自然度方面都比带宽为 300～3400Hz 的窄带话音有明显的提高,也更容易识别对方的说话人。

另一种频域波形编码技术叫做自适应变换编码(Adaptive Transform Coding,ATC)。这种方法使用快速变换(例如离散余弦变换)把话音信号分成许许多多的频带,用来表示每个变换系数的位数取决于话音谱的性质,获得的数据率可低到 16Kb/s。

1) 子带编码

子带编码(Sub-Band Coding,SBC)的基本思想是:使用一组带通滤波器(Band-Pass Filter,BPF)把输入音频信号的频带分成若干个连续的频段,每个频段称为子带。对每个子带中的音频信号采用单独的编码方案去编码。在信道上传送时,将每个子带的代码复合起来。在接收端译码时,将每个子带的代码单独译码,然后把它们组合起来,还原成原来的音频信号。子带编码的方块图如图 2-28 所示,图中的编码/译码器可以采用 ADPCM、APCM、PCM 等。

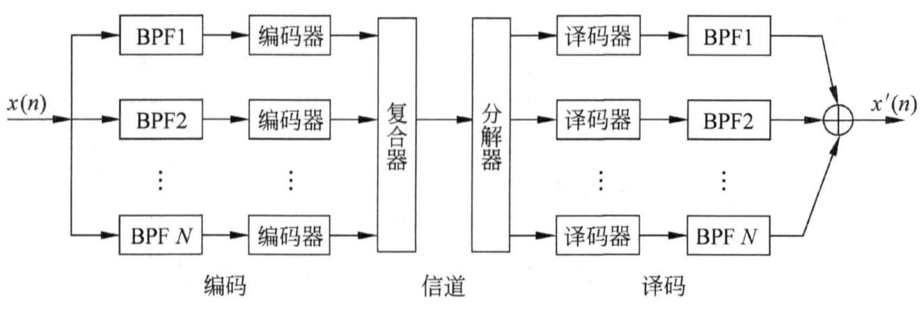

图 2-28　子带编码方块图

采用对每个子带分别编码的好处有两个。第一，对每个子带信号分别进行自适应控制，量化阶的大小可以按照每个子带的能量电平加以调节。具有较高能量电平的子带用大的量化阶去量化，以减少总的量化噪声。第二，可根据每个子带信号在感觉上的重要性，对每个子带分配不同的位数，用来表示每个样本值。例如，在低频子带中，为了保护音调和共振峰的结构，就要求用较小的量化阶、较多的量化级数，即分配较多的位数来表示样本值。而话音中的摩擦音和类似噪声的声音，通常出现在高频子带中，对它分配较少的位数。

音频频带的分割可以用树型结构的式样进行划分。首先把整个音频信号带宽分成两个相等带宽的子带：高频子带和低频子带。然后对这两个子带用同样的方法划分，形成 4 个子带。这个过程可按需要重复下去，以产生 2^K 个子带，K 为分割的次数。用这种办法可以产生等带宽的子带，也可以生成不等带宽的子带。例如，对带宽为 4000Hz 的音频信号，当 $K=3$ 时，可分为 8 个相等带宽的子带，每个子带的带宽为 500Hz。也可生成 5 个不等带宽的子带，分别为[0,500)、[500,1000)、[1000,2000)、[2000,3000)和[3000,4000]。

把音频信号分割成相邻的子带分量之后，用 2 倍于子带带宽的采样频率对子带信号进行采样，就可以用它的样本值重构出原来的子带信号。例如，把 4000Hz 带宽分成 4 个等带宽子带时，子带带宽为 1000Hz，采样频率可用 2000Hz，它的总采样率仍然是 8000Hz。

2）子带-自适应差分脉冲编码调制

采样率为 8kHz、8 位/样本、数据率为 64Kb/s 的 G.711 标准是 CCITT 为话音信号频率为 300～3400Hz 制定的编译码标准，这属于窄带音频信号编码。现代的话音编码技术已经可以减少数据率，而又不至于显著降低音质。CCITT 推荐的 8kHz 采样率、4 位/样本、32Kb/s 的 G.721 标准，以及 G.721 的扩充标准 G.723，都说明了话音压缩编码技术的进展。

G.722 是 CCITT 推荐的音频信号编码译码标准。该标准是描述音频信号带宽为 7kHz、数据率为 64Kb/s 的编译码原理、算法和计算细节。G.722 的主要目标是保持 64Kb/s 的数据率，而音频信号的质量要明显高于 G.711 的质量。G.722 标准把音频信号采样频率由 8kHz 提高到 16kHz，是 G.711 PCM 采样率的 2 倍，因而要被编码的信号频率由原来的 3.4kHz 扩展到 7kHz。这就使音频信号的质量有很大改善，由数字电话的话音质量提高到调幅无线电广播的质量。对话音信号质量来说，提高采样率并无多大改善，但对音乐一类信号来说，其质量却有很大提高。图 2-29 对窄带话音和宽带音频信道做了比较。G.722 编码标准在音频信号的低频端把截止频率扩展到 50Hz，其目的是为进一步改善音频信号的自然度。

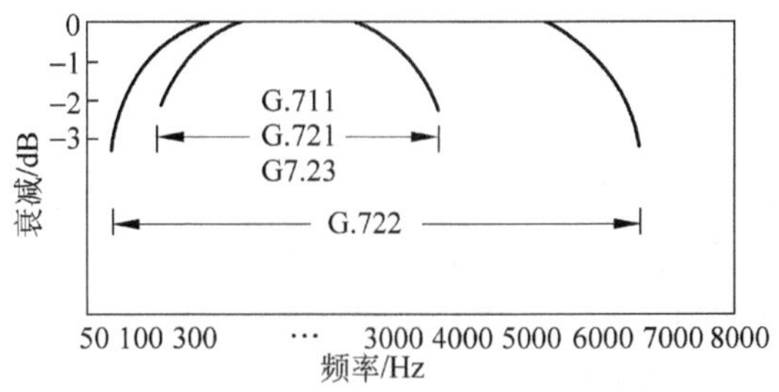

图 2-29 窄带和宽带音频信道频率特性

G.722 编译码系统采用子带自适应差分脉冲编码调制(Sub-Band Adaptive Differential Pulse code Modulation,SB-ADPCM)技术。在这个系统中,用正交镜像滤波器(Quadrature Mirror Filter,QMF)把频带分割成两个等带宽的子带,分别是高频子带和低频子带。在每个子带中的信号都用 ADPCM 进行编码。低频带宽略大于常规的电话话音带宽。对高子带分配 2 位表示每个样本值,而低子带分配 6 位。因为 64Kb/s 的 G.722 标准主要还是针对宽带话音,其次才是音乐。

4. GSM 编译码器简介

除了 ADPCM 算法已经得到普遍应用之外,还有一种使用较普遍的波形声音压缩算法叫做 GSM(Global System for Mobile Communications,全球移动通信系统)算法。GSM 算法是 1992 年柏林技术大学(Technical University Of Berlin)根据 GSM 协议开发的,这个协议是欧洲最流行的数字蜂窝电话(移动)通信协议。

GSM 的输入是帧数据,一帧(20ms)由采样频率为 8kHz 的带符号的 160 个样本组成,每个样本为 13 位或者 16 位的线性 PCM(Linear PCM)码。GSM 编码器可把一帧(160×16 位)的数据压缩成 260 位的 GSM 帧,压缩后的数据率为 1625KB/d,相当于 13Kb/s。由于 260 位不是 8 位的整数倍,因此编码器输出的 GSM 帧为 264 位的线性 PCM 码。采样频率为 8kHz、每个样本为 16 位的未压缩的话音数据率为 128Kb/s,使用 GSM 压缩后的数据率为:(264b×8000 样本/s)/160 样本=13.2Kb/s。GSM 的压缩比为 128∶13.2=9.7,近似于 10∶1。

2.5.3 音源编译码

音源编译码的想法是企图从话音波形信号中提取生成话音的参数,使用这些参数通过话音生成模型重构出话音。针对话音的音源编译码器叫做声码器(Vocoder)。在话音生成模型中,声道被等效成一个随时间变化的滤波器,叫做时变滤波器(Time-Varying Filter),它由白噪声—无声话音段激励,或者由脉冲串—有声话音段激励。因此需要传送给解码器的信息就是滤波器的规格、发声或者不发声的标志和有声话音的音节周期,并且每隔 10~20ms 更新一次。声码器的模型参数既可使用时域的方法也可以使用频域的方法确定,这项任务由编码器完成。

这种声码器的数据率在 2.4Kb/s 左右,产生的语音虽然可以听懂,但其质量远远低于自然话音。增加数据率对提高合成话音的质量无济于事,这是因为受到话音生成模型的限制。尽管它的音质比较低,但它的保密性能好,因此这种编译码器一直用在军事上。

下面只介绍音源编码中最简单的线性预测编码。

线性预测编码(Linear Predictive Coding,LPC)是一种非常重要的编码方法。从原理上讲,LPC 是通过分析话音波形来产生声道激励和转移函数的参数,对声音波形的编码实际就转化为对这些参数的编码,这就使声音的数据量大大减少。在接收端使用 LPC 分析得到的参数,通过话音合成器重构话音。合成器实际上是一个离散的随时间变化的时变线性滤波器,它代表人的话音生成系统模型。时变线性滤波器既当作预测器使用,又当作合成器使用。分析话音波形时,主要是当作预测器使用,合成话音时当作话音生成模型使用。随着话音波形的变化,周期性地使模型的参数和激励条件适合新的要求。

线性预测器是使用过去的 P 个样本值来预测现时刻的采样值 $x(n)$，如图 2-30 所示。

预测值可以用过去 P 个样本值的线性组合来表示：

$$x_{\mathrm{pre}}(n) = -[a_1 x(n-1) + a_2 x(n-2) + \cdots + a_P x(n-P)] = -\sum_{i=1}^{P} a_i x(n-i)$$

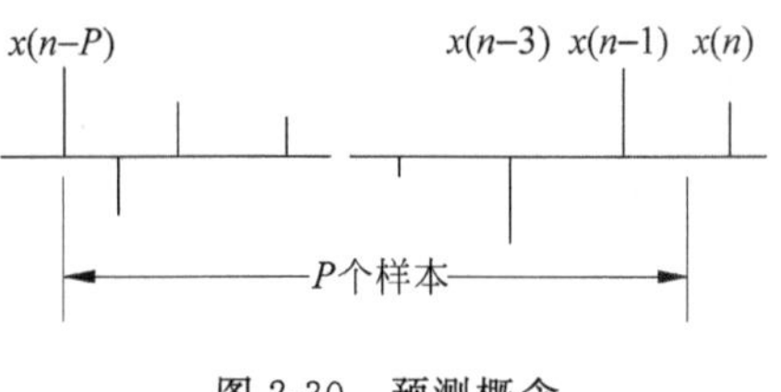

图 2-30　预测概念

为方便起见，式中采用了负号。残差误差(Residual Error)即线性预测误差为

$$e(n) = x(n) - x_{\mathrm{pre}}(n) = \sum_{i=0}^{P} a_i x(n-i)$$

这是一个线性差分方程，其中 $a_0=1$。

在给定的时间范围里，如 $[n_0, n_1]$，使 $e(n)$ 的平方和即 $\beta = \sum_{n=n_0}^{n_1} [e(n)]^2$ 为最小，这样可使预测得到的样本值更精确。通过求解偏微分方程，可找到系数 a_i 的值。如果把发音器官等效成滤波器，这些系数值就可以理解成滤波器的系数。这些参数不再是声音波形本身的值，而是发音器官的激励参数。在接收端重构的话音也不再具体复现真实话音的波形，而是合成的声音。

2.5.4　混合编译码

混合编译码的想法是企图填补波形编译码和音源编译码之间的间隔。波形编译码器虽然可提供高话音的质量，但数据率低于 16Kb/s 的情况下，在技术上还没有解决音质的问题；声码器的数据率虽然可降到 2.4Kb/s 甚至更低，但它的音质根本不能与自然话音相提并论。为了得到音质高而数据率又低的编译码器，历史上出现过很多形式的混合编译码器，但最成功并且普遍使用的编译码器是时域合成-分析(Analysis-by-Synthesis，AbS)编译码器。

AbS 编译码器使用的声道线性预测滤波器模型与线性预测编码使用的模型相同，不使用两个状态(有声/无声)的模型来寻找滤波器的输入激励信号，而是企图寻找这样一种激励信号，使用这种信号激励产生的波形尽可能接近于原始话音的波形。AbS 编译码器由 Atal 和 Remde 在 1982 年首次提出，并命名为多脉冲激励(Multi-Pulse Excited，MPE)编译码器，在此基础上随后出现的是等间隔脉冲激励(Regular-Pulse Excited，RPE)编译码器、码激励线性预测(Code Excited Linear Predictive，CELP)编译码器和混合激励线性预测(Mixed Excitation Linear Prediction，MELP)等编译码器。

AbS 编译码器的一般结构如图 2-31 所示。

AbS 编译码器把输入话音信号分成许多帧，一般来说，每帧的长度为 20ms。合成滤波器的参数按帧计算，然后确定滤波器的激励参数。从图 2-31 (a)可以看到，AbS 编码器是一个负反馈系统，通过调节激励信号 $u(n)$ 可使话音输入信号 $s(n)$ 与重构的话音信号之差为最小，也就是重构的话音与实际的话音最接近。这就是说，编码器通过“合成”许多不同的近似值来“分析”输入话音信号，这也是“合成-分析编码器”名称的来由。在表示每帧的合成滤波

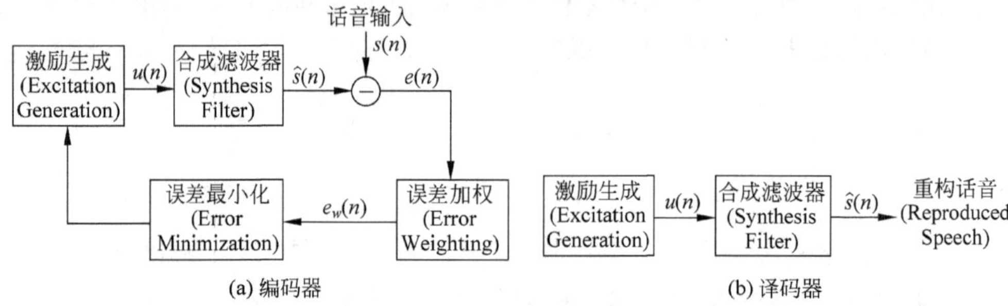

图 2-31　AbS 编译码器的结构

器的参数和激励信号确定之后，编码器就把它们存储起来或者传送到译码器。在译码器端，激励信号馈送给合成滤波器，合成滤波器产生重构的话音信号，如图 2-31(b)所示。

合成滤波器通常使用全极点(All Pole)的短期(Short-Term)线性滤波器，其函数形式如下：

$$H(z)=\frac{1}{A(z)}, 其中\ A(z)=1-\sum_{i=1}^{p}a_i z^{-i}$$

它是预测误差滤波器，这个滤波器是按照这样的原则确定的：当原始话音段通过该滤波器时产生的残留信号的能量最小。滤波器的极点数的典型值等于 10。这个滤波器企图去模拟由于声道作用而引入的话音相关性。

复习思考题

1. 音频的英文是什么？它与声音有什么区别？音频一般分为哪三类？
2. 室温下空气中的声速是多少？
3. 声音是一种什么样的波？与水波有何区别？一般用哪两个物理量来描述？
4. 什么叫基音和谐音？它们之间有什么关系？
5. 声音有哪三个要素？它们的含义是什么？
6. 人类听觉的频率范围是什么？语音的频率范围又是什么？
7. 模拟信号与数字信号的区别在哪里？如何将音频信号数字化？
8. 如何确定无损数字化的采样频率？按 Nyquist 采样定理语音和音乐之无损数字化的采样频率各是多少？
9. 有哪些数字音频编码技术和存储介质？它们各有什么主要特点和应用范围？
10. MIDI 的英文原文与中文译文各是什么？与波形数据相比，MIDI 有哪些优缺点？
11. 多音色和复音的含义是什么？
12. PCM 的英文原文与中文译文各是什么？PCM 编码的含义是什么？

第3章 视觉类媒体技术

常见的6种媒体中，只有第2章讲的声音是听觉媒体，其余5种（文字、图形、图像、动画、视频）都与视觉有关。与视觉相关的5种媒体中，除文字外，剩下的4种媒体都是典型的纯视觉媒体。其中，图形和图像属于静态视觉媒体；而动画和视频则属于（流式媒体中的）运动视觉媒体，也叫做运动图形和运动图像。

本章主要介绍图形、图像和视频及编码标准。

3.1 颜色

图形和图像都是由颜色组成的，而颜色是人的视觉系统对可见光的感知结果。本节先研究光与颜色的关系，接着讨论颜色的三种特征，最后介绍颜色空间和各种颜色模型。

3.1.1 光与色

光是一种电磁波，可见光是其中很少的一部分。光具有主波长、纯度和辉度三个要素。颜色是视觉系统对可见光的感知结果，具有色调、饱和度和亮度三个特征。

1. 光

光(Light)是一种电磁波，可按波长分成不同种类，可见光(Visible Light)是波长在780～380nm之间的电磁波，顺序对应于赤橙黄绿青蓝紫多种颜色。

用波长定义的颜色叫做光谱色(Spectral Colors)，单一波长的光为纯颜色，通常使用光的波长来定义。大多数光不是单一波长的光，而是由许多不同波长的光组合成的。自然界的光一般为混合光，只有人造的激光才是最接近单波长的纯色光。

可通过光谱功率分布来精确地描述颜色，也就是用每一种波长的功率（占总功率的一部分）在可见光谱中的分布来描述，参见图3-1。

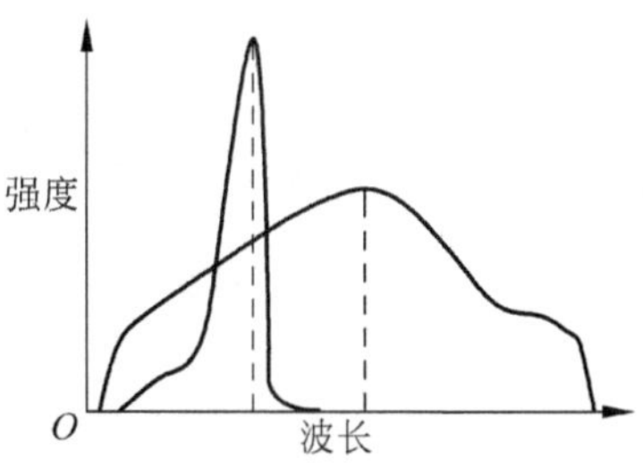

图3-1　两种混合光的功率谱

光有如下三个要素。

(1) 主波长。决定光的颜色（波长）。

(2) 纯度。决定光的饱和度（主波长处的功率谱强度与光的平均功率谱强度之比）。

(3) 辉度。决定光的亮度（光的功率谱曲线下的面积）。

2. 色

颜色(Color)是视觉系统对可见光的感知结果。人的视觉系统对颜色的感知可归纳出如下几个特性。

(1) 眼睛本质上是一个照相机。人的视网膜通过神经元来感知外部世界的颜色,每个神经元或者是一个对颜色敏感的锥体,或者是一个对颜色不敏感的杆状体。

(2) 红、绿和蓝三种锥体细胞对不同频率的光的感知程度不同,对不同亮度的感知程度也不同,参见图 3-2。这就意味着,人们可以使用数字图像处理技术来降低表示图像的数据量而不使人感到图像质量明显下降。

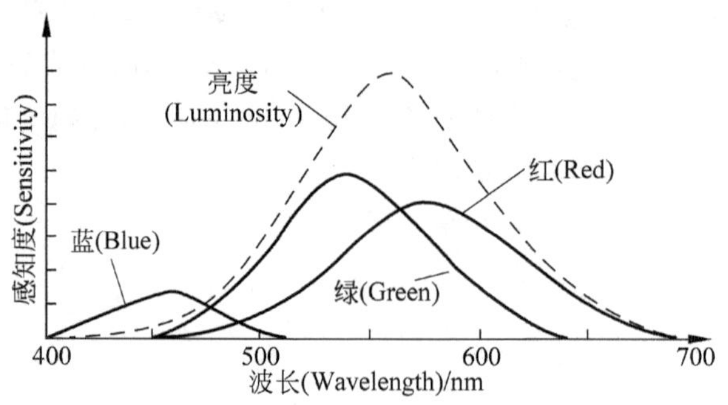

图 3-2 视觉系统对颜色和亮度的响应特性

(3) 自然界中的任何一种颜色都可以由 RGB 这 3 种颜色值之和来确定,它们构成一个三维的 RGB 矢量空间。这就是说,RGB 的数值不同,混合得到的颜色就不同,也就是光波的波长不同,参见图 3-3。

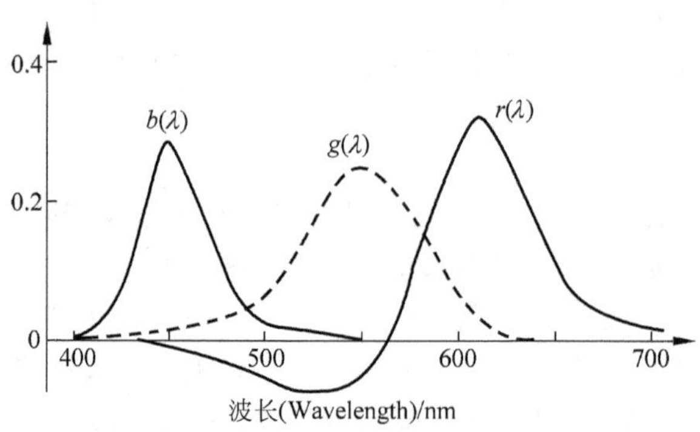

图 3-3 产生波长不同的光所需要的三基色值

3.1.2 色彩的基本概念

在美术绘画中常称红、黄、蓝三色为三原色,而把两种原色混合起来可以产生橘黄、绿、紫三种次色。把一种原色和一种次色混合起来,可以得到三次色。但色彩在计算机屏幕上不是这样显示的,在纸上也不是这样印刷的。

一般来说,绘画三基色红、黄、蓝是在白色的背景上涂以色彩,计算机三基色红、绿、蓝则是在黑色的背景上着色。但它们的本质区别在于：绘画中的色彩显示是通过吸收光而产生的，如绘画中的红苹果是因为颜料吸收除红色以外的光，所以显示红色；而计算机却是通过电子枪发射能量不同的电子流轰击屏幕内壁的荧光屏，激发出不同颜色、不同亮度的色彩。

我们所看到的颜色含有更丰富的内容，颜色三要素包括亮度、色调和饱和度。

1. 色调

色调表示颜色的种类，是当人眼看到一种或多种波长的光时所产生的彩色感觉。它取决于颜色的波长，是决定颜色的基本特性。没有主波长的颜色，称为无色彩的颜色，如黑、灰、白等。

色调用红、橙、黄、绿、青、蓝、靛、紫等术语来刻画。“红色”便是一种色调，它与颜色明暗无关。色调的种类有一千万种以上，但普通颜色专业人士可辨认出的颜色大约有三百至四百种。

色调有一个自然次序：红(Red)、橙(Orange)、黄(Yellow)、绿(Green)、青(Cyan)、蓝(Blue)、靛(Indigo)、紫(Violet)。在这个次序中，当人们混合相邻颜色时，可以获得在这两种颜色之间连续变化的色调。

2. 饱和度

饱和度是表示颜色浓或淡的程度的物理量，它是按各种颜色混入白色光的比例来表示的。100%饱和度的颜色就是完全没有混入白色光的单色光，饱和度越高，颜色也就越浓、越鲜明(或说越纯)。如果大量混入白色光，饱和度就会降低。饱和度还和亮度有关(在饱和的彩色中增加白光的成分，彩色变得更亮，但饱和度却降低了)。

3. 亮度

亮度是表示人的眼睛所感觉到的颜色明亮程度的物理量。人的眼睛对于亮度的感觉和颜色的不同光谱分布有关。人眼对不同颜色(相同强度)的亮度感觉不同，实验证明：对各种颜色的亮度感觉是按白、黄、青、绿、紫、红、蓝、黑的顺序逐渐降低的。因此，在设计选色过程中，应充分注意到人眼的这种特性。

通常把色调和饱和度统称为色度。亮度表示某种彩色光的明亮程度，色度则表示颜色的类别与深浅程度。

彩色可用亮度、色调和饱和度来描述，人眼看到的任一彩色光都是这三个特性的综合效果。亮度与被观察物体的发光强度有关。如果彩色光的强度降到使人看不到了，在亮度标尺上它应与黑色对应，同样，如果其强度变得很大，那么亮度等级应与白对应。对于同一物体，照射的光越强，反射的光也越强，不同的物体在相同照射情况下，反射越强者看起来越亮。此外亮度感还与人类视觉系统的视敏函数有关，即使强度相同，不同颜色的光照射同一物体时也会产生不同的亮度。

3.2 彩色空间描述

多媒体计算机常用的彩图有三种类型：图形、静态图像和动态图像。三种类型的彩图的一个共同问题是颜色。在一个典型的多媒体计算机系统中，常常涉及用几种不同的彩色空间表示图形和图像的颜色,例如,计算机显示时采用 RGB 彩色空间;彩色印刷时采用 CMY 彩色空间;彩色全电视信号数字化时采用 YUV 和 YIQ 彩色空间;为了便于彩色处理和识别,视觉系统又经常采用 HSI 彩色空间。

彩色图像进入计算机是多媒体计算机处理图像信息的第一步。一幅彩色图像可以看成是二维连续函数 $f(x,y)$,其颜色是位置(x,y)的函数,从二维连续函数到离散的矩阵表示,涉及不同空间位置。取亮度和颜色值作为样本,并用一组离散的整数值表示,这一过程包含两个子过程,前者叫采样,后者叫量化,统称为数字化。

3.2.1 彩色空间基本原理

1. 加性原色

牛顿发现白光经过三棱镜后分解出红、绿、蓝三种分量,而在没有光线的黑暗区域中把适量的红、绿、蓝三色加在一起则形成白色,也可以用不同量的红、绿、蓝三种颜色产生各种不同的色彩,所以把红、绿、蓝三色称为加性原色。

加性原色主要用于产生透射色。显示器和扫描仪等设备均利用有色光,通过把不同量的红、绿、蓝三种分量组合起来,产生各种色彩。

2. 减性色彩

颜料可以有选择地吸收(或减去)一些颜色的光,并反射其他颜色的光。当物体把所有波长的光都反射回来时,得到的反射光是白光。当加入不同量的青色、品红色和黄色三种颜料时,就可以得到不同的颜色,如加入适量的青色、品红色和黄色可以得到黑色。

由于青色、品红色和黄色吸收与其互补的加性原色,所以把青色、品红色和黄色这三种颜色叫做减性色彩。彩色印刷设备利用减性原色产生各种色彩。颜料的色彩取决于所能吸收和反射的光的波长,黄色颜料吸收蓝光,反射红光和绿光;青色颜料吸收红光,反射绿光和蓝光。

3. 三基色原理

自然界常见的各种颜色光,都可由红、绿、蓝三种颜色光按不同比例相配而成,同样绝大多数颜色光也可以分解成红、绿、蓝三种色光,这就是色度学最基本的原理——三基色(RGB)原理。当然三基色的选择不是唯一的,也可以选择其他三种颜色为三基色,但是,三种颜色必须是相互独立的,即任何一种颜色都不能由其他两种颜色合成。由于人眼对红、绿、蓝三种色光最敏感,因此由这三种颜色相配所得的彩色范围也最广,所以一般都选这三种颜色作为基色。

把三种基色光按不同比例相加称之为相加混色。由红、绿、蓝三基色进行相加混色的情况如下:

红色 + 绿色 = 黄色
红色 + 蓝色 = 品红色
绿色 + 蓝色 = 青色
红色 + 绿色 + 蓝色 = 白色

称黄色、品红色和青色为相加二次色。此外还可以看出：

$$红色+青色=绿色+品红色=蓝色+黄色=白色$$

所以称青色、品红色和黄色分别是红、绿、蓝三色的补色。

由于人眼对于相同程度单色光的主观亮度感觉不同，所以，用相同亮度的三基色混色时，如果把混色后所得色光亮度定为100%的话，那么人的主观感觉是绿光仅次于白光，是三基色中最亮的；红光次之，亮度约为绿光的一半；蓝光最弱，亮度约为红光的1/3。当白光的亮度用Y来表示时，它和红、绿、蓝三色光的关系可用如下的方程描述：

$$Y=0.299R+0.587G+0.114B$$

这个表达式是常用的亮度公式，它是根据美国国家电视制式委员会NTSC制式推导得到的。如果采用PAL电视制式，白光的亮度公式将做如下改动：

$$Y=0.222R+0.707G+0.071B$$

公式不同的原因是由于所选取的显示三基色不同。

3.2.2 彩色空间的表示及转换

离散化一幅彩色图像，就是要把连续函数$f(x,y)$在空间坐标和彩色幅度离散化。空间坐标x、y的离散化通常取128、256、512或1024，而彩色幅度如何离散化，要取决于所选用的彩色空间。

1. 彩色空间

1) RGB彩色空间

计算机的彩色显示器的输入需要RGB三个彩色分量，通过三个分量的不同比例，在显示屏幕上合成所需要的任意颜色。在RGB彩色空间，任意彩色光F的配色方程可表达为

$$F=r[R]+g[G]+b[B]$$

式中r、g、b为三色系数，$r[R]$、$g[G]$、$b[B]$为F色光的三色分量。任意一种色光的色度可由相对色系数中的任意两个确定，因此，各种彩色的色度可以用二维函数表示。用r和g作为直角坐标系中的两个坐标所画的各种色度的平面图形叫做RGB色度图。

2) YUV和YIQ彩色空间

现代彩色电视系统中，彩色信号经分色棱镜分成R_0、G_0、B_0三个分量的信号，分别经放大和校正得到RGB信号，再经过变换电路得到亮度信号Y、色差信号R-Y和B-Y，最后发送端将Y、R-Y及B-Y三信号进行编码，用同一信道发送出去。这就是常用的YUV彩色空间。采用YUV彩色空间的好处是：一方面亮度信号Y解决了彩色电视机与黑白电视机的兼容问题；另一方面对色度信号U、V可以采用“大面积着色原理”。用亮度信号Y传送细节，用色差信号U、V进行大面积涂色，彩色图像的清晰度由亮度信号的带宽保证(PAL制亮度信号Y的带宽采用4.43MHz)，色度信号的带宽变窄(PAL制色度信号带宽限制在1.3MHz)。

多媒体计算机中采用了YUV彩色空间，数字化后通常为$Y:U:V=8:4:4$或者是$Y:U:V=8:2:2$。实现方法是处理亮度信号Y时，每个像素都数字化为8b(256级亮度)，而U、V色差信号每4个像素用一个8b数据表示，使粒度变大。将一个像素由用24b表示压缩为用12b表示，对这种变化人的眼睛是感觉不出来的。

NTSC 制选用了 YIQ 彩色空间。Y 仍为亮度信号,I、Q 仍为色差信号,但它们与 U、V 是不同的,其区别是色度矢量图中的位置不同,I、Q 为互相正交的坐标轴,它与 U、V 正交轴之间有 33°夹角。Q 与 U、V 之间的关系可以表示为

$$I = V\cos 33^\circ - U\sin 33^\circ$$
$$Q = V\sin 33^\circ + U\cos 33^\circ$$

选择 YIQ 彩色空间的好处是:人眼的彩色视觉特性表明,人眼分辨红与黄之间颜色变化的能力最强,而分辨蓝与紫之间颜色变化的能力最弱;在色度矢量图中,人眼对处在红与黄之间、相角为 123°的橙色及其相反方向的相角为 303°的青色,具有最大的彩色分辨力,因此把通过 123°—0°—303°线的色度信号称为 I 轴(它表示人眼最敏感的色轴)。

3) HSI 彩色空间

采用 HSI(Hue Saturation and Intensity)彩色空间能够减少彩色图像处理的复杂性,增加快速性。它更接近人对彩色的认识和解释。美国 Data Translation 公司生产的视频信号获取器——DT2871HSI 彩色帧获取器,就采用 HSI 彩色空间。

饱和度(Saturation)是颜色的另一个属性,它描述纯色用白色冲淡的程度。高饱和度的颜色含有较少的白色。亮度不是彩色属性,它描述颜色的明亮程度。彩色图像中的亮度对应于黑白图像中的灰度。在图像处理中常用的算术操作或算法,例如作为边缘检测或边缘增强的 Sobel 算子(卷积运算),只要对 HSI 彩色空间的亮度信号进行操作就可获得良好效果,而在 RGB 彩色空间要做卷积运算就不大方便。在图像处理和计算机视觉中,大量算法都可在 HSI 彩色空间中方便地使用,它们可以分开处理而且是相互独立的,因此 HSI 彩色空间可以大大简化图像分析和处理的工作量。

4) 其他彩色空间表示

彩色空间表示方法有许多种,如国际照明委员会(CIE)制定的 CIE XYZ 和 CIE LAB 彩色空间,国际无线电咨询委员会(CCIR)制定的 CCIR 601-2YCbCr 彩色空间等。

2. 彩色空间的转换技术

1) RGB 与 YUV 和 YIQ 之间的转换

彩色摄像机最初得到的是经过 γ 校正的 RGB 信号,亮度方程简化为

$$Y = 0.3R + 0.59G + 0.11B$$

用三基色显示彩色时,各基色组成亮度 Y 的比例关系是恒定的。这些比例系数之和为 1,这表示当基色信号电压 E_R、E_G、E_B 各为 1V 时,构成亮度信号 E_Y 也是 1V。

色差信号 B-Y、R-Y 和 G-Y 中有两个是独立的,另一个可用亮度方程和两个色差信号通过运算得到,表达式为

$$\begin{cases} B - Y = -0.3R - 0.59G + 0.89B \\ R - Y = 0.7R - 0.5G - 0.11B \\ Y = 0.3R + 0.59G + 0.11B \end{cases}$$

YIQ 彩色空间和 RGB 彩色空间的转换方法是

$$\begin{bmatrix} Y \\ I \\ Q \end{bmatrix} = \begin{pmatrix} 0.3 & 0.59 & 0.11 \\ 0.6 & -0.28 & -0.32 \\ 0.21 & -0.52 & 0.31 \end{pmatrix} \begin{bmatrix} R \\ G \\ B \end{bmatrix}$$

2) HSI 彩色空间与 RGB 彩色空间的转换

HSI 彩色空间为多媒体计算机和计算机视觉彩色图像实时处理提供了有效方法。HSI 彩色空间的三个帧存储器的数据，在处理彩色图像时相互是独立的，分别提供对解释彩色图像非常有用的信息。一幅彩色图像很容易从 RGB 彩色空间转换到 HSI 彩色空间，其转换公式为

$$I = \frac{R+G+B}{3}$$

$$H = \frac{1}{360}\left[90 - \arctan\left(\frac{(2R-G-B)}{(\sqrt{3}(G-B))}\right) + \{0, G > B; 180, G < B\}\right]$$

$$S = 1 - \left[\frac{\min(R,G,B)}{I}\right]$$

3.3 图的种类

按照生成和表示方式，可以将图分为基于矢量的图形和基于点阵的图像；按照颜色特性，可以将图分成黑白、灰度和彩色图，其中彩色图(按照决定颜色的方式)又可以分为真彩图和伪彩图。

图形和图像的特性完全不同，而且多数特性相互对立。它们各有各的长处和短处，也各有各的适用领域。

不同颜色特性的图，效果大不一样(颜色多的效果好)，对硬件的要求也不同，占用存储空间的大小各异(往往效果好的占用空间也大)，也是各有各的适用领域。

本节介绍图的几种分类和特性，以及它们的比较和转换。

3.3.1 矢量图与点阵图

计算机所能表达和生成的图有以下两种。

- 矢量图(Vector Based Image，线图)。根据坐标绘制的矢量图形(Graph)，如机械、建筑、电子线路板的设计图、白描、动画。主要优点是文件小、易编辑修改、可无级放大，适用于简单的人造图形。研究学科为“计算机图形学”，应用领域有 CAD、GIS、2D/3D 动画等，常用工具有 AutoCAD、Corel DRAW、MapInfo、Flash、3D Max 等。
- 点阵图(Bit Mapped Image，位图/光栅图/点位图)。由像素点表示的光栅图像(Image)，如照片、图标、影像、油画。主要优点是逼真、显示快，适用于复杂的自然图像。研究学科为“数字图像处理”，应用领域有图像压缩与编码、图像分析与理解、图像识别、图像检索、计算机视觉、视频处理等，常用工具有 Photoshop、ACDSee、Paint 等。

这两种图的生成方法虽然不同，但在显示器上显示的结果几乎没有什么差别。

1. 矢量图

矢量图是用一系列计算机指令来表示一幅图，如画点、画线、画曲线、画圆、画矩形等。这种方法实际上是数学方法来描述一幅图，然后变成许多的数学表达式，再编程，用语言来

表达。在计算显示图时,也往往能看到画图的过程。绘制和显示这种图的软件通常称为绘图程序(Draw Programs)。

矢量图有许多优点。例如,当需要管理每一小块图像时,矢量图法非常有效;目标图像的移动、缩小、放大、旋转、拷贝、属性的改变(如线条变宽变细、颜色的改变)也很容易做到;相同的或类似的图可以把它们当作图的构造块,并把它们存到图库中,这样不仅可以加速画的生成,而且可以减小矢量图文件的大小。

然而,当图变得很复杂时,计算机就要花费很长的时间去执行绘图指令。此外,对于一幅复杂的彩色照片(例如一幅真实世界的彩照),恐怕就很难用数学来描述,因而就不用矢量法表示,而是采用点位图法表示。

2. 点阵图

点位图法与矢量图法很不相同。其实,点位图已经在前面几节做了详细介绍,它是把一幅彩色图分成许多的像素,每个像素用若干个二进制位来指定该像素的颜色、亮度和属性。因此一幅图由许多描述每个像素的数据组成,这些数据通常称为图像数据,而这些数据作为一个文件来存储,这种文件又称为图像文件。如要画点位图,或者编辑点位图,则用类似于绘制矢量图的软件工具,这种软件称为画图程序(Paint Programs)。

点位图的获取通常用扫描仪,以及摄像机、录像机、激光视盘与视频信号数字化卡一类设备,通过这些设备把模拟的图像信号变成数字图像数据。

点位图文件占据的存储器空间比较大。影响点位图文件大小的因素主要有两个:即前面介绍的图像分辨率和像素深度。分辨率越高,就是组成一幅图的像素越多,则图像文件越大;像素深度越深,就是表达单个像素的颜色和亮度的位数越多,图像文件就越大。而矢量图文件的大小则主要取决图的复杂程度。

一幅彩色图像可以看成是由许多的点组成的,如图 3-4 所示。图像中的单个点称为像素,每个像素都有一个值,称为像素值,它表示特定颜色的强度。一个像素值往往用 R、G、B 三个分量表示。

图 3-4 一幅图像由许多像素组成

3. 比较与转换

矢量图与位图相比,矢量图文件比位图文件小得多,显示点位图文件比显示矢量图文件要快,矢量图易修改而位图难编辑,矢量图可无级放大而位图放大后有马赛克效应,矢量图侧重于绘制与创造而点位图偏重于获取与复制。

矢量图和点位图之间可以用软件进行转换。

- 光栅化。由矢量图转换成点位图采用光栅化(Rasterizing)技术,这种转换也相对容易。
- 矢量化。由点位图转换成矢量图用跟踪(Tracing)技术,这种技术在理论上说是容易,但在实际中很难实现,对复杂的彩色图像尤其如此(边缘检测)。

3.3.2 灰度图与彩色图

图可以分为黑白图、灰度图、伪彩图和真彩图四类。

1. 黑白图

只有黑白两种颜色的图像称为单色图像(Monochrome Image),如图 3-5(a)所示的标准图像。图中的每个像素的像素值用 1 位(1b)存储,它的值只有 0 或者 1,一幅 640×480 的单色图像需要占据 640×480÷8÷1024KB=37.5KB 的存储空间。

2. 灰度图

灰度图(Gray-scale Image) 指由从黑到白的全光谱灰色层次组成的图像,一般有 256 个灰度等级,每个像素的像素值用一个字节(1B=8b)表示,取值在 0~255 之间,一幅 640×480 的灰度图像就需要占据 640×480/1024KB=300KB 的存储空间,参见图 3-5(b)。

(a) 单色图

(b) 灰度图

(c) 彩色图

图 3-5 单色、灰度与彩色图像

3. 彩色图

彩色图像(Color Image)可按照颜色的数目来划分,如 2 色(1b)、4 色(2b)、16 色(4b)、256 色(8b)、2^{16} 色(16b)、2^{24} 色(24b)。每个像素所用的位数称为像素深度,参见图 3-5(c)。

彩色图像也可以按决定颜色的方式来划分。

(1) 真彩图(True Color Image)。真彩色是指在组成一幅彩色图像的每个像素值中,有 R、G、B 三个基色分量,每个基色分量直接决定显示设备的基色强度,也叫直接色。如 RGB 5∶5∶5=2^{15}=32 768 色(15b)、RGB5∶6∶5=2^{16}=65 536 色(16b)、RGB8∶8∶8=2^{24}=16 777 216 色(24b)。

在许多场合,真彩色图通常是指 RGB 8∶8∶8,也常称为全彩色(Full Color)图像。一幅 640×480 的真彩色图像需要 640×480×3/1024KB=900KB 的存储空间。

但人的眼睛是很难分辨出这么多种颜色的,人眼大概能分辨一万多种颜色,而印刷出版部门一般只能再现两千多种颜色。

许多 24 位彩色图像是用 32 位存储的,这个附加的 8 位叫做 alpha 通道,它的值叫做 alpha 值,它用来表示该像素如何产生特技效果(如透明度)。

(2) 伪彩色图(Pseudo Color Image)。伪彩色图像的含义是,每个像素的颜色不是由每个基色分量的数值直接决定,而是把像素值当作彩色查找表(Color Look-Up Table, CLUT)的表项入口地址,去查找一个显示图像时使用的 RGB 值,用查找出的 RGB 值产生的彩色称为伪彩色。CLUT 表项入口地址也称为索引号,所以伪彩色又叫索引色。例如 16 种颜色的查找表,0 号索引对应黑色……15 号索引对应白色。

4. 转换

真彩图可按下面的亮度公式转换成 256 级灰度图像(见图 3-6)。

$$Y = 0.299R + 0.587G + 0.114B$$

(a) 256色标准图像及其转换成的灰度图

(b) 24位标准图像及其转换成的灰度图

图 3-6 彩色图转换成灰度图

3.4 图像基本属性

本节所讨论的图像的基本属性包括图像的分辨率、像素的深度和 γ 校正等。

3.4.1 分辨率

常用的分辨率有两种:显示分辨率和图像分辨率。

1. 显示分辨率

显示分辨率是指显示屏上能够显示出的像素数目。例如,显示分辨率为 640×480 表示显示屏分成 480 行,每行显示 640 个像素,整个显示屏就含有 307 200 个显像点。屏幕能够显示的像素越多,说明显示设备的分辨率越高,显示的图像质量也就越高。例如,传统的 CRT 显示器,类似于彩色电视机中的 CRT。显示屏上的每个彩色像点由代表 R、G、B 三种模拟信号的相对强度决定,这些彩色像点就构成一幅彩色图像。

传统计算机用的 CRT 和家用电视机用的 CRT 之间的主要差别是显像管玻璃面上的孔眼掩膜和所涂的荧光物不同。孔眼之间的距离称为点距(Dot Pitch)。因此常用点距来衡量一个显示屏的分辨率。电视机用的 CRT 的平均分辨率为 0.76mm,而标准 SVGA 显示器的分辨率为 0.28mm。孔眼越小,分辨率就越高,这就需要更小更精细的荧光点。这也就是为什么同样尺寸的计算机显示器比电视机的价格贵得多的原因。

早期用的计算机 CRT 显示器的分辨率是 0.41mm，随着技术的进步，分辨率由 0.41→0.38→0.35→0.31→0.28，一直到 0.26mm 以下。现代计算机一般都采用液晶显示器(LED)，常见的分辨率有 1024×768、1280×1024、1360×768、1440×900、1600×1200、1680×1050、1920×1080 和 1920×1200 等。显示器的价格主要体现在尺寸和分辨率上，因此在购买显示器时应在价格和性能上综合考虑。

2. 图像分辨率

图像分辨率是指组成一幅图像的像素密度的度量方法。对同样大小的一幅图，如果组成该图的图像像素数目越多，则说明图像的分辨率越高，看起来就越逼真。相反，图像显得越粗糙。

在用扫描仪扫描彩色图像时，通常要指定图像的分辨率，用每英寸多少点(Dots Per Inch, DPI)表示。如果用 300DPI 来扫描一幅 8in×10in 的彩色图像，就得到一幅 2400×3000 个像素的图像。分辨率越高，像素就越多。

图像分辨率与显示分辨率是两个不同的概念。图像分辨率是确定组成一幅图像的像素数目，而显示分辨率是确定显示图像的区域大小。如果显示屏的分辨率为 640×480，那么一幅 320×240 的图像只占显示屏的 1/4；相反，2400×3000 的图像在这个显示屏上就不能显示一个完整的画面。

3.4.2 像素深度

像素深度是指存储每个像素所用的位数，它也是用来度量图像的分辨率。像素深度决定彩色图像的每个像素可能有的颜色数，或者确定灰度图像的每个像素可能有的灰度级数。例如，一幅彩色图像的每个像素用 R、G、B 三个分量表示，若每个分量用 8 位，那么一个像素共用 24 位表示，就说像素的深度为 24，每个像素可以是 $2^{24}=16\ 777\ 216$ 种颜色中的一种。在这个意义上，往往把像素深度说成是图像深度。表示一个像素的位数越多，它能表达的颜色数目就越多，而它的深度就越深。

虽然像素深度或图像深度可以很深，但各种 VGA 的颜色深度却受到限制。例如，标准 VGA 支持 4 位 16 种颜色的彩色图像，多媒体应用中推荐至少用 8 位 256 种颜色。由于设备的限制，加上人眼分辨率的限制，一般情况下，不一定要追求特别深的像素深度。此外，像素深度越深，所占用的存储空间越大。相反，如果像素深度太浅，那也影响图像的质量，图像看起来让人觉得很粗糙和很不自然。

在用二进制数表示彩色图像的像素时，除 R、G、B 分量用固定位数表示外，往往还增加 1 位或几位作为属性(Attribute)位。例如，RGB 5∶5∶5 表示一个像素时，用 2 个字节共 16 位表示，其中 R、G、B 各占 5 位，剩下一位作为属性位。在这种情况下，像素深度为 16 位，而图像深度为 15 位。

属性位用来指定该像素应具有的性质。例如在 CD-I 系统中，用 RGB 5∶5∶5 表示的像素共 16 位，其最高位(b15)用作属性位，并把它称为透明(Transparency)位，记为 T。T 的含义可以这样来理解：假如显示屏上已经有一幅图存在，当这幅图或者这幅图的一部分要重叠在上面时，T 位就用来控制原图是否能看得见。例如定义 $T=1$，原图完全看不见；$T=0$，原图能完全看见。

在用 32 位表示一个像素时，若 R、G、B 分别用 8 位表示，剩下的 8 位常称为 α 通道(Alpha Channel)位，或称为覆盖(Overlay)位、中断位或属性位。它的用法可用一个预乘 α 通道(Premultiplied Alpha)的例子说明。假如一个像素(A,R,G,B)的四个分量都用规一化的数值表示，(A,R,G,B)为(1,1,0,0)时显示红色。当像素为(0.5,1,0,0)时，预乘的结果就变成(0.5,0.5,0,0)，这表示原来该像素显示的红色的强度为 1，而现在显示的红色的强度降了一半。

用这种办法定义一个像素的属性在实际中很有用。例如在一幅彩色图像上叠加文字说明，而又不想让文字把图覆盖掉，就可以用这种办法来定义像素，而该像素显示的颜色又有人把它称为混合色(Key Color)。在图像产品生产中，也往往把数字电视图像和计算机生产的图像混合在一起，这种技术称为视图混合(Video Keying)技术，它也采用 α 通道。

3.4.3 γ 校正

若生成和显示图像的所有部件都是线性的话(电压与光强成正比)，那么图像处理就会变得比较容易。可是几乎所有的 CRT 显示设备、摄影胶片和许多电子照相机的光电转换特性都是非线性的，它们都有一个能够反映各自特性的幂函数，即

$$\text{输出} = (\text{输入})^{\gamma}$$

式中的 γ(Gamma)是幂函数的指数，它用来衡量非线性部件的转换特性。这种特性称为幂-律(Power-Law)转换特性。

按照惯例，“输入”和“输出”都缩放到 0～1 之间。其中，0 表示黑电平，1 表示颜色分量的最高电平。对于特定的部件，人们可以度量它的输入与输出之间的函数关系，从而找出 γ 值。

实际的图像系统是由多个部件组成的，这些部件中可能会有几个非线性部件。如果所有部件都有幂函数的转换特性，那么整个系统的传递函数就是一个幂函数，它的指数 γ 等于所有单个部件的 γ 的乘积。

如果图像系统的整个 $\gamma=1$，输出与输入就成线性关系。这就意味在重现图像中任何两个图像区域的强度之比与原始场景的两个区域的强度之比相同，这似乎是图像系统所追求的目标：真实地再现原始场景。但实际情况却不完全是这样。

所有 CRT 显示设备都有幂-律转换特性，如果生产厂家不加说明，那么它的 γ 值大约等于 2.5。用户对发光的磷光材料的特性可能无能为力去改变，因而也很难改变它的 γ 值。为使整个系统的 γ 值接近于使用所要求的 γ 值，起码就要有一个能够提供 γ 校正的非线性部件，用来补偿 CRT 的非线性特性。

在所有广播电视系统中，γ 校正是在摄像机中完成的。如 NTSC 电视标准需要摄像机具有 $\gamma=0.5$ 的幂函数。PAL 和 SECAM 电视标准指定摄像机需要具有 $\gamma=0.45$ 左右的幂函数。使用这种摄像机得到的图像就预先做了校正，在 $\gamma=2.5$ 的 CRT 屏幕上显示图像时，屏幕图像相对于原始场景的 γ 大约等于 1.25。这个值适合“暗淡环境”下观看。

过去的时代是“模拟时代”，而今已进入“数字时代”，进入计算机的电视图像依然带有 $\gamma=0.5$ 的校正，这一点不要忘记。虽然带有 γ 值的电视在数字时代工作得很好，尤其是在特定环境下创建的图像在相同环境下工作，可是在其他环境下工作时，往往会使显示的图像让人看起来显得太亮或者太暗，因此在可能条件下就要做 γ 校正。

在什么地方做 γ 校正是人们所关心的问题。从获取图像、存储成图像文件、读出图像文件直到在某种类型的显示屏幕上显示图像，这些环节中至少有 5 个地方可有非线性转换函数存在并可引入 γ 值。例如：

- camera_gamma。摄像机中图像传感器的 γ(通常 γ=0.4 或者 0.5)。
- encoding_gamma。编码器编码图像文件时引入的 γ。
- decoding_gamma。译码器读图像文件时引入的 γ。
- LUT_gamma。图像帧缓存查找表中引入的 γ。
- CRT_gamma。CRT 的 γ(通常 γ=2.5)。

在数字图像显示系统中，由于要显示的图像不一定就是摄像机来的图像，假设这种图像的 γ 值等于 1，如果 encoding_gamma=0.5、CRT_gamma=2.5 和 decoding_gamma、LUT_gamma 都为 1.0 时，整个系统的 γ 就近似等于 1.25。

根据上面的分析，为了在不同环境下观看到"原始场景"可在适当的地方加入 γ 校正。参见表 3-1 和图 3-7。

表 3-1　不同环境下的再生图像可重现原始场景的 γ 值

环　境	例　子	γ 值
明亮环境	理想	1
黑暗环境	电影院看电影	1.5
暗淡环境	房间看电视	1.25

(a) 原图

(b) γ=2

(c) γ=0.5

图 3-7　γ 校正

3.5　图文件格式

本节介绍位图和矢量图的几种常用文件格式。

3.5.1　位图文件格式

下面依次简介 BMP、GIF、TIFF、JPEG/JPEG2000 和 PNG 等图像文件格式。

1. BMP

位图文件(*.BMP)是由 Microsoft 与 IBM 为 Windows 和 PS/2 制定的图像文件格

式。支持灰度图、伪彩图和24位的真彩图,可采用RLE无损压缩(16/256色图)或不压缩(黑白/真彩图)。格式简单、显示快,在Windows平台中使用广泛。缺点是文件大,占存储空间和传输带宽。一般用于小尺寸图像和中间/临时图像。

BMP文件格式分为普通与核心两类:普通格式的信息头较大(40字节),颜色表中每项是4个字节,且支持压缩;核心格式的信息头较小(12字节),颜色表中每项是3个字节,且不支持压缩。

2. GIF

可交换图形格式(Graphics Interchange Format,GIF),由CompuServe公司于1987年起定义,现有87a与89a两个主要版本,采用变长LZW压缩算法。最多256(索引)色、64K×64K像素。无损压缩、文件小、使用广泛(尤其是网络),有大量图片库(美人照、景物特写)。

3. TIFF

标记图像文件格式(Tag Image File Format,TIFF)(*.TIF),由Aldus和Microsoft联合开发,支持黑白、索引色、灰度、真彩图,可校正颜色和调色温,支持多种压缩编码(Huffman、LZW、RLE)。常用于对质量要求高的专业图像的存储。

优点:通用、高质、无损压缩。

缺点:标准不统一、格式复杂、解码难。

4. JPEG与JPEG 2000

1986年CCITT(ITU-T)与ISO成立联合图像专家组(Joint Photographic Experts Group,JPEG),1992年公布静态图像压缩标准(ISO/IEC 10918,ITU T.80),2000年12月公布JPEG 2000图像编码系统(JPEG 2000 Image Coding System)(ISO/IEC 15444,ITU T.800)。

其中:

- CCITT——Consultative Committee on International Telephone and Telegraph,国际电话与电报咨询委员会(后来被ITU-T代替);
- ITU-T——International Telecommunications Union-Telecommunication Standardization Sector,国际电信同盟-电信标准化部门;
- ISO——International Organization for Standardization,国际标准化组织;
- IEC——International Electrotechnical Commission,国际电工技术委员会。

1) JPEG

JPEG(*.JPG)主要采用DCT(Discrete Cosine Transform,离散余弦变换)进行有损压缩,压缩比可调整,在压缩10～30倍后,图像效果仍然不错。适用于灰度图与真彩图,使用非常广泛(尤其是网络)。

一幅727×525(NTSC TV)的24位真彩图,在BMP、GIF和JPEG三种不同图像文件格式下,文件大小和图像压缩比都差别很大,参见表3-2。

表 3-2 三种图像格式的比较

图像格式	文件大小	压缩比	品质
BMP	1145KB	1∶1	24 位原图
GIF	240KB	4.77∶1	256 色
JPEG	155 KB	7.39∶1	高质(≈原图)
	58 KB	19.74∶1	标准(≈GIF)

2) JPEG 2000

虽然 JPEG 的压缩效果已经很不错,但在较高压缩比时会出现明显的马赛克现象,不能渐进传输。为了适应网络发展的要求,于 2000 年底推出了采用 DWT(Discrete Wavelet Transform,离散小波变换)的 JPEG 2000(*.JP2)。与原来的 JPEG 相比,JPEG 2000 的主要特点有:

- 统一了二值图像编码 JBIG(Joint Binary Image Group)、低压缩率的无损压缩编码 JPEG-LS(Lossless)以及原来的 JPEG 编码。
- 支持最多达 2^{14}(16 384)个颜色分量(如多波段遥感图像)、每个颜色分量的深度可为 1~38 位。
- 高压缩率(High Compression Ratio)。比 JPEG 提高 10%~30%。
- 同时支持有损和无损压缩(Lossless Compression)。集成了采用预测编码和整数小波变换的无损压缩方法。
- 渐进传输(Progressive Transmission)。可从轮廓到细节渐进传输,适合于网络。
- 兴趣区(Region of Interest,ROI)。可指定图片上感兴趣区域,在压缩编码时可对这些区域指定压缩质量,在显示解码时还可以指定新的兴趣区来指导传输方的编码。
- 增加了视觉权重和掩膜、可加入加密版权、兼容多种彩色模式。

5. PNG

PNG (Portable Network Graphic Format,可移植网络图形格式,读成"ping")是 W3C (World Wide Web Consortium,万维网协会)制定的一种采用无损压缩的图像存储文件格式,支持多达 16 位深度的灰度图像和 48 位深度的彩色图像,并且还可支持多达 16 位的 α 通道数据。1996 年 10 月 1 日 PNG 成为 W3C 的推荐标准,1997 年 3 月成为因特网标准 RFC-2083,1999 年 2 月和 1999 年 8 月 11 日分别推出其修订版 1.1 和 1.2,2003 年 11 月 10 日推出第二版,并同时成为国际标准 ISO/IEC 15948: 2003 (E)—Information technology—Computer graphics and image processing—Portable Network Graphics (PNG): Functional specification(信息科学——计算机图形学与图像处理—可移植网络图形(PNG): 功能规范)。

PNG 可以看作是 GIF 的一种推广,它继承了 GIF 的主要优点,又增加了一些 GIF 所不具备的特性,但不支持动画。推出 PNG 的目的是希望替代 GIF(不支持真彩色)和 TIFF(太复杂)这两种也采用无损压缩的图像文件格式。

1) PNG 保留的 GIF 特性

- 使用 LZW 无损压缩。

- 支持伪彩色图像。
- 允许流式(Streamability)读写图像数据(适合于在通信过程中生成和显示图像)。
- 可逐次逼近显示(Progressive Display)(适用于网页浏览中的图像渐显)。
- 支持透明(Transparency)处理。
- 可存储辅助信息(如文本注释信息)。
- 独立于计算机软硬件环境。

2) PNG 增加的 GIF 所没有的特性

- 彩色图像的每个像素深度可达 48 位,灰度图像的每个像素深度可达 16 位。
- 可为灰度图和真彩色图添加 α 通道。
- 增加了校正图像亮度的 γ 信息。
- 使用 CRC(Cyclic Redundancy Code,循环冗余码)检测损害的文件。
- 加快图像显示的逐次逼近显示方式。
- 标准的读/写工具包。

3) PNG 缺乏的 GIF 特性

不支持多帧图像,所以没有 PNG 动画。

3.5.2 矢量图文件格式

下面依次简介 WMF/EMF/EMF+、DXF、HPGL、PS 等图形文件格式。

1. WMF/EMF/EMF+

它们都是微软公司为 Windows 操作系统所制定的(图)元文件(Meta File)格式,用于记录各种 GDI 和 GDI+的绘图指令和参数。早期(1985 年)的版本为支持 GDI 的 WMF (Windows MetaFile,视窗元文件),主要针对 Win16;后来(1990 年)也支持 Win32。1993 年随 Windows NT 推出了改进的元文件版本——EMF(Enhanced Windows MetaFile,增强型视窗元文件),只支持 Win32;2001 年又随 Windows XP 和 GDI+推出了加强型 EMF——EMF+(EMF Plus),可以同时支持 GDI 和 GDI+。

2. DXF

绘图互换文件格式(Drawing Exchange Format,DXF),由 Autodesk 公司(产品有 AutoCAD 和 3D Max 等)开发,主要用于各种 CAD/GIS 软件,有 ASCII 码(交换)和二进制(快)两种格式。包括图层、对象、基本图形、字体、颜色等描述。

3. HPGL

惠普图形语言(Hewlett Packard Graphics Language,HPGL)由 HP 公司开发,用于绘图仪、打印机。通用、易用、与纸张大小无关,是一种低级格式。

4. PS

Adobe 公司(产品有 Photoshop 和 Acrobat 等)开发的一种基于文本的页面描述语言,是桌面排版和电子书籍的事实标准。除矢量图外,还可含位图和文字。输出质量高、格式复杂、文件大。可编译成二进制的 PDF(Portable Document Format,可移植文档格式)后再阅读和打印(但分辨率被固定,质量会降低)。

3.6 电视

电视(Television,TV)是利用人的视觉滞留原理工作的。早期是黑白电视无线广播,后来是模拟彩色电视的无线广播、卫星广播和有线电视广播,现在正处于高清晰数字电视广播的发展阶段。

3.6.1 视觉滞留原理

电影、电视与动画都是利用人的视觉滞留(残留/暂留)(Persistence of Vision)现象的原理来工作的。

由于人眼感光细胞中的生物化学和生物物理学反应,以及视神经和视觉中枢的信号处理都需要一定的时间,所以物体在眼睛的视网膜中成像后,并不会立即消失,而会保留 25～200ms(1ms＝1/1000s),相当于 5～40 帧/秒。因此,如果快速播放一系列相关的离散画面,就会使人产生连续的运动视觉(幻觉)。

视觉滞留的原理是由比利时著名的物理学家约瑟夫·普拉托于 1829 年发现的。20 世纪 60 年代,人们发现,将银幕上实际是跳跃且不连贯的图像看成一个统一且完整的连续动作,其实真正起作用的并不是“视觉滞留”,而是“心理认可”。

下面为电影、电视和动画的典型帧率。

- 电影。老片——16 帧/秒、普通——24 帧/秒、数字——30 帧/秒。
- 电视。PAL——25 帧/秒、NTSC——30 帧/秒、HDTV——25 或 30 帧/秒。
- 动画。10～100 帧/秒。

3.6.2 彩色电视

1. 彩色电视制式

目前世界上现行的模拟彩色电视制式有三种:NTSC 制、PAL 制和 SECAM 制,参见表 3-3。这里不包括模拟的高清晰度彩色电视。NTSC(National Television Systems Committee,国家电视系统委员会)彩色电视制是 1952 年美国国家电视标准委员会定义的彩色电视广播标准,称为正交平衡调幅制,1954 年开始广播。美国、加拿大等大部分西半球国家,以及日本、韩国、菲律宾等国和我国的台湾地区采用的是这种制式。

由于 NTSC 制存在相位敏感造成彩色失真的缺点,因此德国(当时的西德)于 1962 年制定了 PAL(Phase-Alternative Line,相位逐行交变)制彩色电视广播标准,称为逐行倒相正交平衡调幅制,1967 年开始广播。德国、英国等一些西欧国家,以及中国、朝鲜等国家采用这种制式。

法国 1957 年起制定了 SECAM (Sequential Couleur Avec Memoire(法文),顺序颜色传送与存储)彩色电视广播标准,称为顺序传送彩色与存储制,1967 年开始广播。法国、俄罗斯及东欧国家采用这种制式。世界上约有 65 个地区和国家使用这种制式。

表 3-3 彩色电视制式(宽∶高=4∶3、隔行扫描)

制式	制定国家	制定/广播时间	(有效)扫描线数/帧数(场频)	使用范围
NTSC	美国	1952/1954	525(480)/30(60)	美国、日本、加拿大、韩国、我国台湾地区
PAL	德国	1962/1967	625(575)/25(50)	西欧(法国除外)、中国、中国香港、朝鲜
SECAM	法国	1957/1967		法国、俄国、东欧、中东

NTSC 制、PAL 制和 SECAM 制都是与黑白电视兼容制制式,即黑白电视机能接收彩色电视广播,显示的是黑白图像;而彩色电视机也能接收黑白电视广播,显示的也是黑白图像。为了既能实现兼容性而又要有彩色特性,因此彩色电视系统应满足下列两方面的要求。

(1) 必须采用与黑白电视相同的一些基本参数,如扫描方式、扫描行频、场频、帧频、同步信号、图像载频、伴音载频等。

(2) 需要将摄像机输出的三基色信号转换成一个亮度信号,以及代表色度的两个色差信号,并将它们组合成一个彩色全电视信号进行传送。在接收端,彩色电视机将彩色全电视信号重新转换成三个基色信号,在显像管上重现发送端的彩色图像。

2. 电视扫描

扫描有隔行扫描(Interlaced Scanning)和逐行扫描(Non-interlaced Scanning/Progressive Scanning)之分。电视发展的初期,由于技术水平不高,数据传输率受到限制。在低数据传输率下,为了防止低扫描频率的画面所产生的闪烁感,黑白电视和彩色电视都采用了隔行扫描方式,通过牺牲扫描密度来换取扫描频率。而现在已经没有了这些限制,所以计算机的 CRT 显示器一般都采用非隔行扫描。

每秒扫描多少行称为行频;每秒扫描多少场称为场频;每秒扫描多少帧称为帧频。

电视的扫描频率之所以取为 50 场/秒(25 帧/秒)或 60 场/秒(30 帧/秒),一个重要的原因是,受当时技术的限制,电视信号还不能完全避免交流电的干扰,因此才将电视的扫描场频与电源的交变频率取成一致。例如,美日交流电的频率是 60Hz,所以他们的电视场频也取为 60Hz(30 帧/秒);而中国和欧洲的交流电频率是 50Hz,所以我们的电视场频就取为 50Hz(25 帧/秒)。虽然现在的技术已经有了很大发展,交流电的干扰问题早就获得了解决,但是为了与传统的电视信号兼容,同时也可以避免技术上的复杂性,所以即使是最新的高清晰电视广播,仍然保留了这样的扫描频率。

3. 彩色电视国际标准

表 3-4 为彩色电视的国际标准。

4. 彩色分量

根据光电三基色的加法原理,任何一种颜色都可以用 R、G、B 三个彩色分量按一定的比例混合得到。

表 3-4 彩色电视的国际标准(宽高比=4∶3)

TV 制式	PAL(GID)	NTSC(M)	SECAM(L)
行/帧	625	525	625
帧/秒(场/秒)	25(50)	30(60)	25(50)
行/秒	15 625	15 734	15 625
参考白光	$C_{白}$	D_{6500}	D_{6500}
声音载频/MHz	5.5 6.0 6.5	4.5	6.5
γ	2.8	2.2	2.8
彩色副载频/Hz	4 433 618	3 579 545	4 250 000(+U) 4 406 500(−V)
彩色调制	QAM	QAM	FM
亮度带宽/MHz	5.0 5.5	4.2	6.0
色度带宽/MHz	1.3(U_t)1.3(V_t)	1.3(I)0.6(Q)	>1.0(U_t) >1.0(V_t)

YC_1C_2 中的 Y 表示亮度信号,C_1 和 C_2 是两个色差信号,C_1 和 C_2 的含义与具体的制式有关。在 NTSC 彩色电视制式中,C_1 和 C_2 分别表示 I 和 Q 两个色差信号;在 PAL 彩色电视制式中,C_1 和 C_2 分别表示 U 和 V 两个色差信号;在 SECAM 彩色电视制式中,C_1 和 C_2 分别表示 Db 和 Dr 两个色差信号;在 CCIR 601 数字电视标准中,C_1 和 C_2 分别表示 Cb 和 Cr 两个色差信号。所谓色差是指基色信号中的三个分量信号(即 R、G、B)与亮度信号之差。

三种彩电制式的颜色坐标都是从 PAL 的 YUV 导出的,而 YUV 又是源于 XYZ 坐标。Y 为亮度,可以由 RGB 的值确定,色度值 U 和 V 分别正比于色差 $B-Y$ 和 $R-Y$。彩色空间的转换见上面所讲内容。

在彩色电视中使用 YC_1C_2 颜色体系进行信号的发送和接收,有如下两个重要优点。

(1) Y 和 C_1C_2 是独立的,因此彩色电视和黑白电视可以同时使用,Y 分量可由黑白电视接收机直接使用而不需做任何进一步的处理。

(2) 可以利用人的视觉特性来节省信号的带宽和功率,通过选择合适的颜色模型,可以使 C_1C_2 的带宽明显低于 Y 的带宽,而又不明显影响重显彩色图像的观看。这为以后电视信号的有效数字化和数据压缩提供了良好的基础。

3.6.3 数字电视

随着计算机的广泛应用,数字化成为了现代技术的潮流,广播电视的发展也不例外。

数字电视的广播节目包括标清和高清两种类型,标清数字电视的分辨率为 640×480(NTSC)和 768×576(PAL)、高清数字电视的分辨率为 1280×720 和 1920×1080。

数字电视 DTV(Digital Television)广播的主要优点有以下几点。

(1) 信号好。数字电视的信号更稳定,抗干扰能力强。

(2) 频道多。由于一个 PAL 制式的频道可以传输 8~10 套压缩后的标准分辨率的 DTV 信号,所以电视频道数从模拟的几十套到数字的几百套。

(3) 功能多。可实现联网和交互性,如浏览网页、VOD(Video-On-Demand,视频点播)等。

3.6.4 高清电视

最开始的电视机只有 9 英寸或 14 英寸大，五六百条扫描线就足够清晰了，可后来电视机越做越大：18 英寸、25 英寸、39 英寸，甚至 42 英寸、50 英寸和 63 英寸(等离子电视和背投电视)，但电视信号却仍然只有五六百线，观看效果让人难以接受，迫切需要发展高清晰度电视。(其他可供比较的视频信号的扫描线数为：VHR/VCD 为 200 多线、S-VHS 为 320 线、Laser Disc 为 420 线、DVD 为 576 线。)

高清晰度电视(High-Definition Television，HDTV)是指图像质量大于 1000 线(似 16mm 电影)、环绕立体声(似现代电影院)、宽高比为 16∶9 或 5∶3(似宽银幕电影)的电视。普通电视的图像质量只有五六百线、单声道或立体声、宽高比为 4∶3(似普通银幕电影和普通的计算机显示器)。可见 HDTV 的扫描线数是普通彩色电视的 2 倍，信息量(像素)增加到 5 倍，参见表 3-5。

表 3-5 HDTV 与普通彩色电视的比较

参　数	HDTV	普通彩色电视
扫描行数	1080/1152	525/625
图幅宽高比	16∶9 或 5∶3	4∶3
最佳观看距离	3 倍屏幕高	5 倍屏幕高
水平视角/°	30(电影 60)	10
隔行比	—	2∶1
场频/Hz	50	60/50
Y 带宽/MHz	25	4.2/5.5
C 带宽/MHz	6.5	1.3
行频/kHz	31.25	15.734/15.625
Y 取样频率/MHz	72	13.5
C 取样频率/MHz	36	6.75
Y 取样个数/行	2304	858/864
Y 有效样数/行	1920	720
Y 有效行数	1152	480/576
C 有效样数/行	960	432
C 有效行数	576	240/288
像素纵横比	15∶16	3∶4/15∶16
总码率/(Mb/s)	25	8.448
压缩比	26.5∶1	20∶1

3.6.5 电视显示技术

与计算机的显示器一样，传统的电视机采用的是阴极射线管(Cathode Ray Tube，CRT)技术。但是，由于其体积大、耗电量大，且存在电子辐射，现在已濒临淘汰。目前的主流电视显示技术是液晶(Liquid Crystal Display，LCD)和等离子(Plasma Display Panel，PDP)等所谓平板电视，其中 LCD 也是计算机显示器的主流技术。未来最有前途的显示技术则是有机发光二极管(Orgnic Light-Emitting Diode,OLED)。

其他显示技术还有很多,如 DLP(Digital Light Processing,数字光处理)、LED(Light Emitting Diode,发光二极管)、LCOS(Liquid Crystal On Silicon,硅上液晶)、LTV(Laser TV,激光电视)、FED(Field Emission Display,场发射显示器)和 SED(Surface-conduction Electron-emitter Display,表面传导电子发射显示器)等。

限于篇幅,下面只简介 CRT、PDP、LCD 和 OLED 这 4 种主要显示技术的起源、原理和特点等。

1. CRT

CRT 俗称显像管,它是利用阴极电子枪发射电子,在阳极高压的作用下射向荧光屏,使荧光粉发光。同时电子束在偏转磁场的作用下,做上下左右的移动来达到扫描整个屏幕的目的,参见图 3-8。

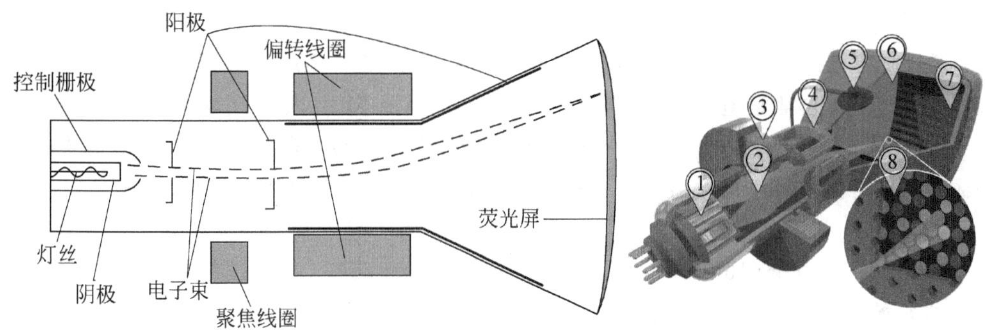

图 3-8　CRT 的构造

1—电子枪;2—电子束;3—聚焦线圈;4—偏转线圈;
5—阳极连线;6—光栅遮罩;7—磷光涂层;8—涂有磷光粉的屏幕内侧近视图

早期的 CRT 技术仅能显示光线的强弱,展现黑白画面。而彩色 CRT 具有红、绿、蓝三色电子枪,三支电子枪同时发射电子打在荧幕玻璃上的三种(色)磷化物上来显示颜色。

阴极射线管最早是由英国物理学家 William Crookes(克鲁克斯)于 1875 年发明的,所以也叫克鲁克斯管(Crookes Tube)。德国物理学家 Karl Ferdinand Braun(布劳恩,曾获 1909 年诺贝尔物理学奖)于 1897、美籍瑞典电子工程师 John B. Johnson(约翰逊)于 1922 年,分别对其进行了改进。

虽然 CRT 画面质量好(颜色鲜艳、对比度大、动态性好)、技术成熟且价格便宜,但是由于它笨重、耗电,所以在许多领域正在被轻巧、省电的液晶显示器所取代。

2. PDP

PDP 是一种平面显示器,光线由两块玻璃之间的离子射向磷质而发出。其发光原理是,在真空玻璃管中注入惰性气体,利用加电压方式,使气体产生等离子效应,利用离子化惰性气体放电所产生紫外线,去个别激发 RGB 三种不同的荧光体,而产生不同的 RGB 三原色的可见光,并利用激发时间的长短来控制亮度。由于它是每个个别独立的发光体在同一时间(一帧的时间约 1/30～1/60s)一次点亮的,所以显示画面特别清晰鲜明,参见图 3-9。

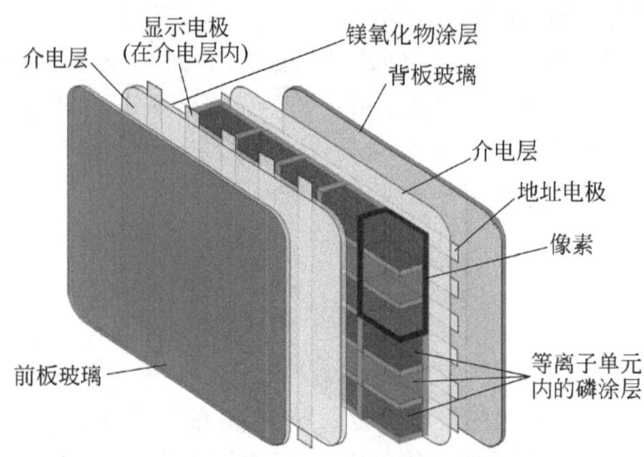

图 3-9 等离子显示板的组成

等离子显示板是1966年由美国伊利诺大学(University of Illinois at Urbana-Champaign)的两位教授 Donald L. Bitzer 和 H. Gene Slottow 及其研究生 Robert Willson 共同发明的，原本只可显示单色(通常是橙色、绿色或黄色)。1983年 IBM 引入了一款 19in(48cm)的橙色等离子显示器(1987年 IBM 将生产该显示器的工厂转让给了由 Bitzer 的学生 Larry F. Weber 等人新成立的 Plasmaco 公司，该公司又于1997年被日本松下公司购买)、1992年日本富士通公司推出了全球首个 21in(53cm)全彩色等离子显示器、1997年富士通又推出了首个 42in(107cm)的宽屏(16∶9)等离子显示板(分辨率为 852×480，逐行扫描)、1997年日本先锋公司开始公开销售等离子电视机。

等离子显示器的亮度大(1000lm/m^2 以上)、对比度高、可显颜色丰富、可产生全黑效果、电磁辐射少(只有 CRT 的 1/100～1/1000)、可视角度大、可造大屏(可达 150in/380cm 以上)，特别适用于家庭影院。等离子显示屏的厚度只有 6cm，连同其他电路板，厚度亦只有 10cm。等离子显示器的使用寿命约6万小时(27年，每天6小时)，它的亮度会随使用的时间而衰退。等离子显示板的缺点是耗电量大、生热高(散热困难)、长时间显示静止画面后再切换画面时易生残影、不能生产小尺寸屏幕、比液晶屏贵等。

3. LCD

LCD 是一种平面超薄的显示设备，它由一定数量的彩色或黑白图元(像素)组成，放置于光源或者反射面前方。每个图元由以下几个部分构成：悬浮于两个透明电极(氧化铟锡，ITO)间的一列液晶分子层，两边外侧有两个偏振方向互相垂直的偏振过滤片，如果没有电极间的液晶，光通过其中一个过滤片势必被另一个阻挡，通过一个过滤片的光线偏振方向被液晶旋转，从而能够通过另一个，参见图 3-10。

目前主流的 LCD 为 TFT-LCD (Thin-Film Transistor LCD，薄膜晶体管液晶显示器)，它使用薄膜晶体管技术改善影像品质，晶体管被做在面板里，这样可以减少各像素间的互相干扰并增加画面稳定度。它被广泛应用在平板电视、平面显示器及投影机上。新的 AMOLED (主动阵列 OLED) 屏幕也内建了 TFT 层。

第一台可操作的 LCD 是基于 DSM(Dynamic Scattering Mode，动态散射模式)，由美国 RCA 公司的 George H. Heilmeier(海尔曼)带领的小组于1964年开发。海尔曼创建了奥

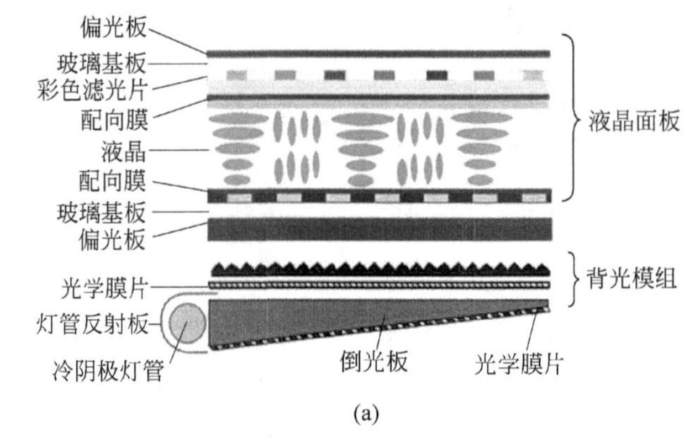

(a)

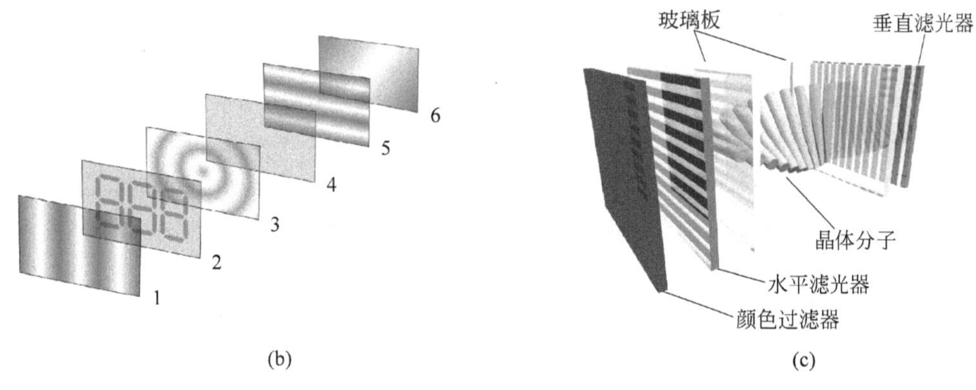

(b) (c)

图 3-10 LCD 的构造

1—垂直偏振滤光膜；2—具有(打开时显示的形状)ITO 电极的玻璃基片；3—扭曲向列型液晶；4—具有公共电极膜(ITO)和水平脊过滤器的玻璃基片；5—具有阻挡/通过水平轴光的偏振过滤膜；6—反光给观察者的反射表面(在背光 LCD 中，该层被光源替代)

普泰公司并开发了一系列基于这种技术的 LCD。1970 年 12 月，液晶的旋转向列场效应在瑞士被 Martin Schadt 和 Wolfgang Helfrich 所在的 Hoffmann-La Roche 中央实验室注册为专利。1969 年，James Fergason 在美国俄亥俄州肯特州立大学也发现了液晶的旋转向列场效应，并于 1971 年 2 月在美国注册了相同的专利。1971 年他的公司(ILIXCO)生产了第一台基于这种特性的 LCD，很快取代了性能较差的 DSM 型 LCD。1973 年日本的夏普公司首次将它运用于制作电子计算器的数位显示。2003 年美国的 John Wager 发表了使用氧化锌材料制作透明 TFT-LCD 的方法。

传统的 TFT-LCD 一般采用 CCFL(Cold Cathode Fluorescent Lamp，冷阴极荧光灯)作为背光源，存在机体厚、耗电量大、显示效果差(色彩不鲜艳、对比度小、亮度不均匀、漏光、响应时间长等)、使用寿命短、含有水银等缺点。2004 年由日本 Sony 公司率先推出的采用 LED 背光的 LCD 一举解决了所有这些问题，是 LCD 的发展方向。

2007 年第 4 季度 LCD 的世界销售量首次超过 CRT，2008 年 LCD 电视占 50％以上的市场份额成为主流。现在，LCD 是计算机的主要显示设备，也是平板电视的主流技术。

4. OLED

OLED 是一种前途无量的新型薄膜显示技术。其基本结构是由一薄而透明具半导体特性之铟锡氧化物(ITO),与电的正极相连,再加上另一个金属阴极,包成如三明治的结构。整个结构层中包括了电荷传输层、发光层(发射层)和传导层,参见图 3-11。当施以适当电压时,正电荷与负电荷就会在发光层中结合,产生光亮,依其配方不同产生红、绿和蓝三原色,构成基本色彩。

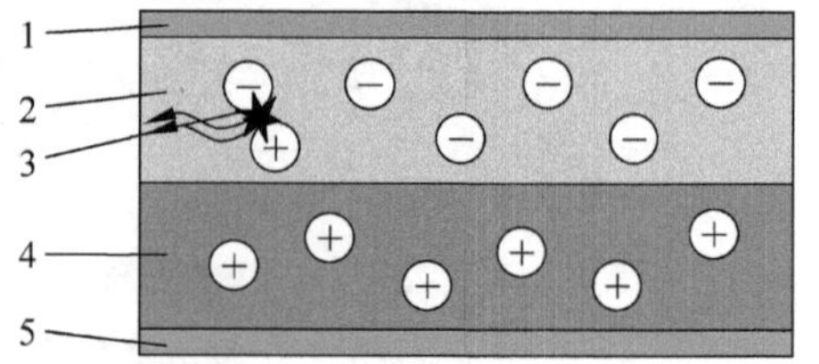

图 3-11 双层 OLED 示意图

1—阴极(−); 2—发射层; 3—光发射; 4—传导层; 5—阳极(+)

OLED 现象最初是 Kodak 柯达公司 Rochester 实验室的邓青云(Ching W Tang)于 1979 年意外中发现的。1987 年,同属柯达公司的汪根样和同事 Steven Van Slyke 成功地使用类似半导体 PN 结的双层有机结构第一次做出了低电压、高效率的光发射器,为 Kodak 生产 OLED 显示器奠定了基础。

1987 年英国剑桥大学博士生 Jeremy Burroughes 证明大分子的聚合物也有场致发光效应,到了 1990 年,英国剑桥的实验室也成功研制出高分子有机发光元件,1992 年康桥成立的显示技术公司 CDT(Cambridge Display Technology),这项发现使得 OLED 的研究走向了一条与柯达的小分子 OLED 完全不同的研发之路。

图 3-12 Sony 于 2007 年 12 月上市的 11in OLED 电视机

OLED 具有自发光性、广视角、高对比、低耗电、高反应速率、全彩化、制程简单、生产成本低等优点。OLED 的特色在于其核心可以做得很薄(厚度可小于 1mm),加上 OLED 为全固态组件,抗震性好,能适应恶劣环境。OLED 主要是自体发光的让其几乎没有视角问题,与 LCD 技术相比,即使在大的角度观看,显示画面依然清晰可见。OLED 的元件为自发光且是依靠电压来调整,反应速度要比液晶元件来得快许多,比较适合当作高画质电视使用,2007 年底 Sony 推出的 11in OLED 电视的反应速度就比 LCD 快了 1000 倍,参见图 3-12～图 3-14。

图 3-13 三星于 2005 年 5 月 19 日推出的 40in OLED 原型机

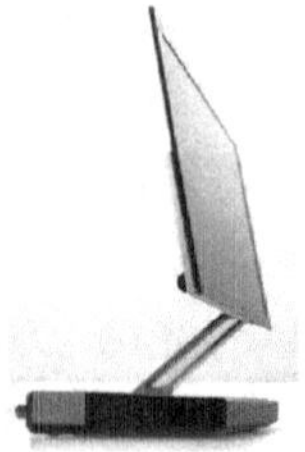
图 3-14 Sony 于 2008 年 10 月初展出的 11in 0.9mm 厚超薄 OLED 无线电视机

3.7 视频及其数字化

视频是电视信号的可视部分(另一部分是伴音),为了进行数字电视广播和视频信号处理与利用,必须先将视频信号数字化。

本节先给出视频的基本概念、视频卡与视频处理,再介绍模拟视频信号数字化的具体方法和标准。

3.7.1 视频

本节先定义视频的基本概念,然后简单介绍视频处理的最基本内容。

1. 概念

电视指电视广播,包括电视节目的制作、传输和收看。人们所收看的电视内容,实际上包括视频和音频两个部分。这里的视频是指电视画面的图像信息,而不包含电视中伴音。

多媒体所说的视频主要指电视画面的系列图像信息。

2. 视频信息处理

视频信息处理包括采集、编辑、应用。

1) 采集

视频信息处理之采集如图 3-15 所示。

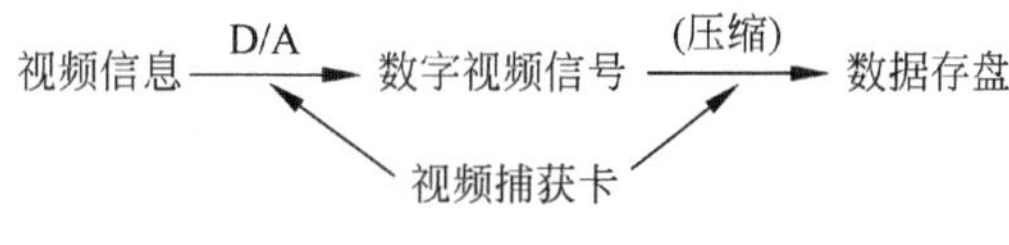

图 3-15　视频信息处理之采集

2) 编辑

常见的播放和编辑软件有:

- Microsoft 的 Video for Windows(AVI 播放)、Windows Media Player 播放器(AVI/ASF 播放)、Windows Media Audio/Video(ASF 编码器);
- Apple 的 QuickTime(MOV 播放/编辑);
- RealNetwork 的 RealPlayer(RM 播放)、RealProductor(RM 生成);
- Ulead 的 VideoStudio(业余级);
- Adobe 的 Premiere(准专业级)/After Effects(专业级);
- Asymetrix 的 DVP(Digital Video Producter);

3) 应用

应用于视频播放,包括:

- 全屏实时模拟信号源播放;
- 全屏数字化视频信号播放;

• 窗口数字化视频信号播放。

3.7.2 视频信号的数字化

与模拟视频相比,数字视频的优点很多。例如,可直接进行随机存储和检索、复制和传输后不会造成质量下降、很容易进行非线性电视编辑、能够进行数据压缩等。数字视频是现代(高清晰)数字电视广播、家庭影院(VCD、DVD、EVD、BD、HD-DVD等)和网络流媒体等的基础。

通过采样和量化可以将音频信号数字化。类似地,也可以通过采样和量化的方法来将视频信号数字化。不过电视信号在空间上是二维的,而且有三个颜色分量YC_1C_2。因此,除了时间帧(图像)的采样外,还需要进行帧图像的空间点(像素)采样。而对每个像素点的量化,又涉及三个颜色分量。所以,视频数字化常用“分量数字化”这个术语,它表示对彩色空间的每一个分量进行数字化。

1. 数字化的方法

视频数字化常用的方法有以下两种。

(1)先从复合彩色视频中分离出彩色分量,然后数字化。通常的做法是首先把模拟的全彩色电视信号分离成YC_1C_2或RGB彩色空间中的分量信号,然后用三个A/D转换器分别对它们数字化。

(2)首先用一个高速A/D转换器对彩色全电视信号进行数字化,然后在数字域中进行分离,以获得所希望的YC_1C_2或RGB分量数据。

2. 数字化标准

1982年CCIR制定了彩色视频数字化标准,称为CCIR 601标准,现改为ITU-R BT.601标准(601-4：1994.7./601-5：1995.10)。该标准规定了彩色视频转换成数字图像时使用的采样频率,RGB和YCbCr两个彩色空间之间的转换关系等。

3. 采样频率

BT.601为NTSC制、PAL制和SECAM制规定了共同的视频采样频率。这个采样频率也用于远程图像通信网络中的视频信号采样。

对PAL制、SECAM制,采样频率f_s为

$$f_s = 625 \times 25 \times N = 15625 \times N = 13.5\text{MHz}, \quad N = 864$$

其中,N为每一扫描行上的采样数目。

对NTSC制,采样频率f_s为

$$f_s = 525 \times 29.97 \times N = 15734 \times N = 13.5\text{MHz}, \quad N = 858$$

其中,N也为每一扫描行上的采样数目。

4. 有效显示分辨率

对PAL制和SECAM制的亮度信号,每一条扫描行采样864个样本；对NTSC制的亮度信号,每一条扫描行采样858个样本。对所有的制式,每一扫描行的有效样本数均

为 720(＝864－144＝858－138)个。每一扫描行的采样结构如图 3-16 所示。

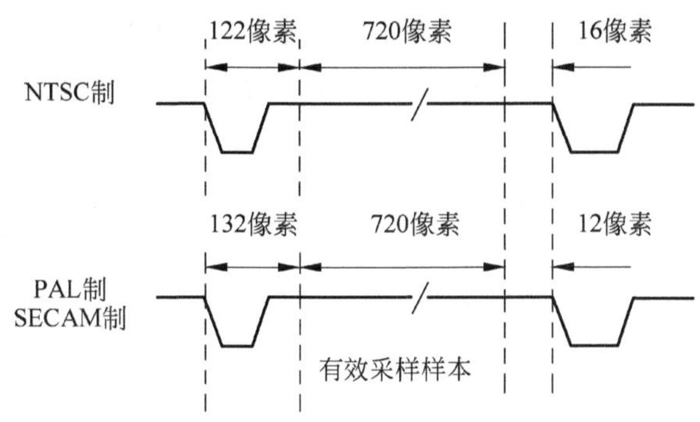

图 3-16　ITU-R BT. 601 的亮度采样结构

5. ITU-R BT.601 标准

BT. 601 用于对隔行扫描视频进行数字化,对 NTSC 和 PAL 制彩色电视的采样频率和有效显示分辨率都做了规定。BT. 601 推荐使用 4∶2∶2 的彩色视频采样格式。使用这种采样格式时,Y 用 13.5 MHz 的采样频率,Cb 和 Cr 用 6.75 MHz 的采样频率。采样时,采样频率信号要与场同步和行同步信号同步。

表 3-6 给出了 ITU-R BT. 601 推荐的采样格式、编码参数和采样频率。

表 3-6　彩色电视数字化参数摘要

采样格式	信号形式	采样频率/MHz	样本数/扫描行		数字信号取值范围(A/D)
			NTSC	PAL	
4∶2∶2	Y	13.5	858(720)	864(720)	220 级(16～235)
	Cb	6.75	429(360)	432(360)	225 级(16～240)
	Cr	6.75	429(360)	432(360)	(128 ± 112)
4∶4∶4	Y	13.5	858(720)	864(720)	220 级(16～235)
	Cb	13.5	858(720)	864(720)	225 级(16～240)
	Cr	13.5	858(720)	864(720)	(128 ± 112)

6. CIF、QCIF 和 SQCIF

为了既可用 625 行的视频又可用 525 行的视频,BT. 601 规定了 CIF(Common Intermediate Format,通用影像传输格式)、QCIF(Quarter-CIF,1/4,通用影像传输格式)和 SQCIF(Sub-Quarter Common Intermediate Format,子 1/4,通用影像传输格式),具体规格如表 3-7 所示。

CIF 格式具有如下特性。

- 视频的空间分辨率为家用录像系统(Video Home System,VHS)的分辨率,即 352×288。
- 使用逐行扫描(Non-interlaced Scan)。
- 使用 NTSC 帧速率,视频的最大帧速率为 30 000/1001≈29.97 幅/秒。
- 使用 1/2 的 PAL 水平分辨率,即 288 线。

- 对亮度和两个色差信号(Y、Cb 和 Cr)分量分别进行编码,它们的取值范围同 ITU-R BT.601。即黑色为 16,白色为 235,色差的最大值等于 240,最小值等于 16。

表 3-7 CIF、QCIF 和 SQCIF 图像格式参数

参数 \ 格式	CIF		QCIF		SQCIF	
	行数/帧	像素/行	行数/帧	像素/行	行数/帧	像素/行
亮度(Y)	288	360(352)	144	180(176)	96	128
色度(Cb)	144	180(176)	72	90(88)	48	64
色度(Cr)	144	180(176)	72	90(88)	48	64

7. 图像子采样

图像子采样(Subsampling)是指对图像的色差信号使用的采样频率比对亮度信号使用的采样频率低,可以达到压缩彩色电视信号的目的。它利用了人视觉系统的如下两个特性。

- 人眼对色度信号的敏感程度比对亮度信号的敏感程度低,利用这个特性可以把图像中表达颜色的信号去掉一些而使人不易察觉。
- 人眼对图像细节的分辨能力有一定的限度,利用这个特性可以把图像中的高频信号去掉而使人不易察觉。

试验表明,使用子采样格式后,人的视觉系统对采样前后显示的图像质量没有感到有明显差别。目前使用的子采样格式有如下几种。

- 4:4:4。这种采样格式不是子采样格式,它是指在每条扫描线上每 4 个连续的采样点取 4 个亮度 Y 样本、4 个红色差 Cr 样本和 4 个蓝色差 Cb 样本,这就相当于每个像素用 3 个样本表示。
- 4:2:2。这种子采样格式是指在每条扫描线上每 4 个连续的采样点取 4 个亮度 Y 样本、2 个红色差 Cr 样本和 2 个蓝色差 Cb 样本,平均每个像素用 2 个样本表示。
- 4:1:1。这种子采样格式是指在每条扫描线上每 4 个连续的采样点取 4 个亮度 Y 样本、1 个红色差 Cr 样本和 1 个蓝色差 Cb 样本,平均每个像素用 1.5 个样本表示。数字电视盒式磁带(Digital Video Cassette,DVC)上使用这种格式。
- 4:2:0。这种子采样格式是指在水平和垂直方向上每 2 个连续的采样点上取 2 个亮度 Y 样本、1 个红色差 Cr 样本和 1 个蓝色差 Cb 样本,平均每个像素用 1.5 个样本表示。MPEG-1(H.261/H.263)和 MPEG-2 都使用这种格式。但是它们的具体实现办法并不相同,参见图 3-17。

8. 视频的数据率

按照奈奎斯特采样理论,模拟电视信号经过采样(把连续的时空信号变成离散的时空信号)和量化(把连续的幅度变成离散的幅度信号)之后,数字电视信号的数据量大得惊人,当前的存储器和网络都还没有足够的能力支持这种数据传输率,因此需要对数字电视信号进行压缩处理。

1) ITU-R BT.601 标准数据率

BT.601 标准,使用 4:2:2 的采样格式,亮度信号 Y 的采样频率选择为 13.5MHz,而

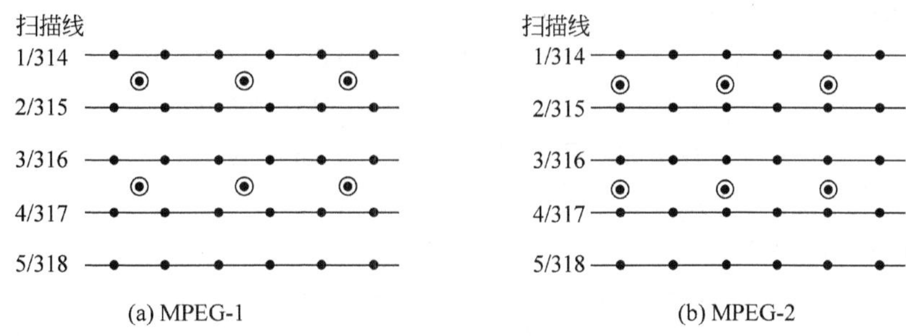

图 3-17 两种不同的 4:2:0 子采样格式
◉计算所得的 Cb,Cr 样本;●Y 样本。

色差信号 Cr 和 Cb 的采样频率选择为 6.75MHz,在传输数字电视信号通道上的数据传输率就达到 270Mb/s,即

- 亮度(Y):

  858 样本/行×525 行/帧×30 帧/秒×10 比特/样本≈135Mb/s(NTSC)

  864 样本/行×625 行/帧×25 帧/秒×10 比特/样本≈135Mb/s(PAL)
- Cr (R-Y):

  429 样本/行×525 行/帧×30 帧/秒×10 比特/样本≈68Mb/s(NTSC)

  429 样本/行×625 行/帧×25 帧/秒×10 比特/样本≈68Mb/s(PAL)
- Cb (B-Y):

  429 样本/行×525 行/帧×30 帧/秒×10 比特/样本≈68Mb/s(NTSC)

  429 样本/行×625 行/帧×25 帧/秒×10 比特/样本≈68Mb/s(PAL)
- 总计:27 兆样本/秒×10 比特/样本=270 兆比特/秒

实际上,在荧光屏上显示出来的有效图像的数据传输率并没有那么高。

- 亮度(Y):

  720×480×30×10≈104Mb/s (NTSC)

  720×576×25×10≈104Mb/s (PAL)
- 色差(Cr,Cb):

  2×360×480×30×10≈104Mb/s (NTSC)

  2×360×576×25×10≈104Mb/s (PAL)
- 总计:≈207Mb/s

如果每个样本的采样精度由 10 比特降为 8 比特,彩色数字电视信号的数据传输率就降为 166Mb/s。

2) VCD 视频数据率

如果考虑使用 Video-CD 存储器来存储数字电视,由于它的数据传输率最高为 1.4112Mb/s,分配给电视信号的数据传输率为 1.15Mb/s,这就意味 MPEG 电视编码器的输出数据率要限制在 1.15Mb/s。显而易见,如果存储 166Mb/s 的数字电视信号就需要对它进行高度压缩,压缩比高达 166/1.15≈144:1。

MPEG-1 视频压缩技术不能达到这样高的压缩比。为此首先把 NTSC 和 PAL 数字电视转换成 CIF 的数字电视(相当于 VHS 的质量),于是彩色数字电视的数据传输率就减小

到 30Mb/s,即

$$352 \times 240 \times 30 \times 8 \times 1.5 \approx 30\text{Mb/s (NTSC)}$$

$$352 \times 288 \times 25 \times 8 \times 1.5 \approx 30\text{Mb/s (PAL)}$$

把这种彩色电视信号存储到 CD 盘上所需要的压缩比为 30/1.15≈26∶1。这就是 MPEG-1 技术所能获得的压缩比。

3) DVD 视频数据率

根据当前成熟的压缩技术,视频的数据率压缩成平均为 3.5～4.7Mb/s 时,非专家难于区分视频在压缩前后之间的差别。如果使用 DVD-Video 存储器来存储数字电视,它的数据传输率虽然可以达到 10.08Mb/s,但一张 4.7 GB 的单面单层 DVD 盘要存放 133 分钟的电视节目,按照数字电视信号的平均数据传输率为 4.1Mb/s 来计算,压缩比要达到 166/4.10≈40∶1。

如果视频的子采样使用 4∶2∶0 格式,每个样本的精度为 8 比特,数字电视信号的数据传输率就减小到 124Mb/s,即

$$720 \times 480 \times 30 \times 8 \times 1.5 \approx 124\text{Mb/s(NTSC)}$$

$$720 \times 576 \times 25 \times 8 \times 1.5 \approx 124\text{Mb/s(PAL)}$$

使用 DVD-Video 来存储 720×480×30 或者 720×576×25 的数字视频所需要的压缩比为 124/4.1≈30∶1。

3.7.3 视频文件格式

常用的视频文件格式有:

- AVI。Audio/Video Interleaved,音频/视频交错(存储),MS&IBM&Intel Win。
- MOV。Movie,电影,Apple MacOS/Win。
- RM/RV。RealMedia/RealVideo,实媒体/实视频,RealNetworks Win/UNIX/Linux。
- RMVB。RealMedia Variable Bit Rate(VBR,可改变之比特率),RealNetworks Win/UNIX/Linux。
- ASF。Advanced Stream Dormat,先进流格式,MS Win。
- MPG。Motion Picture experts Group,运动图像专家组,ISO&IEC Win/MacOS/UNIX/Linux。
- MKV。MatrosKa Video File,Matroska 视频文件,是 Matroska 多媒体容器(Matroska Multimedia Container,MMC)中的一种,可以封装多种视频编码,也可包含音频和字幕,采用的是 EBML (Extensible Binary Meta Language,可扩展二进制元语言)。由 Steve Lhomme 和 Lasse Kärkkäinen 等人领导的 Matroska 开放标准项目,于 2002 年 12 月 7 日发布。Matroska Win/MacOS/UNIX/Linux。
- MP4。MPEG-4,多媒体组合包的标准音视频容器文件格式,ISO&IEC Windows/MacOS/UNIX/Linux。
- AMV。一种广泛用于 MP4 播放器的私有视频文件格式,容器是 AVI 的变种,音频格式为 ADPCM 的变种,视频格式源于运动 JPEG,分辨率为 96×96～208×176,帧率为 12fps 或 16fps。

• MTV。另一种广泛用于 MP4 播放器的私有视频文件格式，有一 512B 的文件头，后跟系列无压缩原始图片数据。

3.7.4 长宽比与分辨率

从前面所列出的电视电影资料，以及我们所熟悉的计算机显示器参数，可以得出图 3-18 所示的各类常见视频画面的长宽比和图 3-19 所示的各类视频画面和设备的分辨率。

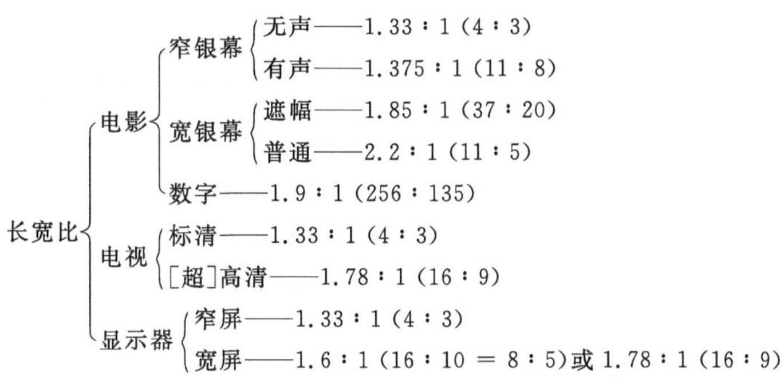

图 3-18 各类视频画面的长宽比

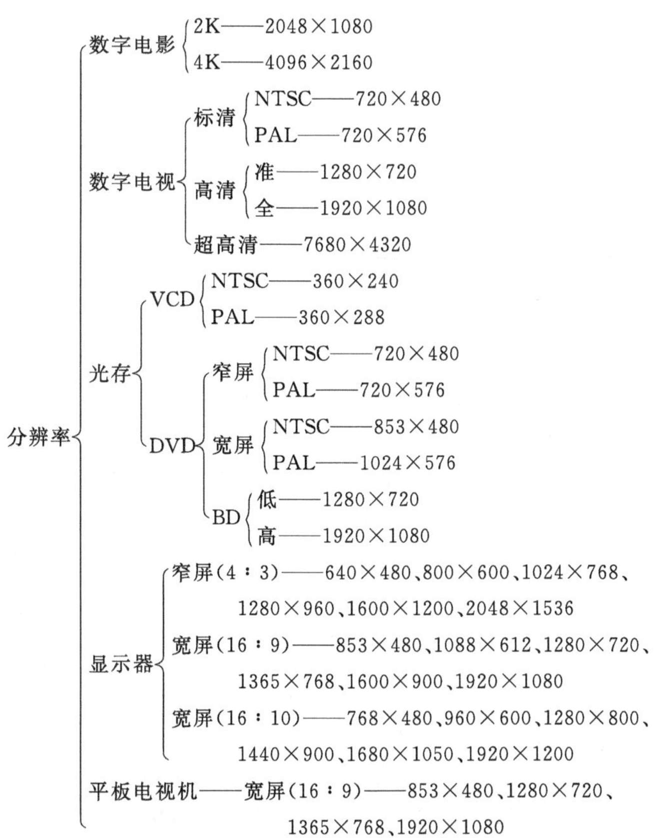

图 3-19 各类视频画面和设备的分辨率

3.8 视频编码标准

本节介绍视频编码的国际与国家标准，包括计算机与网络领域的 MPEG 系列、电子与通信领域的 H 系列与中国的 AVS，重点介绍 MPEG-1/2/4/7/21 和 AVS 编码标准。

3.8.1 MPEG 系列标准

1988 年由 ISO 和 IEC 联合成立了 MPEGs，负责开发视频数据和声音数据的编码、解码和它们的同步等标准。这个专家组开发的标准称为 MPEG 标准。

到目前为止，已经公布的 MPEG 标准有 MPEG-1/2/4/7/21，其中的 MPEG-1、MPEG-2 和 MPEG-4 标准已经得到了广泛应用。表 3-8 是 MPEG-1/2/4 的典型编码参数。

表 3-8 MPEG-1/2/4 的典型编码参数

	MPEG-1	MPEG-2（基本型）	MPEG-4
标准化时间	1992 年	1994 年	1999 年/2003 年
主要应用	VCD、MP3	HDTV、DVD	MP4、可视电话、视频会议、网络流媒体、移动视频通信
空间分辨率	CIF：288×360	TV：576×720	可变：QCIF ～ HDTV，144 × 176 ～ 1080 ×1920
时间分辨率	25～30 帧/秒	50～60 场/秒	可变：25～60 帧/秒
位速率	1.5Mb/s	4.7Mb/s	可变：64Kb/s～15Mb/s
质量	相当于 VHS	相当于 NTSC/PAL 电视	可变：1/4 VHS～HDTV
压缩率	20～30	30～40	30～120

1. MPEG 标准文件的创建过程

与其他 ISO 标准文件一样，MPEG 标准文件的创建过程分成 4 个阶段。

(1) 工作草案(Working Draft，WD)。工作组(Working Group，WG)准备的工作文件。

(2) 委员会草案(Committee Draft，CD)。从工作组 WG 准备好的工作文件 WD 提升上来的文件。这是 ISO 文档的最初形式，它由 ISO 内部正式调查研究和投票表决。

(3) 国际标准草案(Draft International Standard，DIS)。投票成员国对 CD 的内容和说明满意之后由委员会草案 CD 提升上来的文件。

(4) 国际标准(International Standard，IS)。由投票成员国、ISO 的其他部门和其他委员会投票通过之后出版发布的文件。

2. MPEG 标准系列及其应用

到目前为止已经公布和正在制定的 MPEG 系列标准有以下几种。

(1) MPEG-1。用于数据速率高达约 1.5Mb/s 的数字存储媒体的视频和伴音编码(ISO/IEC 11172：1993 Information technology —— Coding of moving pictures and associated audio for digital storage media at up to about 1.5Mb/s)，1992 年 11 月成为标准。

- 功能：低分辨率数字视频编码标准。
- 编码：DCT＋视觉加权量化＋熵编码＋运动补偿＋帧间预测。
- 格式 CIF：25 帧/秒或 30 帧/秒、288 行×360 列或 240 行×352 列、8 位量化。
- 音频：I～III 层，声道——双-单声道、立体声、联合立体声。
- 应用：VCD、MP3。

(2) MPEG-2。运动图像和伴音信息的通用编码(ISO/IEC 13818：1996 Information technology—Generic coding of moving pictures and associated audio information)，1994 年 11 月成为标准。

- 功能：高分辨率数字视频编码标准。
- 编码：似 MPEG-1。
- 格式：LOW——352×288×29.79、Main——720×480×29.97 或 720×576×25、High1440——1440×1080×30 或 1440×1152×25、High——1920×1080×30 或 1920×1152×25。
- 音频：AAC——兼容 MPEG-1，另支持 5.1/7.1 声道(AC-3/DTS)。
- 应用：DVD、HDTV。

(3) MPEG-4。视听对象编码(ISO/IEC DIS 14496-1：1999 Information technology—Coding of audio-visual objects)，1999 年 1 月成为标准。

- 功能：分辨率可变的视听对象编码标准。
- 编码：视音频对象、分块/分级/分层、基于内容和对象的编码。
- 格式：支持各种不同的分辨率。
- 音频：支持多种码率——2～64Kb/s。
- 应用：可视电话、电视会议、网络流媒体、移动视频通信、IPTV、MP4。

(4) MPEG-7。多媒体内容描述接口(ISO/IEC 15938-1：2002 Information technology—Multimedia content description interface)，2001 年 9 月成为标准。

- 功能：多媒体内容描述标准。
- 应用：基于内容的多媒体信息检索。

(5) MPEG-21。多媒体框架(ISO/IEC TR 21000-1：2001 Information technology—— Multimedia framework (MPEG-21))，2001 年 12 月成为标准。

- 功能：多媒体框架标准。
- 应用：不同多媒体系统的集成和应用。

以上的按数字编号的 MPEG 标准都已经公布，在本节的后面将逐个进行较为详细的介绍。下面的按字母编号的 MPEG 标准中的大部分目前还处于开发过程中，本书只在这里做简单的介绍。

(1) MPEG-A。多媒体应用格式(ISO/IEC 23000—Multimedia application format (MPEG-A))。

- 第 1 部分：多媒体应用格式的目的(ISO/IEC TR 23000-1：2007 Part 1：Purpose for Multimedia Application Formats)。
- 第 2 部分：MPEG 音乐播放器应用格式(ISO/IEC 23000-2：2006/2008 Part 2：MPEG music player application format)。

- 第 3 部分：MPEG 照片播放器应用格式(ISO/IEC 23000-3：2007 Part 3：MPEG photo player application format)。
- 第 4 部分：音乐幻灯播放器应用格式(ISO/IEC 23000-4：2008/2009 Part 4：Musical slide show player application format)。
- 第 5 部分：媒体流播放器(ISO/IEC 23000-5：2008 Part 5：Media streaming player)。
- 第 6 部分：专业文档应用格式(ISO/IEC CD 23000-6 Part 6：Professionnal archival application format)，该部分标准仍在制定过程中。
- 第 7 部分：开放访问应用格式(ISO/IEC 23000-7：2008 Part 7：Open access application format)。
- 第 8 部分：便携视频应用格式(ISO/IEC 23000-8 Part 8：Portable video application format)。
- 第 9 部分：数字多媒体广播应用格式(ISO/IEC 23000-9：2008 Part 9：Digital multimedia broadcasting application format)。
- 第 10 部分：视频监视应用格式(ISO/IEC FCD 23000-10Part 10：Video surveillance application format)，该部分标准仍在制定过程中。
- 第 11 部分：MPEG 音乐播放器应用格式——立体视频应用格式(ISO/IEC FCD 23000-11—MPEG music player application format—Part 11：Stereoscopic video application format)，该部分标准仍在制定过程中。
- 第 12 部分：MPEG 音乐播放器应用格式——交互音乐应用格式(ISO/IEC CD 23000-12—MPEG music player application format—Part 12：Interactive music application format)，该部分标准仍在制定过程中。

(2) MPEG-B。MPEG 系统技术(ISO/IEC 23001—MPEG systems technologies)。

- 第 1 部分：针对 XML 的二进制 MPEG 格式(Part 1：Binary MPEG format for XML)。
- 第 2 部分：片段请求单位(ISO/IEC 23001-2：2008 Part 2：Fragment request units)。
- 第 3 部分：XML 的 IPMP 消息(ISO/IEC FCD 23001-3：2008 Part 3：XML IPMP messages)。
- 第 4 部分：编解码配置的表示(ISO/IEC 23001-4 Part 4：Codec configuration representation)，该部分标准仍在制定过程中。
- 第 5 部分：位流语法描述语言(BSDL)(ISO/IEC 23001-5：2008 Part 5：Bitstream Syntax Description Language (BSDL))。

(3) MPEG-C。MPEG 视频技术(ISO/IEC 23002—MPEG video technologies)。

- 第 1 部分：实现整数输出的 8×8 离散余弦反变换的精度要求(ISO/IEC 23002-1：2006 Part 1：Accuracy requirements for implementation of integer-output 8×8 inverse discrete cosine transform)。
- 第 2 部分：定点 8×8 离散余弦反和离散余弦变换(ISO/IEC FDIS 23002-2：2008 Part 2：Fixed-point 8×8 inverse discrete cosine transform and discrete cosine transform)。

- 第 3 部分：辅助视频和补充信息的表示（ISO/IEC 23002-3：2007 Part 3：Representation of auxiliary video and supplemental information）。
- 第 4 部分：视频工具库（ISO/IEC FCD 23002-4 Part 4：Video tool library），该部分标准仍在制定过程中。

（4）MPEG-D。MPEG 音频技术（ISO/IEC 23003——MPEG audio technologies）。

- 第 1 部分：MPEG 环绕声（ISO/IEC 23003-1：2007 Part 1：MPEG Surround）。
- 第 2 部分：空间音频对象编码（SAOC）（ISO/IEC FCD 23003-2 Part 2：Spatial Audio Object Coding (SAOC)），该部分标准仍在制定过程中。

（5）MPEG-E。多媒体中间件（ISO/IEC 23004—Multimedia Middleware）。

- 第 1 部分：体系结构（ISO/IEC 23004-1：2007 Part 1：Architecture）。
- 第 2 部分：多媒体应用程序接口（API）（ISO/IEC 23004-2：2007 Part 2：Multimedia Application Programming Interface(API)）。
- 第 3 部分：组件模型（ISO/IEC 23004-3：2007 Part 3：Component model）。
- 第 4 部分：资源与质量管理（ISO/IEC 23004-4：2007 Part 4：Resource and quality management）。
- 第 5 部分：组件下载（ISO/IEC 23004-5：2008 Part 5：Component download）。
- 第 6 部分：故障管理（ISO/IEC 23004-6：2008 Part 6：Fault management）。
- 第 7 部分：系统完整性管理（ISO/IEC 23004-7：2008 Part 7：System integrity management）。
- 第 8 部分：参考软件（ISO/IEC FDIS 23004-8 Part 8：Reference software），该部分标准仍在制定过程中。

3.8.2 H.26x 系列标准

ITU-T 及其前身 CCIR 制定了一系列音视频压缩编码和通信技术标准。其中的 ITU-T H.26x 是与 MPEG 类似的视频编码系列标准，参见表 3-9。

表 3-9 ITU-T H.26x 视频编码系列标准

H 标准	H.261	H.262	H.263	H.264
对应 MPEG 标准	～MPEG-1	＝MPEG-2	～MPEG-4	＝MPEG-4/AVC
发布时间	1993.3	1995.7	1998.2	2003.5
主要应用	可视电话与视频会议	HDTV 与 DVD	网络与移动视频	DTV、网络与移动视频、蓝光盘

1. H.261

p×64Kb/s 码率音像服务的视频编码（Video codec for audiovisual services at p×64Kb/s），1993 年 3 月制定，为可视电话与视频会议的编码标准。

（1）CIF 格式——288×360，QCIF 格式——144×180；29.97 帧/秒。

（2）编码：DCT＋运动补偿＋视觉加权量化＋熵编码。

2. H.262

运动图像和伴音信息的通用编码(Information technology-eneric coding of moving pictures and associated audio information: Video),1995 年 7 月通过,与 MPEG-2 共同作为 ISO/IEC 13818 标准(HDTV、DVD)。

(1) 格式:

- 低——352×288。
- 主——720×480(或 576)。
- 高-1440——1440×1080(或 1152)。
- 高——1920×1080(或 1152)。
- 25 帧/秒或 29.97 帧/秒。

(2) 编码:同 H.261。

3. H.263

低比特率通信的视频编码(Video coding for low bit rate communication),1998 年 2 月制定,为低比特率/可变比特率视频编码标准(PSTN 网、无线网、因特网)。

(1) 格式:

- CIF 与 QCIF 格式同 H.261。
- Sub-QCIF 格式:128×96。
- 4CIF 格式:704×576。
- 16CIF 格式:1408×1152。

(2) 编码:

H.261+非限制运动矢量模式+基于语法的算术编码+高级预测+PB 帧。

4. H.264

针对通用音视频服务的先进[高级]视频编码(Advanced video coding for generic audiovisual services),2003 年 5 月批准,H.264 是由 ISO/IEC 的 MPEG 与 ITU-T 的 VCEG(Video Coding Experts Group,视频编码专家组)联合组成的 JVT(Joint Video Team,联合视频组[队])共同制定的,MPEG 的对应标准为 MPEG-4 的第 10 部分 MPEG-4/AVC。

(1) 格式:同 H.263。

(2) 编码:采用 AVC(Advanced Video Coding,先进视频编码),即 H.263+多参考帧和变块尺寸运动补偿+1/4 像素精度的运动估值+基于上下文的二元算数和变长编码+冗余条带+补充增强信息和视频可用信息+辅助图层+图像顺序计数+柔性宏块+排序+整数 DCT 变换+分层编码+错误约束机制+错误掩盖技术+高效比特流切换技术。

通过引入多种先进的编码技术,使得 H.264(MPEG-4/AVC)编码的码率只有 H.263(MPEG-4)的一半。当然,提高压缩比的代价是同时也增加了编解码的复杂性。一般情况下,编码难度增加了 2 倍,解码难度增加了 1 倍。

与 MPEG 标准主要用于光存储、广播和流媒体不同,H.26x 标准主要用于网络和通信。除了视频编码标准本身之外,H.26x 还有配套的系统、音频、控制等相关标准,参见

表 3-10 和图 3-20。

表 3-10 与 H.26x 标准配套的其他 ITU 标准

类别	系统	视频	音频	混合	控制	数据
旧标准	H.320	H.261	G.723	H.221	H.241	无
新标准	H.324	H.263	G.723.1	H.223	H.246	T.120

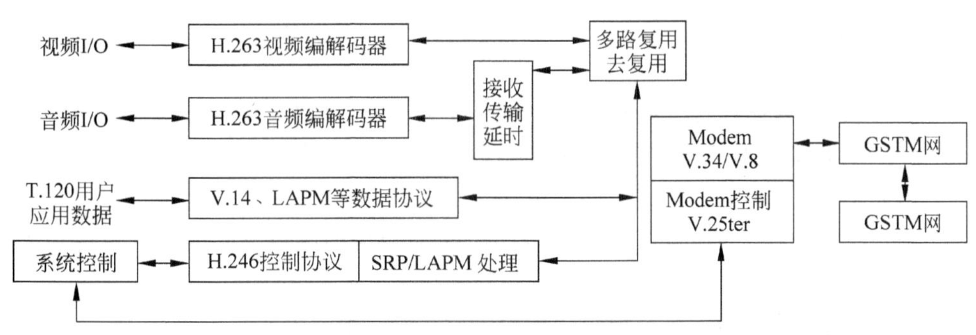

图 3-20 H.324 系统框图

3.8.3 AVS 音视频编码标准

AVS 是我国自主制定的数字电视、IPTV 等音视频系统的基础性标准，由数字音视频编解码技术标准工作组(AVS 工作组)负责制定。该工作组由国家信息产业部科学技术司于 2002 年 6 月批准成立，成员包括国内外从事数字音视频编码技术和产品研究开发的机构和企业。

AVS 规定了数字音视频的压缩、解压缩、处理和表示的技术方案，适用于高分辨率和标准分辨率数字电视广播、激光数字存储媒体、互联网宽带流媒体、多媒体通信等应用。

AVS 标准包括系统、视频、音频、数字版权管理、移动视频等 9 个部分，目前已经公布的只有标准的第 2 部分“视频”(AVS-P2)，该部分规定了多种比特率、分辨率和质量的视频压缩方法，适用于数字电视广播交互式存储媒体、直播卫星视频业务、多媒体邮件、分组网络的多媒体业务、实时通信业务、远程视频监控等应用，并且规定了解码过程。主要针对高清晰度数字电视广播和高密度存储媒体应用。

相比于 MPEG-2 标准，AVS 的编码效率提高 2～3 倍，并且实现方案简洁。AVS 的算法与 H.264/AVC 的类似，但是做了很多简化和修订，主要目的是为了规避国外的各种高收费专利和降低生产成本。

AVS 国家推荐标准系列(GB/T 20090——信息技术 先进音视频编码)：

- 第 1 部分：系统——GB/T 20090.1。
- 第 2 部分：视频——GB/T 20090.2-2006,《信息技术 先进音视频编码第 2 部分：视频》(*Information technology-Advanced coding of audio and video-Part 2: Video*)，已于 2006 年 2 月 22 日公布。
- 第 3 部分：音频——GB/T 20090.3。
- 第 4 部分：一致性测试——GB/T 20090.4。

- 第 5 部分：参考软件——GB/T 20090.5。
- 第 6 部分：数字版权管理——GB/T 20090.6。
- 第 7 部分：移动视频——GB/T 20090.7。
- 第 8 部分：用 IP 网络传输 AVS——GB/T 20090.8。
- 第 9 部分：文件格式——GB/T 20090.9。

复习思考题

1. 光的三个要素是什么？颜色的三个特性又是什么？它们之间有没有联系？
2. 给出明度、亮度和光亮度的区别与联系。
3. 颜色空间是几维的？常用的颜色模型有哪些？
4. HSL 模型中各个字母的含义是什么？给出其对应的颜色空间的形状及各个坐标的意义。
5. 说出光电三原色与色料三原色的内容、混色原理和应用。
6. 矢量图(图形)与点阵图(图像)各有什么特点？它们之间如何转换？
7. 真彩色(直接色)与伪彩色(索引色)的区别在哪里？
8. 图像的深度与像素的深度是一回事吗？其含义是什么？
9. 为什么需要 γ 校正？CRT 的 γ 值大约是多少？CRT 屏幕图像是如何适合暗淡环境下观看的？
10. 电视广播经历了哪几个发展阶段？
11. 给出电视显示技术的发展过程。
12. 世界上现行的模拟彩色电视制式有哪些？它们分别是什么国家在什么时候制定的？使用范围怎样？
13. 给出各种彩色电视制式的扫描参数。
14. 为什么模拟电视要隔行扫描？为什么它们的扫描行数必须是奇数？
15. 彩色电视采用的是什么颜色表示法？有什么优点？
16. 数字电视有哪些好处？
17. 给出 HDTV 的英文原文和中文译文。
18. HDTV 与普通彩电的主要区别有哪些？(HDTV 定义)
19. HDTV 的扫描线数是普通彩色电视的多少倍？总信息量(像素数)又是多少倍？

第4章 多媒体数据压缩编码技术

由于多媒体信号的数据量巨大，为了节省存储空间和传输带宽，需进行压缩编码。多媒体数据的压缩方法，可以分成三大类，其中的熵编码是基础，源编码是重点，而将它们二者相结合的混合编码则是各种编码标准所采用的主要方法。

本章先介绍压缩的基本概念，包括压缩的需要与可能、算法的特点与分类和一般的编码过程。然后，在了解熵定义的基础上，讨论若干常用的熵编码算法，包括 Shannon-Fano 编码、Huffman 编码、算术编码、RLE 和可用于 GIF 图像编码的 LZW 算法。

4.1 压缩概论

数据压缩(Data Compression)在电子与通信领域也常被称为信号编码(Signal Coding)，包括压缩和还原(或编码和解码)两个步骤，相关概念的英文单词参见表 4-1。与压缩相关的学科有信息论、数学、信号处理、数据压缩、编码理论和方法。

表 4-1　压缩概念所对应的英文单词

领　域	概　念	动　词	名　词
计算机	压缩	compress	compression
	还原(解压缩/重构)	decompress	decompression
电子与通信	编码	encode	encoding/coding
	解码(译码)	decode	decoding

4.1.1 压缩的需要与可能

由于多媒体信号的数据量巨大，所以需要压缩；同时，由于在多媒体数据中，存在着各种冗余，所以可以压缩。

1. 压缩的需要

数据量巨大是多媒体信号的特点，例如：

- 对于一幅 1024 * 1024 真彩图有

$$1024\text{行}\times1024\text{列}\times3\text{B 彩色}=3\text{MB}$$

- 对于 5 分钟的 CD 音乐

44100 样本/秒×2B/样×2 声道×60 秒×5 分=50.47MB

- 对于 90 分钟的 PAL 视频

625 行×864 列×3B 彩色×25 帧/秒×60 秒×90 分=203.68GB

为了节省存储空间(如 VCD/DVD、JPEG/MP3/MP4、多媒体数据库)和传输带宽(HDTV、因特网、流媒体),以进行实时高质的多媒体通信(如视频/音频点播、网络现场直播、可视电话、视频会议),必须对多媒体数据进行压缩编码。

2. 压缩的可能

多媒体数据和人类感觉存在着各种冗余。

- 空间冗余。图像的相邻像素相关。
- 时间冗余。相邻音频样本相关、相邻视频帧相关。
- 信道冗余。(环绕)立体声的声道之间相关、立体电影/电视的左右视觉信号之间相关。
- 频率冗余。相邻的频谱值相关,人对高频信号不敏感或分辨率低。
- 统计冗余。信号中有的字符出现的频率高,可以采用较短的编码;有的信号特征有标度不变性或统计自相似性(如纹理和分形等)。
- 结构冗余。多媒体数据存在分布模式,相近的图区可分类(用于矢量量化方法)。
- 听觉冗余。人耳的低音听阈高、强纯音的频率屏蔽、相邻声音的时域屏蔽。
- 视觉冗余。人眼对亮度变化比对色彩的变化更敏感、对高亮区的量化误差不敏感。

4.1.2 数据冗余的类型

冗余是指信息存在的各种性质的多余度。通常,图像数据和语音数据的冗余很大。例如,广播员读文稿时每分钟约读 180 字,一个汉字占两字节,那么可以把所读汉字的文本数据量折算为 360B;但如果对语音直接录音采样,由于人说话的音频范围为 20Hz~4kHz,即人类语音的带宽为 4kHz,按采样定理,采样频率应为实际频率的 2 倍,若设数字化精度为 8b,则数据量为 64Kb/s(4×2×8Kb/s),8 位为一个字节,64Kb/s 相当于 8KB/s,则一分钟的数据是 480KB,也就是说语音数据有 100 多倍的文本数据冗余。同样,有些图像也存在着很大的冗余。可见,如何压缩图像和语音数据中的冗余是多媒体应用的主要任务之一。

信息量与数据量的关系可由下式给出:

$$I = D - \mathrm{du}$$

式中,I、D、du 分别为信息量、数据量与冗余量。冗余量 du 是指数据量 D 中含有的数据冗余。

数据压缩之所以可实现,一方面是因为视频图像或音频信号等原始信源数据存在着很大的冗余度;另一方面是人的生理特性决定的,人的视觉对亮度信号很敏感,而对边缘的急剧变化不敏感(视觉掩盖效应),同样,听觉也对部分频率的音频信号不敏感。因此,视频或音频的数据压缩后,再做解压处理,人对恢复后的图像或音频信号仍有满意的主观感觉,也就是说,人的感觉能接受这种数据压缩。一般而言,图像视频音频数据中存在的数据冗余类型主要有以下几种。

1. 空间冗余

同一幅图像中，规则物体和规则背景的表面物体特性具有相关性，这些相关性的光成像结果在数字化图像中就表现为数据冗余。例如，某图片的画面中有一个规则物体，其表面颜色均匀，各部分的亮度、饱和度相近，把该图片作数字化处理，生成点阵图后，很大数量的相邻像素的数据是完全一样或十分接近的，完全一样的数据当然可以压缩，而十分接近的数据也可以压缩，因为恢复后人也分辨不出它与原图有什么区别，这种压缩就是对空间冗余的压缩。

当我们拍摄一幅钢琴照片时会发现钢琴面板的不少面积的颜色是完全相同的，也就是说，存在着许多完全一样的相邻信息，统计上认为其像素的信息存在冗余，这是冗余的一种。图像的冗余信息会产生生理视觉上的多余度，若去掉这部分图像数据并不影响视觉上的图像质量，甚至对图像的细节也无多大影响，这说明数据具有可压缩性。正因为如此，可以在允许保真度的范围内压缩待存储的图像数据，以大大节省存储空间，同时在图像传输时也会大大减少信道的负荷。CPU 性能的不断提高，为数据压缩提供了有利条件。

2. 时间冗余

时间冗余反映在视频帧序列中，相邻帧图像之间有较大的相关性，一帧图像中的某物体或场景可由其他帧图像中的物体或场景重构出来，这就形成了时间冗余。

例如，有一个表现小车在路上行驶的序列图像，播出时每秒显示 25 帧，则在 1/25s、2/25s、3/25s 之间的画面上，背景均几乎无变化。可见前后帧有很大的相关性。在连续的若干帧内：

(1) 每帧画面与时间有关，时间推延了，但背景基本上无坐标和结构的变化。

(2) 小车与时间相关，但小车本身的外形无结构变化，而处于图像中的坐标有变化。

可见，只需完整传输第一帧图像，在往后的若干帧中，其描述路标、背景和小车外形结构的数据均为冗余，只需传输小车的运动矢量即可。

3. 信息熵冗余

数据所携带的信息量少于数据本身而反映出来的数据冗余。信息熵的概念将在后面详细介绍。

4. 视觉冗余

人类的视觉系统由于受生理特性的限制，对于图像场的注意是非均匀的。一般只能分辨 2^6 灰度等级，而一般都采用 2^8 灰度等级，即存在着视觉冗余。

5. 听觉冗余

人耳对不同频率的声音的敏感性是不同的，不能察觉所有频率的变化，对某些频率不必特别关注，因此存在听觉冗余。

6. 结构冗余

数字化图像中物体表面纹理等结构往往存在着数据冗余,称为结构冗余。

7. 知识冗余

由图像的记录方式与人对图像的知识之间的差别所产生的冗余称为知识冗余。例如,人脸的图像有固定的结构,鼻子位于脸的中线上,上方是眼睛,下方是嘴等。人具有这些规律性的知识,但计算机还是把图像一个一个像素地存起来。这就形成了知识冗余。

4.1.3 数据压缩方法的分类

数据的压缩实际上是一个编码过程,即把原始的数据进行编码压缩。数据的解压缩是数据压缩的逆过程,即把压缩的编码还原为原始数据。因此数据压缩方法也称为编码方法。目前,数据压缩技术日臻成熟,适应各种应用场合的编码方法不断产生。针对多媒体数据冗余类型的不同,相应地有不同的压缩方法。

1. 按照压缩方法是否产生失真分类

根据解码后数据与原始数据是否完全一致进行分类,压缩方法可被分为有失真编码和无失真编码两大类。

有失真压缩法压缩了熵,会减少信息量,而损失的信息是不能再恢复的,因此这种压缩法是不可逆的。无失真压缩法去掉或减少数据中的冗余,但这些冗余值是可以重新插入到数据中的,因此冗余压缩是可逆的过程。

有失真压缩法的冗余压缩取决于初始信号的类型、前后的相关性、信号的语义内容等。由于允许一定程度的失真,可用于对图像、声音、动态视频等数据的压缩。如采用混合编码的JPEG标准,它对自然景物的灰度图像,一般可压缩到几分之一到十几分之一,而对于自然景物的彩色图像,压缩比将达到几十分之一甚至上百分之一。采用ADPCM编码的声音数据,压缩比通常也能做到4∶1～8∶1。压缩比最为可观的是动态视频数据,采用混合编码的DVI多媒体系统,压缩比通常可达50∶1～100∶1。

无失真压缩法不会产生失真。从信息语义角度讲,无失真编码是泛指那种不考虑被压缩信息性质的编码和压缩技术。它是基于平均信息量的技术,并把所有的数据当作比特序列,而不是根据压缩信息的类型来优化压缩。也就是说,平均信息量编码忽略被压缩信息语义内容。在多媒体技术中一般用于文本、数据的压缩,它能保证百分之百地恢复原始数据,一般多为统计编码,但这种方法压缩比较低,如LZW编码、行程编码、哈夫曼(Huffman)编码的压缩比一般在2∶1～5∶1。

2. 按照压缩方法的原理分类

根据编码原理进行分类,大致有预测编码、变换编码、统计编码、分析-合成编码、混合编码和其他一些编码方法。其中统计编码是无失真的编码,其他编码方法基本上都是有失真的编码。

预测编码是针对空间冗余和时间冗余的压缩方法,其基本思想是利用已经被编码的点的数据值，预测邻近的一个像素点的数据值。预测根据某个模型进行。如果模型选取得足够好的话，则只需存储和传输起始像素和模型参数就可代表全部数据了。按照模型的不同，预测编码又可分为线性预测、帧内预测和帧间预测。

变换编码也是针对空间冗余和时间冗余的压缩方法。其基本思想是将图像的光强矩阵(时域信号)变换到系数空间(频域)上，然后对系数进行编码压缩。在空间上具有强相关性的信号，反映在频域上是某些特定区域内的能量常常被集中在一起，或者是系数矩阵的发布具有某些规律。可以利用这些规律，分配频域上的量化比特数，从而达到压缩的目的。由时域映射到频域总是通过某种变换进行的，因此称变换编码。因为正交变换的变换矩阵是可逆的，且逆矩阵与转置矩阵相等，解码运算方便且保证有解，所以变换编码总是采用正交变换。

统计编码属于无失真编码。它是根据信息出现概率的分布特性而进行的压缩编码。编码时某种比特或字节模式的出现概率大，用较短的码字表示；出现概率小，用较长的码字表示。这样，可以保证总的平均码长最短。最常用的统计编码方法是香农-范诺(Shannon-Fano)编码和哈夫曼编码方法。

分析-合成编码实质上都是通过对原数据的分析，将其分解成一系列更适合于表示的“基元”或从中提取若干具有更为本质意义的参数，编码仅对这些基本单元或特征参数进行。译码时则借助于一定的规则或模型，按一定的算法将这些基元或参数“综合”成原数据的一个逼近。这种编码方法可能得到极高的数据压缩比。

混合编码综合两种以上的编码方法，这些编码方法必须针对不同的冗余进行压缩，使总的压缩性能得到加强。

4.1.4 数据压缩技术的性能指标

评价一种数据压缩技术的性能好坏主要有压缩比、图像质量、压缩和解压的速度三个关键的指标。还可考虑压缩算法所需要的软件和硬件。

1. 压缩比

压缩性能常常用压缩比定义，也就是压缩过程中输入数据量和输出数据量之比，希望压缩比尽量地大。例如，一幅 1024×768 像素点组成的黑白图像，每像素有 8b，经数据压缩使每个像素平均仅用 0.5b，则压缩倍数为 16∶1。值得注意的是，这种度量方法必须指明输入/输出的显示形式，否则就将是不可靠的。例如，压缩系统的输入是 512×480 分辨率，每个像素 24b，即输入的数据量是 737 280B。若输出 15 000B 的位流，则压缩比大约为 49∶1。如果输出图像只有 256×240 个像素，其分辨率只有输入图像的 1/4，则在同分辨率的情况下，压缩比应为 12∶1。在实际应用中一种更好的定义是压缩比特流中每个像素所需的比特数，即 bpp(Bits Per Pixel)。例如，上例中输入位每像素 24b，从输出的 15 000B 位流时要再现一个 256×240 像素的图像，则压缩比定义为(15000B×8)/(256×240)=2bpp。

2. 图像质量

第二个指标是图像质量，这与压缩的类型有关。压缩方法可以分为无损压缩和有损压缩。无损压缩是指压缩以及解压过程中没有损失原始图像信息，所以对无损系统不必担心图像的质量。有损压缩则要对原始图像做一些改变,这样压缩前后图像不完全相同,可是人眼难以察觉。对有损压缩结果的评价分为主观评分和客观尺度两种。主观评分建立在人眼对图像的视觉感观上,其分值在 1~5 之间,如表 4-2 所示。

表 4-2 主观评分项目

妨碍尺度	质量尺度
5. 丝毫看不出图像质量变坏	5. 非常好
4. 能够看出图像质量变化,但不妨碍观看	4. 好
3. 清楚地看出图像质量变坏,对观看稍有妨碍	3. 一般
2. 对观看有妨碍	4. 差
1. 非常严重地妨碍观看	5. 非常差

客观尺度通常有以下三种。

均方误差:

$$E_n = \frac{1}{n}\sum_i [x(i) - \hat{x}(i)]^2$$

信噪比:

$$\mathrm{SNR(dB)} = 10\lg\frac{\sigma_x^2}{\sigma_r^2}$$

峰值信噪比:

$$\mathrm{PSNR(dB)} = 10\lg\frac{x_{\max}^2}{\sigma_r^2}$$

其中,x(n)为原始图像信号序列,$\hat{x}(i)$为重建图像信号,x_{max} 为 x(n)的峰值。

$$\sigma_x^2 = E[x^2(n)],\quad \sigma_r^2 = E\{[\hat{x}(n) - x(n)]^2\}$$

3. 压缩和解压的速度

第三个指标是压缩和解压速度,希望压缩和解压速度要快。在许多应用中,压缩和解压将在不同的时间、不同的地点、不同的系统中进行,因而必须分别评价压缩和解压速度。在静态图像中,压缩速度没有解压速度要求严格,处理速度只需比用户能够忍受的等待时间快一些即可。对于动态视频的压缩与解压缩,速度问题是至关重要的。动态视频为保证帧间动作变化的连贯要求,须有较高的帧速。对于大多数情况来说至少每秒 15 帧,而全动态视频则要求每秒 25 帧或 30 帧。在电话线上传送视频,因为受到线路传输速率的限制,帧速率没有这么高,但也要达到每秒 5 帧以上。否则,动态图像就会产生跳动感,让人难以接受。

此外,还要考虑软件和硬件的开销。有些数据的压缩和解压可在标准的计算机硬件上用软件实现,有些则因为算法太复杂或者质量要求较高而必须采用专门的硬件。这就需要在占用计算机上的计算资源或者另外使用专门硬件的问题上做出选择。

4.1.5 编码过程

编码的主要过程是:压缩→存储/传输→解压缩,在进行编码之前一般还需要进行若干准备工作。

1. 编码准备

在各种编码的准备工作中，主要是模数转换(A/D)和预处理。

- A/D 转换(Analog-to-Digital Conversion)。将在时空和取值上都连续的模拟数据，经过采样(Sampling)和量化(Quantization)变成离散的数字信号。
- 预处理(Pretreatment)。指对得到的初始数字信号进行必要的处理，包括过滤、去噪、增强、修复等，目的是除去数据中的不必要成分、提高信号的信噪比、修复数据的错误等。

2. 编解码过程

多媒体数据编解码的一般过程如图 4-1 所示。

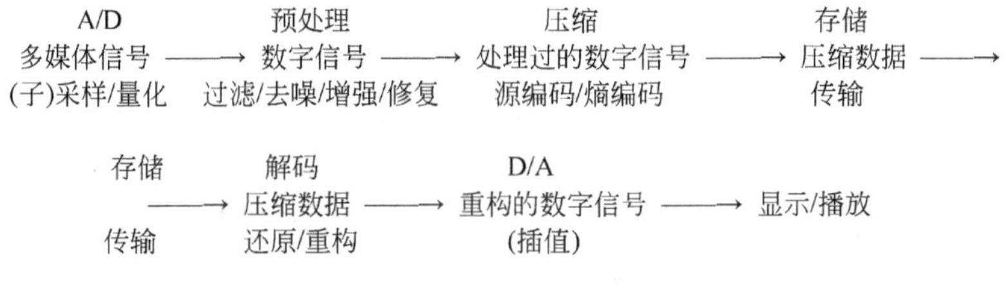

图 4-1 多媒体数据编解码的一般过程

4.2 预测编码

预测编码是根据原始的离散信号之间存在着一定的关联性的特点，利用前面的一个或多个信号对下一个信号进行预测，然后对实际值和预测值的差(预测误差)进行编码。如果预测比较准确，那么误差信号就会很小。这样，在同等精度要求的条件下，就可以用比较少的数码进行编码，达到压缩数据的目的。由于整个数据信源的实际模型很复杂且是时变的，在大多数情况下准确的预测几乎不可能实现，故预测器通常设计成用前面几个样值来预测下一个样值。大多数使用线性预测函数。

这里面有几点需要注意：

(1) 在发送端，处理或传输的不是图像中当前样值本身，而是该样值与前一个(相邻)样值的差值，这些差值绝大多数是很小的或为零，可以用短码来表示，而对那些出现概率较小的较大差值，用长码来表示，则可使总体码数下降。

(2) 在接收端，将已得到的前一样值与刚收到的差值相加，就可还原出所要的当前样值。

两种典型的预测编码是 DPCM 和 ADPCM，它们较适合于声音、图像数据的压缩。因为这些数据均由采样得到，相邻样值之间的差不会相差很大，可用较少的位来表示差值。由于在对差值编码时进行了量化，因此预测编码是一种有失真编码方法。

4.2.1 DPCM 编码

PCM 是将原始的模拟信号经过时间采样，然后对每个样值进行量化，作为数字信号传输。DPCM 不是对每个样值都进行量化，而是预测下一个样值，并且量化实际值和预测值之间的差，达到压缩的目的。解压时也使用同样的预测器，且将这个预测值和存储的已量化差值相加，产生近似的原始信号，基本恢复原始数据。

DPCM 典型的工作原理如图 4-2 所示。图中 $f(i,j)$为输入信号(t_n 时刻的样本值)，发送端预测器带有存储器，它把 t_n 时刻以前的采样值存储起来并且据此对 $f(i,j)$进行预测，得到预测值(或叫估计值)$\hat{f}(i,j)$。$e(i,j)$为 $f(i,j)$与$\hat{f}(i,j)$的差值；$e'(i,j)$为 $e(i,j)$经量化器量化后的编码器输入信号；$f'(i,j)$是接收端的输出信号，误差

$$\begin{aligned} q(i,j) &= f(i,j) - f'(i,j) = f(i,j) - [\hat{f}(i,j) + e'(i,j)] \\ &= [f(i,j) - \hat{f}(i,j)] - e'(i,j) = e(i,j) - e'(i,j) \end{aligned}$$

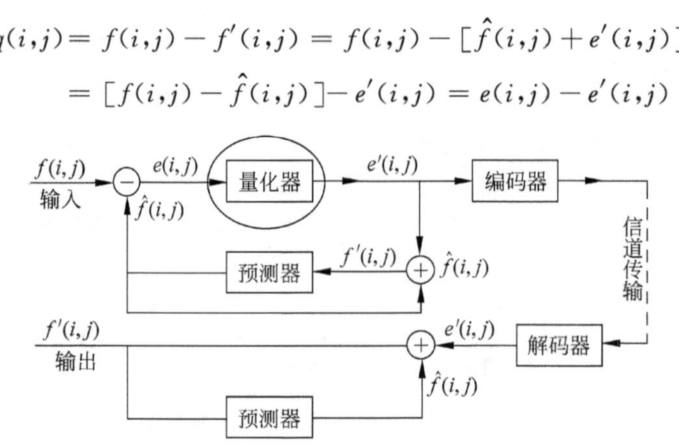

图 4-2 DPCM 典型的工作原理图

当输入信号 $f(i,j)$进入时，$f(i,j)$先与$\hat{f}(i,j)$相减得到预测误差值 $e(i,j)$，量化器对差值 $e(i,j)$进行量化得到 $e'(i,j)$，由编码器编成二进制码通过信道发送。接收端解码得到 $e'(i,j)$，与接收端自身形成的预测值$\hat{f}(i,j)$相加，得到恢复后的 $f'(i,j)$。它是输入信号 $f(i,j)$的近似值。$f(i,j)$与 $f'(i,j)$之间的差别是由发送端量化器造成的。对 $e(i,j)$的量化越粗糙，压缩比越高，所引起的失真也越大。

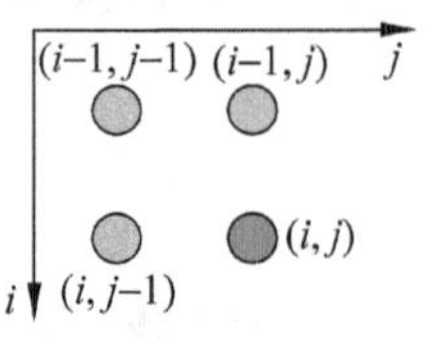

图 4-3 图像预测图

如图 4-3 所示，对于图像预测编码来说，$f(i,j)$表示被预测的像素，而 $f(i,j-1)$，$f(i-1,j-1)$，$f(i-1,j)$是根据不同的预测方案有可能被选择用来对 $f(i,j)$进行预测的已知像素点。如果用做预测的像素与被预测像素全部在同一行内(如图中的 $f(i,j-1)$，$f(i,j)$)，称为一维预测；如果用做预测的部分像素与被预测像素不在同一行内(如图中的 $f(i-1,j-1)$，$f(i-1,j)$，$f(i,j)$)，称为二维预测；如果用做预测的部分像素与被预测像素不在同一帧内，称为三维预测。

一维预测利用像素之间在水平方向上的相关性。对在水平方向上亮度变化缓慢的图像，有较好的预测效果。如果在水平方向上亮度有突变，那么一维预测将给出错误的预测数值。在这种情况下，采用二维预测就可给出较好的预测数值。

在预测编码中由于量化过程是非线性的，因此整个预测编码系统是一个带反馈的非线性系统，对其分析相当困难。常用的分析方法是对预测器和量化器分别讨论，这样做只能得到局部最优解。实际上，预测器和量化器设计不是完全独立的，它们对环路稳定性有一定影响，而且它们的设计与信源统计特性有很大关系。

预测器设计是预测编码系统的核心,它的复杂程度与线性预测中使用的以前的样本数有关。样本点越多,预测器的设计越复杂。

量化器的量化对象是预测误差。通过对大量图像的预测误差进行统计可以发现,预测误差分布在零值附近,正负两边的分布一般是对称的,并且方差较小。针对预测误差的特点和人眼视觉特性,在图像预测编码中往往用非均匀量化器,即在预测误差绝对值小的部分量化的较精细,而在绝对值较大的部分量化的较粗糙。由于预测误差分布于零值附近,绝对值小的部分出现的概率大,绝对值较大的部分出现的概率小,因而采用非均匀量化从统计平均的意义上可以得到较小的平均量化误差。这样的非均匀量化从人眼的视觉特性来看也是恰当的。人眼具有掩盖效应,对亮度变化平缓部分的噪声比较敏感,对图像中处于边界或细节丰富区域的噪声敏感度较低。因此,与均匀量化器相比,在输入信号动态范围和量化级数相同的条件下,非均匀量化给出的图像主观评价质量较高;或者在具有相同的输入信号动态范围,相同的图像主观评价质量下,非均匀量化输出的比特数较低。

DPCM 的关键点在于预测器和量化器的设计。一般情况下,一个好的预测器可使许多预测值和实际值之间的差值很小,或为零。因此,误差信号量化器所需的量化间隔通常比原信号所需的量化间隔少,可用较少的比特来表示量化的误差信号,得到数据压缩。

理论上,应该用线性或非线性技术使预测器和量化器同时达到最佳。实际上,这是不容易做到的。因此,DPCM 系统的设计只能采用准最佳设计。显然,准最佳预测器的预测系数依赖于原始数据的统计特性,这对实际使用是不方便的。为了简化预测器,使 DPCM 系统做到实时压缩,实际中常用固定的预测参数代替最佳系数。如 JPEG 图像压缩标准中,可以选择前一样值作为下一样值的预测值,虽然在性能上稍有差别,但效率却提高了。

DPCM 的特点:

(1) 设计简单,较容易用硬件实现,故广泛用于图像压缩编码系统。

(2) DPCM 编码中的预测系数和量化器参数一旦设计好后,整幅图都用这套参数,不再改变,当遇到图像的某些区域输出差别很大时,会出现图像噪声(就是图像的偏差)。为此提出了 ADPCM 编码。

4.2.2 ADPCM 编码

进一步改善量化性能或压缩数据率的方法是采用自适应量化或自适应预测,任何采用自适应方法都叫 ADPCM。

ADPCM 是一种非线性预测编码。它的主要特点是预测器的预测系数和量化器的量化参数能够根据图像的具体情况而自动调整。在设计编码时,DPCM 预测的输出值乘以一个自适应参数 m,而 m 值是会根据量化误差的大小自适应调整。当误差增大时,可以调大 m 值,使得输出和预测值接近,否则反之。

DPCM 系统的基础是输入数据为平稳的随机过程,可用固定的参数设计预测器。当输入数据并非是所要求的平稳的随机过程时,或总体上平稳,但局部不平稳时,使用固定的参数设计预测器将是不合理的。这时可以采用自适应预测编码的方法,即定期地重新计算协方差矩阵和相应的加权因子,充分利用其统计特性重新调整预测参数,使预测器随着输入数据的变化而变化,从而得到较为理想的输出。预测参数的最佳化依赖于信源的统计特性,想要得到最佳预测参数是一件繁琐的工作。通常,采用固定的预测参数往往得不到较好的性能。为了既使性能较佳，又不至于有太大的计算工作量，可以折中考虑上述的两种方法，将信源数据分区间编码，编码时自动地选择一组预测参数，使该区间实际值与预测值的均方误差最小。随着编码区间的不同，预测参数自适应地变化，以达到准最佳预测。

在一定的量化级数下减少量化误差或在同样的误差条件下压缩数据率，根据信号分布不均匀的特点，系统只有随输入信号的变化而改变量化区间大小，以保持输入量化器的信号基本均匀的能力，这种能力称为自适应量化。对于能量分布较大的系数分配较多的比特数，即采用较小的量化步长；反之，分配较少的比特数，即采用较大的量化步长，从而达到压缩的目的。自适应量化必须有对输入信号的幅值进行估计的能力，有了估值才能确定相应的改变量。若估值在信号的输入端进行，称前向馈送自适应；若在量化输出端进行，称反馈自适应。信号的估值必须实现简单，占用时间短，这样才能达到实时处理的目的。

4.3 变换编码

变换编码是有失真编码的一种重要的编码类型。在变换编码中，原始数据从初始空间或者时间域进行数学变换，使得信号中最重要的部分(例如包含最大能量的最重要的系数)在变换域中易于识别，并且集中出现，可以重点处理；相反使能量较少的部分较分散，可以进行粗处理。例如，将时域信号变换到频域，因为声音、图像大部分信息都是低频信号，在频域中比较集中，再进行采样编码可以压缩数据。该变换过程是可逆过程，使用反变换可以恢复原始数据。

变换编码系统中压缩数据有变换、变换域采样和量化三个步骤。变换是可逆的，本身并不进行数据压缩，它只把信号映射到另一个域，使信号在变换域里容易进行压缩，变换后的样值更独立和有序。在变换编码系统中，用于量化一组变换样值的比特总数是固定的，它总是小于对所有变换样值用固定长度均匀量化进行编码所需的总数。所以，量化使数据得到压缩，是变换编码中不可缺少的一步。为了取得满意的结果，某些重要系数的编码位数比其他的要多，某些系数干脆就被忽略了。在对量化后的变换样值进行比特分配时，要考虑使整个量化失真最小。这样，该过程就称为有损压缩。

数学家们已经改造多种数学变换，例如离散傅里叶变换(DFT)、离散余弦变换(DCT)、Walsh-Hadamard 变换、Karhunen-Loeve 变换(KLT)等。这些变换可用矩阵表示，且通常所取的变换为正交变换。因为正交变换的逆矩阵和转置矩阵相同，在解压时只需将转置矩阵和已压缩的数据相乘，即可恢复原始数据。

4.3.1 最佳变换

数据压缩主要是去除信源的相关性。若考虑到信号存在于无限区间上，而变换区域又是有限的，那么表征相关性的统计特性就是协方差矩阵。协方差矩阵主对角线上各元素就是变量的方差，其余元素就是变量的协方差，且为一个对称矩阵。

当协方差矩阵中除对角线上元素之外的各元素统统为零时，就等效于相关性为零。为了有效地进行数据压缩，常常希望变换后的协方差矩阵为一对角矩阵，也希望主对角线上各元素随 i,j 的增加很快衰减。因此，变换编码的关键在于：在已知 x 的条件下，根据它的协方差矩阵去寻找一种正交变换 T,使变换后的协方差矩阵满足或接近为一个对角矩阵。

当经过正交变换后的协方差矩阵为一对角矩阵,且具有最小均方误差时,该变换称最佳变换,也称 Karhunen-Loeve(K-L)变换。可以证明,以矢量信号的协方差矩阵的归一化正交特征向量所构成的正交矩阵,对该矢量信号所做的正交变换能使变换后的协方差矩阵达到对角矩阵。

K-L 变换虽然具有均方误差意义下的最佳性能,但需要预先知道原始数据的协方差矩阵,再求出其特征值。求特征值与特征向量并非易事,在维数较高时甚至求不出来。即使能够借助计算机求解,也很难满足实时处理的要求,而且从编码应用看还需要将这些信息传送给解码端。这是 K-L 变换不能在工程上广泛应用的原因。人们一方面继续寻求特征值与特征向量的快速算法,另一方面则寻找一些虽不是最佳,但也有较好的去相关性与能量集中性能,而实现却要容易得多的一些变换方法,而把 K-L 变换作为对其他变换性能的评价标准。

4.3.2 离散余弦变换

如果变换后的协方差矩阵接近对角矩阵,该类变换称为准最佳变换,典型的有 DCT、DFT、WHT 与 HrT 等。其中,最常用的变换是离散余弦变换(DCT)。DCT 是从 DFT 引出的。DFT 可以得到近似于最佳变换的性能,是用于数据压缩的一种常用而又有效的方法。但 DFT 的运算次数太多,虽然有快速傅里叶变换(FFT)大大减少运算次数,但它需要复数运算,使用起来仍不方便。因此,期望在此基础上进行改进,但又保持 FFT 的运算好处。DCT 就是实现这一目标的算法,它从 DFT 中取实部,并且可用快速余弦变换算法,因此大大加快了运算。同时其压缩性能十分逼近最佳变换的压缩性能。所以,DCT 在图像压缩中得到广泛的应用。

DCT 将时间或空间数据变成频率数据,利用人的听觉和视觉对高频信号(的变化)不敏感和对不同频带数据的感知特征不一样等特点,可以对多媒体数据进行压缩。

1. 余弦变换

DCT 是计算(Fourier 级数的特例)余弦级数之系数的变换。

若函数 $f(x)$ 以 $2l$ 为周期,在$[-l,l]$上绝对可积,则 $f(x)$可展开成 Fourier 级数:

$$f(x)=\frac{a_0}{2}+\sum_{n=1}^{\infty}\left(a_n\cos\frac{n\pi x}{l}+b_n\sin\frac{n\pi x}{l}\right)$$

其中

$$a_n=\frac{1}{l}\int_{-l}^{l}f(x)\cos\frac{n\pi x}{l}\mathrm{d}x\text{(余弦变换)}$$

$$b_n=\frac{1}{l}\int_{-l}^{l}f(x)\sin\frac{n\pi x}{l}\mathrm{d}x\text{(正弦变换)}$$

若 $f(x)$为奇函数或偶函数,有 $a_n\equiv 0$ 或 $b_n\equiv 0$,则 $f(x)$可展开为正弦或余弦级数,即

$$f(x)=\sum_{n=1}^{\infty}b_n\sin\frac{n\pi x}{l}\quad\text{或}\quad f(x)=\frac{a_0}{2}+\sum_{n=1}^{\infty}a_n\cos\frac{n\pi x}{l}$$

任给 $f(x)$,$x\in[0,l]$,总可以将其偶延拓到$[-l,l]$,即

$$f(x)=\begin{cases}f(x), & x\in[0,l]\\ f(-x), & x\in[-l,0]\end{cases}$$

然后再以 $2l$ 为周期进行周期延拓,使其成为以 $2l$ 为周期的偶函数。则 $f(x)$ 可展开为余弦级数,即

$$f(x)=\frac{a_0}{2}+\sum_{n=1}^{\infty}a_n\cos\frac{n\pi x}{l}$$

其中的展开式系数的计算式为

$$a_n=\frac{1}{l}\int_{-l}^{l}f(x)\cos\frac{n\pi x}{l}\mathrm{d}x$$

称其为 $f(x)$ 的正(连续)余弦变换。而展开式本身称为 a_n 的反(连续)余弦变换。

2. 一维离散余弦变换

将只在 N 个整数采样点上取值的离散函数 $f(x)$,$x=0,1,2,\cdots,N-1$ 偶延拓到 $2N$ 个点,有

$$f(x)=\begin{cases}f(x), & x=0,1,2,\cdots,N-1\\ f(-x-1), & x=-N,-N+1,\cdots,-2,-1\end{cases}$$

则 $f(-1)=f(0)$,函数对称于点 $x=-1/2$,所以将 $f(x)$ 平移 $-1/2$,区间的半径 $l=N$(见图 4-4),有

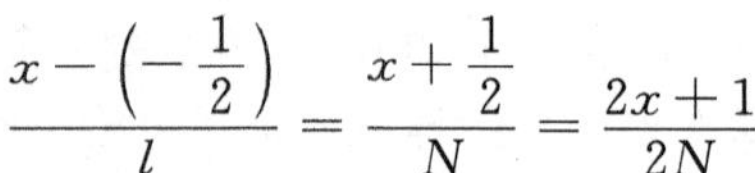

$$\frac{x-\left(-\frac{1}{2}\right)}{l}=\frac{x+\frac{1}{2}}{N}=\frac{2x+1}{2N}$$

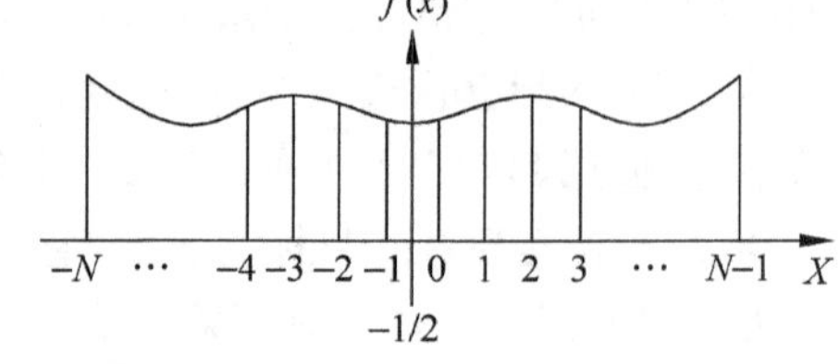

图 4-4 $f(x)$ 的偶延拓

再以 $2N$ 为周期进行周期延拓,可得

$$\text{IDCT}:f(x)=\frac{a_0}{2}+\sum_{n=1}^{N-1}a_n\cos\frac{(2x+1)n\pi}{2N} \tag{4-1}$$

$$\text{FDCT}:a_n=\frac{2}{N}\sum_{x=0}^{N-1}f(x)\cos\frac{(2x+1)n\pi}{2N} \tag{4-2}$$

称 a_n 为 $f(x)$ 的正离散余弦变换(Forward DCT,FDCT)。而 $f(x)$ 的展开式本身,则被称为 a_n 的反离散余弦变换(Inverse DCT,IDCT)。

为了使 IDCT 能写成统一的和式,引入函数

$$C(n)=\begin{cases}\frac{1}{\sqrt{2}}, & n=0\\ 1, & n>0\end{cases}$$

为了使正反变换对称,将 a_n 中的 $\frac{2}{N}=\sqrt{\frac{2}{N}}\cdot\sqrt{\frac{2}{N}}$ 拆开后分别乘在正反变换中,并改记 a_n 为 $F(n)$、n 为 u、x 为 i,则式(4-1)和式(4-2)变为

$$\text{IDCT}:f(i)=\sqrt{\frac{2}{N}}\sum_{u=0}^{N-1}C(u)F(u)\cos\frac{(2i+1)u\pi}{2N}$$

$$\text{FDCT}:F(u)=\sqrt{\frac{2}{N}}\cdot C(u)\sum_{i=0}^{N-1}f(i)\cos\frac{(2i+1)u\pi}{2N}$$

3. 二维离散余弦变换

一维 DCT 是基础，可以直接用于声音信号等一维时间数据的压缩。而图像是一种二维的空间数据，需要二维的 DCT。

设二维离散函数 $f(i,j)$，$i,j=0,1,2,\cdots,N-1$，与一维类似地延拓，可得二维 DCT 为

$$\text{FDCT}: F(u,v)=\frac{2}{N}\cdot C(u)C(v)\sum_{i=0}^{N-1}\sum_{j=0}^{N-1}f(i,j)\cos\frac{(2i+1)u\pi}{2N}\cos\frac{(2j+1)v\pi}{2N}$$

$$\text{IDCT}: f(i,j)=\frac{2}{N}\sum_{u=0}^{N-1}\sum_{v=0}^{N-1}C(u)C(v)F(u,v)\cos\frac{(2i+1)u\pi}{2N}\cos\frac{(2j+1)v\pi}{2N}$$

若取 $N=8$，则上式变为

$$\text{FDCT}: F(u,v)=\frac{1}{4}\cdot C(u)C(v)\sum_{i=0}^{7}\sum_{j=0}^{7}f(i,j)\cos\frac{(2i+1)u\pi}{16}\cos\frac{(2j+1)v\pi}{16}$$

$$\text{IDCT}: f(i,j)=\frac{1}{4}\sum_{u=0}^{7}\sum_{v=0}^{7}C(u)C(v)F(u,v)\cos\frac{(2i+1)u\pi}{16}\cos\frac{(2j+1)v\pi}{16}$$

这正是在 JPEG 图像压缩中会用到的变换公式。

4.4 统计编码

统计编码包括香农-范诺(Shannon-Fano)编码、Huffman 编码、算术编码、行程编码(Run Length Coding)、LZW 编码等，属于无失真编码。它是根据信息出现概率的分布特性，进行的压缩编码。其方法是：识别一个给定的码流中出现概率最高的比特或者字节模式，且用比原始比特更少的比特数对其编码。也就是说，出现概率越低的模式，其编码的位数就越多；出现概率越高的模式编码位数就越少。如果码流中所有模式出现的概率相等，则平均信息量最大，信源没有冗余。这种编码的宗旨在于，在消息和码字之间找到明确的一一对应关系，以便在恢复时准确无误地再现出来，使平均码长或码率压低到最低限度。是一种基于熵的编码。

4.4.1 熵

熵(Entropy)本来是热力学中用来度量热力学系统无序性的一种物理量(热力学第二定律：孤立系统内的熵恒增)：

$$\text{对可逆过程}, S=\int\frac{\mathrm{d}Q}{T},\quad \mathrm{d}S=\frac{\mathrm{d}Q}{T}\geqslant 0\text{(孤立系统)}$$

其中，S 为熵；Q 为热量；T 为绝对温度。

(信息)熵 H 的概念则是美国数学家 Claude Elwood Shannon(香农)于 1948 年在他所创建的信息论中引进的，用来度量信息中所含的信息量(为自信息量 $I(s_i)=\log_2\frac{1}{p_i}$ 的均值或数学期望)，即

$$H(S) = \sum_{i} p_i \log_2 \frac{1}{p_i}$$

其中,H 为信息熵(单位为 b);S 为信源;p_i 为符号 s_i 在 S 中出现的概率。

例如,一幅 256 级灰度图像,如果每种灰度的像素点出现的概率均为 $p_i=1/256$,则

$$I = \log_2 \frac{1}{p_i} = \log_2 256 = \log_2 2^8 = 8$$

$$H = \sum_{i=0}^{255} p_i \log_2 \frac{1}{p_i} = \sum_{i=0}^{255} \frac{1}{256} \log_2 256 = 256 \times \frac{1}{256} \log_2 2^8 = 8(\mathrm{b})$$

即编码每一个像素点都需要 8 位,平均每一个像素点也需要 8 位。

4.4.2 Shannon-Fano 编码

按照 Shannon 所提出的信息理论,1948 年和 1949 年分别由 Shannon 和 MIT 的数学教授 Robert Fano 描述和实现了一种被称之为香农-范诺算法的编码方法,它是一种变码长的符号编码。

1. 算法

Shannon-Fano 算法采用从上到下的方法进行编码。首先按照符号出现的概率排序,然后从上到下使用递归方法将符号组分成两个部分,使每一部分具有近似相同的频率,在两边分别标记 0 和 1,最后每个符号从顶至底的 0/1 序列就是它的二进制编码。

2. 例子

例如,有一幅 40 个像素组成的灰度图像,灰度共有 5 级,分别用符号 A、B、C、D 和 E 表示,40 个像素中各级灰度出现次数见表 4-3。

表 4-3 符号在图像中出现的次数

符号	A	B	C	D	E
出现的次数	15	7	7	6	5

如果直接用二进制编码,则 5 个等级的灰度值需要 3 位表示,也就是每个像素用 3 位表示,编码这幅图像总共需要 40×3=120 位。按照香农理论,这幅图像的熵为

$$H = (15/40) \times \log_2(40/15) + (7/40) \times \log_2(40/7) + (7/40) \times \log_2(40/7) + (6/40) \times \log_2(40/6) + (5/40) \times \log_2(40/5) \approx 2.196$$

这就是说平均每个符号用 2.196 位表示就够了,40 个像素共需用 87.85 位,压缩比约为 3/2.196≈1.366∶1。

按照 Shannon-Fano 算法,先按照符号出现的频度或概率排序:A、B、C、D、E,然后分成次数相近的左右两个部分——AB(22)与 CDE(18),并在两边分别标记 0 和 1。然后类似地再将 AB 分成 A(15)与 B(7)、CDE 分成 C(7)与 DE(11),最后再把 DE 分成 D(6)与 E(5),参见图 4-5 和表 4-4。

表 4-4 Shannon-Fano 算法举例表

符号	次数(p_i)	$\log_2(1/p_i)$	编码	所需位数
A	15 (0.375)	1.4150	00	30
B	7 (0.175)	2.5145	01	14
C	7(0.175)	2.5145	10	14
D	6 (0.150)	2.7369	110	18
E	5 (0.125)	3.0000	111	15
合计	40(1)	12.1809		91

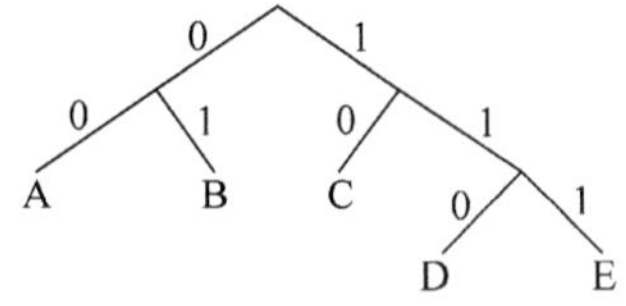

图 4-5 香农-范诺算法编码举例图

按照这种方法进行编码得到的总位数为 91,平均码长为 91/40=2.275,实际的压缩比为 120/91≈1.319∶1。

4.4.3 Huffman 编码

1. 哈夫曼编码

Fano 的学生 David Albert Huffman(哈夫曼)在 1952 年提出了一种从下到上的编码方法,它是一种统计最优的变码长符号编码,让最频繁出现的符号具有最短的编码。

1) 编码过程

Huffman 编码的过程=生成一棵二叉树(H 树),树中的叶节点为被编码符号及其概率,中间节点为两个概率最小符号(串)的并所构成的符号(串)及其概率所组成的父节点,根节点为所有符号(串),其概率为 1。

2) 编码步骤

(1) 将符号按概率从小到大顺序从左至右排列叶节点。

(2) 连接两个概率最小的顶层节点来组成一个父节点,并在到左右子节点的两条连线上分别标记 0 和 1。

(3) 重复步骤(2),直到得到根节点,形成一棵二叉树。

(4) 从根节点开始到相应于每个符号的叶节点的 0/1 串,就是该符号的二进制编码。

由于符号按概率大小的排列既可以从左至右,又可以从右至左,而且左右分支哪个标记为 0 哪个标记为 1 是无关紧要的,所以最后的编码结果可能不唯一,但这仅仅是分配的代码不同,而代码的平均长度是相同的。

3) 例子

仍以 4.4.2 节的 40 像素的图像为例,来进行 Huffman 编码,参见图 4-6 和表 4-5。

表 4-5 Huffman 算法举例表

符 号	次数(p_i)	$\log_2(1/p_i)$	编 码	所 需 位 数
A	15 (0.375)	1.4150	1	15
B	7 (0.175)	2.5145	011	21
C	7(0.175)	2.5145	010	21
D	6 (0.150)	2.7369	001	18
E	5 (0.125)	3.0000	000	15
合计	40(1)	12.1809		90

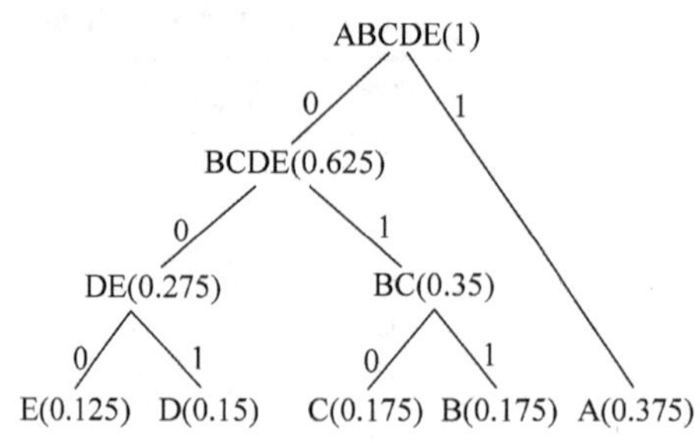

图 4-6 Huffman 编码过程

平均码长为 90/40=2.25,压缩比为 120/90=4/3≈1.333∶1。

2. 香农-范诺编码与哈夫曼编码

香农-范诺编码和哈夫曼编码都属于不对称、无损、变码长的熵编码。

1) 同步代码

它们的码长虽然都是可变的,但却都不需要另外附加同步代码(即在译码时分割符号的特殊代码)。如上例中,若哈夫曼编码的码串中的头两位为 01,那么肯定是符号 A,因为表示其他符号的代码没有一个是以 01 开始的,因此下一位就表示下一个符号代码的第 1 位。同样,如果出现 000,那么它就代表符号 C。如果事先编写出一本解释各种代码意义的“词典”,即码簿(H 表),那么就可以根据码簿一个码一个码地依次进行译码。

2) 问题

采用香农-范诺编码和哈夫曼编码时有两个问题值得注意。

- 没有错误保护功能,在译码时,如果码串中有哪怕仅仅是 1 位出现错误,则不但这个码本身译错,而且后面的码都会跟着错。称这种现象为错误传播(Error Propagation),计算机对这种错误也无能为力,不能知道错误出在哪里,更谈不上去纠正它。
- 是可变长度码,因此很难在压缩文件中直接对指定音频或图像位置的内容进行译码,这就需要在存储代码之前加以考虑。

3) 比较

与香农-范诺编码相比,哈夫曼编码方法的编码效率一般会更高一些。尽管存在上面这些问题,但哈夫曼编码还是得到了广泛应用。

3. H 表与自适应哈夫曼编码

1) H 表

利用哈夫曼方法进行编解码,在编码时需要计算造 H 表(哈夫曼表),存储和传输时需要存储和传输 H 表,解码时则需要查 H 表。有时为了加快编码速度、减少存储空间和传输带宽,可以对多媒体数据使用标准的 H 表,但其压缩率一般比计算所造的表稍低。

所以,如果只关心编码速度、存储空间和传输带宽,可以采用标准 H 表方法;如果更关心压缩质量和压缩比,则可以自己计算造 H 表。即使是计算造表,也一般只对高频符号计算编码，而对其他符号则直接编码。这种方法尤其适用于有大量不同的输入符号，但只有少数高频符号的情况。

2）自适应哈夫曼编码

还有一种自适应哈夫曼编码（Adaptive Huffman Coding），不需要存储和传输 H 表，而是按与编码严格一致的方法建立同样的 H 表，还可以利用兄弟节点的特征来加快更新 H 树的过程。由于时间有限，这里不再做详细介绍。

4.4.4　算术编码

算术编码（Arithmetic Coding）是由 P. Elias 于 1960 年提出雏形、R. Pasco 和 J. Rissanen 于 1976 年提出算法，由 Rissanen 和 G. G. Langdon 于 1979 年系统化并于 1981 年实现，最后由 Rissanen 于 1984 年完善并发布的一种无损压缩算法。从信息论上讲是与 Huffman 编码一样的最优变码长的熵编码。其主要优点是，克服了 Huffman 编码必须为整数位。如在 Huffman 编码中，本来只需要 0.1 位就可以表示的符号，却必须用 1 位来表示，结果造成 10 倍的浪费。

算术编码所采用的解决办法是，不用二进制代码来表示符号，而改用[0,1)中的一个宽度等于其出现概率的实数区间来表示一个符号，符号表中的所有符号刚好布满整个[0,1)区间（概率之和为 1，不重不漏）。把输入符号串（数据流）映射成[0,1)区间中的一个实数值。

1. 编码方法

符号串编码方法：将串中使用的符号表按原编码（如字符的 ASCII 编码、数字的二进制编码）从小到大顺序排列成表，计算表中每种符号 s_i 出现的概率 p_i，然后依次根据这些符号概率大小 p_i 来确定其在[0,1)区间中对应的小区间范围[x_i，y_i)：

$$x_i = \sum_{j=0}^{i-1} p_j, \quad y_i = x_i + p_i (i = 1, \cdots, m)$$

其中，$p_0=0$。显然，符号 s_i 所对应的小区间的宽度就是其概率 p_i，参见图 4-7。

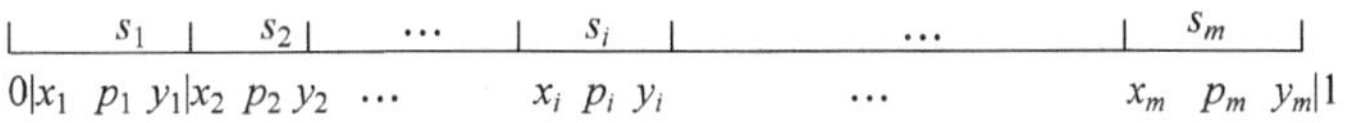

s_1	s_2	…	s_i	…	s_m
0|x_1 p_1 y_1	|x_2 p_2 y_2	…	x_i p_i y_i	…	x_m p_m y_m|1

图 4-7　算术编码的字符概率区间

然后对输入符号串进行编码，设串中第 j 个符号 c_j 为符号表中的第 i 个符号 s_i，则可根据 s_i 在符号表中所对应区间的上下限 x_i 和 y_i，来计算编码区间 $I_j=[l_j, r_j)$：

$$l_j = l_{j-1} + d_{j-1} \cdot x_i, \quad r_j = l_{j-1} + d_{j-1} \cdot y_i (j = 1, \cdots, n)$$

其中，$d_j = r_j - l_j$ 为区间 I_j 的宽度，$l_0=0$，$r_0=1$，$d_0=1$。显然，l_j ↑ 而 d_j 与 r_j ↓。串的最后一个符号所对应区间的下限 l_n 就是该符号串的算术编码值。

例如，输入符号串为“helloworld”（10 个字符），符号表含 7 个符号，按字母顺序排列，容易计算它们各自出现概率和所对应的区间，参见表 4-6。

表 4-7 是对输入符号串“helloworld”的编码过程。

表 4-6 符号表(符号及其概率与区间)

序号	符号	p_i	$[x_i, y_i)$
1	d	0.1	[0.0,0.1)
2	e	0.1	[0.1,0.2)
3	h	0.1	[0.2,0.3)
4	l	0.3	[0.3,0.6)
5	o	0.2	[0.6,0.8)
6	r	0.1	[0.8,0.9)
7	w	0.1	[0.9,1.0)

表 4-7 算术编码的编码过程表

序号	符号	l_i	r_i	d_i
0	初值	0.0	1.0	1.0
1	h	(0.0+1.0×0.2=) 0.2	(0.0+1.0×0.3=) 0.3	(0.3−0.2=) 0.1
2	e	(0.2+0.1×0.1=) 0.21	(0.2+0.1×0.2=) 0.22	(0.22−0.21=) 0.01
3	l	(0.21+0.01×0.3=) 0.213	(0.21+0.01×0.6=) 0.216	(0.216−0.213=) 0.003
4	l	(0.213+0.003×0.3=) 0.2139	(0.213+0.003×0.6=) 0.2148	(0.2148−0.2139=)0.0009
5	o	(0.2139+0.0009×0.6)=0.214 44	(0.2139+0.0009×0.8)=0.214 62	(0.21462−0.21444)=0.000 18
6	w	0.214 602	0.214 620	0.000 001 8
7	o	0.214 612 8	0.214 616 4	0.000 000 36
8	r	0.214 615 68	0.214 616 04	0.000 000 036
9	l	0.214 615 788	0.214 615 896	0.000 000 010 8
10	d	0.214 615 788 0	0.214 615 798 8	0.000 000 001 08

编码输出为 l_{10}=0.214 615 788 0。

算术编码的过程,也可以用图 4-8 的映射来表示。

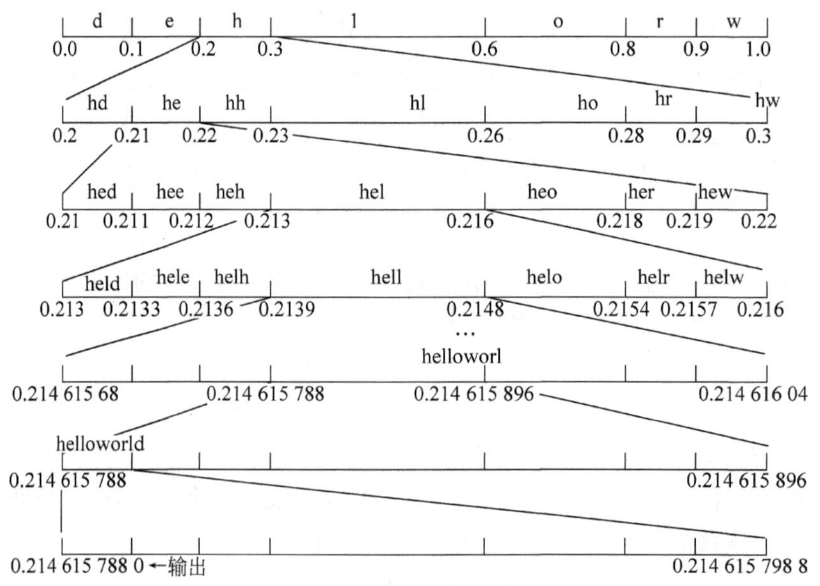

图 4-8 算术编码的过程

2. 解码方法

由符号表(包括符号对应的概率与区间)和实数编码 l_n,可以按下面的解码算法来重构输入符号串。

设 $v_1=l_n=$码值,若 $v_j\in[x_i,y_i)$,$c_j=s_i(j=1,\cdots,n)$,则

$$v_{j+1}=(v_j-x_i)/p_i(j=1,\cdots,n-1)$$

例如上例的解码过程见表 4-8,重构输入符号串为 v_{10}=“*helloworld*”。

表 4-8 算术编码的解码过程表

j	v_j	i	$c_j=s_i$
1	0.214 615 788 0	3	h
2	(0.214 615 788 0−0.2)/0.1=0.146 157 88	2	e
3	(0.146 157 88−0.1)/0.1=0.461 578 8	4	l
4	(0.461 578 8−0.3)/0.3=0.538 596	4	l
5	(0.538 596−0.3)/0.3=0.795 32	5	o
6	(0.795 32−0.6)/0.2=0.9766	7	w
7	(0.9766−0.9)/0.1=0.766	5	o
8	(0.766−0.6)/0.2=0.83	6	r
9	(0.83−0.8)/0.1=0.3	4	l
10	(0.3−0.3)/0.3=0.0	1	d

3. 若干说明

1) 问题

在算术编码中需要注意的几个问题:

(1) 由于实际计算机的浮点运算器不够长(一般为 80 位),可用定长的整数寄存器低进高出来接收码串,用整数差近似实数差来表示范围,但可能会导致误差积累。

(2) 算术编码器对整个消息只产生一个码字,这个码字是在间隔[0,1)中的一个实数,因此译码器在接收到表示这个实数的所有位之前不能进行译码。

(3) 算术编码也是一种对错误很敏感的编码方法,如果有一位发生错误就会导致整个字符序列被译错。

2) 静态与自适应

算术编码可以是静态的或者自适应的。在静态算术编码中,信源符号的概率是固定的。在自适应算术编码中,信源符号的概率根据编码时符号出现的频繁程度动态地进行修改。需要开发动态算术编码的原因是因为事先知道精确的信源概率是很难的,而且是不切实际的。当压缩数据时,我们不能期待一个算术编码器获得最大的效率,所能做的最有效的方法是在编码过程中估算概率,它成为确定编码器压缩效率的关键。

4.4.5 行程编码

行程编码是一种使用广泛的简单熵编码。它被用于 BMP、JPEG/MPEG、TIFF 和 PDF

等编码之中，还被用于传真机。

RLE的编码方法如下。

RLE视数字信息为无语义的字符序列(字节流)，对相邻重复的字符，用一个数字表示连续相同字符的数目(称为行程长度)，可达到压缩信息的目的。如

未压缩的数据：ABCCCCCCCCDEFFGGG

RLE编码：AB8CDEFF3G

对比该RLE编码例前后的代码数可以发现，在编码前要用17个代码表示的数据，编码后只要用10个代码，压缩比为1.7∶1。这说明RLE确实是一种压缩技术，而且这种编码技术相当直观，也非常经济。RLE所能获得的压缩比有多大，这主要取决于数据本身的特点。如果图像数据(如人工图形)中具有相同颜色的图像块越大，图像块数目越少，获得的压缩比就越高。反之(如自然照片)，压缩比就越小。

RLE译码采用与编码相同的规则，还原后得到的数据与压缩前的数据完全相同。因此，RLE是一种无损压缩技术。

RLE压缩编码特别适用于计算机生成的图形，对减少这类图像文件的存储空间非常有效。然而，RLE对颜色丰富多变的自然图像就显得力不从心，这时在同一行上具有相同颜色的连续像素往往很少，而连续几行都具有相同颜色值的连续行数就更少。如果仍然使用RLE编码方法，不仅不能压缩图像数据，反而可能使原来的图像数据变得更大。

但是，这并不意味着RLE编码方法在自然图像的压缩中毫无用处，恰恰相反，在各种自然图像的压缩方法中(如JPEG)，仍然不可缺少RLE。只不过，不是单独使用RLE一种编码方法，而是和其他压缩技术联合应用。

4.4.6 LZW算法

LZW(Lempel-Ziv Walch)算法被GIF和PNG格式的图像压缩所采用，并被广泛应用于文件的压缩打包(如ZIP和RAR)和磁盘压缩。

因为它不需要执行那么多的缀符串比较操作，所以LZW算法的速度比LZ77算法的快。对LZW算法进一步的改进是增加可变的码字长度，以及在词典中删除老的缀符串。在GIF图像格式和各种文件和磁盘压缩程序中已经采用了这些改进措施之后的LZW算法。

LZW是一种专利算法，专利权的所有者是美国的一个大型计算机公司——Unisys(优利系统公司)。不过，除了商业软件生产公司需要支付专利费外，个人则是可以免费使用LZW算法的。

1. 概述

1977年以色列Jakob Ziv和Abraham Lempel提出了一种基于词典编码的压缩缩法，称为LZ77算法；1978年他们对该算法做了改进，称为LZ78；1984年Terry A. Weltch又对LZ78进行了实用性修正，因此把这种编码方法称为LZW算法。

1) 词典编码的思想

词典编码(Dictionary Encoding)的根据是数据(字符串)本身包含有重复代码块(词汇)这个特性。词典编码法的种类很多，可以分成两大类。

第一类词典编码的想法，是试图查找正在压缩的字符序列(词汇)是否在以前输入的数据中出现过，然后用已经出现过的字符串替代重复的部分，它的输出仅仅是指向早期出现过的字符串(词汇)的“指针”，参见图 4-9。

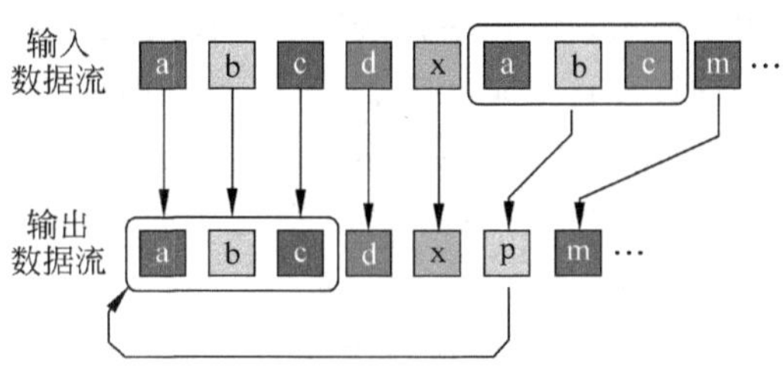

图 4-9　第一类词典编码概念

第二类词典编码的想法，是试图从输入的数据中创建一个“短语词典(Dictionary of the Phrases)”，这种“短语”(词汇/单词)不一定是像“computer(计算机)”和“programming(程序设计)”这类具有具体含义的短语，它可以是任意字符的组合。编码数据过程中当遇到已经在词典中出现的“短语”时，编码器就输出这个词典中的短语的“索引号”，而不是短语本身，参见图 4-10。

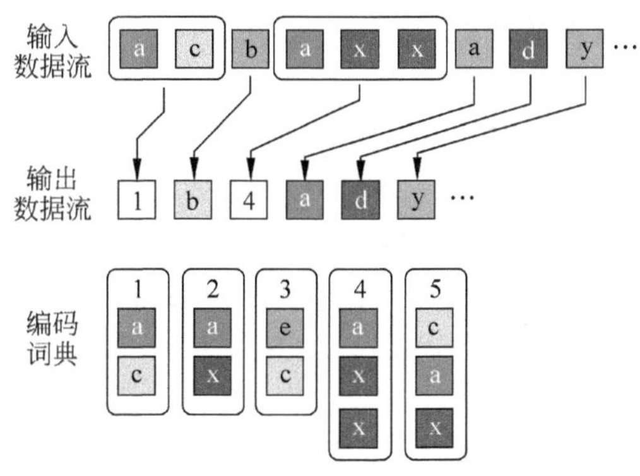

图 4-10　第二类词典编码概念

2) LZW 与 LZ78

LZ78 是首个第二类词典编码，1984 年提出的 LZW 压缩编码也属于这类编码，它是对 LZ78 进行了实用性修正后提出的一种逻辑简单、速度快、硬件实现廉价的压缩算法，并首先在高速硬盘控制器上应用了这种算法。

在 LZW 算法中使用的术语与 LZ78 使用的相同，仅增加了一个术语——前缀根(Root)，它是由单个字符串组成的缀符串(String)。

在编码原理上，LZW 与 LZ78 相比有如下差别。

(1) LZW 只输出代表词典中的缀符串的码字(Code Word)。这就意味着在开始时词典不能是空的，它必须包含可能在字符流中出现的所有单个字符，即前缀根。

(2) 由于所有可能出现的单个字符都事先包含在词典中，每个编码步骤开始时都使用 1 个字符的前缀(One-character Prefix)，因此在词典中搜索的第 1 个缀符串有两个字符。

2. LZW 编码

LZW 算法是一种基于字典的编码,将变长的输入符号串映射成定长的码字,形成一本短语词典索引(串表),利用字符出现的频率冗余度及串模式高使用率冗余度达到压缩的目的。该算法只需一遍扫描,且具有自适应的特点(从空表开始逐步生成串表,码字长从像素位数 $n+1$ 逐步增加到 12),不需保存和传送串表。

串表具有前缀性:若串 wc(c 为字符)在表中,则串 w 也在串表中(所以,可初始化串表为含所有单个字符的串)。

匹配采用贪婪算法:每次只识别与匹配串表中最长的已有串 w(输出对应的码字),并可与下一输入字符 c 拼成一个新的码字 wc。

对串表的改进:用 w 的码字来代替 wc 中的 w,则串表中的串等长;当串表已满时(一般表长为 2^{12}),可清表重来(输出清表码字)。清表码字 $=2^n$,结束码字 $=1+2^n$。所以,第一个可用的多字符串的码字 $=2+2^n$。

1) LZW 压缩算法

初始化:将所有单个字符的串放入串表 ST 中(共 2^n 项(码字为 $0\sim2^{n-1}$),实际操作时不必放入,只需空出串表的前 2^n 项,字符对应码字所对应的串表索引即可);
　　读首字符入前缀串 w;
　　设置码长 codeBits $=n+1$;
　　设置串表中当前表项的索引值 next=初始码字 $=2^n+2$。

循环:读下一输入字符 c;
　　若 c=EOF(文件结束符),则输出 w 的码字,结束循环(输出结束码字);
　　若 wc 已在串表中,则 w=wc,转到循环开始处;
　　否则,输出 w 的码字,将 wc 放入 ST 中的 next 处,next++;
　　令 w=c,转到循环开始处;
　　若 next 的位数超过码长(>codeBits),则 codeBits++;
　　若串表已满(next 的位数已超过最大码长 12),则清空串表,输出清表码字,转到初始化开始处。

2) LZW 还原算法

初始化:将所有单个字符的串放入串表 ST 中(共 2^n 项(码字为[$0\sim2^{n-1}$]),实际操作时不必放入,只需空出串表的前 2^n 项,字符对应码字所对应的串表索引即可);
　　串表中当前表项的索引 next $=2^n+2$;
　　设置码长 codeBits $=n+1$;
　　读首个码字(所对应的单个字符)入老串 old,输出该字符。

循环:读下一码字 new;
　　若 new=结束码字,结束循环;
　　若 new=清表码字,则清空串表,转到初始化开始处;
　　若 new≥next,则输出串 newStr=old+old[0](例外处理);
　　若 new<next,则输出串 newStr;
　　将 old+newStr[0]放入串表 ST[next]中,next++;

若 next 的位数超过码长(>codeBits),则 codeBits++;

但若加一后的 codeBits>12,则重新让 codeBits=12;

old=newStr,转到循环开始处。

其中:newStr=ST[new](即串表中索引为 new 的串)。

3) 例子

被编码字符串见表 4-9,它只包含 3 个不同的单字符 A、B、C。

表 4-9 编码字符串

位置	1	2	3	4	5	6	7	8	9
字符	A	B	B	A	B	A	B	A	C

编码过程如表 4-10,译码过程如表 4-11。

表 4-10 LZW 的编码过程

步骤	位置	词典		输出
		(1)	A	
		(2)	B	
		(3)	C	
1	1	(4)	AB	(1)
2	2	(5)	BB	(2)
3	3	(6)	BA	(2)
4	4	(7)	ABA	(4)
5	6	(8)	ABAC	(7)
6	—	—	—	(3)

表 4-11 LZW 的译码过程

步骤	码字	词典		输出
		(1)	A	
		(2)	B	
		(3)	C	
1	(1)	—	—	A
2	(2)	(4)	AB	B
3	(2)	(5)	BB	B
4	(4)	(6)	BA	AB
5	(7)	(7)	ABA(例外)	ABA
6	(3)	(8)	ABAC	C

其中:

- "步骤"栏表示编码步骤。
- "位置"栏表示在输入数据中的当前位置。
- "词典"栏表示添加到词典中的缀符串,它的索引在括号中。
- "输出"栏表示码字输出。

每个译码步骤译码器读一个码字,输出相应的缀符串,并把它添加到词典中。例如,在步骤 4 中,先前码字(2)(对应于单字符串"B")存储在老码字(old)中,当前码字(new)是(4),对应的当前缀符串 newStr 是输出("AB"),先前缀符串 old ("B")加上当前缀符串 newStr ("AB")的第一个字符"A",其结果 old+newStr[0]("BA") 添加到词典中(ST[next]),它的索引号 next 是(6)。

4.5 分析-合成编码

这类编码方法突破了经典数据压缩编码理论的框架。它们实质上都是通过对原数据的分析,将其分解成一系列更适合于表示的"基元"或从中提取若干具有更本质意义的参数,编码仅对这些基本单元或特征参数进行。译码时则借助于一定的规则或模型,按一定的算法将这些基元或参数再“综合”成原数据的一个逼近。例如,子带编码利用子带滤波器组对数据进行分析(分解到若干相邻子频带处理)与综合;小波变换编码则采用更强有力的非均匀分辨率,对数据进行时间频率局部分析与综合;分形编码将数据预分解为若干分形子图,提取其迭代函数代码,恢复时则由该代码按规则迭代重构各子图;各种基于模型或知识的方法也是在编码端通过各种分析手段提取所建模型的特征与状态参数,在解码端依据这些参数通过模型及相关知识生成所建模的数据。这些方法都是有失真压缩。如果对于给定数据的基元或参数提取是有效的,而且综合重建又是成功的,那么就不仅可以在一定的失真度准则下较好地逼近原始数据,更可能得到极高的数据压缩比。

4.5.1 向量量化

向量量化(Vector Quantization)是一种基于语义的编码方法,是一种很有前景的方法。其基本思想是采用非线性量化器,对空间频率及能量分布较大的系数分配较多比特数,即采用较小的量化步长;反之分配较少的比特数,即采用较大的量化步长,从而达到压缩的目的。

量化分为标量量化和向量量化两种。标量量化对所有采样使用同一个量化器进行量化;向量量化却采用多个码本对输入信号进行量化。

向量量化的基本过程如下:将实际数据流分成向量块,例如对一幅图像进行向量量化,向量常常是一个小长方形或者正方形的像素;在压缩编码和解码端都有一个称为“码本”的表,它是模式的集合。该码本可以预定义,也可动态改造;各向量可以参考码本表,选择最佳匹配模式;一旦找到最佳匹配模式,则将码本中对应的索引进行传送。

4.5.2 小波变换

近年来,小波变换在静态图像压缩方面也得到了较好的应用。小波变换是一种有效的时频域分析工具。它是一个线性变换,能够将一个信号分解成对空间和时间、频率的独立信号,同时又不失原信号所包含的信息。小波变换不一定要求是正交的,小波基不唯一。小波系数的时宽—带宽积很小,且在时间和频率轴上都很集中。也就是说,经过小波变换后的图像能量很集中,便于对不同的分量做不同的处理,达到较高的压缩比。图像的小波变换可以理解为图像信号经过一系列带通滤波器的结果。这组滤波器在对数意义下具有相同的带宽,从小波变换后不同分层定位中,提取出图像的特征,低频部分平滑,表示背景;高频部分不平稳,表示细节。利用不同层次对恢复图像的贡献大小和对人眼视觉系统影响的大小,采用不同的编码方法,可以达到图像压缩的目的。

4.5.3 分形编码

分形(Fractal)编码是一种模型编码,适合用于图像压缩。它利用模型的方法,对需要传输的图像数据进行参数估测。其独特新颖的思想,成为目前数据压缩领域的研究热点。它与经典的图像压缩编码方法相比,在思想上有了重大的突破。其突出特点是高压缩比、解压时的高速度以及不受图像分辨率的影响。

分形的含义是某种形状、结构的一个局部或片断,它可以有多种大小、尺寸,但都是相似形。它指一类无规则、混乱而复杂，但其局部与整体有相似性的体系，即自相似性体系。从数学意义上说，这种图形含有的信息内容很少，用来产生这种图形的程序很短，而制造的图形却是无限的，并且这种图形中隐含着有序性或规律性。

以 DCT 为代表的许多经典图像编码方法，已经进入实用化阶段。经典图像编码方法也有其局限性，它没有充分利用人眼的视觉特性以及自然景物的特点，所以用经典图像编码方法获得的压缩比不算很高。特别是在经典的图像编码方法中，对图像是以纯数据的形式看待的，不是结合图像内容自身固有的特点来处理，这是一个很大的缺陷。不充分考虑图像内容的特点是不可能从本质上提高图像压缩比的。分形的方法是通过一些图像处理技术，如颜色分割、边缘检测、频谱分析、纹理变化分析等，把一幅数字图像分成一些子图像。子图像可以是简单的物体，也可以是一些复杂的景物。然后在分形集中查找这样的子图像。分形集实际上并不存储所有可能的子图像，而是存储许多迭代函数；通过迭代函数的反复迭代，恢复原来的子图像。也就是说，子图像所对应的只是迭代函数，而表示这样的迭代函数一般只需几个数据即可，从而达到很高的压缩比。

4.5.4 子带编码

子带编码(Subband Coding，SBC)利用带通滤波器组把信号频带分割成若干子频带，然后分别处理。通过等效于单边带调幅的调制过程，将各子带搬移到零频率附近以得到低通表示后，再以奈奎斯特速率对各子带输出取样，且对取样位进行通常的数字编码。恢复时，将各子带信号解码并且重新调制回其原始位置，再将所有子带输出相加，得到接近于原始信号的恢复波形。显然，SBC 仍属于波形编码器。

子带编码最先应用于音频的压缩，把音频信号分成子带后进行编码有不少优点。因为声音频谱的非平坦性，若对不同子带合理地分配比特数，就有可能分别控制各子带的量化电平数目以及相应的重建误差，使码率更精确地与各子带的信源统计特性相匹配。调整不同子带的比特赋值，可以控制总的重建误差频谱形状，与声学生理-心理模型相结合，可将噪声谱按人耳的主观噪声感知特性来成形。各子带的量化噪声都束缚在本子带内，能够避免能量较小频带内的输入信号被其他频段的量化噪声所遮盖。1985 年后，SBC 应用于图像编码。它的复杂度与变换编码差不多，但客观质量高、主观效果好。

事实上，如果设想在 SBC 的每个子带输出都用 DPCM 编码器来编码，那么 SBC 就在时间域(或空间域)的预测编码和频率域(或变换域)的变换编码之间架起一座连接的桥梁，联系参数就是子带数目 M。如果 $M=1$，就是 DPCM 编码；如果 $M>1$，即为 SBC；当 M 大到等于块内的样本数即每个子带只由一个样本(或一根谱线)组成时，SBC 便成为变换编码(DFT)。从这个观点上看，预测编码和变换编码只不过是子带编码的两个特例。

4.6 静态图像压缩编码的国际标准

JPEG 是用于灰度图与真彩图的静态图像压缩的国际标准，它采用的是以 DCT 为基础的有损压缩算法。因为视频的帧内编码就是静态图像编码，所以 JPEG 的编码算法也用于

MPEG 视频编码标准中。

JPEG 是国际电话与电报咨询委员会 CCITT 与国际标准化组织 ISO 于 1986 年联合成立的一个小组,负责制定静态图像的编码标准。

1992 年 9 月 JPEG 推出了 ISO/IEC 10918 标准(CCITT T.81、83、84、86)——连续色调静态图像的数字压缩与编码,简称为 JPEG 标准,适用于灰度图与真彩图的静态图像的压缩。

1999 年 JPEG 推出了 ISO/IEC 14495 标准(ITU T.87、870)——信息科学——连续色调静态图像的无损和接近无损压缩,简称为 JPEG-LS(Lossless Standard,无损标准)标准,适用于灰度图与真彩图的静态图像的无损与接近无损压缩。JPEG-LS 是 JPEG 标准中无损模式的补充和强调,采用的是 LOCO-I(Low Complexity Lossless Compression for Images,图像的低复杂性无损压缩)算法,主要应用于对图像质量要求较高的一些专门领域(如遥感和医学图像),由于时间和篇幅的限制,本书不做介绍。

2000 年 12 月 JPEG 在 JBIG(Joint Bi-level Image Experts Group,联合二值图像专家组)的帮助下又推出了比 JPEG 标准的压缩率更高、性能更优越的 JPEG 2000 标准 ISO/IEC 15444 (ITU T.800～808)——JPEG 2000 图像编码系统,适用于二值图、灰度图、伪彩图和真彩图的静态图像压缩。

传统的 JPEG 编码主要采用了以 DCT 为基础的有损压缩算法,编码分为变换、量化和熵编码三个主要步骤。

4.6.1 压缩算法

JPEG 专家组开发了两种基本的压缩算法,一种是采用以 DCT 为基础的有损压缩算法,另一种是采用以预测技术为基础的无损压缩算法。

1. 编码模式

在 JPEG 标准中定义了 4 种编码模式。

- 无损模式:基于 DPCM。
- 基准模式:基于 DCT,一遍扫描。
- 递进模式:基于 DCT,从粗到细多遍扫描。
- 层次模式:含多种分辨率的图(2^n 倍)。

这 4 种模式的关系参见图 4-11。

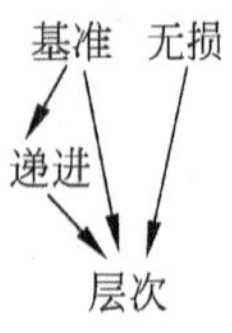

图 4-11 JPEG 编码模式的关系图

本节只介绍应用最广泛的基于 DCT 有损压缩算法的基线(Baseline)模式中的顺序(Sequential)处理所对应的算法和格式(其熵编码只使用 Huffman 编码,而在扩展的基于 DCT 的无损压缩算法中,既可以使用 Huffman 编码,又可以使用算术编码)。

JPEG 在使用 DCT 进行有损压缩时,压缩比可调整,在压缩 10～30 倍后,图像效果仍然不错,因此得到了广泛的应用(尤其是网络),参见表 4-12。

2. 算法概要

JPEG 压缩是有损压缩，它利用了人的视觉系统的特性，使用量化和无损压缩编码相结合来去掉视角的冗余信息和数据本身的冗余信息。JPEG 属于结合变换编码(DCT)与熵编码(RLE/Huffman)的混合编码。JPEG 算法框图如图 4-12 所示。

表 4-12 JPEG 图像的压缩比与质量

压缩倍数	比特率/(b/pixel)	图像质量
12～16	2.0～1.5	同原图
16～32	1.5～0.75	很好
32～48	0.75～0.5	好
48～96	0.5～0.25	中等

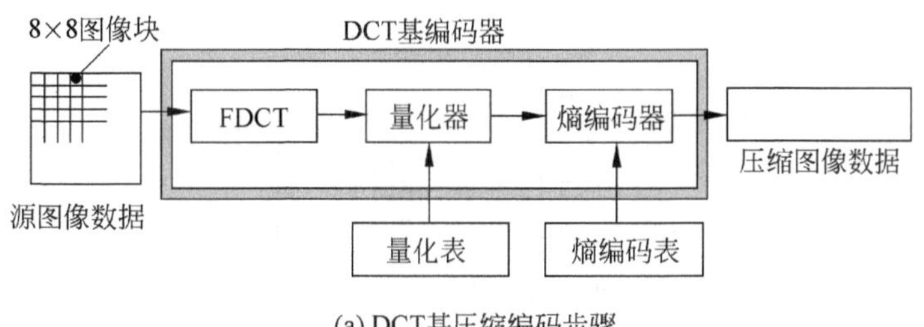

(a) DCT基压缩编码步骤

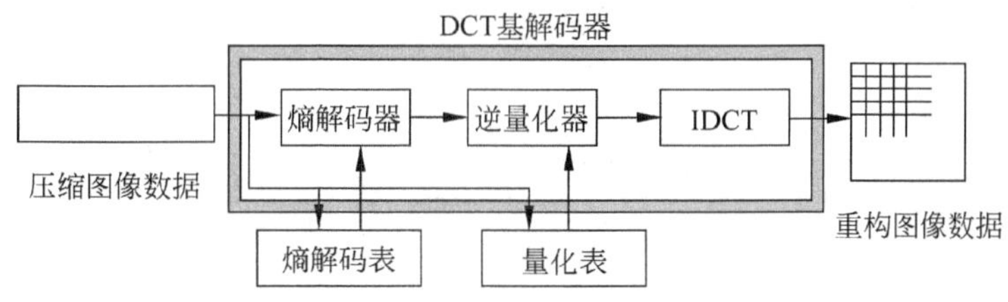

(b) DCT基解压缩步骤

图 4-12 JPEG 压缩编码-解压缩算法框图

JPEG 的压缩编码可以分成如下三个主要步骤。

(1) 使用 FDCT 把空间域表示的图像变换成频率域表示的图像。

(2) 使用(对于人的视觉系统是最佳的)加权函数对 DCT 系数进行量化。

(3) 使用 Huffman 可变字长编码器对量化系数进行编码。

译码(解压缩)的过程与压缩编码过程正好相反。

另外，JPEG 算法与彩色空间无关，因此在 JPEG 算法中没有包含对颜色空间的变换。JPEG 算法处理的彩色图像是单独的颜色分量图像，因此它可以压缩来自不同彩色空间的数据，如 RGB、YCbCr 和 CMYK 等。

4.6.2 编码步骤

JPEG 压缩编码算法的主要计算步骤如下。

(1) 8×8 分块。
(2) 正向离散余弦变换(FDCT)。
(3) 量化。
(4) Z 字形编码(Zigzag Scan)。
(5) 使用差分脉冲编码调制(DPCM)对直流系数(DC)进行编码。
(6) 使用行程长度编码(RLE)对交流系数(AC)进行编码。
(7) 熵编码(Huffman 或算术)。
下面分别加以介绍。

1. 正向离散余弦变换

JPEG 编码是对每个单独的颜色图像分量分别进行的,在进行正向离散余弦变换之前,需要先将整个分量图像分成 8×8 像素的图像块(不足部分可以通过重复图像的最后一行/列来填充),离散余弦变换的输入,参见图 4-13。

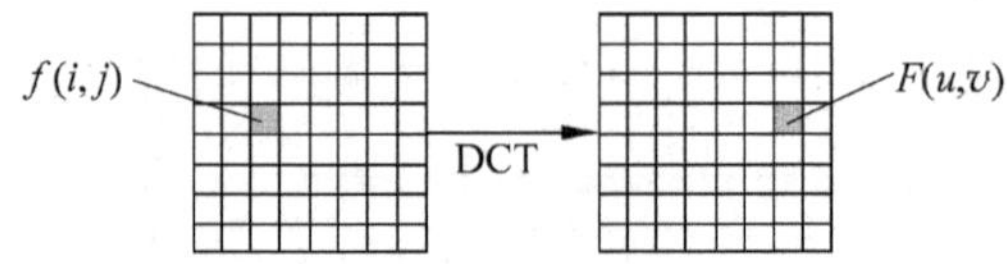

图 4-13 离散余弦变换

JPEG 编码的 DCT 变换使用的计算式为(注意,在变换之前,需要先对源图像中的每个样本数据 v 减去 128)

$$f(i,j) = v(i,j) - 128$$

$$F(u,v) = \frac{1}{4}C(u)C(v)\left[\sum_{i=0}^{7}\sum_{j=0}^{7}f(i,j)\cos\frac{(2i+1)u\pi}{16}\cos\frac{(2j+1)v\pi}{16}\right]$$

其中,

$$C(w) = \begin{cases}\frac{1}{\sqrt{2}}, & w = 0\\ 1, & w > 0\end{cases}$$

并称

$$F(0,0) = \frac{1}{8}\sum_{i=0}^{7}\sum_{j=0}^{7}f(i,j) = 8\bar{f}$$

为直流系数(Direct Current,DC),称其他 $F(u,v)$ 为交流系数(Alternating Current,AC)。

它的逆变换使用的计算式为

$$f(i,j) = \frac{1}{4}\left[\sum_{u=0}^{7}\sum_{v=0}^{7}C(u)C(v)F(u,v)\cos\frac{(2i+1)u\pi}{16}\cos\frac{(2j+1)v\pi}{16}\right]$$

在计算二维的 DCT 变换时,可使用下式计算,即

$$G(i,v) = \frac{1}{2}C(v)\left[\sum_{j=0}^{7}f(i,j)\cos\frac{(2j+1)v\pi}{16}\right]$$

$$F(u,v) = \frac{1}{2}C(u)\left[\sum_{i=0}^{7}G(i,v)\cos\frac{(2i+1)u\pi}{16}\right]$$

将二维的DCT变换转换成一维的DCT变换，如图4-14所示。

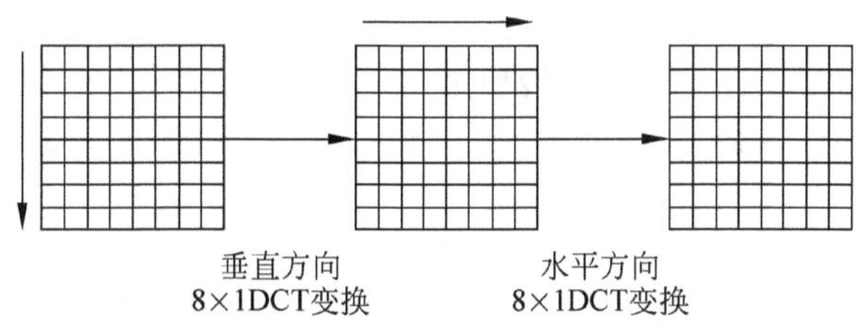

图4-14　二维DCT变换方法

2. 量化

量化是将(经过FDCT变换后的频率)系数映射到更小的取值范围。量化的目的是减小非“0”系数的幅度(从而减少所需的比特数)以及增加“0”值系数的数目。量化是使图像质量下降的最主要原因。

对于JPEG的有损压缩算法，使用的是如图4-15所示的均匀标量量化器进行量化，量化步距是按照系数所在的位置和每种颜色分量的色调值来确定的。

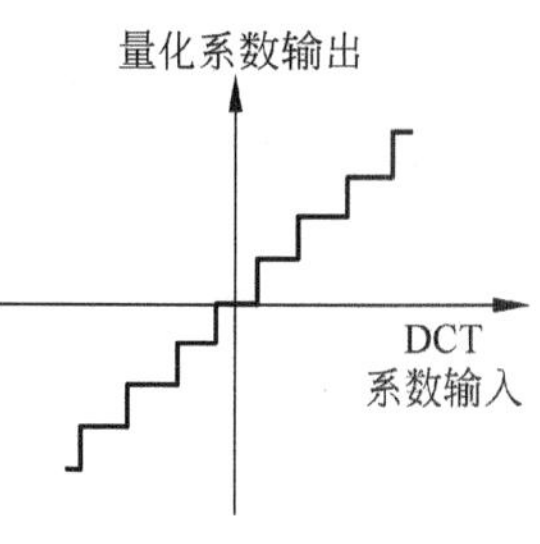

图4-15　均匀量化器

因为人眼对亮度信号比对色差信号更敏感，因此JPEG编码中使用了两种标准的量化表：亮度量化表和色差量化表，参见图4-16。此外，由于人眼对低频分量的图像比对高频分量的图像更敏感，因此标准量化表中的左上角的量化步距要比右下角的量化步距小。这两个表中的数值对CCIR 601标准电视图像已经是最佳的。如果不想使用这两种标准表，你也可以用自己的量化表替换它们。

16	11	10	16	24	40	51	61
12	12	14	19	26	58	60	55
14	13	16	24	40	57	69	56
14	17	22	29	51	87	80	62
18	22	37	56	68	109	103	77
24	35	55	64	81	104	113	92
49	64	78	87	103	121	120	101
72	92	95	98	112	100	103	99

(a) 色差量化值

17	18	24	47	99	99	99	99
18	21	26	66	99	99	99	99
24	26	56	99	99	99	99	99
47	66	99	99	99	99	99	99
99	99	99	99	99	99	99	99
99	99	99	99	99	99	99	99
99	99	99	99	99	99	99	99
99	99	99	99	99	99	99	99

(b) 亮度量化值

图4-16　标准量化表

量化的具体计算公式为

$$\mathrm{Sq}(u,v)=\mathrm{round}\left[\frac{F(u,v)}{Q(u,v)}\right]$$

其中，$\mathrm{Sq}(u,v)$为量化后的结果；$F(u,v)$为DCT系数；$Q(u,v)$为量化表中的数值；round为舍入取整函数。

3. Z 字形编排

量化后的二维系数要重新编排，并转换为一维系数，为了增加连续的“0”系数的个数，就是“0”的游程长度，JPEG 编码中采用的 Z 字形编排方法，如图 4-17 所示。

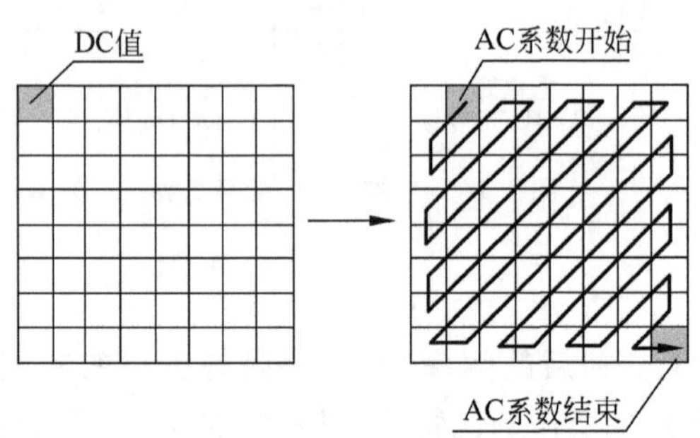

图 4-17 量化 DCT 系数的编排

DCT 系数的序号如图 4-18 所示，这样就把一个 8×8 的矩阵变成一个 1×64 的矢量，频率较低的系数放在矢量的头部。

0	1	5	6	14	15	27	28
2	4	7	13	16	26	29	42
3	8	12	17	25	30	41	43
9	11	18	24	31	40	44	53
10	19	23	32	39	45	52	54
20	22	33	38	46	51	55	60
21	34	37	47	50	56	59	61
35	36	48	49	57	58	62	63

图 4-18 Z 字形排列的量化 DCT 系数之序号

4. 直流系数的编码

8×8 图像块经过 DCT 变换之后得到的 DC 直流系数有两个特点，一是系数的数值比较大，二是相邻 8×8 图像块的 DC 系数值变化不大。根据这些特点，JPEG 算法使用了差分脉冲编码调制技术，对相邻图像块之间的 DC 系数的差值 Δ 进行编码，有

$$\Delta = \mathrm{DC}(0,0)_k - \mathrm{DC}(0,0)_{k-1}$$

5. 交流系数的编码

量化 AC 系数的特点是 1×63 矢量中包含有许多“0”系数，并且许多“0”是连续的，因此使用非常简单和直观的游程长度编码对它们进行编码。

JPEG 使用了 1 个字节的高 4 位来表示连续“0”的个数，而使用它的低 4 位来表示编码下一个非“0”系数所需要的位数，跟在它后面的是量化 AC 系数的数值。

6. 熵编码

使用熵编码还可以对 DPCM 编码后的直流 DC 系数和 RLE 编码后的交流 AC 系数做进一步的压缩。

在 JPEG 有损压缩算法中，可以使用 Huffman 或算术编码来减少熵，这里只介绍最常用的 Huffman 编码。使用 Huffman 编码器的理由是可以使用很简单的查表(Lookup Table)方法进行快速的编码。压缩数据符号时，Huffman 编码器对出现频率比较高的符号分配比较短的代码，而对出现频率较低的符号分配比较长的代码。这种可变长度的 Huffman 码表可以事先进行定义(标准 H 表)。

表 4-13 是 DC 码表符号举例。如果 DC 的值(Value)为 4，符号 SSS 用于表达实际值所需要的二进制位数，SSS 的实际位数就等于 3。

表 4-13　DC 码表符号举例

Value	SSS	Value	SSS
0	0	−3，−2，2，3	2
−1，1	1	−7，…，−4，4，…，7	3

表 4-14 和表 4-15 分别是 JPEG 标准提供的亮度与色差 DC 系数差的 Huffman 编码表。

表 4-14　标准亮度 DC 系数差的 H 表

Category	Code length	Code word
0	2	00
1	3	010
2	3	011
3	3	100
4	3	101
5	3	110
6	4	1110
7	5	11110
8	6	111110
9	7	1111110
10	8	11111110
11	9	111111110

表 4-15　标准色差 DC 系数差的 H 表

Category	Code length	Code word
0	2	00
1	2	01
2	2	10
3	3	110
4	4	1110
5	5	11110
6	6	111110
7	7	1111110
8	8	11111110
9	9	111111110
10	10	1111111110
11	11	11111111110

表 4-16 和表 4-17 分别是 JPEG 标准提供的亮度与色差的 AC 系数的 Huffman 编码表的开始部分(每个完整的表有 162 项)，至于完整码表参见标准文档。

7. 组成位数据流

JPEG 编码的最后一个步骤是把各种标记代码和编码后的图像数据组成一帧一帧的数据，这样做的目的是为了便于传输、存储和译码器进行译码，这样的组织的数据通常称为 JPEG 位数据流(JPEG Bitstream)。

表 4-16 标准亮度 AC 系数差的 H 表的开始部分

Run/Size	Code length	Code word
0/0(EOB)	4	1010
0/1	2	00
0/2	2	01
0/3	3	100
0/4	4	1011
0/5	5	11010
0/6	7	1111000
0/7	8	11111000
0/8	10	1111110110
0/9	16	1111111110000010
0/A	16	1111111110000011
1/1	4	1100
1/2	5	11011
1/3	7	1111001
1/4	9	111110110
1/5	11	11111110110
1/6	16	1111111110000100
1/7	16	1111111110000101
1/8	16	1111111110000110
1/9	16	1111111110000111
1/A	16	1111111110001000
2/1	5	11100
2/2	8	11111001
2/3	10	1111110111
2/4	12	111111110100

表 4-17 标准色差 AC 系数差的 H 表的开始部分

Run/Size	Code length	Code word
0/0(EOB)	2	00
0/1	2	01
0/2	3	100
0/3	4	1010
0/4	5	11000
0/5	5	11001
0/6	6	111000
0/7	7	1111000
0/8	9	111110100
0/9	10	1111110110
0/A	12	111111110100
1/1	4	1011
1/2	6	111001
1/3	8	11110110
1/4	9	111110101
1/5	11	11111110110
1/6	12	111111110101
1/7	16	1111111110001000
1/8	16	1111111110001001
1/9	16	1111111110001010
1/A	16	1111111110001011
2/1	5	11010
2/2	8	111100111
2/3	10	1111110111
2/4	12	111111110110

4.6.3 算法举例

图 4-19 是使用 JPEG 算法,对一个 8×8 像素的色差图像块进行 FDCT/量化和反量化/IDCT 的计算结果。

其中,在进行 FDCT 之前,先对源图像中的每个样本数据减去了 128,在逆向离散余弦变换之后,又对重构图像中的每个样本数据加了 128。

4.6.4 JPEG 2000 简介

JPEG 2000 是 ISO 与 CCITT/ITU 共同成立的联合图像专家组,于 2000 年底开始推出的一种基于小波变换的静态图像压缩标准(ISO/IEC 15444-1~12,ITU T.800~808)。它统一了二值图像编码标准 JBIG、[近]无损压缩编码标准 JPEG-LS 以及原来的 JPEG 编码

139	144	149	153	155	155	155	155
144	151	153	156	159	156	156	156
150	155	160	163	158	156	156	156
159	161	162	160	160	159	159	159
159	160	161	162	162	155	155	155
161	161	161	161	160	157	157	157
162	162	161	163	162	157	157	157
162	162	161	161	163	158	158	158

(a) 源图像样本

235.6	−1.0	−12.1	−5.2	2.1	−1.7	−2.7	1.3
−22.6	−17.5	−6.2	−3.2	−2.9	−0.1	0.4	−1.2
−10.9	−9.3	−1.6	1.5	0.2	−0.9	−0.6	−0.1
−7.1	−1.9	0.2	1.5	0.9	−0.1	0.0	0.3
−0.6	−0.8	1.5	1.6	−0.1	−0.7	0.6	1.3
1.8	−0.2	1.6	−0.3	−0.8	1.5	1.0	−1.0
−1.3	−0.4	−0.3	−1.5	−0.5	1.7	1.1	−0.8
−2.6	1.6	−3.8	−1.8	1.9	1.2	-0.6	−0.4

(b) FDCT系数

16	11	10	16	24	40	51	61
12	12	14	19	26	58	60	55
14	13	16	24	40	57	69	56
14	17	22	29	51	87	80	62
18	22	37	56	68	109	103	77
24	35	55	64	81	104	113	92
49	64	78	87	103	121	120	101
72	92	95	98	112	100	103	99

(c) 色差量化表

15	0	−1	0	0	0	0	0
−2	−1	0	0	0	0	0	0
−1	−1	0	0	0	0	0	0
0	0	0	0	0	0	0	0
0	0	0	0	0	0	0	0
0	0	0	0	0	0	0	0
0	0	0	0	0	0	0	0
0	0	0	0	0	0	0	0

(d) 量化系数

240	0	−10	0	0	0	0	0
−24	−12	0	0	0	0	0	0
−14	−13	0	0	0	0	0	0
0	0	0	0	0	0	0	0
0	0	0	0	0	0	0	0
0	0	0	0	0	0	0	0
0	0	0	0	0	0	0	0
0	0	0	0	0	0	0	0

(e) 反量化系数

144	146	149	152	154	156	156	156
148	150	152	154	156	156	156	156
155	156	157	158	158	157	156	155
160	161	161	161	161	159	157	155
163	163	164	163	162	160	158	156
163	164	164	164	162	160	158	157
160	161	162	162	162	161	159	158
158	159	161	161	162	161	159	158

(f) 重构的图像样本

图 4-19　JPEG 压缩算法举例

标准，支持更多的颜色分量和更大的颜色深度，具有多分辨率表示和渐进传输功能，同时支持有损和无损压缩，比 JPEG 标准的压缩率更高、性能更优秀。

JPEG 2000 标准由 12 个部分组成，本书主要介绍其第一部分——核心编码系统的编码模块、主要算法及文件格式。

下面介绍 JPEG 2000 标准的组成、特征和核心系统的编码过程。

1. 组成

JPEG 2000 标准计划包含如下 13 个部分（其中的第 7 部分已经被抛弃）。

(1) 核心编码系统（Core Coding System）。提供不需要版权、许可费和专利费的基本编码算法，只支持 Daubechies 9/7 阶有损的离散小波滤波器和 Le Gall 5/3 阶无损的整数小波滤波器。

(2) 扩展（Extensions）。在核心上添加更多的特性与复杂性，支持更多的和自定义的小波滤波器。

(3) 运动 JPEG 2000（Motion JPEG 2000）。定义作为运动图像序列的帧内 JPEG 2000

编码的文件格式 MJ2,主要应用于数字相机的视频片断的存储、高质量基于帧的视频录制和编辑、数字电影、医学和卫星图像等。

(4) 一致性(Conformance)。测试第 1 部分的一致性,指定编码和解码的测试过程,但不包含其范围验收、性能或健壮性测试。

(5) 参考软件(Reference Software)。有 Java 和 C 实现可用。

(6) 混合图像文件格式(Compound Image File Format)。文档映像,用于印前和传真等应用。

(7) 最小支撑函数准则(Guideline of Minimum Support Function)。该部分已经被抛弃。

(8) JPSEC(JPEG 2000 Security)。安全方面,包括加密、源鉴别、数据完整性、条件访问和所有权保护等内容。

(9) JPIP(JPEG 2000 Interactive Protocols)。交互协议与 API。

(10) JP3D(JPEG 2000 3D)。涉及三维数据编码,将 JPEG 2000 编码扩展到立体图像。

(11) JPWL(JPEG 2000 WireLess)。无线应用。

(12) ISO 基媒体文件格式(ISO Base Media File Format)。与 MPEG-4 共用。

(13) 入口级编码器(An Entry Level Encoder)。

到目前为止,除第 10 部分外,其他的 JPEG 2000 标准部分都已经公布,其中最早公布的是其中的第一部分标准(2000 年 12 月)。下面是当前(2008 年 10 月)最新的标准系列。

(1) ISO/IEC 15444-1:2004 (Ed. 2) (ITU T.800) Information technology—JPEG 2000 image coding system—Part+1:Core coding system(信息技术—JPEG 2000 图像编码系统——第 1 部分:核心编码系统)。

- ISO/IEC 15444-1:2004/Cor 1:2007(核心 1)。
- ISO/IEC 15444-1:2004/Cor 2:2008 Clarification on determination of maximum file size(核心 2:最大文件尺寸确定的识别)。
- ISO/IEC 15444-1:2004/Amd 1:2006 Profiles for digital cinema applications(辅助 1:数字电影应用的档次)。

(2) ISO/IEC 15444-2:2004(ITU T.801) Information technology—JPEG 2000 image coding system—Part 2:Extensions(信息技术——JPEG 2000 图像编码系统——第 2 部分:扩展)。

- ISO/IEC 15444-2:2004/Cor 3:2005(核心 3)。
- ISO/IEC 15444-2:2004/Cor 4:2007(核心 4)。
- ISO/IEC 15444-2:2004/Amd 2:2006 Extended capabilities marker segment(辅助 2:扩展能力标记段)。

(3) ISO/IEC 15444-3:2007 (Ed. 2) (ITU T.802) Information technology—JPEG 2000 image coding system—Part 3:Motion JPEG 2000(信息技术——JPEG 2000 图像编码系统——第 3 部分:运动 JPEG 2000)。

(4) ISO/IEC 15444-4:2004 (Ed. 2) (ITU T.803) Information technology—JPEG 2000 image coding system—Part 4:Conformance testing(信息技术——JPEG 2000 图像编码系统——第 4 部分:一致性测试)。

(5) ISO/IEC 15444-5：2003 (ITU T. 804) Information technology—JPEG 2000 image coding system—Part 5：Reference software(信息技术——JPEG 2000 图像编码系统——第 5 部分：参考软件)。

ISO/IEC 15444-5：2003/Amd 1：2003 Reference software for the JP2 file format(辅助 1：JP2 文件格式的参考软件)。

(6) ISO/IEC 15444-6：2003 (ITU T. 800) Information technology—JPEG 2000 image coding system—Part 6：Compound image file format(信息技术——JPEG 2000 图像编码系统——第 6 部分：混合图像文件格式)。

ISO/IEC 15444-6：2003/Amd 1：2007 Hidden text metadata(辅助 1：隐藏文本元数据)。

(7) ISO/IEC TR 15444-7 Information technology—JPEG 2000 image coding system—Part 7：Guideline of minimum support function of ISO/IEC 15444-1(信息技术——JPEG 2000 图像编码系统——第 7 部分：ISO/IEC 15444-1 最小支撑函数准则)。

(8) ISO/IEC 15444-8：2007 Information technology—JPEG 2000 image coding system—Part 8：Secure JPEG 2000 Media and price(信息技术——JPEG 2000 图像编码系统——第 8 部分：安全的 JPEG 2000 媒体和价格)。

(9) ISO/IEC 15444-9：2005 Information technology—JPEG 2000 image coding system—Part 9：Interactivity tools,APIs and protocols(信息技术——JPEG 2000 图像编码系统——第 9 部分：交互性工具、API 和协议)。

- ISO/IEC 15444-9：2005/Cor 1：2007(核心 1)。
- ISO/IEC 15444-9：2005/Cor 2：2008(核心 2)。
- ISO/IEC 15444-9：2005/Amd 1：2006 APIs,metadata,and editing(辅助 1：API、元数据和编辑)。
- ISO/IEC 15444-9：2005/Amd 2：2008 JPIP extensions(辅助 2：JPIP 扩展)。

(10) ISO/IEC FDIS 15444-10 Information technology—JPEG 2000 image coding system—Part 10：Extensions for three-dimensional data(信息技术——JPEG 2000 图像编码系统——第 10 部分：三维数据的扩展)。

(11) ISO/IEC 15444-11：2007 Information technology—JPEG 2000 image coding system—Part 11：Wireless Media and price(信息技术——JPEG 2000 图像编码系统——第 11 部分：无线媒体和价格)。

(12) ISO/IEC 15444-12：2005 (Ed. 2) Information technology—JPEG 2000 image coding system—Part 12：ISO base media file format(信息技术——JPEG 2000 图像编码系统——第 12 部分：ISO 基媒体文件格式)。

- ISO/IEC 15444-12：2005/Cor 1：2005(核心 1)。
- ISO/IEC 15444-12：2005/Cor2：2006(核心 2)。
- ISO/IEC 15444-12：2005/Cor 3：2007(核心 3)。
- ISO/IEC 15444-12：2005/Amd 1：2007 Support for timed metadata,non-square pixels and improved sample groups(辅助 1：对定时元数据、非正方形像素和改进的样本组的支持)。

- ISO/IEC 15444-12：2005/Amd 2：2008 Hint track format for ALC/LCT and FLUTE transmission and multiple meta box support（辅助 2：ALC/LCT 和 FLUTE 传输与多元盒支持的提示轨道格式）。

(13) ISO/IEC 15444-13：2008 Information technology—JPEG 2000 image coding system—Part 13：An entry level JPEG 2000 encoder（信息技术—JPEG 2000 图像编码系统—第 13 部分：入口级 JPEG 2000 编码器）。

其中，第 7 部分已经被抛弃，第 10 部分还处于制定过程中。

2. 特性

与原来的 JPEG 相比，JPEG 2000 的主要特点有：

- 支持多分辨表示。利用小波变换的多分辨特性，在 JPEG 2000 码流中，包含了各个分辨率的信息。只需压缩一次，但是有多种分辨率的解压方式。因此，一个单一的 JPEG 2000 码流，可以同时满足不同分辨率应用的需要，如高分辨率的打印机、中分辨率的显示器和低分辨率的手持设备等。
- 压缩域的图像处理与编辑。利用 JPEG 2000 的多分辨特性，可以直接从 JPEG 2000 码流中抽取新的低分辨率 JPEG 2000 码流，而不需经历解压缩/再压缩过程，也避免了噪声的累积。还可以在压缩域中直接对图像进行剪切、旋转、镜像和翻转等操作，同样不必解压缩后再压缩。
- 渐进性。JPEG 2000 支持多种类型的渐进传送，可从轮廓到细节渐进传输，适用于窄带通信和低速网络。JPEG 2000 支持四维渐进传送：质量（改善）、分辨率（提高）、空间位置（顺序/免缓冲）和分量（逐个）。
- 低位深度图像。不像 JPEG 只支持灰度图和真彩图，JPEG 2000 支持黑白二值图和伪彩图的无损压缩，相当于 JBIG 和 JPEG-LS。
- 兴趣区（Region of Interest，ROI）。可指定图片上感兴趣区域，在压缩编码时可对这些区域指定压缩质量，在显示解码时还可以指定新的兴趣区来指导传输方的编码。

其他具体特点有：

- 支持最多达 16 384(2^{14})个颜色分量（如多波段遥感图像）、每个颜色分量的深度可为 1～38 位。
- 高压缩率。比 JPEG 提高近 30%，特别是低码率时的重构图效果比 JPEG 好很多。
- 同时支持有损和无损压缩，集成了采用预测编码和整数小波变换的无损压缩方法。
- 增加了视觉权重和掩膜。
- 可加入加密版权。
- 兼容多种彩色模式。

本节后面的讨论都是针对 JPEG 2000 标准的第一部分核心编码系统进行的。

3. 编解码模块与过程

图 4-20 是 JPEG 2000 的核心编码系统的编解码模块与过程。

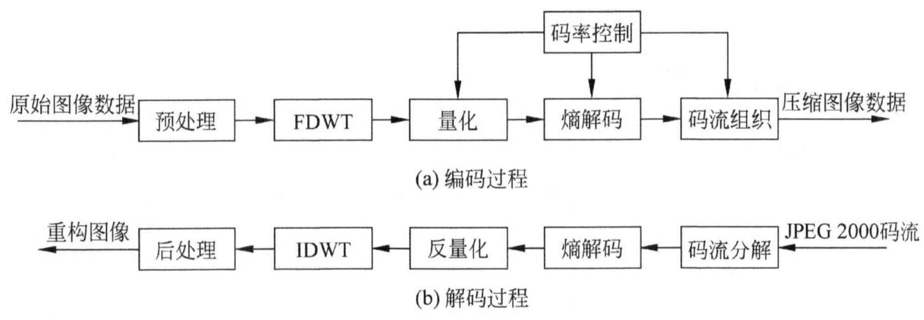

图 4-20 JPEG 2000 核心编码系统的编解码模块与过程

4.7 MPEG-1/2 的视频压缩算法

MPEG-1 和 MPEG-2 采用的是相同的视频压缩方法，帧内采用的是 JPEG 静态图像编码，帧间则采用运动补偿算法。

4.7.1 简介

可以利用视频数据所存在的各种冗余，来对其进行压缩。视频本身在时间上和空间上都含有许多冗余信息，图像自身的构造也有冗余性。此外，利用人的视觉特性也可对图像进行压缩，这叫做视觉冗余，参见表 4-18。

表 4-18 视频压缩可利用的各种冗余信息

种类		内容	目前用的主要方法
统计特性	空间冗余	像素间的相关性	变换编码，预测编码
	时间冗余	时间方向上的相关性	帧间预测，移动补偿
图像构造冗余		图像本身的构造	轮廓编码，区域分割
知识冗余		收发两端对事物的共有认识	基于知识的编码
视觉冗余		人的视觉特性	非线性量化，位分配
其他		不确定性因素	

MPEG-1/2 的视频压缩所采用的技术有两种：① 在空间上（帧内），图像数据压缩采用 JPEG 压缩算法来去掉冗余信息。② 在时间方向上（帧间），视频数据压缩采用运动补偿（Motion Compensation）算法来去掉冗余信息。

为了在保证图像质量基本不降低的同时，又能够获得高的压缩比，MPEG 专家组为视频的帧系列定义了三种图像：帧内图像 I(Intra)、预测图像 P(Predicted)和双向插值图像 B(Bidirectionally Interpolated)，它们典型的排列如图 4-21 所示。在 MPEG-1/2 的视频编码中，对这三种图像分别采用了三种不同的算法来进

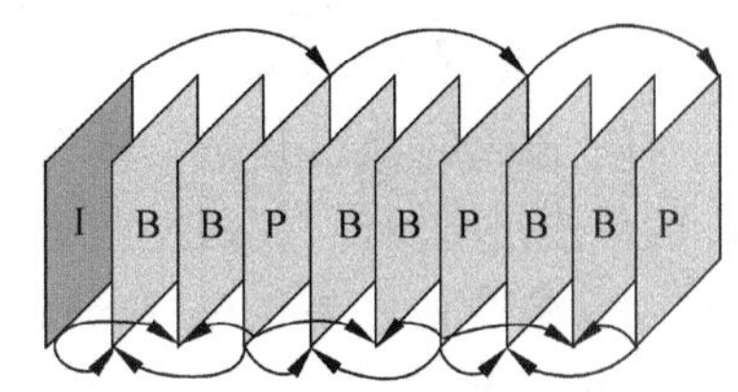

图 4-21 MPEG 定义的三种视频图像

行压缩。

4.7.2 I帧压缩算法

帧内图像I的解码，不需要参照任何过去的或后来的其他图像帧，其压缩编码采用类似JPEG压缩算法，它的框图如图4-22所示。如果视频是用RGB空间表示的，则首先要把它转换成YCrCb空间表示的图像。每个图像平面分成8×8的图块，对每个图块进行离散余弦变换DCT。DCT变换后经过量化的交流分量系数按照Z字形排序，然后再使用无损压缩技术进行编码。DCT变换后经过量化的直流分量系数用差分脉冲编码DPCM，交流分量系数用行程长度编码RLE，然后再用哈夫曼或算术编码。

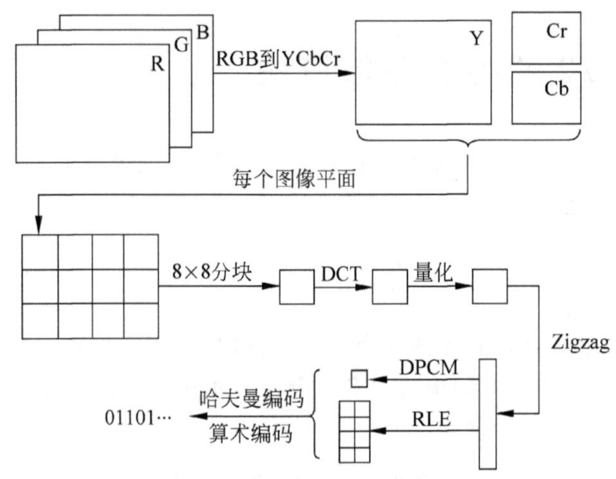

图4-22 帧内图像I的压缩编码算法框图

4.7.3 P帧压缩算法

在MPEG-1/2视频编码中，对P帧图像采用的是以宏块为单位的前向预测压缩算法。

1. 算法概述

预测图像的编码是以图像宏块(Macroblock)为基本编码单元，一个宏块定义为I×J像素的图像块，一般取为16×16。预测图像P用两种类型的参数来表示：一种是当前要编码的图像宏块与参考图像的宏块之间的差值，另一种是宏块的移动矢量(Motion Vector，运动向量)。移动矢量的概念可用图4-23表示。

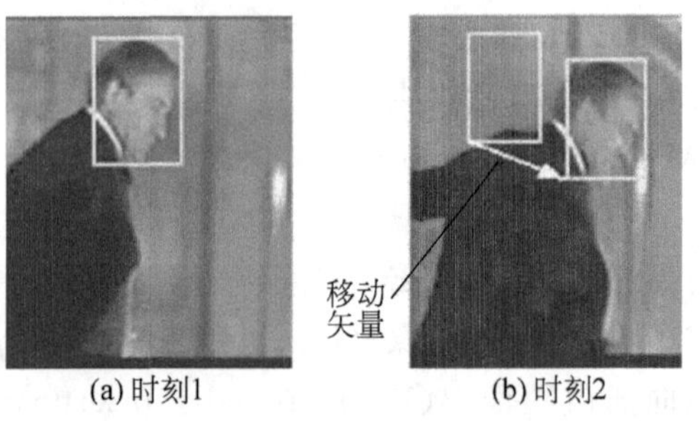

图4-23 移动矢量的概念《泰坦尼克》电影上的两个帧

假设编码图像宏块M_{PI}是参考图像宏块M_{RJ}的最佳匹配块，它们的差值就是这两个宏块中相应像素值之差。对所求得的差值进行彩色空间转换，并做4∶1∶1的子采样得到Y、Cr和Cb分量值，然后仿照JPEG压缩算法对差值进行编码(对计算出的移动矢量也要进行哈夫曼编码)。求解图像宏块差值的方法如图 4-24 所示。

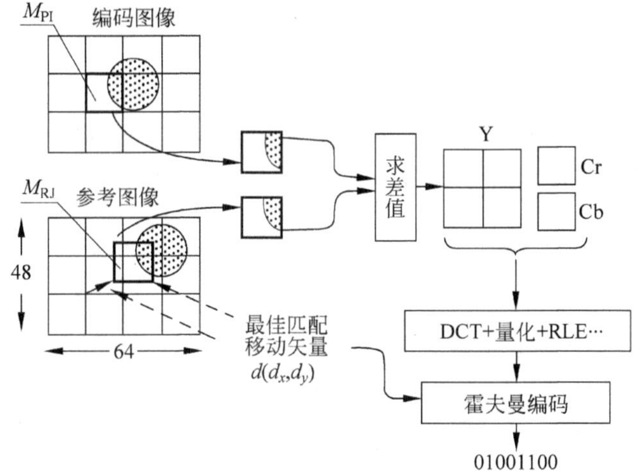

图 4-24　预测图像 P 的压缩编码算法框图

求解移动矢量的方法见图 4-25。在求两个宏块差值之前，需要找出编码图像中的预测图像编码宏块 M_{PI} 相对于参考图像中的参考宏块 M_{RJ} 所移动的距离和方向，这就是移动矢量。

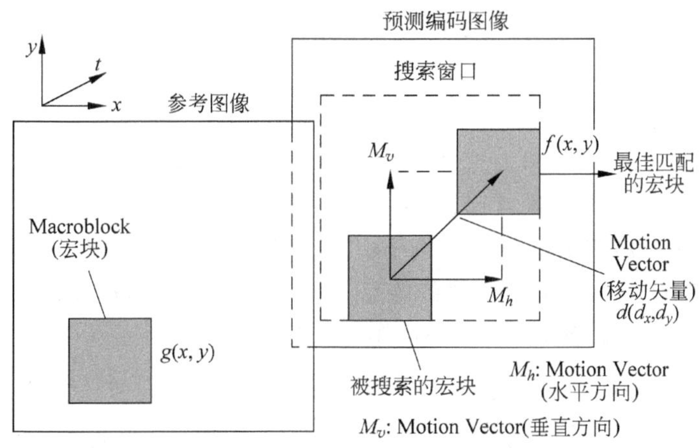

图 4-25　移动矢量的算法框图

要使预测图像更精确，就要求找到与参考宏块 M_{RJ} 最佳匹配的预测图像编码宏块 M_{PI}。所谓最佳匹配是指这两个宏块之间的差值最小。通常以绝对值 AE(Absolute Difference)最小作为匹配判据，即

$$\mathrm{AE} = \sum_{i=0}^{15}\sum_{j=0}^{15} \left| f(i,j) - g(i-d_x, j-d_y) \right|$$

有些学者提出了以均方误差 MSE(Mean-Square Error)最小作为匹配判据，即

$$\mathrm{MSE} = \frac{1}{I \times J} \sum_{|i| \leqslant \frac{I}{2}} \sum_{|j| \leqslant \frac{J}{2}} [f(i,j) - g(i-d_x, j-d_y)]^2 \quad (I = J = 16)$$

或以平均绝对帧差 MAD(Mean of the Absolute Frame Difference)最小作为匹配判据，即

$$\mathrm{MAD}=\frac{1}{I\times J}\sum_{|i|\leqslant\frac{I}{2}}\sum_{|j|\leqslant\frac{J}{2}}|f(i,j)-g(i-d_x,j-d_y)|\quad(I=J=16)$$

其中，d_x 和 d_y 分别是参考宏块 M_{RJ} 的移动矢量 $\boldsymbol{d}(d_x,d_y)$ 在 X 和 Y 方向上的矢量。

从以上分析可知，对预测图像的编码，实际上就是寻找最佳匹配图像宏块，找到最佳宏块之后就找到了(最佳)移动矢量 $\boldsymbol{d}(d_x,d_y)$，从而可进一步计算出对应图像宏块的差值参数。

2. 最佳宏块搜索法

为减少寻找最佳匹配宏块的搜索次数，已经开发出了许多简化算法用来加快搜索过程。注意，编码时采用哪种具体的搜索方法，不会影响到解码过程，而只会影响编码时的速度和解码后的图像质量。下面介绍三种常用的最佳宏块搜索法。

1) 二维对数搜索法

二维对数搜索法(2D-Logarithmic Search)采用的匹配判据是 MSE 为最小，它的搜索策略是沿着最小失真方向搜索。具体搜索方法如图 4-26 所示，图中标有数字 i 的小方框表示第 i 步的搜索点，箭头表示搜索移动的方向和大小。

在搜索时，每移动一次就检查上下左右和中央这 5 个搜索点。如果最小失真在中央或在图像边界，就减少搜索点之间的距离。在这个例子中，步骤 1,2,…,5 得到的近似移动矢量 d 为$(i,j-2)$、$(i,j-4)$、$(i+2,j-4)$、$(i+2,j-6)$和$(i+2,j-6)$，最后得到的移动矢量为 $d(i+2,j-6)$。

2) 三步搜索法

三步搜索法(Three-Step Search)与二维对数搜索法很接近。不过在开始搜索时，搜索点离(i,j)这个中心点有 3 个像素远，每一步测试周围的 8 个搜索点，然后减小搜索点的距离，三步完成，如图 4-27 所示。在这个例子中，点$(i+3,j-3)$作为第一个近似的移动矢量；第二步，搜索点在$(i+3,j-3)$附近，找到的点假定为$(i+3,j-5)$；第三步给出了最后的移动矢量为 $d(i+2,j-6)$。本例采用 MAD 作为匹配判据。

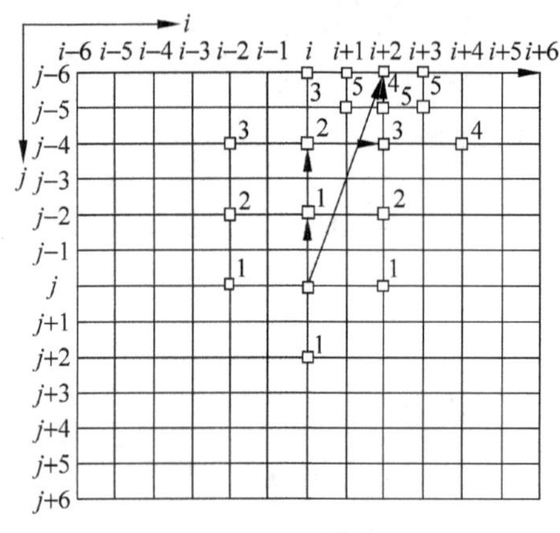

图 4-26　二维对数搜索法

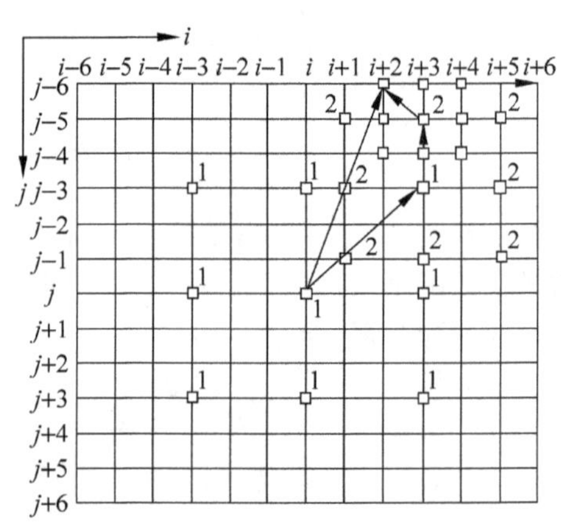

图 4-27　三步搜索法

3）对偶搜索法

对偶搜索法（Conjugate Search）是一个很有效的搜索方法，采用先横向后纵向的单步搜索，该法使用 MAD 作为匹配判据，搜索过程参见图 4-28。在第一次搜索时，通过计算点 $(i-1,j)$、(i,j)和$(i+1,j)$处的 MAD 值来决定 i 方向上的最小失真。如果计算结果表明点$(i+1,j)$处的 MAD 为最小，就计算点$(i+2,j)$处的 MAD，并从(i,j)，$(i+1,j)$和$(i+2,j)$的 MAD 中找出最小值。按这种方法一直进行下去，直到在 i 方向上找到最小 MAD 值及其对应的点。

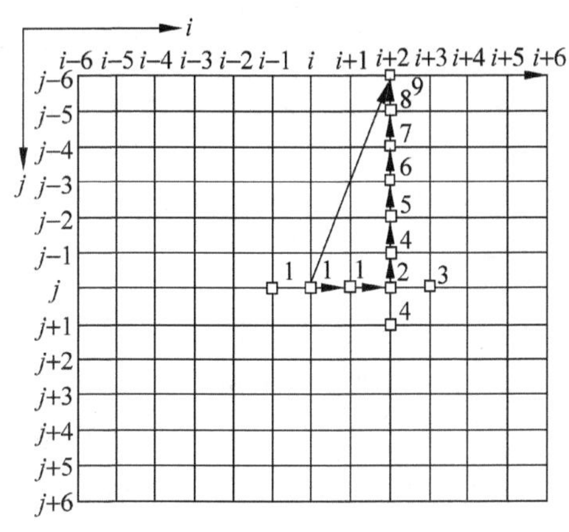

图 4-28　对偶搜索法

在这个例子中，假定在 i 方向上找到的点为$(i+2,j)$。在 i 方向上找到最小 MAD 值对应的点之后，就沿 j 方向去找最小 MAD 值对应的点，方法与 i 方向的搜索方法相同。最后得到的移动矢量为 $d(i+2,j-6)$。

在整个 MPEG-1/2 图像压缩过程中，寻找最佳匹配宏块要占据相当多的计算时间，匹配得越好，重构的图像质量越高。

4.7.4　B 帧压缩算法

双向插值图像 B 的压缩编码框图如图 4-29 所示。具体计算方法与预测图像 P 的算法类似，这里不再重复。

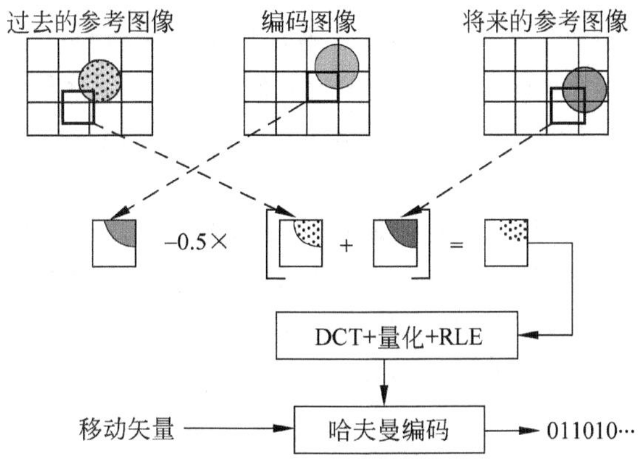

图 4-29　双向预测图像 B 的压缩编码算法框图

4.7.5 视频帧结构

I帧可以用于视频的随机定位和快进快退,但是占用的存储空间较多。MPEG-1/2编码器算法允许选择I图像出现的频率和位置。I图像的频率是指每秒钟出现I图像的次数,位置是指时间方向上帧所在的位置。一般情况下,I图像的频率为2。

MPEG-1/2编码器也允许在一对I图像或者P图像之间选择B图像的数目。I图像、P图像和B图像数目的选择依据主要是根数目的内容。例如,对于快速运动的图像,I图像的频率可以选择高一些,B图像的数目可以选择少一点;对于慢速运动的图像,帧内图像I的频率可以低一些,而B图像的数目可以选择多一点。此外,在实际应用中还要考虑媒体的播放速率。

一个典型的I、P、B图像安排如图4-30所示。编码参数为:帧内图像I的距离为$N=15$,预测图像(P)的距离为$M=3$。

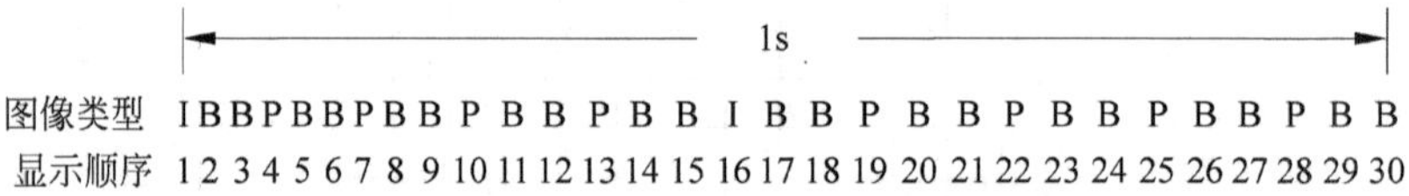

1s

图像类型	I	B	B	P	B	B	P	B	B	P	B	B	P	B	B	I	B	B	P	B	B	P	B	B	P	B	B	P	B	B
显示顺序	1	2	3	4	5	6	7	8	9	10	11	12	13	14	15	16	17	18	19	20	21	22	23	24	25	26	27	28	29	30

图4-30 MPEG-1/2电视帧编排

I、P和B图像压缩后的大小如表4-19所示,单位为比特。从表中可以看到,I帧图像的数据量最大,而B帧图像的数据量最小。

表4-19 三种图像的压缩后的典型值 KB

图像类型	I	P	B	平均数据/帧
MPEG-1 CIF格式(1.15Mb/s)	150	50	20	38
MPEG-2 601格式(4.00Mb/s)	400	200	80	130

4.8 MPEG-4视频编码

MPEG-4视频编码算法支持由MPEG-1和MPEG-2提供的所有功能,包括对各种输入格式下的标准矩形图像、帧速率、位速率和隔行扫描图像源的支持。MPEG-4视频算法的核心是支持基于内容(Content-based)的编码和解码功能,也就是对场景中使用分割算法抽取的单独的视听对象进行编码和解码。MPEG-4视频还提供管理这些视频内容的最基本方法。

MPEG视频专家组建立了一个用来开发图像和视频编码技术的模型,叫做"试验模型(Test Model)"或"验证模型(Verification Model,VM)"。这个模型描述了一个核心的编码算法平台,包括编码器、解码器以及位流的语法和语义。

本节就MPEG-4视频的编码和解码的基本方法做一个简单介绍,其他内容请看有关的参考文献和网页。

4.8.1 视频对象平面的概念

为了实现预想的基于内容交互等功能，MPEG-4 视频验证模型引进了一个叫做“视频对象平面(Video Object Plane，VOP)”的概念。图 4-31(a)表示支持 MPEG-1 和 MPEG-2 的普通(Generic)MPEG-4 编码器，图 4-31(b)表示 MPEG-4 的甚低速率视频(Very Low Bitrate Video，VLBV)的核心编码器(Core Coder)。

(a) 普通MPEG-4编码器　　(b) MPEG-4 VLBV核心编码器

图 4-31　MPEG-4 的两种编码器

MPEG-4 视频验证模型，不像 MPEG-1/2 视频那样，把视频都认为是一个矩形区，而是假设每帧图像被分割成许多任意形状的图像区，每个图像区都有可能覆盖描述场景中感兴趣的物理对象或者内容，这种区被定义为视频对象平面(VOP)。

编码器输入的是任意形状的图像区，图像区的形状和位置也可随帧的变化而改变。属于相同物理对象的连续的 VOP 组成视频对象(Video Objects，VO)。例如，一个没有背景图像的正在演讲的人，如图 4-31(b)所示。

MPEG-4 可单独对属于相同视频对象(VO)的 VOP 的形状(Shape)、运动(Motion)和纹理(Texture)信息进行编码和传送，或者把它们编码成一个单独的视频对象层(Video Object Layer，VOL)。VOP、VO 和 VOL 的关系如图 4-32 所示。

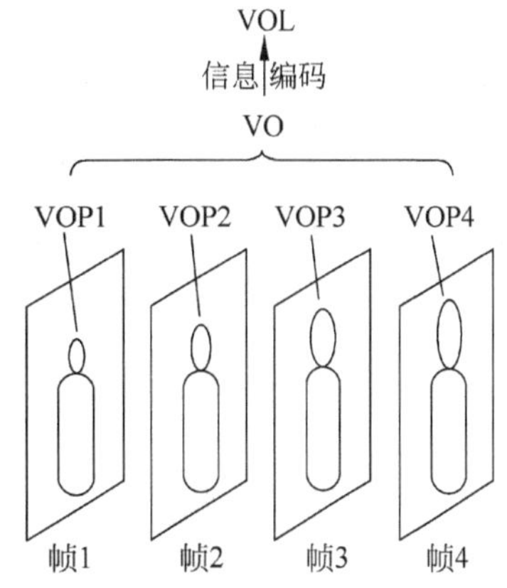

图 4-32　VOP、VO 和 VOL 的关系图

视频对象平面 VOP：视频帧场景中人们感兴趣的物理对象或内容之图像区。

视频对象 VO：在视频帧序列中属于相同物理对象的 VOP 序列。

视频对象层 VOL：属于同一 VO 的诸 VOP 的形状、移动和纹理等信息的编码。

此外，标识每个视频对象层的信息也包含在编码后的位流中，这些信息包括各种 VOL 的视频在接收端应该如何进行组合，以便重构完整的原始图像序列。这样就可以对每个 VOP 进行单独解码，提供了管理视频序列的灵活性。

4.8.2 视频编码方案

MPEG-4 视频验证模型对每个视频对象的形状、移动和纹理信息进行编码形成单独的 VOL 层，以便能够单独对视频对象进行解码。如果输入图像序列只包含标准的矩形图像，就不需要形状编码，在这种情况下，MPEG-4 视频所使用的编码算法结构也就与 MPEG-1 和 MPEG-2 使用的算法结构相同。

MPEG-4 视频验证模型对每个视频对象平面进行编码使用的压缩算法是在 MPEG-1

和 MPEG-2 视频标准的基础上开发的，它也是以图像块为基础的混合 DPCM 和变换编码技术。MPEG-4 编码算法也定义了帧内视频对象平面(Intra-Frame VOP,I-VOP)编码方式和帧间视频对象平面预测(Inter-frame VOP Prediction,P-VOP)编码方式，它也支持双向预测视频对象平面(B-directionally Predicted VOP,B-VOP)方式。在对视频对象平面的形状编码之后，颜色图像序列分割成宏块进行编码，如图 4-33 所示。图中的 Y1、Y2、Y3 和 Y4 表示亮度宏块，U、V 分别表示红色差和蓝色差宏块。

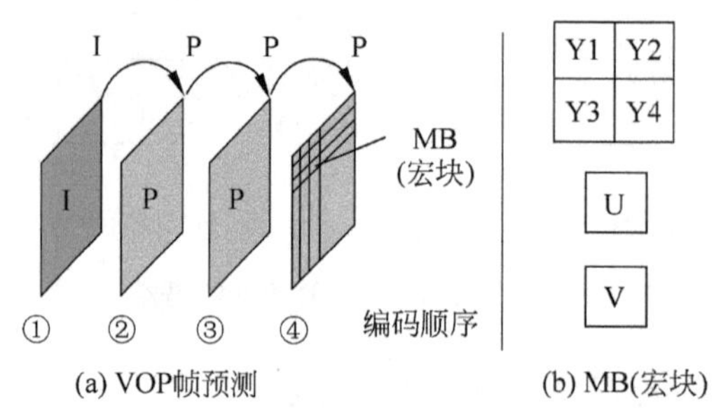

图 4-33 视频序列中的 I-VOP 和 P-VOP 编码方式和宏块结构

图 4-34 描绘了 MPEG-4 视频的编码算法，用来对矩形和任意形状的输入图像序列进行编码。这个基本编码算法结构图包含了移动矢量的编码，以及以离散余弦变换为基础的纹理编码。

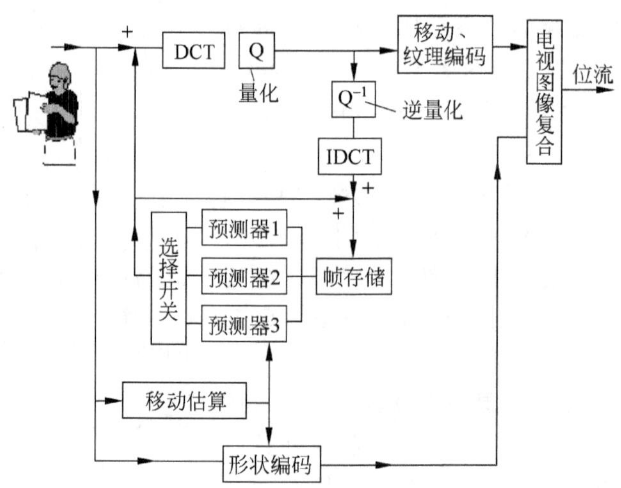

图 4-34 MPEG-4 视频编码器的算法方框图

MPEG-4 采用基于内容编码方法的一个重要优点是，使用合适的和专门的基于对象的移动预测工具，可以明显提高场景中某些视频对象的压缩效率。

图 4-35 表示 MPEG-4 对视频序列进行编码的一个实际例子。左上角的图是背景全景图。右上角的图是一个没有背景的子图像全景图，可以把网球运动员当作是一个视频对象，经常把这种可以独立移动的小图像称为子图像(Sprite,子画面)。

图 4-36 是接收端合成的全景图。在编码之前这个子图像全景图从全背景图序列中抽出来，然后分别对它们进行编码、传送和解码，最后再合成。

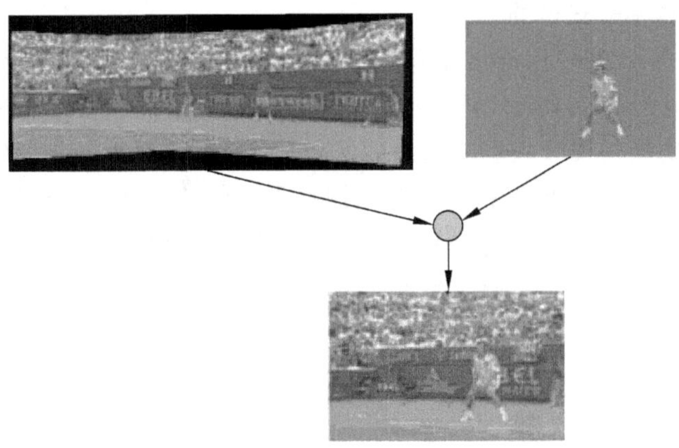

图 4-35 MPEG-4 视频编码器的算法实例

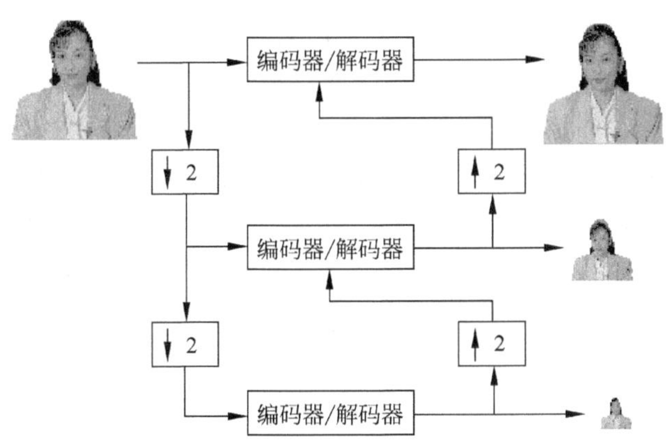

图 4-36 MPEG-4 电视序列编码举例

4.8.3 视频分辨率可变编码

“视频分辨率”是指视频空间分辨率(Spatial Resolution)和时间分辨率(Temporal Resolution)。空间分辨率是指一帧图像包含的行数与每行显示的像素数之乘积,而时间分辨率是指每秒钟显示或者传输的图像帧数。设置视频分辨率可变编码功能的一个重要目的是为了能够灵活支持性能不同(例如不同传输带宽)的各种视频接收或显示设备,或者支持浏览视频数据库等网络方面的应用。另一个目的是提供分层次的视频数据位流,这样可按应用所要求的先后次序进行传输。

MPEG-2 也有视频分辨率可变编码功能,但它是以图像的帧为基础进行编码。而 MPEG-4 视频分辨率可变编码是以任意形状的视频对象平面为基础进行编码。对那些没有能力或者不愿意接收高分辨率图像的接收器,它可以接收分辨率比较低的视频,降低空间分辨率或者时间分辨率意味着降低图像的质量。

空间分辨率可变性(Spatial Scalability)和时间分辨率可变性(Temporal Scalability)的实现方法类似。多分辨视频编码(Multiscale Video Coding)方案提供三个层次的编码/解码,每一层都支持在不同空间分辨率下进行编码/解码。多种空间分辨率的实现是通过降低输入电视信号的采样率来获得的。

MPEG-4/AVC(H.264)标准压缩系统由视频编码层(Video Coding Layer,VCL)和网络提取层(Network Abstraction Layer,NAL)两部分组成。VCL中包括VCL编码器与VCL解码器,主要功能是视频数据压缩编码和解码,它包括运动补偿、变换编码、熵编码等压缩单元。NAL则用于为VCL提供一个与网络无关的统一接口,它负责对视频数据进行封装打包后使其在网络中传送,它采用统一的数据格式,包括单个字节的包头信息、多个字节的视频数据与组帧、逻辑信道信令、定时信息、序列结束信号等。通过NAL单元,H.264可以支持大部分基于包的网络。

4.9 MPEG音频编码

近些年来,人类在利用自身的听觉系统特性来压缩声音数据方面取得了很大的进展,先后制定了采用音感编码的MPEG-1 Audio、MPEG-2 Audio和MPEG-2 AAC等标准。而MPEG-4则采用了基于音频对象的编码方法,包括自然声音的编码和音乐与语音的合成。

现在十分流行的MP3采用的就是MPEG-1 Audio Layer Ⅲ编码,而MP4采用的则是MPEG-2 AAC的音频编码(MP4的另一个含义是MPEG-4视频编码)。

本节先较为详细地讨论MPEG-1和MPEG-2的音频编码方法,然后再简单介绍MPEG-4的音频编码。

4.9.1 MPEG-1 Audio

在第3章中,已经介绍了人的各种听觉特性,MPEG的音频编码正是利用人类的这些听觉系统的特性来达到压缩声音数据的目的。称这种压缩编码为感知声音编码(Perceptual Audio Coding),简称为音感编码(Musicality Coding)。

1. MPEG Audio与感知特性

MPEG Audio标准在这里是指MPEG-1/2的音频编码,包括MPEG-1 Audio、MPEG-2 Audio、MPEG-2 AAC和MPEG-2中使用的Dolby AC-3,它们处理10～20 000Hz范围里的声音数据,数据压缩的主要依据是人耳朵的听觉特性,使用"心理声学模型(Psychoacoustic Model)"来达到压缩声音数据的目的。

心理声学模型中一个基本的概念就是听觉系统中存在一个听觉阈值电平,低于这个电平的声音信号就听不到,因此就可以把这部分信号去掉。听觉阈值的大小随声音频率的改变而改变,各个人的听觉阈值也不同。大多数人的听觉系统对2～5kHz之间的声音最敏感。一个人是否能听到声音取决于声音的频率,以及声音的幅度是否高于这种频率下的听觉阈值。

心理声学模型中的另一个概念是听觉掩饰特性,意思是听觉阈值电平是自适应的,即听觉阈值电平会随听到的不同频率的声音而发生变化。声音压缩算法可以确立这种特性的模型来取消更多的冗余数据。

MPEG Audio采纳两种感知编码,一种叫做感知子带编码(Perceptual Subband

Coding)，另一种(用于 MPEG-2)是由杜比实验室(Dolby Laboratories)开发的 Dolby AC-3 (Audio Code number 3，AC-3)。它们都利用人的听觉系统的特性来压缩数据，只是压缩数据的算法有所不同。

感知子带编码的简化算法框图如图 4-37 所示。输入信号通过“滤波器组(Filter Bank)”进行滤波之后被分割成许多子带，每个子带信号对应一个“编码器(Coder)”，然后根据心理声学模型对每个子带信号进行量化和编码，输出量化信息和经过编码的子带样本，最后通过“多路复用器(Multiplexer)”把每个子带的编码输出按照传输或者存储格式的要求复合成数据位流。解码过程与编码过程相反。感知子带编码将在后面做进一步介绍。

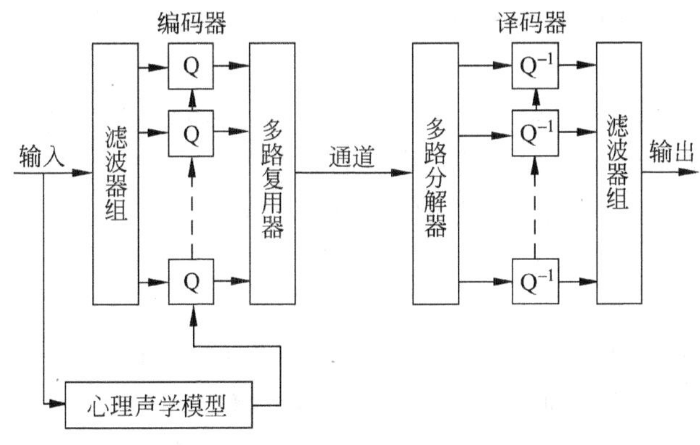

图 4-37 MPEG Audio 压缩算法框图

Dolby AC-3 是 MPEG-2 采纳的声音编码技术，为便于和感知子带编码做比较，也安排在这里进行简单的介绍。Dolby AC-3 是一种支持 5.1 声道环绕立体声的多通道(Multichannel)音乐信号压缩技术，它可支持 5 个 3～20 000Hz 频率范围的全频通道和 1 个 3～120Hz 的低频效果声道。AC-3 压缩编码算法的简化框图如图 4-38 所示。它的输入是未被压缩的 PCM 样本，而 PCM 样本的采样频率必须是 32kHz、44.1kHz 或者 48kHz，样本精度可多到 20 位，输出位流的速率为 32～640Kb/s。

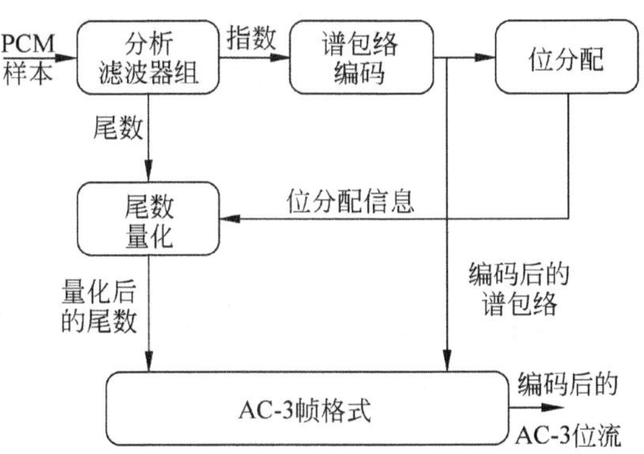

图 4-38 Dolby AC-3 压缩编码算法框图

图 4-38 中各部分的功能如下：

- 分析滤波器组(Analysis Filter Bank)。它的功能是把用 PCM 时间样本表示的声音信号变换成用频率系数块(Frequencies Coefficients Block)表示的声音信号。输入信号从时间域变换到频率域是用时间窗(Time Window)乘由512个时间样本组成的交叠块(Overlapping Block)来实现的。在频率域中用因子2对每个系数块进行抽取,因此每个系数块就包含256个频率系数。单个频率系数用浮点二进制的指数(Exponent)和尾数(Mantissa)表示。

- 频谱包络(Spectral Envelope Encoding)。它的功能是对"分析滤波器组"输出的指数进行编码。指数代表粗糙的信号频谱,因此称为"(频)谱包络编码"。
- 位分配(Bit Allocation)。它的功能是使用"谱包络编码"输出的信息确定尾数编码所需要的位数。
- 尾数量化(Mantissa Quantization)。它的功能是按照"位分配"输出的位分配信息对尾数进行量化。
- AC-3帧格式(AC-3 Frame Formatting)。它的功能是把"尾数量化"输出的量化尾数和"谱包络编码"输出的频谱包络组成AC-3帧。一帧由6个声音块(1356个声音样本)组成。"AC-3帧格式"输出的是AC-3编码位流。

2. 声音编码

第3章所介绍的A-Law、ADPCM、LPC等话音编码方法都属于音源特定编码法(Source Specific Methods),它们的编码对象主要是针对人说话的话音。当这些算法用来压缩宽带声音(如音乐)信号时,在相同压缩比的情况下,输出的声音质量比较低。

MPEG-1 Audio的编码对象是20～20 000Hz的宽带声音,因此它采用了感知子带编码,简称为子带编码(Sub-Band Coding,SBC)。子带编码是一种功能很强而且很有效的声音数据编码方法。与音源特定编码法不同,SBC的编码对象不局限于话音数据,也不局限于哪一种声源。这种方法的具体思想是首先把时域中的声音数据变换到频域,对频域内的子带分量分别进行量化和编码,根据心理声学模型确定样本的精度,从而达到压缩数据量的目的。

MPEG声音数据压缩的基础是量化。虽然量化会带来失真,但MPEG标准要求量化失真对于人耳来说是感觉不到的。在MPEG标准的制定过程中,MPEG-Audio委员会做了大量的主观测试实验。实验表明,采样频率为48kHz、样本精度为16位的立体声音数据压缩到256Kb/s时,即在6∶1的压缩率下,即使是专业测试员也很难分辨出是原始声音还是编码压缩后的声音。

3. 声音的性能

MPEG-1 Audio(ISO/IEC 11172-3)压缩算法是世界上第一个高保真声音数据压缩国际标准,并且得到了极其广泛的应用。虽然MPEG声音标准是MPEG标准的一部分,但它也完全可以独立应用。MPEG-1声音标准的主要性能如下。

(1) MPEG编码器的输入信号为线性PCM信号,采样率为32kHz、44.1kHz或48kHz,输出码率为32～384Kb/s,参见图4-39。

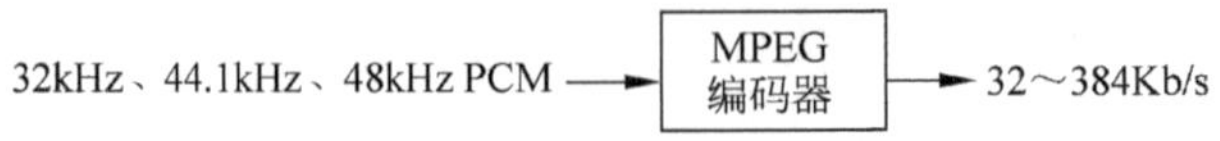

32kHz、44.1kHz、48kHz PCM → MPEG编码器 → 32～384Kb/s

图4-39 MPEG编码器的输入/输出

(2) MPEG-1 声音标准提供三个独立的压缩层次：层 1 (Layer Ⅰ)、层 2 (Layer Ⅱ)和层 3 (Layer Ⅲ)，用户对层次的选择可在复杂性和声音质量之间进行权衡。

① 层 1 的编码器最为简单，编码器的输出数据率为 384Kb/s，主要用于小型数字盒式磁带(Digital Compact Cassette，DCC)。

② 层 2 的编码器的复杂程度属中等，编码器的输出数据率为 256～192Kb/s，其应用包括数字广播声音(Digital Broadcast Audio，DBA)、数字音乐、CD-I(Compact Disc-Interactive)和 VCD(Video Compact Disc)等。

③ 层 3 的编码器最为复杂，编码器的输出数据率为 64Kb/s，主要应用于 ISDN 上的声音传输和 MP3 编码。

(3) 可预先定义压缩后的数据率，如表 4-20 所示。另外，MPEG-1 声音标准也支持用户预定义的数据率。

表 4-20　MPEG-1 层 3 在各种数据率下的性能

音质要求	声音带宽/kHz	方式	数据率/(Kb/s)	压　缩　比
电话	2.5	单声道	8	96：1
优于短波	5.5	单声道	16	48：1
优于调幅广播	7.5	单声道	32	24：1
类似于调频广播	11	立体声	56～64	26：1～24：1
接近 CD	15	立体声	96	16：1
CD	＞15	立体声	112～128	12：1～10：1

(4) 编码后的数据流支持循环冗余校验(Cyclic Redundancy Check，CRC)。

(5) MPEG-1 声音标准还支持在数据流中添加附加信息。

在尽可能保持 CD 音质为前提的条件下，MPEG-1 声音标准一般所能达到的压缩率如表 4-21 所示，从编码器的输入到输出的延迟时间如表 4-22 所示。

表 4-21　MPEG 声音的压缩率

层次	算法	压缩率	立体声信号所对应的位率/(Kb/s)
1	MUSICAM	4：1	384
2		6：1～8：1	256～192
3	ASPEC	10：1～12：1	128～112

其中：

- MUSICAM——Masking Pattern Adapted Universal Subband Integrated Coding And Multiplexing，自适应声音掩蔽特性的通用子带综合编码和复合技术。
- ASPEC——Adaptive Spectral Perceptual Entropy Coding of High Quality Musical Signal 高质量音乐信号自适应谱感知熵编码(技术)。

表 4-22　MPEG 编码解码器的延迟时间

延迟时间	理论最小值/ms	实际实现中的一般值/ms
层 1(Layer 1)	19	＜50
层 2(Layer 2)	35	100
层 3(Layer 3)	59	150

4. 子带编码

MPEG-1 使用子带编码来达到既压缩声音数据又尽可能保留声音原有质量的目的。听觉系统有许多特性,子带编码的理论根据是听觉系统的掩蔽特性,并且主要是利用频域掩蔽特性。SBC 的基本想法就是在编码过程中保留信号的带宽而扔掉被掩蔽的信号,其结果是编码之后还原的声音,也就是解码或者叫做重构的声音信号与编码之前的声音信号不相同,但人的听觉系统很难感觉到它们之间的差别。这也就是说,对听觉系统来说这种压缩是"无损压缩"。

MPEG-1 声音编码器的结构如图 4-40 所示。输入声音信号经过一个"时间-频率多相滤波器组"变换到频域里的多个子带中。输入声音信号同时经过"心理声学模型(计算掩蔽特性)",该模型计算以频率为自变量的噪声掩蔽阈值(Masking Threshold),查看输入信号和子带中的信号以确定每个子带里的信号能量与掩蔽阈值的比率。"量化和编码"部分用信掩比(Signal-to-Mask Ratio,SMR)来决定分配给子带信号的量化位数,使量化噪声低于掩蔽阈值。最后通过"数据流帧包装"将量化的子带样本和其他数据按照规定的称为"帧"的格式组装成位数据流。

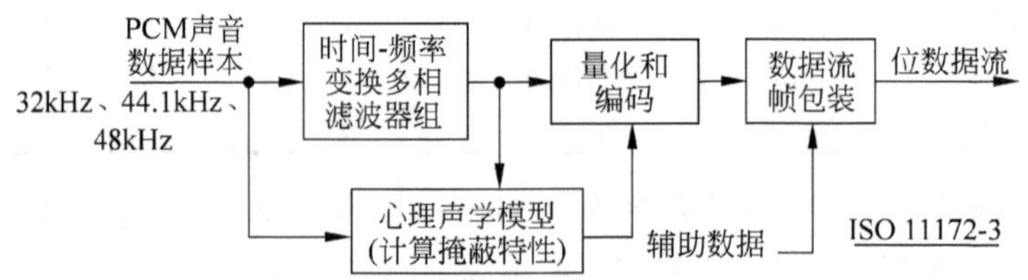

图 4-40 MPEG 声音编码器结构图

信掩比是指最大的信号功率与全局掩蔽阈值之比。图 4-41 表示某个临界频带中的掩蔽阈值和信掩比,人们把"掩蔽音"电平和"掩蔽阈值"之间的距离叫做信掩比。在图 4-41 所示的临界频带中,"掩蔽阈值"曲线之下的声音可被"掩蔽音"掩蔽掉。此外,在图中还表示了信噪比(Signal Noise Ratio,SNR)和噪掩比(Noise-to-Mask Ratio,NMR)。

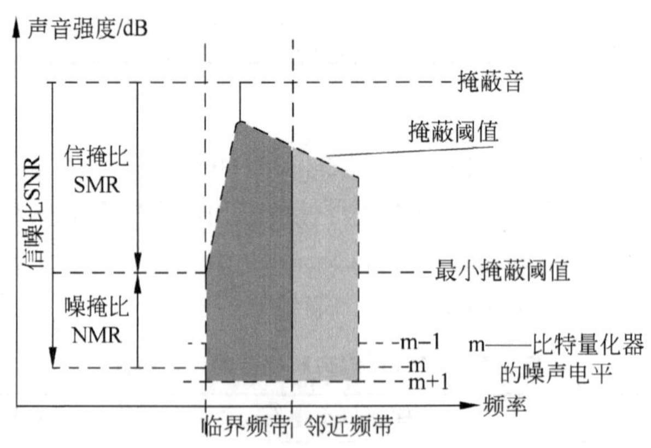

图 4-41 掩蔽阈值和 SMR

图 4-42 是 MPEG-1 声音解码器的结构图。解码器对位数据流进行解码，恢复被量化的子带样本值以重建声音信号。由于解码器无须心理声学模型，只需拆包、重构子带样本和把它们变换回声音信号，因此解码器就比编码器简单得多。

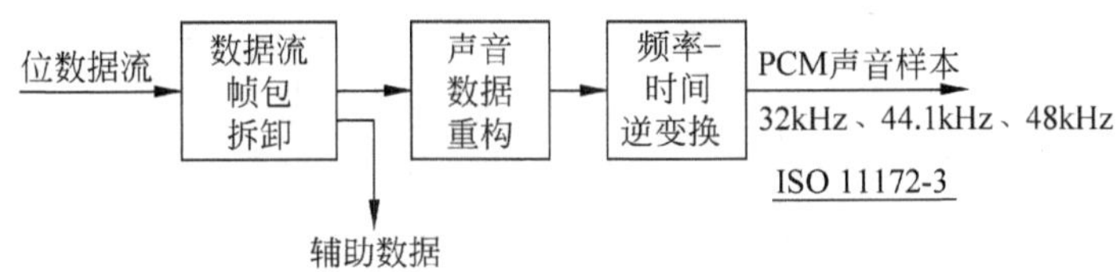

图 4-42 MPEG 声音解码器结构图

5. 多相滤波器组

在“MPEG 声音编码器结构图”(图 4-40)中，用来分割子带部分，也就是时间-频率变换部件是一个多相滤波器组。在 MPEG-1 中，多相滤波器组是 MPEG 声音压缩的关键部件之一，它把输入信号变换到 32 个频域子带中去。

子带的划分方法有两种，一种是线性划分，另一种是非线性划分。如果把声音频带划分成带宽相等的子带，这种划分就不能精确地反映人耳的听觉特性，因为人耳的听觉特性是以“临界频带”来划分的，在一个临界频带之内，很多心理声学特性都是一样的。图 4-43 对多相滤波器组的带宽和临界频带的带宽做了比较。从图 4-43 中可以看到，在低频区域，一个子带覆盖好几个临界频带。在这种情况下，某个子带中量化器的位分配就不能根据每个临界频带的掩蔽阈值进行分配，而要以其中最低的掩蔽阈值为准。

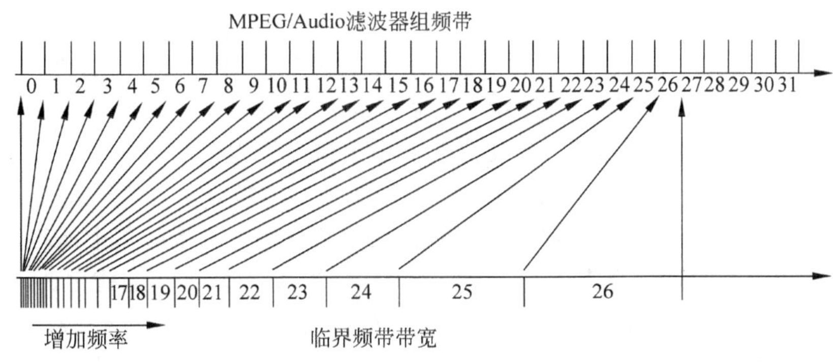

图 4-43 滤波器组的带宽与临界频带带宽的比较

6. 编码层

MPEG-1 声音压缩定义了 3 个层次，它们的基本模型是相同的。层 1 是最基础的，层 2 和层 3 都在层 1 的基础上有所提高。每个后继的层次都有更高的压缩比，但需要更复杂的编码解码器。MPEG 声音的每一个层都自含 SBC 编码器，其中包含如图 4-44 所示的“时间-频率多相滤波器组”、“心理声学模型(计算掩蔽特性)”、“量化和编码”和“数据流帧包装”，而高层 SBC 可使用低层 SBC 编码的声音数据。

MPEG 的声音数据分成帧，层 1 每帧包含 384 个样本的数据，每帧由 32 个子带分别输出的 12 个样本组成。层 2 和层 3 每帧为 1152 个样本，如图 4-44 所示。

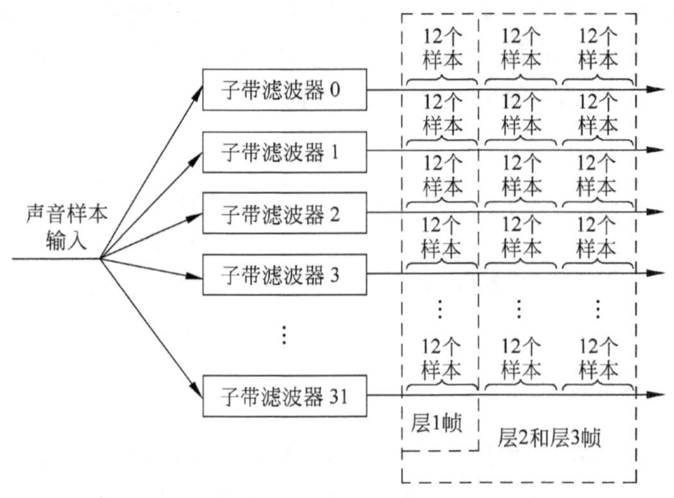

图 4-44 层 1、层 2 和层 3 的子带样本

注：每 32 个输入样本每个子带滤波器产生 1 个样本输出。

MPEG 编码器的输入以 12 个样本为一组，每组样本经过时间-频率变换之后进行一次位分配并记录一个比例因子(Scale Factor)。位分配信息告诉解码器每个样本由几位表示，比例因子用 6 位表示，解码器使用这个 6 位的比例因子乘逆量化器的每个输出样本值，以恢复被量化的子带值。比例因子的作用是充分利用量化器的量化范围，通过位分配和比例因子相配合，可以表示动态范围超过 120dB 的样本。

1) 层 1

层 1 的子带是频带相等的子带，它的心理声学模型仅使用频域掩蔽特性。层 1 和层 2 比较详细的框图如图 4-45 所示。在图中，“分析滤波器组”相当于“MPEG 声音编码器结构图”中的“时间-频率多相滤波器组”，它使用与离散余弦变换类似的算法对输入信号进行变换。与此同时，使用与“分析滤波器组”并行的快速傅立叶变换对输入信号进行频谱分析，并根据信号的频率、强度和音调，计算出掩蔽阈值，然后组合每个子带的单个掩蔽阈值以形成全局的掩蔽阈值。使用这个阈值与子带中的最大信号进行比较，产生信掩比。

在图 4-45 中，“比例和量化器”和“动态比特和比例因子分配器和编码器”合在一起相当于“MPEG 声音编码器结构图”中的“量化和编码器”。“比例和量化器”首先检查每个子带的样本，找出这些样本中的最大的绝对值，然后量化成 6 位，这个位数称为比例因子。“动态比特和比例因子分配器和编码器”根据 SMR 确定每个子带的位分配(Bit Allocation)，子带样本按照位分配进行量化和编码。对被高度掩蔽的子带自然就不需要对它进行编码。

在图 4-45 中，MUX(MUltipleXer，多路转换复用器)相当于 3.7.3 节的“MPEG 声音编码器结构图”中的“数据流帧包装”，它按规定的帧格式对声音样本和编码信息(包括比特分配和比例因子等)进行包装。层 1 的帧结构如图 4-46 所示。每帧都包含：①用于同步和记录该帧信息的同步头，长度为 32 比特，它的结构如图 4-47 所示；②用于检查是否有错误的循环冗余码，长度为 16 比特；③用于描述位分配的位分配域，长度为 4 比特；④比例因子域，长度为 6 比特；⑤子带样本域；⑥有可能添加的附加数据域，长度未规定。

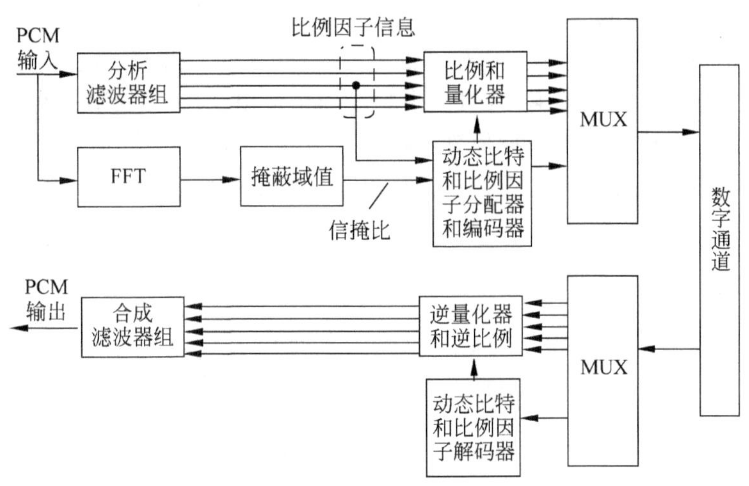

图 4-45　MPEG Audio 层 1 和层 2 编码器和解码器的结构

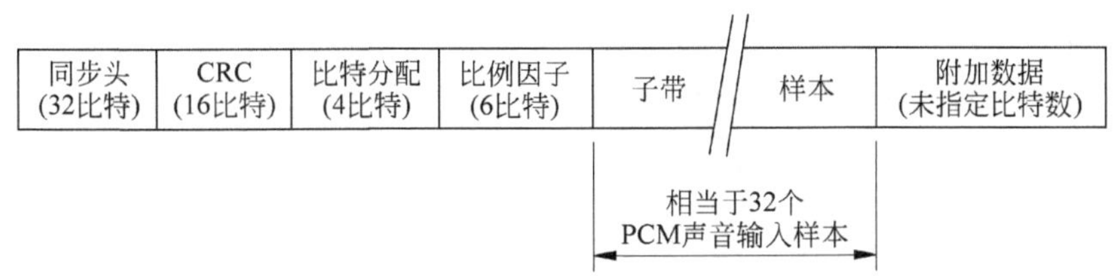

图 4-46　层 1 的帧结构

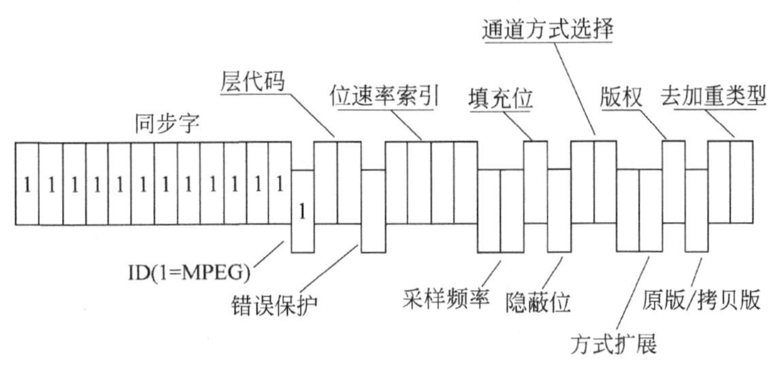

图 4-47　MPEG 声音位流同步头的格式

2）层 2

层 2 对层 1 做了一些直观的改进，相当于 3 个层 1 的帧，每帧有 1152 个样本。它使用的心理声学模型除了使用频域掩蔽特性之外还利用了时间掩蔽特性，并且在低、中和高频段对位分配做了一些限制，对位分配、比例因子和量化样本值的编码也更紧凑。由于层 2 采用了上述措施，因此所需的位数减少了，这样就可以有更多的位用来表示声音数据，音质也比层 1 更高。

层 1 是对一个子带中的一个样本组（由 12 个样本组成）进行编码，而层 2 和层 3 是对一个子带中的三个样本组进行编码。本节开始处的“层 1、层 2 和层 3 的子带样本图”也表示了层 2 和层 3 的分组方法。

如图 4-48 所示,层 2 使用与层 1 相同的同步头和 CRC 结构,但描述位分配的位数随子带不同而变化:低频段的子带用 4 比特,中频段的子带用 3 比特,高频段的子带用 2 比特。层 2 比特流中有一个比例因子选择信息(Scale Factor Selection Information,SCFSI)域,解码器根据这个域的信息可知道是否需要以及如何共享比例因子。

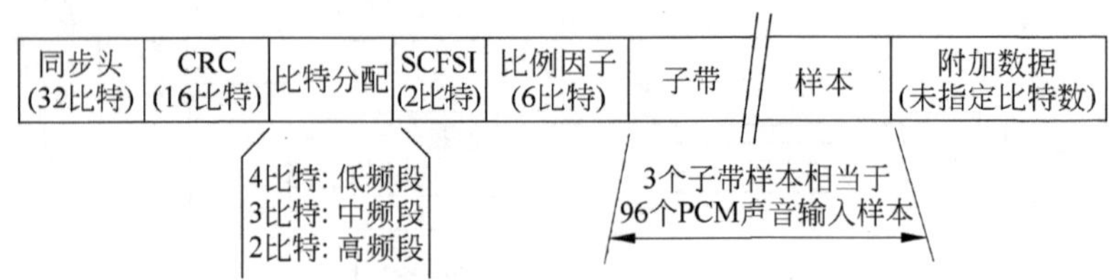

图 4-48 层 2 位流数据格式

3) 层 3

层 3 使用比较好的临界频带滤波器,把声音频带分成非等带宽的子带,心理声学模型除了使用频域掩蔽特性和时间掩蔽特性之外,还考虑了立体声数据的冗余,并且使用了哈夫曼编码器。层 3 编码器的详细框图如图 4-49 所示。

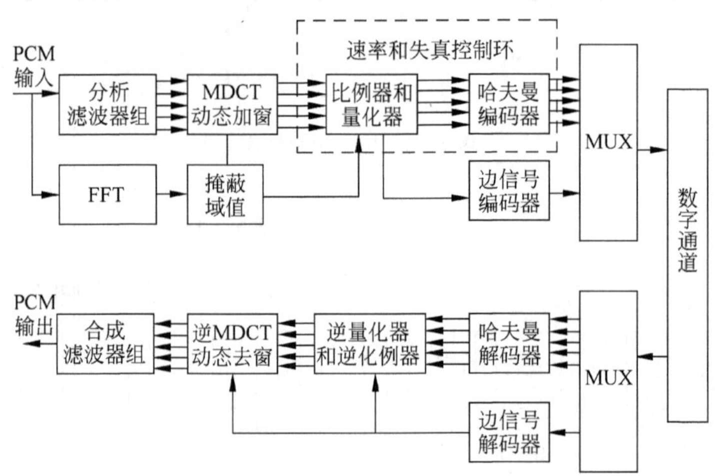

图 4-49 MPEG Audio 层 3 编码器和解码器的结构

层 3 使用了从 ASPEC(Audio Spectral Perceptual Entropy Encoding)和 OCF(Optimal Coding in the Frequency Domain)导出的算法,比层 1 和层 2 都要复杂。虽然层 3 所用的滤波器组与层 1 和层 2 所用的滤波器组的结构相同,但是层 3 还使用了改进离散余弦变换(Modified Discrete Cosine Transform,MDCT),对层 1 和层 2 的滤波器组的不足做了一些补偿。MDCT 把子带的输出在频域里进一步细分以达到更高的频域分辨率。而且通过对子带的进一步细分,层 3 编码器已经部分消除了多相滤波器组引入的混叠效应。

层 3 指定了两种 MDCT 的块长,长块的块长为 18 个样本,短块的块长为 6 个样本,相邻变换窗口之间有 50%的重叠。长块对于平稳的声音信号可以得到更高的频域分辨率,而短块对跳变的声音信号可以得到更高的时域分辨率。在短块模式下,3 个短块代替 1 个长块,而短块的大小恰好是一个长块的1/3,所以MDCT的样本数不受块长的影响。对于给定的一帧声音信号,MDCT可以全部使用长块或全部使用短块,也可以长短块混合使用。因为低频区的频域分辨率对音质有重大影响,所以在混合块长模式下,MDCT对最低频的2个子带使用长块,而对其余的30个子带使用短块。这样,既能保证低频区的频域分辨率,又不会牺牲高频区的时域分辨率。长块和短块之间的切换有一个过程,一般用一个带特殊长转短或短转长数据窗口的长块来完成这个长短块之间的切换。

除了使用MDCT外,层3还采用了其他许多改进措施来提高压缩比而不降低音质。虽然层3引入了许多复杂的概念,但是它的计算量并没有比层2增加很多。增加的主要是编码器的复杂度和解码器所需要的存储容量。

4.9.2 MPEG-2 Audio

MPEG-2标准委员会定义了两种声音数据压缩格式,一种称为MPEG-2 Audio,或者称为MPEG-2多通道声音,因为它与MPEG-1 Audio是兼容的,所以又称为MPEG-2 BC(Backward Compatible)。另一种称为MPEG-2 AAC,因为它与MPEG-1声音格式不兼容,因此通常称为非后向兼容MPEG-2 NBC(Non-Backward-Compatible)标准。这节先介绍MPEG-2 Audio。

MPEG-2 Audio(ISO/IEC 13818-3)和MPEG-1 Audio(ISO/IEC 1117-3)标准都使用相同种类的编译码器,层1、层2和层3的结构也相同。MPEG-2声音标准与MPEG-1标准相比,MPEG-2做了如下扩充:①增加了16kHz、22.05kHz和24kHz采样频率;②扩展了编码器的输出速率范围,由32～384Kb/s扩展到8～640Kb/s;③增加了声道数,支持5.1声道和7.1声道的环绕声。此外MPEG-2还支持Linear PCM和Dolby AC-3编码。它们的差别如表4-23所示。

表4-23 MPEG-1和-2的声音数据规格

参数名称	Linear PCM	Dolby AC-3	MPEG-2 Audio	MPEG-1 Audio
采用频率	48/96kHz	32/44.1/48kHz	16/22.05/24/32/44.1/48kHz	32/44.1/48kHz
样本精度(位数)	16/20/24	压缩(16b)	压缩(16b)	16
最大数据传输率	6.144Mb/s	448Kb/s	8～640Kb/s	32～448Kb/s
最大声道数	8	5.1	5.1/7.1	2

MPEG-2 Audio的“5.1环绕声”也称为“3/2-立体声加LFE”,其中的“.1”就是指LFE声道。5.1的含义是播音现场的前面可有3个喇叭声道(左、中、右),后面可有2个环绕声喇叭声道,及一个超低音LFE加强声道(<120Hz)。7.1声道环绕立体声与5.1类似,只是在前声场中增加了中左和中右两个声道,参见图4-50。

Dolby AC-3支持5个声道(左、中、右、左环绕、右环绕和0.1kHz以下的低音音效声道),声音样本的精度为20位,每个声道的采样率可以是32kHz、44.1kHz或者48kHz。

MPEG-2声音标准的第3部分是MPEG-1声音标准的扩展,扩展部分就是多声道扩展(Multichannel Extension)。这个标准称为MPEG-2后向兼容多声道声音编码(MPEG-2 Backwards Compatible Multichannel Audio Coding,MPEG-2 BC)标准。

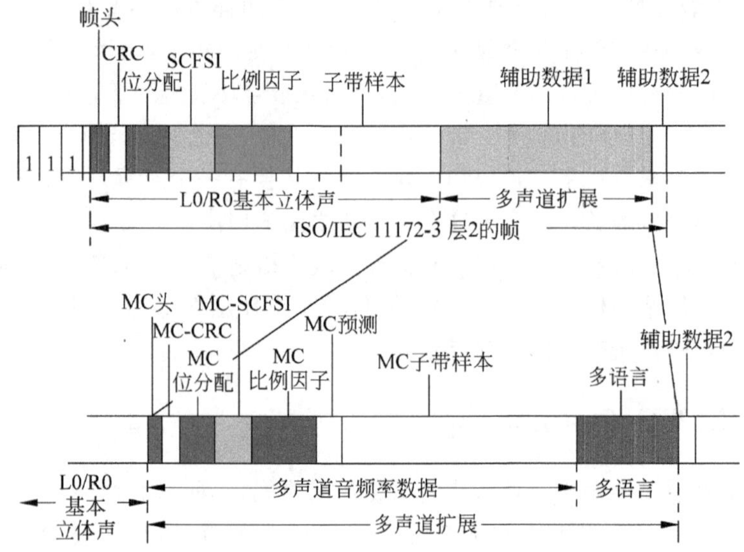

图 4-50 MPEG-2 Audio 的数据块

其中：CRC——Cyclic Redundancy Check，循环冗余校验；

SCFSI——SCale Factor Selection Information，比例因子选择信息；

MC——MultiChannel，多通道。

4.9.3 MPEG-2 AAC

1. 什么是 MPEG-2 AAC

MPEG-2 AAC 是 MPEG-2 标准中的一种非常灵活的声音感知编码标准。就像所有感知编码一样，MPEG-2 AAC 主要使用听觉系统的掩蔽特性来减少声音的数据量，并且通过把量化噪声分散到各个子带中，用全局信号把噪声掩蔽掉。

AAC 支持的采用频率可从 8kHz 到 96kHz，AAC 编码器的音源可以是单声道的、立体声的和多声道的声音。AAC 标准可支持 48 个主声道、16 个低频音效加强通道 LFE(Low Frequency Effects)、16 个配音声道(Overdub Channel)或者叫做多语言声道(Multilingual Channel)和 16 个数据流。MPEG-2 AAC 在压缩比为 11∶1，即每个声道的数据率为(44.1×16)/11=64Kb/s，而 5 个声道的总数据率为 320Kb/s 的情况下，很难区分还原后的声音与原始声音之间的差别。与 MPEG 的层 2 相比，MPEG-2 AAC 的压缩率可提高 1 倍，而且质量更高，与 MPEG 的层 3 相比，在质量相同的条件下数据率是它的 70%。

2. MPEG-2 AAC 的档次

开发 MPEG-2 AAC 标准采用的方法与开发 MPEG Audio 标准采用的方法不同。后者采用的方法是对整个系统进行标准化，而前者采用的是模块化的方法，把整个 AAC 系统分解成一系列模块，用标准化的 AAC 工具(Advanced Audio Coding Tools)对模块进行定义，因此在文献中往往把“模块(Modular)”与“工具(Tool)”等同对待。

AAC 标准定义了三种档次(Profile)：主要档次、低复杂性档次和可变采样率档次。

1）主要档次

在这种档次中，除了“增益控制(Gain Control)”模块之外，AAC 系统使用了图 4-51 中所示的所有模块，在三种档次中提供最好的声音质量，而且 AAC 的解码器可以对低复杂性档次编码的声音数据进行解码，但对计算机的存储器和处理能力的要求方面，基本档次比低复杂性档次的要求高。

2）低复杂性档次

在低复杂性档次(Low Complexity Profile)中，不使用预测模块和预处理模块，瞬时噪声定型(Temporal Noise Shaping，TNS)滤波器的级数也有限，这就使声音质量比基本档次的声音质量低，但对计算机的存储器和处理能力的要求可明显减少。

3）可变采样率档次

在可变采样率档次(Scalable Sampling Rate Profile)中，使用增益控制对信号做预处理，不使用预测模块，TNS 滤波器的级数和带宽也都有限制，因此它比基本档次和低复杂性档次更简单，可用来提供可变采样频率信号。

3. MPEG-2 AAC 的基本模块

MPEG-2 AAC 编码器的流程见图 4-51，解码是对应于编码的逆过程。下面对其中的几个模块做一些说明。

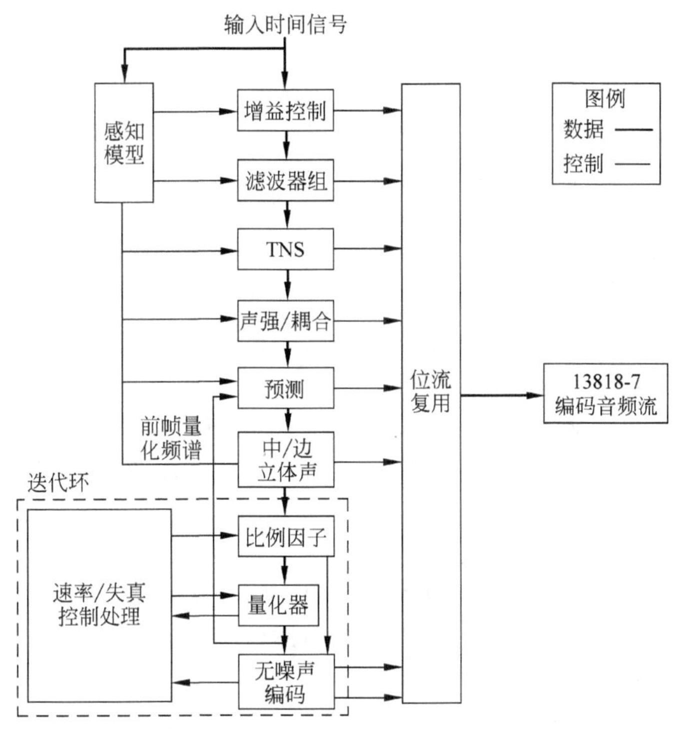

图 4-51 MPEG-2 AAC 编码器流程图

1）增益控制

增益控制(Gain Control)模块用在可变采样率档次中，它由多相正交滤波器(Polyphase

Quadrature Filter,PQF)、增益检测器(Gain Detector)和增益修正器(Gain Modifier)组成。这个模块把输入信号分离到4个相等带宽的频带中。在解码器中也有增益控制模块,通过忽略PQF的高子带信号获得低采样率输出信号。

2) 滤波器组

滤波器组(Filter Bank)是把输入信号从时域变换到频域的转换模块,它是MPEG-2 AAC系统的基本模块。这个模块采用了改进离散余弦变换MDCT,它是一种线性正交交叠变换,使用了一种称为时域混叠取消(Time Domain Aliasing Cancellation,TDAC)的技术。

MDCT使用KBD(Kaiser-Bessel Derived)窗口或者使用正弦(Sine)窗口,正向MDCT变换可使用下式表示:

$$X_{ik} = 2\sum_{n=0}^{N-1} X_{in}\cos\left[\frac{2\pi}{N}(n+n_0)\left(k+\frac{1}{2}\right)\right],\quad k=0,1,\cdots,\frac{N}{2}-1$$

逆向MDCT变换可使用下式表示:

$$X_{in} = \frac{2}{N}\sum_{k=0}^{\frac{N}{2}-1} X_{ik}\cos\left[\frac{2\pi}{N}(n+n_0)\left(k+\frac{1}{2}\right)\right],\quad n=0,1,\cdots,N-1$$

其中,n为样本号;N为变换块长度,i为块号;$n_0=\dfrac{\frac{N}{2}+1}{2}$。

3) 瞬时噪声定型TNS

在感知声音编码中,TNS模块是用来控制量化噪声的瞬时形状的一种方法,解决掩蔽阈值和量化噪声的错误匹配问题。这种技术的基本想法是,在时域中的音调声信号在频域中有一个瞬时尖峰,TNS使用这种双重性来扩展已知的预测编码技术,把量化噪声置于实际的信号之下以避免错误匹配。

4) 联合立体声编码

联合立体声编码(Joint Stereo Coding)是一种空间编码技术,其目的是为了去掉空间的冗余信息。MPEG-2 AAC系统包含两种空间编码技术:M/S立体声编码(Mid/Side Encoding)和声强/耦合(Intensity/Coupling)。

M/S编码使用矩阵运算,因此把M/S编码称为矩阵立体声编码(Matrixed Stereo Coding)。M/S编码不传送左右声道信号,而是使用标准化的“和”信号与“差”信号,前者用于中央M(Middle)声道,后者用于边S(Side)声道,因此M/S编码也叫做“和-差编码(Sum-Difference Coding)”。

声强/耦合编码的名称也很多,有的叫作声强立体声编码(Intensity Stereo Coding),有的叫做声道耦合编码(Channel Coupling Coding),它们探索的基本问题是声道间的不相关性(Irrelevance)。

5) 预测

预测(Prediction)是在话音编码系统中普遍使用的一种技术,它主要用来减少平稳(Stationary)信号的冗余度。

6) 量化器

使用了非均匀量化器(Quantizer)。

7) 无噪声编码

无噪声编码(Noiseless Coding)实际上就是哈夫曼编码,它对被量化的谱系数、比例因子和方向信息进行编码。

4.9.4 MPEG-4 Audio

MPEG-4 Audio 标准可集成从话音到高质量的多通道声音,从自然声音到合成声音,编码方法还包括参数编码(Parametric Coding)、码激励线性预测(Code Excited Linear Predictive,CELP)编码、时间/频率(Time/Frequency,T/F)编码、结构化声音(Structured Audio,SA)编码和文本-语音(Text-To-Speech,TTS)系统的合成声音等。

1. 自然声音

MPEG-4 声音编码器支持数据率介于 2Kb/s 和 64Kb/s 之间的自然声音(Natural audio)。为了获得高质量的声音,MPEG-4 定义了三种类型的声音编码器分别用于不同类型的声音,它的一般编码方案如图 4-52 所示。

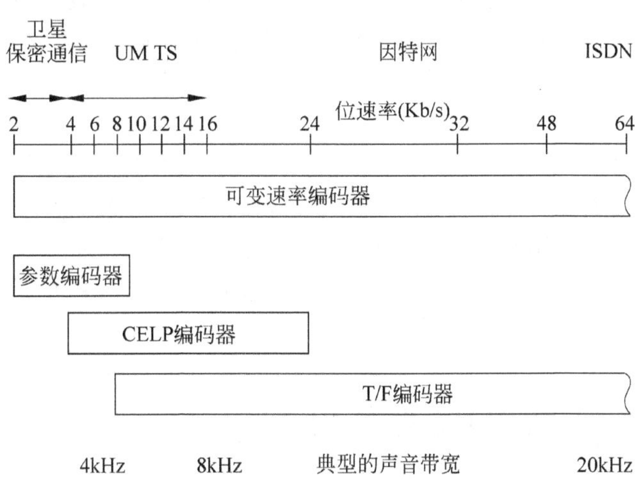

图 4-52 MPEG-4 Audio 编码方框图

注:UMTS(Uiversal Mobile Telecommunication System,通用移动远程通信系统)。

1) 参数编码器

使用声音参数编码技术。对于采样频率为 8kHz 的话音(Speech),编码器的输出数据率为 2～4Kb/s;对于采样频率为 8kHz 或者 16kHz 的声音(Audio),编码器的输出数据率为 4～16Kb/s。

2) CELP 编码器

使用 CELP(Code Excited Linear Predictive)技术。编码器的输出数据率在 6～24Kb/s 之间,它用于采样频率为 8kHz 的窄带话音或者采样频率为 16kHz 的宽带话音。

3) T/F 编码器

使用时间-频率(Time-to-Frequency,T/F)技术。这是一种使用矢量量化(Vector Quantization,VQ)和线性预测的编码器,压缩之后输出的数据率大于 16Kb/s,用于采样频率为 8kHz 的声音信号。

2. 合成声音

MPEG-4 的译码器支持合成乐音和 TTS 声音。合成乐音通常叫做 MIDI(Musical Instrument Data Interface)乐音,这种声音是在乐谱文件或者描述文件控制下生成的声音,乐谱文件是按时间顺序组织的一系列调用乐器的命令,合成乐音传输的是乐谱而不是声音波形本身或者声音参数,因此它的数据率可以相当低。随着科学技术突飞猛进的发展,尤其是网络技术的迅速崛起和飞速发展,文-语转换(Text To Speech,TTS)系统在人类社会生活中有着越来越广泛的应用前景,已经逐渐变成相当普遍的接口,并且在各种多媒体应用领域开始扮演重要的角色。TTS 编码器的输入可以是文本或者带有韵律参数的文本,编码器的输出数据率可以在 200b/s～1.2Kb/s 范围里。

1) MIDI 合成声音

MIDI 是 1983 年制定的乐器和计算机的标准语言,是一套指令即命令的约定,它指示乐器即 MIDI 设备要做什么和怎么做,如播放音符、加大音量、生成音响效果等。MIDI 不是声音信号,在 MIDI 电缆上传送的不是声音,而是发给 MIDI 设备或其他装置让他产生声音或执行某个动作的指令。由于 MIDI 具有控制设备的功能,因此它不仅用于乐器,而且越来越多的应用正在被发掘。

2) 文-语转换

文-语转换是将文本形式的信息转换成自然语音的一种技术,其最终目标是根据文本内容来自动输出成清晰而又自然的声音。也就是说,要使计算机和其他电子设备像人一样,根据文本的内容可带各种情调来朗读任意的文本。使用了 TTS,可根据文本内容和说话人的声音特征,不用实际的音频采样数据,就能实现对应的语音播放,从而可以大大节省存储空间和传输带宽。

4.10 H.264/AVC 的特点与结构

H.264/AVC 是 ISO/IEC 的 MPEG 与 ITU-T 的 VCEG(Video Coding Experts Group,视频编码专家组)共同成立的 JVT(Joint Video Team,联合视频组)于 2003 年 5 月推出的一种新视频编码标准:ISO/IEC 14496-10 Advanced Video Coding(MPEG-4 第 10 部分,先进视频编码,简称为 AVC)和 ITU-T H.264(它们是同一编码标准的两种编号),2004 年 9 月 28 日、2005 年 12 月 12 日和 2008 年 9 月 15 日又分别推出其第 2、3、4 版。H.264/AVC 现在受到了业界的热烈追捧,已经得到了广泛的应用,如网络流媒体、蓝光存储、高清晰电视补充编码、MP4 和 IPTV 等。

H.264/AVC 是一种新型的基于像素块的高压缩比视频压缩算法,与 MPEG-4 第 2 部分的基于对象的视频编码相比,它更加简单易行;与 MPEG-4 第 2 部分的基于矩形视频对象的视频编码和 H.263/H.263+/H.263++等视频编码相比,它的选项更少,易于实现;与 MPEG-1/2 的视频编码相比,它的压缩比更高,而且适合网络环境。总之,H.264/AVC 返璞归真,抛弃了太超前的基于对象的编码,也不像 H.263++有众多的选项,而是回归传统的 DPCM 加变换编码的混合编码方法,通过采用大量新型算法和技术,大大提高了压缩比(比 MPEG-4 和 H.263 的高 1～2 倍,比 MPEG-1/2 和 H.261/262 的高 2～4 倍)。

4.10.1　技术特点

H.264/AVC 标准的编码思想与传统的 MPEG-1/2 等视频编码一致——基于像素块的混合编码方法,但是它同时运用了众多的新技术,使得其编码性能远远优于其他标准。

1. H.264/AVC 保留的传统编码技术

(1) 将图像分成 16×16 像素的宏块来处理。

(2) 利用帧间预测与运动补偿来消除时域相关性。

(3) 对运动估值后的残差块进行变换、量化、扫描和熵编码,以消除空间和频域冗余。

(4) 4∶2∶0 亮度色差子采样、运动矢量、划分变换块的大小、分级量化和 I/P/B 帧等其他技术。

2. H.264/AVC 采用的新型编码技术

(1) 宏块分割与亚分割。16×16 像素的宏块可分割成 16×8、8×16、8×8 的块,8×8 像素块还可进一步亚分割成 8×4、4×8 和 4×4 的块。

(2) 帧内预测。不仅采用传统的帧间预测,而且还新增加了帧内预测,以消除 I 帧编码中的空间冗余。利用当前像素块左边和上边的像素来对块内像素值进行预测,只对残差进行编码。

(3) 多参考帧和小运动分块。在帧间预测中,可将宏块分割与亚分割成(1)中所列的各种小运动分块,利用已经解码的多个(最多 2×16＝32)参考帧来进行预测编码,运动补偿的残差值会更小。

(4) 4×4 整数 DCT。对运动补偿和帧内预测的残差块进行 4×4 的分块,再对 4×4 的残差块进行整数 DCT。与传统的 8×8 块的浮点数 DCT 相比,4×4 的整数 DCT 减小了分块效应和振铃效应(Ringing Effect)、计算快(只需整数加法与移位运算)、效果好(反变换不会出现失配等问题)、结合量化过程保证运算精度和范围(16 位)。

(5) Hadamard 变换。在量化之前,还对 DC 系数矩阵先进行 Hadamard(哈达玛)变换,可消除相邻变换块的 DC 系数之间的相关性,以提高压缩比。

(6) 无扩展分级量化。对变换系数采用无扩展的分级量化量来进行标量量化,量化的步长由量化参数决定。而且还将量化与变换中的比例伸缩部分(尺度矩阵乘法)融合在一起,有效地减少了编码的计算量。

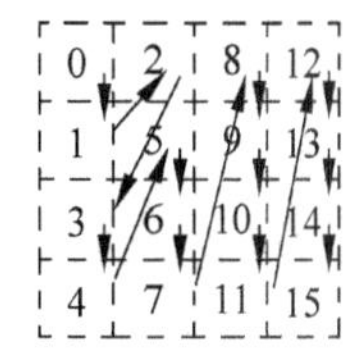

图 4-53　场扫描顺序

(7) 场扫描顺序。除了传统的 Z 字形帧扫描顺序外,还增加了图 4-53 所示的场扫描方式,用于场编码模式。

(8) 抗块效应滤波器。为了消除分块编码中,由于块边界像素值的量化误差而形成的图像主观质量的“块效应”,引入了基于内容的抗块效应滤波器。当(4×4)块边界上两边的图像差较小时,使用滤波器“平滑”掉差别;若边界上的图像特征明显,则不使用滤波器。这样既可减弱块效应的影响,又能避免滤掉图像的内容。

(9) 新型熵编码。采用了 CAVLC(Context-based Adaptive Variable Length Coding,基于上下文的自适应变长编码)和 CABAC(Context-based Adaptive Binary Arithmetic Coding,基于上下文的自适应二进制算术编码)等新的熵编码方法,可以克服 Huffman 和算术编码等传统 VLC(Variable Length Code,变长编码)的概率分布不符合实际情况、概率分布是静止的、忽略了符号的相关性、没有利用条件概率、码字必须为整数比特等缺点,提高压缩比。

(10) 新图片类型。新增加了支持码流切换的可转换片(Slice,条带)类型 SP(Switching Predicted,转换预测)和 SI(Switching Intra,转换帧内),使得解码器可以在有类似内容但是码率不同的码流之间快速切换,并同时支持随机访问和快速回放模式。SP 片采用了帧间预测方法,并通过改变量化值的大小来实现在不同码率的图像流之间的转换;SI 片则是 SP 片的一种近似,用于出现传输错误而无法采用帧间预测方法的情形。

(11) 场模式编码。可将一帧图像拆成两场图像,对其中一场采用帧内编码,对另一场则利用前一场的信息进行运动补偿编码,可提高压缩比。

(12) 分层算法结构。编码算法总体上分为两层:视频编码层(VCL)负责对视频内容的有效描述;网络抽象层(NAL)负责在不同网络上对视频数据进行打包传输;在 VCL 和 NAL 之间定义了一个基于分组方式的接口。VCL 的设计目标是提高编码效率,而 NAL 的目标则是解决视频 QoS(服务质量)与网络 QoS 的匹配。

(13) 面向 IP 和无线环境。为了提高压缩视频流在 IP 网络和移动通信等误码和丢包的多发环境中传输的稳健性,而且适应不同传输速率的需要,H.264/AVC 标准中包含了消除传输差错、改变视频流码率的方法和工具。

① 为了抵御传输差错,对视频流中的时间同步可以通过采用帧内图像刷新来完成,对空间同步可由片结构编码来支持。

② 为了便于误码后的再同步,在一幅图像的视频数据中还提供了一定数量的重同步点。

③ 在帧内宏块刷新和多参考宏块中,允许编码器在选择宏块模式时,不仅考虑编码效率,还可以适应不同传输信道的特性。

④ 除了利用量化步长的改变来适应信道码率,还常利用数据分割方法来应对信道码率的变化。这里的数据分割指,在编码器中生成具有不同优先级的视频数据以支持网络中的 QoS。

⑤ 在无线通信应用中,可通过改变一帧的量化精度或空间/时间分辨率,来支持无线信道较大的码率变化。与 MPEG-4 中采用的(效率较低的)精细可伸缩性(FGS)编码方法不同,H.264/AVC 采用流切换的 SP 帧来代替分级编码。

4.10.2 编码结构与格式

在 H.264/AVC 中,定义了编码的 3 种档次、4 种宏块和 5 种片。

1. 档次和级别

H.264/AVC 标准规定了 3 种档次(Profile),每种档次支持一组特定的编码功能和应用,如图 4-54 所示。

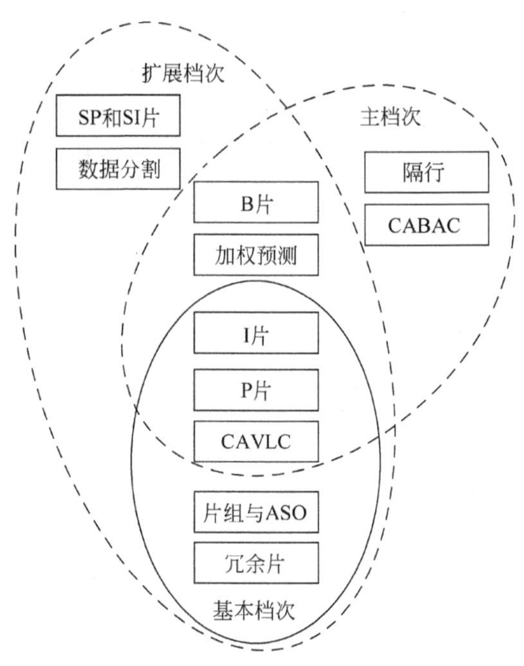

图 4-54 H.264/AVC 的档次

(1) 基本档次(Baseline Profile)。利用 I 片和 P 片进行的帧内和帧间编码，使用 CAVLC 熵编码。主要应用于可视电话、视频会议和无线通信。

(2) 主档次(Main Profile)。支持隔行视频，利用 I、P 和 B 片进行的帧内和帧间编码，可使用 CABAC 熵编码。主要应用于数字电视广播和数字视频存储。

(3) 扩展档次(Extended Profile)。支持码流之间的有效切换(SP 和 SI 片)，采用数据分割来改正错误恢复机制，但是不支持隔行视频和 CABAC。主要应用于流媒体领域。

对每种档次设置不同的(处理速率、图像尺寸、缓冲区大小、编码比特率等)参数，则得到对应编码器性能的不同级别(Level)。

在 H.264/AVC 标准中，共定义了 15 个级别，它们的各种限制见表 4-24。

表 4-24 级别限制

级数	最大宏块处理速率(宏块/秒)	最大帧大小(宏块[宽×高])	最大解码缓冲区/KB	最大视频比特率/(Kb/s)	最大 CPB 大小/Kb	垂直运动矢量分量范围(亮度帧样点)	最小压缩比	每两个连续宏块的运动矢量最大数目
1	1485	99[176×144]	148.5	64	175	[−64,+63.75]	2	—
1.1	3000	396[352×288]	337.5	192	500	[−128,+127.75]	2	—
1.2	6000	396[352×288]	891.0	384	1000	[−128,+127.75]	2	—
1.3	11 880	396[352×288]	891.0	768	2000	[−128,+127.75]	2	—
2	11 880	396[352×288]	891.0	2000	2000	[−128,+127.75]	2	—

续表

级数	最大宏块处理速率(宏块/秒)	最大帧大小(宏块[宽×高])	最大解码缓冲区/KB	最大视频比特率/(Kb/s)	最大 CPB 大小/Kb	垂直运动矢量分量范围(亮度帧样点)	最小压缩比	每两个连续宏块的运动矢量最大数目
2.1	19 800	792[352×576]	1782.0	4000	4000	[−256,+255.75]	2	—
2.2	20 250	1620[720×576]	3037.5	4000	4000	[−256,+255.75]	2	—
3	40 500	1620[720×576]	3037.5	10 000	10 000	[−256,+255.75]	2	32
3.1	108 000	3600[1280×720]	6750.0	14 000	14 000	[−512,+511.75]	4	16
3.2	216 000	5120[1280×1024]	7680.0	20 000	20 000	[−512,+511.75]	4	16
4	245 760	8192[2048×1024]	12 288.0	20 000	25 000	[−512,+511.75]	4	16
4.1	245 760	8192[2048×1024]	12 288.0	50 000	62 500	[−512,+511.75]	2	16
4.2	491 520	8192[2048×1024]	12 288.0	50 000	62 500	[−512,+511.75]	2	16
5	589 824	22 080[3680×1536]	41 310.0	135 000	135 000	[−512,+511.75]	2	16
5.1	983 040	36 864[4096×2304]	69 120.0	240 000	240 000	[−512,+511.75]	2	16

注:CPB(Coded Picture Buffer,编码图像缓冲区)。

2. 宏块、片与片组

H.264/AVC中的一个编码图像通常被划分为若干个宏块(Macro Block,MB),一个宏块由一个16×16像素的亮度块和附加的两个8×8像素的(Cb和Cr)色差块所组成。在每个图像中,若干宏块被排列成片(Slice)的形式。

与MPEG-1/2中的I、P、B帧相对应,在H.264/AVC中也有3种采用不同类型编码的宏块,另外还增加了一种新的SI宏块类型。

(1) I宏块。利用当前片中已经解码的图像作为参考图像进行帧内预测编码(不能取其他片中的已解码像素作为参考进行帧内预测)。

(2) P宏块。利用前面已经解码的图像作为参考图像进行帧内预测编码(可取其他片中的已解码像素作为参考进行帧内预测),还可以对宏块进行分割与亚分割。

(3) B宏块。似P宏块,但是可利用双向(前面和后面的已经解码的)参考图像进行帧内预测编码。

(4) SI宏块。一种特殊类型的帧内编码宏块,似I宏块,也只使用同一片内的已编码样本来进行预测,用于编码流之间的快速切换。

一个视频图像可以编码成若干个片,每个片可包含若干个宏块,参见图4-55。一个片中至少包含一个宏块,最多可包含整幅图像中的所有宏块。设置片的目的是为了限制误码的扩散和传播,编码时须保持片间的相互独立性。

H.264/AVC中共有5种如下编码片类型。

(1) I片。只包含I宏块(在相同的片内由以前编码的数据来预测每个块和宏块),可用于所有档次。

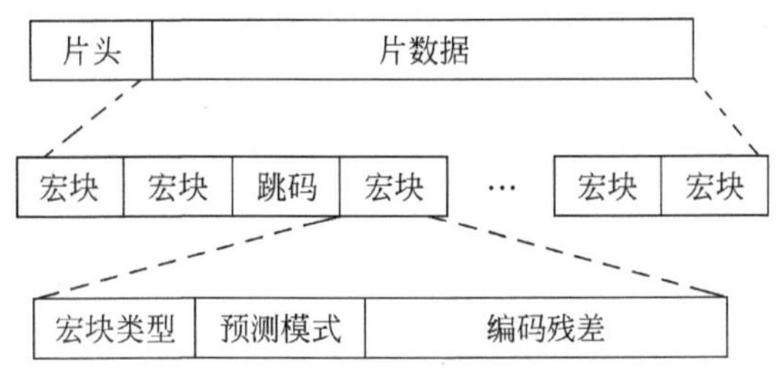

图 4-55 片的句法结构

(2) P 片。可包含 P 宏块(由列表 list0 的参考图像来预测每个宏块或宏块分割)和/或 I 宏块,也可用于所有档次。

(3) B 片。可包含 B 宏块(由列表 list0 和/或 list1 的参考图像来预测每个宏块或宏块分割)和/或 I 宏块,可用于主档次和扩展档次。

(4) SP 片。使编码流之间容易切换,包含 P 和/或 I 宏块,只能用于扩展档次。

(5) SI 片。使编码流之间容易切换,包含 I 宏块和/或 SI 宏块,也只能用于扩展档次。

3. 编码结构

H.264/AVC 标准压缩系统由视频编码层(Video Coding Layer,VCL)和网络提取层(Network Abstraction Layer,NAL)两部分组成。VCL 中包括 VCL 编码器与 VCL 解码器,主要功能是视频数据压缩编码和解码,它包括运动补偿、变换编码、熵编码等压缩单元。NAL 则用于为 VCL 提供一个与网络无关的统一接口,它负责对视频数据进行封装打包后使其在网络中传送,它采用统一的数据格式,包括单个字节的包头信息、多个字节的视频数据与组帧、逻辑信道信令、定时信息、序列结束信号等。通过 NAL 单元,H.264 可以支持大部分基于包的网络,参见图 4-56。

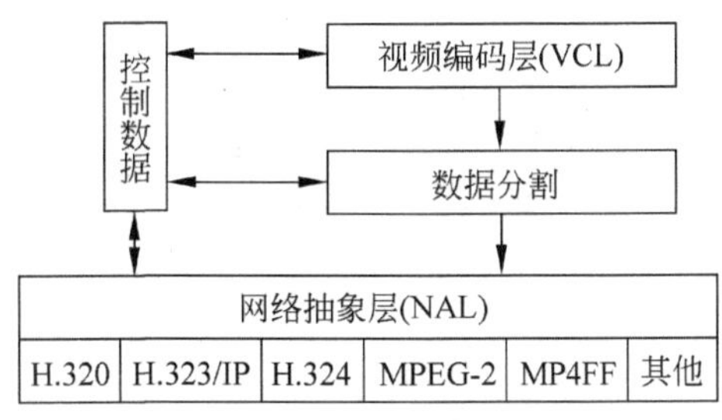

图 4-56 H.264/AVC 视频编码器结构

H.264/AVC 编码是基于像素块的,其中的 DCT 变换和量化基于 4×4 分块,但是帧间预测和运动补偿都是基于 16×16 的宏块及其(亚)分割,而且帧内和残差编码中的方块滤波也是基于宏块的。图 4-57 所示的是 H.264/AVC 宏块的基本视频编码结构。

为了适应 IP 网络和移动通信等不同传输速率与不同空间和时间分辨率的需要,AVC/H.264 采用了分层与可伸缩性编码,图 4-58 是其可伸缩性扩展的基本编码结构示意图。

H.264/AVC 编解码器的功能组成和主要过程见图 4-59 和图 4-60。可见,它们与传统的 MPEG-1/2/4 编解码器相比,除了帧内预测、去方块滤波和 NAL 外,其他并没有多大区别,主要的不同在于各个功能块的细节。如其中的变换编码和量化过程,与传统的视频编码相比,就有很大的不同。

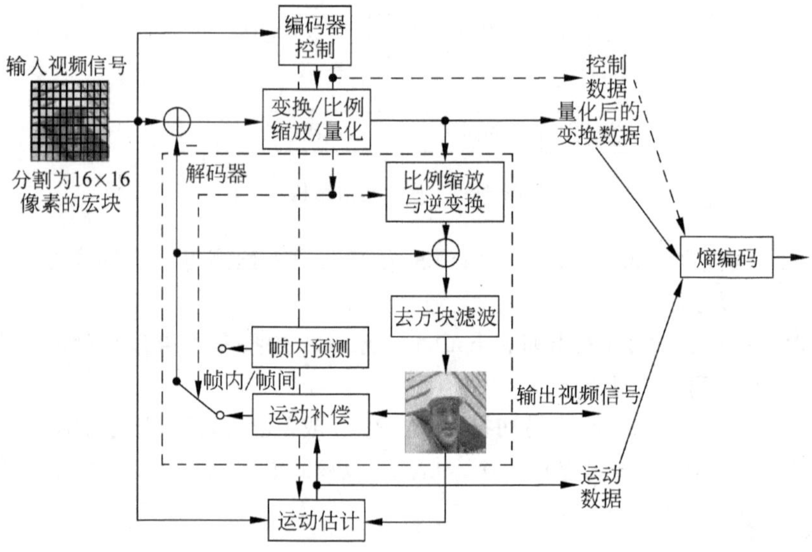

图 4-57 H.264/AVC 宏块的基本视频编码结构

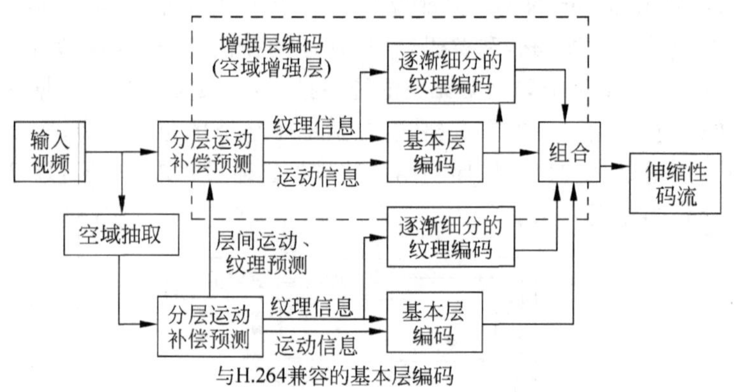

图 4-58 H.264/AVC 可伸缩性扩展的基本编码结构

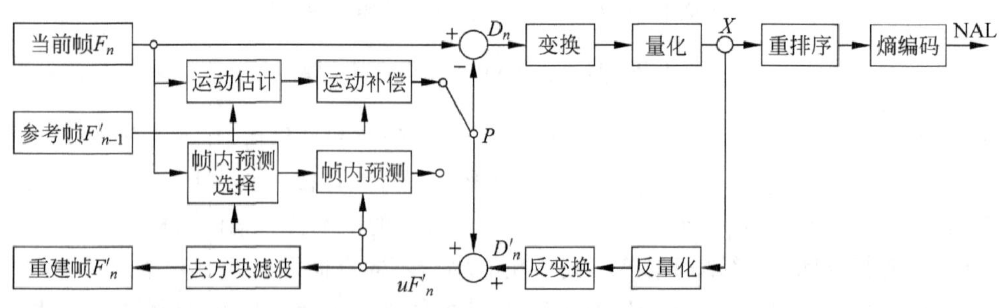

图 4-59 H.264/AVC 编码器

注:D_n=残差块,P=预测值,uF'_n=未滤波的帧,X=变换量化块,NAL=网络抽象层。

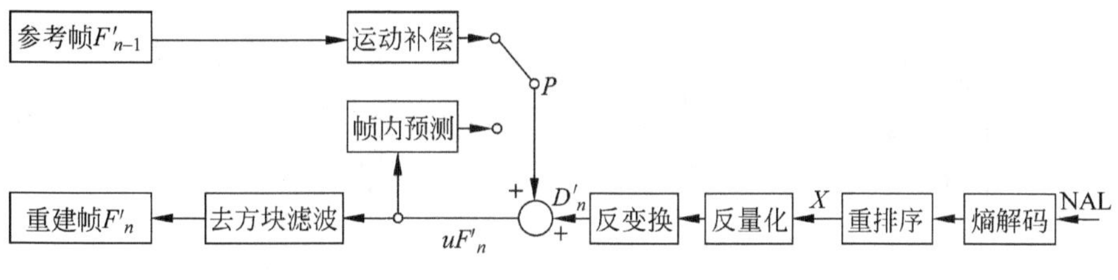

图 4-60　H.264/AVC 解码器

4.11　H.264/AVC 的预测编码

H.264/AVC 将预测引入帧内空间域的视频编码中，利用已编码块的邻近像素来进行帧内预测。而与传统 MPEG 编码相比，H.264/AVC 的帧间预测和运动补偿增加了图像帧的类型，使用多帧预测和树状结构的运动补偿，支持多种块结构的预测，且精确到 1/4 像素。这些都有效提高了 AVC 编码的压缩比，但同时也增加了其算法的复杂度。

4.11.1　帧内预测

帧内预测可充分利用相邻像素间的相关性，只对实际值与预测值的差值（残差）进行编码，能减少表达帧内编码像素信息所需的比特数。

在 MPEG-1/2 的视频编码中没有帧内预测，在 MPEG-4 和 H.263＋中的视频编码在变换域中引入了帧内预测，而 H.264/AVC 则将帧内预测引入到空间域中。

在 H.264/AVC 中，对帧内编码，利用参考块的左方或上方的已编码块的邻近像素来预测；对帧间编码，为了避免因参考块的运动补偿引起的误码扩散，通常选取帧内编码的邻近块来进行预测。

在 H.264/AVC 中，对带有大量细节图像的亮度，采用 4×4 像素块的帧内预测；对平坦区域图像的亮度块，采用 16×16 像素宏块的帧内预测；对色度块则采用 8×8 像素宏块的帧内预测。

1. 4×4 亮度块

对 4×4 亮度块的帧内预测，利用当前像素块左边和上边的已编码重建的像素 $A\sim M$ 对当前块中的待预测像素 $a\sim p$ 进行预测，参见图 4-61。共有 9 种预测模式，其中除了第 2 种 DC（直流）模式是采用左边和上边像素的平均值外，其余模式都是按一定方向进行预测，参见图 4-62 和图 4-63。预测时，对 9 种模式都进行计算，选取残差 SAE 最小的模式。

M	*A*	*B*	*C*	*D*	*E*	*F*	*G*	*H*
I	*a*	*b*	*c*	*d*				
J	*e*	*f*	*g*	*h*				
K	*i*	*j*	*k*	*l*				
L	*m*	*n*	*o*	*p*				

图 4-61　用像素 $A\sim M$ 来对块中像素 $a\sim p$ 进行帧内 4×4 预测

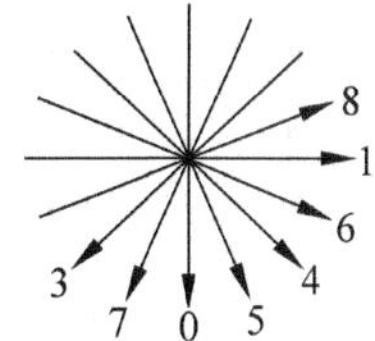

图 4-62　帧内 4×4 预测的 8 个预测方向

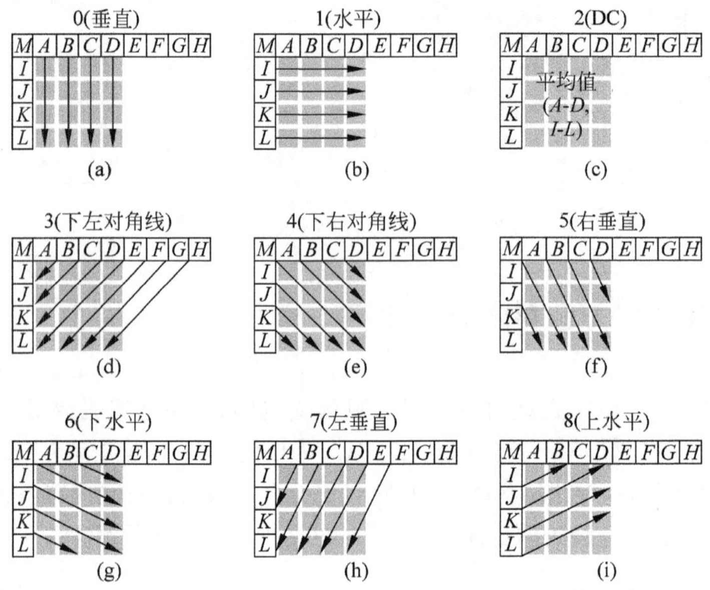

图 4-63　9 种帧内 4×4 预测模式

这里的 SAE(Sum of Absolute Errors,绝对误差和)定义为

$$\mathrm{SAE}=\sum_{x=1,y=1}^{B_x,B_y}\left|s(x,y)-p(x,y)\right|$$

其中 $B_x,B_y=16,8,4$。

具体的预测方法如(其中 round ()为舍入取整函数):模式 2(DC 预测)中的 $a\sim p=\mathrm{round}([A+B+C+D+I+J+K+L]/8)$;模式 0(垂直预测)中的 $a=e=i=m=A$,$b=f=j=n=B$,$c=g=k=o=C$,$d=h=l=p=D$;模式 3(下左对角线预测)中的 $a=\mathrm{round}([A+2B+C]/4)$,$b=e=\mathrm{round}([B+2C+D]/4)$,$c=f=i=\mathrm{round}([C+2D+E]/4)$,$d=g=j=m=\mathrm{round}([D+2E+F]/4)$,$h=k=n=\mathrm{round}([E+2F+G]/4)$,$l=o=\mathrm{round}([F+2G+H]/4)$,$p=\mathrm{round}([G+3H]/4)$;其余模式的具体计算式类似可得,这里就不再一一介绍了。

2. 16×16 亮度宏块

对 16×16 亮度宏块,可以进行整体预测,有 4 种预测模式,参见图 4-64。

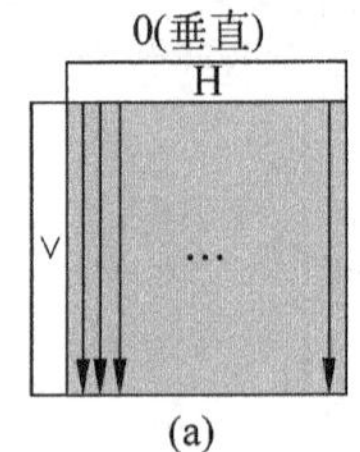

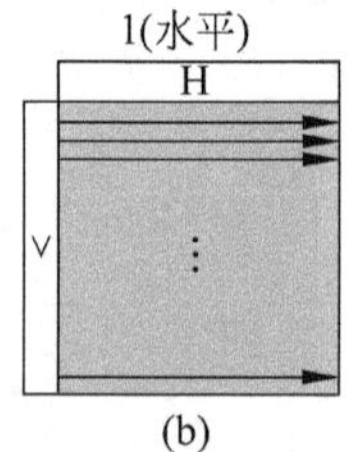

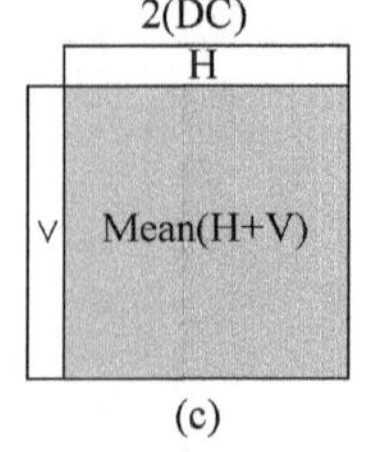

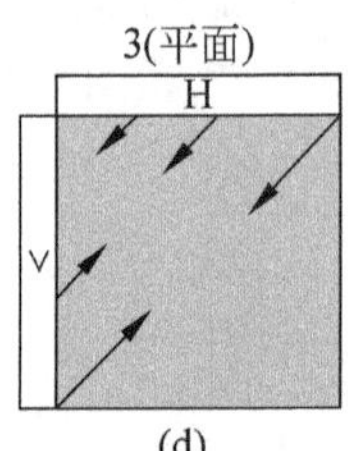

图 4-64　4 种帧内 16×16 预测模式

具体预测计算式如下(其中 P(i,−1)和 P(−1,j)分别表示宏块上边和左边的相邻像素)。

1) 模式 0(垂直预测)

$$\text{Pred}(i,j)=P(i,-1)\quad(i,j=0,1,\cdots,15)$$

2) 模式 1(水平预测)

$$\text{Pred}(i,j)=P(-1,\text{j})\quad(i,j=0,1,\cdots,15)$$

3) 模式 2(直流预测)

$$\text{Pred}(i,j)=\text{round}\left(\frac{1}{32}\left[\sum_{i=0}^{15}P(i,-1)+\sum_{j=0}^{15}P(-1,j)\right]\right)(i,j=0,1,\cdots,15)$$

其中 round ()为舍入取整函数。

4) 模式 3(平面预测)

$$\text{Pred}(i,j)=\text{clip}\left(\text{round}\left(\frac{1}{32}[a+b(i-7)+c(j-7)]\right)\right)(i,j=0,1,\cdots,15)$$

其中:clip(x)为裁减函数,作用是将 x 限制在 0～255 之内;

$$a=16[p(-1,15)+P(15,-1)];$$

$$b(i)=\text{round}\left(\frac{5}{64}\sum_{i=1}^{8}[i\cdot P(7+i,-1)-P(7-i,-1)]\right);$$

$$c(j)=\text{round}\left(\frac{5}{64}\sum_{\text{j}=1}^{8}[j\cdot P(-1,7+j)-P(-1,7-j)]\right)。$$

3. 8×8 色度宏块

因为色度在图像中是相对平坦的,所以只对 8×8 像素的色度宏块进行帧内预测,采用的预测模式也有 4 种,与 16×16 亮度宏块的一致。

具体预测计算式如下(其中 P(i,−1)和 P(−1,j)分别表示宏块上边和左边的相邻像素)。

1) 模式 0(垂直预测)

$$\text{Pred}(i,j)=P(i,-1)(i,j=0,1,\cdots,7)$$

2) 模式 1(水平预测):

$$\text{Pred}(i,j)=P(-1,\text{j})(i,j=0,1,\cdots,7)$$

3) 模式 2(直流预测)

$$\text{Pred}(i,j)=\text{round}\left(\frac{1}{8}\left[\sum_{i=0}^{3}P(i,-1)+\sum_{j=0}^{3}P(-1,j)\right]\right)(i,j=0,\cdots,3)$$

$$\text{Pred}(i,j)=\text{round}\left(\frac{1}{4}\sum_{i=4}^{7}P(i,-1)\right)\text{ 或}$$

$$\text{Pred}(i,j)=\text{round}\left(\frac{1}{4}\sum_{j=0}^{3}P(-1,j)\right)\quad(i=4,\cdots,7,j=0,\cdots,3)$$

$$\text{Pred}(i,j)=\text{round}\left(\frac{1}{4}\sum_{i=0}^{3}P(i,-1)\right)\text{ 或}$$

$$\text{Pred}(i,j)=\text{round}\left(\frac{1}{4}\sum_{j=4}^{7}P(-1,j)\right)\quad(i=0,\cdots,3,j=4,\cdots,7)$$

$$\text{Pred}(i,j)=\text{round}\left(\frac{1}{8}\left[\sum_{i=4}^{7}P(i,-1)+\sum_{j=4}^{7}P(-1,j)\right]\right)(i,j=4,\cdots,7)$$

其中 round()为舍入取整函数。

4）模式 3(平面预测)

$$\text{Pred}(i,j)=\text{clip}\left(\text{round}\left(\frac{1}{32}[a+b(i-3)+c(j-3)]\right)\right)(i,j=0,1,\cdots,7)$$

其中：clip(x)为裁减函数，作用是将 x 限制在 0～255 之内。

$$a=16[p(-1,7)+P(7,-1)];$$

$$b(i)=\text{round}\left(\frac{17}{64}\sum_{i=0}^{3}[(i+1)\cdot P(4+i,-1)-P(2-i,-1)]\right);$$

$$c(j)=\text{round}\left(\frac{17}{64}\sum_{j=0}^{3}[(j+1)\cdot P(-1,4+j)-P(-1,2-j)]\right)。$$

4.11.2 帧间预测与运动补偿

H.264/AVC 的帧间预测和运动补偿与传统的 MPEG 编码类似，最大的区别是：增加了图像帧的类型，使用多帧预测，支持多种块结构的预测，且精确到 1/4 亮度像素。

1. 图像帧新类型

除了具有传统的 I、P 和 B 图片类型外，H.264/AVC 还增加了支持码流切换的可转换图片类型 SP(Switching Predicted，转换预测)和 SI(Switching Intra，转换帧内)，使得解码器可以在有类似内容但是码率不同的码流之间快速切换，并同时支持随机访问和快速回放模式。

SP 片的主要目的是用于不同码流的切换，此外也可用于码流的随机访问、快进快退和错误恢复。这里所说的不同码流是指在不同比特率限制下对同一信源进行编码所产生的码流。

设切换前传输码流中的最后一帧为 A1，切换后的目标码流第一帧为 B2(假设是 P 帧)，由于 B2 的参考帧不存在，所以直接切换显然会导致很大的失真，而且这种失真会向后传递。一种简单的解决方法就是传输帧内编码的 B2，但是一般 I 帧的数据量很大，这种方法会造成传输码率的陡然增加。

根据前面的假设，由于是对同一信源进行编码，尽管比特率不同，但切换前后的两帧必然有相当大的相关性，所以编码器可以将 A1 作为 B2 的参考帧，对 B2 进行帧间预测，预测误差就是 SP 片，然后通过传递 SP 片完成码流的切换。与常规 P 帧不同的是，生成 SP 片所进行的预测是在 A1 和 B2 的变换域中进行的。SP 片要求切换后 B2 的图像应和直接传送目标码流时一样。显然，如果切换的目标是毫不相关的另一码流，SP 片就不适用了，参见图 4-65 和图 4-66。

SP 片采用了帧间预测方法，并通过改变量化值的大小来实现在不同码率的图像流之间的转换；SI 片则是 SP 片的一种近似，不过 SI 片只使用同一片内的已编码样本来进行预测，用于出现传输错误而无法采用帧间预测方法的情形。

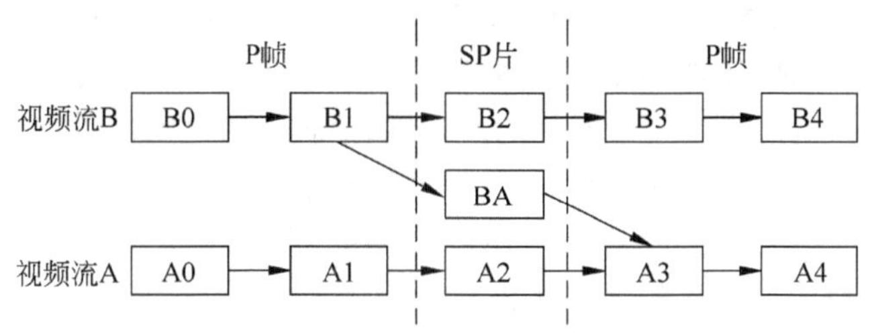

图 4-65 用 SP 片切换视频流

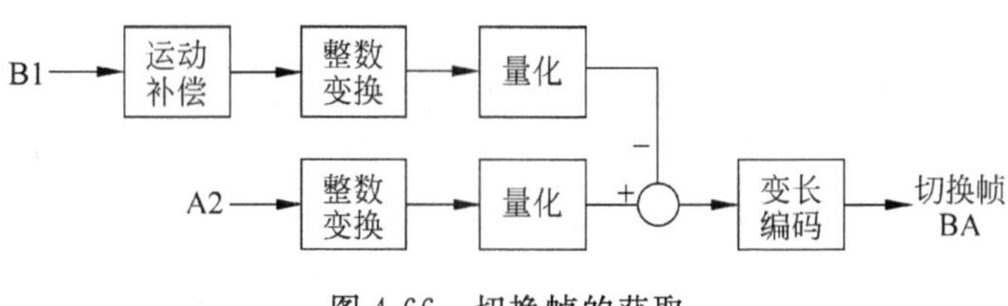

图 4-66 切换帧的获取

2. 多帧预测

在传统的 MPEG 视频编码中,P 帧图片只使用前面某一帧,而 B 帧图片也只使用前后各一帧来预测。在 H.264/AVC 中,则可利用多帧参考图片(最多前向和后向各 16 帧,共 2×16=32 帧)来进行帧间预测和运动补偿。多帧预测可以对周期性运动、平移封闭运动以及在两个场景间不断切换的视频流有非常好的预测效果。

通过引入多参考帧图像,AVC 不仅能提高编码效率,同时还可以实现更好的码流误码恢复,不过这需要增加额外的时延和存储空间。实验证明,一般采用 2~5 帧作为参考帧,能得到较好的效果。例如,采用 5 帧预测,可比单帧预测节省 5%~10%的编码比特率。

3. 宏块划分

在 MPEG-1/2 中,帧间预测和运动补偿都是针对整个 16×16 宏块进行的;在 MPEG-4 的矩形区域编码中,允许对一个宏块中的 4 个 4×4 块分别进行预测和补偿;而 H.264/AVC 则采用了 7 种不同大小和形状的宏块分割与亚分割方法,可以减小残差和提高预测精度。

在 H.264/AVC 中,一个 16×16 像素的亮度宏块,可以按照 16×16、16×8、8×16 和 8×8 进行分割,对 8×8 的分割块还可以按照 8×8、8×4、4×8 和 4×4 进行进一步的亚分割,参见图 4-67。利用各种大小的块进行运动补偿的方法,称为树状结构的运动补偿,每个分块都有自己独立的运动矢量。

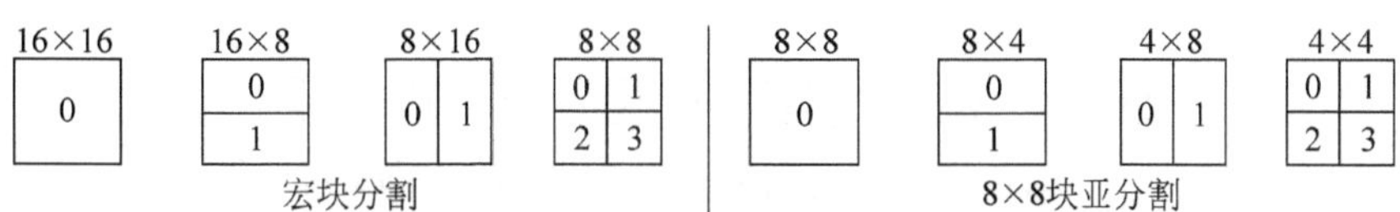

图 4-67 宏块的分割与亚分割

选用较大的块,可以减少表示运动矢量和区域选取的数据量,但是会增加运动补偿后的残差;选用较小的块,则可以减小残差和提高预测精度,但是却会增加表示运动矢量和区域选取的数据量。较大的块适用于帧间的同质区域,而较小的块则适用于帧间的细节部分。

因为在 H.264/AVC 中使用 4∶2∶0 采样,所以色差宏块为 8×8 像素,是亮度宏块大小的一半。对 8×8 色差宏块,也采用与 16×16 亮度宏块类似的方法进行分割与亚分割,只不过所有对应分割块的大小都需要除以 2。

4. 1/2、1/4 和 1/8 像素精度

为了提高帧间预测的准确性,在 H.264/AVC 中,对亮度分量采用了(通过内插而得的)1/2 和 1/4 像素的运动精度,内插过程先通过 6 抽头的滤波器来获得半像素精度,再用线性滤波器来获得 1/4 像素精度。对色差分量,则采用了对应的 1/4 和 1/8 像素精度。

对亮度分量,整数像素位置之间的半像素点,可利用一个 6 阶有限冲击响应滤波器,对 6 个相邻整数位置的像素值进行内插来得到,它们所对应的权重向量为(1/32,−5/32,5/8,5/8,−5/32,1/32)。

例如,图 4-68 中的半像素点 b 处的像素值,是由与其相邻的 6 个水平整数像素 E、F、G、H、I 和 J 的内插得到的,即

$$b = \text{round}\left(\frac{1}{32}[E - 5F + 20G + 20H - 5I + J]\right)$$

类似地,半像素点 h 处的像素值,是由与其相邻的 6 个垂直整数像素 A、C、G、M、R 和 T 的内插得到的,即

$$h = \text{round}\left(\frac{1}{32}[A - 5C + 20G + 20M - 5R + T]\right)$$

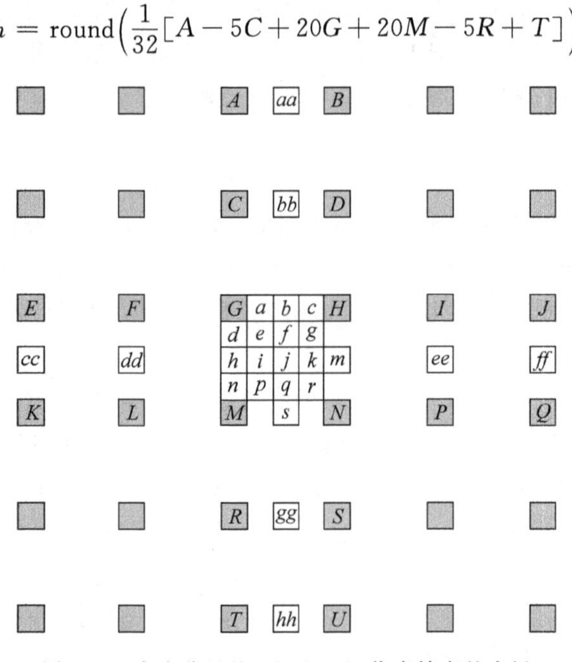

图 4-68 亮度分量的 1/2 和 1/4 像素精度的内插

在所有的与整数像素在一条(水平或垂直)直线上半像素都被计算出来后,就可以用同样的方法来计算位于 4 个整数像素中央的半像素点的值。例如,图 4-68 中的 j 点的值可以

通过 aa、bb、b、s、gg 和 hh 的垂直内插而获得，也可以通过 cc、dd、h、m、ee 和 ff 的水平内插而得到。这两个内插结果是一样的，但是其中的 b、s 和 h、m 都必须使用未经舍入的值。

1/4 像素点处的值，由相邻的两个整数（或 1/2）和 1/2 像素的线性内插得到。如图 4-68 中的 $a=\text{round}\left(\frac{1}{2}[G+b]\right)$、$d=\text{round}\left(\frac{1}{2}[G+h]\right)$、$e=\text{round}\left(\frac{1}{2}[b+h]\right)$等。

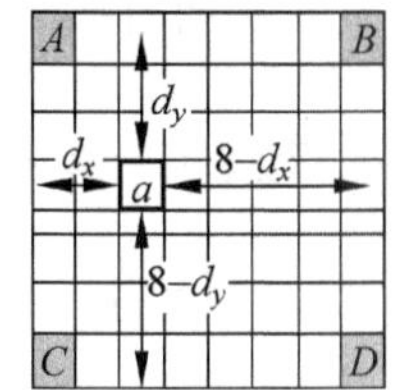

图 4-69　色差分量的 1/8 像素内插

对色差分量，与亮度的 1/2 像素精度所对应的是 1/4 像素精度，可直接使用对应亮度块的 1/4 像素运动矢量。与亮度的 1/4 像素精度所对应的，是色差的 1/8 像素精度。对 1/8 像素 a 的值，可采用四周的整数位置像素 A、B、C 和 D 的加权平均来计算（参见图 4-69）。

$$a=\text{round}\left(\frac{1}{64}\Big[(8-d_x)\cdot(8-d_y)\cdot A+d_x\cdot(8-d_y)\cdot B+(8-d_x)\cdot d_y\cdot C+d_x\cdot d_y\cdot D\Big]\right)$$

例如，对图 4-69 中的 a，有 $d_x=2$、$d_y=3$，所以

$$a=\text{round}\left(\frac{1}{64}[6\times5\cdot A+2\times5\cdot B+6\times3\cdot C+2\times3\cdot D]\right)$$
$$=\text{round}\left(\frac{1}{64}[30A+10B+18C+6D]\right)$$

4.12　H.264/AVC 的块编码

与传统 MPEG（JPEG）一样，H.264/AVC 的块编码也包括变换、量化和熵编码，参见图 4-70。但是，与传统 MPEG 不同的是，AVC 的变换编码采用了 4×4 整数 DCT 变换（替

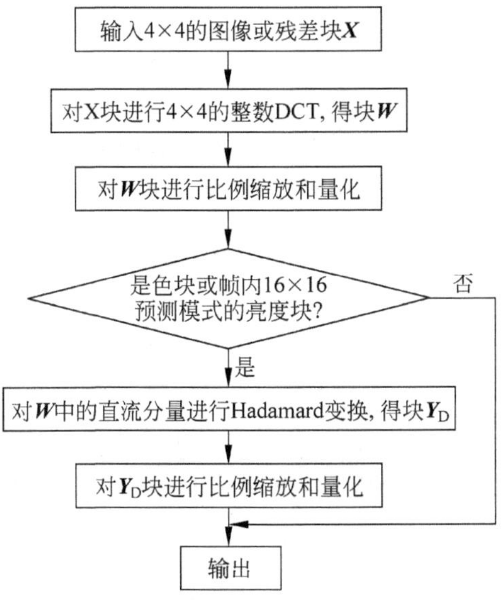

图 4-70　H.264/AVC 编码器中的变换编码和量化过程

代传统的 8×8 浮点 DCT),量化采用了与整数 DCT 结合紧密的分级量化(替代传统的均匀量化),熵编码则采用了基于上下文的自适应变长编码 CAVLC(替代传统的哈夫曼编码)和基于上下文的自适应二进制算术编码 CABAC(替代传统的算术编码)。

4.12.1 4×4 整数 DCT

H.264/AVC 中对图像或残差也采用基于 DCT 的编码,但与普通 MPEG 编码中的 DCT 方法有若干不同。

(1) 分块大小不再是 8×8,而是 4×4。

(2) 采用的不是浮点数 DCT,而是整数 DCT。进行整数 DCT 的好处有:

- 所有操作都使用整数算法。
- 不丢失解码精度。
- 可实现编解码端的零匹配。
- 变换的核心部分可仅用加法和移位操作来实现。
- 变换中的部分尺度乘法运算可与量化器结合,减少了乘法次数。
- 反量化和反变换一般可用 16 位乘法实现。

二维 DCT 的变换公式为:

$$\text{FDCT}: Y_{mn} = C_m C_n \sum_{i=0}^{N-1}\sum_{j=0}^{N-1} X_{ij} \cos\frac{(2i+1)m\pi}{2N}\cos\frac{(2j+1)n\pi}{2N}$$

$$\text{IDCT}: X_{ij} = \sum_{m=0}^{N-1}\sum_{n=0}^{N-1} C_m C_n Y_{mn} \cos\frac{(2i+1)m\pi}{2N}\cos\frac{(2j+1)n\pi}{2N},$$

$$C_k = \begin{cases} \sqrt{\dfrac{1}{N}}, & k = 0 \\ \sqrt{\dfrac{2}{N}}, & k = 1,2,\cdots,N-1 \end{cases}$$

其中,X_{ij} 是图像或残差块 $\boldsymbol{X}$ 中第 i 行第 j 列的值;Y_{mn} 是 DCT 变换结果矩阵 $\boldsymbol{Y}$ 中第 i 行第 j 列的频率系数。

为了获得整数 DCT 的变换公式,我们将上述变换用下列矩阵乘法表示。

$$\boldsymbol{Y} = \boldsymbol{AXA}^{\mathrm{T}}, \quad \boldsymbol{X} = \boldsymbol{A}^{\mathrm{T}}\boldsymbol{YA}$$

其中,$\boldsymbol{A}=(A_{ij})_{N\times N}=\left(C_i \cos\dfrac{i(2j+1)\pi}{2N}\right)_{N\times N}$ 为 $N\times N$ 的 DCT 变换矩阵。

对 4×4 的块,对应的 DCT 变换矩阵为

$$\boldsymbol{A}=\begin{pmatrix} \dfrac{1}{2} & \dfrac{1}{2} & \dfrac{1}{2} & \dfrac{1}{2} \\ \dfrac{1}{\sqrt{2}}\cos\dfrac{\pi}{8} & \dfrac{1}{\sqrt{2}}\cos\dfrac{3\pi}{8} & -\dfrac{1}{\sqrt{2}}\cos\dfrac{3\pi}{8} & -\dfrac{1}{\sqrt{2}}\cos\dfrac{\pi}{8} \\ \dfrac{1}{2} & \dfrac{1}{2} & \dfrac{1}{2} & \dfrac{1}{2} \\ \dfrac{1}{\sqrt{2}}\cos\dfrac{3\pi}{8} & -\dfrac{1}{\sqrt{2}}\cos\dfrac{\pi}{8} & \dfrac{1}{\sqrt{2}}\cos\dfrac{\pi}{8} & -\dfrac{1}{\sqrt{2}}\cos\dfrac{3\pi}{8} \end{pmatrix}$$

$$=\begin{pmatrix}a & a & a & a\\ b & c & -c & -b\\ a & -a & -a & a\\ c & -b & b & -c\end{pmatrix}=\begin{pmatrix}a & 0 & 0 & 0\\ 0 & b & 0 & 0\\ 0 & 0 & a & 0\\ 0 & 0 & 0 & b\end{pmatrix}\begin{pmatrix}1 & 1 & 1 & 1\\ 1 & d & -d & -1\\ 1 & -1 & -1 & 1\\ d & -1 & 1 & -d\end{pmatrix}$$

其中，$a=\frac{1}{2}$，$b=\frac{1}{\sqrt{2}}\cos\frac{\pi}{8}$，$c=\frac{1}{\sqrt{2}}\cos\frac{3\pi}{8}$，$d=\frac{c}{b}$。令

$$\boldsymbol{B}=\begin{pmatrix}a & 0 & 0 & 0\\ 0 & b & 0 & 0\\ 0 & 0 & a & 0\\ 0 & 0 & 0 & b\end{pmatrix},\quad \boldsymbol{C}=\begin{pmatrix}1 & 1 & 1 & 1\\ 1 & d & -d & -1\\ 1 & -1 & -1 & 1\\ d & -1 & 1 & -d\end{pmatrix}$$

则 $\boldsymbol{A}=\boldsymbol{BC}$。代入矩阵变换式得(注意 $\boldsymbol{B}^{\mathrm{T}}=\boldsymbol{B}$)

$$\boldsymbol{Y}=\boldsymbol{AXA}^{\mathrm{T}}=(\boldsymbol{BC})\boldsymbol{X}(\boldsymbol{BC})^{\mathrm{T}}=\boldsymbol{B}(\boldsymbol{CXC}^{\mathrm{T}})\boldsymbol{B}^{\mathrm{T}}=\boldsymbol{B}(\boldsymbol{CXC}^{\mathrm{T}})\boldsymbol{B}$$

两边同时左右乘 $\boldsymbol{B}^{-1}=\begin{pmatrix}a^{-1} & 0 & 0 & 0\\ 0 & b^{-1} & 0 & 0\\ 0 & 0 & a^{-1} & 0\\ 0 & 0 & 0 & b^{-1}\end{pmatrix}$ 得 $\boldsymbol{B}^{-1}\boldsymbol{YB}^{-1}=\boldsymbol{CXC}^{\mathrm{T}}$，其中

$$\boldsymbol{B}^{-1}\boldsymbol{YB}^{-1}=\begin{pmatrix}a^{-2}Y_{11} & (ab)^{-1}Y_{12} & a^{-2}Y_{13} & (ab)^{-1}Y_{14}\\ (ab)^{-1}Y_{21} & b^{-2}Y_{22} & (ab)^{-1}Y_{23} & b^{-2}Y_{24}\\ a^{-2}Y_{31} & (ab)^{-1}Y_{32} & a^{-2}Y_{33} & (ab)^{-1}Y_{34}\\ (ab)^{-1}Y_{41} & b^{-2}Y_{42} & (ab)^{-1}Y_{43} & b^{-2}Y_{44}\end{pmatrix}$$

$$=\boldsymbol{Y}\otimes\begin{pmatrix}a^{-2} & (ab)^{-1} & a^{-2} & (ab)^{-1}\\ (ab)^{-1} & b^{-2} & (ab)^{-1} & b^{-2}\\ a^{-2} & (ab)^{-1} & a^{-2} & (ab)^{-1}\\ (ab)^{-1} & b^{-2} & (ab)^{-1} & b^{-2}\end{pmatrix}=\boldsymbol{Y}\otimes\boldsymbol{E}_i$$

其中 $\boldsymbol{E}_i=\begin{pmatrix}a^{-2} & (ab)^{-1} & a^{-2} & (ab)^{-1}\\ (ab)^{-1} & b^{-2} & (ab)^{-1} & b^{-2}\\ a^{-2} & (ab)^{-1} & a^{-2} & (ab)^{-1}\\ (ab)^{-1} & b^{-2} & (ab)^{-1} & b^{-2}\end{pmatrix}$，运算符号⊗表示两个矩阵每个对应位置上的元素相乘，也称为矩阵的尺度乘法(Scaling Multiplication)。

在 $\boldsymbol{Y}\otimes\boldsymbol{E}_i=\boldsymbol{B}^{-1}\boldsymbol{YB}^{-1}=\boldsymbol{CXC}^{\mathrm{T}}$ 两边同时右⊗乘以 $\boldsymbol{E}=\begin{pmatrix}a^2 & ab & a^2 & ab\\ ab & b^2 & ab & b^2\\ a^2 & ab & a^2 & ab\\ ab & b^2 & ab & b^2\end{pmatrix}$ 得

$$\boldsymbol{Y}=(\boldsymbol{CXC}^{\mathrm{T}})\otimes\boldsymbol{E}=\left[\begin{pmatrix}1 & 1 & 1 & 1\\ 1 & d & -d & -1\\ 1 & -1 & -1 & 1\\ d & -1 & 1 & -d\end{pmatrix}\boldsymbol{X}\begin{pmatrix}1 & 1 & 1 & d\\ 1 & d & -1 & -1\\ 1 & -d & -1 & 1\\ 1 & -1 & 1 & -d\end{pmatrix}\right]\otimes\begin{pmatrix}a^2 & ab & a^2 & ab\\ ab & b^2 & ab & b^2\\ a^2 & ab & a^2 & ab\\ ab & b^2 & ab & b^2\end{pmatrix}$$

为了使变换矩阵 $\boldsymbol{C}$ 整数化,可将 $d=\frac{c}{b}=\frac{\cos\frac{3\pi}{8}}{\cos\frac{\pi}{8}}=\sqrt{2}-1\approx 0.4142$ 简化为 $d=0.5=\frac{1}{2}$。

代入上式得 $Y=(\boldsymbol{C}_i\boldsymbol{X}\boldsymbol{C}_i^{\mathrm{T}})\otimes\boldsymbol{E}$,其中,$\boldsymbol{C}_i=\begin{pmatrix}1 & 1 & 1 & 1\\ 1 & \frac{1}{2} & -\frac{1}{2} & -1\\ 1 & -1 & -1 & 1\\ \frac{1}{2} & -1 & 1 & -\frac{1}{2}\end{pmatrix}$。

为了保持变换矩阵 $\boldsymbol{A}$ 的标准正交性($\boldsymbol{A}\boldsymbol{A}^{\mathrm{T}}=I$),必须同步修改 b 值。原来

$$b=\frac{1}{\sqrt{2}}\cos\frac{\pi}{8}=\frac{1}{\sqrt{2}}\sqrt{\frac{1+\cos\frac{\pi}{4}}{2}}=\frac{1}{2}\sqrt{1+\frac{1}{\sqrt{2}}}\approx 0.6533$$

现在 A 的第二行的各元素平方和为 1,即

$$1=b^2+c^2+(-c)^2+(-b)^2=2b^2(1+d^2)$$

可得

$$b=\sqrt{\frac{1}{2(1+d^2)}}=\sqrt{\frac{2}{5}}\approx 0.6324$$

为了去掉矩阵 $\boldsymbol{C}$ 中第 2 与 4 行和 $\boldsymbol{C}^{\mathrm{T}}$ 中第 2 与 4 列中元素 $d=1/2$ 的分母 2,可以将对应行列中的分母 2 提出到矩阵 $\boldsymbol{E}$ 中,得 $\boldsymbol{Y}=(\boldsymbol{C}_f\boldsymbol{X}\boldsymbol{C}_f^{\mathrm{T}})\otimes\boldsymbol{E}_f$,其中

$$\boldsymbol{C}_f=\begin{pmatrix}1 & 1 & 1 & 1\\ 2 & 1 & -1 & -2\\ 1 & -1 & -1 & 1\\ 1 & -2 & 2 & -1\end{pmatrix},\quad \boldsymbol{E}_f=\begin{pmatrix}a^2 & \frac{ab}{2} & a^2 & \frac{ab}{2}\\ \frac{ab}{2} & \frac{b^2}{4} & \frac{ab}{2} & \frac{b^2}{4}\\ a^2 & \frac{ab}{2} & a^2 & \frac{ab}{2}\\ \frac{ab}{2} & \frac{b^2}{4} & \frac{ab}{2} & \frac{b^2}{4}\end{pmatrix}$$

$\boldsymbol{E}_f$ 里面的 $a=\frac{1}{2}$,$b=\sqrt{\frac{2}{5}}$。

这是 4×4DCT 的一种近似。在 AVC 中,是将尺度乘法"$\otimes\boldsymbol{E}_f$"融合到后面的量化过程中,所以实际的变换为整数型 DCT($\boldsymbol{Y}=\boldsymbol{W}\otimes\boldsymbol{E}_f$),即

$$\boldsymbol{W}=\boldsymbol{C}_f\boldsymbol{X}\boldsymbol{C}_f^{\mathrm{T}}$$

该整数 DCT 变换,只需用到整数的加减运算(乘 2 可以用加法实现)。而且只要输入 $|X_{ij}|\leqslant 255$,则运算结果就肯定不会超过 16 位整数。

对应的反变换为

$$\boldsymbol{X}=\boldsymbol{A}^{\mathrm{T}}\boldsymbol{Y}\boldsymbol{A}=(\boldsymbol{B}\boldsymbol{C})^{\mathrm{T}}\boldsymbol{Y}(\boldsymbol{B}\boldsymbol{C})=\boldsymbol{C}^{\mathrm{T}}(\boldsymbol{B}^{\mathrm{T}}\boldsymbol{Y}\boldsymbol{B})\boldsymbol{C}$$

因为 $\boldsymbol{B}^{\mathrm{T}}=\boldsymbol{B}$,所以类似于 $\boldsymbol{B}^{-1}\boldsymbol{Y}\boldsymbol{B}^{-1}=\boldsymbol{Y}\otimes\boldsymbol{E}_i$ 可得 $\boldsymbol{B}\boldsymbol{Y}\boldsymbol{B}=\boldsymbol{Y}\otimes\boldsymbol{E}$,代入上式得

$$\boldsymbol{X}=\boldsymbol{C}^{\mathrm{T}}(\boldsymbol{Y}\otimes\boldsymbol{E})\boldsymbol{C}$$

也令 $d=\frac{1}{2}$ 及 $b=\sqrt{\frac{2}{5}}$,可得

$$\boldsymbol{X}=\boldsymbol{C}_i^{\mathrm{T}}(\boldsymbol{Y}\otimes\boldsymbol{E})\boldsymbol{C}_i$$

其中 $\boldsymbol{C}_i^{\mathrm{T}}$ 和 $\boldsymbol{C}_i$ 中的除 2 运算，可以用右移 1 位的操作来实现。

4.12.2 量化

AVC 也使用传统的标量量化(Scaling Quantisation)方法，但是为了避免除法和浮点运算，采用了与整数 DCT 结合紧密的分级量化方法。

在 AVC 中，量化被分成 4×4 变换系数量化、4×4 亮度直流(DC)系数量化和 2×2 色差 DC 系数量化三种，其中 4×4 变换系数的量化是基础。另外，在对 DC 系数量化之前，还需要先进行 Hadamard 变换。

1. 变换系数量化

在 AVC 中，对变换系数采用无扩展的分级量化量来进行标量量化。其基本公式为

$$Z=\mathrm{round}\left(\frac{Y}{Q_{\mathrm{step}}}\right)$$

其中，Z 为 Y 的量化值；Y 为输入系数值；Q_{step} 为量化步长；round()为舍入取整函数。

量化步长 Q_{step} 的取值与量化参数 QP 有关，QP 每增加 6，Q_{step} 就增加一倍。共有 52 种量化步长，对应的 QP 取值为 0～51，参见表 4-25。

表 4-25 量化步长表

QP	0	1	2	3	4	5	6	7	8	9
Q_{step}	0.625	0.6875	0.8125	0.875	1	1.125	1.25	1.375	1.625	1.75
QP	10	11	12	…	16	…	18	…	24	…
Q_{step}	2	2.25	2.5	…	4	…	5	…	10	…
QP	30	…	36	…	42	…	48	…	50	51
Q_{step}	20	…	40	…	80	…	160	…	208	224

具体的计算公式为(包含尺度乘法“$\otimes\boldsymbol{E}_f$”)

$$Z_{ij}=\mathrm{round}\left(W_{ij}\frac{\mathrm{PF}}{Q_{\mathrm{step}}}\right)$$

其中，W_{ij} 是矩阵 $\boldsymbol{W}$ 中的元素；预引尺度因子(Prescaling Factor)PF 是矩阵 $\boldsymbol{E}_f$ 中的元素，其取值为

$$\mathrm{PF}=\begin{cases}a^2, & (i,j)=(0,0),(0,2),(2,0),(2,2)\\ b^2/4, & (i,j)=(1,1),(1,3),(3,1),(3,3)\\ ab/2, & (i,j)=\text{其他}\end{cases}$$

利用量化步长 Q_{step} 随量化参数 QP 每增加 6 而增加一倍的特性，可进一步简化计算。设

$$\mathrm{qbits}=15+\mathrm{floor}(\mathrm{QP}/6)$$

其中 floor()为下取整函数。令乘法因子

$$\mathrm{MF}=\frac{\mathrm{PF}}{Q_{\mathrm{step}}}2^{\mathrm{qbits}}$$

则量化式变成

$$Z_{ij} = \text{round}\left(W_{ij}\frac{\text{MF}}{2^{\text{qbits}}}\right)$$

表 4-26 为取整后的 MF 取值表。

表 4-26　乘法因子 MF 值

量化参数	样点位置		
QP	(0,0) (0,2) (2,0) (2,2)	(1,1) (1,3) (3,1) (3,3)	其他
0	13107	5243	8066
1	11916	4660	7490
2	10082	4194	6554
3	9362	3647	5825
4	8192	3355	5243
≥5	7282	2893	4559

量化的具体计算过程式为

$$|Z_{ij}| = (|W_{ij}| \cdot \text{MF} + f) \gg \text{qbits}$$
$$\text{sign}(Z_{ij}) = \text{sign}(W_{ij})$$

其中,≫为右移位运算;sign()为符号函数;f 为偏移量。偏移量 f 的作用是改善重构图像的视觉效果,其取值一般为 $2^{\text{qbits}}/3$(帧内块)和 $2^{\text{qbits}}/6$(帧间块)。

反量化的基本操作是

$$Y'_{ij} = Z_{ij}Q_{\text{step}}$$

结合尺度参数 PF,并引入避免舍入误差的常数尺度因子 64(在反变换输出时再将其除去),则上式变成

$$W'_{ij} = Z_{ij}Q_{\text{step}} \cdot \text{PF} \cdot 64$$

对 $0 \leqslant \text{QP} \leqslant 5$ 定义尺度因子 $V = Q_{\text{step}} \cdot \text{PF} \cdot 64$,则

$$W'_{ij} = Z_{ij}V_{ij} \cdot 2^{\text{floor}(QP/6)}$$

其中,尺度因子 V 的取值见表 4-27。

表 4-27　尺度因子 V

量化参数	样点位置		
QP	(0,0) (0,2) (2,0) (2,2)	(1,1) (1,3) (3,1) (3,3)	其他
0	10	16	13
1	11	18	14
2	13	20	16
3	14	23	18
4	16	25	20
≥5	18	29	23

2. DC 系数的 Hadamard 变换和量化

对图像宏块是色度块或帧内 16×16 预测模式的亮度块,可以将其 4×4 整数 DCT 系数矩阵 $\boldsymbol{W}$ 中的直流(DC)系数 W_{00},按其在原宏块中的排列顺序组成 DC 系数矩阵 $\boldsymbol{W}_{\text{D}}$。

16×16 的亮度宏块中，有 4×4 个 4×4 变换块，所以对应的 $\boldsymbol{W}_{\mathrm{D}}$ 为 4×4 矩阵；因为 AVC 采用 4∶2∶0 的子采样，故 16×16 的图像宏块中，有 2×2 个 4×4 的 Cr 和 Cb 色度变换块，所以对应的 $\boldsymbol{W}_{\mathrm{D}}$ 为 2×2 矩阵。

由于 DC 系数是图像块的平均能量，相邻块的 DC 系数具有较大的相关性，可采用对称正交的 Hadamard 矩阵 $\boldsymbol{H}_n$ 对其进行 Hadamard 变换，以消除这种相关性，从而提高编码的压缩比。其中 4 阶和 2 阶的 Hadamard 矩阵 $\boldsymbol{H}_n$ 定义为

$$\boldsymbol{H}_4 = \begin{pmatrix} 1 & 1 & 1 & 1 \\ 1 & 1 & -1 & -1 \\ 1 & -1 & -1 & 1 \\ 1 & -1 & 1 & -1 \end{pmatrix}, \quad H_2 = \begin{pmatrix} 1 & 1 \\ 1 & -1 \end{pmatrix}$$

对 4×4 亮度块和 2×2 色度块的 DC 系数矩阵 $\boldsymbol{W}_{\mathrm{D}}$ 的 Hadamard 变换为

$$\boldsymbol{Y}_{\mathrm{D}} = \frac{1}{2}(\boldsymbol{H}_n \boldsymbol{W}_D \boldsymbol{H}_n), n = 4,2$$

然后再对 $\boldsymbol{Y}_{\mathrm{D}}$ 进行量化，输出结果为 $Z_{\mathrm{D}(i,j)}$：

$$|Z_{\mathrm{D}(i,j)}| = (|Y_{\mathrm{D}(i,j)}| \cdot \mathrm{MF}_{(0,0)} + 2f) \gg (\mathrm{qbits} + 1)$$
$$\mathrm{sign}(Z_{\mathrm{D}(i,j)}) = \mathrm{sign}(Y_{\mathrm{D}(i,j)})$$

4.12.3 CAVLC

在 H.264/AVC 标准中，对变换与量化后的数据，先使用传统的 Z 字形（Zig-Zag，锯齿形）编码将二维数据转换成一维数据，然后再采用 CAVLC 或 CABAC 进行熵编码，替代了传统 MPEG 和 H.26x 编码中的 RLE 或 UVLC、Huffman 编码或算术编码等。

1. 思路与特点

CAVLC（Context-based Adaptive Variable Length Coding，基于上下文的自适应变长编码）是一种针对变换量化数据的熵编码。VLC（Variable Length Coding，变长编码）的基本思想就是对出现频率大的符号使用较短的码字，而出现频率小的符号采用较长的码字。这样可以使得平均码长最小。在 CAVLC 中，H.264 采用若干 VLC 码表，不同的码表对应不同的概率模型。编码器能够根据上下文，如周围块的非零系数或系数的绝对值大小，在这些码表中自动地选择，最大可能地与当前数据的概率模型匹配，从而实现了上下文自适应的功能。

一维变换量化系数具有如下特点。

(1) 大部分系数为 0，CAVLC 用游程编码来紧凑地表示 0 串。

(2) 高频区的非零系数通常是±1，CAVLC 用一种紧凑方式表示高频±1 的个数。

(3) 相邻块非零系数的个数是相关的，CAVLC 对其的编码使用查找表（表项的选择依赖于相邻块非零系数的个数）。

(4) 系数开头（接近 DC 系数）的非零系数的幅度相对较大，而在高频区则较小。CAVLC 利用这一点，根据最近编码的幅度来选择参数的 VLC 查找表。

针对这些特点，H.264/AVC 设计了 CAVLC 算法，其变字长编码器可根据已经传输的变换系数的统计规律，在几个不同的既定码表之间进行自适应切换，使其能够更好地适应其后传输的变换系数的统计规律，从而提高变字长编码的压缩效率。

2. 编码过程

下面结合一个简单的例子来描述 CAVLC 算法的全过程。设有一个经变换和量化后的 4×4 系数块如图 4-71 所示,经 Z 字形扫描编码后形成一维系数序列: 0,3,0,1,−1,−1,0,1,0,0,0,0,0,0,0,0。

具体的编码过程如下。

0	3	−1	0
0	−1	1	0
1	0	0	0
0	0	0	0

图 4-71 4×4 系数块

1) 编码非零系数总数和拖尾±1 的个数 T1s

首先编码 4×4 系数块所对应的系数序列中的非零系数总数(TotalCoeffs)和拖尾±1(TrailingOnes,T1s)的个数,然后选择查找表后输出系数权标(coeff_token)所对应的码字。

其中,TotalCoeffs=0~16; T1s=0~3,当拖尾±1 的个数大于 3 时,只对最后的 3 个按拖尾±1 来处理,其余的则按正常非零系数处理。这实际上是将常见的数量不大于 3 的±1 子序列作为一个特殊编码单元进行处理。

对 coeff_token 编码时,可依据左上已编码块的非零系数个数 n_L 和 n_U 来预测当前块的非零系数个数 n_C,再由 n_C 的取值范围来选择 5 个查找表中的一个,其中有 4 个变长编码表 VLC0~VLC3 和 1 个定长编码表 FLC,参见表 4-28 和表 4-29。

表 4-28 coeff_token 查找表的选择

n_C	coeff_token 表	n_C	coeff_token 表
0,1	VLC0	≥8	FLC
2,3	VLC1	−1	VLC3
4~7	VLC2		

表 4-29 coeff_token 表 VLC0

TotalCoeff \ TrailingOnes	0	1	2	3
0	1	—	—	—
1	0001 01	01	—	—
2	0000 0111	0001 00	001	—
3	0000 0011 1	0000 0110	0000 101	0001 1
4	0000 0001 11	0000 0011 0	0000 0101	0000 11
5	0000 0000 111	0000 0001 10	0000 0010 1	0000 100
6	0000 0000 0111 1	0000 0000 110	0000 0001 01	0000 0100
7	0000 0000 0101 1	0000 0000 0111 0	0000 0000 101	0000 0010 0
8	0000 0000 0100 0	0000 0000 0101 0	0000 0000 0110 1	0000 0001 00
9	0000 0000 0011 11	0000 0000 0011 10	0000 0000 0100 1	0000 0000 100
10	0000 0000 0010 11	0000 0000 0010 10	0000 0000 0011 01	0000 0000 0110 0
11	0000 0000 0001 111	0000 0000 0001 110	0000 0000 0010 01	0000 0000 0011 00
12	0000 0000 0001 011	0000 0000 0001 010	0000 0000 0001 101	0000 0000 0010 00
13	0000 0000 0000 1111	0000 0000 0000 001	0000 0000 0001 001	0000 0000 0001 100
14	0000 0000 0000 1011	0000 0000 0000 1110	0000 0000 0000 1101	0000 0000 0001 000
15	0000 0000 0000 0111	0000 0000 0000 1010	0000 0000 0000 1001	0000 0000 0000 1100
16	0000 0000 0000 0100	0000 0000 0000 0110	0000 0000 0000 0101	0000 0000 0000 1000

n_C 可用下式计算：

$$n_C=\begin{cases}\text{round}\left(\dfrac{n_L+n_U}{2}\right), & \text{左上块都存在}\\ n_L, & \text{只有左块存在}\\ n_U, & \text{只有上块存在}\\ 0, & \text{左上块都不存在}\end{cases}$$

各个查找表对不同的 TotalCoeffs 取值范围进行了优化。如表 VLC0 适用于 TotalCoeffs 取值较小的情况，表中对较小的 TotalCoeffs 赋予较短的码字；表 VLC1 和 VLC2 适用于 TotalCoeffs 取值中等的情况，表中对取值中等的 TotalCoeffs 赋予较短的码字；表 FLC 适用于 TotalCoeffs 较大的情况，表中对较大的 TotalCoeffs 赋予较短的码字。而表 VLC3 则对应于输入系数是色度直流系数的情形。这样细致的码表划分增强了变长编码的自适应性，使码表更接近实际码字的统计概率。

对本例，TotalCoeffs=5，T1s=3。若设 $n_C=0$，则查表 VLC0 得对应的 coeff_token 码字为 0000100。

2）编码每个 T1s 的符号

对 coeff_token 中的每个 TrailingOne 的符号，按 Z 字形扫描的反序（即从高频到低频）进行编码，用 0 表示+1，1 表示−1。对本例（+1，−1，−1）的输出为 011。

3）编码剩余非零系数的电平

非零系数的电平编码 levelCode，由前缀（level_prefix）和后缀（level_suffix）两部分组成。前缀 level_prefix 为（非零系数值−1）个 0 后跟一个 1 的二进制位串“0…01”；后缀 level_suffix 则为长度为 levelSuffixSize 位的 0 串“0…0”，若 levelSuffixSize=0 则无后缀。

一般 levelSuffixSize=suffixLength，但是有如下两种例外。

（1）当 level=14 时，suffixLength=0，而 levelSuffixSize=4。

（2）当 level=15 时，levelSuffixSize=12。

变量 suffixLength 是基于上下文模式自适应更新的。

（1）suffixLength 一般被初始化为 0，只有当 TotalCoeffs>10 且 T1s<3 时，才被初始化为 1。

（2）按反向扫描顺序编码非零系数。

（3）若已编码的非零系数值大于预定义好的阈值（见表 4-30），则 suffixLength++。

表 4-30 递增 suffixLength 的阈值

当前 suffixLength	阈值	当前 suffixLength	阈值
0	0	4	24
1	3	5	48
2	6	6	—
3	12		

这种方法主要是根据变换系数块内，越接近 DC 系数的非零系数的（绝对）值越大的特点而设计的。

表 4-31 total_zeros 表

Total Zeros	TotalCoeffs														
	1	**2**	**3**	**4**	**5**	**6**	**7**	**8**	**9**	**10**	**11**	**12**	**13**	**14**	**15**
0	1	111	0101	0001 1	0101	0000 01	0000 01	0000 01	0000 01	0000 1	0000	0000	000	00	0
1	011	110	111	111	0100	0000 1	0000 1	0001	0000 00	0000 0	0001	0001	001	01	1
2	010	101	110	0101	0011	111	101	0000 1	0001	001	001	01	1	1	
3	0011	100	101	0100	111	110	100	011	11	11	010	1	01		
4	0010	011	0100	110	110	101	011	11	10	10	1	001			
5	0001 1	0101	0011	101	101	100	11	10	001	01	011				
6	0001 0	0100	100	100	100	011	010	010	01	0001					
7	0000 11	0011	011	0011	011	010	0001	001	0000 1						
8	0000 10	0010	0010	011	0010	0001	001	0000 00							
9	0000 011	0001 1	0001 1	0010	0000 1	001	0000 00								
10	0000 010	0001 0	0001 0	0001 0	0001	0000 00									
11	0000 0011	0000 11	0000 01	0000 1	0000 0										
12	0000 0010	0000 10	0000 1	0000 0											
13	0000 0001 1	0000 01	0000 00												
14	0000 0001 0	0000 00													
15	0000 0000 1														

如本例，对＋1 编码：此时非零系数＝1，故前缀 level_prefix 被编码为 1；而 suffixLength 被初始化为 0，此时为一般情形，故 levelSuffixSize＝suffixLength＝0，所以后缀 level_suffix 的位数被置为 0（无后缀）；故对应的电平输出码字 levelCode＝1（前缀）＝1。再对＋3 进行编码：因为这时非零系数＝3，故 level_prefix 被编码为 001；又因为 1 大于当前阈值 0，故 suffixLength＝1；level_suffix 被编码为 0；所以对应的电平输出码字为 levelCode＝001（前缀）0（后缀）＝0010。

4）编码最后一个非零系数前零的总数

计算（按正序的）最后一个非零系数前零的总数 TotalZeros，根据 TotalZeros 和 TotalCoeffs 的值查 total_zeros 表（见表 4-31），输出所对应的二进制编码串。

如本例的最后一个非零系数为 1，TotalZeros＝3，TotalCoeffs＝5，故输出为 111。

5）编码每个零游程

对每个非零系数前零的个数 RunBefore 按反序进行编码。从最高频开始，对每个非零系数编码一个 RunBefore。但对如下两个例外情况不必进行 RunBefore 编码。

（1）最后一个（低频处）非零系数。

（2）没有剩余的零需要编码时，即 $\sum$RunBefore＝TotalZeros。

RunBefore 的编码依赖于当前非零系数左边零的个数 ZerosLeft。ZerosLeft 的初值＝TotalZeros，随着 RunBefore 编码的进行，ZerosLeft 的值会不断更新。这样，可根据剩余零的个数，来决定 RunBefore 编码所需要的位数，有助于进一步压缩编码位数。如 ZerosLeft＝1 时，RunBefore＝0 或 1，只需一个编码位即可，参见表 4-32。

表 4-32　RunBefore 表

RunBefore	**ZerosLeft**						
	1	**2**	**3**	**4**	**5**	**6**	**>6**
0	1	1	11	11	11	11	111
1	0	01	10	10	10	000	110
2	—	00	01	01	011	001	101
3	—	—	00	001	010	011	100
4	—	—	—	000	001	010	011
5	—	—	—	—	000	101	010
6	—	—	—	—	—	100	001
7	—	—	—	—	—	—	0001
8	—	—	—	—	—	—	0000 1
9	—	—	—	—	—	—	0000 01
10	—	—	—	—	—	—	0000 001
11	—	—	—	—	—	—	0000 0001
12	—	—	—	—	—	—	0000 0000 1
13	—	—	—	—	—	—	0000 0000 01
14	—	—	—	—	—	—	0000 0000 001

对本例,诸非零系数的 RunBefore 编码见表 4-33。

表 4-33 RunBefore 编码例

元素	ZerosLeft	RunBefore	码字
1	3	1	10
−1	2	0	1
−1	2	0	1
1	2	1	01
3	1	1	—

以上是 CAVLC 算法的编码过程,由于篇幅所限,这里就不再介绍具体的解码过程。图 4-72 是 CAVLC 算法的编解码过程及示例。

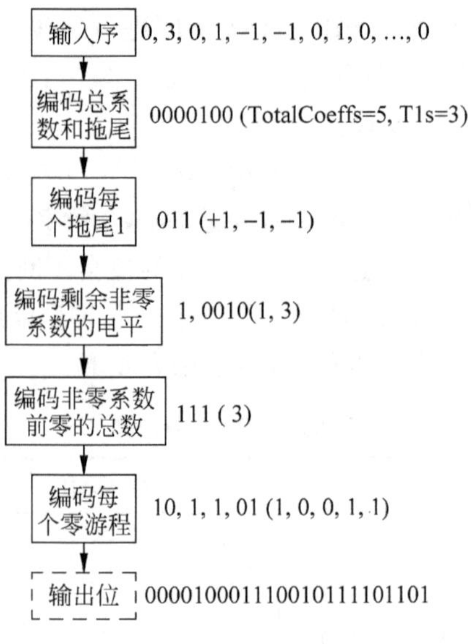

图 4-72 CAVLC 算法的编解码举例

4.12.4 CABAC

CABAC(Context-based Adaptive Binary Arithmetic Coding,基于上下文的自适应二进制算术编码)是一种改进的算术编码,它根据相邻块的情况进行当前块的编码,充分考虑编码符号间的相关性,可以获得更好的编码效率。

算术编码(在 JPEG/MPEG-1 编码标准中就曾使用过)是一种高效的熵编码方案,其每个符号所对应的码长被认为是分数。由于对每一个符号的编码都与以前编码的结果有关,所以它考虑的是信源符号序列整体的概率特性,而不是单个符号的概率特性,因而它能够更大程度地逼近信源的极限熵,降低码率。

为了绕开算术编码中无限精度小数的表示问题以及对信源符号概率进行估计,CABAC 等现代的算术编码多以有限状态机的方式实现。在 CABAC 中,每编码一个二进制符号,编码器就会自动调整对信源概率模型(用一个“状态”来表示)的估计,随后的二进制符号就在这个更新了的概率模型基础上进行编码。这样的编码器不需要信源统计特性的先验知识，而是在编码过程中自适应地估计。显然，与 CAVLC 编码中预先设定好若干概率模型的方法比较起来，CABAC 有更大的灵活性，可获得更好的编码性能，大约能降低 10% 的码率。

1. 二进制算术编码

1）算术编码

算术编码的基本原理是将编码的消息表示成实数 0 和 1 之间的一个区间，消息越长，编码表示它的区间就越小，表示这一区间所需的二进制位就越多。算术编码机制由两个数区间下界和区间范围进行界定。区间下界和区间范围的确定方法如下：

新子区间的下界 = 前子区间的下界 + 当前符号的区间累计概率 × 前子区间的宽度

新子区间的宽度 $R' = R \times P$（R 是前子区间的宽度，P 是当前符号的概率）

对每一符号，算术编码器按如下步骤进行处理。

(1) 编码器将“当前子区间”分为子区间，每一个符号一个。

(2) 子区间的大小与下一个将出现的事件的概率成比例，编码器选择子区间对应于下一个确切发生的事件，并使它成为新的“当前区间”。

多次重复上述步骤，最后输出的“当前子区间”的下界就是该给定符号序列的算术编码。

2）基于表的二进制算术编码

算术编码理论是基于包含有乘法运算的递归区间划分，在应用于实际应用时的主要瓶颈正是用于进行每次区间划分的公式中包含有乘法运算。为加快运算速度，降低计算复杂度，方便软件和硬件实现，H.264/AVC 中采用没有乘法运算的方法。基本思想是把区间宽度 R 的合理范围$[R_{min}, R_{max}]$和符号概率 P 分别设计成一系列代表值 $Q=\{Q_0, Q_1, Q_{K-1}\}$ 和 $P=\{P_0, P_1, \cdots, P_{N-1}\}$，这里基于当代表值个数足够多时能被一系列代表值所代替。

为进一步降低分析难度，假设最小可能符号(Least Probable Symbol，LPS)的概率 $P_{LPS} \in (0, 0.5]$，则最大可能符号(Most Probable Symbol，MPS)的概率为 $P_{MPS} = 1 - P_{LPS} \in [0.5, 1)$，最小可能符号区间为 $R_{LPS} = R \times P_{LPS}$。因此，符号的概率范围$\in(0,1)$可为实际表中概率范围$\in(0,0.5)$所表示，此时 LPS 概率代表值 P_σ 与概率状态指数 σ 的关系如图 4-73 所示，也可用关系式 $P_\sigma = \alpha \cdot P_{\sigma-1}$ ($\sigma=1,\cdots,63$；$\alpha=(0.01875/0.5)^{1/63}$；$P_0=0.5$)来表示。

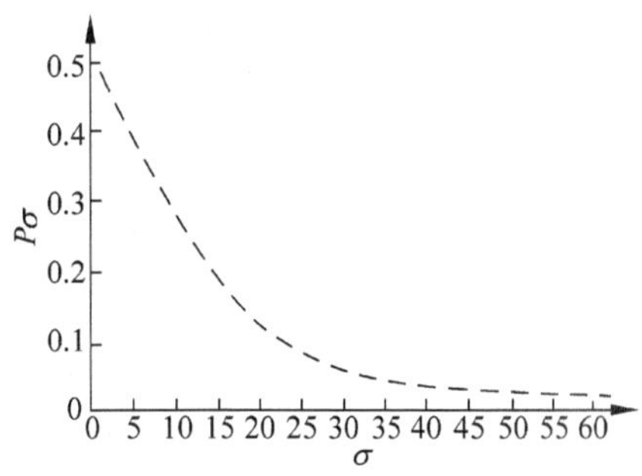

图 4-73 LPS 概率代表值 P_σ 与概率状态指数 σ 的关系

实际计算机的精度不可能无限长，运算中出现溢出是一个明显的问题。区间范围 R 必须在合理范围$[2^8, 2^9]$之间，如区间划分后 R 不在此范围，则进行重整。用量化值 $Q(R)$ 把整个范围 $2^8 \leqslant R \leqslant 2^9$ 使用等分的方法大致分成四个部分，用量化指数 ρ 表示。其中，ρ 的定义为

$$\rho = (R \gg 7) \& 3$$

这样公式 $R_{LPS} = R \times P_{LPS}$ 的右边部分就可以用一张事先计算好的值 $Q_\rho \cdot P_\sigma$ 构成的二维表来近似计算，即实际应用时 $R_{LPS} = \text{TabRangeLPS}[\sigma, \rho]$，根据已知的 σ、ρ 通过查表得到 R_{LPS}。

这里表 TabRangeLPS 用 8 比特精度表示包括 64×4 个 $Q_\rho \cdot P_\sigma$ 值($0\leqslant\sigma\leqslant63, 0\leqslant\rho\leqslant3$)。从而达到不用在线进行乘法运算,降低计算复杂度的目的。

3) 上下文模型

自适应算术编码在对符号序列进行扫描的过程中根据恰当的概率估计模型和当前符号序列中各符号出现的频率,自适应地调整各符号的概率估计值,同时完成编码。基于当时统计性能调整可能的估值,可以获得很好的压缩。

要按照语法元素内容实时地为每个语法元素选择可能的模型,需要先建立上下文模型。上下文模型是符号为“1”或“0”的概率估计。一个上下文模型是一个或多个二进制符号的可能模型。

H.264/AVC 的 CABAC 中有四类上下文模型类型。第一类包含一个上下文模板,这个上下文模板由当前语法元素 C 的两个相邻的已编码语法元素 A、B(A、B 分别为当前语法元素左边、上面的语法元素)组成。第二类仅限于宏块类型和块类型语法元素,这一类的上下文模型中,对一个给定指数为 i 的二值数它前面的 i 个已编码的二值数位($b_0, b_1, \cdots, b_{i-1}$)的值均用于选择它的上下文模型。第三、四类仅用于残差数据元素,这两类取决于不同块类型的内容种类,而且第三类不依赖于前面的已编码数据,仅与所处扫描路径的位置有关。

H.264/AVC 将一个片内可能出现的数据划分为 399 个上下文模型,对应于 399 个概率表。每个上下文模型都独立地使用对应的表来维护概率的状态,可在概率模型内部进行概率的查找和更新。这些模型的划分精确到比特,几乎大多数的比特都和它们相邻的比特处于不同的上下文模型中。

2. CABAC 的编码步骤

CABAC 编码实现如图 4-74 所示,包括以下几个基本步骤。

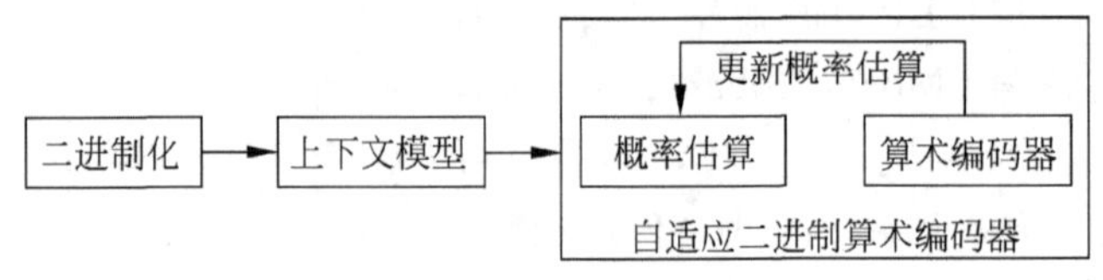

图 4-74 CABAC 编码框图

1) 二值化

CABAC 使用二进制算术编码,这种编码意味着只有二进制数(1 或者 0)才能编码。因此二值化是针对非二值的语法元素进行的。非二值的语法元素分两类,第一类包括与宏块类型、子宏块类型、空间和时间预测模式及基于片和基于宏块的控制信息等有关的语法元素;第二类是所有残差数据元素,即所有与转换系数编码有关的语法元素。

采用与哈夫曼编码不同的编码树结构,能在不需要存储表的情况下简化所有编码字的在线计算。以运动矢量差值(Motion Vector Difference,MVD)进行说明。当 $|MVD|<9$ 时,二值化编码树如图 4-75 所示,对应的编码表如表 4-34 所示。当 $|MVD|\geqslant9$ 时,如 MVD 是负值,则用 $|MVD|-9$ 的二进制数前面加一位“1”;如 MVD 是正值,则用 $|MVD|-9$ 的二进制数前面加一位“0”。

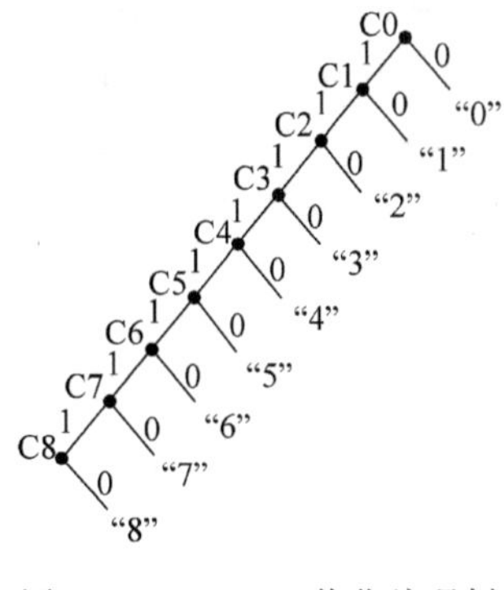

图 4-75 MVD二值化编码树

表 4-34 |MVD|的二值化编码

|MVD|	二进制数
0	0
1	10
2	110
3	1110
4	11110
5	111110
6	1111110
7	11111110
8	111111110

2）上下文模型选择

一个上下文模型是一个或多个二进制符号的可能模型。按照语法元素内容为每个语法元素选择可能的模型,它将根据最近编码数据符号的概率从可用模型中选择。这样可以获得很好的压缩,它是基于当时统计性能调整可能的估值。

对运动矢量差值来说,应用第一类的上下文模型类型,有三个上下文模型可用。如表 4-35 所示,表中 $e_k=|\mathrm{MVD_A}|+|\mathrm{MVD_B}|$。对每个当前 $\mathrm{MVD_C}$ 语法元素,可以根据 e_k 选择一个上下文模型。每一个被选的上下文模型都提供两个概率估计：二进制数位包含"1"的概率和二进制数位包含"0"的概率。

3）二进制算术编码

表 4-35 上下文模型与 e_k 的关系

e_k	上下文模型
$e_k<3$	模型 0
$3\leqslant e_k\leqslant 32$	模型 1
$e_k>32$	模型 2

H.264/AVC 的二进制算术编码机制包括两个分机制,一个是采用自适应概率模型的常规编码模式,另一个是为进行快速编码的辅助编码模式。

(1) 常规编码模式。当前待编码语法元素的二值数和选定上下文模型的概率估计决定算术编码器用于编码每一个二进制数位的下子区间。也即决定 ρ 和 σ 的值,通过查表得出 R_{LPS} 值。进一步按以下方法得到区间下界 codILow 和区间范围 codIRange。

- 当 binVal != valMPS 时,codIRange = codI2Range − odIRangeLPS, codILow = codILow+codIRange。
- 当 binVal ! ≠ valMPS 时,codIRange=codIRangeLPS,codILow=codILow。

从而得出编码结果。

(2) 辅助编码模式。假设 $R_{\mathrm{LPS}}=R/2$,即区间细分时按把区间划分为两个等长的子区间的方法进行,这样也避免了乘法的递归运算。

4）概率状态更新

前面的上下文模型是自适应模型,在每个符号被编码结束后,必须根据编码结果更新概率估计。更新方法为

$$P_{新}=\begin{cases}\max(\alpha-P_{老},P_{62}), & \text{当出现一个 MPS 时}\\ \alpha\cdot P_{老}+(1-\alpha), & \text{当出现一个 LPS 时}\end{cases}$$

其中，$\alpha=(0.01875/0.5)^{1/63}$；$P_{62}$为概率表中可用的最小值(注：LPS的最小概率值$P_{63}$并没有纳入CABAC的概率估计和更新的范围，而是被用作特殊场合，如表示当前流结束)。

CABAC熵编码方法是H.264/AVC主类的一部分，是该标准的重要工具，也是H.264/AVC能有效提高编码效率的一项关键技术。这项技术在以前的视频编码标准MPEG-1/2/4和H.263中是没有的，首次为H.264/AVC标准所采用。它有三个优点：上下文模型提供了对编码字符条件概率的估计、算术编码允许使用非整数比特来表示每个字符、自适应算术编码允许熵编码器自适应于非平稳的字符流。

复习思考题

1. 多媒体数据为什么需要压缩？为什么可以压缩？
2. 压缩算法有哪些特点与分类？
3. 信息熵是什么？熵编码是什么类型的编码？
4. 给出Shannon-Fano编码的思路。
5. 给出Huffman编码的思路与过程。
6. Shannon-Fano编码和Huffman编码有哪些共同的优缺点？哪个编码效率更高一些？
7. 与Huffman编码比较，算术编码有什么优势？给出算术编码的思路与过程。
8. RLE的英文原文与中文译文各是什么？RLE编码的思路是什么？其压缩效率如何？
9. LZW的含义是什么？LZW属于什么类型的压缩算法？
10. DCT的英文原文与中文译文各是什么？它与三角级数有什么关系？它被用在什么地方？
11. 与JPEG相比，JPEG 2000有哪些主要的不同、特性和优点？
12. 目前JPEG 2000的应用广泛吗？它的主要应用有哪些？
13. JPEG采用了哪些压缩算法与编码模式？我们所讲的是其中的哪一种？
14. 给出JPEG压缩编码算法的主要计算步骤。其中使图像质量下降的是哪一步？
15. DCT将时间或空间数据变换成什么数据？它在JPEG压缩算法中起什么作用？
16. DC系数和AC系数的含义是什么？它们各有什么特点？
17. 在JPEG中为什么要进行Z字形编码和RLE编码？
18. 在JPEG中使用了哪些熵编码？
19. MPEG-1/2/4(包含AVC)的视频压缩算法有什么不同？
20. MPEG-1/2视频在空间和时间方向上分别采用的是什么压缩方法？
21. MPEG-1/2视频定义了哪三种图像？它们的含义各是什么？
22. 视频的图像系列中的I、P和B帧的数目和位置是固定的吗？是如何排列的？I帧有哪些作用？
23. MPEG-4支持MPEG-1/2视频编码吗？支持其他视频编码吗？
24. MPEG-4的视频对象平面VOP与MPEG-1/2的分块有什么不同？
25. 视频对象平面VOP、视频对象VO与视频对象层VOL之间是什么关系？

26. MPEG-1 Audio 的压缩算法被分为几层？它们各有什么特点？
27. MPEG-2 定义了哪两种声音数据压缩格式？它们的区别在哪里？
28. H.264/AVC 标准规定了几种档次，它们的区别在哪里？
29. H.264/AVC 的编码结构含几个层？它们的功能各是什么？
30. H.264/AVC 编解码器的功能组成和主要过程与传统视频编码有哪些不同？
31. H.264/AVC 编码是如何划分宏块的？共有几种？

第5章 多媒体计算机硬件系统结构

5.1 概述

5.1.1 多媒体计算机系统的定义

一般能够综合处理文字、声音、图形、图像、音频、视频等多种媒体信息，使多种信息建立逻辑连接，进而集成为一个具有交互性能的系统，称为多媒体计算机系统，简称多媒体系统。

多媒体系统在原有的计算机运算能力的基础上以多种形式表达、存储和处理信息，充分调动了人的眼、耳、口、手等多种感官与计算机交互作用，交流信息，使人与计算机的交互更加方便、友好、自然。

从传统的计算机系统过渡到多媒体计算机系统，并不仅仅是功能上或形式上的简单变化，而是信息系统发展的一次新的质的飞跃。

5.1.2 多媒体计算机系统的构成

多媒体计算机系统的基本构成如图 5-1 所示。

1. 计算机硬件

这是构成多媒体系统的物质基础，包括所有的物理设备。其中至少应包括高速的 CPU、大容量的存储器、高质量的显示设备、音频设备以及高速 CD-ROM 驱动器等。

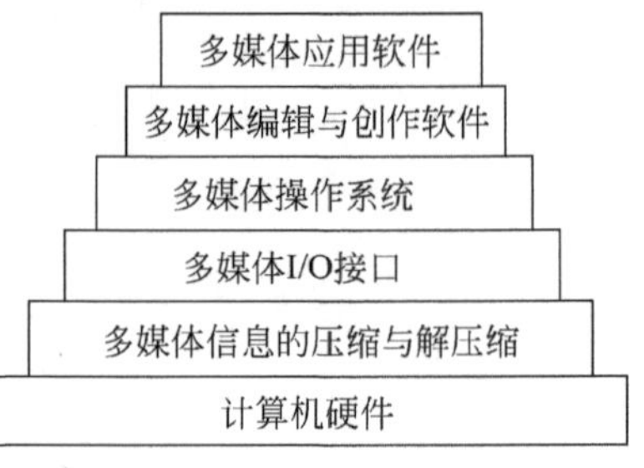

图 5-1 多媒体计算机系统的构成

事实上，多媒体计算机系统的硬件设备就是在计算机传统硬件设备的基础上增加一些处理声音、图像、视频等多媒体信息的芯片。而且，由于在处理多媒体信息时，常常需要进行大量的计算，所以这些芯片大多采用了新型的设计结构。

2. 多媒体信息的压缩与解压缩

主要用于对各种与时间有关的音频、视频等多媒体信息进行实时的压缩与解压缩。压缩与解压缩可以由单纯的软件实现，也可以由软件与硬件相结合实现。由单纯的软件实现，完全用软件程序完成压缩与解压缩操作，对 CPU 和内存的开销较大，当数据量极大时效果不佳。为了保证压缩与解压缩的实时性，通常选用软、硬件结合的方式，即采用专用芯片，专门用来进行压缩与解压缩处理。例如，声卡、视频卡就是这样的专用芯片。

3. 多媒体 I/O 接口

这是多媒体硬件与软件之间的桥梁，主要用于驱动、控制多媒体硬件设备，并提供相应的软件接口，供高层软件调用。

4. 多媒体操作系统

这是多媒体系统的核心，它负责在多媒体环境下的多任务调度，保证相关的音频、视频信息的同步以及信息处理的实时性；提供多媒体数据转换和同步控制等基本操作和管理；支持标准化的计算机环境，具有对设备的相对独立性、可扩展性；以及具有图形和声像功能的用户接口等。多媒体操作系统在保持传统操作系统各种功能的基础上，进一步提供了对多媒体数据输入、加工、处理、输出等的支持。目前，使用中的多媒体操作系统大多是在原有操作系统基础上扩充、改造形成的。

5. 多媒体编辑与创作软件

多媒体编辑软件包括字处理软件、绘图软件、图像处理软件、动画制作软件、声音编辑软件以及视频编辑软件，其中前 4 种是常规的工具软件。声音编辑软件和视频编辑软件好像一个小型的音像制作系统，利用它们可以对声音和视频图像进行种种必要的转换、加工、裁剪、修改等操作。多媒体创作软件是由多媒体专业软件人员在多媒体操作系统上开发的，供应用领域的专业人员组织、编排多媒体数据，并把它们连接成完整的多媒体应用系统的一种工具。借助这种工具，可以极大地提高开发多媒体应用系统的效率。

6. 多媒体应用软件

这是开发人员在多媒体硬件平台上利用多媒体创作软件开发出的面向应用的软件系统，是最终的多媒体产品。这就是一般所说的多媒体节目，可能是一部用于远程教学的教学片，也可能是一部声像俱全的百科全书、电子出版物，还可能是一般用户可参与的、效果类似于电影的游戏。目前多媒体应用软件的种类已十分繁多，既有可以广泛使用的公共型支持软件，如多媒体数据库系统等，也有不需二次开发的应用软件。这些多媒体应用软件已经开始广泛地应用于教育、培训、电子出版、影视特技、动画制作、电视会议、咨询服务、演示系统等多个方面，而且还将逐渐深入到社会生活的各个领域。

5.2 多媒体硬件

5.2.1 多媒体计算机系统的一般硬件配置

多媒体硬件设备是多媒体计算机系统的物质基础。配置哪些多媒体硬件设备以及它们的性能如何，直接影响着多媒体系统的功能。一然而言，多媒体计算机系统的硬件包括计算机设备、音频信号处理设备、视频信号处理设备等。

计算机可以是 PC 机，也可以是工作站、大型机。选择什么样的机型，主要根据多媒体系统的目标来确定。一般而言,多媒体娱乐系统、个人著作系统、训练自学系统、信息查询系统等,均采用 PC 机。较大的系统一般采用工作站,而群体合作系统则采用由多台 PC 机或工作站构成的计算机网络系统。

多媒体系统应该配备哪些音、视频设备是根据具体应用确定的,应用不同,配置也不相同。有的是必需的,如 CD-ROM 驱动器,音、视频信号的输入、压缩及解压缩设备,具有 256 种色彩以上颜色、640×480 以上分辨率的 VGA 显示适配器等。在此基础上,根据需要可配置话筒、录音机、录像机、MIDI 综合器、扫描仪、触摸屏、数码相机、光笔等输入设备,耳机、音箱、绘图仪、放像机等输出设备以及包括调制解调器等在内的处理设备。由于目前多媒体硬件产品的发展日新月异,随时会有新的产品出现,因而在多媒体系统中到底应该配备什么设备实在是一个很难说清的问题。

值得指出,在多媒体系统中,音频、视频信号的输入、输出及处理设备通常是以功能插卡的形式出现的。风靡全球的"声霸卡"、"视霸卡"、"JPEG 压缩卡"等就是这样的例子。因而也可以说,多媒体系统是由计算机加上一些能够处理多媒体信息的功能插卡构成的。没有这些功能插卡,也就没有多媒体系统。

5.2.2 多媒体个人计算机平台标准

由于在多媒体系统中,计算机可以是一般的个人计算机,因而这个个人计算机到底应该有什么样的硬件配置才能满足多媒体应用的要求就是一个值得研究并需要统一的问题。否则,各个厂家各行其是,生产不同配置的产品,不仅会造成多媒体硬件市场的混乱,而且会阻碍通用多媒体应用软件的发展。

为了统一应用于多媒体系统的个人计算机的硬件配置,1990 年 11 月,Microsoft 公司发起召开了多媒体开发工作者会议,制定了 MPC 规范 1.0 版本,确定了多媒体个人计算机(简称 MPC)硬件配置的最低要求,并成立了 MPC 市场协会。

MPC 1.0 要求的硬件平台标准为时钟频率 16MHz 的 386 微处理器,2MB RAM,30MB 硬盘,单倍速的光驱,8 位量化精度的数字音频。

MPC 1.0 的推出,受到了当时许多硬件厂商的支持,他们共同参与发展了多媒体系统的标准操作平台。MPC 标准也受到了软件开发商的广泛支持,因为随着 MPC 标准的推出以往他们面临的缺乏统一硬件平台无法发展通用软件的困境消除了。因而,以后的几年中,很多多媒体套装软件纷纷推出。1993 年 5 月,MPC 联盟又对 MPC 1.0 进行了修改,制订了第二代多媒体个人计算机平台标准 MPC 2.0。

MPC 2.0 提高了硬件平台标准,将微处理器提高到 486,时钟频率为 25MHz,RAM 为 4MB,硬盘为 160 MB,双倍速的光驱,音频采样、量化的精度为 16 位。MPC 2.0 标准的颁布使软硬件厂商再次获得新的机遇,许多厂商纷纷推出各种多媒体软硬件产品支持 MPC 2.0 的标准。1994 年 1 月,MPC 联盟允许凡经检验符合 MPC 2.0 标准的 CD-ROM 驱动器、音频卡等产品,可以使用 MPC 识别标志。

MPC 的第三代标准是 1995 年 6 月制定的,MPC 3.0 提供全屏幕、全动态视频及增强版的 CD 音质的视频及音频硬件标准,MPC 3.0 并不是要取代 MPC 1.0、MPC 2.0 标准,而是制定了一个更新的操作平台,可以执行增强的多媒体功能。由于多媒体视频硬件的快速发展,MPC 3.0 将视频播放的功能纳入 MPC 规范,采用 MPEG-1 标准,以直接存取帧缓冲器、分辨率为 352×240、速度为 30 帧/s 的 15 位/像素的视频为标准。

表 5-1 列出了 MPC 三代标准对硬件的主要要求。

表 5-1 MPC 三代标准比较

项目	MPC1.0	MPC2.0	MPC3.0
CPU	80386SX,16MHz	80486SX,25MHz	Pentium75MHz
RAM	2MB	4MB	8MB
硬盘	30MB	160MB	540MB
CD-ROM 驱动器	数据传输率：150KB/s 最大寻址时间：1s 符合 CD-DA 标准	数据传输率：300KB/s 最大寻址时间：0.4s 符合 CD-ROM XA 标准	数据传输率：600KB/s 最大寻址时间：0.25s 符合 CD-ROM XA 标准
音频	取样频率：11.025kHz 最化精度：8 位 MIDI 合成	取样频率：44.1kHz 最化精度：16 位 8 调复音 MIDI 合成	波形表合成技术 最化精度：16 位 MIDI 播放
显示器	VGA,640×480 16 色	Super VGA,640×480 65 536 色	可进行颜色空间转换和缩放,可直接进行帧存取,以 15 位/像素,352×240 分辨率,30 帧/秒播放视频
视频播放	没有要求	没有要求	MPEG-1 硬件或软件播放,播放上述分辨率视频时,支持同步的音频、视频流、不丢失帧
I/O 端口	MIDI 接口 串行接口 并行接口 游戏杆接口	同 MPC 1.0	同 MPC 1.0

值得特别指出的是,MPC 标准只是提出了对系统的最低要求,是一种参照标准,并且 3 个标准之间并不完全是取代关系。从表 5-1 可以看出,MPC 标准从 MPC 1.0 到 MPC 3.0 的发展,是向更高性能微处理器、更大容量存储器、更快运算速度以及更高质量音/视频规格的方向发展。

5.2.3 声卡

声卡是采用大规模集成电路技术制造的,可直接插入到计算机主板 I/O 扩展槽中用于处理音频信息的功能插卡。声卡使计算机具备了“嘴巴”,可以说话和唱歌,具备了“耳朵”,可以识别声音、音乐和语言。声卡是普通计算机向多媒体计算机升级声音媒体方面的基本部件。声卡又称声效卡、音效卡。

1. 声卡的产生和发展

声卡在多媒体技术的发展中曾起开路先锋的作用。早在 20 世纪 80 年代,就已经出现了声卡的雏形。第一块被广大用户接受并被大量应用于个人计算机上的声卡是由加拿大 Adlib 公司研制生产的“魔奇音效卡”(Magic Sound Card)。这种音效卡被制作计算机游戏的厂商用到计算机游戏的合成音效上,使这些游戏有了动听的音响效果。这大大增强了计算机游戏的魅力,开创了计算机游戏的广阔天地。于是众多的厂商纷纷加入进来,开发了各式各样的具有声光电效果的计算机游戏。

游戏促进了声卡需求量的激增,Adlib 也发展成了带声效游戏的标准。在娱乐性软件公司的推波助澜下,声卡的竞争进入到了“战国时代”。在众多厂商生产的声卡中,比较有影响力的是新加坡 Creative 公司的 Sound Blaster 系列产品。Sound Blaster 系列声卡以其优质的声响效果受到人们的广泛认同,占据了全球多媒体市场上的很大份额,也使 Creative 公司的 Sound Blaster 系列以及后来的 Sound Blaster Pro 成为重要和广泛的声效标准。

如今,几乎所有的声卡产品都与 Sound Blaster 或 Sound Blaster Pro 兼容。声卡产品只有这样,才会被用户接受,才能享用现有的庞大软件资源。Sound Blaster Pro 更被用来定义 MPC 标准中的声音部分。Sound Blaster 的中文名称“声霸卡”,在我国已成为一种与 Sound Blaster 和 Sound Blaster Pro 标准声卡相兼容的声卡的代名词。

早期声卡的量化精度只有 8 位,采样频率也很低,产生的音响效果只能达到调频收音机的效果。即便如此,对于一个只有键盘“嗒嗒”声的计算机世界,这也是令人十分振奋的。后来,为了追求声音的品质,又产生了准 16 位的声卡。这种声卡的量化精度仍为 8 位,但可回放出具有 16 位量化精度和高至 44.1kHz 采样频率效果的声音,输出的声音可达到台式激光音响的水平。

随着应用需求的进一步增长,出现了具有 16 位量化精度的声卡,亦即人们常说的真 16 位声卡。16 位声卡的采样频率可达 44.1kHz 甚至更高,采用了先进的实时数字声音压缩/解压缩技术,使数字声音文件的压缩比达到 2∶1～4∶1,可以进行具备激光音质的立体声录音和播放。16 位声卡由于采用了先进的 FM 合成器或 Wave Table,音质比 8 位或准 16 位声卡有了很大的提高,有的高档声卡为了减轻 CPU 的负担,还在其中设置了数字信号处理器。现在,16 位声卡已成为声卡市场的主流,常见的品牌型号多达几十种,甚至上百种,典型的产品有 Creative 公司的 Sound Blaster 16 和 Sound Blaster AWE32,Adlib 公司的 ISP-16 声卡以及美国 Jazz 公司的 Jazz 16 声卡等。

声卡从 8 位、准 16 位至真 16 位,音质日臻完美,应用也十分广泛。今后的声卡将会是什么模样,实在是无法预测。但有一点可以深信,下一代声卡的出现将会把个人计算机引向更为美好灿烂的多媒体世界。

2. 声卡的工作原理

声卡的音频处理部件主要包括下列部件。

(1) 音频芯片组。音频芯片组由一块或多块超大规模集成电路芯片组成,是声卡上的控制器,负责协调声卡上的各项工作,也是一个转换器,录音时的模/数转换、放音时的数/模转换都是由它完成的。同时它还是一个混音器(Mixer),可同时混合多个声源,然后一起输出。

(2) 音效合成器。音效合成器又称音乐合成器,是声卡的核心,它的功能是对数字化的声音进行各种处理,产生各种乐器的声音。声卡通常采用 FM 合成和波表合成两种方法再现声音。所谓 FM 合成,是将两种以上的声音的波形调制并结合起来,生成一个新的复合波形来模拟其中一种乐器的音色;而波表合成则是把各种真实乐器的声音录下来,进行数字化，选择典型样本存放在声卡上的 ROM 中或存放在磁盘上的数据文件中，当合成器工作的时候，它不再用数学算法生成音乐，而是从原始采样中取出真实的乐器声音，通过修改音量和音高产生所需要的音乐。

(3) 数字信号处理器(DSP)。数字信号处理器是一种可编程的专用微处理器，可完成复杂的高速数学运算，将模拟信号变为数字信号，或将数字信号还原为模拟信号。DSP 可处理声音合成、特殊效果、音频文件压缩和解压缩、语音识别、时间比例变化等，可大大减轻计算机 CPU 的负担，极大地改善声卡的性能。

声卡除了上面的音频处理部件之外，通常还有功率放大器、波表升级插座等。声卡的工作原理框图如图 5-2 所示。

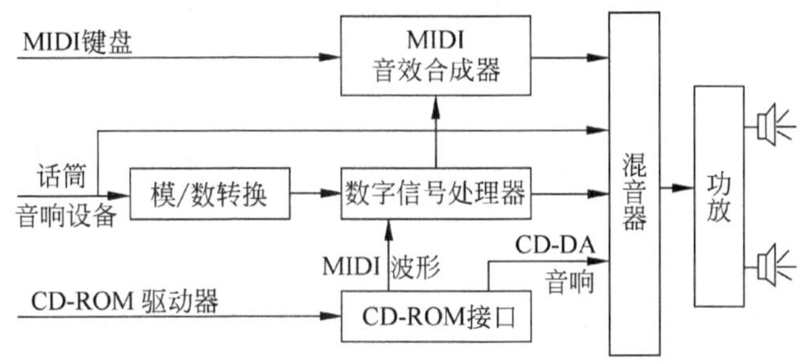

图 5-2 声卡工作原理图

声卡的输入可以来自音频放大器、话筒、CD 唱机、MIDI 电子乐器、CD-ROM 驱动器、游戏器等。输入的声音有两种形式，一种是模拟音频信号，如普通的录音机、收音机、话筒及各种放大器输出的音频信号；另一种是数字音频信号，如唱机、MIDI 控制器、游戏机、CD-ROM 驱动器输出的信号。模拟音频信号必须经过模/数转换，变成数字信号后才能送 DSP 进行编码、压缩等处理。通过 DSP 处理后的数字化声音信号，经过还原、数/模转换后，再经功放放大，最后用扬声器播放出来，或者用录音设备记录下来。多媒体计算机中所处理的数字化声音信息通常有多种不同的采样频率和量化精度可以选择，以适应不同应用场合的质量要求，详见表 5-2。

表 5-2 几种不同的数字化声音信息

取样频率	量化精度	数据速率	编码方法	质量与应用
44.1kHz	16 位	88.2KB/a	PCM	相当于激光唱片的质量，应用于最高质量要求的场合
22.05kHz	8 位	22.05KB/s	ADPCM	相当于调频广播的质量，可应用伴音及各种音响效果
	16 位	44.1KB/s		
11.025kHz	8 位	11.025KB/s	ADPCM	相当于调频广播的质量，可用伴音或者解说词
	16 位	22.05KB/s		

3. 声卡的安装与连接

声卡通过一些外部接口实现声音信号的采集与播放。不同厂商、不同品牌的声卡提供的外部接口因功能不同可能有些差异，但通常都有下面的接口。

(1) Speaker-Out(扬声器输出口)。用于连接耳机、无源扬声器、有源立体声音箱,实现立体声输出。每声道 2～4W。

(2) Line-Out(线路输出口)。未经放大的立体声输出,用于连接功放、有源扬声器或其他音频设备,作为它们的输入。

(3) Line-In(线路输入口)。用于与其他音频设备(如录音机、CD 播放机等)的输出端相连,实现将这些音频设备输出的音频信息输入给声卡。

(4) Microphone-In(话筒输入口)。用于与话筒连接,实现话筒输入。通常是一个单声道的插座。

(5) MIDI/Game Port(MIDI 与游戏杆接口)。用于与 MIDI 和游戏杆连接。

这些接口都是声卡上的外部接口,在实际应用中,可根据具体需要,通过它们与要求的多媒体设备连接。

声卡的安装包括硬件安装和软件安装两部分。安装之前须仔细阅读声卡说明书,明确安装声卡所需要的硬件和软件环境及安装指南。有些声卡在安装之前可能需要跳线设置 I/O 地址、中断号等。

声卡硬件安装的步骤如下。

(1) 关闭计算机电源,打开机箱外壳,在其主板上选择一个空的 I/O 扩展槽,将声卡插入到扩展槽中。声卡一般应该尽可能地远离显示卡,以防止它们互相干扰。

(2) 将声卡与 CD-ROM 驱动器相连。声卡上的 CD-ROM 驱动器接口共有 3 种类型,分别为用于小型机或高档服务器的小型计算机系统接口 SCSI、AT 接口、IDE 接口(集成驱动电路接口)。

(3) 如果需要,将声卡与话筒、音箱等声音输入、输出设备相连。

(4) 盖上机箱外壳,打开计算机电源,等声卡调试完毕后再固定机箱上的螺钉。

声卡的软件安装主要是安装声卡的驱动程序,并进行有关的设置。在 Windows 95 及其以上版本的 Windows 操作系统下,系统启动时 Windows 具有的“即插即用”功能能够检测出新安装的声卡,并自动启动一个“添加新硬件”向导,指导用户安装声卡驱动程序和进行有关的设置。用户只需遵循向导的步骤和提示,就可以非常轻松地完成软件的安装。

如果要在 DOS 或其他操作系统的环境下安装声卡,则需要运行声卡的安装程序并且在声卡安装程序的指导下进行相关的设置。具体步骤和过程,本书不再赘述。

5.2.4 视频卡

视频卡是在多媒体计算机中用于处理视频信息的功能插卡。视频卡将影像和动画引进到计算机系统,是普通计算机向多媒体计算机系统升级的一个不可或缺的功能插卡。下面先介绍视频卡的分类,然后再简要介绍几种典型的视频卡的工作原理。

1. 视频卡的分类

目前尽管市场上视频卡产品的种类很多,各种产品实现的功能也不相同,但是依据它们实现的功能可以将视频卡产品分为 4 类。

(1) 视频采集卡。用于将摄像机、录像机等设备播放的模拟视频信号经过数字化处理采集下来,以文件形式存储起来。通常视频采集卡通过输入模拟的复合视频信号,可以在视窗内显示、播放视频画面。有些视频采集卡只能采集数字式的静止画面，这类视频采集卡也称为视频叠加卡。大多数视频采集卡不仅能够捕捉静止画面，而且还可以捕捉动态画面。其中有一类视频采集卡是用于专业级动态视频的采集、编辑和回放，具有硬件视频压缩功能。

(2) 视频压缩/解压缩卡。用于将静止和动态的视频图像按照 JPEG 或 MPEG 标准进行压缩，或者将已经压缩的数字化视频解压缩还原成影像。目前，市场上的视频压缩/解压缩卡的典型产品是 MPEG 解压卡。

(3) 视频输出卡。将计算机中加工处理的数字式视频信号重新编码后转换为 PAL、NTSC 或者 SECAM 制式的模拟视频信号，供在录像带上记录或通过电视机播放。使用这类产品可以在电视机上观看计算机画面，或用录像机录制计算机演示过程，这类产品分为外置和内置的两种，内置产品是一块功能插卡，插入计算机主板的 I/O 扩展槽中；外置产品是一只类似于肥皂盒大小的编码盒。

(4) 电视接收卡。将从电视节目中捕捉到的视频图像进行转换处理，使其能够与计算机生成的文字及图形叠加在一起，送显示器显示。使用这类产品可以利用计算机收看电视节目，不过目前市场上销售的电视接收卡通常只能接收有线电视的电视信号。

2. 典型视频卡简介

1) JMC-Video 多媒体视频卡

JMC-Video 卡是北京银河电脑公司开发的一种多媒体视频采集卡。它可将从录像机、激光视盘机中获取的 PAL 或 NTSC 制式的全动态视频信号，在个人计算机的 VGA 显示器上“开窗”实时播放。该视频卡有 3 个视频输入口，软件可对其进行设置，视频窗口可无级缩放，对 RGB 亮度、对比度及色度等均可用软件进行调整、设置。该视频卡支持个人计算机和兼容机，可在 DOS 或 Windows 操作系统的环境下运行。

JMC-Video 多媒体视频卡的工作原理框图如图 5-3 所示。模拟视频信号经过模/数转换后，变成 8 位数字混合视频信号，再经过解码变为 YUV4∶2∶2 信号，最后通过彩色空间变换转换为 16 位的 RGB 信号。RGB 信号经过视频窗口控制器的缩放、裁剪和改变比例后送入帧寄存器。帧寄存器的内容在窗口控制器的控制下，与另一路由 VGA 输入的，并经过彩色查找表后变成 16 位的 RGB 信号混合。两路 RGB 信号叠加并经数/模转换后，输出至 VGA 显示器，在其上显示。

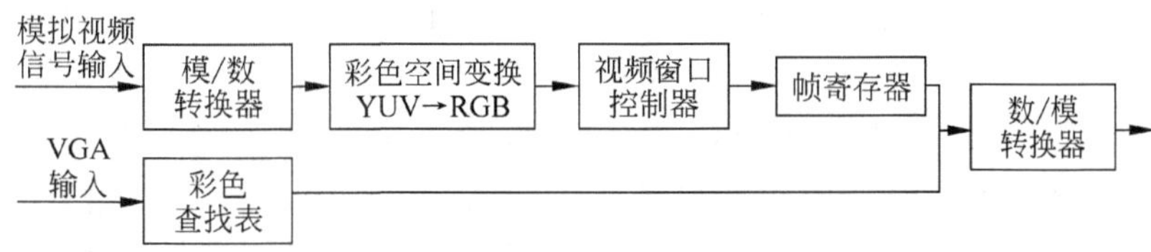

图 5-3　JMC-Video 视频卡工作原理框图

视频信号与 VGA 信号的叠加控制有两种方式，一种称为色键方式，另一种称为开窗方式。色键方式是将 VGA 上显示的视频的位置设置为一种特殊的颜色，此颜色称为“色键”(Color Key)。如果 VGA 的彩色为色键彩色，则输出相应的视频信号，否则就输出 VGA 信号,这就完成了视频与 VGA 信号的叠加。开窗方式是将视频窗口在 VGA 上按坐标方式设定,显示时就在矩形内显示视频信号,否则显示 VGA 的信号,这样同样可完成视频叠加。

JMC-Video 卡的主要技术指标归纳如下。

(1) 视频输入制式:PAL 或 NTSC 制式。

(2) 视频数据格式:YUV 4∶2∶2。

(3) 视频图像窗口:可任意缩放、移动。

(4) 图像编辑处理:彩色控制、亮度控制、剪裁、填充、边缘增强、锐化、均衡化、水平与垂直镜像变换等。

(5) 图像文件格式:支持 BMP、Targa、MMP、TIFF、PCX、CUT 等。

(6) 图像彩色编码:16 种、256 种全真彩色,以及 256 灰度级图像和黑白图像。

(7) 软件运行环境:DOS、Windows。

(8) 总线标准:16 位 ISA(AT)总线。

(9) 硬件 I/O 地址可选。

2) 视霸卡

视霸卡(Video Blaster)是由新加坡 Creative 公司生产的一种用于个人计算机的多媒体视频卡。它可以捕捉、保持、控制及输出由摄像机、录像机、激光视盘和电视等输入的视频图像,并将视频图像数字化,在视窗环境下做全动态的实时播放。该卡的主要功能可归纳如下。

(1) 能处理 PAL、NTSC 制式的输入视频。

(2) 能在一个可移动、可变尺寸的窗口中显示动态的数字化视频信号。

(3) 能接收来自摄像机、录像机、激光视盘和电视中的三路视频信号,在个人计算机的 VGA 上播放、定格、存储、处理。

(4) 可以将 VGA 输出的图形、文字加到视频图像上一起输出。

(5) 可以调节视频的色调、饱和度、亮度和对比度。

(6) 内含数字化的立体声调音台,每个通道音量及总音量均可以通过程序调整。

3) JPEG 视频压缩卡

CL550 视频压缩卡是美国 C-Cube 公司推出的一种利用 JPEG 算法对视频进行压缩编码的功能插卡。CL550 第一次把国际标准集成到一块插卡上,它使用了 40 多万只晶体管集成 JPEG 压缩编码所需的 DCT 和逆向 DCT 单元、量化器、可变长编码器等单元。压缩比可以通过修改量化表和 VLC 表的内容来改变。当执行 JPEG 的有损压缩算法时,可按不同的图像质量、存储容量、带宽等应用环境来设置不同的压缩比。CL550 还提供可直接与系统总线相连的数字视频接口。图 5-4 为 CL550 JPEG 视频压缩卡的原理框图。

CL550 卡从视频输入端接收模拟视频信号,或从 VGA 上接收 RGB 信号。PC Video 芯片处理数字输入信息流并将其写入帧缓冲区。受多路器(MUX)控制,切换内部帧缓冲器和 VGA 信号输入,并经视频数/模转换(D/A)后在系统监视器上形成一个模拟输入信号的再现版本。

CL550 卡对 PC Video 的输出进行 JPEG 标准的实时压缩。并完成 DMA 传输,将已压缩的数据写入系统盘。在解压缩方式下 CL550 的解码输出经过 PC Video 芯片在屏幕上进行显示。

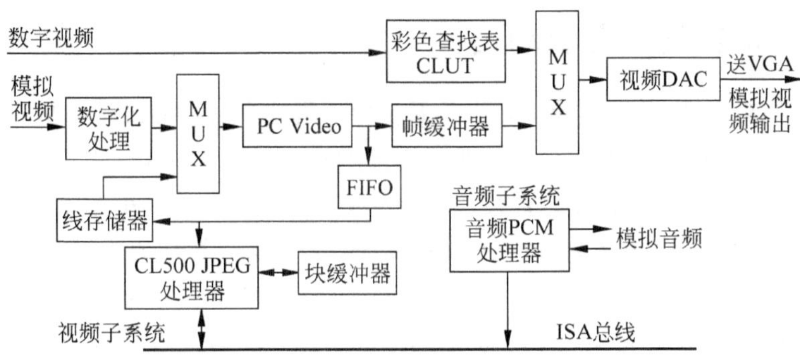

图 5-4 CL550 JPEG 视频压缩卡原理框图

音频信号数字化后存储到系统硬盘，在回放期间，数字音频转化为模拟信号，并通过软件与视频输出同步回送。

CL550 卡的视频输入信息可为 PAL 制式的，也可为 NTSC 制式的，输入信号压缩与解压缩能在 SIF 分辨率下(每秒 30 帧，每帧 320 像素×240 线)实时地进行。典型的系统数据传输速度为 200～400Kb/s。

当 CL550 卡与个人计算机配合使用并且在 Windows 环境下工作时，有下列特点。

(1) 比例及结构模式可调节的全动态视频获取。

(2) VGA 视频窗口显示及缩放、漫游、匹配及彩色键调节。

(3) 实时、全活动视频压缩存储及硬盘视频图像文件的解压缩。

(4) 单信道 8 比特 PCM 音频捕捉与回放。

(5) 视频、音频信息回放时的同步。

4) VGA-TV GE/O 视频合成卡

这是 1990 年由美国 Willow Peripherals 公司推出的一种多媒体产品。主要功能有：

(1) 与 Supper VGA 卡兼容，可取代机内原有的 VGA 卡，而驱动 VGA 显示器工作，屏幕显示可达 640×480×256(色)或 1024×768×16(色)，可支持多种图形显示模式。

(2) 提供 3 路输出端口。第一路为活动视频信号输出端口，NTSC 制式或 PAL 制式，标准 RCA 插口；第二路为 S-Video (或称 Y/C 或 S-VHS) 视频信号输出端口(标准 S-Connector 插口)；第三路为标准的 VGA 输出端口(标准 12 针)。

(3) 由视频信号输入端口输入的 NTSC 或 PAL 制式的活动视频信号，在与计算机显示的文字或图形信息按前景方式叠加后，可由活动视频信号输出端口输出到其他的视频设备，由 S-Video 视频输出端口输出到 S-Video 设备，也可由标准 VGA 输出端口输出至其他具有 VGA 接口的设备。

(4) 3 路视频输出信号，即 Video、S-Video 和 VGA，自动与输入视频信号同步。

(5) 提供 TSR(任务驻留)交互控制程序，控制图形显示位置、透明色、边缘色等。

这种产品有两种型号，标准型号专门用于支持 NTSC 制式的广播电视标准，扩展型号则用于同时支持 NTSC 和 PAL 两种制式。VGA-TV GE/O 视频合成卡可在个人计算机或 PS2 计算机的环境下运行。

这种产品可在计算机图像捕捉、视频合成、大屏幕显示等方面发挥作用。

5.2.5 光盘及光盘驱动器

光盘由于存储容量大,因而成了多媒体系统中不可缺少的存储设备。从某种意义上说,没有光盘,多媒体技术的应用就很难得到广泛的推广。从概念上讲,光盘(Compact Disk,CD)与软盘、硬盘等没有什么区别,都是用来存储数据的,但光盘采用的光存储技术集中了近代光学、光电技术、微电子学及材料科学等尖端技术领域的最新成果,因此它有其他存储技术无法比拟的优点:存储容量大、工作稳定、密度高、使用寿命长、携带方便、价格低廉等。

由于光盘采用的光存储技术与软盘、硬盘采用的磁存储技术是不同的,因而光盘的读写原理、光盘上的数据记录格式,也与软盘、硬盘有一定的差异。同时,由于光盘的种类较多,有多个存储格式的国际标准,因而光盘在使用时有一些特殊的问题需要注意。下面首先介绍各种类型的光盘、主要的存储格式标准,然后对目前应用的非常广泛的 CD-ROM 的读写原理、技术参数、安装方法进行介绍,最后再简要介绍一下 DVD 技术。

1. 光盘的种类

光盘有许多不同的种类,一般有下列两种分类的方法。

按盘片的尺寸划分,有 12in、8in、5.25in、4.75in、3.5in 等多种规格。

按读写特点可以把光盘划分为只读型光盘、一次可写多次可读型光盘、可重写型光盘3类。

只读光盘又称 CD-ROM(Compact Disk Rrad Only Memory),这类光盘上记录的信息均是在盘片制造时由厂家写入的,信息写好之后将永久地保存在盘片上。用户只能按照自己的应用需要选购已写入信息的光盘,并在 CD-ROM 驱动器上读出并使用,不能对盘片进行重新写入、更改或擦除的操作。最常见的只读光盘的盘片尺寸是 4.75in。此类光盘具有容量大(约 650MB)、成本低、易于分发等特点,已得到了极其广泛的应用。目前,市场上用于保存计算机程序或音乐的 CD 以及 CD-I、CD-XA、Photo-CD、DVI、CD-R 等都属于只读光盘。

一次可写多次可读光盘又称 CD-WORM(Write Once Read Many)光盘,这类光盘在技术上比 CD-ROM 先进,用户可以一次性地将自己的数据写入 CD-WORM 盘片,可以任意多次读出。在向 CD-WORM 盘片写数据时,用激光在盘面烧出一个小坑,因而一旦写过数据以后就不能删除或修改,只可以供读出使用。CD-WORM 盘片有 20in、14in、12in、5.25in 和 3.5in 等规格。目前 5.25in 的 CD-WORM 光盘已得到广泛的应用,其容量为 200MB～1GB。CD-WORM 具有可由用户自己写入内容(一次)的优点,且这种光盘记录密度高,稳定可靠,信息保存时间长。主要应用于对大容量的文件、图像进行永久性保存,例如档案、资料的保存等。

可重写光盘(Rewritable CD)也称为可擦除光盘,可以像磁盘存储器一样,在擦除了盘片上原有的数据后进行重写。根据记录原理可分为磁光型和相变型两种。其中磁光型的盘片已经商品化,相变型的也已经成熟。这类光盘具有很好的应用前景,它可以改写,具有硬磁盘的类似性能,介质可卸,具有磁带的性能,容量大。目前 5.25in 盘片的双面容量可达 1GB 以上,存取速度快,对环境温度、电磁干扰等不敏感。盘片的寿命在 40 年以上。

2. 光盘存储格式标准

Philips 和 Sony 公司在发明了光盘技术并共同拥有了专利以后，为适应多媒体的各种应用，先后制定和维护了一系列有关光盘的编码和数据组织格式的规则。国际标准化组织在这些规则的基础上制定了若干有关光盘的技术标准。这些标准为硬件和软件开发人员提供了完整的技术说明，包括盘片的尺寸、转速、数据传输率、数据格式、编码方法以及其他方面的各种技术参数的说明。目前这些标准已被作为不同平台之间相互兼容的依据，并已在实际应用中得到了广泛的推广。不同光盘存储格式的标准可以用标准书的颜色来区分，分别称为红皮书、黄皮书、绿皮书、蓝皮书、橙皮书、白皮书等。一般而言，遵守不同标准的光盘具有不同的数据格式、编码方法，适用于不同的应用领域。

下面简要介绍一些比较重要的光盘存储格式标准书。然后，再简要介绍几种基于这些标准的光盘。

1) 光盘存储格式标准书简介

图 5-5 所示为光盘存储格式标准发展、演变的情况。对其中的一些比较重要的光盘存储格式标准书做了简介。

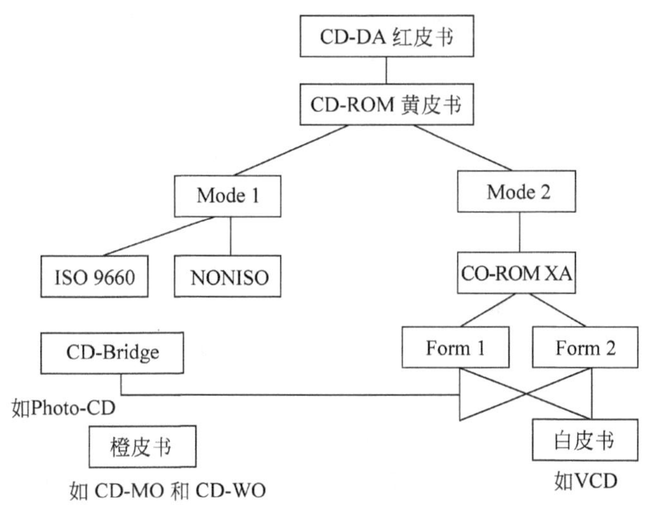

图 5-5 各种光盘标准的关系

(1) 红皮书。即 CD-DA(CD-Digital Audio)标准，这是关于 CD 的第一个标准，是一种用于激光数字音频光盘(即激光唱片)的标准，于 1981 年制定。CD 家族的所有产品都是建立在红皮书之上的，这一标准构成了光盘的基础。

(2) 黄皮书。即 CD-ROM 标准，这个标准是在 CD-DA 标准的基础上进行改进后形成的，它规定了数字信息在盘面上的记录方式，是在多媒体应用中用得最为普遍的一种光盘标准。黄皮书可细分为模式 1 和模式 2 两种规格。模式 1 中加入检错和纠错码，用于记录文字和数字信息；模式 2 中没有加入检错或纠错码，用于记录声像信号。这个标准最初是 1985 年提出的，1988 年经过修改，1989 年正式成为国际标准，标准号为 ISO 9660，1991 年又推出了 ISO 9660 Ⅱ。

(3) CD-ROM (XA)(CD-ROM Extended Architecture)标准。与其他光盘标准不同，

这个标准没有用某种颜色定义。这个标准是 Philips、Microsoft 和 Sony 几家公司对 CD-ROM 标准进行扩充后在 1988 年公布的一种适用于多媒体应用的标准,是 CD-ROM 的扩充标准。由于 CD-ROM 标准规定的 CD 光盘虽然可以存放文字、声音等不同形式的数据,但不同格式的数据位于不同的轨道上,无法满足动态影像对音频和视频同步的要求,而声像同步是多媒体计算机不可或缺的功能,因此 Philips、Microsoft 和 Sony 公司对 CD-ROM 标准中的模式 2 进行了扩充,制定了 CD-ROM (XA)标准。这个标准把计算机数据、压缩的图像和声音等数据交叉组织后存放到 CD-ROM 的一条光轨上,以实现文、图、声、像的同步播放。这个标准由 Form1、Form2 两种规格组成。

(4) 绿皮书。即 CD-I(CD-Interactive)标准,由于 CD-ROM 的读写必须通过计算机进行,妨碍了 CD-ROM 的推广应用,因此 Philips 和 Sony 公司又在 CD-ROM (XA)的基础上定义了新的格式,即用于家庭娱乐的交互式 CD-I 系统的专用格式。这就是 CD-I 标准。它把高质量的声音、文字、动画、图形及静止的图像都以数字形式存放于盘片上,并且实现了交互性操作。这个标准是 1987 年制定的,1992 年又推出了第二代 CD-I,可播放交互式视频图像。

(5) 蓝皮书。即 1985 年制定的 CD-WORM 标准,CD-WORM 可一次写入多次读出,弥补了光盘不能写入用户信息的缺陷。这个标准由于没有与作为 CD 基础的红皮书兼容,所以没有能得到推广。代替它而产生的标准是橙皮书的第二部分,这部分与红皮书完全兼容,成为 CD-R 的基础。

(6) 橙皮书。即 1989 年发表的 CD-R (CD-Racorder)标准,该标准在黄皮书的基础上增加了可写入 CD 的格式标准,包括可写光盘、盒式 Photo-CD 的标准。橙皮书允许多段写入,并在第二部分中描述了刻录 CD-R 盘的条件。

(7) 白皮书。1992 年制定,是从绿皮书演化而来的,采用了 CD-ROM(XA)格式,主要应用于全动态 MPEG-1 音、视频信息的存储。它使 VCD 节目能够在 CD-I、CD-ROM(XA)和 VCD 机上播放。目前 VCD 1.0、VCD 2.0 的节目均采用这种格式。

2) 典型光盘简介

目前市面上较为流行的、使用比较普遍的光盘主要有:

(1) CD-ROM。主要用于存储适用于计算机处理的数字信息,如程序、数据等。黄皮书标准规定了在 CD-ROM 盘片上存储数字信息的物理格式。根据这个标准的规定,CD-ROM 盘片的主要参数如下。

① 容量:约为 650 MB。

② 激光束相对于光道的扫描速度:1.2～1.4m/s。扫描方向从记录面看,为逆时针方向。

③ 光道间距:1.6μm。

④ 节目区起始位置直径:50mm。

⑤ 数据块大小:2048/2352B。

⑥ 数据块速率:75 块/s。

⑦ 数据传输速率:净速率为 163.6KB/s,毛速率为 176.4KB/s。

CD-ROM 盘片上记录信息的光道是一条由里向外的螺旋形连续路径。在这条螺旋形的路径上,由里向外划分成许多长度相等的数据块,每个数据块的大小是相同的,加检测码时为 2048B,不加检测码时为 2352B。CD-ROM 盘片上数据块的个数通常不超过 27 万个。

按照黄皮书的规定,CD-ROM 盘片的光道上的每一个数据块都包含有 2352B,分成 4 个字段:同步字段(12B)、标题字段(4B)、用户数据段(2048B)和辅助数据段(288B)。同步字段起着同步的作用。标题字段用来指出本数据块的编号(地址)及工作模式。在模式 1 时,辅助数据段中放入的是检错和纠错码;模式 2 时,辅助数据段中放入的是用户数据。一般而言,模式 1 适用于存储计算机程序等对误码率要求较高的数据;模式 2 主要用于存放声音、图像等对误码率要求不高的数据。

黄皮书标准对 CD-ROM 盘片的数据记录格式做了严格的规定。它规定,盘片上的节目轨最多只能有 99 个,每轨的长度至少为 4s(不包括与前面一轨的间隙时间)。节目轨可以分为数据轨与声音轨两种。数据轨的结构如上所述,声音轨中的数字信息则以 16 位的 2 的补码形式进行编码,其规范与 Philips 公司发表的 CD-DA 标准相同。

(2) CD-I。CD-I 机是一种面向家庭娱乐和教育的消费电子产品。它是一种操作简单的交互式播放机,用普通的电视机作为显示设备,通过遥控器、操纵杆等实现交互功能。运行 CD-I 的环境很特殊,它有自己的操作系统 CD-RTOS(Compact Disk Real Time Operating System),因此它不能在一般的个人计算机上运行。CD-I 光盘上的数据格式是从 CD-DA 和 CD-ROM 格式演变而来的,其扇区格式与 CD-ROM (XA)相同,由导入区、节目区和导出区 3 个区构成。

(3) VCD(Video CD)。这是大家十分熟悉的一种光盘。VCD 使用的标准是 CD-ROM (XA)的一种特殊规格,即白皮书标准。一张 VCD 盘片上可存放 70min 的影视节目,图像为 MPEG-1 的质量,即达到 VHS(Video Home System)的水准,声音质量接近 CD-DA 的质量。VCD 盘片上的节目可在专门的 VCD 机上播放,也可在装有 CD-ROM 驱动器和 MPEG 解压卡的 MPC 上播放。

(4) Photo-CD。由 Kodak 和 Philips 公司采用 CD-Bridge 规格制作的一种光盘,它以数字方式把日常彩色照片压缩存储到光盘上,提供高质量的、能永久保存的数字化图像。一张 Photo-CD 盘片上可以存放 24 张彩色照片,每张照片由 5 种不同分辨率的同一图像组成,可存储 100 多幅高质量的彩色图像。

Photo-CD 上的图像是通过扫描普通的照片或胶卷得到的。用户可以通过专用的 Photo-CD 播放机或 CD-I 播放机连接到电视机上观看,也可以通过专门的软件在配有 CD-ROM 驱动器的计算机上观看。

(5) CD-WORM。CD-WORM 俗称"金盘",因为盘片上覆盖聚碳酸酯的反射层是金,而不像一般 CD 盘片那样使用铝。这种盘只允许写一次数据,数据记录在盘上后既不能抹掉,也不能用新的数据覆盖。盘上记录的数据可以反复地读出。

(6) MOD 和 PCD。MOD 称为磁光盘,PCD 称为相变光盘,两者都是可重写的光盘。MOD 利用磁技术和光技术相结合来记录信息及读出信息,它的存取速度低于一般的硬盘但高于 CD-ROM。PCD 只利用光技术记录及读出信息,将来也许可以使用电子束来代替激光,使记录密度大为提高,这种光盘也许在经过若干年的研究后会成为外存技术中的主流技术。

3. 光盘工作原理

光盘是由一种名为聚碳酸酯的透明塑料材料制成的,现行光盘大多是单面盘,正面印制商标,反面用来存储数据。光盘反面的信息存储方式如图 5-6 所示,盘片上记录信息的光道是一条由里向外的螺旋形状的路径。沿着这条路径盘面被刻写成凹凸不平,激光照射其上,由于凸凹不平,反射的信号也就不同,所以可以用来表示由 0、1 两种符号构成的二进制信息。

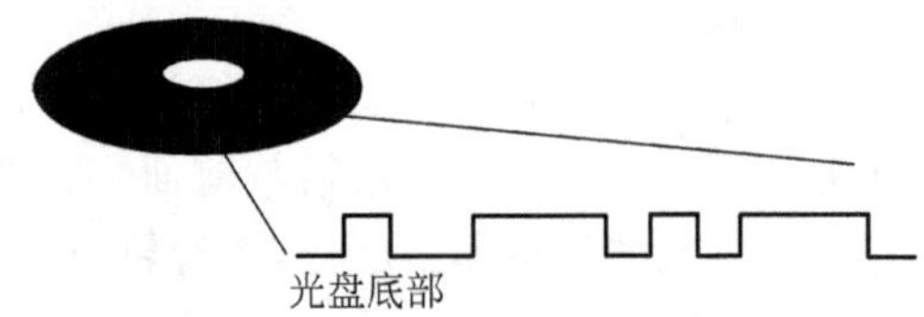

图 5-6 光盘上信息的表示方法

如前所述,各种类型的光盘在光学和机械方面都是相似的,但不同类型的光盘遵守不同的标准,因而其采用的信息存储格式可能是不同的,而且它们的制作方法、读写原理等也可能是不同的。下面着重介绍在多媒体领域中应用的 CD-ROM 的读写原理。

CD-ROM 盘片的制作工艺非常类似于激光唱片。制作时首先利用大功率氩离子或氦-镉激光输出器输出的高相干性激光束,将经过 CIRC 编码和 EFM 调制的数据信息位以 1.6μm 的间距沿着螺旋状的路径刻录在以 1.3m/s 旋转的、表面涂有感光胶的玻璃母盘上,然后进行显影使曝光部分脱落,这样得到的盘称为光致抗蚀盘。再经过腐蚀,使曝光部分达到一定的深度,并除去未曝光部分的感光胶,这样就得到一张阳母盘。然后在阳母盘的表面镀上一层厚的金属层,再使它与阳母盘分离,这样就得到一个金属母盘(阴盘)。利用金属母盘制作压模,然后把压模压在加热的聚碳酸酯盘片上,后者的表面就会出现与金属母盘成镜像对称的小坑。这些小坑就是预录制的数据。压制好的聚碳酸酯盘片的表面再覆盖一层 1μm 的铝膜,最后用塑料密封起来,就成为一张 CD-ROM 的成品盘片。

CD-ROM 盘片上存储的信息是在专门的 CD-ROM 驱动器上读出的。CD-ROM 驱动器是由日本关东公司根据小型音频光盘在 1983 年首次开发成功的。经过 20 年的发展,CD-ROM 驱动器的技术已经成熟,价格也已大幅度下降,应用日益广泛。

CD-ROM 驱动器由光学头、旋转马达、聚焦、光道跟踪和定位伺服、数字处理系统、反变频及驱动控制系统、接口等部分组成。图 5-7 是其工作原理示意图。光学头是整个 CD-ROM 驱动器中的关键部分,其作用是将盘片表面的凹凸转化为电信号。CD-ROM 驱动器发射的并经过聚焦的毫瓦级的激光束准确地汇聚在以 250～350rpm 旋转的 CD-ROM 盘片的凹坑上。由于激光的相干性及凹坑的衍射性,凹进部分会将入射光大部分散射掉,而凸起部分则将入射光反射,形成高反射区,由于两者反射的激光强度不同,经偏振光分离器折射到光电转换器上,转变为电信号,再经专门的解调线路恢复成数字信号。

为了能够正确读出盘片上的信息,必须调整 CD-ROM 驱动器的光学头与盘片之间的距离,才能保证聚焦点落在盘片的信息面上。这就要求光学头能产生聚焦误差信号,聚焦伺服系统负责完成这一任务。此外,光学头还必须能随时高速聚焦光束,使它能落到凹坑的光道中央。这要求光学头能产生偏移光道的误差信号,光道伺服系统负责完成这一任务。

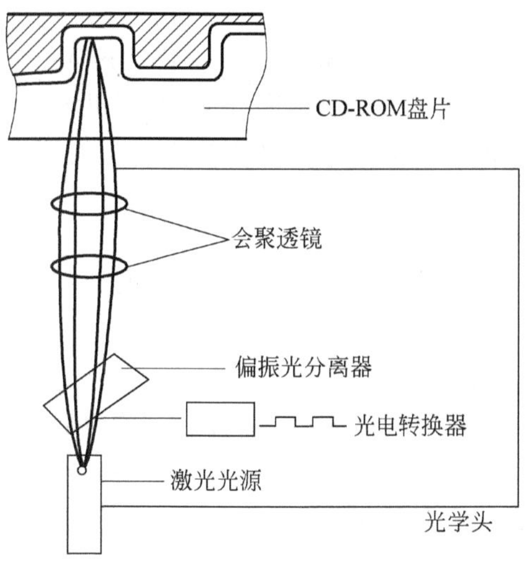

图 5-7 CD-ROM 驱动器的工作原理

值得特别指出的是,CD-ROM 盘片上的凸起和凹进并不代表“1”和“0”,而是用凹进部分的前沿和后沿表示“0”和“1”,凸起和凹进的长度表示“1”和“0”的个数,见图 5-8。这些位称为通道位。采用这种方法可充分利用盘片表面的空间,提高存储容量。

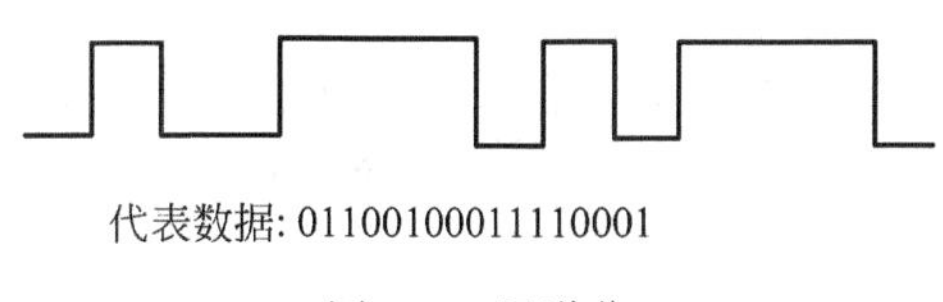

代表数据: 01100100011110001

图 5-8 通道位

4. CD-ROM 驱动器的技术参数

1) 数据传输率(Data Transfer Rate)

指每秒钟从盘片传输数据的多少,单位是 KB/s。这是一个衡量 CD-ROM 驱动器的基本指标,我们常说的双倍速、四倍速就是由这个指标计算得到的,分别为 300KB/s、600KB/s。目前一般使用的都是 24 倍速或以上的 CD-ROM 驱动器,双倍速、四倍速的已基本不再使用。更高数据传输率的 CD-ROM 驱动器正在研制之中。

2) 平均访问时间(Average Access Time)

CD-ROM 驱动器在从盘片上读取数据的时候,特别是在读取某些多媒体应用程序的数据时,光学头需要从一个轨道移动到另一个轨道上读取数据,而不是简单地顺序读取。平均访问时间就是指驱动器平均检索一条信息的时间。平均访问时间用毫秒作为单位。这个指标对衡量驱动器运行是否繁重非常重要,它反映了驱动器内部许多零部件的协调工作能力,希望这个值越小越好。目前 CD-ROM 驱动器的平均访问时间一般为 0.5~1s。

3) 数据缓存容量(Data Buffer Capacity)

类似于主板上的缓冲存储器,用于将读取的数据暂时保存,然后进行一次性的传输和转换。目的是缓解 CD-ROM 驱动器与计算机其他部分速度不匹配的矛盾。现在 CD-ROM 驱动器的缓存容量一般为 256KB 或 512KB。一般而言,缓存容量越大,CD-ROM 驱动器工作速度越快。

4) 平均无故障时间(Mean Time Before Failure,MTBF)

这是一项关于电子信息产品可靠性的指标,单位是开机小时(Power On Hours,POH)。如果一个 CD-ROM 驱动器的 MTBF 为 25000 POH,就是说这个驱动器开机 25000h 是不会有故障的。

5) 误码串(Error Rate)

这是一个衡量 CD-ROM 驱动器数据传输正确率的招标,一般为 10^{-12}～10^{-16}。采用复杂的纠错编码可以使误码率降低。

6) 接口(Interface)

目前,CD-ROM 驱动器的接口主要使用 SCSI 和 IDE 接口。相比较而言,使用 SCSI 的 CD-ROM 驱动器占用较少的 CPU 资源,对于同样的任务,性能自然要好得多。但是,由于大多数主板上只集成有 IDE 接口,使用 SCSI 接口需要另行购买。

7) 纠错能力

CD-ROM 驱动器的纠错能力,说得通俗一点就是它的读盘能力。例如,若将一张受过损伤的盘片放进纠错能力强弱不同的两个驱动器中,纠错能力较弱的驱动器可能无法读出其中的内容,而纠错能力较强的驱动器却仍然可以正常地读出。纠错能力取决于 CD-ROM 驱动器内部的几个重要的伺服系统的精确度和可靠性,是 CD-ROM 驱动器的一项很重要的技术指标。这是因为纠错能力的强弱在运行具体应用程序时就会体现出来,如果遇到盘片的人为损坏或文件记录不好的情况,纠错能力强的驱动器停顿片刻即可继续读下去,而纠错能力弱的驱动器则会造成应用程序错误甚至死机的情况。

随着数据读取技术趋于成熟,大多数主流 CD-ROM 驱动器产品的纠错能力都是可以接受的。有些产品通过调大激光头发射功率来达到纠错的目的,使用一定时间以后,激光头老化,性能就会大幅度下降。部分优秀产品采用了先进的容错技术和良好的伺服系统,加上中等功率的激光发射,在读盘能力较强的前提下,始终保持良好的表现,这样的 CD-ROM 驱动器才是真正的“超强纠错”。

5. DVD 技术简介

数字视频光盘或数字影盘技术(Digital Video Disk,DVD)是 1995 年完成标准化方案的,该技术的发展给多媒体技术的应用与推广提供了强有力的支持。DVD 与 VCD 相比,盘片外形和尺寸几乎没有什么差异,但具有更大的容量和更好的音质。DVD 盘片单层单面的容量达 4.7GB,容量最高的双层双面盘可达 17GB。DVD 的画面质量、声音质量与 VCD 的相比,都得到了进一步的提高,可达到广播级的质量。目前 DVD 技术主要应用于娱乐,DVD 电影已成为 DVD 技术应用中最多、最普及的一个方面。从长远看,DVD-ROM 将会取代目前的 CD-ROM,成为计算机数据存储的标准设备。

DVD 把字幕与画面分离开来,字幕单独存放,不与画面混合编码,而是使用覆盖的方法叠加在画面上。这与 VCD 先把字幕加到画面上再做编码压缩的处理方法是完全不同的。由于 DVD 采用将字幕与画面分离的方法,因而字幕与画面互不干扰,两者的质量都得到了保证。而且,由于字幕独立处理,因而可以提供多种字幕,例如现在的 DVD 电影,可以提供多达 32 种文字的字幕,随意选择。

DVD的加密是以地区划分的,它把全球一共分为6个地区,不同的地区采用不同的加密方法,因而不同地区的DVD互相不兼容。不同的地区互相看不到对方的DVD中的内容。DVD加密的方法是把MPEG-2数据流加密或变换顺序。虽然DVD采取了加密措施,但DVD的文件系统依然与ISO 9660相一致。此外,DVD的扇区比VCD的扇区要稍大一些,因而DVD盘能存储更多的数据,通常一张DVD盘可容纳三四个VCD电影。

DVD的声音分为两大类,一类是NTSC制式的,另一类是PAL制式的。NTSC制式采用杜比AC-3压缩标准,通道数从单声道到5.1声道,可选择MPEG-2做辅助选择。PAL制式采用MPEG-2标准,通道数从单声道到7.1声道,可选杜比AC-3作为辅助选择。我国采用的是PAL制式。

5.2.6 其他多媒体硬件设备

在实际的多媒体系统中,除了上面介绍的硬件设备外,还有很多其他的多媒体设备。具体的应用领域不同,配备的多媒体设备也会不同。下面介绍一些具有代表性的多媒体硬件设备。

1. 扫描仪

扫描仪(Scanner)是20世纪80年代出现的一种光机电一体化的高科技产品,它可以通过扫描将图片、文稿等转换成计算机能够识别和处理的图像文件。这里图片可以是照片、绘画、插图等。

扫描仪由3个部分组成:光学成像部分、机械传动部分、转换电路部分。这3部分相互配合,将反映光学特征的光学信号转换为电信号,再由电信号转变为计算机可以识别的数字信号。光学成像部分包括光源、光路和镜头,用于生成被扫描图像的光学信息;机械传动部分包括控制电路、步进电机、扫描头、导轨等,用于控制扫描仪的机械动作;转换电路部分包括光电转换部件、模/数转换处理电路,这部分是扫描仪的核心,用于将光学信号转换为相应的电信号。

扫描仪的种类很多,按照产品的外观,可分为手持式扫描仪、平板式扫描仪、滚筒式扫描仪等。手持式扫描仪小巧便于携带,价格低廉,但精度不够高,幅面也不太大;平板式扫描仪是目前流行的家用和商用扫描仪,滚筒式扫描仪多为工程设计单位使用,用于扫描大幅面的工程制图。扫描仪按使用的接口形式可分为并行接口、SCSI、通用串行总线(USB)接口等。并行接口是目前大多数扫描仪使用的接口形式,连接于计算机的打印端口,方便快捷,但数据传输速率相对较低,SCSI多用于专业级扫描仪,需要配置专门的SCSI卡,特点是数据传输速率较高;USB接口是一种伴随ATX主板和Windows 98新兴起来的接口,具有支持热插拔、即插即用和较高的数据传输速率等特点。

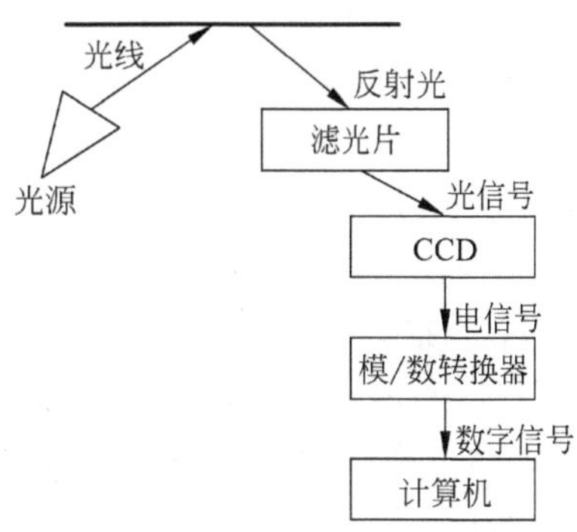

图5-9 扫描仪工作原理图

扫描仪是通过被扫描介质的反射光或透射光来捕获图像的,其工作原理如图5-9所示。因为被扫描图片的深色区域反射较少的光,这些光线经过光学系统采集后,聚焦在电荷耦合器件(Charge Coupling Device,CCD)上,CCD可以检测到图像的每一区域的反射光的总和,然后将这些光信号变换为电信号,由模/数转换器将电信号转换为相应的数字信号,传输到计算机。机械传动机构在控制电路的控制下带动装有光学系统和CCD的扫描头扫描全部的图片或图片的指定范围。图片的每一部分都由光学信号转变为计算机能够识别的数据。最后,控制操作的扫描软件将输入的数据还原为图像。

扫描仪的性能指标主要有分辨率、灰度级、色彩数、扫描方式和扫描幅面等。

1) 分辨率

分辨率表示扫描仪的精度,体现扫描仪对图像细节的表现能力。分辨率习惯以像素点/英寸(Dot Per Inch,dpi)来表示,即每英寸长度上所含有的像素点个数。扫描仪的水平分辨率取决于CCD元件的数量,一般由CCD的数目除以扫描仪的横幅英寸数而得到;垂直分辨率取决于采样率,即CCD每前进1in感受到的光信号的次数。通常,扫描仪的垂直分辨率会比水平分辨率高一倍。将水平与垂直分辨率联合起来就构成了扫描仪的分辨率。一般,扫描仪的分辨率越高,图像的像素点越多,质量越精细,转换后的文件越大。目前市场上分辨率为600×1200dpi的扫描仪比较普及,1200×2400dpi的扫描仪正在兴起,生产厂商正在研制2400×4800dpi的扫描仪。600×1200dpi的扫描仪可满足一般用户基本要求。

2) 灰度级

灰度级表示图像的亮度层次范围,即图像颜色的深浅,灰度级越多,扫描图像的层次越丰富。通常有16级(4位)灰度和256级(8位)灰度两种,也有一些手提扫描仪只有2级灰度,即只能区分黑与白两种亮度。

3) 色彩数

色彩数表示彩色扫描仪所能产生的颜色范围,通常用每个像素点的颜色的数据位(b)来表示。例如真彩色图像指24位颜色,可表示224种不同的颜色。彩色扫描仪的色彩数一般在18～36位,位数越多,扫描得到的图像色彩越鲜艳、越真实。实际上,彩色扫描仪的扫描图像是以红、绿、蓝(RGB)三原色合成而形成的,图像中每一点的颜色都是以这三原色的灰度来表示。以24位真彩色为例,每一种红、绿、蓝原色的灰度为8位,即256级灰度,这3种原色合成以后即可得到像素的24位真彩色。24位的彩色扫描仪在扫描灰度图像时可达到256级灰度。

4) 扫描方式

对于平板式扫描仪,存在不同的扫描方式,即一次扫描和三次扫描。三次扫描方式的彩色扫描仪使用单色CCD,扫描时通过更换滤色片或不同颜色的灯管产生红、绿、蓝三原色,技术简单,扫描仪成本低,但扫描需要3个过程,速度较慢,并有可能存在三原色套色不准,影响扫描品质。一次扫描方式的彩色扫描仪采用彩色CCD,技术较三次扫描复杂,但彩色图像可一次扫描得到,速度较快,也避免了三次扫描套色可能不准的问题。一次扫描方式的彩色扫描仪正逐步取代三次扫描的彩色扫描仪。

5) 扫描幅面

扫描幅面表示扫描仪可以接受的最大原稿尺寸。手持式扫描仪的最大幅面宽度为10.5cm,平板式扫描仪的幅面通常为A4或A4加长,而滚筒式扫描仪的幅面范围可以是A3～A0。

2. 触摸屏

触摸屏(Touch Screen)最早出现于20世纪70年代,后来随着多媒体技术的发展逐渐成熟,现在已成为一种重要的定位设备。触摸屏是指一种能对物体触摸产生反应的屏幕,当用户用手或者其他设备触摸安装在显示器前面的触摸屏时,所摸到的位置被触摸屏控制器检测到,并通过串行口或其他接口送到计算机,从而确定用户输入的信息。由于操作触摸屏简单、直观,触摸屏已在信息管理、信息咨询等领域的多媒体系统中得到了广泛应用。触摸屏的最大特色是使用方便,"一触即得",用户可以不是计算机专家,不必懂得操作系统、输入设备或软件等。都可以通过触摸屏操作这些多媒体系统。

根据触摸屏的安装方式。可将触摸屏分为外挂式、内置式、整体式和投影仪式4类。外挂式触摸屏有一框架,大小和显示器屏幕相当,中间有透明材料制成的屏(红外式触摸屏的中间是空的),利用胶水或胶纸就可以将框架固定在显示器的屏幕前,并且可以随时拆卸;内置式触摸屏外围边框很小,需要将其边框固定在显示器内部,所以安装内置式触摸屏需要拆开显示器;整体式触摸屏是与显示器作为一体配置的;投影仪式触摸屏安装于大型投影屏前,可通过在投影屏上的触摸来写字、绘图及控制计算机流程等。

无论是何种类型的触摸屏,都有一个接口与计算机相连,这个接口可以是串行口、键盘口或专用接口。

触摸屏由传感器、控制器和驱动软件3部分组成。

1) 传感器

传感器用于将手指的触摸转化为一组电压信号,提供给控制器。传感器的工作原理随传感器种类的不同而有所不同。

(1) 电容式传感器。这种传感器有一层弯曲的玻璃,整个玻璃的表面包有一层透明的导电膜,其上再覆盖一层坚硬的保护性玻璃。在导电膜四周加电压,使其建立一个贯穿传感器的稳定电场,当手触摸时,由于电容效应,使电场发生改变,控制器通过电场的改变得知触摸的位置。

(2) 电阻式传感器。这种传感器有一电场层和一检测层,中间用微凸的塑料膜防止电场层和检测层接触。当对触摸屏施以压力时,电场层和检测层接触,在触摸点产生一个电接触,使电阻发生改变,在屏幕的 X、Y 方向上分别测出电阻的改变量,从而计算出触摸的位置。

(3) 红外线式传感器。这种传感器使用了光学技术,在屏幕边框上纵横排列着红外线发光管和接收管,当用手触摸时,由于手指阻断了交叉的红外线光束,从而得知触摸的位置。

(4) 表面声波式传感器。这种传感器使用了声学技术,在屏幕四周安装了声波发送器和声波接收器,在玻璃边缘上分布着一系列的声波反射器。当用于触摸屏幕某点时,声波在这点的传播受到阻碍,通过对接收到的声波序列进行分析,从而得知触摸的位置。

(5) 简单应力计式传感器。这是一种最简单的触摸屏。在显示器上装上一块平板玻璃,4个角都配以一个应力测量器。当对触摸屏施以压力时,应力测量器会表现出某些电子特性的改变,例如电压改变、电阻改变,4个测量器各记录一种改变。控制器根据4个测量器计算出触摸位置和所施的压力。

2) 控制器

控制器是控制传感器并把触摸信号转换成数字信号的设备。控制器的具体实现依据所采用的技术的不同而有所不同,但从系统角度看,所有控制器的作用都一样:处理从传感器传来的数据,计算得出触摸坐标 X、Y 和压力值 Z(有时不要),通过接口传给计算机。控制器的物理形式有内置和外接两种。内置体积较小,价格便宜,便于集成为某种应用系统;外接借助于 RS-232 串行口与计算机通信,虽然价格贵一些,但在系统配置上更加灵活。

3) 驱动软件

驱动软件的作用是使控制器传送的数据适合具体的应用程序,一般,驱动软件有如下几种。

(1) 高级驱动软件。高级驱动软件包括鼠标仿真和键盘仿真。鼠标仿真是将手指与触摸屏接触仿真为按下鼠标按钮,这样触摸屏可以直接应用于使用鼠标的应用软件;键盘仿真是将屏幕依需要设定为若干区域,每一区域为一 ASCII 码。这样当手指与触摸屏接触时即送出指定的 ASCII 码,其效果就如同在键盘上按键一样。

(2) 低级驱动软件。低级驱动软件指串行口通信功能或中断功能调用。串行口通信功能通过串行口 RS-232 与触摸屏直接进行通信;中断功能调用通过中断功能调用从触摸屏接收信息。前者适合 PC 系列计算机或非 PC 系列计算机,后者仅适合 PC 系列计算机。

(3) 触摸屏分辨率管理软件。此管理软件用于管理、调整触摸屏的分辨率。通常按照显示器的分辨率设置触摸屏的分辨率。

3. 调制解调器

调制解调器(Modulator and Demodulator,Modem)是多媒体系统中各设备之间进行通信不可缺少的设备。调制解调器的作用包括两个方向:调制和解调。调制即将计算机内部的数字信号调制成适合在通信线路上传输的模拟信号;解调即将从通信线路上接收到的模拟信号恢复成适合计算机存储、处理的数字信号。

实现调制与解调的方法很多。频率键控(Frequency Shift Keying,FSK)是一种常用的调制方法,它把数字信号"1"与"0"调制成不同频率的模拟信号。其工作原理如图 5-10 所示。

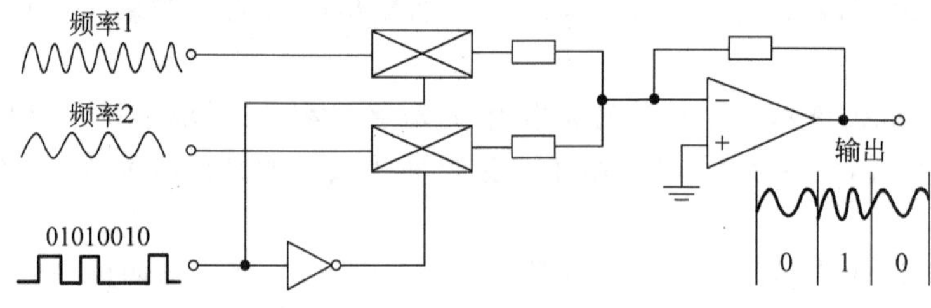

图 5-10　FSK 调制方法原理图

两种不同频率的模拟信号,分别由电子开关控制,在运算放大器的输入端相加,而电子开关由输入的数字信号控制。当输入信号为"1"时,上面的电子开关导通,送出一串频率较高的模拟信号;当输入信号为"0"时,下面的电子开关导通,送出一串频率较低的模拟信号,于是在运算放大器的输出端就得到了调制后的信号。

解调是调制过程的逆过程，通过分析接收到的模拟信号的频率，恢复出数字信号。当检测到较高频率的模拟信号时，输出“1”；当检测到较低频率的模拟信号时，输出“0”。

调制解调器分为内置式（卡式）和外置式两种。内置式调制解调器可像声卡一样插入到计算机主机板上的I/O扩展槽中，结构比较紧凑，价格比较便宜，但安装时要选择COM1、COM2的地址，因而安装相对比较麻烦，外置式调制解调器像个小盒子，通过电缆与计算机的RS-232串行口相连，不占用I/O扩展槽口，不增加机器电源的负担，便于安装、移动，而且一般外置式的调制解调器都有发光二极管（LED）指示灯来表示调制解调器的工作状态，缺点是价格比内置式的要贵好多。

有了调制解调器，多媒体系统中的各个设备之间就可以进行近程和远程的通信，传送的数据类型可以是各种格式的多媒体信息，如文本、图形、声音和视频等。现在许多多媒体计算机上都配置了传真卡（Fax卡），可以像传真机一样收、发传真，其实所谓的传真卡就是调制解调器，而收、发传真只是大部分调制解调器的功能之一。当然用调制解调器收、发传真并不需要纸，收、发双方可以是计算机和传真机，也可以是计算机和计算机。一些新的调制解调器上还带有语音功能，语音功能的直接表现是电话自动应答功能。

在通过调制解调器进行通信时，收、发双方必须都是配有调制解调器且遵守相同网络通信协议的计算机。就像人和人交流时必须使用相同的语言一样，调制解调器通信也要遵守相同的通信协议，否则各行其是谁也不能理解对方的意思。调制解调器使用的V系列通信协议标准是由ITU推荐的，已被世界各国所接受。V系列标准是针对不同传输速率制定的一系列标准，现在市面上的调制解调器大多都支持这个标准。目前，调制解调器产品多以Hayes（贺氏）公司的产品作为事实上的标准，几乎所有的调制解调器都与Hayes兼容。

传输速度是调制解调器的一个非常重要的技术指标，单位是Kb/s。

4. 数码相机

数码相机（Digital Camera）是一种采用CCD或互补金属氧化物半导体作为感光器件。将所摄景物以数字方式记录在存储器中的照相机。数码相机中保存的照片不是实际的影像，而是一个个数字文件；其存储体不是传统的胶片，而是数字化存储器件。用数码相机拍摄的图像可以通过计算机的串行口或SCSI、USB接口从相机传送到计算机中，利用计算机进行处理或在Internet网上发布。因此，数码相机在多媒体系统中是十分有用的图像输入设备。

数码相机其实是一台能够独立工作的微缩计算机。它使用CCD阵列，把来自CCD阵列的电压信号送到模/数转换器（ADC），变换成图像的像素值。与在扫描仪中CCD阵列排成一条线不同，在数码相机中，CCD阵列排成一个矩阵网格分布在芯片上，形成一个对光线极其敏感的单元阵列，因而相机可以一次拍摄一整幅图像，而不像扫描仪那样逐行地慢慢扫描图像。

数码相机的CCD阵列产生的图像数据被传送到数码相机的内部自带的存储器中，供保存或将其传送给计算机。数码相机内部的存储器可以由普通的动态随机存储器（DRAM）、闪速存储器或小型硬盘组成，它们都像硬盘一样无须电池供电就可以将信息保存很长一段时间，存放在闪速存储器中的图像可以保存几个月，甚至几年。

数码相机的工作过程主要分为两步，首先是成像，然后是模/数转换。数码相机拍照时，进入相机镜头的光线聚集在CCD上，一个包含数千个细小彩色点的过滤器把射入的光线分离出三原色R、G、B三种成分，使得每一个CCD单元只能看到一种颜色，从而在CCD芯片的表面形成一个图像，这一过程就是成像的过程。当数码相机判定已经聚集了足够的电荷时，即相片已经被合适地曝光时，就“读出”在CCD单元中的电荷，并传送给一个ADC。ADC把每一个模拟电平转换成一个0～255之间的数值，该值对应于图像上一个点的R、G、B的强度，从而完成了把照射到各个光敏单元的光线按亮度转换成模拟电平的工作。然后，在此基础上，再将模拟电平转换成数字形式，其过程是，从ADC输出数据到数字信号处理器(DSP)，并对数据进行压缩，减少所需的存储空间。

数码相机一般都设有多种拍摄效果的模式，通常分别为：标准、精细、超精细(最高分辨率)，这些模式由数码相机CCD元件的性能决定。数码相机使用的图像压缩格式直接影响图像文件的大小。选择合适的压缩格式可以大大节省数码图像所需的存储空间，增加拍摄照片、图像的数量。数码相机一般还设有多种感光度，在拍摄快速运动的物体、现场光线暗、闪光灯亮度不足或不能使用闪光灯时，就需要设置感光度来拍摄。

数码相机通常分为两类，一类是普及型的，另一类是专业型的。普及型的数码相机一般体积小、质量轻、CCD总像素不多、颜色数一般为24位、分辨率一般较小。普及型数码相机的自动化程度较高，操作比较简便，价格相对便宜，适合普通用户使用。专业型相机是为从事专业摄影工作的用户设计的，一般体积较大，分辨率高，颜色数达36位。不少专业数码相机还具有连拍的功能，对模/数转换设备的要求也比较高。

5.3 多媒体计算机

5.3.1 多媒体处理器

随着多媒体技术、计算机网络技术和网络计算机的发展，计算机结构设计需要考虑增加多媒体和通信功能的问题，要在原有的硬件和软件支撑平台上增加多媒体数据的获取、多媒体数据的压缩和解压缩、多媒体数据的实时处理和特技、多媒体数据的输出以及多媒体通信等功能。

在原有的计算机体系结构中，如何增加上述新的功能，其设计原则是：

(1) 采用国际标准。

(2) 将多媒体和通信功能的单独解决变成集中解决。

(3) 体系结构设计和算法相结合。

(4) 把多媒体和通信技术做到CPU芯片中。

从目前的发展趋势看，可把融合方案分成两类。一类是以多媒体和通信功能为主，融合CPU芯片原有的计算功能；设计目标是用在多媒体专用设备、家电及宽带通信设备上。另一类是以通用计算功能为主，融合多媒体和通信功能；设计目标是与现有计算机系列兼容，融合多媒体和通信的功能，主要用在多媒体计算机中。

多媒体处理器与目前常见CPU的设计结构是有区别的。为了对付模拟音频和视频信号的实时数字化任务，它们采用了用于DSP(数字信号处理器)上的一些计算技术。事实上，多媒体处理器通常是CPU和DSP的混合结构，它同时把RISC、CISC和DSP技术巧妙地结合在一起。

1. 几种典型的多媒体处理器

目前，在多媒体处理器领域比较领先的厂商包括MicroUnity、Philips、Chromatic Research和Nvidia 4家公司。它们的多媒体微处理器产品依次为Media processor、Trimedia、Mpact Media Engine和NVI。这里仅介绍前三种。

1）MicroUnity公司的Media processor

MicroUnity芯片组由3部分组成。

① Media processor。是芯片组的核心，采用高带宽结构并且混合了CISC、RISC和DSP技术的可编程微处理器。

② MediaCodec。是一个A/D转换器，提供与宽带网络的实际接口，可以大大增强芯片组的通信功能。

③ MediaBridge。是一个能与PCI总线和主存储器DRAM连接的外部高速缓存器，把芯片组的3个部分连成一体。

Media processor的主要特点为具有优化的多媒体和宽带通信功能，时钟频率为300～1000MHz，带有信号处理和增强数学运算能力的22位指令集，有1GB/s I/O接口的可选MediaBridge高速缓存和MediaCodec I/O芯片。

2）Philips公司的Trimedia

Trimedia处理器可以完全取代目前个人计算机上的视频卡和声音卡。它可以产生多个任意尺寸的活动窗口，而且叠加方式可以随心所欲。该芯片是通用性的微处理器，能够大大增强个人计算机的多媒体功能。

Trimedia芯片的核心是一个连接多个功能模块的400 MB/s总线。这些功能模块包括视频输入、视频输出、音频输入、音频输出、一个MPEG可变长解码器、一个图像协处理器、一个通信单元和一个超长指令字(VLIW)处理器。

Trimedia的主要特点是：DMA控制音频和视频的I/O单元，支持MPEG-1和MPEG-2 VLD，提供与PCI、数码相机和立体声音频的接口，低价格。

3）Chromatic Research公司的Mpact Media Engine

在结构上，Mpact Media Engine类似于通用的DSP。实际上，它是一个高度专业化的微处理器。当把Mpact Media Engine装进主板之后，它可接替Windows图形加速器、3D图形协处理器、MPEG解压卡、声音卡、Fax/Modem和电话卡的全部工作。

Mpact Media Engine实质上是一个集成了140万只晶体管的专用处理器，而不只是一个门电路矩阵或者由其他标准电路混合而成的芯片。它含5个ALU，包括一个对视频编码和视频会议相当关键的专用运动仿真器。并行的ALU与一个巨大的792位宽交叉总线连接，可在ALU和芯片主缓存之间每秒传送800万个整数。主缓存有8个端口和4KB的静态RAM，它与外部2～4KB Rambus RAM的二级缓存之间采用500MB/s总线连接。

Mpact Media Engine的主要特点是：具有MPEG-1实时视频和音频的编码/解码、MPEG-2视频和音频解码、波表和波导声音合成，支持H. 320(ISDN)和H. 324(模拟电话线)视频会议,价格低于150美元。

2. Intel公司的MMX技术

把多媒体和通信技术集成到CPU芯片中是计算机发展的需要。为了改善CPU体系结构的多媒体和通信性能,Intel公司采用MMX(Multi Media eXtension,多媒体扩展)技术进行扩充,研制出新一代适应多媒体应用的Pentium芯片MMX CPU。MMX CPU的中文名为“多能”。

MMX技术提供面向多媒体和通信应用的新特性,同时对全部现有Intel体系结构微处理器、应用程序和操作系统保持向下兼容。新特性如下所述。

1) 新的数据类型

音频采样数据是16位字长,灰度图像的像素数据是8位字长,彩色图像或图形的RGB各分量也是8位字长。为了提高运算速度,MMX技术定义3种打包的(或称紧缩的)数据类型及一个64位字长的类型。在打包的数据类型中每个元素都是定点整数。4种数据类型定义如下。

(1) 字节组类型。8B组成的一个64位数据。

(2) 字组类型。4个字组成的一个64位数据。

(3) 双字组类型。2个双字组成的一个64位数据。

(4) 四字类型。一个64位数据。

MMX技术可在一条指令中同时处理8个、4个或2个数据,所以称它为单指令多数据流(SIMD)并行处理结构。

2) 扩充的饱和型运算方式

MMX技术采用饱和式运算方式(Saturation Mode)。当运算结果达到最大值时便不再增加,而是保持在这个值。这样就减少了溢出判断处理所需的内部操作,加快了运算速度。另一方面,饱和运算不是一种特殊的操作模式,也不用设置寄存器,它是某些指令操作码的一部分,只在加、减指令中才有饱和方式。例如,对于8位有符号数,上溢和下溢分别置成7FH和80H;8位无符号数置成FFH和00H。

3) 扩充的57条新指令

扩充的丰富的MMX指令系统可以将多种数据元素(8×8、4×16或2×32位定点)编组成64位进行并行操作。共有57条MMX指令增加到原有的体系结构中,这57条MMX指令可分成下述7组:算术运算指令、比较运算指令、转换运算指令、逻辑运算指令、移位运算指令、数据转移指令、MMXTM状态置空(EMMS)指令。

4) 与原结构的全兼容性

MMX技术提供8个64位通用寄存器,实际上它们是原体系结构IA中的浮点寄存器。在MMX技术指令中可以通过MM0~MM7直接对它们进行寻址操作。IA MMXTM寄存器状态是建立在IA浮点寄存器状态上的别名,在MMXTM技术中没有增加新的状态和模式。对浮点状态进行存取的浮点指令,同时也处理了IA MMXTM状态(例如,在进行上下文切换时)。MMX技术在浮点体系结构和操作系统之间使用了相同的接口技术(主要用于任务切换功能)。

5.3.2 多媒体总线

1. PCI 总线

1993 年后，由于微处理器的飞速发展，使得 ISA、EISA 总线显得落后了。微处理器的高速度和总线的低速度不同步，造成硬盘、图形卡和其他外设只能通过一个慢速且狭窄的瓶颈发送和接收数据，使 CPU 的高性能受到严重的影响，从而业界又提出了计算机的一项新技术——局部总线技术(Local BUS)。

Local BUS 是计算机体系结构的重大发展。它打破了数据 I/O 的瓶颈，使高性能 CPU 的功能得以充分发挥。从结构看，所谓局部总线是在 ISA 总线和 CPU 总线之间增加的一级总线。由于独立于 CPU 的结构，使总线形成一种独特的中间缓冲器的设计，从而与 CPU 及时钟频率无关。因此，用户可将一些高速外设，如网络适配卡、图形卡、硬盘控制器等从 ISA 总线上卸下，通过局部总线直接挂接到 CPU 总线上，使之与高速的 CPU 总线相匹配，而无须担心在不同时钟频率下会引起性能上的分歧。标准局部总线目前有两种，其中一种是 PCI 总线。

PCI(Peripheral Component Interconnect)总线是 Intel 公司 1993 年发布的。目前该总线分为 PCI 1.0 和 PCI 2.0。PCI 1.0 为 32 位总线，时钟频率为 33MHz，总线最大传输速率为 32×33/8MB/s=132MB/s。PCI 2.0 为 64 位总线，时钟频率为 66MHz，最大传输速率为 264MB/s，目前最新版本为 PCI 2.1。PCI 有如下 6 个特点。

(1) 在 CPU 和外设之间插入了一个复杂的管理层，以协调数据传输并且提供总线接口。

(2) 由于采用信号缓冲，PCI 能够支持 10 种外设，且在高时钟频率下保持最高的传输速率。

(3) PCI 芯片将大量系统功能高度集成，节省连接逻辑电路，使硬件成本大为降低。

(4) PCI 总线能够自动配置参数，支持 PCI 总线扩展板和部件。

(5) PCI 能够支持线性突发的数据传送模式，以确保总线更有效地利用频带宽，不断地满载数据进行传送，减少无谓的寻址操作。

(6) PCI 独特的同步操作及对总线主控功能，可确保 CPU 能与总线同步操作，无须等待后者完成任务，有助于改善 PCI 的性能。

2. AGP 总线

加速图形端口(Accelerated Graphics Port，AGP)是 Intel 公司在 1997 年秋为应付计算机处理 3D 图形中潜在的数据流瓶颈提出的一种解决方案。当时三维图形技术发展正值方兴未艾之时，快速更新换代的图形处理器开始越来越多地需要多边形和纹理数据来填饱它，但数据的流量受制于 PCI 总线的上限。那时的 PCI 显卡被迫与所有系统内其他 PCI 设备，例如 SCSI 卡、网卡等，一道分享 133Mb/s 的带宽。AGP 总线提供了一个与系统芯片组的独占通道，完全脱离了 33MHz PCI 总线的束缚。

AGP 总线是一条 32 位的多路地址和数据总线，还拥有一条 8 位的侧面寻址总线(Sideband Addressing)。它的加入决定性地改变了计算机平台对 3D 图像的支持。它在芯片组与图形处理器之间增加一条新的高速总线来降低图形瓶颈,把 3D 图像的处理过程从 PCI 的速率限制中解放出来。它允许纹理直接在系统内存里渲染,而不是被预取进图形图像卡的内存中去。

支持 AGP 的操作系统可以动态地保留图形控制器所需的系统内存段。这意味着只需要更小的图形图像卡内存,而把这种昂贵的只能用于图形图像显示的高速内存更好地用于屏幕刷新、Z 轴缓冲上。这种革新也去除了图形内存空间对纹理贴图的限制,使应用程序能用更大的纹理贴图进一步改善场景的质量。最大的应用程序可能用到 16MB 的纹理贴图,这在以前是不可想象的,或许只有少数图形工作站能勉强达到。

最早的 AGP 格式是 AGP 1x,因为时钟频率提高到了 66MHz,所以带宽是 PCI 总线的两倍,达到了 266Mb/s。很快 AGP 2x 问世,通过每周期传送两次 32 位数据,将带宽提高到了 533Mb/s。2000 年又出现了每时钟周期处理 4 个 32 位数据的 AGP 4x 格式,这一次带宽突破了 1Gb/s。

5.3.3 多媒体个人计算机

多媒体技术的应用基于多种媒体信息的交互处理与大信息量的高度集成,要求支持声音、图像、图形、文本等各种信息和多任务的工作,使声音、语言等信号在播放时保持连续;视频图像信号能按一定的时间要求显示画面,实现声、图、文的同步与实时传输,让人-机界面的交互性进一步融合。实现这种功能的计算机系统已经能在许多方面取代以前要靠工作站才能胜任的工作。

所谓多媒体个人机(MPC)就是具有多媒体功能的个人计算机。从硬设备来看,在个人计算机增加声音卡和光盘驱动器,是人们一般所指的早期的多媒体个人计算机。多媒体技术的发展,不断赋予 MPC 新的内容。另外对 MPC 也有不同的理解。对广大用户而言,把具有上述功能的个人计算机或把增加多媒体升级套件的现有个人计算机叫做 MPC。

复习思考题

1. 试述光存储的类型及相关标准。
2. CD-ROM、CD-R 和 CD-RW 3 种光驱的差别有哪些?
3. 扫描仪的主要性能指标有哪些?
4. 试述多媒体软件的层次结构。
5. 什么是多媒体著作工具?为什么要使用多媒体著作工具?

第6章 多媒体计算机软件系统结构

6.1 多媒体软件

6.1.1 多媒体软件的层次

在多媒体系统中，多媒体硬件设备是系统的物质基础，多媒体软件是系统的灵魂。离开了多媒体软件的支持，多媒体硬件设备就无法发挥作用。由于多媒体系统涉及种类繁多的种种硬件设备，要处理形形色色、差异巨大的各种多媒体数据，因而将这些硬件设备有机地组织在一起，使用户能够方便、有效地使用多媒体数据，是多媒体软件的主要任务。除了传统计算机软件的应有功能之外，多媒体软件更着重于反映多媒体技术的特有内容，如数据压缩、各类多媒体硬件设备的接口驱动和集成、新型的交互方式、基于多媒体的各种支持等。因而，各种与多媒体有关的软件实质上都可以划归到多媒体软件的名下，但事实上许多专门的多媒体软件系统，如多媒体数据库系统、超媒体系统等，通常都单独分出，多媒体软件常指那些公共的多媒体软件工具和系统。

多媒体软件可以划分成不同的层次或类别。这种划分是在发展过程中形成的，并没有绝对的标准。本书按其功能划分为五类：多媒体驱动软件、多媒体操作系统、多媒体工具软件、多媒体应用软件和多媒体应用系统，如图 6-1 所示。

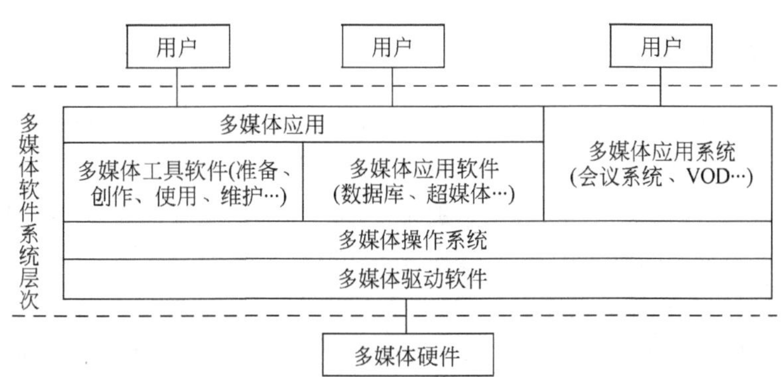

图 6-1　多媒体软件系统分层示图

1. 多媒体驱动软件

多媒体软件中直接和硬件打交道的软件称为驱动程序。它完成设备的初始化、各种设备操作以及设备的打开与关闭,基于硬件的压缩与解压、图像快速变换等基本硬件功能调用等。这种软件一般由硬件提供。

2. 支持多媒体的操作系统或操作环境

与操作系统是计算机系统中软件、硬件的控制中心一样,多媒体操作系统也是多媒体系统中全部软件、硬件的控制中心,它负责控制和管理多媒体系统中的包括硬件资源、软件资源和网络资源在内的全部系统资源,以提高系统资源的利用率,同时为用户提供与系统交互的人机界面。

目前,使用中的多媒体操作系统一般是在原有操作系统的基础上扩充多媒体资源管理与信息处理功能形成的。例如,早期 Macintosh 机上的操作系统 Systems 7.0 原来只具有音频信息处理功能,扩充 Quick Time 后,可提供视频信息处理功能,并可对声音、视频信息进行综合处理,成为多媒体的操纵平台。个人计算机上的操作系统 DOS 和 Windows 也都进行了多媒体的扩充,特别是 Widows 系统,具有多任务功能,使用图形用户接口,具有动态链接库和动态数据交换功能,而且还提供了多媒体支持和目标链接、嵌入等功能,是目前在个人计算机上开发多媒体软件的良好环境。

3. 多媒体工具软件

(1) 多媒体素材制作软件。多媒体素材制作软件是采集多种媒体数据的软件,如声音录制与编辑软件、图像扫描及预处理软件、全动态视频采集软件、动画生成编辑软件等。从层次角度来看,多媒体素材制作软件不能单独算作一层,它实际上是创作软件中的一个工具类部分。

(2) 多媒体编辑创作软件。多媒体编辑创作软件又称多媒体著作工具,是多媒体专业人员在多媒体操作系统之上开发的,供特定应用领域的专业人员组织编排多媒体数据,且把它们连接成完整的多媒体应用的系统工具。

4. 多媒体应用软件

多媒体应用软件是在多媒体硬件平台上设计开发的面向应用的软件系统。由于与应用密不可分,有时也包括用软件创作工具开发出来的应用。例如,一般所说的多媒体"Title",它可能是一套小学生物课教学系统,也可能是一部声像俱全的百科全书,还可能是一部用户可以参与但实际像电影的游戏。目前,多媒体应用软件种类十分繁多,既有广泛使用的公共型应用支持软件,如多媒体数据库系统等,也有不需二次开发的软件应用。这些软件开始广泛应用于教育、培训、电子出版、影视特技、动画制作、电视会议、咨询服务和演示系统等各个方面;也可支持各种信息系统过程,如通信、I/O、数据管理等;它还将逐渐深入社会生活的各个领域。

6.1.2 多媒体素材制作软件

媒体素材指的是文本、图像、声音、动画、视频等不同种类的媒体信息。它们是多媒体产品中的重要组成部分。多媒体素材包括对上述各种媒体数据的采集、输入、处理、存储、输出等过程，与之相对应的软件，称为多媒体素材制作软件。

本书将在6.2节中主要介绍目前常用的媒体素材制作软件Photoshop。

6.1.3 多媒体著作软件

随着多媒体技术的迅速发展，人们能够通过计算机处理各种媒体信息，开发适合不同应用场合的多媒体应用系统。早期的多媒体应用软件的制作，大多依赖程序语言。由于多媒体技术的复杂性以及对各种媒体处理与合成的高难度，通常用程序设计多媒体应用系统比一般计算机应用系统的开发要难得多。为了有效地提高开发多媒体应用系统的质量和速度，人们把注意力放在适合各种开发需要的多媒体著作工具上。通过这些多媒体著作工具，使得多媒体应用系统不再是专业程序员的专利，普通应用领域的开发人员也能高效率地制作适合不同专业的多媒体应用系统。

多媒体著作工具是指能够集成处理和统一管理多媒体信息，使之根据用户的需要生成多媒体应用系统的工具软件。与多媒体著作工具相关的概念有以下4个。

(1) 创作环境。用于创作的整套硬件、固化软件(永久性内建在硬件里的软件)和软件。

(2) 创作系统。环境中所有专用于创作的软件程序。

(3) 创作工具。环境中一个专用于创作的软件程序，它可完成一项或多项创作任务。

(4) 集成工具。用于安排多媒体对象，处理其时空关系，使之集成为一个简报或应用软件的工具。

使用多媒体创作程序的目的就是简化多媒体的创作，使得创作者可以不必关心有关的多媒体程序的各个细节，创作多媒体的一些对象、一个系列以至整个应用程序。

6.2 多媒体图像编辑软件 Photoshop CS4

6.2.1 概述

Adobe Photoshop 是 Adobe 公司在1990年首次推出的一款功能强大的图像处理软件，自推出以来，广泛应用在平面设计和彩色印刷等行业，是在 Macintosh(简称 Mac 苹果机)和基于 Windows 平台的个人计算机上运用最为广泛的图像编辑应用程序。随着 Adobe 公司的不断发展，Photoshop 的功能也不断完善，在图像处理及平面设计领域里一直占据领先地位，是当前使用最为广泛、效果最为出众的专业级图像编辑及设计软件。使用 Photoshop 可以创作出既适于印刷又可用于 Web、无线装置或其他介质的精美图像，还可以大幅度提高绘图及编辑的效果。

由于 Photoshop 功能强大，且对数码视频技术的强力支持及与许多同类应用程序具有良好的兼容性，已经广泛应用于出版、印刷、图像制作和编辑等领域。Photoshop 目前主要应用在以下方面。

(1) 平面效果设计。平面设计是 Photoshop 应用最为广泛的一个方面，这其中的代表就是广告。求新、求异的广告诉求使其追求图像效果的千变万化，使用 Photoshop 即可满足这方面需求。

(2) 图像编辑及修复。Photoshop 拥有非常强大的图像修饰功能,它可以快速修复图像的种种缺陷,还可以制作意想不到的梦幻效果。这也使得它成为了专业级的婚纱照和艺术照的加工工厂。

(3) 海报、招贴以及广告设计。作为产品的外在形象,包装直接影响着消费者对该产品的第一印象。Photoshop 强大的绘图功能不仅可以为企业设计 VI 系统,还能设计产品的形状及外包装,赋予其真实的质感效果。

(4) 摄影处理。无论是以人为主题还是以物为中心的广告,都离不开摄影的协助。经过 Photoshop 的处理与编辑,照片效果变得更加和谐完美,更符合广告要求。

(5) 插画设计。Photoshop 拥有优秀的绘画与调色功能,使用它进行绘画,不仅能得到逼真的绘画效果,还可以制作出普通画笔无法描绘的特殊混合效果。

(6) 建筑效果图的后期处理。无论是建筑外观还是室内装饰,都可以使用 Photoshop 制作贴图,体现最真实的质感效果。

(7) 网页及动画的制作。网站是一个公司的网络名片。在设计制作过程中,不管是网站首页的建设,还是界面及图标的设计和制作,都需要 Photoshop 这一强大设计软件的支持。

Photoshop CS4 是 Adobe 公司最新推出的图形图像处理软件,此版本在 Photoshop CS3 的基础上有了诸多改进,包括对文件浏览器、色彩管理、消失点特性、图层面板的改进等,并增添了 3D 等功能,从而使 Photoshop 的功能又获得进一步的增强。Photoshop CS4 的新增功能有:

(1) 界面。在 Photoshop CS4 中将一些常用调整功能放在了标题栏中,使用户处理图像更加方便。

(2) 调整面板。在 Photoshop CS4 中为创建新的填充或调整图层新增加了一个调整面板,通过图标的形式轻松使用所需的各个工具对图像进行调整,实现无损调整并增强图像的颜色和色调;新的实时和动态调整面板中还包括图像控件和各种预设,如图 6-2 所示。

(3) 蒙版面板。在 Photoshop CS4 中为蒙版新增加了一个蒙版面板,可快速创建和编辑蒙版。该面板提供给用户需要的所有工具,它们可用于创建基于像素和矢量的可编辑蒙版、调整蒙版密度和羽化、轻松选择非相邻对象等,如图 6-3 所示。

(4) 3D 描绘。借助全新的光线描摹渲染引擎,可直接在 3D 模型上绘图、用 2D 图像绕排 3D 形状、将渐变图转换为 3D 对象、为层和文本添加深度、实现打印质量的输出并导出到支持的常见 3D 格式。

(5) 颜色校正。体验大幅增强的颜色校正功能以及经过重新设计的减淡、加深和海绵工具,现在可以智能保留颜色和色调详细信息。

(6) 内容识别缩放。创新的全新内容感知型缩放功能可以在用户调整图像大小时自动重排图像,在图像调整为新的尺寸时智能保留重要区域。一步到位制作出完美图像,无须高强度裁剪与润饰。

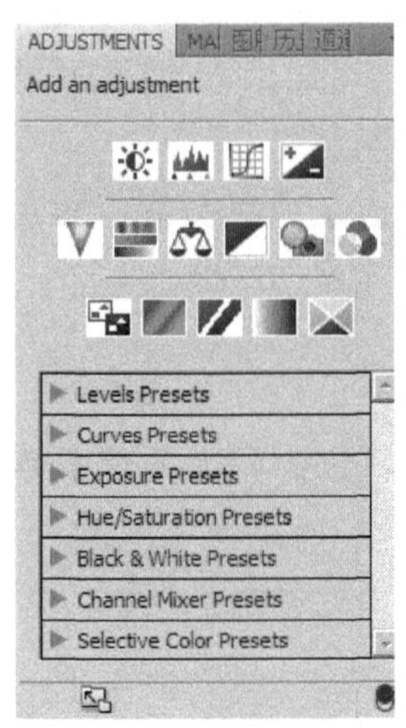

图 6-2　调整面板

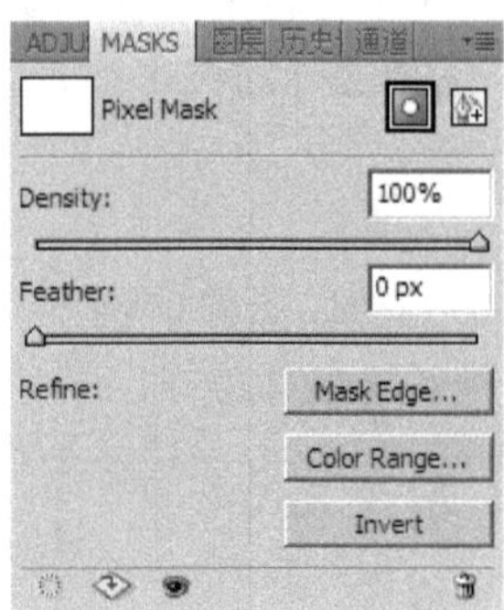

图 6-3　蒙版面板

(7) 更好地处理原始图像。使用行业领先的 Adobe Photoshop Camera Raw 5 插件，在处理原始图像时实现出色的转换质量。该插件现在提供本地化的校正、裁剪后晕影、TIFF 和 JPEG 处理，以及对一百九十多种相机型号的支持。

(8) 增强的图层混合与图层对齐功能。使用增强的“自动混合层”命令，可以根据焦点不同的一系列照片轻松创建一个图像，该命令可以顺畅混合颜色和底纹，现在又延伸了景深，可自动校正晕影和镜头扭曲。

使用增强的“自动对齐层”命令可创建出精确的合成内容。移动、旋转成变形层，从而更精确地对齐它们，也可以使用“球体对齐”命令创建出令人惊叹的 360°全景。

(9) 画布任意角度旋转。在 Photoshop CS4 中只需要单击即可随意旋转画布，按任意角度实现无扭曲的查看绘图，在绘制过程中无须再转动头部。

6.2.2　Photoshop CS4 常用术语

1. 位图

位图又叫做“点阵图”或“像素图”，其大小和质量由图像中像素的多少决定。位图表现力强、层次丰富且细腻精致，可以模拟出逼真的图片效果，但是放大后会变得模糊。

2. 矢量图

矢量图也叫做向量图，采用线条和填充的方式，可以随意改变形状和填充颜色。无论放大或缩小都不会失真，且与分辨率无关。矢量文件中的图形元素称为对象。每个对象都是一个自成一体的实体，它只有颜色、形状、轮廓、大小和屏幕位置等属性。多次移动和改变它可以维持它原有的清晰度和弯曲度。

3. 颜色模式

在 Photoshop 中，记录某种图像颜色的方式就是颜色模式，它也可以说是将某种颜色表现为数字形式的模式。Photoshop 为用户提供了 9 种颜色模式，即 RGB 模式、CMYK 模式、

HSB模式、Lab颜色模式、位图模式、灰度模式、索引颜色模式、双色调模式和多通道模式。

4. 分辨率

分辨率是用于度量位图图像内数据量多少的参数,表示方式为ppi(每英寸像素)。包含的数据越多,图像文件的大小就越大,也就越能表现更丰富的细节。

5. 像素

像素(Pixel)是构成图像的基本单位,呈矩形显示,单位面积上的像素越多,图像越清晰、越逼真,图像效果也就越好。

6.2.3 图像格式

根据记录图像信息的方式(位图或矢量)和压缩图像数据的方式的不同,图像文件可以分为多种格式,每种格式的文件都有相应的扩展名。Photoshop可以处理大多数格式的图像文件,但是不同格式的文件可以使用不同的功能。常见的图像文件格式有以下几种。

1. PSD格式

Photoshop软件默认的图像文件格式是PSD格式,它可以保存图像数据的每一个细小部分,如图层、蒙版、通道等。尽管Photoshop在计算过程中应用了压缩技术,但是使用PSD格式存储的图像文件仍然很大。不过,因为PSD格式不会造成任何的数据损失,所以在编辑过程中,最好还是选择将图像存储为该文件格式,以便于修改。

2. JPEG格式

JPEG格式是一种图像文件压缩率很高的有损压缩文件格式。它的文件比较小,但用这种格式存储时会以失真最小的方式丢掉一些数据,而存储后的图像效果也没有原图像的效果好,因此印刷品很少用这种格式。

3. GIF格式

GIF格式是各种图形图像软件都能够处理的一种经过压缩的图像文件格式。正因为它是一种压缩的文件格式,所以在网络上传输时,比其他格式的图像文件快很多。此格式最多只能支持256种色彩,因此不能存储真彩色的图像文件。

4. TIFF格式

TIFF格式是由Aldus为Macintosh开发的一种文件格式。目前,它是Macintosh和个人计算机上使用最广泛的位图文件格式。在Photoshop中TIFF格式能够支持24位通道,它是除Photoshop自身格式(即PSD与PDD)外唯一能够存储多于4个通道的图像格式。

5. BMP格式

BMP格式是Windows中的标准图像文件格式,将图像进行压缩后不会丢失数据。但是,用此种压缩方式压缩文件,将需要很多的时间,而且一些兼容性不好的应用程序可能会打不开 BMP 格式的文件。此格式支持 RGB、索引颜色、灰度与位图颜色模式，而不支持 CMYK 模式的图像。

6. PDF 格式

PDF(Portable Document Format)是一种电子文件格式。这种文件格式与操作系统平台无关，也就是说，PDF 文件不管是在 Windows、UNIX 还是在苹果公司的 Mac OS 操作系统中都是通用的。这一特点使它成为在 Internet 上进行电子文档发行和数字化信息传播的理想文档格式。越来越多的电子图书、产品说明、公司文告、网络资料、电子邮件开始使用 PDF 格式文件。PDF 格式文件目前已成为数字化信息事实上的一个行业标准。

7. EPS 格式

EPS 格式可以同时包含矢量图形和位图图形，并且支持 Lab、CMYK、RGB、索引颜色、双色调灰度和位图颜色模式，但不支持 Alpha 通道。

8. DIB 格式

DIB(Device Independent Bitmap，设备无关位图文件)是一种文件格式，其目的是为了保证用某个应用程序创建的位图图形可以被其他应用程序装载或显示一样。

9. IFF 格式

IFF 格式是一种文件交换格式文件，这种文件格式多用于 Amiga 平台，在这种平台上它几乎可以存储各种类型的数据，在其他平台上，IFF 文件格式多用于存储图像和声音文件。

10. PCX 格式

PCX 格式是 ZSoft 公司在开发图像处理软件 Paintbrush 时开发的一种格式，基于计算机的绘图程序的专用格式，一般的桌面排版、图形艺术和视频捕获软件都支持这种格式。

11. FXG 格式

FXG 是基于 MXML(由 FLEX 框架使用的基于 XML 的编程语言)子集的图形文件格式。可以在 Adobe Flex Builder 等应用程序中使用 FXG 格式的文件以开发丰富多彩的 Internet 应用程序和体验。存储为 FXG 格式时，图像的总像素必须少于 6 777 216，并且长度或宽度应限制在 8 192 像素范围内。

12. RAW 格式

RAW 中文解释是“原材料”或“未经处理的东西”。RAW 文件包含了原图片文件在传感器产生后，进入照相机图像处理器之前的一切照片信息。用户可以利用计算机上的某些特定软件对 RAW 格式的图片进行处理。

13. PICT 格式

PICT 格式的文件扩展名是 *.PIC 或 *.PCT，该格式的特点是能够对大块相同颜色的图像进行非常有效的压缩。当要保存为 PICT 格式的图像时,会弹出一个对话框,从中可以选择 16 位或者 32 位的分辨率来保存图像。如果选择 32 位,则保存的图像文件中可以包含通道。PICT 格式支持 RGB、Indexed Color、位图模式、灰度模式,并且在 RGB 模式中还支持 A1pha 通道。

14. PXR 格式

PXR 格式是应用于 PIXAR 工作站上的一种文件格式,所以广大个人计算机的用户对 PXR 格式比较陌生。在 Photoshop 中把图像文件以 PXR 格式存储,就可以把图像文件传输到 PIXAR 工作站上。而在 Photoshop 中也可以打开一幅由该工作站制作的图像。

15. PNG 格式

PNG 格式是 Netscape 公司开发出来的格式,可以用于网络图像,它能够保存 24 位的真彩色,这不同于 GIF 格式的图像只能保存 256 色。另外,它还支持透明背景和消除锯齿边缘的功能,可以在不失真的情况下压缩保存图像。PNG 格式在 RGB 和灰度模式下支持 A1pha 通道,但在 Indexed Color 和位图模式下则不支持 A1pha 通道。

16. SCT

Scitex 是一种 High-End 的图像处理及印刷系统,它所采用的 SCT 格式可用来记录 RGB 及灰度模式下的连续色调,Photoshop 中的 SCT(Scitex Continuous Tone)格式支持 CMYK、RGB 和灰度模式的文件,但是不支持 A1pha 通道。一个 CMYK 模式的图像保存成 SCT 格式时,其文件通常比较大。这些文件通常是由 Scitex 扫描仪输入图像,在 Photoshop 中处理图像后,再由 Scitex 专用的输出设备进行分色网板输出,得到高质量的输出图像。Photoshop 处理的对象是各种位图格式的图像文件,用它来保存的图像都是位图图像,但是,它能够与其他向量格式的软件交流图像文件,可以打开矢量图像。

17. TGA 格式

TGA 格式(Tagged Graphics)是由美国 Truevision 公司为其显示卡开发的一种图像文件格式,文件后缀为 *.TGA,已被国际上的图形、图像行业所接受。TGA 的结构比较简单,属于一种图形、图像数据的通用格式,在多媒体领域有很大影响,是计算机生成图像向电视转换的一种首选格式。TGA 图像格式最大的特点是可以做出不规则形状的图形、图像文件,一般图形、图像文件都为四边形,若需要有圆形、菱形甚至是镂空的图像文件时,TGA 可就发挥其作用了。TGA 格式支持压缩,使用不失真的压缩算法。在工业设计领域,使用三维软件制作出来的图像可以利用 TGA 格式的优势,在图像内部生成一个 Alpha(通道),这个功能方便了在平面软件中的工作。

18. PSB 格式

大型文件格式(PSB)在任一维度上最多能支持高达 300 000 像素的文件,也能支持所有 Photoshop 的功能,例如图层、效果与滤镜。目前以 PSB 格式存储的文件,大多只能在

Photoshop CS 以上版本中开启，因为其他应用程序，以及较旧版本的 Photoshop，都无法开启以 PSB 格式存储的档案。

6.2.4 工具箱的使用

认识工作界面是熟练掌握软件操作的必经阶段，对于提高操作速度有重要的意义。运行 Photoshop 程序并打开一幅图像后，将显示类似于如图 6-4 所示的完整工作界面。在 Photoshop CS4 版本中，其操作的界面变得更加的人性化了，这也是继 Photoshop CS 版本中增加了泊窗界面功能后，所做的又一次重大变革。

图 6-4 Photoshop CS4 界面

(1) 菜单栏。共包括 11 个菜单，分别为“文件”、“编辑”、“图像”、“图层”、“选择”、“滤镜”、“视图”、“窗口”和“帮助”。通过这些菜单中的命令可以执行大部分操作。

(2) 属性栏。从 Photoshop 6.0 版本开始出现属性栏。用于设置工具箱中各个工具的参数，不同工具所对应的属性栏选项各不相同。

在工具箱中选择某工具后，该工具相应的选项将显示在工具选项栏中。如图 6-5 所示为激活“裁剪”工具后的选项栏显示状态，通过在工具的选项栏中进行设置，可以自由定制工具的工作状态与工作参数，以应对不同的工作情况。

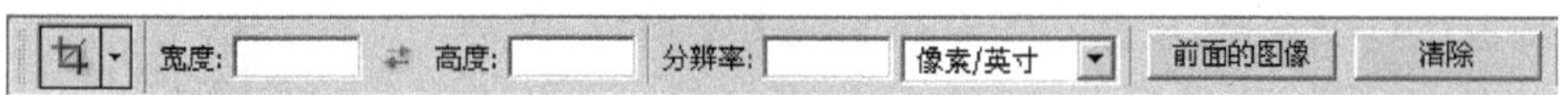

图 6-5 “裁剪”工具选项

(3) 工具箱。工具箱中列出了 Photoshop CS4 中常用的工具,图标右下角有小三角标志的表示该工具组隐藏着一个工具组,在图标上单击鼠标右键或者按住鼠标左键不放,即可显示该工具组中的所有工具。

在工具箱中可以看到,许多工具图标的右下角有一个小三角形,这表示该工具属于一个工具组,其中有隐藏工具未显示。单击工具图标中的小三角,即可弹出被隐藏的工具,滑动鼠标在某工具上释放鼠标键时,该工具即被激活为当前选择工具,如图 6-7 所示为处于显示状态的隐藏工具。当光标指向某工具按钮数秒后,将出现该工具的名称及操作快捷键,如图 6-8 所示。

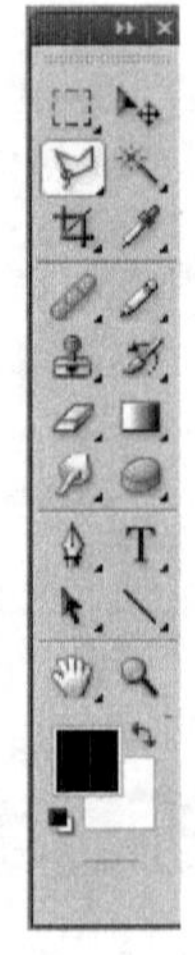

图 6-6 工具箱

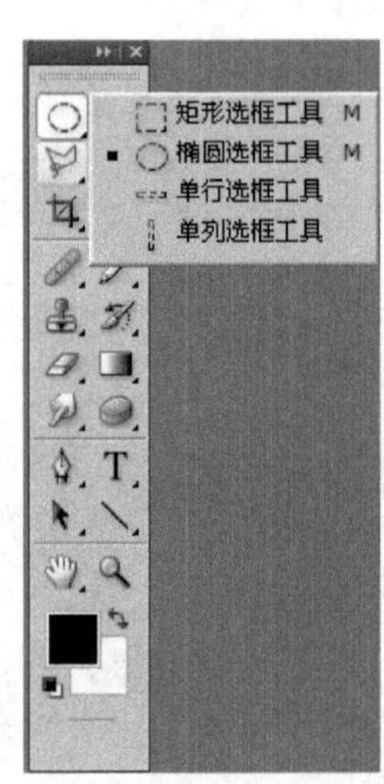

图 6-7 显示隐藏的工具

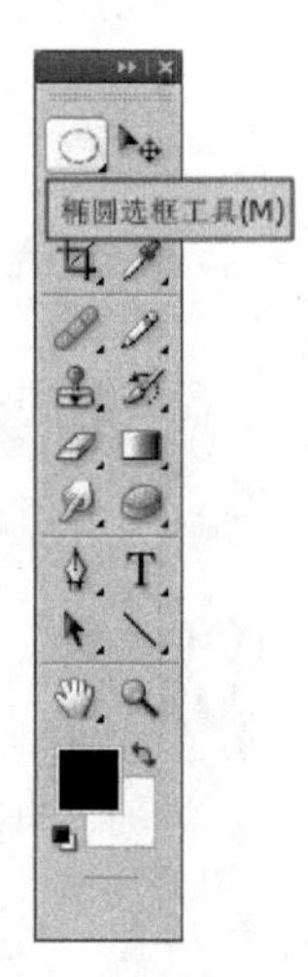

图 6-8 工具名称提示

(4) 状态栏。位于图像窗口底部的横条称为状态栏,其中显示了当前操作提示和图像的相关信息。

(5) 工作区。在 Photoshop 工作界面中灰色的区域为工作区,工具箱、面板和图像窗口都在工作区内。

(6) 浮动面板。浮动面板就是工作界面右侧的多个小窗口,它功能全面主要用于配合图像的编辑,对操作进行控制和参数设置。在面板中单击鼠标右键,还可以打开一些快捷菜单进行操作。

面板可以进行伸缩,对于最右侧已展开的一栏调板,单击其顶部的伸缩栏,可以将其收缩成为图标状态,如图 6-9 所示。反之,如果我们单击未展开的伸缩栏,则可以将该栏中的全部调板都展开,如图 6-10 所示。

如果要切换至某个调板,可以直接单击其标签名称,如果要隐藏某个已经显示出来的调板,可以双击其标签名称。展开所有的调板后可以看出,虽然右侧罗列了很多个调板,但却被很规则的分为两栏,这也是 Photoshop 在默认情况下的调板栏数量。当然,如果需要,也可以再增加更多的调板栏。

下面重点介绍各类工具的功能及使用。

图 6-9 收缩所有调板时的状态

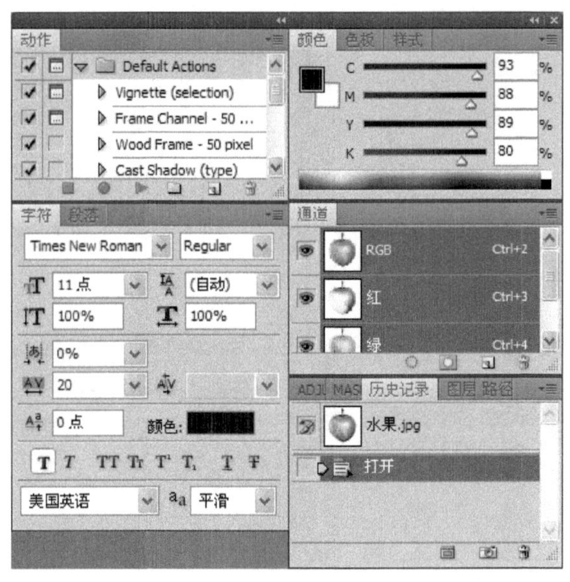

图 6-10 展开所有调板的状态

1. 选框工具组

利用选框工具组可在图像中创建规则的几何形状选区，选框工具包括矩形选框工具、椭圆选框工具、单行选框工具和单列选框工具。选框工具组位于工具箱中的左上角，默认为矩形选框工具。图 6-11 所示为选框工具组。

要选择选框工具组中的其他选框工具，可通过以下几种方法来实现。

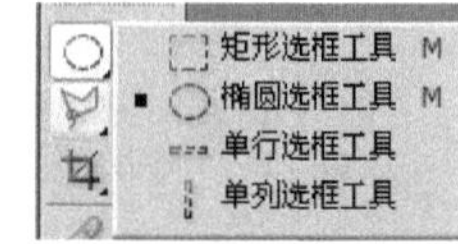

图 6-11 选框工具组

(1) 在“矩形选框工具”按钮 上单击并按住鼠标不放，可弹出如图 6-11 所示的隐藏工具组。单击工具组中所需的选框工具即可选择该工具。

(2) 用鼠标右键单击“矩形选框工具”按钮，也可弹出如图 6-11 所示的选框工具组。

(3) 按住 Alt 键，连续单击选框工具按钮，直至所需形状的选框工具显示出来。

下面分别介绍各种选框工具的使用方法。

1) 矩形选框工具

利用矩形选框工具可创建矩形或正方形选区。单击工具箱中的“矩形选框工具”按钮，将光标移至图像中，按住鼠标左键单击并拖曳，即可创建矩形选区，此时属性栏如图 6-12 所示。

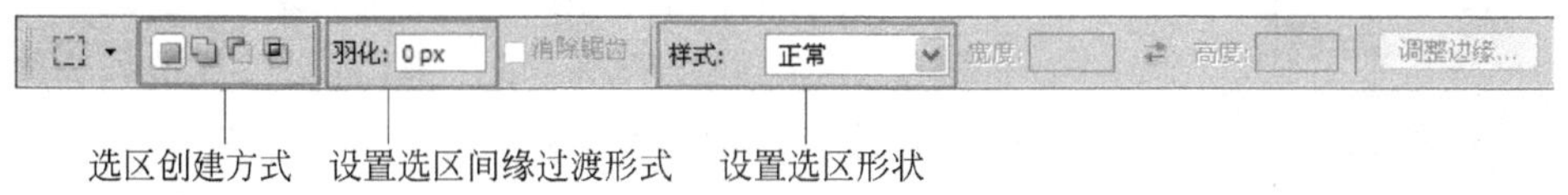

图 6-12 矩形选框工具选项栏

根据在工具选项栏中选择的模式不同，创建选区时得到的效果也各不相同，如图 6-13 所示。创建选区的 4 种方式如下。

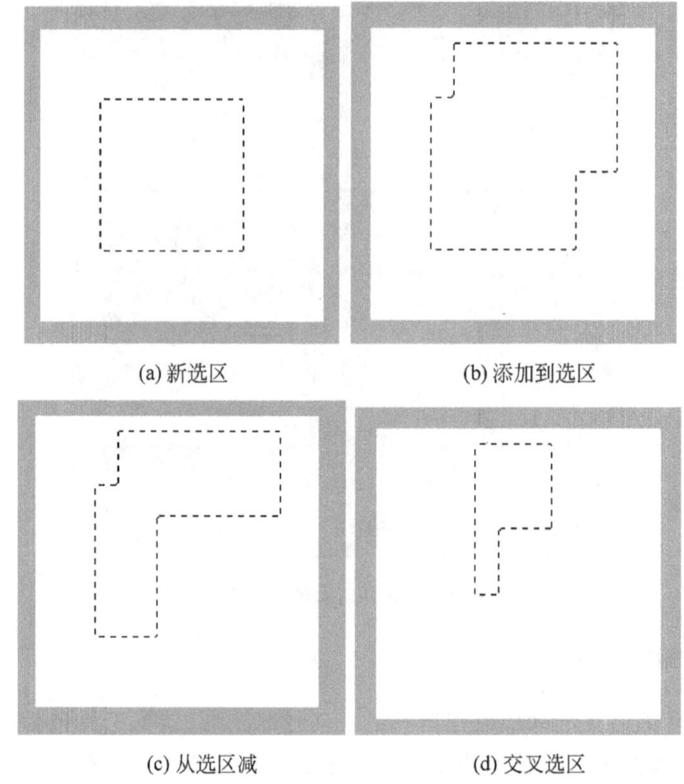

图 6-13 使用矩形工具创建的选区

(1)“新选区”。在图像中拖动,每次绘制只创建一个选区,创建新选区时,上一个选区将自动取消。

(2)“添加到选区”。在图像中拖动,可以按累积的形式创建多个选区。

(3)“从选区减去”。在图像中拖动,第一次绘制时创建一个新选区,再绘制时从已存在的选区中减去当前绘制的选区,若两个选区无重合则无任何变化,此时各工具的光标下方会显示一个“－”号。

(4)“与选区交叉”。在图像中拖动,第一次绘制时创建一个新选区,再绘制时只保留当前绘制的选区与已存在的选区相交的部分,此时各工具的光标下方会显示一个“×”号。

使用矩形工具可以创建矩形选区和正方形选区。创建矩形选区时,将鼠标移至图像上需要选择的区域,按住鼠标左键并拖动至该选区的右下角松开鼠标即可。

图 6-14 样式下拉列表

按住 Shift 键的同时使用矩形选框工具,在图像中可创建一个正方形选区;按住 Shift＋Alt 键,将会以单击处为中心向周围扩展绘制一个正方形选区。

在矩形选框工具属性栏中单击“样式”下拉列表,弹出如图 6-14 所示的下拉列表。可以创建所需的矩形选区。

2) 椭圆选框工具

利用椭圆选框工具可以在图像中创建椭圆或正圆选区。单击工具箱中的“椭圆选框工具”按钮,将鼠标移至图像上并按住鼠标左键拖动,即可创建一个椭圆选区,其属性栏和矩形选框工具相同，唯一不同的是其中的消除锯齿复选框，它的功能是用来平滑选区边缘的。

图 6-15　椭圆选框工具属性栏

单击椭圆选框工具，在图像中按住鼠标左键并拖动即可绘制椭圆选区，按住 Shift 键可绘制正圆选区。

3）单行选框工具

单击工具箱中的“单行选框工具”按钮，在图像中单击鼠标左键，可创建一个 1 像素宽的单行选区。

4）单列选框工具

单击工具箱中的“单列选框工具”按钮，在图像中单击鼠标左键，可创建一个 1 像素宽的单列选区。

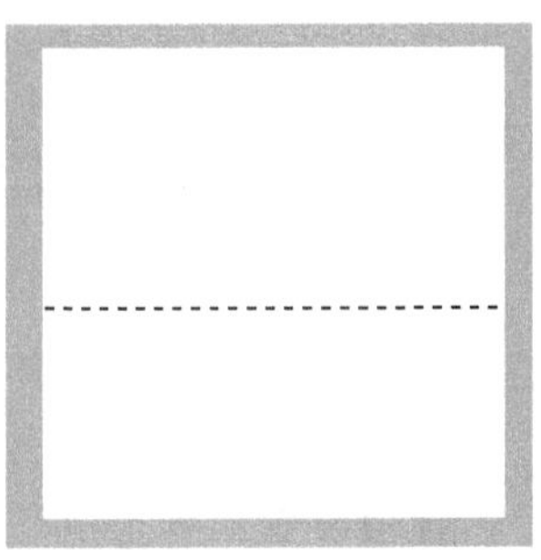

图 6-16　单行选区

图 6-17　单列选区

2. 套索工具组

套索工具是一种常用的范围选取工具，主要用于选择不规则的区域。套索工具包括套索工具、多边形套索工具和磁性套索工具，套索工具组如图 6-18 所示。

1）套索工具

套索工具是最随意的创建选区的工具。选择套索工具按住鼠标左键沿要选择的区域绘制，当绘制的线条完全包括要选择的图像后释放鼠标左键，即可得到一个选区，如图 6-19 所示。

图 6-18　套索工具组

2）多边形套索工具

如果要将不规则对象从复杂的背景中选择出来，多边形套索工具是最佳的选择工具，而使用套索工具则无法得到理想的选区，如图 6-20 所示。

多边形套索工具的使用方法与套索工具略有区别。

要使用多边形套索工具创建选区，可先单击确定第 1 点，然后围绕需要选择的图像边缘不断进行单击，点与点之间将出现连接线，在结束绘制选区的地方双击可以完成创建多边形选区；也可以将最后一点的光标放在第 1 点上，当工具图标右下角出现一个小圆时，单击鼠标即可完成创建多边形选区。

图 6-19　套索工具

图 6-20　多边形套索工具

使用多边形套索工具创建选区时,终点没有回到起点,双击鼠标左键可自动连接起点与终点,从而形成一个封闭的不规则选区。

3) 磁性套索工具

磁性套索工具是一个半自动化的选取工具,其优点是能够非常迅速、方便地选择边缘颜色对比度强的图像。

磁性套索工具选项栏的参数较多,如图 6-21 所示。合理设置工具选项栏中的参数可以更加精确地进行选择。

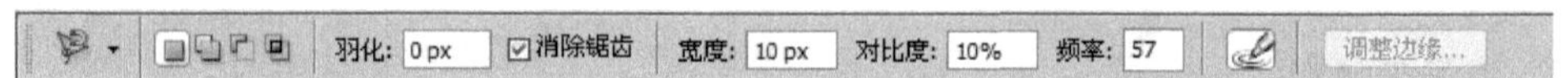

图 6-21　磁性套索工具选项栏

在磁性套索工具属性栏中还可以设置其他选项参数。"边对比度"选项可设置磁性套索工具在选取图像时选区与图像边缘的反差,其取值范围在 1%至 100%之间,值越大,反差越大,选取的范围越精确;"频率"选项可设置选取时的定点数。也就是说,在创建选区时路径中产生的节点起到了定位选取的作用。在选取时每单击一次鼠标即可产生一个节点,以便准确指定当前选定的位置。它的取值范围在 0 至 100 之间,数值越大,产生的节点越多,使用磁性套索工具创建的选区如图 6-22 所示。

图 6-22　使用磁性套索工具创建的选区

3. 魔棒工具

魔棒工具能够依据图像的颜色进行选择。使用魔棒工具单击图像中的某一种颜色,即可将这种颜色邻近的或不相邻的在容差值范围内的颜色都一次性选中。

魔棒工具选项栏如图 6-23 所示,设置其中的参数可以更好地控制魔棒工具的选择。

图 6-23　魔棒工具选项栏

在“容差”数值框中输入数值可以确定魔棒的容差值范围。数值越大，所选取的相邻的颜色越多。

勾选“连续”复选框时，只选取连续的容差值范围内的颜色；否则，将整幅图像或整个图层中的容差值范围内的这种颜色都选中。

勾选“对所有图层取样”复选框时，将在所有可见图层中应用魔棒工具作用的颜色数据；否则，魔棒工具只选取当前图层中的颜色。

4. 快速选择工具

快速选择工具是从 Photoshop CS3 版本中新增的一项功能，它可以像使用画笔工具绘图一样来创建选区，在涂抹过程中，还可以设置画笔的硬度，以便创建具有一定羽化边缘的选区。此工具的选项栏如图 6-24 所示。

图 6-24　快速选择工具选项栏

快速选择工具选项栏中的参数解释如下。

(1) 选区运算模式。限于该工具创建选区的特殊性，所以它只设定了 3 种选区运算模式，即新选区、添加到选区和从选区减去。

(2) 画笔。单击右侧的三角按钮，可调出如图 6-25 所示的画笔参数设置框，在此设置参数，可以对涂抹时的画笔属性进行设置。

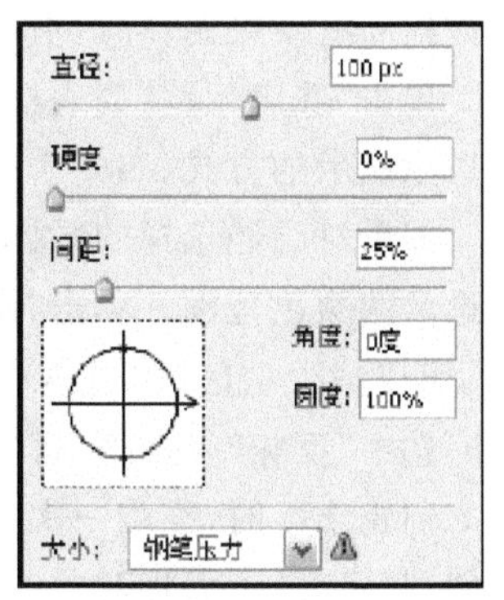

图 6-25　设置画笔参数

(3) “对所有图层取样”。选中此选项后，将不再区分当前选择的是哪个图层，而是将所有我们看到的图像视为在一个图层上，然后来创建选区。

(4) “自动增加”。选中此选项后，可以在绘制选区的过程中，自动增加选区的边缘。

(5) “调整边缘”。在已经创建了选区的情况下，此按钮将被激活，单击此按钮，可以弹出“调整边缘”对话框，然后对选区进行一定的边缘处理。

5. 其他建立选区的方法

魔棒工具可以选择相同颜色的区域，但是它有时候不容易控制。在 Photoshop CS4 中提供了一种可以随心所欲地控制选区的命令，即“色彩范围”命令，利用此命令可以一边预览一边调整，方便了用户的操作。

选择菜单栏中的“选择”→“色彩范围”命令，弹出“色彩范围”对话框，如图 6-26 所示。

图 6-26 “色彩范围”对话框

图 6-27 利用色彩范围创建的选区

在“色彩范围”对话框中有一个预览框，可以显示出当前已选择图像的范围。如果尚未进行任何选择，则显示整个图像。在此预览框下面有两个单选按钮，选中“选择范围”单选按钮，预览框中显示的是选择的范围，其中白色表示选择区域，黑色表示未选择区域，默认情况下，选择此选项；选中“图像”单选按钮，预览框中显示原始的整个图像。

单击“选择”列表框右侧的下拉按钮，从弹出的下拉列表中选择一种选取颜色范围的方式。选择“取样颜色”选项时，可用吸管工具吸取颜色。当鼠标指针移向图像窗口或预览框中时，会变成吸管形状，单击即可选取当前颜色。同时也可以在“颜色容差”输入框中输入数值或拖动滑块来调整颜色选区，值越大，所包含的近似颜色越多，选取的范围越大。

单击“选区预览”列表框右侧的下拉按钮，可从弹出的下拉列表中选择一种选区在图像窗口中显示的方式。

如果对已经选择的区域不满意，可在“色彩范围”对话框中利用三个吸管按钮增加或减少选取的颜色范围。单击“添加到取样”按钮，可以增加选区；单击“从取样中减去”按钮，可以减少选区，然后移动鼠标指针至预览框中单击即可。

选中“反相”复选框，可在选区与非选区之间互换。

创建选区时，很难一次就达到满意的效果，因此就需要对选区进行调整，如移动、变换、扩展、收缩等，下面将对此进行详细介绍。

1）移动与隐藏选区

创建选区后，有时需要将选区进行移动，可使用鼠标移动选区，如图 6-28 所示。选择任意一个选取工具并确认其属性栏中创建选区的方式为创建新选区，将鼠标移至选区内，按住鼠标左键拖动即可移动选区。

2）“扩大选取”与“选取相似”

可以使用“扩大选取”与“选取相似”命令来实现扩展选区操作。这两个命令所扩展的选区是与原选区颜色相近的区域。

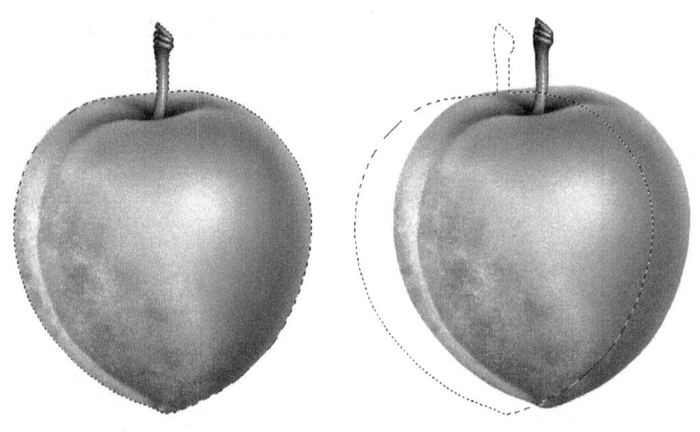

图 6-28　移动后的选区

"扩大选取"命令可以在原有选区的基础上使选区在图像上延伸，将连续的、色彩相似的图像一起扩充到选区内，还可以更灵活地控制选区。

"选取相似"与"扩大选取"命令都可用于扩大选区。"选取相似"命令可以将选择的区域在图像上延伸，把图像中所有不连续的且与原选区颜色相近的区域选取。

3) 精确调整选区

通过使用"选择"→"修改"命令子菜单中相关命令，可以精确地增加或减少当前选区的范围。其中包括边界、平滑、扩展、收缩等命令。

4) 选区的存储和载入

存储选区是将当前图像中的选区以 Alpha 通道的形式保存起来，具体的操作方法如下。

(1) 使用选取工具创建选区，如图 6-29 所示。

(2) 选择菜单栏中的"选择"→"存储选区"命令，弹出"存储选区"对话框，如图 6-30 所示。

图 6-29　水果选区

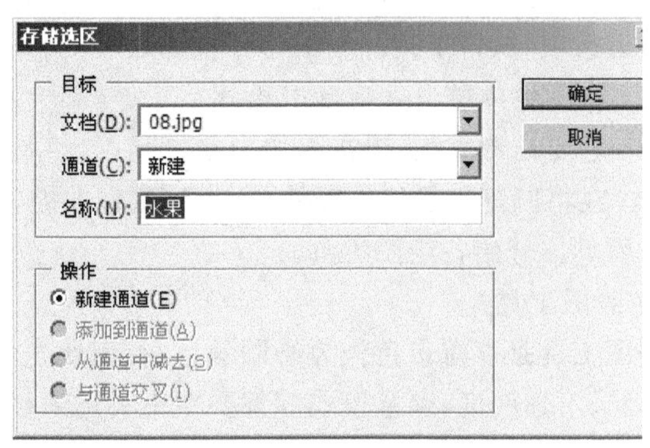

图 6-30　"存储选区"对话框

(3) 在该对话框中设置各项参数，在"名称"文本框中输入新通道的名称"水果"。

(4) 单击"确定"按钮，即可保存选区，其通道面板如图 6-31 所示。

如果要将存储的选区载入使用，可以单击"选择"菜单栏中"载入选区"命令，弹出其对话框，如图 6-32 所示。在该对话框中可以做选区的相加、交、减运算。

图 6-31 存储选区后的通道面板

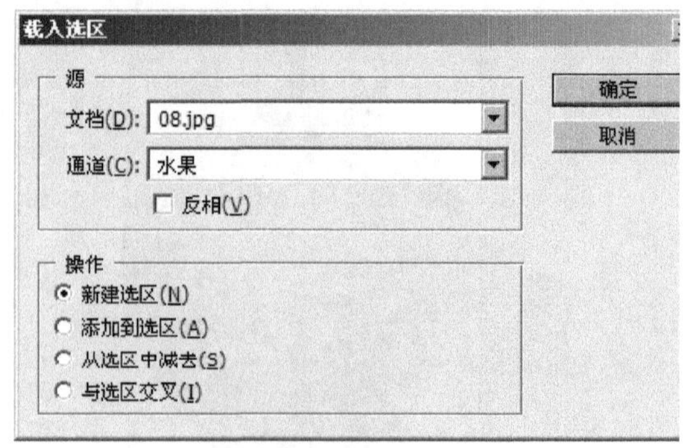

图 6-32 载入选区面板

6. 绘图工具

Photoshop CS4 提供多个用于绘制和编辑图像颜色的工具。画笔工具和铅笔工具都使用画笔描边来应用颜色。橡皮擦工具、模糊工具和涂抹工具等在使用时是通过画笔在图像上涂抹来修改图像中的现有颜色。在这些工具的选项栏中,可以设置对图像应用颜色的方式,并需要从预设画笔笔尖中选取笔尖。

Photoshop CS4 中预设了很多画笔,用户自己也可以定义画笔。选取某画笔时,可以改变直径,并用合适的透明度及流量进行绘画。

(1) 画笔笔尖选项。画笔笔尖选项与选项栏中的设置一起控制应用颜色的方式。通过在"画笔"面板中的设置,可以以渐变方式、使用柔和边缘、使用较大画笔描边、使用各种动态画笔、使用不同的混合属性等画出美妙的图画。

(2) 使用画笔工具或铅笔工具绘画。画笔工具和铅笔工具可以在图像上绘制当前的前景色。画笔工具创建颜色的柔或硬边线条;铅笔工具创建硬边线条。

使用画笔选取一种前景色,从"画笔预设"选取器中选取画笔,在选项栏中设置模式、不透明度等选项,执行下列一个或多个操作。

(1) 在图像中单击并拖动以绘画。

(2) 若要绘制直线,请在图像中单击起点,然后按住 Shift 键并单击终点。

(3) 在将画笔工具用作喷枪时,按住鼠标左键(不拖动)可产生颜色扩散效果。

下面具体介绍各绘图工具。

1) 画图工具

画图工具是以前景色作为绘制的色彩,因此先要设置好需要的前景色,其他的属性包括画笔形状、不透明度、画笔模式等都要在工具选项栏中设置,如图 6-33 所示。

图 6-33 画笔工具选项栏

2) 铅笔工具

铅笔工具属于实体画笔,主要用于绘制硬边画笔的笔触,类似于铅笔,如图 6-34 所示。用铅笔工具绘制的图像就像用钢笔画出的直线,线条比较尖锐。其使用方法与画笔工具类似，用鼠标单击或拖动即可绘制图像。此工具可以设置“自动擦除”选项。选择该选项后，当光标画图的起点在以前使用铅笔工具绘制的线条上的任意位置时，再次绘制的线条将填充背景色。

图 6-34　铅笔工具选项栏

(1) 模式。绘画模式与图层混合模式类似，结果都和下面的图层颜色有关，所以用于设置绘画颜色与下面的现有像素混合的方法及可用模式将根据当前选定工具的不同而变化。例如选择橡皮工具后，也要用到画笔去擦除，但其模式中的选项和用画笔工具时模式的选项是不同的。

(2) 不透明度。设置颜色透明度后，绘画时只要不释放鼠标左键，无论在同一区域画多少遍，颜色都不会加深。但如果释放了鼠标后再按下鼠标在同一区域绘画，则颜色会叠加。数值设为 100%，表示不透明；数值设为 0%，表示全透明。

(3) 流量。设置绘画时应用颜色的速率。在某个区域绘画时，如果一直按住鼠标左键，颜色量将根据流动速率增大，直至达到不透明度设置。释放了鼠标后再按下鼠标在同一区域绘画，同样颜色会叠加。

(4) 喷枪。模拟喷枪绘画。按住鼠标左键停留片刻，会发现这个区域颜色有所扩散将颜色喷在纸上。单击此按钮可打开或关闭此选项。

(5) 自动抹除。在包含前景色的区域上绘制背景色，或在包含背景色的区域上绘制前景色。选择要抹除的前景色和要更改为的背景色，然后使用铅笔工具。

“画笔”面板中包含预设的笔尖形状，还可以修改现有画笔并设计新的自定义画笔。“画笔”面板包含一些可用于确定如何向图像应用颜料的动态设置。面板底部的画笔描边预览可以显示使用当前画笔选项时的效果。

图 6-35 是显示有“画笔笔尖形状”选项的“画笔”面板。

在“画笔”面板的左侧选择一个选项组。该组的可用选项会出现在面板的右侧。单击选项组左侧的复选框，可在不查看选项的情况下启用或停用这些选项。

(1) “画笔笔尖形状”选项。可以在“画笔”面板中设置以下画笔笔尖形状选项。

① 直径。控制画笔大小。输入以像素为单位的值，或拖动滑块。

② 翻转 X。改变画笔笔尖在其 X 轴上的方向。

③ 翻转 Y。改变画笔笔尖在其 Y 轴上的方向。

④ 角度。指定椭圆画笔或样本画笔的长轴从水平方向开始旋转的角度。输入度数，或在预览框中拖动水平轴。

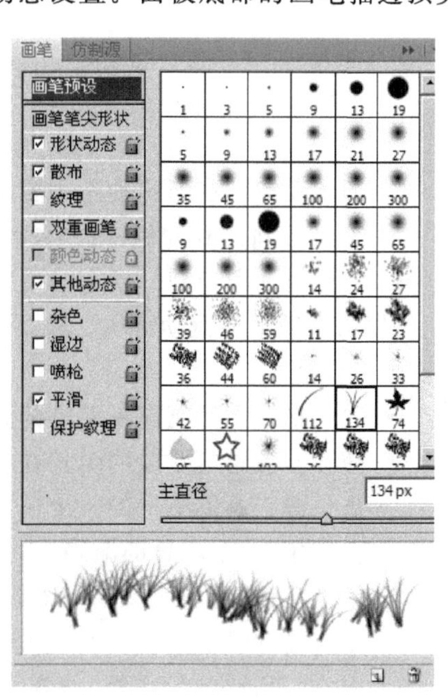

图 6-35　“画笔”面板

⑤ 圆度。指定画笔短轴和长轴之间的比例。输入百分比值，或在预览框中拖动滑块。100%表示圆形画笔，0%表示线形画笔，介于两者之间的值表示满圆画笔。

⑥ 硬度。控制画笔硬度。输入数字，或者使用滑块输入画笔直径的百分比值。样本画笔的硬度不能更改。

⑦ 间距。控制描边中两个画笔笔迹之间的距离。如果要更改间距，可以直接输入数字，或使用滑块输入画笔直径的百分比值。当取消选择此选项时，光标的速度将确定间距。

(2) 动态画笔。Photoshop CS4 的“画笔”面板中提供了形状动态和颜色动态的动态画笔，如图 6-36 所示。

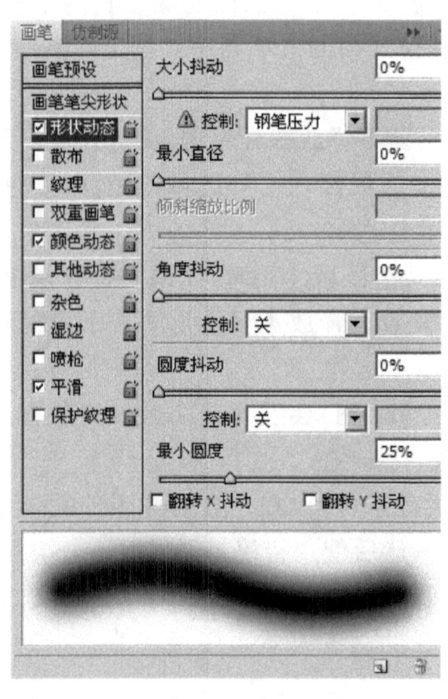

(a) 形状动态

(b) 颜色动态

图 6-36　动态画笔

① 形状动态。在形状动态中要设置参数的选项有大小抖动和控制、最小直径、角度抖动和控制、圆度抖动和控制、最小圆度。

a. 大小抖动和控制。指定描边中画笔笔迹大小的改变方式。要指定抖动的最大百分比，可以输入数字或拖动滑块。若要指定控制画笔笔迹的大小变化，则从“控制”下拉列表框中选取一个选项。

- 关。指定不控制画笔笔迹的大小变化。
- 渐隐。按指定数量的步长在初始直径和最小直径之间渐隐画笔笔迹的大小。每个步长等于画笔笔尖的一个笔迹。值的范围可以从 1 到 9999。例如，输入步长数 10，会产生 10 个增量的渐隐。
- 钢笔压力、钢笔斜度或钢笔轮。可依据钢笔压力、钢笔斜度或钢笔拇指轮位置在初始直径和最小直径之间改变画笔笔迹大小。Photoshop CS4 与大多数压敏式数位板(如 Wacom 绘图板)兼容。只有安装了数位板驱动控制面板，才可以根据选取的“钢笔压力”对钢笔改变压力值，从而改变画笔工具的属性，否则这几项都不能选。

b. 最小直径。指定当启用“大小抖动”或“控制”时画笔笔迹可以缩放的最小百分比。可通过输入数字或拖动滑块来输入画笔笔尖直径的百分比值。

倾斜缩放比例。指定当“控制”设置为“钢笔斜度”时，在旋转前应用于画笔高度的比例因子。可通过输入数字或者拖动滑块输入画笔直径的百分比值。

c. 角度抖动和控制。指定描边中画笔笔迹角度的改变方式。要指定抖动的最大百分比，请输入一个是360°的百分比的值。要指定控制画笔笔迹的角度变化，请从“控制”下拉列表框中选取一个选项，其中：

- 关。指定不控制画笔笔迹的角度变化。
- 渐隐。按指定数量的步长在0～360°之间渐隐画笔笔迹的角度。
- 初始方向。使画笔笔迹的角度基于画笔描边的初始方向。
- 方向。使画笔笔迹的角度基于画笔描边的方向。

d. 圆度抖动和控制。指定画笔笔迹的圆度在描边中的改变方式。要指定抖动的最大百分比，请输入一个指明画笔长短轴比例的百分比。要指定控制画笔笔迹的圆度，请从“控制”弹出式菜单中选取一个选项，其中：

- 关。指定不控制画笔笔迹的圆度变化。
- 渐隐。按指定数量的步长在100％和“最小圆度”值之间渐隐画笔笔迹的圆度。

e. 最小圆度。指定当“圆度抖动”或“控制”启用时画笔笔迹的最小圆度。输入一个指明画笔长短轴比例的百分比。

形状动态决定描边中画笔笔迹的变化，如图6-37所示。

② 颜色动态

颜色动态要设置的参数是前景/背景抖动控制、色相抖动、饱和度抖动、亮度抖动、纯度等。

a. “控制”中的选项如下：

- 关。指定不控制画笔笔迹的颜色变化。
- 渐隐。按指定数量的步长在前景色和背景色之间改变油彩的颜色。

图6-37 无形状动态和有形状动态的画笔笔尖

b. 色相抖动。指定描边中油彩色相可以改变的百分比。通过输入数字或者拖动滑块来输入值。较低的值在改变色相的同时保持接近前景色的色相；较高的值增大色相间的差异。

c. 饱和度抖动。指定描边中油彩饱和度可以改变的百分比。通过输入数字或者拖动滑块来输入值。较低的值在改变饱和度的同时保持接近前景色的饱和度；较高的值增大饱和度级别之间的差异。

d. 亮度抖动。指定描边中油彩亮度可以改变的百分比。通过输入数字或者拖动滑块来输入值。较低的值在改变亮度的同时保持接近前景色的亮度；较高的值增大亮度级别之间的差异。

e. 纯度。用于增大或减小颜色的饱和度。输入一个数字，或者拖动滑块，输入一个介于－100和100之间的百分比。如果该值为－100，则颜色将完全去色；如果该值为100，则颜色将完全饱和。

3）颜色替换工具

使用颜色替换工具可以用当前的前景色替换图像中的颜色，但同时保留替换处原有的纹理、光照和阴影。颜色替换工具不适用于位图、索引或多通道颜色模式的图像。选项栏如图 6-38 所示。

图 6-38　颜色替换工具选项栏

在“模式”下拉列表中可选择需要替换的模式，包括色相、饱和度、颜色和明亮度，一般选择“颜色”选项。

在“限制”下拉列表中可选择要进行替换颜色的方式，选择“不连续”选项，可替换出现在指针下任何位置的样本颜色；选择“连续”选项，可替换与鼠标单击处颜色相近的颜色；选择“查找边缘”选项，可替换包含样本颜色的相连区域，同时更好地保留形状边缘的锐化程度。

单击“连续”按钮，可在拖动时连续对颜色取样。

单击“一次”按钮，只替换包含第一次单击的颜色区域中的颜色。

单击“背景色板”按钮，只替换包含当前背景色的区域。

在“容差”输入框中输入数值，可替换与单击点像素非常相似的颜色。增加该百分比，可替换范围更广的颜色。

7. 修复、复制图像工具

Photoshop 的复制、修复工具包括两个工具组。分别为仿制图章工具、图案图章工具、污点修复画笔工具、修复画笔工具、修补工具和红眼工具，如图 6-39 所示。使用该工具组中的工具，可以将图像中的瑕疵或污点去除。另外，还可以利用涂抹、锐化等工具修复图片。

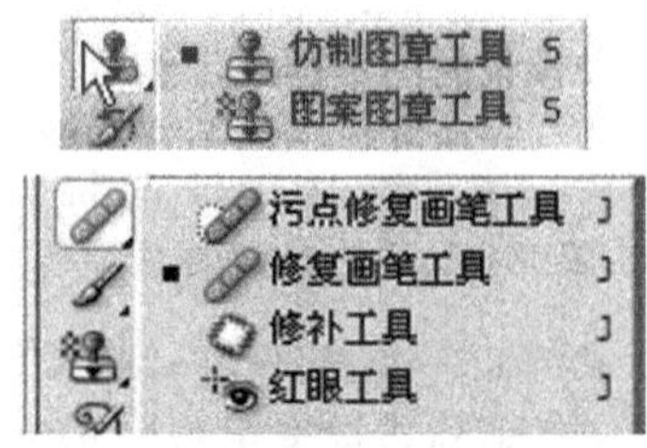

图 6-39　复制、修补工具组

1）仿制图章工具

选择仿制图章工具，其工具选项栏如图 6-40 所示。仿制图章工具就是对图像中的元素进行原样复制。

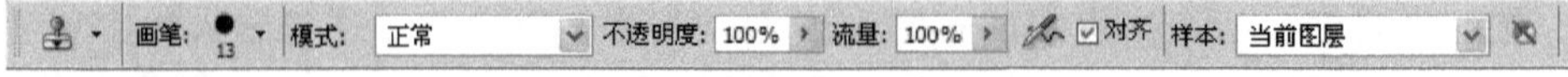

图 6-40　仿制图章工具选项栏

选择“对齐”选项，整个取样区域仅应用一次，即使操作由于某种原因而停止。当再次使用仿制图章工具操作时，仍可以从上次结束操作时的位置开始，直到再次取样。如果不选择此选项，则每次停止后再进行操作时，又重新开始复制。

在样本下拉列表框中，可以选择定义源图像时所取的图层范围，其中包括了“当前图层”、“当前和下方图层”和“所有图层”3 个选项。

在“样本”下拉列表框中选择了“当前和下方图层”或“所有图层”时忽略调整图层按钮将被激活，按下以后将在定义源图像时忽略图层中的调整图层。

2）图案图章工具

使用图案图章工具可以制作图案，也可对图像填充各种图案。它与仿制图章工具的取样方式不同。单击工具箱中的“图案图章工具”按钮，其属性栏如图 6-41 所示。

图 6-41　图案图章工具选项栏

3）修补工具

修补工具的功能与修复画笔工具类似，不同的是此工具适用于对图像的某一个区域进行修补操作。选择修补工具后，工具选项栏显示如图 6-42 所示。

图 6-42　修补工具选项栏

选择“源”单选按钮，选区中的区域将作为要修补的区域，拖动选区至用于修补的图像部位，释放鼠标后，用于修补的图像部分被复制至修补区，并与周围的像素和色彩进行融合。

选择“目标”单选按钮，选区中的区域作为用于修补的区域，将其拖至要修补的地方，释放鼠标后，选区中的图像与周围的像素和色彩融合，以达到理想的效果。

4）污点修复画笔工具

污点修复画笔工具同样用于去除照片中的杂色或污斑。使用此工具时不需要进行采样操作，只需要用此工具在图像中有杂色或污斑的地方单击即可去除此处的杂色或污斑。

Photoshop CS4 能够自动分析单击处及其周围的图像的不透明度、颜色与质感，从而进行自动采样与修复操作。如图 6-43 所示为选择此工具后显示的工具选项栏。

图 6-43　污点修复画笔工具选项栏

污点修复画笔工具可以快速移去照片上的污点和其他不理想部分。污点修复画笔的工作方式与修复画笔类似，它使用图像或图案中的样本像素进行绘画，并将样本像素的纹理、光照、透明度和阴影与所修复的像素相匹配。与修复画笔不同的是，污点修复画笔不要求指定样本点。污点修复画笔将自动从所修饰区域的周围取样。

如果需要修饰大片区域或需要更大程度地控制来源取样，则应该使用修复画笔而不是污点修复画笔。操作步骤是：

(1) 选择工具箱中的污点修复画笔工具。

(2) 在选项栏中选取一种圆笔大小，比要修复的区域稍大点的画笔最为适合，这样只需单击一次即可覆盖整个区域。

(3)（可选）从选项栏的“模式”菜单中选取一种混合模式。选择“替换”可以在使用柔边画笔时，保留画笔描边的边缘处的杂色、胶片颗粒和纹理。

(4) 在选项栏中选取一种“类型”选项：

- 近似匹配。使用选区边缘周围的像素，找到要用作修补的区域。

- 创建纹理。使用选区中的像素创建纹理。如果纹理不起作用,请尝试再次拖过该区域。
- 内容识别。比较附近的图像内容,不留痕迹地填充选区,同时保留让图像栩栩如生的关键细节,如阴影和对象边缘。

5) 修复画笔工具

修复画笔工具使用图像中的样本像素来绘画,它可以将样本像素的纹理、光照和阴影与目标像素相匹配,从而不留痕迹地修复图像。

使用修复画笔工具处理图像,首先需要选择修复画笔工具,然后将鼠标移到需要复制的目标像素位置,按住 Alt 键,在图像中需要取样的区域单击,进行像素的取样。移动鼠标到需要修改的地方拖动即可用取样颜色替代鼠标拖动过的地方。单击工具箱中的“修复画笔工具”按钮,其属性栏如图 6-44 所示。使用修复画笔工具修复后的图片效果如图 6-45 所示。

图 6-44 修复画笔工具选项栏

图 6-45 使用修复画笔工具修复后的图片效果

修复画笔工具可用于校正瑕疵。与仿制图章工具的使用方法一样,使用修复画笔工具可以利用图像或图案中的样本像素来绘画。修复画笔工具还可将样本像素的纹理、光照、透明度和阴影与所修复的像素进行匹配,从而使修复后的像素不留痕迹地融入图像的其余部分,该效果是仿制图章工具无法实现的。

Photoshop Extended 可以对视频帧或动画帧应用修复画笔工具。操作步骤为:

(1) 选择修复画笔工具。

(2) 单击选项栏中的画笔样本,并在弹出面板设置“画笔”选项。

- 模式。指定混合模式。
- 源。指定用于修复像素的源。“取样”可以使用当前图像的像素,而“图案”可以使用某个图案的像素。如果选择了“图案”,则要从“图案”弹出面板中选择一个图案。
- 对齐。连续对像素进行取样,即使释放鼠标按键,也不会丢失当前取样点。如果取消选择“对齐”选项，则会在每次停止并重新开始绘制时使用初始取样点中的样本像素。

- 样本。从指定的图层中进行数据取样。图层可选择“当前图层”、“当前和下方图层”或“所有图层”。

(3) 在图像区域的上方按下鼠标并按住“Alt”键，可以设置取样点。

注：如果要从一幅图像中取样并应用到另一图像，则这两个图像的颜色模式必须相同，除非其中一幅图像处于灰度模式。

(4) (可选)在“仿制源”面板中，单击“仿制源”按钮并设置其他取样点、选择样本源、改变仿制源的大小和角度等。

(5) 在图像上单击或拖动鼠标，每次释放鼠标按键时，取样的像素都会与现有像素混合。

如果要修复的区域边缘有强烈的对比度，则在使用修复画笔工具之前，先建立一个选区，选区应该比要修复的区域大，但是要精确地遵从对比像素的边界。

(6) 红眼工具

红眼工具可以快速有效地修复图像中的红眼效果。操作步骤为：

(1) 在“RGB 颜色”模式下，选择红眼工具。

(2) 在红眼中单击。如果对结果不满意，请还原修正，在选项栏中设置一个或多个下列选项然后再次单击红眼。

- 瞳孔大小。增大或减小受红眼工具影响的区域。
- 变暗量。设置校正的暗度。

8. 擦除工具

1) 橡皮擦工具

利用橡皮擦工具可以擦除图像的像素。如果擦除的是“背景”层中的图像，擦除区域将以背景色填充；如果擦除的是非“背景”图层中的图像，则被擦除区域转变为透明。在工具箱中选择橡皮擦工具，此时工具选项栏显示如图 6-46 所示。

图 6-46　橡皮擦工具选项栏

在“模式”下拉列表框中的选项用于设置橡皮擦的擦除模式，其中包括“画笔”、“铅笔”和“块”3 种，每种选项的擦除效果略有不同。

选择“抹到历史记录”选项，系统不再以背景色或透明填充被擦除的区域，而是以“历史记录”调板中选择的图像状态覆盖当前被擦除的区域。

2) 背景橡皮擦工具

背景橡皮擦工具同样用于擦除图像，但经此工具操作后，将使被擦除的区域转变为透明，且根据其工具选项栏中设置的参数不同，在擦除像素的同时还可以保留图像边缘。在进行擦除操作时，背景橡皮擦将采集画笔中心的颜色色样，并擦除此工具操作范围内任何位置出现的与采样相同或相似的颜色。选择背景橡皮擦工具，其工具选项栏如图 6-47 所示。

图 6-47　背景擦除工具的选项栏

(1) 取样模式按钮。分别单击 3 个图标,可以分别用 3 种不同的取样模式进行擦除操作。单击按钮可以使用此工具随着移动操作连续进行颜色取样,选择此模式后,会发现工具箱中背景色块的颜色在操作过程中不断变化。单击按钮可以使此工具仅在开始进行擦除操作时进行一次取样操作,选择此模式后,会发现工具箱中背景色块的颜色为第一次单击图像时的颜色。单击按钮以背景色进行取样,使此工具在操作时只擦除图像中有背景色的区域。

(2) 限制。在此下拉列表框中选择擦除的限制类型。选择"连续"选项,只擦除在容差范围内与取样颜色连续的区域。选择"不连续"选项可以擦除所有工具操作区域内与取样颜色相同或相似的区域。选择"查找边缘"选项,可以在擦除颜色时保存图像的对比明显的边缘。

(3) 容差。此数值用于设定擦除图像时的色值范围,低容差仅擦除与采样颜色非常相似的区域,高容差将擦除范围更广的颜色。

3) 魔术橡皮擦工具

利用魔术橡皮擦工具可以一次性选择并擦除容差值范围内的所有颜色,此工具包含了魔棒工具和橡皮擦工具的功能,魔术橡皮擦工具选项栏显示如图 6-48 所示。

图 6-48　魔术橡皮擦工具选项栏

在"容差"数值框中输入擦除图像颜色的容差范围,此数值越大则一次操作后被擦除的图像的区域也越大。

选择"消除锯齿"选项可以消除擦除后图像出现的锯齿,使擦除后图像的边缘显得非常光滑。

选择"连续"选项,魔术橡皮擦工具只对连续的、符合颜色容差要求的像素进行擦除。如果不选择此选项,可以擦除当前图像中所有在容差值范围内的像素。

9. 图像修饰工具

1) 模糊工具

利用模糊工具在图像中操作可以使操作区域的图像变得模糊,以更加突出清晰的区域,其工具选项栏如图 6-49 所示。

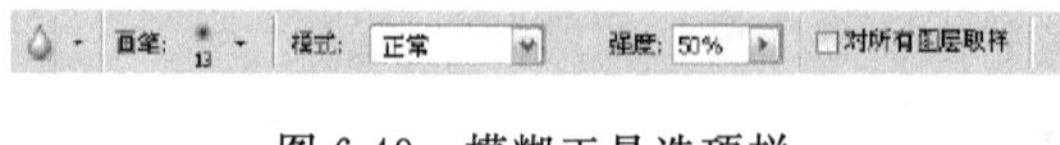

图 6-49　模糊工具选项栏

在"画笔"下拉列表框中可以选择一个合适的画笔,也可以单击工具选项栏右边的显示画笔面板按钮,在弹出的"画笔"调板中设置画笔。此处选择的画笔直径越大,则经过操作被模糊的图像的区域也越大。

在“模式”下拉列表框中可以选择操作时的混合模式，其中包括“正常”、“变暗”、“变亮”等 7 种，不同模式得到的操作效果也不相同。

设置“强度”数值框中的百分数可以控制模糊工具操作时笔画的压力值。百分数越大，则一次操作后图像被模糊的程度越大，被操作区域的模糊效果也越明显。

选择“对所有图层取样”选项，将使模糊工具的操作应用在图像的所有图层中。否则，操作效果只作用在当前图层中。

使用模糊工具修饰图像的方法很简单，只需要打开需要进行模糊修饰的图像，然后单击工具箱中的“模糊工具”按钮，在属性栏中设置参数，在图像中按住鼠标左键来回拖动进行涂抹即可，如图 6-50 所示。

图 6-50 使用模糊工具修饰图像

2）锐化工具和涂抹工具

锐化工具的作用与模糊工具恰好相反，其作用是锐化图像的像素，使被操作区域的图像更加清晰。锐化工具的工具选项栏与模糊工具完全一样，在此不重述。效果如图 6-51 所示。

涂抹工具可模拟在使用湿颜料在图纸上拖动手指的动作。此工具可使用鼠标单击处的颜色，并沿拖移的方向展开这种颜色，效果如图 6-52 所示。

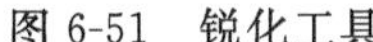

图 6-51 锐化工具

图 6-52 涂抹工具

3）减淡工具

减淡工具及下面将要讲述到的加深工具和海绵工具，主要用于处理图像局部的色彩。利用减淡工具在图像中拖动，可以使光标拖过的部分图像颜色变亮，其工具选项栏如图 6-53 所示。

图 6-53 减淡工具选项栏

在“范围”下拉列表中选择作用于操作区域的色调范围。选择“阴影”选项操作作用于图像的阴影区;选择“高光”选项操作作用于图像的高亮区;选择“中间调”选项操作作用于图像的中色调区域。

在“曝光度”数值框中的数值用于设置减淡工具操作时的亮化程度。该百分数越大,则一次操作亮化的效果就越明显。

4) 加深工具

加深工具的操作方法和减淡工具一样,只是得到的效果完全相反。使用加深工具所得到的效果是将操作区域的图像加暗。其工具选项栏及使用方法完全相同,在此不再重述。

此工具与减淡工具通常配合使用,用于为使用 Photoshop 绘制出来的图像添加高光、阴影,从而使图像具有立体感。

5) 海绵工具

使用海绵工具可以提高或降低图像中某一区域的色相饱和度。单击工具箱中的海绵工具按钮,其属性栏如图 6-54 所示。

图 6-54 海绵工具选项栏

10. 颜色填充工具

1) 油漆桶工具

根据指定的色差范围,油漆桶工具可对图像或选区进行单色或图案填充。单击工具箱中的“油漆桶工具”按钮,其属性栏如图 6-55 所示。

图 6-55 油漆桶工具选项栏

使用渐变工具只要按下鼠标在图上或选区内拖动就完成了渐变色的填充,但油漆桶工具不同。如果原图或选区内是纯色。使用油漆桶相当于填充,如果原图或选区内不是纯色,则要看容差值;如果容差值很小,且选“连续的”,只有在鼠标按下处的颜色部位才能按油漆桶的设置改变颜色或图案,如果不选“连续的”,原图或选区内凡是和鼠标按下处颜色的容差值符合的部位,全部按油漆桶设置改变颜色或图案。如果容差值略大,则颜色要求不是很精确。

2) 渐变工具

渐变工具可以创建多种颜色间的逐渐混合,可以从预设渐变填充中选取或创建自己的渐变。渐变工具不能用于位图或索引颜色模式的图像。

使用线性渐变时,按下鼠标为起点,选渐变色框的最左边的颜色;释放鼠标为终点,选渐变色框最右边的颜色。使用径向渐变时,按下鼠标的点为圆心,它与释放鼠标的点之间的距离为半径。选择渐变工具是填充渐变效果的必要条件，关于渐变的参数和选项设置都集中在渐变工具选项栏中。在工具箱中单击渐变工具图标，工具选项栏显示如图 6-56 所示。

图 6-56　渐变工具选项栏

渐变工具有 5 种类型，包括线性渐变工具、径向渐变工具、角度渐变工具、对称渐变工具和菱形渐变工具，每种类型创建的渐变效果有所不同。

“模式”选项可以设置渐变颜色与底图的混合模式。

在“不透明度”数值框中输入数值或拖动滑块，可设置渐变的不透明度，数值越大则渐变越不透明，反之越透明。

选择“反向”选项，可以使当前的渐变反向填充。

选择“仿色”选项，可以平滑渐变中的过渡色，以防止在输出混合色时出现色带效果，从而导致渐变过渡出现跳跃效果。

选择“透明区域”选项，可以使当前的渐变按设置呈现透明效果，从而使应用渐变的下层图像区域透过渐变显示出来。

使用鼠标双击渐变色框，出现“渐变编辑器”对话框，可以修改颜色和透明度，如图 6-57 所示。

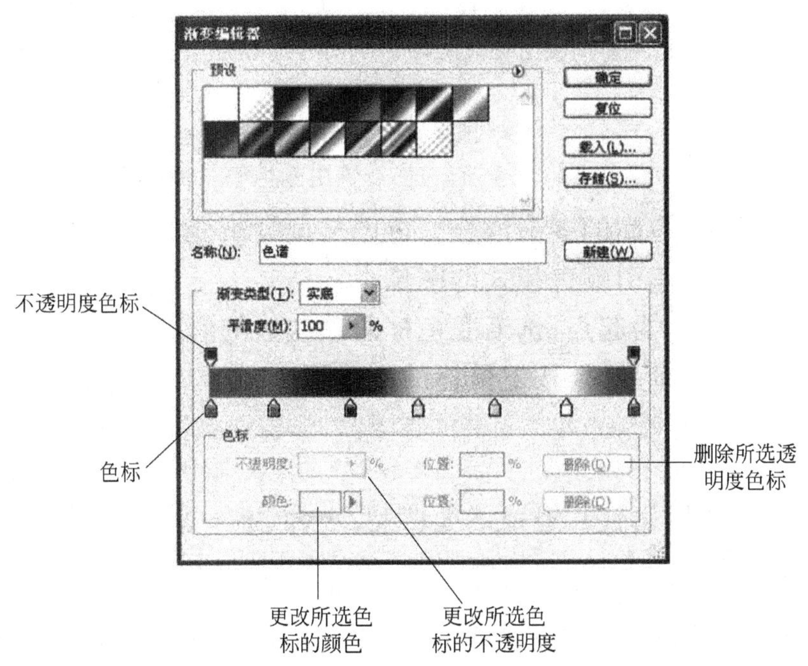

图 6-57　修改渐变颜色和透明度

鼠标右键单击渐变色框右边的小三角，可以追加渐变色或复位渐变色，如图 6-58(a)所示。创建的实例效果如图 6-58(b)所示。

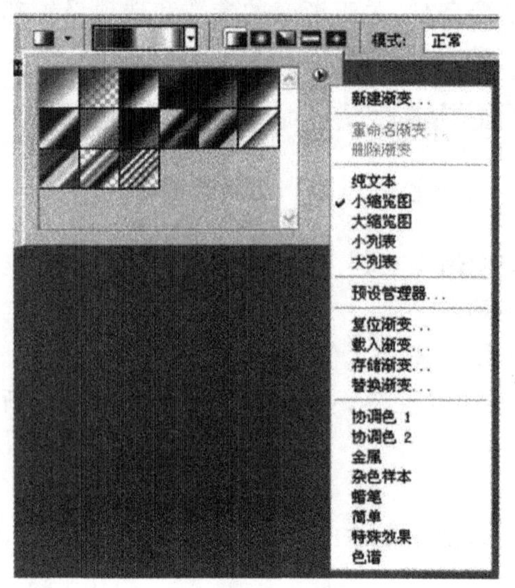

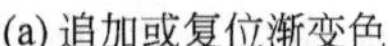
(a) 追加或复位渐变色

(b) 利用渐变工具创建的彩虹

图 6-58 渐变工具的使用

11. 文字工具

Photoshop CS4 中的文字工具包括横排文字工具、直排文字工具、横排文字蒙版工具和直排文字蒙版工具 4 种，利用这些工具能够创建不同方向和形状的文字及文字形状的选择区域，如图 6-59 所示。

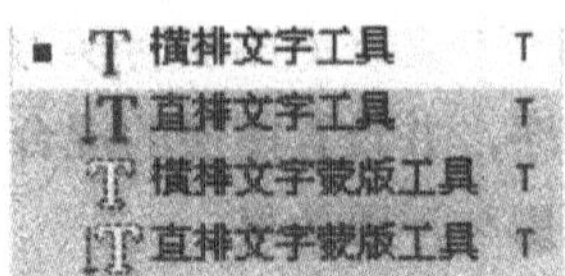

图 6-59 文字工具组

当创建文字时，“图层”面板中会添加一个新的文字图层。

多通道、位图或索引颜色模式的图像无法创建文字图层，因为这些模式不支持图层。在这些模式中，文字将以栅格化文本的形式出现在背景上。

创建文字图层后，可以编辑文字并对其应用图层命令。如果在对文字图层进行了需要栅格化的更改之后，Photoshop CS4 会将基于矢量的文字轮廓转换为像素。栅格化文字不再具有矢量轮廓并且不能再作为文字进行编辑。栅格化文字后(选择“图层”→“栅格化”→“文字”命令)实际上把文字层转换为普通图层了。

对文字进行了方向的更改，或点文字和段落文字的转换，或使用了“编辑”菜单“变换”中除“扭曲”和“透视”外的命令，不会改变文字的特性，仍能编辑文字，仍能使用文字变形选项。

要使文字图层具有普通图层的功能，必须首先栅格化此文字图层。

当选择了文字工具后，必须对文字选项栏进行设置。

选择横排文字工具或直排文字工具在图像中单击即可输入文字，工具选项栏显示如图 6-60 所示。

图 6-60 文字工具选项栏

创建文字的方法有 3 种：在点上创建、在段落中创建和沿路径创建。

(1) 点文字。是一个水平或垂直文本行，从在图像中单击的位置开始。要向图像中添加少量文字，在某个点输入文本是最常用的方式，如图 6-61 所示。

当输入点文字时，每行文字都是独立的，一行的长度随着编辑增加或缩短，但不会换行，具体操作为：

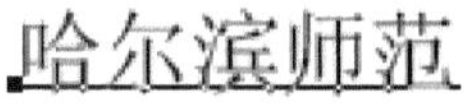

哈尔滨师范

图 6-61　点文字

① 选择横排文字工具或直排文字工具。

② 在图像中单击，为文字设置插入点。I 型光标中的小线条标记的是文字基线(文字所依托的假想线条)的位置。对于直排文字，基线标记的是文字字符的中心轴。

③ 在选项栏、“字符”面板或“段落”面板中选择其他文字选项。

④ 输入字符。若要开始新的一行，需按 Enter 键。可以在编辑模式下变换点文字。按住 Ctrl 键，文字周围将出现一个外框，可以抓住手柄缩放或倾斜文字，或旋转外框。

⑤ 输入或编辑完文字后，执行下列操作之一：

- 单击选项栏中的“提交”按钮。
- 按数字键盘上的 Enter 键。
- 按 Ctrl+Enter 组合键。
- 选择工具箱中的任意工具，在“图层”、“通道”、“路径”、“历史记录”或“样式”面板中单击，或者选择任何可用的菜单命令。

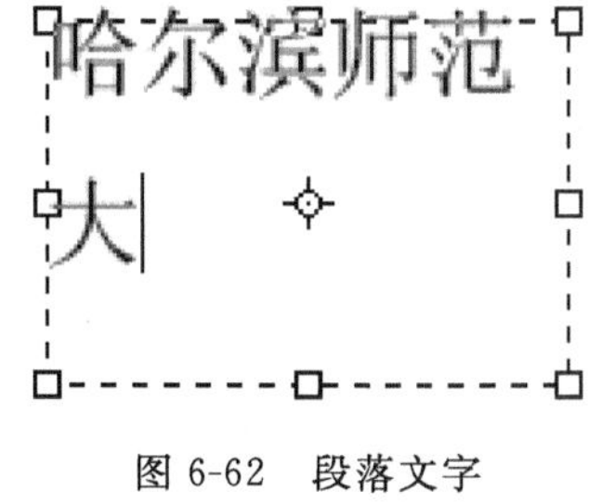

图 6-62　段落文字

(2) 段落文字。使用以水平或垂直方式控制字符流的边界。当想要创建一个或多个段落(例如为宣传手册创建)时，采用这种方式输入文本十分有用，如图 6-62 所示。

输入段落文字时，文字基于外框的尺寸换行。可以输入多个段落并选择段落调整选项。如果调整了外框的大小，将使文字在调整后的矩形内重新排列。可以在输入文字时或创建文字图层后调整外框；也可以使用外框来旋转、缩放和斜切文字。具体操作为：

① 选择横排文字工具或直排文字工具。

② 执行下列操作之一：

- 沿对角线方向拖动，为文字定义一个外框。
- 单击或拖动时按住 Alt 键，以显示“段落文本大小”对话框。输入“宽度”值和“高度”值并单击“确定”按钮。

③ 在选项栏、“字符”面板、“段落”面板或“图层”→“文字”子菜单中选择其他文字选项。

④ 输入字符。要开始新段落，请按 Enter 键。如果输入的文字超出外框所能容纳的大小，外框上将出现溢出图标。

⑤ 如果需要，可调整外框的大小，旋转或斜切外框。

⑥ 确认文字输入。

⑦ 调整文字外框的大小或变换文字外框。

⑧ 显示段落文字的外框手柄。在文字工具处于现用状态时，选择“图层”面板中的文字图层，并在图像的文本流中单击。

(3) 路径文字。是指沿着开放或封闭路径的边缘流动的文字。当沿水平方向输入文本时,字符将沿着与基线垂直的路径出现;当沿垂直方向输入文本时,字符将沿着与基线平行的路径出现。在任何一种情况下,文本都会按照将点添加到路径时所采用的方向排列,如图 6-63 所示。

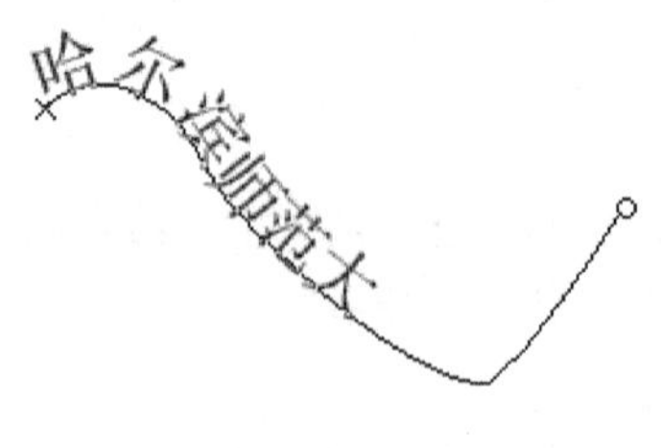

图 6-63 路径文字

如果输入的文字超出段落边界或沿路径范围所能容纳的大小,则边界的角上或路径端点处的锚点上将不会出现手柄,取而代之的是一个内含加号(+)的小框或圆。

沿路径创建文本的操作方法如下:

(1) 用钢笔工具在图像上需要创建路径文本的位置画出路径。

(2) 选择文字工具,选用"横排文字工具"或"直排文字工具",然后将鼠标移到事先画好的路径起点附近。这时鼠标指针变成文字工具基线指示器,然后在准备输入文字的位置单击鼠标左键。单击后,路径起点上会出现一个文字输入光标。

(3) 为了更大程度地控制文字在路径上的垂直对齐方式,可使用"字符"面板中的"基线偏移"选项。例如,在"基线偏移"文本框中输入负值可使文字的位置降低。

为了使创建的文字有艺术性,可以对文字执行各种操作以更改其外观。例如,可以使文字变形、将文字转换为形状或向文字添加投影。

(1) 使用变形文字工具,如图 6-64 所示。

- 在"图层"面板中选中文字层。
- 在工具栏中选文字工具。
- 在文字的选项栏中选变形文字工具。
- 在样式中选自己喜欢的形状,例如扇形、旗帜形状。
- 每一种形状还可以按需要进行弯曲度等的调整。

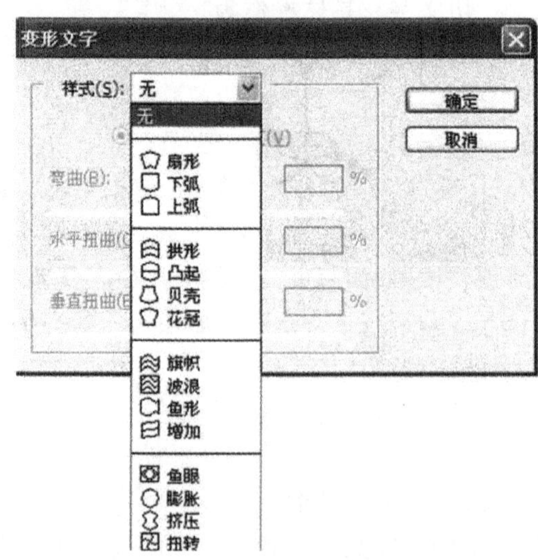

图 6-64 用变形文字工具选择文字形状

(2) 利用动作面板中的文字效果。可以产生投影、空心字、光晕等效果。

(3) 将文字转换为形状。选择“图层”→“文字”→“转换为形状”命令。

(4) 用图像填充文字。通过将剪贴蒙版应用于“图层”面板中位于文本图层上方的图像图层,可以用图像填充文字(图 6-65),操作方法是:

- 在工具箱中选择“横排文字工具”或“直排文字工具”。
- 输入文字,尽量选用比较粗的文字字体,如“华文琥珀”。
- 退出输入状态。
- 打开要在文本内部使用的图像的文件。
- 将图像移到文字文件的最上层。
- 在图像图层处于选中状态时,选取“图层”→“创建剪贴蒙版”命令,图像将出现在文本内部。

图 6-65 图像文字

- 选择移动工具,然后拖动图像以调整它在文本内的位置,或移动文本的位置。

12. 路径工具

包括钢笔工具组、路径选择工具组和形状工具组,分别如图 6-66～图 6-68 所示。

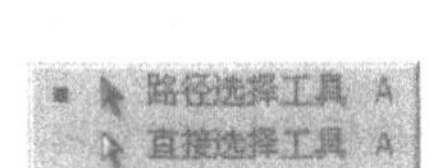

图 6-66 路径选择工具组

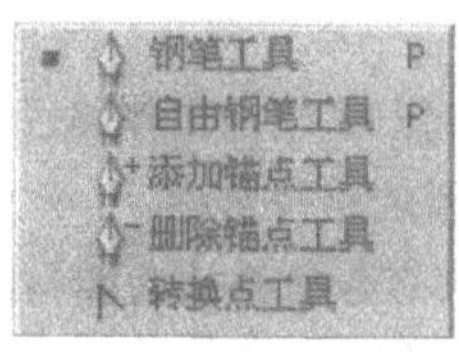

图 6-67 钢笔工具组

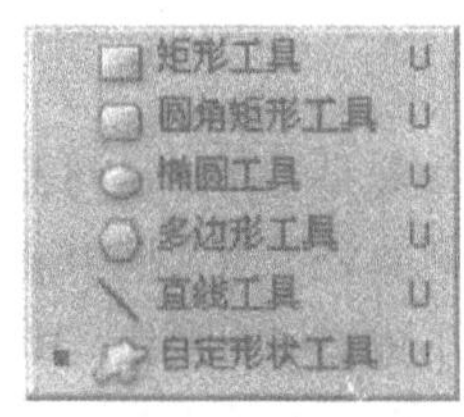

图 6-68 形状工具组

Photoshop CS4 提供了多种钢笔工具:钢笔工具、自由钢笔工具、添加删除锚点工具和转换点工具、自定义形状工具。标准钢笔工具可用于绘制具有最高精度的图像;自由钢笔工具可以随意地绘制曲线路径或不规则的图形,添加删除锚点工具主要用于修改现形状,增加转折点和删除转折点;转换点工具则用于将角点转换为圆弧,或将圆弧转换为角点。自定义形状中预设了很多形状供用户追加使用。磁性钢笔选项可用于绘制与图像中已定义区域的边缘对齐的路径。可以组合使用钢笔工具和形状工具以创建复杂的形状。使用标准钢笔工具时,其工具选项栏如图 6-69 所示。

图 6-69 钢笔工具选项栏

- 形状图层。利用形状图层选项来绘制的路径是一个有颜色的闭合图形,并自动生成图层。可以在选项栏中选取需要填充的颜色或所需要的样式。
- 路径。利用路径选项来绘制路径,主要用于定义形状的轮廓,必须将其转换为选区填充,或对路径进行描边后才能形成图形,否则保存下来的将是空文件。
- 填充像素。此选项只适用于自定义形状的绘制,使用此选项可以直接用前景色绘制图形。
- “自动添加删除”选项。此选项可在单击线段时添加锚点,或在单击锚点时删除锚点。
- “橡皮带”选项。此选项用于在移动指针时预览两次单击之间的路径段。

使用钢笔工具进行绘图之前,可以在“路径”面板中创建新路径,以便自动将工作路径存储为命名的路径。

利用形状工具绘图可以得到 3 种类型的对象,一种是形状图层,即得到一个单独的新图层;另一种是路径,即具有规则几何外形的路径;最后一种是得到填充有前景色的规则几何图像。其工具选项栏如图 6-70 所示。

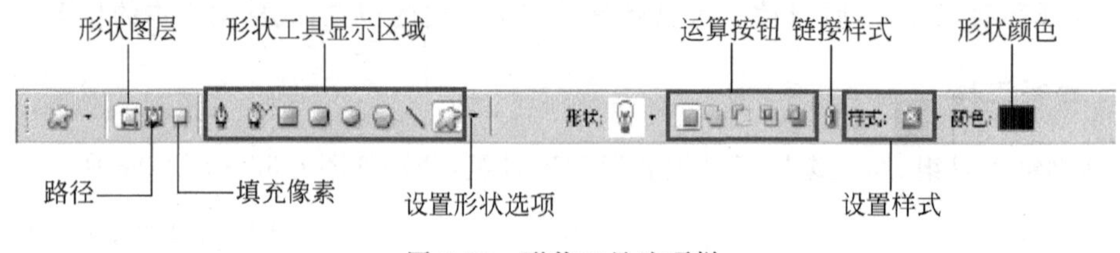

图 6-70 形状工具选项栏

在工具选项栏中的形状工具显示区域单击选择一种形状工具,即可绘制相应形状的形状图层(选择其他选项相应绘制路径及图像)。

每一种形状工具都有不同的选项,选择一种形状工具后,单击工具选项栏中的设置形状选项三角按钮,即弹出此形状工具的选项框,通过设置选项框中的选项可以得到更丰富的形状效果。

13. 路径

路径是可以转换为选区或者使用颜色填充和描边的轮廓。形状的轮廓是路径。通过编辑路径的锚点,可以很方便地改变路径的形状,可以在 ImageReady 中绘制形状,但不能直接用于路径。

在 Photoshop CS4 中使用形状工具时,可以使用 3 种不同的模式进行绘制。在选定形状或钢笔工具时,可通过选择选项栏中的图标来选取一种模式。

在 Photoshop CS4 中引入路径的作用概括起来有以下几点。

(1) 使用路径功能,可以将一些不够精确的选区转换为路径后再进行编辑和微调,完成一个精确的选区后再转换为选区使用。

(2) 更方便地绘制复杂的图像,如人物、卡通的造型等。

(3) 利用填充路径与描边路径命令可以创建出许多特殊的效果。

(4) 路径可以单独作为矢量图输入到其他的矢量图程序中。

在 Photoshop 中，大多数路径是使用钢笔工具或形状工具得到的，路径的基本构成是路径线、节点和控制句柄，如图 6-71 所示。

路径的类型包括直线型路径、曲线型路径和混合型路径，如图 6-72 所示的路径就是一个包括直线和曲线型路径的混合型路径。

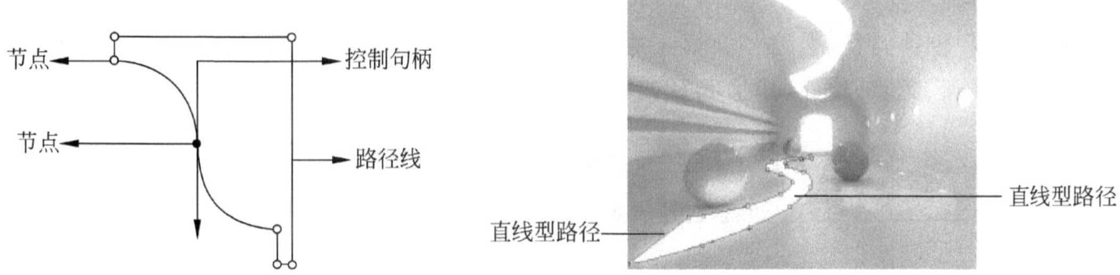

图 6-71　路径的基本构成　　图 6-72　路径的组成结构

路径的类型由其所具有的节点所决定，直线型路径的节点没有控制句柄，因此其两侧的线段为直线。

曲线型路径的节点有两种，一种为光滑型节点，这种节点的两侧均有平滑的曲线，拖动节点两侧其中的一个控制句柄，另外一个会向相反的方向移动，并且路径线同时发生相应的变化。另一种为拐角型节点，这种节点的两侧也有两个控制句柄，但它们不在同一条直线上，而且拖动其中一个控制句柄时，另一个不会一起移动，如图 6-73 所示。

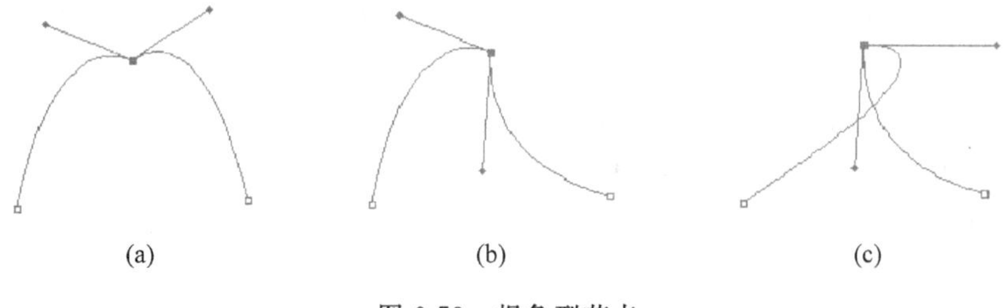

图 6-73　拐角型节点

1）路径运算

路径运算是 Photoshop 提供的用于对路径进行操作的强大功能，通过路径运算可以使用简单的路径形状复合得到非常复杂的路径。要应用路径运算功能，必须保证当前已存在一条或几条路径。在绘制下一条路径时，在工具选项栏上单击按钮，即可在路径间产生运算。

4 个路径运算按钮的意义如下所述。

（1）“添加到路径区域”按钮。单击此按钮可使两条路径发生加运算，其结果是可向现有路径中添加新路径所定义的区域。

（2）“从路径区域减去”按钮。单击此按钮可使两条路径发生减运算，其结果是可从现有路径中删除新路径与原路径的重叠区域。

（3）“交叉路径区域”按钮。单击此按钮可使两条路径发生交集运算，其结果是生成的新区域被定义为新路径与现有路径的交叉区域。

(4) “重叠路径区域除外”按钮 。单击此按钮可使两条路径发生排除运算,其结果是定义生成新路径和现有路径的非重叠区域。

要使具有运算方式的路径间发生真正的运算,使路径节点及线段发生变化,单击按钮,则 Photoshop 以路径间的运算方式定义新的路径。

2) “路径”调板

在图像中创建路径后,路径会显示在“路径”调板中,如图 6-74 所示。利用该调板可以执行新建、保存、删除、填充、描边路径或将路径转换为选区等操作。

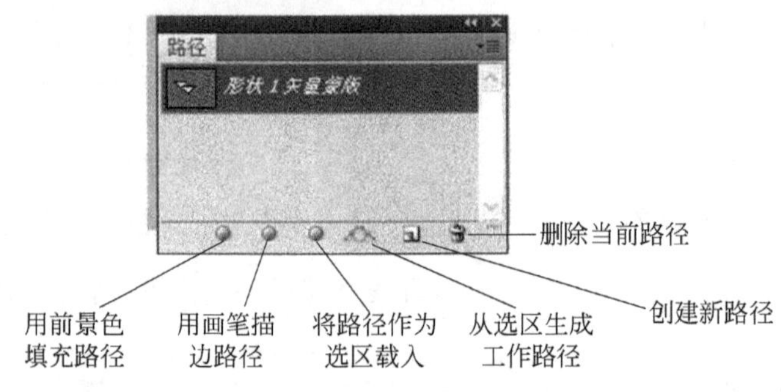

图 6-74 “路径”调板

(1) 选择路径

在“路径”调板中单击路径名称,即可选择该路径栏,一个路径栏中可能包含多条路径,在路径栏被选中的情况下,还需要使用路径选择工具选择要操作的路径,才可以将该路径设置为当前操作路径。

若要取消对路径的显示,在“路径”调板的空白区域中单击即可。

在“路径”调板上双击路径栏的名称,在激活的文本框中输入所需要的路径名称即可为该路径栏重新命名。

(2) 保存“工作路径”

在图像中绘制一条新路径时,该路径将被自动命名为“工作路径”,并自动保存于“路径”调板。

当取消此路径的选中状态,并再次绘制一条新路径时,则该路径将被自动删除,并被新的路径所取代,因此如果该路径需要再次使用,则应该将其保存起来。若要保存“工作路径”,可以在“路径”调板中双击该“工作路径”,在弹出的对话框中为其命名,从而将其保存起来。

(3) 删除路径

将路径栏拖至“路径”调板下面的“删除当前路径”按钮上,即可删除该路径栏中所保存的路径。

(4) 描边路径

使用画笔工具沿当前路径的形状进行描边,可以得到丰富的图像效果。

使用钢笔工具创建的路径只有在经过描边或填充处理后,才会成为图素,可以通过路径面板完成(见图 6-66)。

“描边路径”命令用于绘制路径的边框,可以沿任何路径创建绘画描边(使用绘画工具的

当前设置)。这和“描边”图层的效果完全不同,它并不模仿任何绘画工具的效果。具体操作为:

① 选择合适的画笔形状,并按需要在画笔面板中进行相应的设置,例如动态画笔、笔尖形状。

② 设置前景色,如果需要动态颜色,则还需设置背景色。

③ 在“路径”面板中选择路径。

④ 单击“路径”面板底部的“描边路径”按钮。每次单击“描边路径”按钮都会增加描边的不透明度,这在某些情况下会使描边看起来更粗。

(5) 将路径转换为选区

① 在“路径”面板中选择路径。

② 要转换路径,请执行下列任一操作:

- 单击“路径”面板底部的“将路径作为选区载入”按钮。
- 按住 Ctrl 键,并单击“路径”面板中的路径缩览图。

转换为选区后,可以利用填充命令、渐变工具、油漆桶等给选区填充颜色。

6.2.5 图层

图层是 Photoshop CS4 中非常重要的部分。使用图层功能,可以将一个图像中的各个部分独立出来,然后方便地对其中的任何一部分进行修改。利用图层可以创造出许多特殊效果,结合图层样式、图层不透明度以及图层混合模式,才能真正发挥 Photoshop 强大的图像处理功能。本节将主要介绍图层的功能与使用技巧。

Photoshop 的“图层”创意来自于现实绘图工作中的透明胶片,即绘图是为了便于改变整体图像的效果,将图像中的各个要素分别绘制于不同的透明胶片上。由于透明胶片所具有的透明特性,可以透过上层胶片的透明区域观察到下层的图像,因此在绘制图像时既不会失去对图像整体的把握,又能够利用透明胶片易于管理的特性,灵活地制作整体效果,在适当的情况下甚至可以仅仅改变某一张胶片上的图像效果来生成一张新的图像。这种工作方式反映在 Photoshop 中则是非常典型的图层作业方式,图层类似于透明的胶片,而对透明胶片上的图像所做的改变,则类似于对图层的操作。

在实际的美术创作中,图层就是将图画的各个部分分别画在不同的透明纸上,每一张透明纸可以视为一个图层,然后将这些透明纸叠放到一起,即可形成一幅完整的图像。

由于各图层之间互不相连,因此,当图画的某一部分需要修改或替换时,只需修改或替换该部分所在的图层就可以了,而不会影响整幅图画。Photoshop 中的图层与实际绘画中所用到的图层相似,也是将图像的各个部分放在不同的图层上,然后将这些图层叠放在一起,形成一幅完整的图像,如图 6-75 和图 6-76 所示为一张由若干图层中的图像合成而得的效果及其对应的“图层”调板,可以看出“图层”调板中的图像与合成图像中的图像元素是一一对应的。

1. “图层”调板

图层的显示和操作都集中在“图层”调板中,选择“窗口”→“图层”命令,弹出“图层”调板,如图 6-77 所示。

图 6-75 叠加图层组成的图像

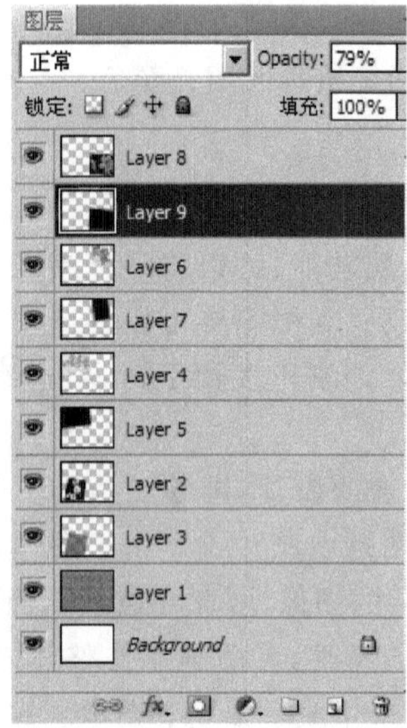

图 6-76 图层调板

图 6-77 有文件打开时的"图层"调板

"图层"调板中的各个参数及此调板弹出菜单中的命令，与"图层"菜单中的相关命令具有相同功能，但很显然在"图层"调板中执行操作更简单、更方便。

2. 创建图层

在 Photoshop 中创建图层的方法很多，使用下面列举的方法中的任意一种，都能够创建新的图层。

单击"图层"调板下面的"创建新图层"按钮，直接在当前操作图层的上方创建一个新图层，并按创建的顺序命名为"图层 1"、"图层 2"，以此类推。此方法最常见。

若要设置新建图层的属性，可选择"图层"→"新建"→"图层"命令或按住 Alt 键单击"创建新图层"按钮，在弹出的"新建"对话框中进行设置并确认即可。

通过当前存在的选区创建新图层，即在当前图层存在选区的情况下，选择"图层"→"新建"→"通过拷贝的图层"命令，可以将当前选区中的内容复制到一个新图层中。这种方法比较常见。

选择“图层”→“新建”→“通过剪切的图层”命令，可以将当前选区中的内容剪切至一个新图层中。

3. 图层的基本操作

图层的基本操作包括对图层进行复制、删除、对齐等操作，通过这些操作可以更好地管理图层、组织图像。

1）选择图层

选择图层是对图层最基础的操作，因为如果要编辑一个图层，必须首先选择该图层，使其成为当前编辑图层，换言之，如果在错误的图层上进行正确的操作，得到的也必然是错误的结果。

(1) 选择一个图层。要选择某一图层，只需在“图层”调板中单击需要的图层即可。处于选择状态的图层与普通图层具有一定区别，选择的图层将以灰底反白显示。

(2) 选择多个图层。在最新的 Photoshop CS4 版本中，也可以同时选择多个图层。

如果要选择连续的多个图层，在选择一个图层后，按住 Shift 键在“图层”调板中单击另一图层的图层名称，则两个图层间的所有图层都会被选中。

如果要选择不连续的多个图层，在选择一个图层后，按住 Ctrl 键在“图层”调板中单击另一图层的图层名称。

2）显示和隐藏图层

由于图层具有透明特性，因此对一幅图像而言，最终看到的是所有已显示的图层的最终叠加效果。通过显示或隐藏某些图层，可以改变这种叠加效果，从而只显示某些特定的图层。

在“图层”调板中，单击图层左侧的眼睛图标即可隐藏此图层。再次单击可重新显示该图层，如图 6-78 和图 6-79 所示。

图 6-78　显示图层

图 6-79　隐藏图层

3）移动图层

对于一幅图像而言，图像内容重叠时的显示效果与图层的位置有密切的关系。上层图层中的图像总是遮盖下一图层中的图像，因此在处理上层图层中的图像时必须考虑到图像将对下层图像起到的遮盖效果。

可以选择“图层”→“排列”级联菜单中的命令，将当前图层上移或下移以改变图层上下层叠的位置。

选择“置于顶层”命令可将该图层移至所有图层的上方,成为最顶层。

选择“前移一层”命令可将该图层上移一层。

选择“后移一层”命令可将该图层下移一层。

选择“置于底层”命令可将该图层移至除“背景”层外所有图层的下方,成为最底层。

选择“反向”命令可以逆序排列当前选择的多个图层,如图 6-80 所示为选择此命令前后的效果。

图 6-80 选择“反向”命令前后的效果

通过在“图层”调板中改变图层的位置,也可以改变图层间的层叠关系;在“图层”调板中向上或向下拖动要移动的图层可以改变图层中图像的显示效果。

4) 复制图层

通过复制图层可以复制图层中的图像。在 Photoshop 中,不但可以在同一图像中复制图层,而且还可以在两个图像间相互复制图层。

要在同一图像内复制图层,可以直接将要复制的图层拖至“图层”调板下面的“创建新图层”按钮上;或选择要复制的图层为当前操作层,然后单击“图层”调板右上角的黑色小三角形按钮,在弹出的菜单中选择“复制图层”命令,并设置好弹出对话框中的参数。

若要在图像间复制图层,可以使用移动工具将要复制的图层拖动至另一个图像文件中。

如果要复制的图层与其他图层有链接关系,则与之链接的所有图层都被复制到另一个图像文件中。

选择“图层”→“复制图层”命令,也可以将选择的图层复制到一个新的图层。

5) 对齐图层

对齐图层中的图像有如下两种情况。

如果当前图像中存在选区,则可以将当前图层及与当前图层有链接关系的图层与选区对齐。在当前图像文件存在选区的状态下,选择“图层”→“将图层与选区对齐”级联菜单下的命令,可以将操作图层中的图像与选区以指定的方式对齐。

在实际工作中,操作频率最高的是对齐某几个图层。要完成对齐某几个图层操作,可以先将这些图层链接起来,然后选择“图层”→“对齐”级联菜单,以将当前图层与有链接关系的图层对齐。

“图层”→“对齐”级联菜单下的各命令的功能解释如下:

选择“顶边”命令,得到顶对齐效果。

选择“垂直居中”命令,得到纵向居中对齐效果。

选择“底边”命令,得到底对齐效果。

选择“左边”命令,得到左对齐效果。

选择“水平居中”命令,得到水平居中对齐效果。

选择“右边”命令,得到右对齐效果。

6）分布图层

只有在“图层”调板中存在链接图层时，“图层”→“分布”级联菜单中的命令才可以被激活。选择其中的命令可以将链接图层中的图像以选定的方式进行分布。

选择“顶边”命令，按图层顶部分布链接的图层。

选择“垂直居中”命令，按图层的纵向中线分布链接图层。

选择“底边”命令，按图层底部分布链接的图层。

选择“左边”命令，按图层左侧分布链接的图层。

选择“水平居中”命令，按图层的水平中线分布链接图层。

选择“右边”命令，按图层右侧分布链接图层。

4. 图层组

组与图层间的关系是包容与被包容的关系。最新的 Photoshop CS4 版本中不仅能够将图层放于组中更方便地管理图层，而且还能够将一个组嵌套在另一个组中，从而更加方便地管理组。

1）创建新组

单击“图层”调板下方的“创建新组”按钮，即可在当前操作图层的上方创建一个新组，并按默认设置命名为“组 1”，再次使用此方法创建图层组时，各个图层组的名称将依次被命名为“组 2”、“组 3”……如果按住 Alt 键单击“创建新组”按钮，则会弹出如图 6-81 的对话框。

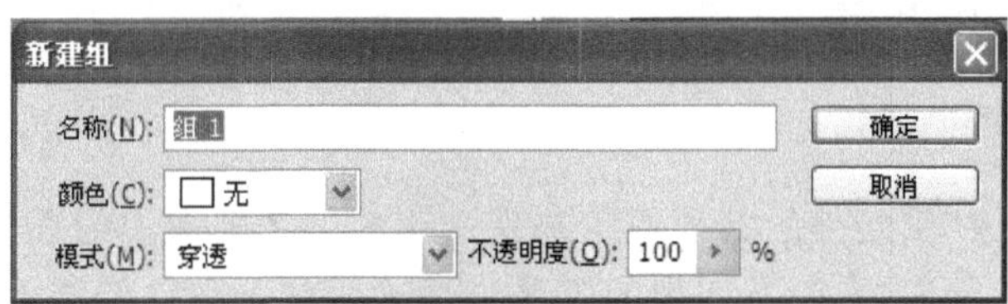

图 6-81 “新建组”对话框

2）删除组

删除组有两种方法，如果将组拖至调板的“删除图层”按钮上进行删除，不会弹出任何提示。

如果单击“图层”调板右上角的黑色小三角形按钮，在弹出的菜单中选择“删除组”命令，则会弹出如图 6-82 所示的提示框。单击“组和内容”按钮，可以删除图层组及组中的内容；单击“仅组”按钮，则仅删除组。

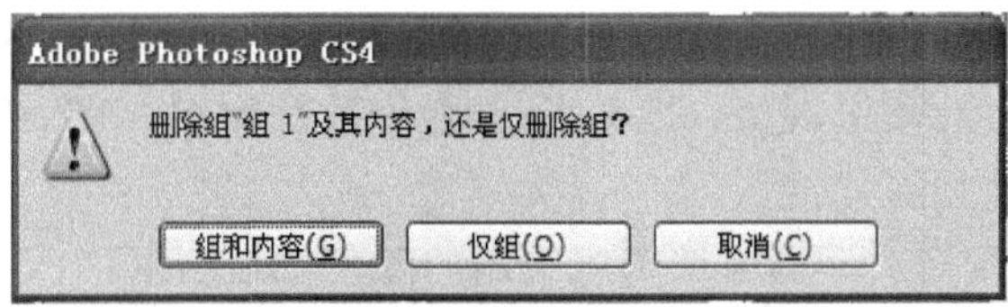

图 6-82 删除组提示框

5. 合并图层

合并图层的操作不但能够更加方便地管理图层,而且可以节省系统资源,因此,可以根据需要有选择地将一些图层合并,下面是合并图层的4种情况。

(1) 要合并具有上下层关系的图层,可以选择"图层"→"向下合并"命令。

(2) 要合并所有可见图层,可以选择"图层"→"合并可见图层"命令。

(3) 要合并所有图层并删除隐藏图层,可以选择"图层"→"拼合图像"命令。

(4) 要合并链接图层,可以选择"图层"→"合并图层"命令。

可以直接合并所选择的多个连续或不连续的图层。如图6-83所示为按住Shift键选择多个图层的状态,如图6-84所示为合并后的效果。

图6-83 选择多个连续的图层

图6-84 合并效果

6. 使用图层蒙版

我们知道除"背景"图层外的其他图层都是透明的。在图层上绘图后,上方图层中的图像将遮盖下方图层中的图像,没有图像的区域仍呈透明状态。而图层蒙版的作用则可以使上方图层中的图像,以半隐半现的效果显示出被遮盖的下方图层,从而使具有上下层图层的构图关系具有更多的可能性。如图6-85所示为使用蒙版所得到的混合效果及对应的"图层"调板。

实际上图层蒙版就是Photoshop为图层添加的一个遮罩,这个特别的遮罩能够起到隐藏或显示本层图像的作用。在图层蒙版中只能用介于黑白两色间的256级灰度绘图。

7. 图层的混合模式

图层的混合模式中的"颜色减淡"、"颜色加深"、"变暗"、"变亮"、"差值"和"排除"模式不可用于Lab图像。适用于32位文件的图层混合模式包括:正常、溶解、变暗、正片叠底、深色、变亮、线性减淡、浅色、差值、色相、饱和度、颜色和明度。图6-86中的小鸭显示模式分别为正常、正片叠底、线性加深、滤色。

- 正常。这是默认模式。当前编辑或绘制的颜色就是结果色。
- 溶解。编辑或绘制每个像素,使其成为结果色。但是根据任何像素位置的不透明度,结果色处基色或混合色的像素随机替换。选溶解模式的图层的不透明度必须低于100%。

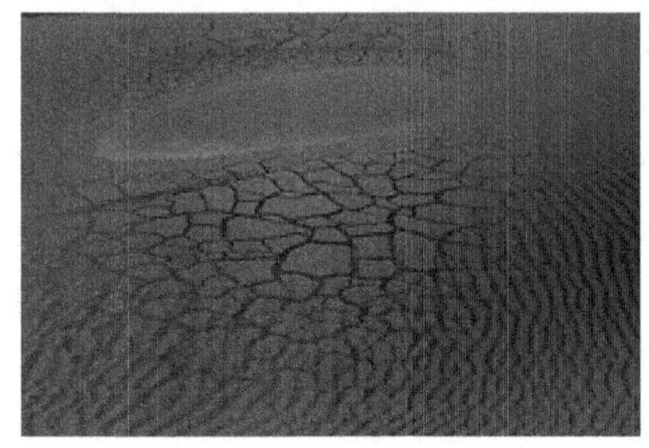

图 6-85　图层蒙版示例

图 6-86　不同的图层模式

- 变暗。当前图层和下面的图层中选择较暗的颜色作为结果色。比混合色亮的像素被替换，比混合色暗的像素保持不变。
- 正片叠底。将基色与混合色复合，结果色总是较暗的颜色。任何颜色与黑色复合产生黑色，而与白色复合保持不变。当用黑色或白色以外的颜色绘画时，绘画工具绘制的连续描边产生逐渐变暗的颜色。这与使用多个魔术标记在图像上绘图的效果相似。
- 颜色加深。通过增加对比度使基色变暗以反映混合色。与白色混合后不产生变化。
- 线性加深。通过减小亮度使基色变暗以反映混合色。与白色混合后不产生变化。
- 变亮。选择基色或混合色中较亮的颜色作为结果色。比混合色暗的像素被替换，比混合色亮的像素保持不变。
- 滤色。将混合色的互补色与基色复合，结果色总是较亮的颜色。用黑色过滤时颜色保持不变。用白色过滤将产生白色。此效果类似于多个摄影幻灯片在彼此之上产生投影。

- 颜色减淡。通过减小对比度使基色变亮以反映混合色。与黑色混合则不发生变化。
- 线性减淡(加深)。通过增加亮度使基色变亮以反映混合色。与黑色混合则不发生变化。
- 叠加。复合或过滤颜色,具体取决于基色。图案或颜色在现有像素上叠加,同时保留基色的明暗对比。不替换基色,使基色与混合色相混以反映原色的亮度或暗度。
- 柔光。使颜色变暗或变亮,具体取决于混合色。此效果与发散的聚光灯照在图像上相似。例如,如果混合色(光源)比50%灰色亮,则图像变亮,就像被减淡了一样。如果混合色(光源)比50%灰色暗,则图像变暗,就像被加深了一样。用纯黑色或纯白色绘画会产生明显较暗或较亮的区域,但不会产生纯黑色或纯白色。
- 强光。复合或过滤颜色,具体取决于混合色。此效果与耀眼的聚光灯照在图像上相似。如果混合色(光源)比50%灰色亮,则图像变亮,就像过滤后的效果。这对于向图像中添加高光非常有用;如果混合色(光源)比50%灰色暗,则图像变暗,就像复合后的效果。这对于向图像添加暗调非常有用。用纯黑色或纯白色绘画会产生纯黑色或纯白色。
- 亮光。通过增加或减小对比度来加深或减淡颜色,具体取决于混合色。如果混合色(光源)比50%灰色亮,则通过减小对比度使图像变亮;如果混合色比50%灰色暗,则通过增加对比度使图像变暗。
- 线性光。通过减小或增加亮度来加深或减淡颜色,具体取决于混合色。如果混合色(光源)比50%灰色亮,则通过增加亮度使图像变亮;如果混合色比50%灰色暗,则通过减小亮度使图像变暗。
- 点光。根据混合色替换颜色。如果混合色(光源)比50%灰色亮,则替换比混合色暗的像素,而不改变比混合色亮的像素;如果混合色比50%灰色暗,则替换比混合色亮的像素,而不改变比混合色暗的像素。这对于向图像添加特殊效果非常有用。
- 实色混合(Photoshop CS以上的高版本才有此选项)。通常情况下,当混合两个图层以后产生的结果是:亮色更加亮了,暗色更加暗了,降低填充不透明度建立多色调分色或者阈值。实色混合模式对于一个图像本身是具有不确定性的,例如它锐化图像时填充不透明度将控制锐化强度的大小。新的实色混合模式制作了一个多色调分色的图片,由红、绿、蓝、青、洋红、黄、黑和白8个颜色组成,混合色是基色和混合色亮度的乘积。
- 差值。从基色中减去混合色,或从混合色中减去基色,具体取决于哪一个颜色的亮度值更大。与白色混合将反转基色值;与黑色混合则不产生变化。
- 排除。创建一种与"差值"模式相似但对比度更低的效果。与白色混合将反转基色值,与黑色混合则不发生变化。
- 色相。用基色的明度和饱和度以及混合色的色相创建结果色。
- 饱和度。用基色的明度和色相以及混合色的饱和度创建结果色。
- 颜色。用基色的亮度以及混合色的色相和饱和度创建结果色。这样可以保留图像中的灰阶,并且对于给单色图像上色和给彩色图像着色都会非常有用。
- 明度。用基色的色相和饱和度以及混合色的亮度创建结果色。此模式创建与"颜色"模式相反的效果。

8. 图层添加样式

使用 Photoshop 的图层样式可以轻松制作出具有立体感的浮雕、发光、阴影等效果。如图 6-87 所示的雕刻效果及黄金质感文字实际上就是使用图层样式实现的。

图 6-87 使用图层样式效果

要为图层中的图像添加图层样式，可以单击“图层”调板下方的“添加图层样式”按钮，在弹出菜单中的每一个命令都可以为图层添加一种相应的效果，也可以同时添加多种效果。无论选择“图层样式”下拉菜单中的哪一个命令，均可弹出类似于如图 6-88 所示的“图层样式”对话框。

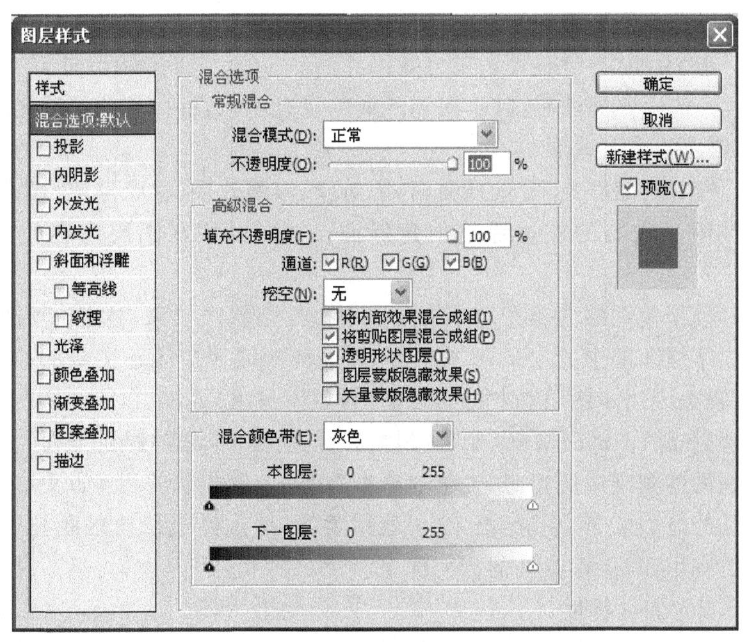

图 6-88 “图层样式”对话框

选择“图层样式”窗口左边的复选框,使图片产生一种或多种效果:

(1) 投影。在图层内容的后面添加阴影。

(2) 内阴影。紧靠在图层内容的边缘内添加阴影,使图层具有凹陷外观。

(3) 外发光和内发光。添加从图层内容的外边缘或内边缘发光的效果。

(4) 斜面和浮雕。对图层添加高光与阴影的各种组合。

(5) 光泽。应用创建光滑光泽的内部阴影。

(6) 颜色、渐变和图案叠加。用颜色、渐变或图案填充图层内容。

(7) 描边。使用颜色、渐变或图案在当前图层上描画对象的轮廓,它对硬边形状(如文字)特别有用。

1) 投影、内投影中的主要选项

(1) 混合模式。确定图层样式与下层图层(可以包括、也可以不包括现用图层)的混合方式。例如在当前图层中设置了投影,而投影的模式只与当前图层下的图层混合。一般使用默认模式。

(2) 颜色。投影的颜色。

(3) 不透明度。投影的颜色深浅。

(4) 角度。投影的角度。

(5) 距离。投影和图片之间的距离。

(6) 等高线。选择不同的等高线,得到不同的投影效果。

2) 内发光、外发光的主要选项

(1) 混合模式。确定图层样式与下层图层的混合方式。

(2) 不透明度。发光颜色的深浅。

(3) 颜色。可选纯色或渐变色。

(4) 阻塞。内发光的杂边边界。

(5) 方法。选“柔和”与“精确”的发光效果。

(6) 等高线。选择不同的等高线,得到不同的发光形状,可以创建透明光环。

3) 浮雕和斜面的主要选项

(1) 样式。指定斜面样式,可选外斜面、内斜面、浮雕效果、枕状浮雕、描边浮雕。

“外斜面”在图层内容的外边缘上创建斜面;“内斜面”在图层内容的内边缘上创建斜面。

“浮雕效果”模拟使图层内容相对于下层图层呈浮雕状的效果;“枕状浮雕”模拟将图层内容的边缘压入下层图层中的效果;“描边浮雕”将浮雕限于应用于图层的描边效果的边界(如果未将任何描边应用于图层,则“描边浮雕”效果不可见)。

方法:可选“平滑”、“雕刻清晰”和“雕刻柔和”的斜面和浮雕效果。

“平滑”可稍微模糊杂边的边缘;“雕刻清晰”用于消除锯齿形状(如文字)的硬边杂边,其保留细节特征的能力优于“平滑”技术;“雕刻柔和”使用经过修改的距离测量技术,对较大范围的杂边更有用,其保留特征的能力优于“平滑”技术。

(2) 深度。指定斜面深度。

(3) 角度。确定效果应用于图层时所采用的光照角度。可以在选项对话框中调整“投影”或“光泽”效果的角度。

(4) 高度。对于斜面和浮雕效果,设置光源的高度。值为 0 表示底边;值为 90 表示图层的正上方。

(5) 消除锯齿。混合等高线或光泽等高线的边缘像素。此选项在具有复杂等高线的小阴影上最有用。

(6) 光泽等高线。选择不同的等高线,可以使得图形有不同的起伏、凹凸。

(7) 使用全局光。可以使用此设置来设置一个"主"光照角度,此角度可用于使用阴影的所有图层效果:"投影"、"内阴影"以及"斜面和浮雕"。在任何这些效果中,如果选中"使用全局光"复选框,并设置一个光照角度,则该角度将成为全局光源角度。选定了"使用全局光"的任何其他效果将自动继承相同的角度设置。如果取消选择"使用全局光",则设置的光照角度将成为"局部的",并且仅应用于该效果。也可以通过直接选取"图层样式"、"全局光"来设置全局光源角度。

(8) 纹理。选择一种纹理叠加在效果上。可以选缩放改变纹理的稀疏。

4) 颜色叠加

在图片上叠加颜色,可选需要的颜色并设置透明度。

5) 渐变叠加

(1) 混合模式。确定图层样式与下层图层的混合方式。

(2) 渐变。指定图层效果的渐变,可以选择一种渐变或编辑渐变。对于某些效果,可以指定附加的渐变选项:"反向"翻转渐变方向;"与图层对齐"使用图层的外框来计算渐变填充;"缩放"则缩放渐变的应用。还可以通过在"图像"窗口中单击和拖动来移动渐变中心或者在"样式"中指定渐变的形状来改变渐变的效果。

6) 图案叠加

"图案"用于指定图层效果的图案。单击弹出式面板并选取一种图案。单击"从当前图案创建新的预设"按钮,根据当前设置创建新的预设图案。单击"贴紧原点"按钮,如果"与图层链接"处于选定状态时,图案的原点与文档的原点相同;如果取消了"与图层链接",原点在图层的左上角。如果希望图案在图层移动时随图层一起移动,可选择"与图层链接"。拖动"缩放"滑块,或输入一个值以指定图案的大小。拖动图案可在图层中定位图案;通过使用"贴紧原点"按钮来重设位置。如果未载入任何图案,则"图案"选项不可用。

7) 描边

(1) 大小。描边的粗细。

(2) 位置。可选描边的位置是外部、内部还是居中。

(3) 填充。可选颜色、渐变或图案。

9. 创建调整图层

调整图层用于跨越图层调节若干个图层中的图像的色彩,其优点是可以在不改变图层中图像的实际像素色值的情况下改变图像的色彩。

如图 6-89 所示为一个有若干个图层的图像,如图 6-90 和图 6-91 所示为分别在不同的图层上方添加反相调整图层的效果。

通过对比可以看出,在不同图层上方添加调整图层,则调整图层发挥作用的范围也不相同。

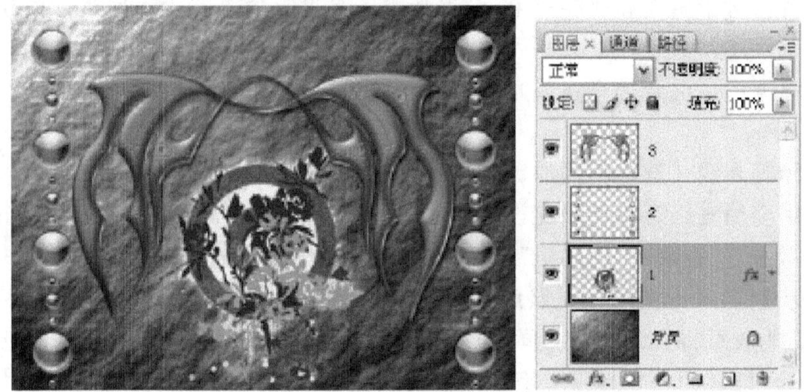

图 6-89 若干个图层的图像

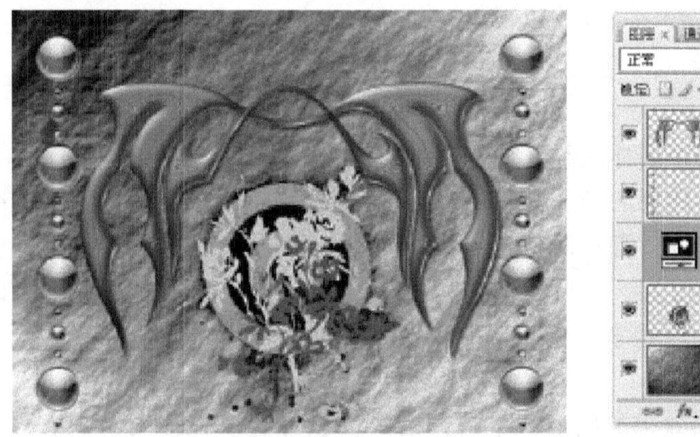
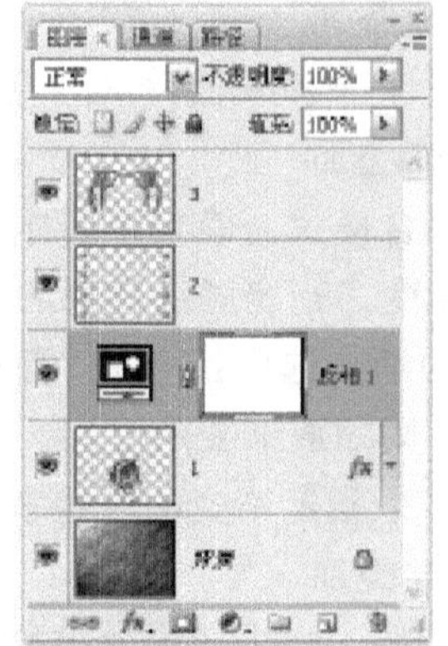

图 6-90 在“图层 1”上方添加调整图层后的效果

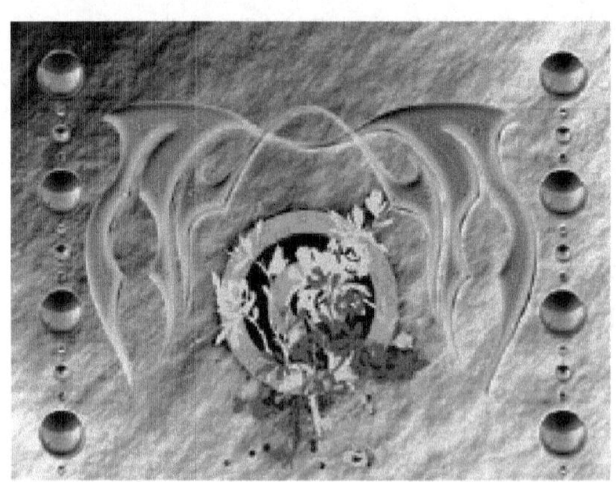
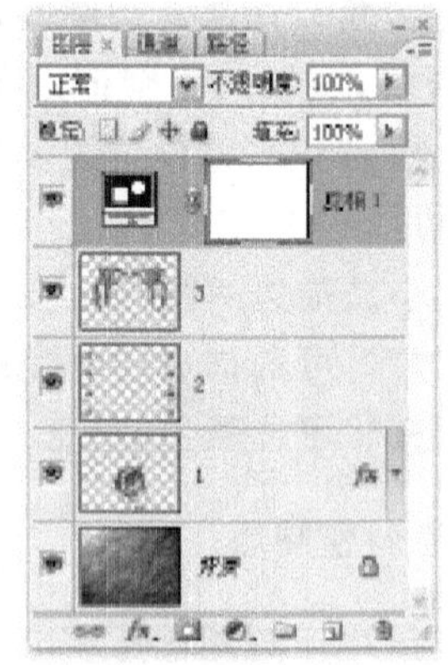

图 6-91 在所有图层上方添加调整图层后的效果

若要创建调整图层,可以单击“图层”调板下方的“创建新的填充或调整图层”按钮,或选择“图层”→“新建调整图层”级联菜单中的命令,并设置弹出的对话框中的参数。

10. 剪切蒙版

剪切蒙版图层是 Photoshop 中的特殊图层，其创建必须有上下两个紧邻的图层，利用下方图层中的图像的形状对上层图像进行剪切，最终以下方图层中图像的形状约束上方图层中图像的显示范围，从而得到丰富的效果。

由上述可知，剪切蒙版图层不是一个图层，而是两个甚至是多个有特殊关系的图层的总称，在这些图层中其中一个图层的外形能够通过剪切关系控制另外一个或几个图层的显示效果。

如图 6-92 所示为具有两个图层的图像及对应的“图层”调板，如图 6-93 所示为将两个图层组成为剪切蒙版后的效果及对应的“图层”调板，可以看出上方图层可显示的区域，取决于处于其下方的图层所具有的形状。

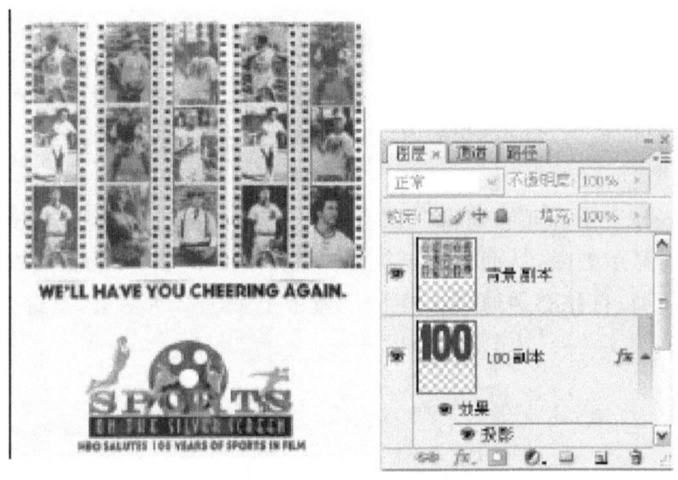

图 6-92　操作前图像及对应的“图层”调板

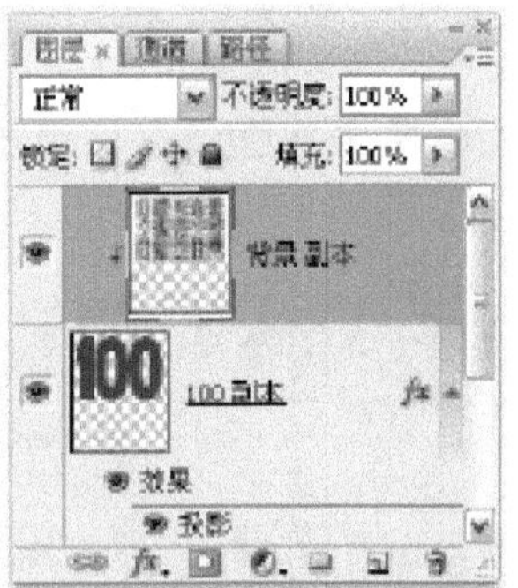

图 6-93　组成为剪切蒙版后的图像效果及对应的“图层”调板

11. 3D 图层

3D 图层是 Photoshop CS3 的新功能，使用此功能可以使设计师直接使用三维模型作为设计元素。

1) 导入三维模型

在 Photoshop 中导入三维模型主要通过以下两种方法。

(1) 直接打开三维模型文件

选择"文件"→"打开"命令，可以直接打开格式为三维模型的文件，Photoshop 支持最常见的 *.3DS 及 *.OBJ 格式文件，也支持不太常见的 *.U3D 及 *.DAE 格式文件。

选择"文件"→"打开"命令，并在对话框中选择一个三维文件后，将弹出一个对话框，在此对话框中可以设置该文件打开后新建的图像文件大小。

(2) 以新建图层形式打开三维模型

如果希望在一个已经打开的文件中导入三维模型，可以使用第二种方法，即选择"图层"→"3D 图层"→"从 3D 文件新建图层"命令，使用此命令也可以直接打开格式为三维模型的文件，打开后的三维模型成为当前操作的 Photoshop 文件的一个图层。

2) 改变三维模型

虽然在 Photoshop 中不能够编辑三维模型，但可以通过旋转、缩放、改变光照效果等方式改变三维模型的显示效果，从而使其更符合当前工作的需要，下面讲解具体操作。

要改变三维模型，首先必须通过在"图层"调板上双击 3D 图层，以进入其修改状态，此时会显示如图 6-94 所示的工具选项栏。

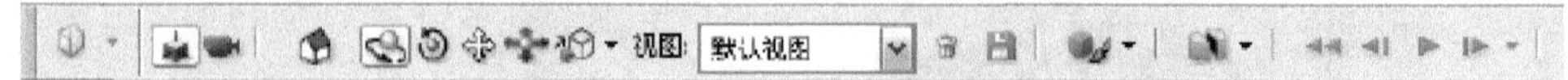

图 6-94　3D 工具选项栏

通过在图 6-94 所示的工具选项栏上选择并使用不同的工具对三维模型操作，即可改变三维模型。

3) 改变 3D 视角

虽然从三维软件中导出的三维模型文件都包含默认的视角或相机视图，但仍然能够在 Photoshop 中改变三维模型的视角。

在工具选项栏中单击按钮，即可进入视角改变状态，此时的工具选项栏显示为如图 6-95 所示的状态。

图 6-95　视角改变状态

与改变三维模型操作相同，要改变三维视角，在工具选项栏中单击选中各个工具，然后在视角中单击拖动即可。

4) 改变模型光照

除了利用所导入的三维模型自带的光照系统进行照明控制，也可以在 Photoshop 中利用其内置的若干种光照选项,改变当前三维模型的光照效果。

5) 修改模型贴图

如果导入到 Photoshop 中的三维模型带有贴图,则能够在 Photoshop 中编辑修改三维模型的贴图,从而为设计带来便利。如图 6-96 所示为导入到 Photoshop 中的三维模型效果,如图 6-97 所示为修改其贴图后的效果。

图 6-96 导入到 Photoshop 中的三维模型

图 6-97 修改其贴图后的效果

6) 栅格化三维模型

3D 图层是一类特殊的图层,在此类图层中无法进行绘画等编辑操作,因此如果要进行此类操作,必须将此类图层栅格化。

选择"图层"→"栅格化"→3D 命令,或直接在此类图层中单击鼠标右键,在弹出的快捷菜单中选择"栅格化"命令,均可将此类图层栅格化。

12. 视频图层

从 Photoshop CS3 版本开始,Photoshop 的功能更加全面与强大,能够处理视频文件。使用这一新功能,设计师将能够使用 Photoshop 强大的图像处理与编辑功能,编辑处理视频文件中的单帧,从而为视频文件增加更有趣味的效果。

1) 导入视频文件

在 Photoshop CS4 中,可以通过以下两种方法将视频文件导入至当前操作的 Photoshop 图像中。

(1) 直接打开视频文件

选择"文件"→"打开"命令,可以直接打开视频格式文件,Photoshop 支持最常见的 *.MOV 及 *.AVI、*.MPG、*.MPEG 四种格式的视频文件。选择一个视频文件,则该视频文件就能够在 Photoshop 中直接被打开。

选择"窗口"→"动画"命令,调出"动画"调板,在此调板中单击"播放"按钮,即可查看打开的视频文件的状态。

(2) 以新建图层形式打开

如果希望在一个已经打开的文件中导入视频文件,可以使用第二种方法,即选择"图层"→"视频图层"→"从文件新建视频图层"命令,使用此命令同样可以直接打开视频文件,打开后的视频文件成为当前操作的 Photoshop 文件的一个图层,"图层"调板的显示状态如图 6-98 所示。

图 6-98 “图层”调板

2) 改变视频内容

由于视频文件实际上也是由许多单帧图像构成的连续画面效果,因此能够在 Photoshop 中通过编辑单帧画面的形式,改变视频效果。

3) 栅格化视频图层

视频图层与 3D 图层一样,也是一类特殊的图层,在此类图层中无法直接使用绘画等编辑操作,因此如果要进行此类操作,必须将此类图层栅格化。

选择“图层”→“栅格化”→“视频”命令,或直接在此类图层中单击鼠标右键,在弹出的快捷菜单中选择“栅格化”命令,均可将此类图层栅格化。

6.2.6 通道

通道作为图像的组成部分,是与图像的格式密不可分的,图像颜色、格式的不同决定了通道的数量和模式。

(1) Alpha 通道。用户新建的通道,主要用于保存选区。

(2) 颜色通道。RGB 模式有 R、G、B 三个颜色通道,CMYK 图像有 C、M、Y、K 四个颜色通道,灰度图只有一个颜色通道,它们包含了所有将被打印或显示的颜色。

一个图片被建立或者打开以后是会自动创建颜色通道的。在 Photoshop 中编辑图像时,实际上就是在编辑颜色通道。这些通道把图像分解成一个或多个色彩成分。当查看单个通道的图像时,图像窗口中显示的是没有颜色的灰度图像。通过编辑灰度级的图像,可以更好地掌握各个通道原色的亮度变化。

1. 通道的作用

1) 保存颜色

对于 RGB 文件,有红色、绿色、蓝色 3 个通道,分别保存文件中的 3 种颜色; CMYK 文件,有青色、洋红、黄色、黑色 4 个通道,分别保存文件中的 4 种颜色。

例如,新建了一个背景为白色的文件,选各个通道的时候,全选中,因为 R、G、B 的数值均为 255。新建了一个背景为黑色的文件,选各个通道的时候,全不选中,因为 R、G、B 数值均为 0。

2) 保存选区

当把一幅图像粘贴到 Alpha 通道,或在 Alpha 通道中输入文字,回到 RGB 通道,可以看到并没有改变原来的图像,仅在 Alpha 通道中保留了图像或文字,以后可以作为选区载入。

2. 通道的应用

(1) 通过改变通道的数据(或颜色),可改变图像的色彩。如在曲线调整时,选红色通道,然后拖动曲线,发现图像中的红色成分改变了。

(2) 利用新建通道保存文字或图形。在新通道中输入文字或粘贴图形后,通道中就保存了文字或图形，其中黑色区域代表空的，白色区域代表有内容。以后通过载入选区填充颜色，或应用选区时选 Alpha 通道，可以在图上增加或修改内容，比较多地用于文字或抠图。

(3) 编辑通道。要编辑某个通道，首先选择该通道，然后使用绘画或编辑工具在图像中绘画。一次只能在一个通道上绘画。用白色绘画可以按 100%的强度添加选中通道的颜色；用灰色值绘画可以按较低的强度添加通道的颜色；用黑色绘画可完全删除通道的颜色。

3. 通道面板

当用户打开 RGB 图片时，“通道”面板中出现 RGB 三个颜色通道。单击“创建新通道”按钮，生成 Alpha 1 通道，黑色表示通道内容为空。可以使用绘画或编辑工具在图像中绘画。若在颜色通道中绘画，则改变了绘画部分的颜色；若在 Alpha l 通道中绘画，则仅生成选区，不改变图片的颜色，如图 6-99 所示。

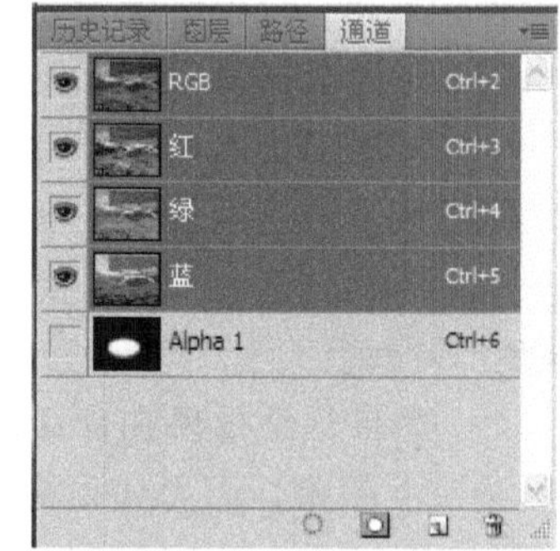

图 6-99　通道面板

6.2.7　滤镜特效与作品输出

滤镜是 Photoshop 中重要而且不可分割的一部分，恰当地使用滤镜能够使图像产生意想不到的效果，许多我们看到的令人称奇的图像创意或特殊效果，在创作中都使用了大量滤镜。

随着版本的不断升级，Photoshop 内置的滤镜种类越来越多，功能也越来越丰富，从滤镜菜单的分类也可以看出，不同的滤镜能够实现不同的效果。

滤镜主要用来制作图像的各种特殊效果，它通过分析图像中各个像素的值，根据滤镜中各种不同功能的要求，调用不同的运算模块处理图像，以达到所需的效果。Photoshop 所有的滤镜都放置在滤镜菜单中，使用时只要选择这些滤镜命令即可。

滤镜可以应用于图像的选择区域，也可以应用于整个图层。Photoshop 中的滤镜从功能上基本分为矫正性滤镜与破坏性滤镜两种，矫正性滤镜包括模糊、锐化、视频、杂色以及其他滤镜，它们对图像处理的效果很微妙，可调整对比度、色彩等宏观效果。除这几种滤镜外，滤镜菜单中的其他滤镜都属于破坏性滤镜，对图像的改变比较明显，主要用于构造特殊的艺术图像效果。

滤镜的处理以像素为单位，因此滤镜的处理效果与分辨率有关，同一幅图像如果分辨率不同，处理时所产生的效果也不同。

1. 使用滤镜

许多初学者对于滤镜的认识，仅限于增加图像特效这一点。但通过本节的学习，相信能使各位读者更加深入地明白使用滤镜的意义、如何更好地使用滤镜等与使用滤镜密切相关的问题。

1) 提高滤镜的性能

虽然 Photoshop 提供的滤镜能够为我们设计出各式各样的效果，但使用某些滤镜效果时可能会占用大量内存，特别是对高分辨率的图像应用滤镜时，可能等待很长时间后发现效果并非预想的情况，还可能发生由于内存不足根本无法运行滤镜命令的状态，在这些情况下应该掌握以下方法以提高运行滤镜的成功率。

(1) 在图像上选择一小部分区域试验滤镜和设置,得到满意的效果后,再应用于整幅图像中。

(2) 如果图像很大且内存不足,可以采取在单个通道上运用滤镜命令的方法来为图像施加滤镜效果。

(3) 在运行滤镜之前先使用"编辑"→"清理"→"全部"命令释放内存。

(4) 将更多的内存分配给 Photoshop CS4。

(5) 从其他应用程序中退出,以便为 Photoshop CS4 提供更多内存。

(6) 尝试更改设置以提高占用大量内存的滤镜的速度,如"光照效果"、"铬黄"、"波纹"、"玻璃"等滤镜。

(7) 如果最终效果在普通黑白打印机上打印,最好在应用滤镜前先将图像的一个副本转换为灰度图像。因为如果将滤镜应用于彩色图像然后再将彩色图像转换为灰度图像,所得到的效果可能与该滤镜直接应用于此灰度图像所得到的效果不同。

2) 混合滤镜效果

混合滤镜效果是指在对图像使用滤镜命令后,使用"编辑"→"渐隐"命令消退应用该滤镜后的效果,并改变模式所得到的与原图像相混合的效果。

由于"渐隐"命令能够更改任何滤镜、绘画工具、涂抹工具或颜色调整的不透明度和混合模式,因此应用"渐隐"命令就类似于在一个单独的图层上应用滤镜效果,然后再使用图层的不透明度和混合模式对其进行控制,从而得到混合的效果。

3) 滤镜使用技巧

掌握下面关于滤镜的使用技巧,能够使我们更好地使用滤镜。

(1) 上一次使用的滤镜通常会出现在"滤镜"菜单顶部,因此要再次使用这些滤镜,不必再次在子菜单中选择,直接在"滤镜"菜单顶部选择该命令即可。

(2) 如果希望使用上一次滤镜的参数,可以按快捷键 Ctrl+F 键重复使用上次使用的滤镜。

(3) 每次使用滤镜时,该滤镜都会被应用于当前操作的可视图层。

(4) 不能将滤镜应用于位图模式或索引颜色模式的图像。

(5) 某些滤镜只对 RGB 图像起作用,因此如果图像最终需要转换成为 CMYK 颜色模式,应该在转换前选择要应用的滤镜。

(6) 如果要将滤镜应用于图层的某一个区域,应该选择该区域。如果要将滤镜应用于整个图层,不要选择任何图像区域。

(7) 在滤镜对话框中按住 Alt 键,可以将"取消"按钮转换为"复位"按钮,单击此按钮,可以将所有参数值恢复至默认值。

(8) 在滤镜对话框中反复单击预览窗口,可以查看应用滤镜命令前后的效果。

2. 滤镜库

滤镜库是自 Photoshop CS 版本开始新增加的强大滤镜功能,用于为当前图像增加一个滤镜集合,要使用此功能可以选择"滤镜"→"滤镜库"命令,此命令弹出的对话框如图 6-100 所示。

图 6-100 “滤镜库”对话框

从“滤镜库”对话框中可以看出，实际上此对话框是许多滤镜的集成式对话框，对话框的左侧为预览区域，中间部分为命令选择区域，而其右侧则是参数调整及滤镜效果添加/删除区域，在对话框右上角的下拉列表框中还可以选择其他滤镜命令。

1）认识滤镜图层

滤镜图层是“滤镜库”命令使用的一个独特概念，由于在此对话框中可以为当前操作的图像叠加使用多个滤镜命令，而这些命令可以随意调换操作顺序并能够进行隐藏与删除操作，其特性与图层相近，故将其称为滤镜图层。

如图 6-101 所示为应用滤镜命令后的滤镜图层状态。

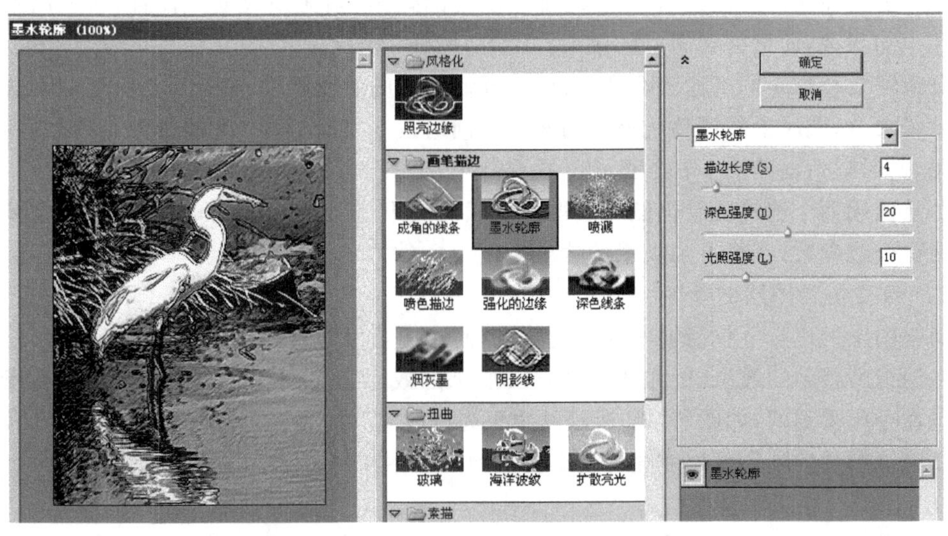

图 6-101 应用滤镜命令的滤镜图层图

2) 滤镜图层的操作

如前所述,滤镜图层的操作也跟图层一样灵活,其中包括添加、删除、修改参数、改变滤镜图层的顺序等操作,下面分别讲解上述操作。

(1) 添加滤镜图层

要添加滤镜图层,可以在参数调整区的下方,单击"新建效果图层"按钮,此时所添加的新滤镜图层将延续上一个滤镜图层的命令及其参数,如图 6-102 所示。

图 6-102 添加一个滤镜图层的效果

如果需要使用同一滤镜命令,以增加该滤镜的效果,则无须改变此设置,通过调整新滤镜图层上的参数,即可得到满意的效果。

如果需要叠加不同的滤镜命令,可以选择该新增的滤镜图层,在命令选择区域中选择一新的滤镜命令,此时参数调整区域中的参数将同时发生变化,调整这些参数,即可得到满意的效果,此时对话框如图 6-103 所示。

如果使用两个滤镜图层仍然无法得到满意的效果,可以按同样的方法再新增滤镜图层并修改命令或参数,直至得到满意的效果为止。

(2) 改变滤镜图层的顺序

滤镜图层的优点不仅能够叠加滤镜效果,而且还可以通过修改滤镜图层的顺序,修改应用这些滤镜所得到的效果,例如图 6-104(b)所示的效果为按图 6-104(a)所示的顺序叠加 4 个滤镜命令所得到的,如图 6-105 所示的效果为修改这些滤镜图层的顺序后所得到的,可以看出当滤镜图层的顺序发生变化时所得到的效果也不相同。

(3) 隐藏及删除滤镜图层

如果希望查看在某一个或某几个滤镜图层添加前的效果,可以单击该滤镜图层左侧的眼睛图标,以将其隐藏起来。如图 6-106 所示为隐藏两个滤镜图层时对应的图像效果。

图 6-103　修改滤镜图层命令后的效果

(a)　　(b)

图 6-104　原滤镜图层及对应的效果

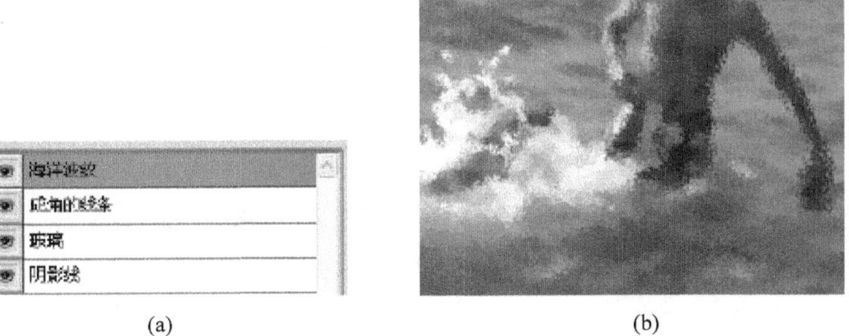

(a)　　(b)

图 6-105　修改后的滤镜图层顺序及对应的效果

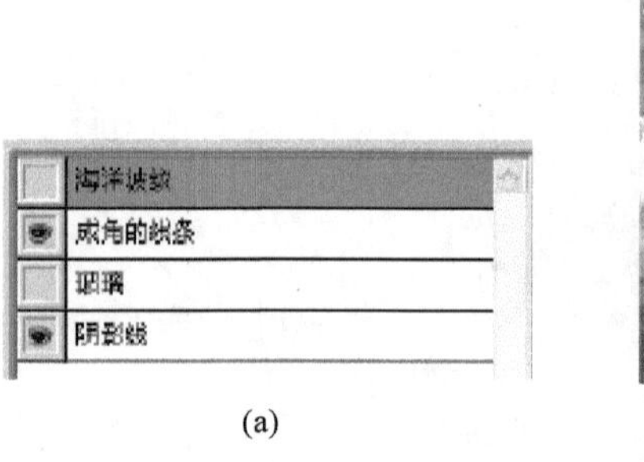

(a)

(b)

图 6-106 隐藏两个滤镜图层时对应的图像效果

对于不再需要的滤镜图层,可以将其删除,方法是单击将其选中,然后单击“删除效果图层”按钮 即可。

3. 智能滤镜

智能滤镜 Photoshop CS3 版本中新增的一个强大功能。在以前,当要对智能对象图层中的图像应用滤镜时,就必须将该智能对象图层栅格化,然后才可以应用智能滤镜,但如果要再修改智能对象中的内容时,则还需要重新应用滤镜,这样就在无形中增加了操作的复杂程度。在 Photoshop CS4 中滤镜功能得到进一步加强。

Photoshop CS4 版本中的智能滤镜功能就是为了解决这一难题而产生的,同时,使用智能滤镜,还可以对所添加的滤镜进行反复的修改。下面就来讲解一下智能滤镜的使用方法。

要添加智能滤镜可以按照下面的方法进行操作。

(1) 选中要应用智能滤镜的智能对象图层。在“滤镜”菜单中选择要应用的滤镜命令,并设置适当的参数。

(2) 设置完毕后,单击“确定”按钮退出对话框即可生成一个对应的智能滤镜图层。

(3) 如果要继续添加多个智能滤镜,可以重复第 2～3 步的操作方法,直至得到满意的效果为止。

在一个智能对象图层中,主要是由智能蒙版及智能滤镜列表构成的,其中智能蒙版主要是用于隐藏智能滤镜对图像的处理效果,而智能滤镜列表则显示了当前智能滤镜图层中所应用的滤镜名称。

4. 特殊功能滤镜

Photoshop 提供了 4 种特殊功能滤镜,包括“抽出”、“液化”、“消失点”及“图案生成器”,在此仅讲解比较常用的前 3 种滤镜的功能及其使用方法。

1) 抽出

选择“滤镜”→“抽出”命令,能够将一个具有复杂边缘的对象从背景中分离出来。常用于将具有毛发等纤细边缘的人物或动物从背景中选择出来,其对话框如图 6-107 所示。

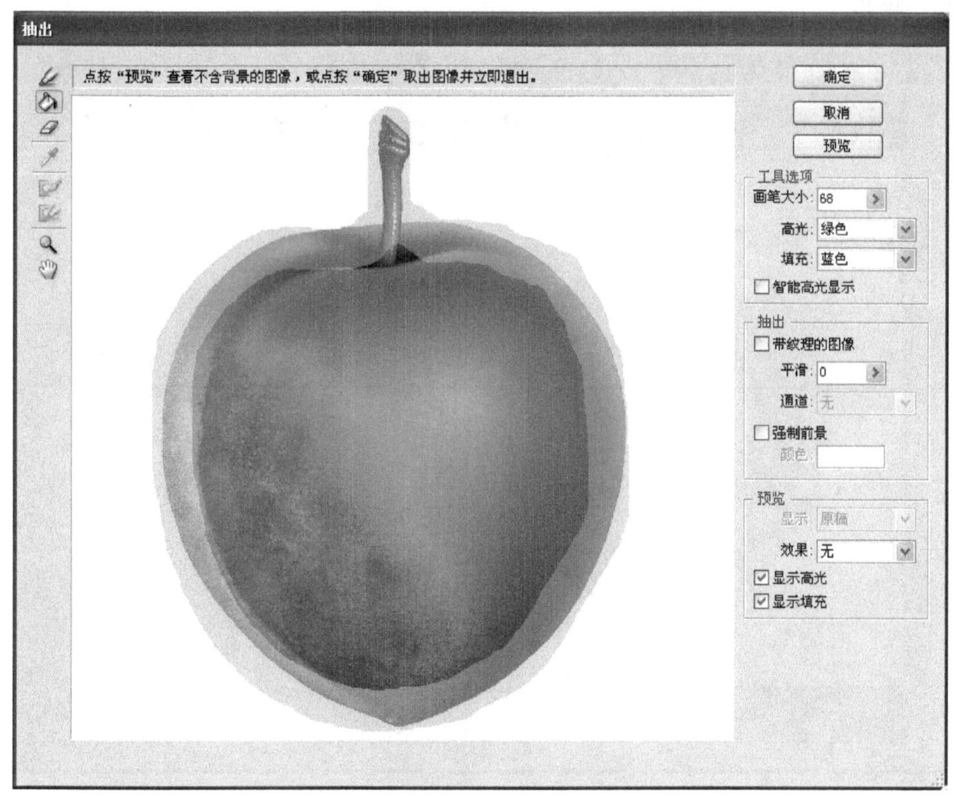

图 6-107 "抽出"对话框

(1) 边缘高光器工具。此工具用于将对象的边缘勾画出来。在勾画时可以调整画笔的大小，以尽量将需要选择的边缘包含在勾画的轮廓线中。如果对象的边缘较复杂，可设置一个较小尺寸的画笔大小，否则输入一个较大的数值，以取得较宽的边缘线。

(2) 填充工具。此工具用于在使用边缘高光器工具勾画出的轮廓中单击以填充实色，以便将需要选择出来或分离出来的对象完全覆盖起来。

(3) 橡皮擦工具。此工具用于删除被选对象边缘的高亮色。

(4) 吸管工具。此工具用以选择前景色。

(5) 清除工具。此工具仅在单击"预览"按钮后才可以使用，其作用是擦除不需要的图像区域。

(6) 边缘修饰工具。此工具用于清除在预览状态下所得到的选择对象的不理想边缘，能够在一定程度上改善对象的边缘清晰程度。

(7) 在"预览"区域的"显示"下拉列表框中选择一种显示方式以代替在默认情况下的透明背景，其显示方式有如下几种：黑色杂边、白色杂边、灰色杂边、其他及蒙版。

(8) 在选中"智能高光显示"复选框的情况下，Photoshop 忽略用户设置的画笔大小，自动应用刚好覆盖住边缘的画笔大小绘制高光，并且在用户描绘对象边缘时，能够自动捕捉到对比最鲜明的边缘。

2) 液化

选择"滤镜"→"液化"命令，弹出如图 6-108 所示的"液化"对话框，在此可以对图像进行液化变形操作。

图 6-108 “液化”对话框

(1) 使用向前变形工具在图像画面上拖动,可使图像的像素随着涂抹产生变形效果。

(2) 使用重建工具在图像上拖动,可将操作区域恢复原状。

(3) 使用顺时针旋转扭曲工具在图像画面上拖动,可使图像产生顺时针旋转效果,如果在操作时按住了 Alt 键,则可以使图像反向旋转。

(4) 使用褶皱工具在图像画面上拖动,可以使图像产生挤压效果,即图像向操作中心点处收缩从而产生挤压效果。

(5) 使用膨胀工具在图像上拖动,可以使图像产生膨胀效果,即图像背离操作中心点从而产生膨胀效果。

(6) 使用左推工具在图像上拖动,可以移动图像。

(7) 使用镜像工具在图像上拖动,可以使图像产生镜像效果。

(8) 使用湍流工具能够使被操作的图像在发生变形的同时,具有紊乱效果。

(9) 使用冻结蒙版工具可以冻结图像,被此工具涂抹过的图像区域,将受蒙版保护从而无法进行编辑操作。

(10) 使用解冻蒙版工具可以解除使用冻结工具所冻结的区域去除蒙版,使其还原为可编辑状态。

(11) 拖动“画笔大小”三角滑块,可以设置使用上述各工具操作时,图像受影响区域的大小,数值越大则一次操作影响的图像区域也越大;反之则越小。

(12) 拖动“画笔密度”三角滑块,可以设置使用上述各工具操作时,一次操作所影响的图像的像素密度，数值越大则操作时影响的像素越多，操作区域及影响程度越大；反之则越小。

（13）拖动“画笔压力”三角滑块，可以设置使用上述各工具操作时，一次操作影响图像的程度大小，数值越大则图像受画笔操作影响的程度也越大；反之则越小。

（14）在“重建模式”下拉列表框中选择一种模式并单击“重建”按钮，可使图像以该模式动态地向原图像效果恢复。在动态恢复过程中，按 Space 键可以中止恢复进程，从而中断进程并截获恢复过程的某个图像状态。

在“显示背景”复选框被选中的情况下，可以通过选择其下方的选项控制背景图层的显示方式。

在“使用”下拉列表框中，可以选择要显示的当前图像的图层，选择“所有图层”选项则显示全部图层，选“背景图层”则显示背景图层。

在“模式”下拉列表框中，可以选择要显示图层的显示模式，其中有“后面”、“前面”、“混合”3 个选项可选。

在“不透明度”数值框中可以输入一个数值，以控制显示的背景图层的透明度。

“液化”命令的使用方法较为随意，只需在工具箱中选择需要的工具，然后在预览窗口中单击或拖曳即可。图 6-108 为使用此命令对苹果进行操作后的效果。

3）消失点

使用该命令可以在保持图像透视角度不变的情况下，对图像进行有透视角度的复制、修复操作，选择“滤镜”→“消失点”命令，弹出如图 6-109 所示的对话框。

图 6-109　“消失点”对话框

(1) 使用编辑平面工具可以选择和移动透视网格,在工具选项区中选择"显示边缘"选项,会显示出透视网格及选区的边缘,否则将隐藏其边缘。

(2) 使用创建平面工具可以绘制透视网格来确定图像的透视角度,在工具选项区中的"网格大小"输入框中可以设置每个网格的大小。

(3) 使用选框工具可以在透视网格内绘制选区,以选中要复制的图像,而且所绘制的选区与透视网格的透视角度是相同的。需要注意的是,当没有任何网格时则无法绘制选区。选择此工具时,在工具选项区域中的"羽化"和"不透明度"输入框中输入数值,可以设置选区的羽化和透明属性;在"修复"下拉列表框中选择"关"选项,则可以直接复制图像,选择"亮度"选项则按照目标位置的亮度对图像进行调整,选择"开"选项则根据目标位置的状态自动对图像进行调整;在"移动模式"下拉列表框中选择"目标"选项则将选区中的图像复制到目标位置,选择"源"选项则将目标位置的图像复制到当前选区中。

(4) 使用图章工具按住 Alt 键可以在透视网格内定义一个源图像,然后在需要的地方进行涂抹即可。在其工具选项区域中可以设置仿制图像时的画笔直径、硬度、不透明度及修复选项等参数。

(5) 使用画笔工具可以在透视网格内进行绘图,在其工具选项区域中可以设置画笔绘图时的直径、硬度、不透明度及修复选项等参数,单击"画笔颜色"右侧的色块,在弹出的"拾色器"对话框中还可以设置画笔绘图时的颜色。

(6) 由于复制图像时,图像的大小是自动变化的,当对图像大小不满意时,即可使用变换工具对图像进行放大或缩小操作。选择其工具选项区域中的"水平翻转"和"垂直翻转"选项后,图像会被执行水平和垂直方向上的翻转操作。

(7) 使用吸管工具可以在图像中单击以吸取画笔绘图时所用的颜色。

(8) 测量工具。使用此工具可以测量从一点到另外一点的距离,以及相对于透视关系来说,当前所测量的直线的角度。

(9) 抓手工具。使用该工具在图像中拖动可以查看未完全显示出来的图像。

(10) 缩放工具。使用该工具在图像中单击可以放大图像的显示比例,按住 Alt 键在图像中单击即可缩小图像显示比例。

对话框弹出菜单中各主要命令的功能意义如下。

(1) 显示边缘。选中此命令时,则显示出透视网格的边缘线。

(2) 显示测量。选中此命令时,则显示使用测量工具在图像中所做的测量线及其结果。

(3) 导出到 DXF。选择此命令或按 Ctrl+E 组合键,在弹出的对话框中选择文件保存的路径及名称,可以将当前内容导出成为 DXF 格式的文件。

(4) 导出到 3DS。选择此命令或按 Ctrl+Shift+E 组合键,在弹出的对话框中可以将当前文件导出成为 3DS 格式的文件,以供在 3ds Max 中使用。

(5) 导出为 After Effects CS4 所用格式。使用此命令可以将当前文件导出成为专供 After Effects CS4 软件所使用的格式。但需要注意的是,如果使用 After Effects CS4 更早的软件可能无法打开当前导出的文件。

5. 作品输出

出片即输出菲林,也称为输出胶片。打样是模拟印刷,作为修正或制版的依据。出片过程包括将文件转换为分色的 PS 文件、RIP 发排、照排机曝光软片和冲洗、检查等几道工序。用数据化、标准化对此过程进行控制,是保证质量的重要手段。此过程对质量的影响主要有以下几点。

(1) 由于输出软片线性化不好导致的文字发粗、变胖,印刷效果过黑、图片颜色偏差、层次再现欠佳以及色块色彩偏差。

(2) 由于软片曝光、冲洗条件不当而出现的软片底灰过大、密度不足。反映在版面上是版面起脏、实地发虚、低调网点层次丢失、绝网、糊网。

(3) 由于加网目数过高或过低而导致的图片糊网、绝网、图片层次表现差。

(4) 由于加网角度不当出现的龟纹、色彩表现不良。

(5) 由于软片定位精度过低而出现的套印误差及规矩线过粗而导致拼版误差。

(6) 照排参数前后不一致出现的不同版面效果不一。

(7) 由于冲洗及检查等操作不当导致划片、马蹄印、脏迹等,直接反映在版面上是划痕、虚点、版面脏迹等。

数据化控制是做好软片输出过程控制、保证质量的基础。规范化作业是保证输出质量的重要步骤。输出中要保证各版面参数一致,加网线数符合印刷要求,网角准确不产生色纹,四块色版重复定位精度在规定范围以内,套准十字位置、大小、粗细整齐划一。

文件设计、制作完成了,并通过校对确认无误后,接下来的工作就是输出胶片。出片的工作是由出片公司来完成,但平面设计师也要对文件进行出片前检查,确保文件送至出片公司能顺利输出胶片。

以下是 Photoshop 软件输出准备要点,将帮助设计师准备好输出文件,顺利输出。

1) 预设黑色

Photoshop 预设的前景黑色并不是 CMYK 模式的纯黑,如图 6-110 所示。这个颜色在印刷后虽然也是黑颜色,但在印刷品上仔细查看,可发现它中间有细小的白点。这是因为该颜色的 CMYK 数值都不到 100。作为印刷中使用的纯黑,K 值应该为 100,其余 C、M、Y 的值可根据具体情况而定。

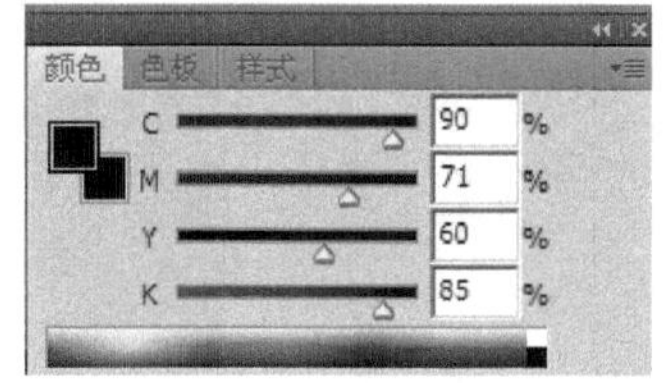

图 6-110　Photoshop 中预设的前景黑色

实践经验:在选用黑色作为底色时,最好在其中加一点其他颜色,加 C(青)和 Y(黄)后,黑色会比较有亮度,加 M(品红)后,黑会显得很稳重。

2) 存储

Photoshop 以不压缩的 TIFF 或 EPS 格式存储图片。对于 TIFF 格式应注意通道和图层问题。

(1) 通道。出片之前,一定要全部删除(不是隐藏)曾经使用过的多余通道,只留下 CMYK 共 4 个颜色通道,才能保证正常输出。

(2) 图层。新版的 Photoshop 的 TIFF 格式已支持图层,因此保存文件时一定要清除“存储为”对话框的“存储选项”组中的“图层”复选框,如图 6-111 所示。

图 6-111 清除"图层"复选框

3）页面设置

"页面设置"命令可以对正在处理的文件进行纸张大小、来源、方向等方面的设置。单击"文件"菜单下的"页面设置"命令时,将弹出"页面设置"对话框,如图 6-112 所示。

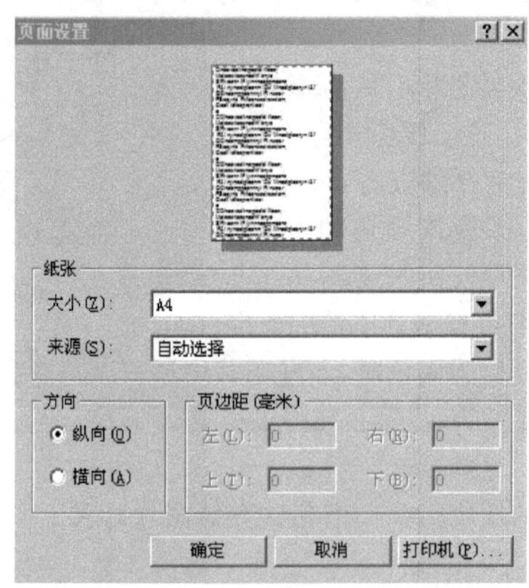

图 6-112 "页面设置"对话框

可以根据实际所需图像的大小选择纸张的规格,Photoshop CS 提供了多种纸张大小规格,可以满足用户从便笺到超大纸面的打印需求。

4) 打印选项

“打印选项”命令可以设置要打印图片的高度、宽度、打印介质和色彩管理等。

单击“文件”菜单下的“打印选项”命令时，将弹出“打印选项”对话框，如图 6-113 所示。

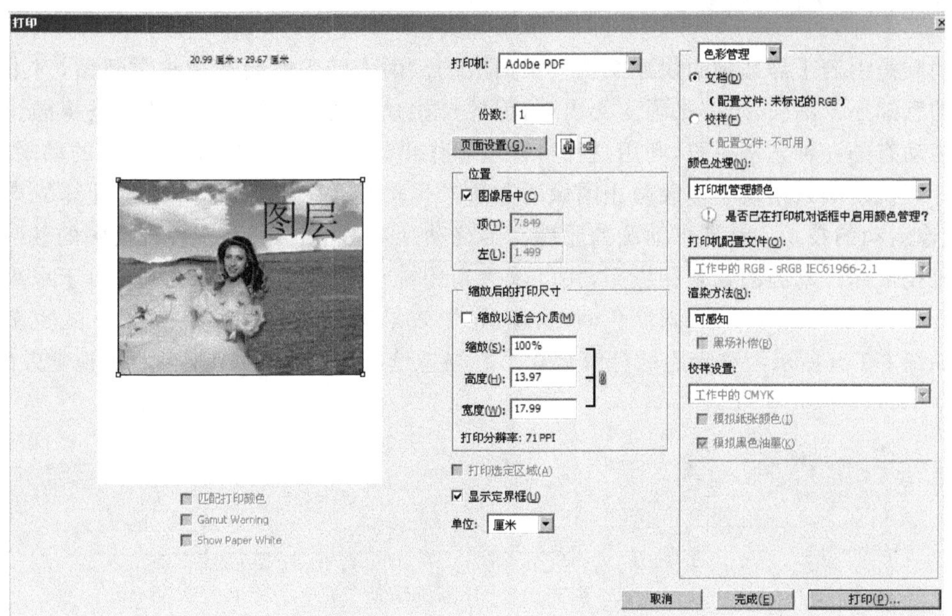

图 6-113 “打印设置”对话框

在此对话框中，可以设定图片在纸面的打印间距、图像的缩放比例、是否可以显示图像边框等内容。同时，也可以通过单击“页面设置”按钮，在弹出的“页面设置”对话框中设定好页面规格之后完成打印设置。

单击“文件”菜单下的“打印”命令时，将弹出“打印”对话框，如图 6-114 所示。

图 6-114 “打印”对话框

在此,也可以设定打印范围、打印份数,并决定是把图像打印至文件还是通过打印机输出。

6.2.8 动画设计

动画是由若干静态画面快速交替显示而成的。因人的眼睛会产生视觉暂留,对上一个画面的感知还未消失,下一张画面又出现,因此产生动的感觉。可以说,动画是将静止的画面变为动态的一种艺术手段,利用这种特性可制作出具有高度想象力和表现力的动画影片。

计算机动画采用连续播放静止图像的方法产生景物运动的效果,即使用计算机产生图形、图像运动的技术。计算机动画的原理与传统动画基本相同,只是在传统动画的基础上将计算机技术用于动画的处理和应用,并可以达到传统动画无法实现的效果。由于采用数字处理方式,动画的运动效果、画面色调、纹理、光影效果等可以不断改变,输出方式也多种多样。如图 6-115 所示为猫奔跑的分解示意图。当连续播放时,即可产生奔跑的视觉效果。

图 6-115 计算机动画

1."动画"面板

在 Photoshop 的"动画"面板中可以完成所有关于创建、编辑动画的设置工作。在该面板中,可以两种方式编辑动画,一种是以动画帧模式编辑动画,另外一种是时间轴编辑模式,它的工作模式同 Adobe 公司出品的视频编辑软件类似,都可以通过设置关键帧来精确地控制图层内容的位置、透明度或样式的变化,如图 6-116 所示。

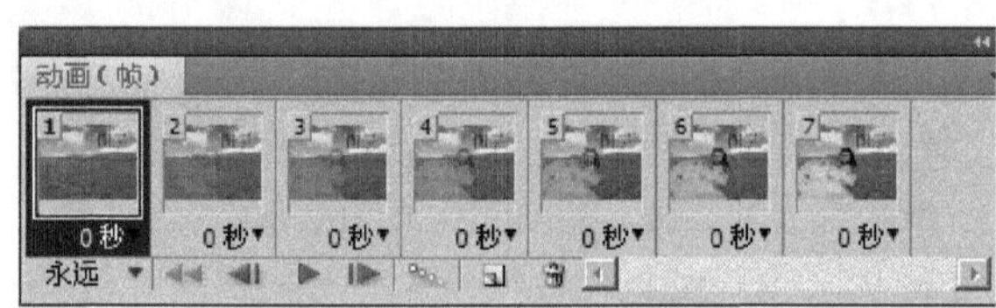

图 6-116 "动画"面板

"动画"面板的主要命令有播放次数、选择帧、播放(停止)、过渡帧、复制帧、删除帧,过渡帧主要用于产生透明度、位置的逐渐变化。一帧可有一种效果,每帧下的小三角可设置播放时间。

(1) 可用于 GIF 动画的制作,也可设计动态网页。

(2)"动画"面板进入。选择"窗口"→"动画"命令。

(3) 播放次数。可以选择一次、永远或自定次数。

(4) 增加过渡帧。可以设置向上一帧或下一帧过渡,可以选择增加的过渡帧数等,其参数如图 6-117 所示。

2. “切片选项”对话框

切片工具和裁剪工具位于同一个工具组中,其作用是:

(1) 划分切片。使用切片工具划出划分区域。

(2) 使用切片选择工具可选择切片。

(3) 选择工具双击切片后,打开切片设置窗口,可对切片进行设置。

“切片选项”对话框如图 6-118 所示。

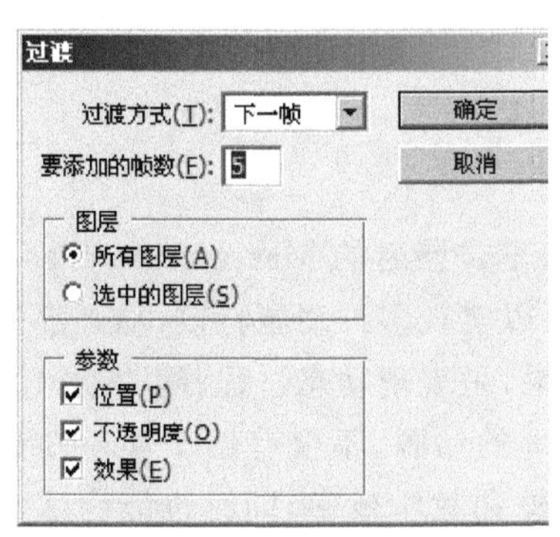

图 6-117 “过渡”对话框

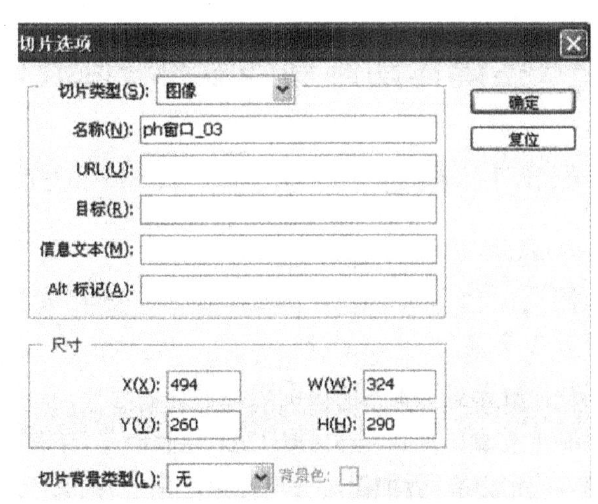

图 6-118 “切片选项”对话框

1) 指定切片内容类型

可以指定该切片在与 HTML 文件一起导出时,切片数据在 Web 浏览器中的显示方式。可用的选项将因选择的切片类型而异。

图像切片包含图像数据,这是默认的内容类型。选择“无图像”切片,允许创建可在其中填充文本或纯色的空表单元格。可以在“无图像”切片中输入 HTML 文本。如果在“文件”—“存储为 Web 和设备所用格式”对话框中设置了“文本为 HTML”选项,在浏览器中查看文本时,则会将其解释为 HTML。类型为“无图像”的切片不会被导出为图像,并且无法在浏览器中预览。

2) 输入切片的名称

在“名称”文本框中输入一个新名称,也可重命名切片。在向图像中添加切片时,根据内容来重命名切片会很有用。默认情况下,用户切片是根据“输出设置”对话框中的设置来命名的。

对于“无图像”切片内容,“名称”文本框不可用。

3) 为切片选取背景色

可以选择一种背景色来填充透明区域(适用于“图像”切片)或整个区域(适用于“无图像”切片)。Photoshop 不显示选定的背景色,必须在浏览器中预览图像才能查看选择背景色的效果。可以从“背景色”弹出式菜单选取一种背景色,具体可选择“无”、“杂边”、“白色”、“黑色”或“其他”(使用 Adobe 拾色器)。

4）为切片指定 URL 链接信息

为切片指定 URL 可使整个切片区域成为所生成 Web 页中的链接。当用户单击链接时，Web 浏览器会导航到指定的 URL 和目标框架。该选项只可用于“图像”切片。

在“切片选项”对话框的 URL 文本框中输入 URL。可以输入相对 URL 或绝对(完整)URL。如果输入绝对 URL，一定要包括正确的协议(例如 http：//www. adobe. com，而不是 www. adobe. com)。

如果需要，请在“目标”文本框中输入目标框架的名称。

6.3 多媒体动画制作软件 Flash CS3

6.3.1 概述

1. 简介

Flash CS3 是 Adobe 公司收购 Macromedia 公司后将享誉盛名的 Macromedia Flash 更名为 Adobe Flash 后推出的一款动画软件。Flash 软件可以实现多种动画特效，动画都是由一帧帧的静态图片在短时间内连续播放而造成的视觉效果，是表现动态过程、阐明抽象原理的一种重要媒体。尤其在医学 CAI 课件中，使用设计合理的动画，不仅有助于学科知识的表达和传播，使学者加深对所学知识的理解，提高学习兴趣和教学效率，同时也能为课件增加生动的艺术效果。

在 Flash CS3 中，工具栏变成 CS3 通用的单双列，面板可以缩成图标，也可以变为半透明的图层，应该是和 Photoshop CS3 相同，沿用以前 Adobe 的风格。下面对该软件进行简单介绍。

(1) Flash CS3 的工具箱会变成像 Photoshop CS3 那样可伸缩成单双列，面板调板可以缩为精美的图标，半透明标题栏，并可随意伸缩(Fireworks CS3 和 Dreamweaver CS3 的 Beta 版中并没有看到这一点，因此这两个软件的正式版应该有很大不利)。

(2) Flash CS3 的界面很便于在“设计布局”和“编程布局”间切换。

(3) 改良的钢笔工具，类似 Illustrator 的相应工具。以前 Flash 的钢笔功能此时显得有点逊色了，在画卡通时，现在可以基于各种形状去改，而不是直接去画。

(4) “属性”面板可以监测出用户画的原始形状是圆、椭圆还是方形，而不像以前统一显示为形状。

(5) 可以直接绘制出圆环。圆角矩形的四个拐角都可以单独调整，有点像 Fireworks 的自动形状属性。

(6) 可直接导入分层的 Photoshop PSD 文件，也可以决定哪些层需要被导入。还可以保留图层上的样式、蒙版和智能滤镜、路径的可编辑性。导入选项包括是否保留原图层内容的位置和尺寸、是否保持 PSD 的分层状态、是否把图层转换为影片剪辑、是否为其输入实例名，以及选择参考点的位置、单独对每层进行 JPG 优化等。对于是否能够保持文字图层的可编辑状态，现在还不能完全确定。

(7) 可更完美地导入 Illustrator AI 矢量文件，保留其所有特性，包括精确的颜色、形状、路径和样式。

2. F1ash CS3 的新增功能

Flash CS3 与以前发布的版本相比，新增了许多实用性的功能，有着更为人性化的设计和更突出的性能。

(1) Adobe 界面。享受新的简化界面，该界面强调与其他 Adobe Creative Suite 3 应用程序的一致性，并可以进行自定义以改进工作流和最大化工作区空间。

(2) 丰富的绘图功能。使用智能形状绘制工具以可视方式调整工作区中的形状属性，使用 Adobe Illustrator 所倡导的新的钢笔工具创建精确的矢量插图，从 Illustrator CS3 将插图粘贴到 Flash CS3 中等。

(3) Photoshop 和 Illustrator 导入。在保留图层和结构的同时，导入 Photoshop(PSD)和 Illustrator (AI)文件，然后在 Flash CS3 中编辑它们。使用高级选项在导入过程中优化和自定义文件。

(4) 将动画转换为 ActionScript。及时将时间线动画转换为可由开发人员轻松编辑、再次使用和利用的 ActionScript 3.0 代码。将动画从一个对象复制到另一个对象。

其他方面为：

(1) ActionScript 3.0 开发。使用新的 ActionScript 3.0 语言节省时间，该语言具有改进的性能和增强的灵活性，开发起来更加直观和结构化。

(2) 用户界面组件。使用新的、轻量的、可轻松设置外观的界面组件，为 ActionScript 3.0 创建交互式内容。使用绘图工具以可视方式修改组件的外观，而不需要进行编码。

(3) 高级 QuickTime 导出。使用高级 QuickTime 导出器，将在 SWF 文件中发布的内容渲染为 QuickTime 视频。

(4) 复杂的视频工具。使用全面的视频支持、创建、编辑和部署流与渐进式下载的 Flash Video。使用独立的视频编码器、Alpha 通道支持、高质量视频编解码器、嵌入的提示点、视频导入支持、QuickTime 导入和字幕显示等，确保获得最佳的视频体验。

(5) 省时编码工具。使用新的代码编辑器增强功能节省编码时间。使用代码折叠和注释使程序设计人员专注于相关代码，及使用错误导航功能跳到错误代码处。

3. Flash CS3 的应用

新版的 Windows 操作系统预装了 Flash CS3 插件，使得 Flash 得到了迅速发展，它主要应用于以下几个方面。

(1) 教学课件。对于教师来说，Flash 是很好的教学帮手，由它开发的教学课件操作简单、文件体积小、交互性强，非常有利于教学的互动。

(2) 故事片。提到故事片，相信大家可以举出一大堆经典的 Flash 故事片，如三国系列、春水系列以及流氓免系列等，制作故事片时需要有好的手绘功底。

(3) 网站广告动画。目前，Flash 已成为网站广告动画的主要形式，如新浪、搜狐等大型门户网站都很大程度地使用了 Flash 动画。

(4) 产品功能演示。在产品被开发出来后，为了让人们了解它的功能，开发商经常用 Flash 制作一个演示片，以便能全面地展示产品的特点。

(5) 音乐 MTV。由于 Flash 支持 MP3 音频,而且能够边下载边播放,大大节省了下载的时间和所占用的带宽,因此被广泛应用于音乐 MTV 的创作。

(6) 网站导航。由于 Flash 能够响应鼠标单击、双击等事件,因此被用于制作具有独特风格的网站导航条。

(7) 游戏。游戏可以为我们的生活增添乐趣,通过在 Flash 中进行 ActionScript 编程,可以创作小而有趣的游戏。

(8) 网站片头。为了使浏览者对自己的网站过目不忘,现在几乎所有的个人网站或设计类网站都有网站片头动画。

4. Flash CS3 工作界面

在成功安装 Flash CS3 之后,就可以启动该软件了。Flash CS3 的工作界面由标题栏、菜单栏、工具箱、工作区、属性面板、时间轴面板等部分组成,如图 6-119 所示。

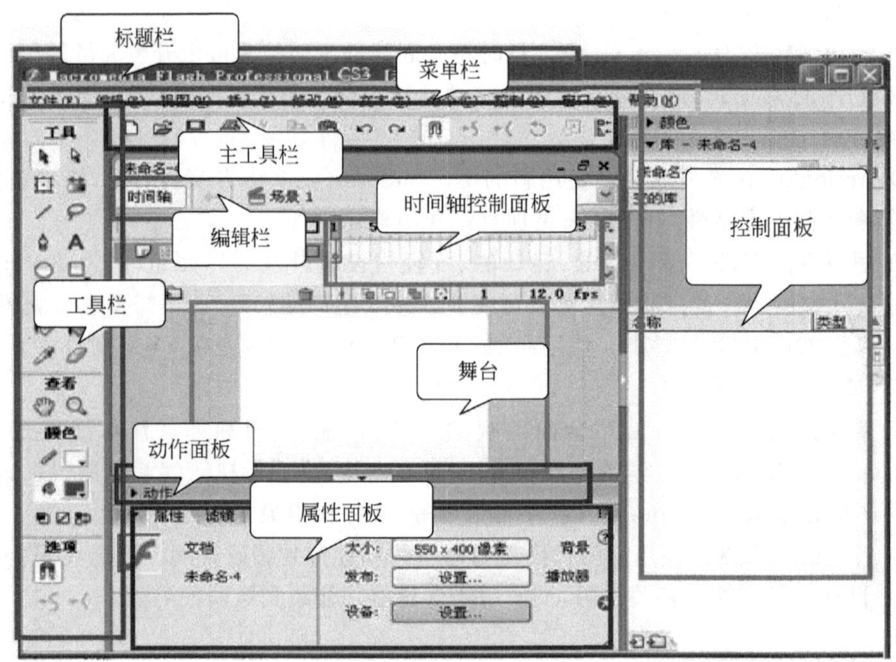

图 6-119 工作界面

菜单栏中主要由“文件”、“编辑”、“视图”、“插入”、“修改”、“文本”、“命令”、“控制”、“调试”、“窗口”和“帮助”11 个菜单组成,Flash 中的所有命令都可在这些菜单中找到。“绘图”工具栏中包括了 Flash 中最常用的绘图工具,可用于元件和对象的绘制与编辑,它主要包括了“绘图”工具区、“视图调整”工具区、“颜色修改”工具区和“选项设置”工具区 4 大部分,如图 6-120 所示。各工具的具体用法将在后面详细讲解。

6.3.2 编辑工具

本节将主要介绍工具箱中的各种工具的功能和使用方法。

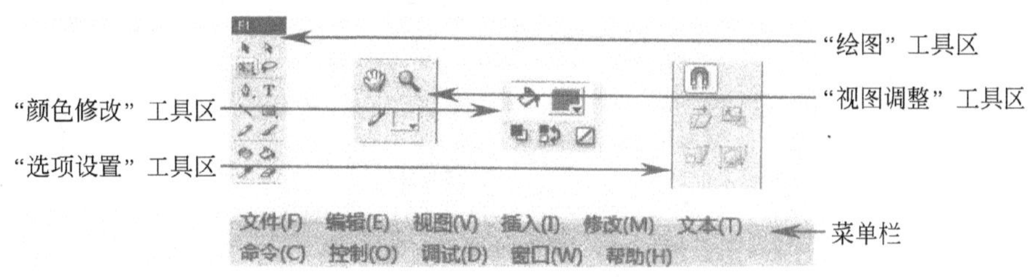

图 6-120 工作界面的 4 大部分

1. 绘图工具

Flash CS3 提供了一些基本的图形绘制工具，例如直线工具、椭圆工具、矩形工具、多角星形工具、铅笔工具、钢笔工具和刷子工具等，使用这些工具可以绘制出各种图形。

1) 直线工具

直线工具主要用于绘制各种形状的线条，选择工具箱中的直线工具，将鼠标指针移动到舞台上，鼠标指针呈现十形状，说明该工具已经被激活。这时，用户就可以按下鼠标左键作为线条的起点，然后拖动鼠标到另一点后释放鼠标得到线条。直线工具属性面板如图 6-121 所示。

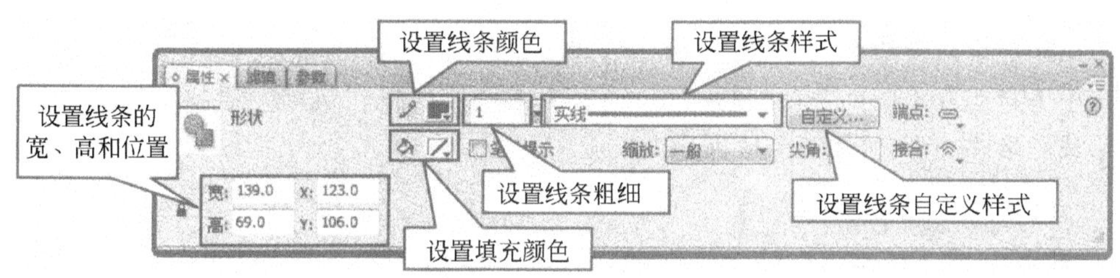

图 6-121 直线工具属性面板

2) 矩形工具和基本矩形工具

矩形工具主要用于绘制各种矩形和正方形，选择工具箱中的矩形工具，将鼠标指针移动到舞台上，鼠标指针呈现十形状，说明该工具已经被激活。这时，用户就可以按住鼠标左键不放并拖动绘制矩形了，如果要绘制正方形，只需在绘制的同时按住 Shift 键即可，如图 6-122 所示。

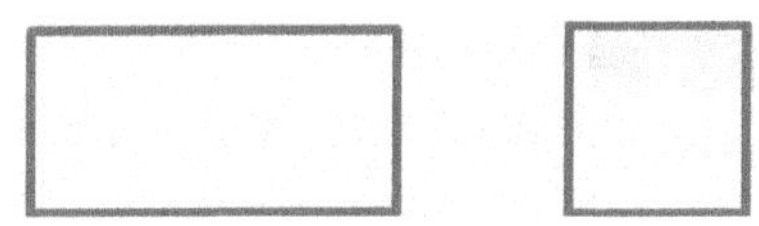

图 6-122 矩形和正方形

基本矩形工具是 Flash CS3 新增工具之一，主要用于绘制圆角矩形，它的使用方法与矩形工具基本一样。

在 Flash 中用矩形工具时，可以在其"属性"面板中对矩形的边框、填充色等属性进行设置，如图 6-123 所示。

通过在矩形工具"属性"面板的"矩形边角半径"文本框中输入－100～100 的数值可以绘制出圆角矩形，如图 6-124 所示。

3) 椭圆工具和基本椭圆工具

椭圆工具主要用于绘制各种椭圆和圆形，选择工具箱中的椭圆工具包，将鼠标指针

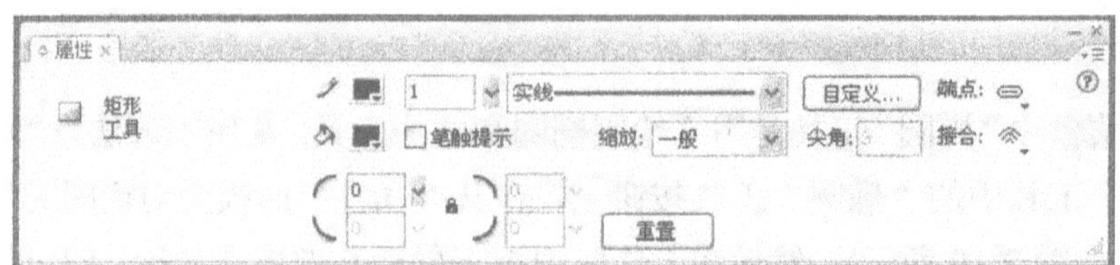

图 6-123 矩形工具属性面板

移动到舞台上,鼠标指针呈现十形状,说明该工具已经被激活。这时,用户就可以按住鼠标左键不放并拖动绘制椭圆了,如果要绘制圆形,只需在绘制的同时按住 Shift 键即可。

图 6-124 圆角矩形

基本椭圆工具 是 Flash CS3 新增工具之一,主要用于绘制各种圆形和扇形,它的使用方法与椭圆工具基本一样。

4) 多角星形工具

多角星形工具 主要用于绘制各种多边形和星形,选择工具箱中的多角星形工具,将鼠标指针移动到舞台上,鼠标指针呈现十形状,说明该工具已经被激活。这时,用户就可以按住鼠标左键不放并拖动绘制多边形和星形了。

在多角星形工具的“属性”面板中,单击“选项”按钮,将打开“工具设置”对话框,在该对话框中用户可以对多边形的属性进行设置,如图 6-125 所示。

选中工具组菜单中的“多角星形”工具后,在工作区中按住鼠标左键拖动即可绘制出正多边形或星形多边形,如图 6-126 所示。

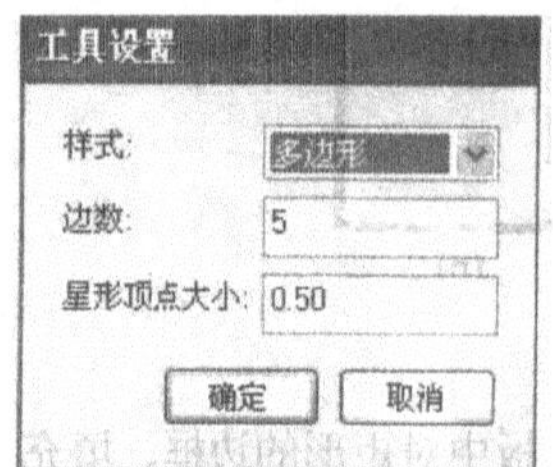

图 6-125 多角星形工具属性面板

图 6-126 绘制正五边形和五角形

5) 铅笔工具

铅笔工具主要用于绘制各种曲线,选择工具箱中的铅笔工具 ,将鼠标指针移动到舞台上,鼠标指针呈现铅笔形状,说明该工具已经被激活。这时,用户就可以按住鼠标左键作为曲线的起点,然后拖动鼠标到另一点后释放鼠标,在两点之间绘制各种曲线,如图 6-127 所示。

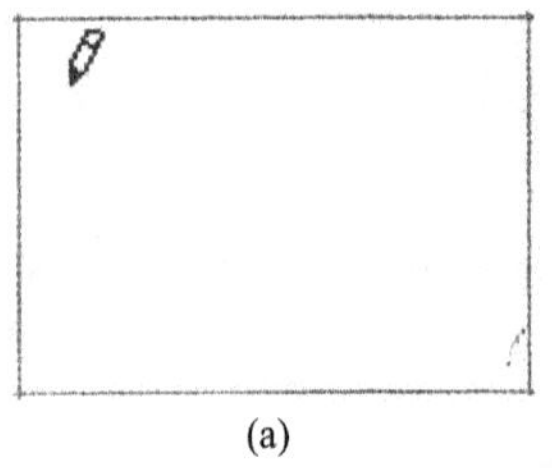

(a)

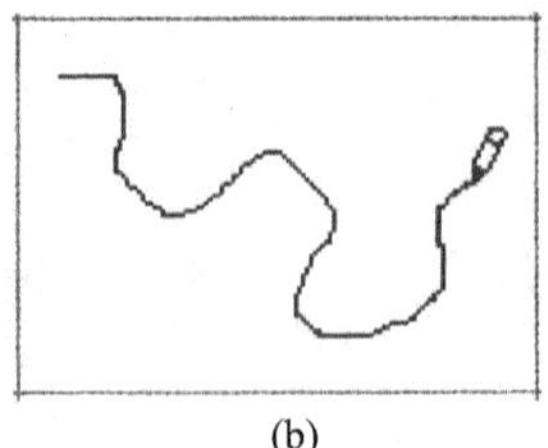

(b)

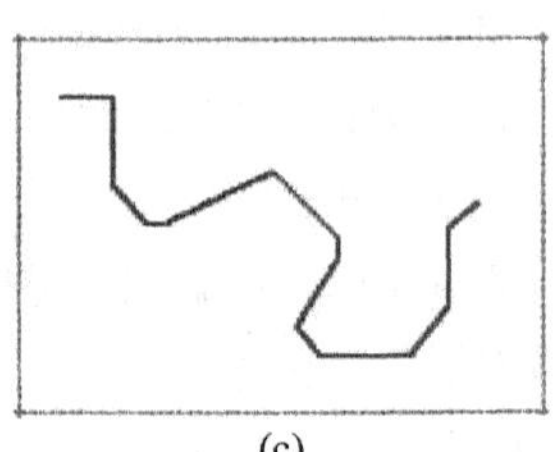

(c)

图 6-127 使用铅笔工具绘制曲线

6）钢笔工具

钢笔工具又叫贝塞尔曲线工具，主要用于精确地绘制路径。选择工具箱中的钢笔工具，将鼠标指针移动到舞台上，鼠标指针呈现形状，说明该工具已经被激活，这时，用户就可以绘制各种路径了。

7）刷子工具

刷子工具主要用于绘制各种矢量色块，选择刷子工具后，其“属性”面板如图6-128所示，用户可以在其中设置刷子的颜色和笔触平滑程度。

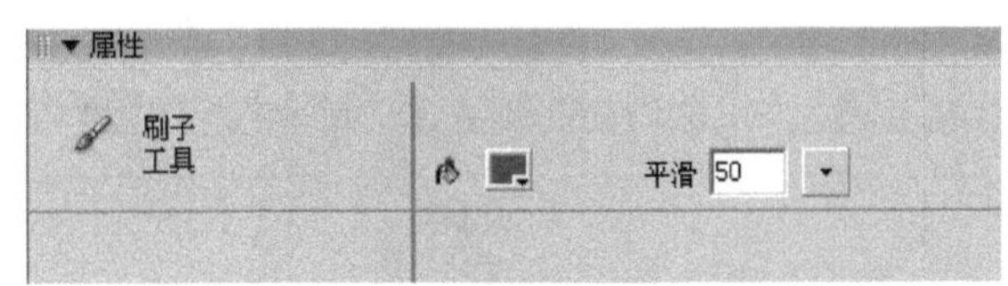

图6-128 刷子工具属性面板

2. 修改图形工具

Flash CS3提供了一些修改图形的工具，例如选择工具、部分选取工具、套索工具、任意变形工具和橡皮擦工具等。

1）选择工具

在Flash动画制作中，选择工具的使用相当频繁，因为选择对象是各种编辑操作的前提。

（1）选择工具的箭头形状

选择工具既有选择功能，又有修改功能。在学习使用选择工具之前，先来认识一下选择工具的4种箭头形状。

选择工具箱中的选择工具，移动鼠标指针到图形的不同位置，鼠标指针会呈现出不同的形状，如图6-129所示。

（2）使用选择工具选择对象

在Flash CS3中，选择的对象不同，其显示方式也不同。当选择线条和图形时，它们的表面会呈现网格状；当选择组、实例和文本块时，它们会被一个矩形框住。

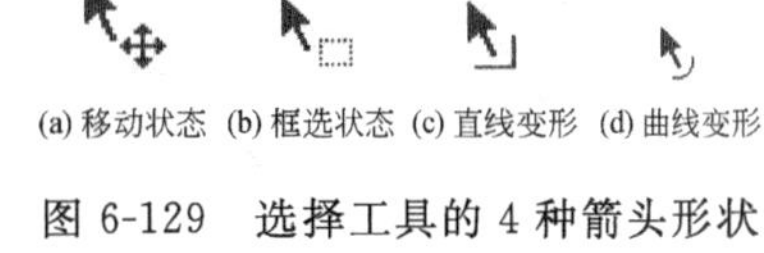

图6-129 选择工具的4种箭头形状

2）部分选取工具

部分选取工具主要用于调整路径。选择工具箱中的部分选取工具，将鼠标指针移动到舞台上，鼠标指针呈现形状，说明该工具已经被激活。部分选取工具没有任何参数选项。

3）套索工具

套索工具主要用于选择图形中颜色相同或相近的区域，而选择区域的范围则取决于魔术棒的属性设置。选择工具箱中的套索工具后，在工具箱的选项栏中将出现其附加选项，包括“魔术棒”按钮、“魔术棒设置”按钮和“多边形模式”按钮，如图6-130所示。

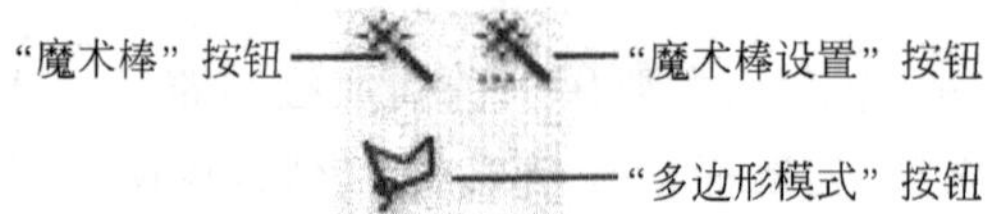

图 6-130 套索工具的附加选项

4）任意变形工具

任意变形工具主要用于旋转、缩放、扭曲、倾斜和封套对象。选择工具箱中的任意变形工具后，在工具箱的选项栏中将出现其附加选项，包括"贴紧至对象"按钮、"旋转与倾斜"按钮、"缩放"按钮、"扭曲"按钮和"封套"按钮，如图 6-131 所示。

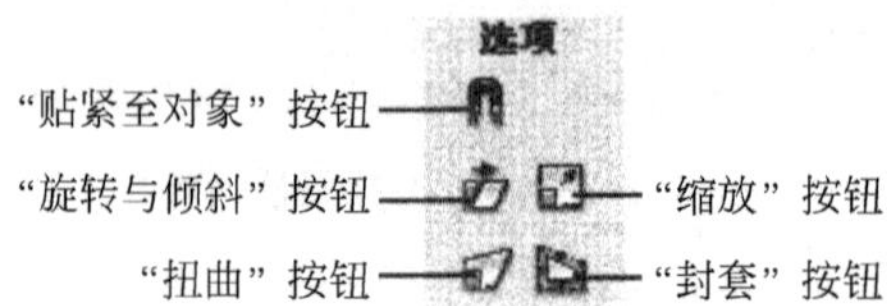

图 6-131 任意变形工具的附加选项

5）橡皮擦工具

橡皮擦工具用于擦除舞台上的对象。选择工具箱中的橡皮擦工具，将鼠标指针移动到舞台上，按住并拖动鼠标即可进行擦除操作。

选择工具箱中的橡皮擦工具后，在工具箱的选项栏中将出现其附加选项，包括"橡皮擦模式"按钮、"水龙头"按钮和"橡皮擦形状"下拉列表。

"橡皮擦"工具的 5 种模式的功能如下。

(1) "标准擦除"模式。可擦除所有的线条和填充。

(2) "擦除填色"模式。只擦除填充部分，图形的轮廓不受影响。

(3) "擦除线条"模式。只擦除轮廓部分，图形的填充部分不受影响。

(4) "擦除所选填充"模式。只擦除图形所选区域的填充部分，不影响其轮廓部分。

(5) "内部擦除"模式。只擦除橡皮擦落点(即起擦点)所在的封闭填充图形部分，而不影响其他任何线条和填充图形。

3. 填充图形工具

Flash CS3 提供了一些填充图形的工具，例如滴管工具、颜料桶工具、墨水瓶工具和填充变形工具等，下面具体介绍这些工具的使用方法。

1）滴管工具

滴管工具主要用于获取已存在的线条、文本、矢量图或位图的属性，并将该属性应用于其他对象。

(1) 获取线条的属性。选择工具箱中的滴管工具，将鼠标指针移动到舞台上，当经过线条时，鼠标指针呈现形状，这时，单击鼠标左键即可获取该线条的属性，并且滴管工具将自动转换为墨水瓶工具。

(2) 获取文本的属性。当经过文本时，鼠标指针呈现形状，这时，单击鼠标左键即可获取该文本的属性，并且将滴管工具自动转换为文本工具。

(3) 获取矢量图或位图的属性。当经过矢量图或位图时，鼠标指针呈现形状，这时，单击鼠标左键即可获取它们的属性，并且将滴管工具将自动转换为颜料桶工具。

2) 颜料桶工具

颜料桶工具主要用于填充对象。选择工具箱中的颜料桶工具，将鼠标指针移动到舞台上，鼠标指针呈现形状，说明该工具已经被激活。这时，用户就可以使用该工具进行填充操作了。

选择颜料桶工具后，在工具箱的选项栏中将出现颜料桶工具的附加选项，包括"空隙大小"按钮和"锁定填充"按钮，如图 6-132 所示。

图 6-132 颜料桶工具的附加选项

3) 墨水瓶工具

墨水瓶工具主要用于更改轮廓线的粗细、颜色和样式。选择工具箱中的墨水瓶工具，将鼠标指针移动到舞台上，鼠标指针呈现形状，说明该工具已经被激活。这时，用户就可以单击某轮廓线更改其属性。

4) 填充变形工具

填充变形工具主要用于调整渐变色或填充位图的尺寸、角度及中心点等。选择工具箱中的填充变形工具，将鼠标指针移动到舞台上，鼠标指针呈现形状，说明该工具已经被激活。这时，用户就可以调整用渐变色或位图填充的图形了。

6.3.3 创建动画

1. 时间轴

"时间轴"(Timeline)面板是创建 Flash 动画的核心部分，使用"时间轴"面板可以方便地组织和控制动画的内容。"时间轴"面板主要由图层和帧组成，图层和帧中的图形或文字等对象随着时间的变化而发生变化，从而形成动画。

在默认情况下，时间轴面板显示在主界面的上部，舞台的上方。

"时间轴"面板主要由图层、播放头、帧标记、帧编号、状态栏等部分组成，其组成如图 6-133 所示。关于图层的知识将会在后面进行介绍。

(1) 播放头。播放头的上面有一条红色的指示线，它主要有两个作用，一是浏览动画，当用户用鼠标拖动时间轴上的播放头时，动画也会按照播放头的拖动方向进行播放；二是选择指定的帧，当用户需要编辑某一帧时，只要将播放头移动到该帧上即可。

(2) 帧标记。帧标记就是时间轴标尺上的小垂直竖线，其一个刻度表示一帧。

(3) 帧编号。每 5 帧显示一个帧编号。

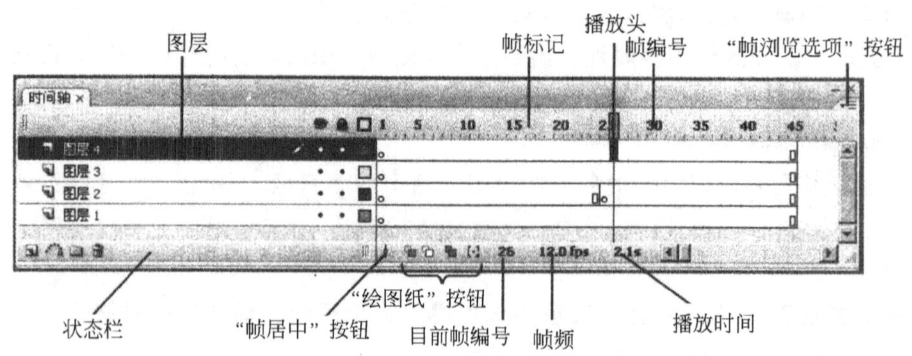

图 6-133 "时间轴"面板的组成

(4) 状态栏。状态栏中主要包括"帧居中"按钮、"绘图纸"按钮、目前帧编号、帧频、播放时间等几部分。

1) 更改"时间轴"面板的位置

在默认情况下,"时间轴"面板显示在 Flash 程序窗口的顶部,在工作区之上。拖动"时间轴"面板的标题栏可以将"时间轴"面板放置在程序窗口的底部或任意一侧(按住 Ctrl 键拖动时将禁止"时间轴"面板放置而成为浮动面板)。

2) 控制"时间轴"面板的显示与隐藏

"时间轴"面板默认在窗口显示,通过隐藏"时间轴"面板可以增大工作区的显示范围双击"时间轴"面板的标题栏可以在显示与隐藏之间进行切换;通过选择"窗口"→"时间轴"命令或者按 Ctrl+Alt+T 组合键可以控制"时间轴"面板的显示和关闭。

3) 调整"时间轴"面板的显示比例

通过调整"时间轴"面板的显示比例可以控制显示的图层数和帧数。如果存在多个图层,无法在"时间轴"面板中同时全部显示出来,可以使用"时间轴"面板右侧的滚动条来查看这些图层。调整"时间轴"面板显示比例的操作有以下几种。

(1) 如果"时间轴"面板位于应用程序窗口中,可以拖动"时间轴"面板和工作区之间的分隔线。

(2) 如果"时间轴"面板是浮动面板,可以拖动"时间轴"面板的四个角或四条边。

(3) 如果要调整帧的显示范围,可以拖动"时间轴"中图层名和帧之间的分隔线。

2. 帧

Flash 动画其实是以时间轴为基础的帧动画,其中,帧就是在最小的时间单位中出现的画面,而帧的多少可以用来衡量一部动画的时间长短。在时间轴上的每一帧都包含需要显示的内容,包括图形、图像、声音、脚本和注释。

在创建动画时经常会用到三类帧,分别是关键帧、空白关键帧和普通帧。掌握这些帧的用法对创建动画非常重要。关键帧、空白关键帧和普通帧在时间轴上的表示,如图 6-134 所示。普通帧(即通常所说的"帧")指处在两个关键帧之间的过渡帧,以灰色方格显示;关键帧指在动画播放过程中,呈现出关键性动作或内容变化的帧,有内容的关键帧以小黑点表示,无内容的关键帧(即空白关键帧)以空心圆圈表示。

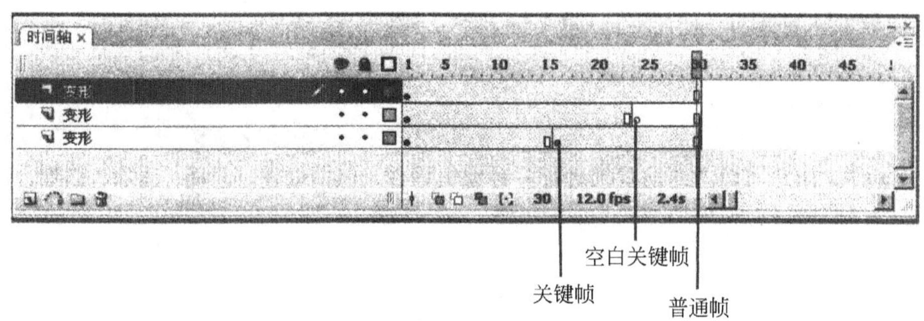

图 6-134 “时间轴”面板

Flash 动画并不像传统动画那样，需要定义每一帧才能实现动画创作，它只需要定义起始关键帧和结束关键帧，而在两个关键帧之间的过渡帧则由 Flash 计算生成，从而使动画创作变得轻松简单。

(1) 关键帧也称实关键帧，是包含实际内容的关键帧。在时间轴上显示为实心的圆点，如图 6-134 所示。关键帧的特点是，在该帧的工作区有对象，而且可以在该帧上定义动画的变化。在同一图层中，当在某一个关键帧的后面任一帧处插入关键帧，其实是复制前一个关键帧的内容，此时可对这些内存进行编辑操作，使动画状态在该帧产生变化。

(2) 空白关键帧是不包含实际内容的关键帧。空白关键帧在时间轴上显示为空心的圆点，如图 6-134 所示。空白关键帧特点是，该帧的工作区中没有对象，但也是动画的关键变化点，在同一图层中，当在某一个关键帧的后面任一帧处插入空白关键帧，可以在空白关键帧上添加新的对象而使之变成新的实关键帧。

(3) 在时间轴上能显示实例对象，但不能对实例对象进行编辑操作的帧，称为普通帧。普通帧在时间轴上显示为灰色填充的小方格，如图 6-134 所示。普通帧的特点是，延续前面关键帧的状态。在同一图层，当在某一个关键帧的后面任一帧处插入普通帧，是延续这一个关键帧上的内容，但不可对其进行编辑操作，通常用于延长画面显示的时间。

3. 层

层就像堆叠在一起的透明胶片，处于上面层中的内容，在视觉上将会挡住下面层中的内容，上面层中没有内容的区域可以看到下面层中的内容，图层有助于组织文档中的内容，可以将背景放置在一个图层上，而将其他不同的对象分别放置在不同的图层上，当编辑某一个图层上的对象时不会影响其他图层中的对象。图层也可以理解为工作区中若干对象的前后位置关系，越是上面图层中的对象离观众越近，如图 6-135 所示。

在 Flash CS3 中，灵活地使用图层对于创建复杂的 Flash 动画有很大的帮助，因此图层的基本操作就显得尤为重要。

在 Flash 中，层有标准层、引导层和遮罩层 3 种类型。

(1) 标准层。标准层是最常见的层，用来显示动画的内容。它可以被移动到遮罩层下变为被遮罩层，也可以被移动到引导层下变为被引导层。

(2) 引导层。在动画创作时作为参考线，不出现在最后的作品中。引导层一般与位于其下的层存在链接关系，此时引导层的图标为 形状；若不存在链接关系，引导层的图标

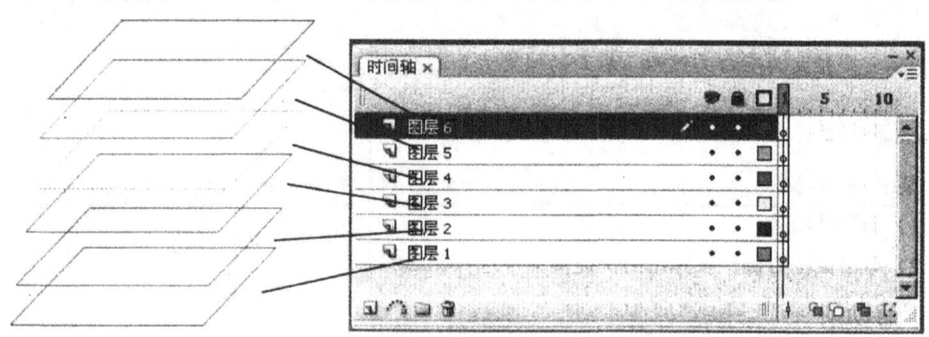

图 6-135 层示意图

为 ◥ 形状。

(3) 遮罩层。遮罩层中的图形或文字等对象具有透明效果,通过它们可以将已建立遮罩层中的内容显示出来,而将其他部分遮住。

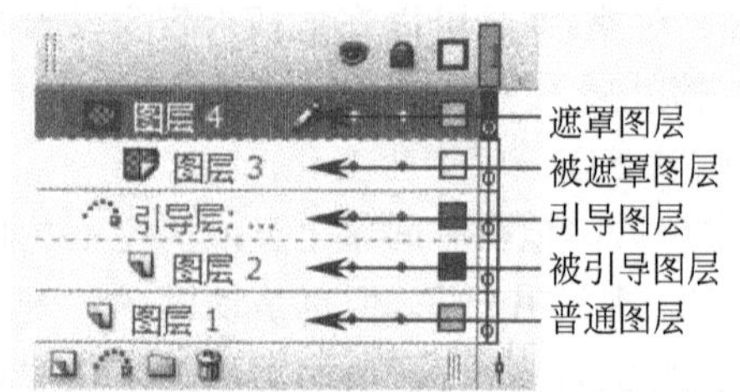

图 6-136 不同图层显示

层的基本操作包括创建层、重命名层、选择层、改变层的顺序、锁定与解锁层、隐藏与显示层、以轮廓方式显示层、以层文件夹形式组织层,同 Photoshop 类似。

4. 元件

元件是动画的基本元素,在 Flash 动画中出现的任何内容,都是由元件组成的,所有的元件都存放在库面板中。把元件从库面板拖动到舞台中就创建了该元件的一个实例,也就是说,实例是元件的具体应用,一个元件可以产生若干个实例。

在 Flash CS3 中,用户可以创建 3 种类型的元件,分别为图形、按钮和影片剪辑。

(1) 图形元件。用于制作动画中的静态图形,没有交互性。图形元件拥有相对独立的编辑区域和播放时间,当应用到场景中时,会受到帧序列和交互设置的影响。

(2) 按钮元件。用于创建响应鼠标事件的交互式按钮,有 4 个状态帧,如图 6-137 所示。

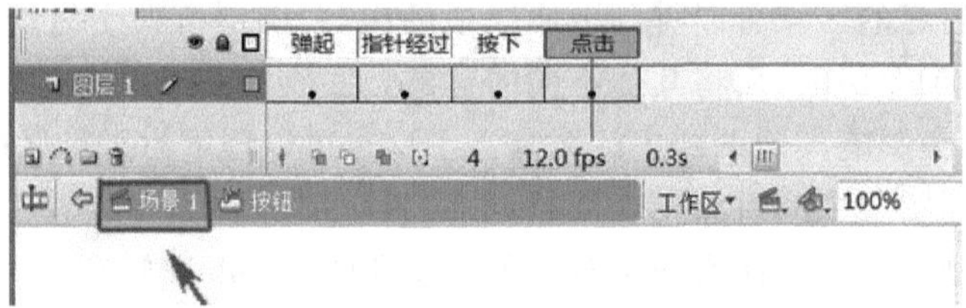

图 6-137 按钮元件的 4 个状态帧

"按钮"元件包括"弹起"、"指针经过"、"按下"和"点击"4 种状态。在"按钮"元件的不同状态上创建不同的内容,可以使按钮对鼠标操作产生相应的响应。

- "弹起"状态。表示按钮的初始状态。
- "指针经过"状态。表示当光标经过按钮时,按钮所表现出来的状态。

• “按下”状态。表示按下鼠标左键时，按钮所呈现的状态。

• “点击”状态。用于定义光标响应的区域(该区域在 SWF 文件中是不可见的)。

(3) 影片剪辑元件。用于创建可以重复使用的动画片段，拥有独立的时间轴，是主动画的组成部分。可以将影片剪辑实例放在按钮元件的时间轴内，从而创建动画按钮。

“影片剪辑”元件可以看作是在主时间轴内嵌入的另一个独立的时间轴，可以包含交互式控制、声音甚至是其他的“影片剪辑”元件，在“按钮”元件中也可以放置“影片剪辑”元件，以创建动画按钮。在主体动画的播放过程中，“影片剪辑”元件也在循环播放。

在 Flash 动画制作过程中，用户既可以直接创建一个空白元件，然后进入其编辑窗口进行编辑，也可以选中舞台上的内容，将其转换为元件。

5. 实例

所谓实例就是元件在舞台中的应用，或者嵌套在其他元件中的元件。用户可以将元件看作是一种模板，使用同一个模板能够创建出多个互有差异的实例，并且对实例的操作不会影响元件的属性。

创建实例的过程其实就是在动画中使用元件的过程。选取要创建实例的元件，按住鼠标左键不放，将其拖动至舞台中，然后释放鼠标即可。

1) 实例属性

每个元件实例都各有独立于该元件的属性，可以更改实例的色调、透明度和亮度，重新定义实例的行为(如把图形更改为影片剪辑)；并可以设置动画在图形实例内的播放形式；也可以倾斜、旋转或缩放实例，这并不会影响元件。

此外，可以给影片剪辑或按钮实例命名，这样就可以使用 ActionScript 更改它的属性。实例的属性用它来保存。如果编辑一个元件或将一个实例重新链接到不同的元件，则任何已经更改的实例属性仍将应用于该实例。

2) 分离实例

为了断开实例和元件之间的链接关系，可以分离实例，在舞台上选择该实例，选择“修改”→“分离”命令或者使用 Ctrl+B 组合键。

6. 库

在整个 Flash 动画的制作过程中，需要用到很多素材，包括声音、元件、图片等，“库”面板提供了保存这些对象的功能，如图 6-138 所示。

库分为两种类型：一种是当前文件的专用库，另一种是 Flash CS3 的内置公用库，它们既有相同之处，又有不同之处。内置公用库与专用库的共同之处在于库元素的使用方法相同，即在选中需要的库元素后，拖动它到舞台上即可。不同之处在于内置公用库中的管理工具是不能够使用的，用户不能对它的库元素进行增加、删除、编辑等操作。

内置公用库是 Flash 自带的范例库，利用它可以使所有的 Flash 文件实现共享。Flash CS3 的内置公用库包括“学习交互”、“按钮”和“类”。选择“窗口”→“公用库”→“学习交互”→“按钮”→“类”命令，即可将它们打开。

“学习交互”库提供了一些交互控制模板，引用这些模板后，只需进行少量的修改，即可创建一个交互式控制动画；“按钮”库提供了多种类型的按钮；“类”库提供了数据链接、网

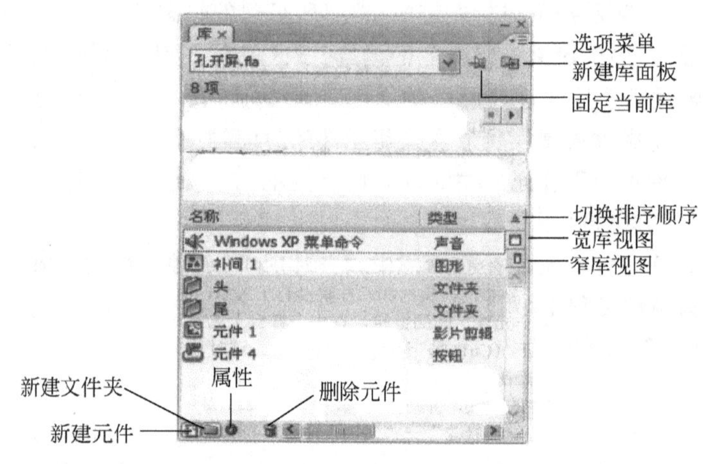

图 6-138 “库”面板

络服务器设置等功能。

7. 制作动画的一般流程

动画是根据人的视觉原理创建的,即当眼睛看到一个对象后,它会在短时间内停留在眼睛的视网膜上,不会马上消失,如果在一个对象还没有消失之前,另一个对象呈现出来,就会形成一种连续变化的效果,从而形成动画。

要想制作出令人满意的 Flash 作品,不能没有计划、没有步骤。下面介绍创建动画的一般流程。

(1) 策划动画。在创建动画之前,需要对整个动画进行初步策划,即对动画的剧情、动画的表现手法、动画片段的衔接及动画中的人物、背景、音乐、对白和特效等进行构思。策划动画是动画创建的第一步,它将直接影响到动画的整体效果及其表现力,对动画的质量起决定性的作用。

(2) 收集素材。在对动画进行了初步的策划之后,就要搜集动画需要的素材了。在这一过程中,用户要有目的、有针对性地收集素材,并同时做好分类。

(3) 制作动画。在拥有优秀的动画构思、相关的动画素材之后,动画的最终质量很大程度上取决于动画的制作过程,所以制作动画是最为关键的一步。

(4) 调试动画。在制作动画之后,需要对其进行调试。调试的目的在于对动画片段的衔接、声音与动画之间的协调等细节进行调整,从而使整个动画更加流畅、和谐。

(5) 测试动画。Flash 动画的播放效果在很大程度上取决于计算机的硬件配置,即有可能在动画制作者的计算机上达到良好效果的动画,在其他计算机上会出现播放不连贯、声音与图像不同步、甚至无法播放的现象。因此,在动画制作完成后对其进行测试是很有必要的,用户应尽可能多地在不同档次、不同配置的计算机上测试所做的动画,以使动画在较低配置的计算机上也能取得良好的播放效果。

(6) 发布动画。发布动画是创建动画的最后一步,用户在发布动画时,可以对动画的格式、画面质量、声音效果等属性进行设置,并且该设置将影响动画的传输速度。

8. 动画的类型

使用 Flash 软件可以制作多种类型的动画，下面介绍逐帧动画、补间动画、轨迹动画、遮罩动画 4 种常见的类型。

(1) 逐帧动画。逐帧动画是 Flash 最简单的动画，就像电影的底片一样，需要一帧帧地制作，并且每一帧都是相互独立的关键帧。由于逐帧动画各帧的内容不同，因此制作起来非常费时，并且生成的文件体积较大，但它具有较大的灵活性，适合表现细腻的动画。

(2) 补间动画。补间动画包括运动补间动画和形状补间动画两种，用于在两个关键帧之间制作运动或变形效果。

(3) 轨迹动画。轨迹动画也叫路径动画，指对象沿着指定路径运动的动画。

(4) 遮罩动画。遮罩动画至少要用两个层完成，上面的层叫作遮罩层，下而的层叫作被遮罩层。遮罩动画是使遮罩层中的内容运动起来，然后透过它们看到被遮罩层中内容的动画，常用于制作聚光灯、百叶窗等。

9. FLA 文件、SWF 文件与 EXE 文件的关系

在制作过程中，Flash CS3 生成的是以.FLA 为后缀名的源文件，可以打开并修改。在制作完成并发布后，Flash CS3 将把 FLA 文件编译成 SWF 文件，该文件不包含原始和冗余的信息，只包含与动画有关的必需的信息，因此文件尺寸一般比 FLA 文件小。

SWF 文件可以间接使用 Flash 播放器观看，如果没有播放器，还可以将 SWF 文件与 Flash 播放器打包在一起，制作成 EXE 文件。

6.3.4 多媒体素材的处理

1. 为动画添加声音

在制作动画时，为了使动画更加形象，变得有声有色，还需要为其添加声音，这里将介绍声音文件的导入、添加和编辑。

1) 导入声音文件

由于 Flash 中不能录音，因此要使用声音只能通过事先导入。导入声音文件的操作步骤如下。

(1) 选择“文件”→“导入”→“导入到库”命令。

(2) 在“文件类型”下拉列表中选择导入声音文件的类型，如图 6-139 所示。

(3) 在“查找范围”下拉列表中选择导入声音文件的位置。

(4) 在文件列表框内选择需要导入的声音文件。

(5) 单击“打开”按钮，将声音文件导入到 Flash 动画中，并以元件的形式显示在“库”面板中，如图 6-140 所示。

2) 将声音合并到时间轴中

导入声音文件之后，就可以将其合并到时间轴中，其操作步骤如下。

(1) 单击“时间轴”面板中的“插入图层”按钮，插入一个名为“声音”的层。

(2) 在“声音”层上创建一个关键帧，作为声音插放的开始帧。

图 6-139　选择声音文件

(3) 在“属性”面板的“声音”下拉列表中选择声音文件，此时在“声音”层中将出现波形，表示已将声音合并到时间轴中。

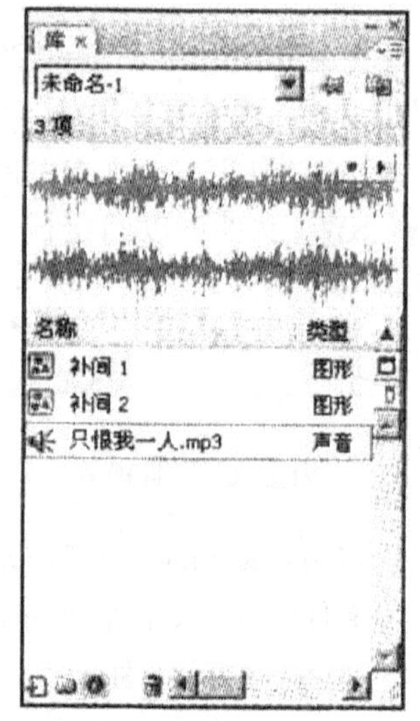

图 6-140　导入声音后库面板

2. 导入视频

在电视或电影中播放的信息，就是视频信息，它由一连串连续变化的画面组成，主要特征是声音与动态画面同步。视频文件的播放可以用 Windows“附件”中的“媒体播放器”来完成。

视频是表现力最强的媒体素材，但由于在处理时对计算机的运行速度要求较高，且存储量过大，因此在一定程度上限制了它的使用。在 Flash CS3 中，允许导入多种格式的视频，常见的有 AVI、MOV 和 MPG。

Flash CS3 的视频导入功能较 Flash CS2 有了很大的改进，它支持更多的视频格式，对导入视频的编辑功能也更加强大。导入视频的操作步骤如下。

(1) 选择“文件”→“新建”命令，创建一个新的动画文件，其首帧被自动设为关键帧。

(2) 选择“文件”→“导入视频”命令，弹出“导入视频”对话框，选择要导入的视频文件。

(3) 按照向导提示即可完成。

6.3.5 交互控制与组件

前面所学的动画是不可交互的，动画的播放只能按照从头到尾的顺序进行，用户不能参与其中，控制动画的进程。但是 Flash 动画的广泛应用，与其通过 ActionScript 实现的交互功能是分不开的，这种应用了交互功能的动画就叫作交互动画。

由于交互动画允许用户参与播放的内容，由被动地接收信息变为主动查找信息，因而大大提高了用户的积极性和使用兴趣。在 Flash 中,交互动画的文互功能主要由事件、目标和动作组成,交互动画的制作就是要设置在某种事件下对某个对象执行某个动作。其中,事件指用户单击按钮或影片剪辑实例、按下键盘等操作;动作指播放的动画停止,使停止的动画重新播放等操作。

1. “动作”面板

“动作”面板是编写 ActionScript 的场所,在制作交互动画的过程中必须要用到它。选择“窗口”→“动作”命令,即可将其打开,如图 6-141 所示。

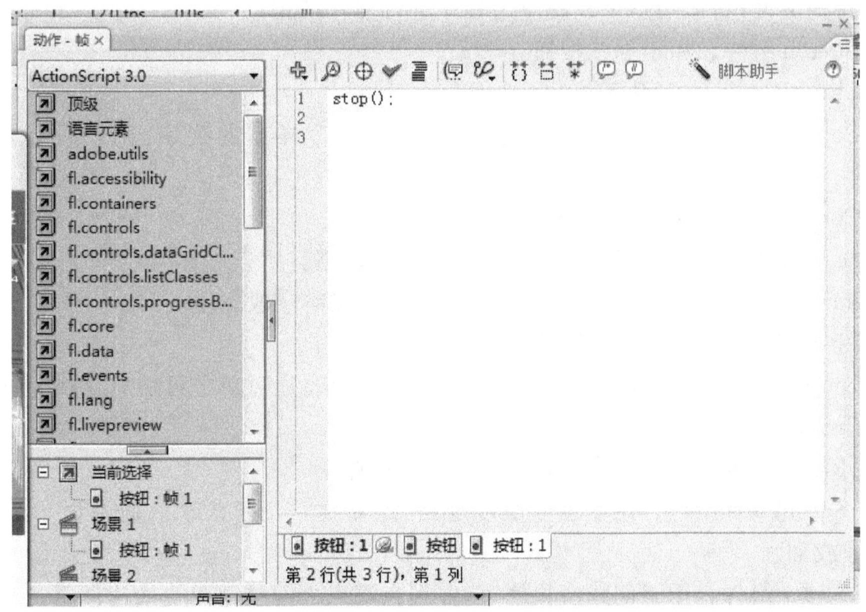

图 6-141　“动作”面板

(1) 动作工具箱。Flash CS3 中的动作有几千种,如果要将它们全部记住是很困难的,动作工具箱以分类的形式列出了所有的动作,用户可以通过双击或拖动的方式将它们置于脚本输入区内。

(2) 脚本导航器。脚本导航器以层级的形式显示了文件中的所有代码,从而便于用户快速查找并编辑。

(3) 脚本输入区。用于添加、删除和修改程序代码。

另外,动作面板还提供了一些辅助按钮,它们的功能如下。

(1) “将新项目添加到脚本中”按钮。单击该按钮,将弹出一个下拉菜单,用于显示 Flash CS3 中的所有动作。

(2) “查找”按钮。单击该按钮,用于查找与替换代码。

(3) “插入目标路径”按钮。单击该按钮,用于显示当前文件中的所有影片剪辑实例。

(4) “语法检查”按钮。单击该按钮,用于检查代码是否存在错误。

(5) “自动套用格式”按钮。单击该按钮,Flash CS3 将按照内置的格式编排脚本。

(6) “显示代码提示”按钮。单击该按钮,可以启动“显示代码提示”功能。

(7)“调试选项”按钮。单击该按钮,设置或删除断点。

(8)“脚本助手”按钮。单击该按钮,将动作面板切换至脚本助手模式。

(9)“帮助”按钮。单击该按钮,打开“帮助”面板,提示相关的帮助信息。

2. 组件简介

组件是带有参数的影片剪辑,用户可以通过设置参数修改其外观和行为。在 Flash CS3 中,组件分为用户界面组件和视频播放组件两种类型。

1) 用户界面组件

利用用户界面组件,用户可以与应用程序进行交互操作。

(1) Button 组件。用于创建按钮。

(2) CheckBox 组件。用于创建复选框。

(3) ColorPicker 组件。用于显示包含一个或多个样本的列表,用户可以从中选择颜色。

(4) ComboBox 组件。用于创建下拉菜单。

(5) DataGrid 组件。用于显示载入到组件中的数据。

(6) Label 组件。用于创建一个不可编辑的单行文本字段。

(7) List 组件。用于创建下拉列表。

(8) NumericStepper 组件。用于创建可单击的箭头,通过单击可增加或减少数值。

(9) ProgressBar 组件。用于创建进度条。

(10) RadioButton 组件。用于创建一组单选按钮。

(11) ScrollPane 组件。用于创建滚动窗格,从而在一个可滚动区域中显示影片剪辑、JPEG 图像或动画。

(12) Slider 组件。用于创建滑块轨道,并且在端点之间移动滑块来选择值。

(13) TcxtArea 组件。用于创建一个可随意编辑的多行文本字段。

(14) TextInput 组件。用于创建一个可随意编辑的单行文本字段。

(15) TileList 组件。用于创建呈行和列分布的网格,通常用以“平铺”格式设置并显示图像。

(16) UILoader 组件。用于在固定窗口加载内容。

(17) UIScrollBar 组件。用于创建滚动条。

2) 媒体组件

利用媒体组件,用户可以在应用程序中控制和显示媒体流。媒体组件包括以下 14 种。

(1) FLVp 组件。用于创建一个 Flash 播放器。

(2) FLVPlaybackCaptioning 组件。用于添加字幕。

(3) BackButton 组件。用于在 Flash 播放中创建一个“上一个”按钮。

(4) BufferingBar 组件。用于创建一个缓冲条。

(5) CaptionButton 组件。用于控制添加字幕组件。

(6) ForwardButton 组件。用于创建一个“下一个”按钮。

(7) FullScreenButton 组件。用于创建一个全屏幕按钮。

(8) MuteButton 组件。用于创建一个静音按钮。

(9) PauseButton 组件。用于创建一个暂停按钮。

(10) PlayButton 组件。用于创建一个开始播放按钮。

(11) PlayPauseButton 组件。用于创建一个暂停按钮。

(12) SeekBar 组件。用于创建一个进度条。

(13) StopButton 组件。用于创建一个停止按钮。

(14) VloumeBar 组件。用于创建一个音量控制按钮。

3. 添加组件

在 Flash CS3 中,通常使用“组件”面板和“库”面板来添加组件,下面分别对其做简单介绍。

1) 使用“组件”面板添加组件

所有的组件都放在“组件”面板中,可以选择“窗口”→“组件”命令,或者按 Ctrl+F7 键打开“组件”面板,然后直接从“组件”面板中拖动组件到工作区域,或者在“组件”面板中用鼠标双击组件进行添加。

2) 使用“库”面板添加组件

当用户将组件添加到 Flash 文档中后,该组件将在“库”面板中显示为编译剪辑元件,用户可以从“库”面板中拖动其到工作区中,以创建该组件的若干实例。

复习思考题

一、填空题

1. 滤镜菜单中的命令可用于________ 或 ________。

2. 大部分滤镜命令只能用于________的图像,所有滤镜命令都可应用在________。

3. 使用________滤镜可以对图像进行各种扭曲和变形处理。

4. 使用________滤镜可将图像由直角坐标转换为极坐标,或将图像由极坐标转换为直角坐标。

5. Photoshop 中的滤镜从功能上基本分为两种,即________滤镜与________滤镜。

6. “时间轴”面板是创建 Flash 动画时使用________和________的面板。

7. 根据帧的特点及其用途,可以将帧分为________、________、________等类型。

8. 空白关键帧是用来定义________的。

二、选择题

1. 对图像进行膨胀、旋转、放射以及收缩等操作,可使用(　　)滤镜。

A. 抽出　　B. 液化　　C. 扭曲　　D. 旋转扭曲

2. 使用(　　)滤镜可以使图像产生旋涡的效果。

A. 扭曲　　B. 切变　　C. 旋转扭曲　　D. 极坐标

3. 按(　　)键可重复执行上次使用的滤镜。

A. Ctrl+F　　B. Ctrl+D　　C. Ctrl+C　　D. Ctrl+Alt+F

4. 使用(　　)滤镜效果后,图像会得到扩大的像素块效果。

A. 切变　　B. 马赛克　　C. 置换　　D. 风

5. 使用(　　)滤镜效果后,图像会呈现一种放射状的动态效果。

A. 高斯模糊　B. USM 锐化　C. 径向模糊　D. 位移

6. 使用(　　)滤镜,可以对所添加的滤镜进行反复的修改。

A. 消失点　B. 动感模糊　C. 智能　D. 风格化

7. 改变对象的位置、缩放比例、旋转、Alpha 值等参数的是(　　)时间轴特效。

A. 变形　B. 转换　C. 模糊　D. 展开

8. 用来定义动画中某一时刻新的状态的是(　　)。

A. 关键帧　B. 空白帧　C. 空白关键帧　D. 普通帧

9. 为了便于识别、控制和定位帧,经常需要为动画的一些关键帧创建(　　)标签。

A. 名称　B. 注释　C. 锚记　D. 引用

10. 层包括(　　)。

A. 普通层　B. 引导层　C. 遮罩层　D. 运动层

三、简答题

1. 简述逐帧动画的工作原理。
2. 如何创建形状补间动画?
3. 如何将做好的动画储存?
4. 如何制作遮罩动画?简述如何设置组件参数。
5. 简述如何将声音添加到 Flash 文件中。

四、上机操作题

1. 制作一个小球沿曲线运动的逐帧动画。
2. 制作由“A”到“B”的形状补间动画。
3. 制作鼠标跟随效果。
4. 制作一个月亮在移动的同时,改变大小和形状的动画效果。

第7章 多媒体的时间表示与同步

7.1 多媒体同步的基本概念

7.1.1 同步的基本概念

多媒体是在不同应用环境中文本、图像、声音、视频等各种媒体的集成。既然需要将这些媒体安排在一起表现，就有一个先来后到的关系。这个关系就是同步关系，系统对各个媒体对象按照这个关系进行的控制过程，就是同步(Synchronization)。

一般来说，同步的过程与时间有着密切的关系，大多数同步都建立在时间的基础上。许多媒体本身就与时间密切相关，例如动态图像中的音频和视频，它们与时间有着强烈的依赖关系，在采样、传输和回放表现时更需要以时间为参照系进行有序的组织。这些媒体就称为基于时间的媒体(Time-based Media，时基媒体)，或者简称为时间依赖媒体(Time-dependent)。组织时基的、非时基的多种媒体序列通过传输、合成并达到某种表现效果，就称为多媒体同步或合成(Orchestration)。这个过程既包含表现过程，也包含多媒体信息的传输过程；既可以用于并发或顺序的数据流布局，也可以用于对所产生的外部事件进行安排。从广义来说，除时间关系外，同步关系还可以包含空间、内容的安排。内容主要是指从某种数据定义媒体对象之间的相关性。例如，对某个数据库的内容抽取并按照需要进行媒体的转换，可以表现为声音或者文字，也可以是图形等。空间关系是多媒体表现的布局关系。例如，在显示一段视频的同时，配上相关的声音和字幕；在规定的地方开出窗口显示另外的资料等。

先考虑在图 7-1 中关于新闻广播的例子。在该图中，以时间轴为基础，按照所需要的时间线对多种媒体进行了表示。

从图 7-1 中可以看出，在各种媒体之间，包括时基媒体和非时基媒体，都根据时间进行了组织，对它们之间的时间关系进行了描述。这只是较简单的一种情况。一般来说，时间关系可能是一种隐含关系，例如在同步获取的视频和音频之间就具有隐含的时间对应关系，在回放时两者应该同步。时间关系也可以是完全规则化的，如在具有声音注释文本能力的多媒体文献中，声音也只在对应的点被触发后才会发声，无论哪种情况，都应该了解每种媒体的时间特性和它们之间的相互关系，以便满足大量不同控制和表现的需要。

通信过程的同步关系实际上也受到最终表现的限制。如果上例中的播音过程是现场播的话，这个同步过程就必须延伸到网络之中，延伸到播音节目的发生地，节目的产生方需要描述出各个媒体的同步关系，并附在信息流上，供网络和用户终端进行同步控制时使用。网

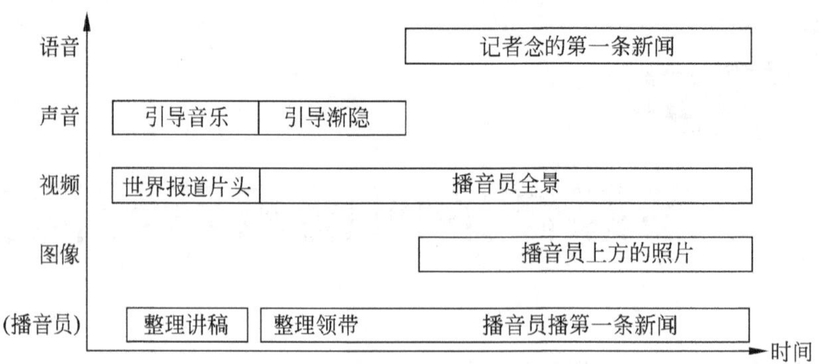

图 7-1 “世界报道”时间线表示

络要保证传输的媒体数据流在限定的时间内到达终点,而终端则要按要求恢复媒体之间的同步关系。

7.1.2 同步的种类

1. 应用同步

应用层同步又称表现同步,或交互同步(Interactive Synchronization)。这一类同步是从用户应用的角度出发而进行的同步,重点在于表现与交互。这要求同步过程既能体现用户的交互性,又要容易被用户理解和使用。

将一部小说改编为电影剧本(或话剧剧本)或直接编写剧本,考虑的是以什么样的次序、场景来组织人物及故事情节的变换发展,最后一个镜头接一个镜头(或一场接一场)地呈现给观众。同样,对于多媒体表现,各媒体以何种时间关系和空间关系在屏幕上呈现给用户,可以用类似电影剧本的“脚本”方式来组织,这便是多媒体表现的脚本模型。

脚本就是把用户对多媒体表现形式(结合其交互参与行动)的意图与构思,最终像电影剧本一样,“一场一场”地表示出来。场次的控制加入了用户的交互性。例如,选择不同的按钮(或菜单),会导致不同场次的继续。这也正是多媒体脚本不同于一般电影剧本的主要特征,即由于交互性的参与,脚本的场次流程是非单一路径、非线性的,它可以有多条路径,也可以有逆路径(即返回)。

2. 合成同步

这里的合成指的是不同媒体对象之间的合成。上面所提到的空间合成、时间合成一般都是指的这种同步。所以合成同步又称为“媒体之间的同步”(Inter-media Synchronization)。这种同步涉及不同类型的媒体数据,侧重于它们在合成表现时的时间关系的描述。

多媒体对象的类型分为静态的和动态的两类。静态和动态是相对时间轴而言的。在某时间段上表现保持不变,即称之为静,如一幅静态的猫图,或其旁边的文字显示“波斯猫”。而动态对象在表现时是“时基”的,即不同时刻的显示内容在动态地变化,如一段语音讲解,或一段视频图像。对于静态对象,表现意味着持久性数据的显示;而对于音频和视频等动态对象,表现指的是非持久性数据在听觉和视觉方面的动态再生。静态和动态是相对的,可以互相转化。例如，对于文字对象来说，一般是静态的，如上面提到的与静态猫图相配的文字显示“波斯猫”及下面一段对波斯猫进行简介的文字。但是在某些情况下，如文字与语音结合，且要求文字的显示与语音的播放相匹配，也就是“念到哪儿写到哪儿”，这时的文字对象和语音一样，是动态的，反之，动态对象可以看作是许多个静态对象的组合，动态对象在某一时刻的“定格”是一个静态对象。这一点对于动态图像的许多处理来说，具有重要意义。

3. 现场同步

现场同步(Live Synchronization)也属于媒体间的同步，它与合成同步非常相似，但有本质区别。合成同步中各个媒体对象之间的同步关系是由人工定义的，它需要表现出设计者的主观意识。而现场同步则是要表现出同一个应用中数据源方与表现方之间存在的实际同步关系，也即端-端之间的同步关系。例如，前面讲到的实况播音，就是这样一个过程。其他的如视频会议系统中的同步、可视电话的同步等，都属于现场同步的关系。

涉及现场同步的各个环节，包括采集、传输和表现，都需要在时间限制下及时地完成所需的同步过程。这与从视频数据库中调出一部电影来看绝对不一样，虽然都是实时视频流，但视频数据库并不是强制性的时间限制，因为它没有针对真实时间(也即针对用户)的同步关系，只有相对影片起点的时间关系。而现场同步则必须强制遵从与真实时间相关的限制，因为双方的交互必须在一个可以接受的时间范围内完成。所以说，现场同步很大程度上依赖系统的环境与人之间的和谐。虽然现场同步需要有能够满足端-端之间的通信能力和合成能力，但并不是唯一的要求，在满足基本通信条件的情况下，人与系统的交互就需要在同步过程中加以充分的考虑。

4. 系统同步

系统同步，又称“媒体内部的同步”(Intra-media Synchronization)，这里“系统”指的是该层同步如何根据各种输入媒体对应的实际硬件系统(设备)的性能参数来协调实现其上层合成同步所描述的各对象间的时序关系。例如，对于单机情况，同步技术中要考虑的时间因素有读盘时间，这与磁盘存取速度和磁盘碎片有关；还有图像帧(音频段等)的显示(或播放)速度，这与适配器(如压缩解压卡、声音卡等)有关；另外还有机器的处理速度等。对于通信网络上分布的媒体表现的同步，要考虑更为复杂的传输延迟等问题，这引出同步协议的设计及通信网络的各种同步技术。

7.1.3 同步的分层服务模型

对于多媒体的应用来说，同步是建立在不同的分层的基础上的。不同层次的同步依据不同的接口机制来保证，如图 7-2 所示。

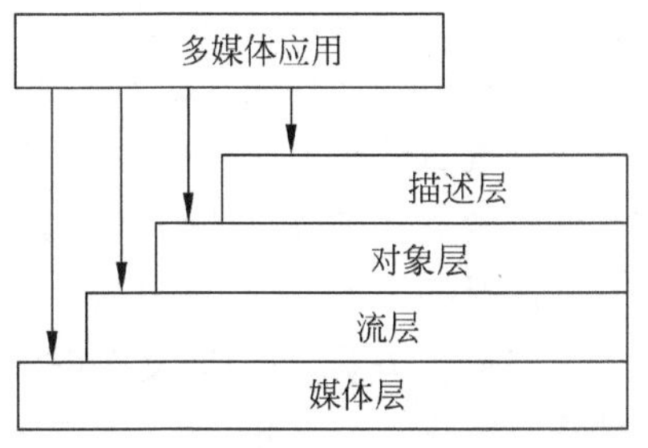

图 7-2　多媒体分层服务模型

媒体层针对的是单独的媒体数据流，属于子物理层的同步，也即前述的媒体内的同步，其同步的基础是数据流中的一个个基本逻辑数据单元，通过对这些逻辑数据单元的操纵来保证媒体在时间上的准确。这种同步一般认为是“细粒度”的。

流层也是媒体内的同步,但是属于服务层,其面对的是多个媒体数据流。与媒体层处理数据流内同步不同,它处理的是多流之间的同步,以保证多个数据流在传输和表现过程中能够实现并行和同步。

7.2 时间模型

7.2.1 时间依赖的定义

在多媒体系统中,为支持时间依赖媒体的表现,就要求在多媒体数据对象之间具有时间关系的标记和规范。这通过引入多媒体的时间表示模型来加以解决。

时间依赖数据在时间上的唯一性是十分重要的。多媒体数据的时间依赖性有时很难具体描述,因为这些数据根据应用要求既可以是静态的,也可以是有时间依赖关系的。例如,一组医用图像数据可以表示一个身体部位的二维图像或二维映射(静态的),也能将空间坐标映射到一个时间轴上以提供具有时间依赖特点的动画表现(动态的)。所以,多媒体数据在时间特性上必须基于数据获取及数据表现,不同时间依赖的定义说明如表 7-1 所示。

表 7-1 时间依赖的定义

静　态　的	没有时间依赖
离散的	单一元素
短暂的	一时的
自然或蕴含的	真实世界时间依赖
综合的、合成的	人工产生的时间依赖
连续	在时间上的布局是连续的
持续的	在数据库中维持的
现场实况	基于实际时间来源的数据
存储数据	从预先记录存储中来源的数据

根据数据获取时得到的时间依赖关系称为自然的或蕴含的时间依赖,例如音频、视频同时记录,也就具有了相互参照的时间关系。这些数据流经常用“连续”来描述,因为在回放时所记录下的数据元素格式是连续的,在时间上可以连续地回放这些元素。数据可以作为具有自然顺序但不是基于时间序列的单元序列进行获取,例如一组有前后顺序但不基于时间回放的静态图像。另一方面,数据也可以不以任何顺序的形式得到,例如一组无序的静态照片。没有时间依赖,这些数据就称之为静态的。无时间依赖的静态数据也可以具有综合(或合成)的时间关系,例如一幅静态图像可以与一段具有时间依赖的动态视频合成,形成合成的时间关系,如图 7-1 所示的照片和播音员视频之间的关系。这种自然时间和合成时间依赖相结合的方式可以描述任何多媒体表现的时间要求。在回放的时间上,数据可以保留它们自然的时间关系,也可以被强制为一个合成的时间关系。合成关系拥有由应用建立所必须的时间依赖关系。例如,动态图像由一组记录的场景所组成,记录是自然的,但用合成的方法进行安排。与之相类似,动画是由一组静态数据项组成。现场数据源是动态发生的并且遵从真实的时间,正好与存储数据相反。因为对于现场实况来说不会有重新排序或超前

观看,而合成数据只能适用于存储数据。从时间关系上来看,现场实况数据也可以与其他类型的数据媒体合成,但时间上必须依赖现场实况数据。

数据对象也可以根据它们的表现和应用生命周期进行分类,持续对象就是那些在整个应用时期内存在的对象。非持续对象是动态建立的,过时后就将丢弃。对于表现来说,短暂对象是在表现中只出现很短时间并且不需要操纵的对象,它们填充了序列中的空间,使得序列从感觉上是连续的。视频序列和音频序列都是动态连续媒体,表示了对象表现的过程,不管它是实况数据还是从存储数据库中得来的数据。在后面,我们将使用术语"静态"和"暂时"来描述对象的表现生命周期,而用"持续"来表达在数据库中的存储时间。

从文字意义上来讲,媒体一般被描述为两种:连续的或离散的。这个区别有点混淆,因为时间顺序也可以赋给离散的媒体,连续的媒体在数字化以后也都变成了离散的时间顺序的序列。即连续媒体是能在时间上连续播放的离散数据单元序列。但是,术语"连续的"在大多数情况下经常用于描述所要求的音频或视频的"细粒度"下的同步。

7.2.2 时间的概念模型

在过去的应用中,与时间有关的信息很少,大多数是与历史信息有关的数据库查询或维护工作,如时态数据库等,被应用到时间媒体同步上的不多。但是,也开发出一些用于这些应用的概念模型,它们同样也适用于多媒体同步问题。对于时间的描述,提出过两种表示方法,分别是基于时间点和基于时间段方法,如图 7-3 所示。

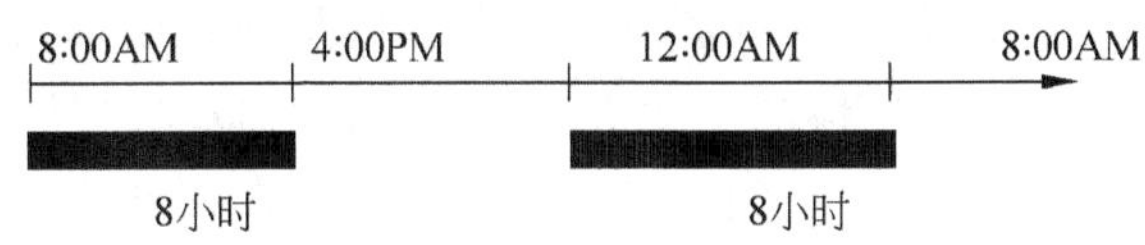

图 7-3 时间点和时间段

时间点是时间轴上的某一时刻,如"4:00PM"时间段是由两个时间点定义的,所以它们有一个持续区间(例如 100 分钟、9 点到 5 点等)。用区间而不是用端点指明时间,可以把区间从绝对的或瞬时性的参考体系中分离出来,而给出一个时间上的相对关系。存在着 13 种两个区间在时间上所具有的相互关系,在图 7-4 中给出了这些关系中其中 7 种的示意图。这 13 种关系可由这 7 种情况加上另外 6 种逆关系组成,例如,after 是 before 的逆关系,或用 before-1 表示也是一样。对于逆关系来说,给定任意两个区间,用非逆关系仅交换两个标号就可以表示它们的关系。equals 关系没有逆关系(a equals b 等价于 b equals a)。

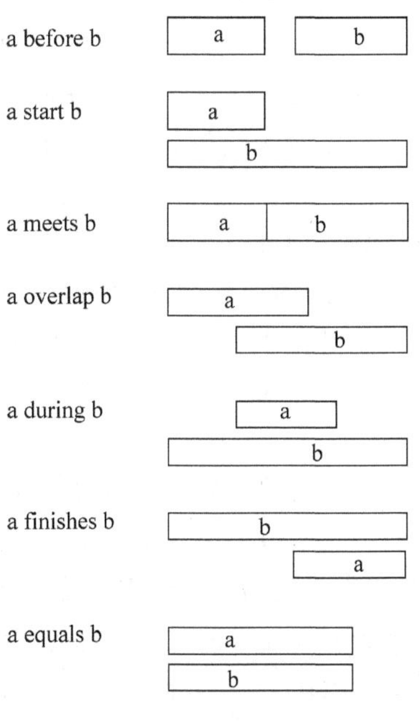

图 7-4 两个时间的区间关系

时态区间可以表示一些多媒体数据元素如静态图像或音频节段的表现时间,从而也就可以用来对多媒体表现建模。这些区间表示了多媒体布局中的时间成分,它们的相对位置代表了它们在时间上的依赖关系。

图7-5给出了一个音频和图像使用meets和equals时间关系的同步的例子。对于系统音频或者视频这样的连续性媒体来说,一种对表现进行恰当的时间描述方式,就是由meets所描述的区间序列。在这种情况下,区间在时间上是邻接的,不会重叠,这其实就是连续性媒体的定义。对于非连续性媒体来说,before时间关系已经足以描述它们的先后关系。使用基于时态区间(TIB_Temporal_interval_based)的建模模式,可以勾画出多媒体对象表现的复杂时间表示。

图7-5 音频视频及非连续性媒体的时间区间表示

7.3 时间的规范与表示

7.3.1 时间规范

在实时条件下,数据表现、用户交互和物理设备的同步问题很难只用优先关系来描述它们的时间关系,需要引入表示多媒体同步所必需的时间信息概念模型,以及用于时间规范的基于语言和基于图形的表示方法。时间规范的目的是为了向在创建时和合成时所要求同步的数据对象提供一种时间关系表达的手段。这种时间规范可以存储起来,并用于从存储中重放合成的多媒体对象。

为了描述时间上的同步,需要一种能够对具有不同表现要求的元素和事件进行特征描述的模型。表现要求对异质数据能够同时地、顺序地和无关独立地显示,这个问题与在并发系统中执行顺序的或并行的线索问题十分相似。但是多媒体系统不同于计算系统,计算系统一般都对解题更重视,它强调的是吞吐率;而多媒体表现更关心对用户进行异质数据的连贯表现,为使用户能够理解信息内容,就必须要占用一定的时间。对计算系统来说,都是希望解题的时间越少越好,而多媒体的时间规范关心的是表现而非计算,时间值越小不一定就好。总的来说,表现和计算之间的区别在于两个方面:第一,是"处理"还是"表现"具有对时间的依赖关系;第二,是"任务"控制计算机还是"人"控制计算机。

传统上计算机系统中的计时是顺序的,并发通过物理的和虚拟的机制提供同时的事件执行。大多数用于并发活动的建模技术,特别适合于那些能够并行执行且与速率无关的事件,也就是说,它们与CPU的性能无关。但是,对于具有时间依赖的多媒体数据而言,对表现的计时要能够同时满足优先权和计时限制的需要。另外,有一些多媒体数据也没有绝对的时间要求,某些数据可以迟到,但并不影响系统的运行。

7.3.2 相对时间规范与绝对时间规范

1. 时态瞬时

基于时态瞬时(Temporal Instants)的时间参照模式已经广泛地应用于电视编辑,动态图像及电视工程师协会已经提出了相应的标准(SMPTE)。这种模式把虚拟的唯一顺序码同动态图像中的每一帧关联起来,将这些码赋给声音轨道和动态图像轨道,这样就可以做到流与流之间的媒体同步。这种以绝对时间、基于瞬时为基础的模式在用到基于计算机的多媒体应用时就会出现两个困难。第一,既然假定的是唯一的、绝对的时间参考体系,当对媒体节段进行编辑或复制时,在编辑过的节段之间的相对时间关系就会丢失(相对于播放)。第二,在假定一种媒体与另外一种媒体之间已具有同步关系,但如果两个媒体被分解开,那么这种相互依赖的时间信息也会丢失,当声音和图像序列与一个带有时间的视频序列固定配对时就会发生这种情况。如果视频被拿掉,剩余的声音、图像序列就不会具有充分的时间信息以提供媒体间的同步。

如果每一种媒体都以绝对时间轴(World Time)为公共时间参考系,就可以比较好地解决上述问题,如图 7-6 所示。对于基于计算机的多媒体系统来说,维持一个公共的时间系统是很容易的,但对时间的控制则相对严格,因为所有的媒体流都针对公共时间参考系,任何失步都会用丢弃的方法进行同步校正,以维持对时间系的参照关系。但在很多情况下,能够维持媒体流之间相对的时间关系就可以了。基于瞬时模式也已被应用到 MIDI 时间瞬时规范上,也包括将每个时间码与公共时间参考系相匹配。使用基于瞬时的其他工作包括使用时间线的多媒体表现编辑等。

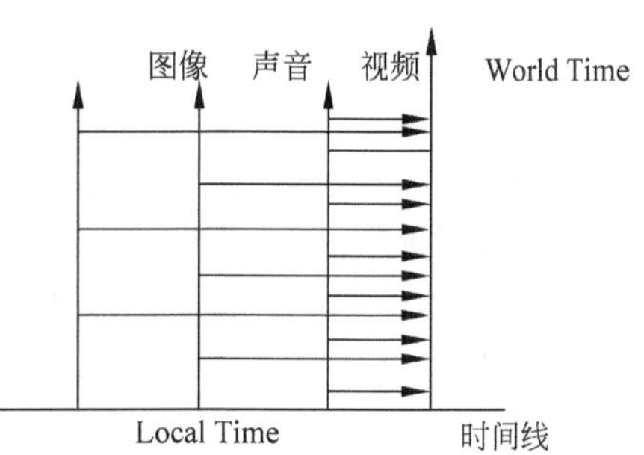

图 7-6 相对于绝对时间轴同步

2. 时态区间

基于时态区间(Temporal Interval Based,TIB)也可以用于建立多媒体表现模型。在这种方法中,让每一个区间都对应一组多媒体数据元素的表现,例如静态图像、声音节段等。TIB 表示法是研究时间和时态逻辑的基础。

将时间关系应用于多媒体的 TIB 表示法有 HyTime、ODA 及扩展 ODA 等。标准化的活动导致了一系列用于电子文档和超媒体的同步化方法。对于电子文献来说,可用 ODA 来描述并行、顺序、独立的时间控制和进行交换,但它不支持连续类型媒体的同步。对 ODA 进行扩展后,也可以用于连续媒体的同步操作。也有一些其他的用于多媒体时间规范的方法,包括用于描述简单的时间优先关系、描述基于时态区间的时间规范方法。它们中基于时态区间的大多数方法仅仅是提供简单的和顺序关系的支持。使用纯粹的 TIB 表示,用明确获得的 13 种时间关系中之一,或使用其他能够便于不完整计时规范的方法,都可以实现同步。例如使用层次化的方法,按每一对象 a_i 的相互关系,便可实现同步。a_i 可以是单一媒体,也可以是用户输入动作、延迟等。在这种方法中,只在 a_i 的起始点和结束点上测试同步。如图 7-7 所示。还有一种方法是参考点方法,系统只在动作流的固定参考点才检查同步,例如现在广泛使用的 AVI 同步,便是采用这种方法。注意,这里的动作流不是绝对时间轴,它允许相对的参照,如图 7-8 所示。

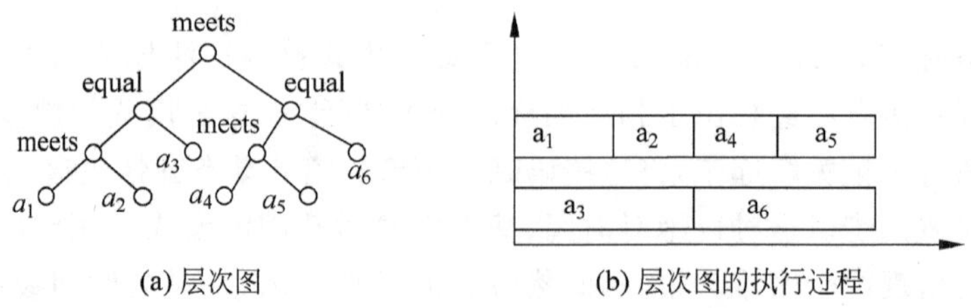

图 7-7 层次化方法

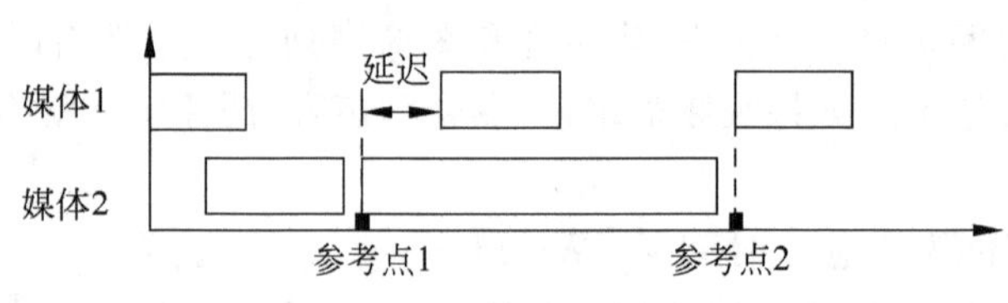

图 7-8 参考点方法

时态区间的用法也能支持反向和部分播放活动。例如,已被录下来的音频流或视频流以反序进行表现。基于此目的,可以定义逆向的时间关系。这些从前向关系中推导出来的逆向关系,定义了逆向播放时的排序和调度。另外,部分区间播放可以定义为 TIB 序列子集的播放。

3. 并行和顺序关系

用于时间依赖媒体的公共表示方法,可以只用 13 种时间关系中的一个子集来表示,这就是并行(equals)和顺序(meets)关系。将合成操作限制在这些关系中,可以说明大多数的与时间有关的交互活动的顺序和优先关系。Poggio 等人提出了一种方法,可以把时间关系只用串行和并行来表示,如图 7-9 所示。

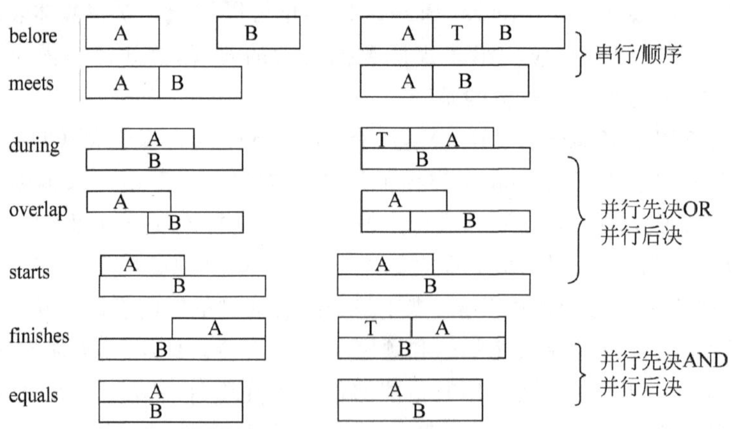

图 7-9 用串行和并行表示时间关系

从图 7-9 中可以看出，13 种时间关系可以用串行、并行后决、并行先决 3 种形式表示出来，其中，作为计时器的 T 的作用是非常重要的。引入 T，就将原来在时间上的许多差别都归纳进了计时器的采用。

这种定义也要求数据元素的一致性表示，用于消除时间上的重叠。可以通过把大的区间分解成大小一致的小区间，将非周期性表示转换为周期性的表示，如图 7-10 所示。

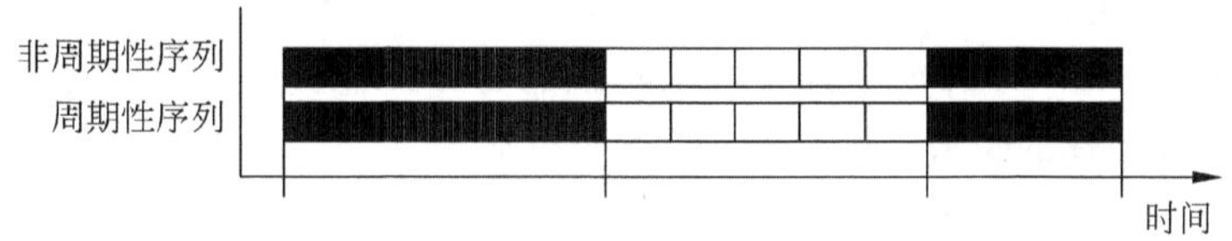

图 7-10 非周期性区间的转换

7.4 多媒体同步的表示方法

对具有时间依赖多媒体表现进行描述，可以通过对表示模式抽象化的一些手段做到。现在，已经具有了基于语言的（包括脚本）和基于流图（或基于图标）的方法，无论哪种方法，最有意义的要求就是能够具有表示并发及实时表现计时的能力。

7.4.1 基于图形的表示法

虽然一些基于语言或基于脚本的表示法能够满足这些要求，但基于图形的模型具有形象直观地说明同步语义的优势，非常适合于可视的、基于图标的多媒体表现的表示。基于图形的表示法包括时间线、流图、Petri 网、时间层次法等。其中，最著名的是 OCPN 方法。OCPN 模型是在常规 Petri 网基础上，增加了延时值和资源值等而形成的。

1. Petri 网的定义

$$C_{PN} = \{T,P,A\}, \quad A:\{T\times P\}\cup\{P\times T\}\rightarrow I$$

其中，$T=\{t_1,t_2,\cdots,t_n\}$，$P=\{p_1,p_2,\cdots,p_m\}$，$I=\{1,2,\cdots\}$。

2. 标记 Petri 网（Marked PetriNet，MPN）的定义

$$C_{MPN} = \{T,P,A,M\}$$

其中，T、P、A 的定义同 PetriNet 中的定义，而

$$M:P\rightarrow I', \quad I' = \{0,1,2,\cdots\}$$

3. OCPN（Object Composite Petri-Net，对象合成网）的定义

$$C_{OCPN} = \{T,P,A,D,\mathrm{Re},M\}$$

其中，T、P、A、M 的定义同 MPN 中的定义，而

$$D:P\rightarrow R(\text{实数集})$$

$$\mathrm{Re}:P\rightarrow\{r_1,r_2,r_3,\cdots,r_k\}$$

D 是从库所集合到实数(持续时间)的映射,Re 是从库所集合到资源集合的映射。用库所代表进程,并假定变迁瞬间发生,因此库所具有相应状态。OCPN 的启动规则概括如下。

(1) 当每个输入库所的令牌没有锁定时,变迁 T_i 立刻启动。

(2) 当启动时,T_i 从每个输入库所移走令牌,同时将令牌加入到每个输出库所上。

(3) 当接受了令牌后,库所 P_j 在其工作时间 τ_j 内该令牌处于加锁状态,直至此段时间结束,令牌变成无锁定。

在 OCPN 中,为每一个库所分配了要求再现的资源,以及输出再现数据所要求的时间,变迁表示同步点和处理的位置。

4. OCPN 模型

两个对象的时间合成能够基于顺序的和并行的两种时间关系发生。如前所述,给定两个对象,则在时间上存在 13 种关系。OCPN 能够捕捉用于说明不同对象计时和显示需求的任何时间关系,如图 7-11 所示。其中,P_d 是延时计时。已经证明这些关系和 OCPN 模型足以说明由成对相关对象组成复杂多媒体交互的时间关系,虽然这里仅描述两个对象之间的时间关系。这是因为多个对象之间的时间关系,可以用两两之间的时间关系逐级描述出来。

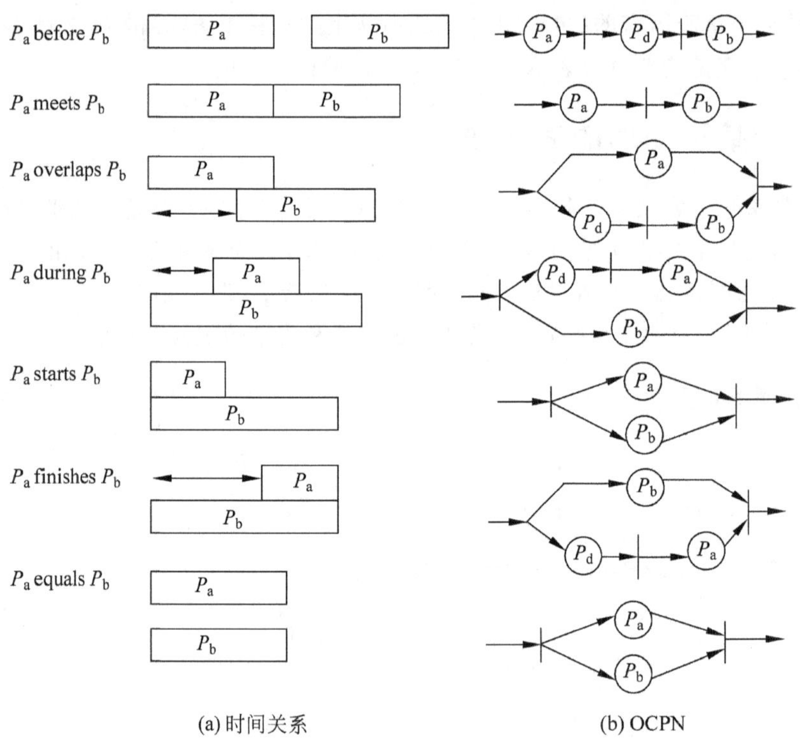

图 7-11 OCPN 与时间关系的对应

5. 统一 OCPN 模型

对于任何两个原子进程和它们的时间关系,存在相应的 OCPN 模型。反过来也为真,对于任何 OCPN 模型能够唯一确定相应的时间关系。为了便于存储和检索多媒体数据,可对形式进行简化,采用统一 OCPN 模型,如图 7-12 所示,这个模型用于表示任何时间关系。

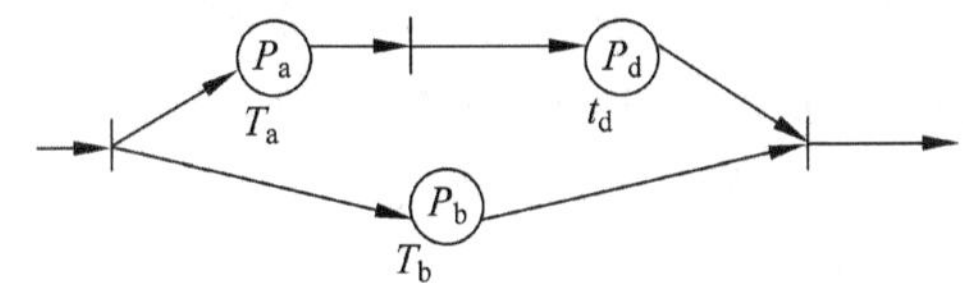

图 7-12　统一的 OCPN 模型

设 P_a 和 P_b 含有持续时间 t_a 和 t_b、时间关系 TR 和延迟 t_d 的进程，并设 t_{TR} 为进程对 P_a 和 P_b 的总持续时间。对于顺序情况，$t_{TR} \geqslant t_a + t_b$，对于并行情况，$t_{TR} < t_a + t_b$。表 7-2 总结了特定于图 7-12 统一模型的每种关系的参数。这样，一个统一的存储形式、附加参数关系和总持续时间的说明，便唯一确定一种时间关系。

表 7-2　统一模型的时间参数

时间关系	参数关系	总持续时间
P_a before P_b	$t_d \neq 0$	$t_{TR} = t_a + t_b + t_d$
P_a meets P_b	$t_d = 0$	$t_{TR} = t_a + t_b$
P_a overlaps P_b	$t_a < t_d + t_b, t_d \neq 0$	$t_{TR} < t_a + t_b$
P_a during P_b	$t_a + t_b < t_d, t_d \neq 0$	$t_{TR} = t_b$
P_a starts P_b	$t_a < t_b, t_d = 0$	$t_{TR} = t_a + t_b$
P_a finishes P_b	$t_a + t_d = t_b, t_d \neq 0$	$t_{TR} = t_a + t_b$
P_a equals P_b	$t_a = t_b, t_d = 0$	$t_{TR} = t_a + t_b$

图 7-13 是图 7-1“世界报道”例子的 OCPN 表示法。这个 OCPN 捕获了全部时间关系，可以在前向和逆向两个方向上模拟。在这个 OCPN 中的每一个位置(库所)表示一个多媒体对象的播放，而迁移表示同步点。

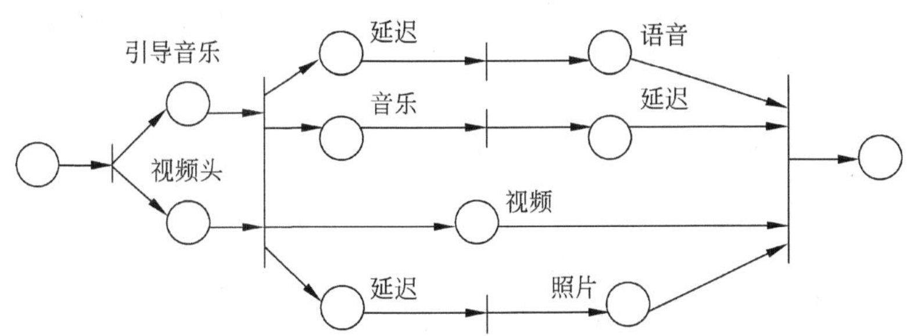

图 7-13　“世界报道”例子的 OCPN

7.4.2　基于脚本的表示法

有一些一般是以并行和顺序程序语言为基础的基于语言的时间表示模式。脚本代表这种分类的一个子集，是从剧本中演变而来。

脚本(Script)可用来表示特定领域内的特定问题。一个脚本其实就是一个具有专门结构的框架，它像一个电影剧本一样，一场一场地表示一些特定的事件序列。可见脚本具有强烈的逻辑结构性和时序表现性，因而利用脚本概念来对多媒体表现进行建模，是一种很好的途径。通过编写脚本，可以把用户对多媒体系统的最终表现形式的意图、构思和安排(时空安排),像电影剧本一样,“一场一场”地表现出来。一般剧本(如电影剧本、歌剧本、话剧本等)是分场进行的,每场又由人物、地点、时间、环境,以及特定的情节构成。于是,对多媒体表现的脚本模型,就由演员、角色、情节及场景构成。

1. 几个表现的概念

(1) 表现。表现意味着一次活动。活动需要一定的空间和时间。复杂的活动需要计划、安排,而且通常以时间为线索来予以安排。以时间为线索安排复杂活动,关键是确定复杂活动内部各子活动的起始、中断、继续、终止等动作,这也就是同步问题。多媒体表现因其“多媒体”性而成为复杂活动,以时间为线索来安排多种媒体的合成表现,便是多媒体同步问题。

(2) 演员(Actor)。通过各种媒体进行传播信息的实体,包括文本、图形、图像、表格、程序、视频等。

(3) 角色(Role)。多媒体表现环境中的各种资源。一般常有视角色、听角色、运算角色等几种。视角色即显示窗口,可以有多个。听角色即声音通道(如计算机扬声器、声霸卡等也可以有多个),运算角色则就是处理任务了。角色可由不同演员按规则依时间轮流占用,有些角色可以同时登场(如视角色中多窗口,同一声道中 MIDI 和 WAVE 等),有的则不可以。

(4) 活动(Action)。即多媒体表现环境中预定义的多媒体表现的空间和时间序列,而引起发生的事件。由演员的活动表达出对象的行为,构成了具有某种含义的事件。一元活动仅含单媒体(单个演员),而 n 元活动则可包含多种媒体的组合。活动又分为原子活动和复合活动。原子活动为不可再分的活动,内部无同步点,而复合活动则由原子活动和复合活动组成。内部要遵从特定的同步次序。

(5) 场景。即各种角色的活动编排组合构成的多媒体空间表现环境,是对象、活动、事件、情节的有机组合。

2. 脚本的同步关系

两个活动之间的时间关系,也可以由 before、meets、during、overlaps、starts、finishes、equals 及相应的逆关系(不含 equals)表示出来。对应以上关系,Petra Hoepner 等人提出了相应的算子集合,运用该集合中的算子,可以规范地描述多媒体对象之间的同步及同步机制的语义,可以用它们来将原子活动构造成合成活动,将一元活动构造成包含同步关系的 n 元活动。这里给出几个比较常用也是比较重要的算子定义。

(1) $A \wedge B$ 并行后决。活动 A 和 B 起始于一个公共起点,并行执行。当所有参与活动(A 和 B)都结束时,合成活动才结束。

(2) $A \vee B$ 并行先决。活动 A 和 B 起始于一个公共起点,并行执行。当其中某一活动首先结束时,合成活动即结束。

(3) $A : B$ 串行。只有 A 先执行完才有可能执行 B。A 的结束点等于 B 的起始点,当后一个活动结束时,整个合成活动结束。

(4) $A | B$ 可选的。执行 A 或 B 都是允许的。选择的依据要由其他实例进行赋值。当所选活动(A 或 B)结束时,合成活动结束。

(5) A^{i*} 重复。活动 A 将重复 i 次，如果 i 不出现，A 将被重复 0 次或多次，具体的数字由其他实例提供。

(6) $N:A$ 并发。活动 A 将被许可同时执行 N 次。如果 $N=1$，A 的执行将是人为互斥的。如果 $N=+\infty$，则 A 不执行或任意的并发执行都是可以的。N 的缺省值为 1。

例如，算子路径 Path $A:((B \wedge C) \vee (D \wedge E)):F^{*}$ end 的含义是：

A 开始启动；在 A 刚一结束，4 个活动 B、C、D、E 同时启动；在 B、C 结束或 D、E 结束时，F 开始执行；动作 F 可以执行 0 次或多次；整个活动的过程仅在一个时刻执行一次。

3. 脚本语言的表示

1) 事件

事件是对象间特殊的信息传递机制，是协调活动和资源，使之有序化的任意分散的时间点。准确地说，在每个对象的生命周期内，有两类确定事件产生：对象活动的开始和结束，即起点和终点的确定。如果一个多媒体表现结合了两个或多个媒体对象，上述事件将被用来保证表现所需的时间次序。顺序同步指在某确定活动结束时产生的事件触发另一活动的执行；并发同步指在一个活动的开始产生的事件触发另一活动的执行。如果一个多媒体表现有更多的媒体对象，将形成更复杂的同步情况。

在一个表现期内，选择一个确定的动作将引起相应事件的产生。两类特殊事件“超时”和“无同步”可在违反时间约束的情况下产生。模型支持中断。中断指来自特殊控制键或硬件失败的异步控制信号。在复杂交互多媒体表现中，需要处理用户同系统交互的异步性以满足同步所需的序列和活动有序性。这种异步交互由按钮概念和中断处理器的概念来支持。

2) 情节

情节是预定义的多媒体对象表现的空间和时间序列，可以是静态的，也可以是动态的(即活动流可依据可能发生的事件进行修改)。也可以说情节是对多个媒体对象活动的编排。

3) 场

场是对象、活动、事件、情节的有机组合，是组成脚本的信息单元。场可以表示为

```
场{A 类对象: A1,A2, …
    B 类对象: B1,B2, …
…
情节表: 情节 1,
         情节 2,
             …
  }
```

其中情节又由活动和事件的序列来表示。场中的对象是参与场中情节活动的主体。

4) 实现方法

实现方法应该与具体系统有关，不同的系统对脚本的实现方法也不一样。一般包括以下一些内容。

(1) 管理数据(AdministrativeData)。管理数据用来对场对象进行管理。这些数据包括作者、创建日期，以及若干由(属性，值)对表示的特征、父场对象，即引发该场对象的场对

象等组成。父场对象数据指出当该场对象执行结束时的返回点,最上层的场对象的父场对象的值为 NULL。

(2) 对象列表(Object List)。对象列表是参加本场的所有各类媒体对象(包括按钮)的罗列,为合成做好初始化阶段的数据准备工作。媒体对象的属性包括对象标识符和媒体类型的空间或时间特征参数。对象标识符可以看作是对象的“名字”,用于指明情节中各活动的主体;空间数据的特征属性,如位置、尺度因子等;时间数据的特征属性,如时间尺度因子、表现方向(正常或反转)、开始时间、持续时间等;按钮对象用来提供用户交互性,它的结构假设已由按钮的类定义(包含一般数据和基本功能)提供。

(3) 时态合成(Temporal Composition)。时间关系由情节序列来描述。Start_Time 决定活动执行的开始。其形式可能是“绝对时间 AND/OR 事件树”。意思是开始时间可能是某一绝对时间,也可以由事件树或两者的组合来触发。事件树是单一事件经过“与/或”合成的复合事件。单事件是最简单的事件树,如前所述,事件由某个活动的起点和终点引起,也可能是用户交互事件(如按钮选择)或其他中断事件。然后事件再引发另外的活动的执行。例如,当一个活动必须在 12:45 时开始,或者是当事件 1 或事件 2 发生时开始,则该活动的开始时间 Start_Time 的位为(12:45 OR (事件 1 OR 事件 2))。duration 决定活动的持续时间,可用绝对时间表示,也可由某一事件树来结束活动的执行。因而,其形式亦为(绝对时间 AND 事件树)或(绝对时间 OR 事件树)。<Action>是活动的列表,其中活动可以是一元活动,也可以是 n 元活动,而且可以用前面介绍过的算子来表达复杂的合成活动。这种时间表达式隐含了许多同步关系,从而减少了对事件的说明,使用户更容易表述活动的同步关系。Synch_events 指的是两个特殊事件活动开始和活动结束对应的名字。这里的活动即上面的<Action>。Synch_events 的形式为(开始事件的名字,结束事件的名字)。例如,用(e1,e2)对应活动(video ∧ audio),意味着当活动(video ∧ audio)的 Start_Time 为真时,产生事件 e1;当它结束时,产生事件 e2。其用途是为了说明情节序列中活动的同步,例如,某个 Start_Time 或 duration 中的事件树就可能要用到开始事件的名字或结束事件的名字。如果不关心某一事件的产生,则可用(_)来代替其名。当违反预定义的时间约束或缺少活动的必要同步条件时通过 exception_handler 采取的一系列动作。这时正在执行的活动将被挂起,优先权让给例外处理器 exception_handler。它将处理例外情况,如超时或无同步条件等,使系统尽快达到理想状态。interrupt_handler 是在系统失效或输入特殊控制字符时立即执行的一个动作,系统失效可能是由于硬件或资源故障或环境因素等。中断处理器 intermpt handler 处理完中断后,返回到初始中断点。

(4) 方法。方法指对象活动的具体执行动作的描述。如 play (-)、stop (-)等。

用类 C++语言对场的定义如下:

```
CHANG{
//administrative data
  char * autbor;
  data creation_data;
  attr_value properties(attributeValue);
  compositc_item father;
…
//spatial data
```

```
    obj_list graphics_obj_list(< id,pos,scale_f >);
    obj_list text_obj_list(< id,pos >);
    obj_list image_obj_list(< id,pos,scale_f >);
    obj_list button_obj_list(< id,pos >);
    obj_list composite_obj_list(< composite_id >);
  //temporal data
    obj_list audio_obj_list(< id,invert,t_scale_f,is,td >);
  //spatio_temporal data
    obj_list video_obj_list(< id,invert,pos,scale_f,t_scale_f,ts,td >);
  //temporal composition
    tuple_listScenario_list <start_Time,duration.< action >,synch_cvcnts,
                             exception_handler,interrupt_handler >;
  //methods
    play();
    stop();
    pause();
    sclf_synchronise();
    add_scenario_tuple(Start_Time,duration,< action >,synch_events.
                       exception_handler,interrupt_handler);
    ...
  }
```

4. 脚本模型的规范化——脚本编程语言

编程语言(如 Pascal、C++)是非常规范的、有严格的数据类型定义和结构定义的,能够很好表达用户意图的工具。对于多媒体的各脚本,如果能定义一个规范化的脚本编程语言,无论对于表达用户对多媒体表现的同步要求,还是对于辅助设计者实现具体的同步,都是十分有益的。一般编程语言(如 C、C++或 Smalltalk 等)都没有定义时间语义。因而在这样的环境中,很难规范地实现时间约束的表示;实时同步或者无法实现,或者要求对基础硬件和操作系统的特性(如调度和内存管理策略)非常精通才行。因此,脚本编程语言必须有明确的时间语义的定义,以满足用户或设计者对时间约束的严格描述。

7.4.3 交互和同步

当一个人与多媒体系统交互时,应用必须能够使用户和外部世界同步。这种同步可以采用多种方法做到,如启动或停止一个对象的表现、提出对某一数据库的查询、对象的浏览或者其他不可预见的用户起始动作等。对于连续媒体系统,用户交互也蕴含了对信息顺序形成的随机存取。考虑在汽车上拍摄的某城市街道的视频静帧表示场景的数据库,如果影像以普通的区间进行记录,那么沿着街道的动作通过动画就可得到虚拟驾驶的效果。当数据库包含从所有可能的方向得到的图像(例如一个城市的所有街道),街道驾驶动作就可以转变,从而跳出原有对应一条街道的图像序列的顺序特性。这种情况下就要求多媒体表现与外部用户产生的事件进行同步。这种应用已用超文本机制在交互式影片中得到实现。

超文本机制的基础是信息的非线性连接,不像传统文本的顺序性存取方式。信息通过在关键字或主题之间交叉索引与其他信息节段相连接。用诸如 Petri 网这一类使用基于图形的模型表现这种交互是可能的,依赖于每一个数据对象详细的基于时间表示法。这样的基于 Petri 网的超文本(Petri-Net-Based-Hypertext,PNBH)用网的位置表示信息单位,而用弧形表示链。PNBH 中的转移指明了链的迁移或者是信息节段的浏览。例如,在图 7-14 中,给出了一个包含交互式影片节段的 PNBH 网络。这些节段可以随机顺序播放,无论是用户挑选出来的,还是由网络语义所限定的部分。

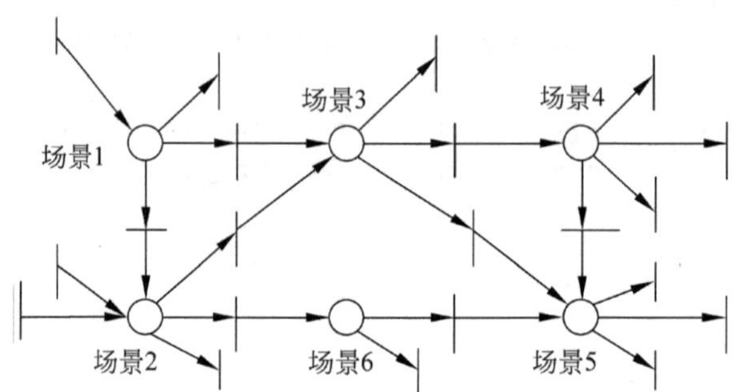

图 7-14 在动态图像场景之间表示相互关系的 PNBH

不像 OCPN,它是一种标记图的形式(Marked Graph),在 PNBH 中的网络位置可以有多个外出弧,所以可以表现非确定性的和循环的浏览动作。与之相反,OCPN 给出了准确的表现时间播放语义,在实时表现调度时非常有用。很明显这两种模型的相互补充对说明用户交互和表现合成是十分有益的。

在多媒体中,其他重要的时间顺序还包括在 CSCW 中多个用户的协调。在这里要重点考虑对于共享对象的并发控制及分布数据资源的管理。在 CSCW 中的时间管理超出了本章的内容,目前已经有许多人做了许多的工作。

7.5 时间同步与系统支持

7.5.1 概述

时间区间和时间瞬时提供了指示准确时间的规范手段。但是,多媒体数据表现的性质是独特的,因为即使数据不适合于回放,也不会发生突发灾难性的结果。也就是说,与设计用于实时系统的技术的“硬性”指标相比,它的指标是“软”的。

时间依赖数据不同于历史性数据,历史性数据不特别要求按时间的播放。一般来说,时间依赖数据使用成熟的技术进行存储,并且能够确定同步进行播放(例如,VCR 或录音机)。使用这样的机制,专用的硬件可以提供同质的、周期性顺序数据的常速播放。数据流中的并发性用独立的物理数据路径提供。当这种数据类型转移到更加普通的存储系统中(如磁盘),会产生许多新的能力需求,包括对时间序列的随机存取、静态数据的基于时间的播放等。但是,这样系统的通用性就丧失了专用物理数据路径和所蕴含的顺序存储的数据结构的好处。所以,通用多媒体信息系统需要支持新的存取机制,包括对大量多媒体数据的检索机制,以及必须提供概念化的和物理化的数据库模式以支持这些机制。另外,多媒体系统也必须适应计算机的性能限制。

一旦能够有效地对时间依赖数据建模，多媒体系统必须具有存储和存取这些数据的能力，这个问题不同于历史数据库，也不同于时间查询语言，或时间临界查询评估。不同于历史数据，时间依赖多媒体对象要求对表现进行特别的考虑，这是因为它们具有实时播放的特性。数据需要根据预先确定的时间表从存储中提交出来，一个对象的表现能够持续在整个时间段中(例如，一部影片)。在本节中描述了数据库的同步化方法，包括存储概念和物理模式、数据压缩、操作系统支持、同步异常处理等。

7.5.2 系统支持的有关问题

1.时间表示的数据结构

为了支持基于时间的表示，多媒体系统必须能够识别某种合适的数据结构，这种数据结构应适合于后续的应用和控制功能特性，也适合于用对象编辑进行对象进化。因为多媒体数据对存储来说是相当大的，一个支持时间表示的数据结构必须能够适合于通过数据库的索引和查询进行有效的检索。

很少有基于语言或基于图形的表示技术能够指明合适的数据结构，以支持在数据库模式中的控制操作。有一种方法可以用 TPN 和关系数据库模型将规范方法映射到一个数据库模式。在这种情况下，时间区间和关系将被用一种非结构化格式，或以结构化的格式中之 TPN 的时间线表示法描述出来。使用 TPN，时间层次结构可以作为一个区间集合传递给一个概念模式，这将限制在单个时间关系被标识和分组的情况下。

使用这种方法，基于时间的表示法可以转换为一种表示规范方法语义的时间层次的形式。这个层次结构的子集或子树代表了规范的子集，说明了包含复杂多媒体表现的能力。在这个模型中的叶单元指明了基本多媒体对象(音频、图像、文字等)，其他的属性可以赋给层次结构中的节点，以用于传统 DBMS 的存取。在存取属性的同时获取时间信息，使得在回放时各成分单元可以组装起来。

2. 数据压缩的影响

因为多媒体数据具有大存储量和通信的需求，数据压缩就不能缺少。很明显，数据压缩节省了存储空间和带宽。但是，在使用可变速率方法压缩后，在所要求同步的流之间识别出同步关系就十分困难了。压缩模式使用了帧内和帧间的压缩编码，帧内编码应用了在单个时间依赖帧中的压缩模式。所以，一个计时规范可以应用到自我包含的帧压缩之前、之中或之后。对于帧间编码来说，将跨过帧序列使用压缩模式。对于 MPEG 编码模式，在进行帧间编码的帧之间将会产生出不同的帧序列的值。这种情况下，会出现几个同步方面的问题。首先，总是希望在连续媒体流中的任意点都具有起始的能力，但在帧间编码时，如果不具有第一个产生出来的中间帧，这就是不可能的。其次，为了提供逆向的表现，在两个方向上都应该可以使用。在任意点开始表现，或随意选择一个方向的能力，都是在一个流对象上提供随机存取和随机插入所存在的许多问题中的一个部分，对于这些，MPEG 模式已给出了解决方法。为了给出随机插入点，这些帧一般使用帧内编码，由应用存取要求来指明。逆向播放将由双向差值帧完成。

3. 同步的系统支持

为了支持时间依赖媒体,多媒体系统必须具有对存储设备进行处理的潜力,包括通过跨网做到的数据分布能力,和在计算机网络资源管理下对时间依赖数据的支持。对于延迟敏感媒体来说,这些资源就是通位带宽的点到点的延迟。跨网的同步问题在为多个独立数据资源提供媒体间同步时十分突出,在这神情况下,为了达到媒体间的同步,就必须克服在每一个连接上的网络延迟,而不管在每一个远程数据源上时钟频率的变化。一般来说,在每一个通道上的延迟变化在连接建立时就可以估计出来,引入称为“控制时间”的端-端延迟表示,并使用相应的缓冲区。这个缓冲的结果足以改变通道延迟分布以减少变化。

4. 同步异常

当数据延迟不能用于播放时,就发生了同步异常。在输出设备上,这将导致表现单元的序列产生缝隙或在单位时间内数据短缺。对迟到的数据处理策略包括丢掉一些数据,或改变播放速度以维持一个缓冲单元的常数。当数据丢失或丢弃时,可以使用重建技术;也可以在数据单元不可用时采用一些可供选择执行的动作,诸如延长前面单元的播放时间等。一般情况下,当在数据序列中的缝隙被忽略时,在时间上提前并降低播放速率就可以纠正过来。接收报文分组的同步方法,则包括改变播放速率和接收数据的利用率等。一种扩展的方法是每一个包都可播放,不管它们是否已经迟到。结果会延迟所有后续的包,并积累起时滞的时间。另外一种做法是忽略一些数据,因为在数据流中包含了大量多余信息。可以通过整个序列维持完整性。这实际上是模拟在包利用率上的减少。一种更进一步的用于连续媒体重建的技术是重建丢失数据单元,这种方法是用一定的值替换在流中的丢失数据,这些值可以是空或者是非空值,也可以直接利用前面的值。

复习思考题

1. 对时间依赖定义中的各种时间定义各给出一个实例,加以说明并讨论它们之间的相同和不相同之处,以及对时间操作的影响。
2. 将图 7-1 中的示例用顺序并行算子进行表示,并画出对应的层次节点图。
3. 多媒体系统和计算机系统在并发概念上有什么不同?它们各自的系统目标是什么?为什么会有这些差别?
4. 写出各种时间关系中的逆关系,并用图加以表示。
5. 试举一例,绘出其 OCPN 图。
6. 什么是同步?有几种同步形式?它们各自表示的重点是什么?
7. 为什么数据压缩会对时间同步产生影响?试说明理由并举例加以解释。

第8章 多媒体数据库与基于内容检索技术

8.1 多媒体数据管理的问题

8.1.1 概述

我们已经开始迈入信息社会。随着信息量和信息媒体种类的不断增加,对信息的管理和检索变得越来越困难。信息的洪水会继续泛滥,我们所要做的就是将成灾的信息洪水转变为灌溉思想田野的水源,使得广大的用户能够使用更加方便的工具获取到更多的信息,探索日益增长的信息空间。这里,多媒体数据库和基于内容检索技术将扮演一个非常重要的角色。

从计算机技术的角度来看,数据管理的方法已经经历了多个不同阶段。最早,数据是用文件直接存储的,并且曾持续了很长一段时间,这与当时计算机应用水平有关。随着计算机技术的发展,计算机越来越多地用于信息处理,如财务管理、办公自动化、工业流程控制等。这些系统所使用的数据量大、内容复杂,而且面临数据共享、数据保密等方面的需求,于是便产生了数据库系统。数据库系统的一个重要概念是数据独立性。用户对数据的任何操纵(如查询、修改)不再是通过应用程序直接进行,而必须通过向数据库管理系统(DBMS)发请求。实现 DBMS 统一实施对数据的管理,包括存储、查询、处理和故障恢复等,同时也保证在不同用户之间进行数据共享。如果是分布数据库,这些内容将扩大到网络范围之上。

依据独立性原则,DBMS 一般按层次被划分为 3 种模式:物理模式、概念模式、外部模式(也叫视图)。物理模式的主要职能是定义数据的存储组织方法,如数据库文件的格式、索引文件组织方法、数据库在网络上的分布方法等。概念模式定义抽象现实世界的方法。外部模式又称子模式,是概念模式对用户有用的那一部分。概念模式通过数据模型来描述,数据库系统的性能与数据模型直接相关。数据模型的不断完善和变革,也就是数据库系统发展的历史。数据库数据模型先后经历了网状模型、层次模型、关系模型等阶段。其中,关系模型因为有比较完整的理论基础,“表格”一类的概念也易于被用户理解,因而逐渐取代网状、层次模型,在数据库中居主导地位。关系模型把现实世界事物的特性抽象成数字或字符串表示的属性,每种属性都有固定的取值范围。于是,每一个事物都有一个属性集及对应其属性的值集合,如图 8-1 所示。

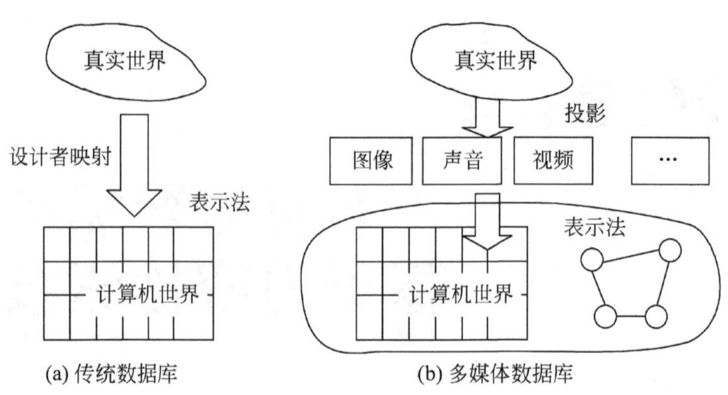

(a) 传统数据库 (b) 多媒体数据库

图 8-1 数据库概念的比较

近年来,随着多媒体数据的引入,数据的管理方法又开始酝酿新的变革。我们知道,传统数据库模型主要针对的是整数、实数、定长字符等规范数据。数据库的设计者必须把真实世界抽象为规范数据,这要求设计者具有一定的技巧,而且在有些情况下,这项工作会特别困难;即使抽象完成了,抽象得到的结果往往会损失部分的原始信息,甚至会出现错误。当图像、声音、动态视频等多媒体信息引入计算机之后,大大扩展了可以表达的信息范围,但又带来许多新的问题。因为多媒体数据不规则,没有一致的取值范围,没有相同的数据量级,也没有相似的属性集。在这种情况下,如何用数据库系统来描述这些数据呢?表格还适用吗?另一方面,传统数据库可以在用户给出查询条件后迅速地检索到正确的信息,但那是针对使用字符数值型数据的。现在,我们面临着这样的问题:如果基本数据不再是字符数值型,而是图像、声音,甚至视频数据,那将怎样进行检索?如何表达多媒体信息的内容?该如何组织这些数据呢?查询该如何进行呢?这些都是不得不考虑的。

随着技术的发展,产生了许多可以对多媒体数据进行管理和使用的技术。例如,面向对象数据库、基于内容检索技术、超媒体技术等。在本章中将介绍多媒体数据库和基于内容检索技术等方面的内容。

8.1.2 多媒体数据管理的问题

1. 传统的数据管理

传统的数据库有 3 种类型:关系型、层次型和网络型。Codd 关于关系数据库的开创性工作,建立了关系数据库的坚实理论基础,给出了清晰的规范说明,加上"表格"的概念直观易懂,使得关系数据库在理论和产品开发上都获得了巨大的成功,在数据库市场上占有明显的主导地位,特别是中小型数据库系统。

关系数据库就是采用关系框架来描述数据之间的关系,通过把数据抽象成不同的属性和相互的关系,建立起数据的管理机制。例如,某公司用的关系数据库管理雇员的资料。雇员的信息可以抽象为工号、姓名、年龄、性别、月工资、所在部门、该部门的经理等多项属性。按关系模型的要求,雇员信息可以用两个关系表示:雇员(工号、姓名、年龄、性别、月工资、部门编号)、部门(部门编号、部门名称、部门经理)。这两个关系就可以支持关于雇员的检索和查询工作。这个例子说明,对于一个具有复杂结构的实体(如雇员),关系数据库需要把它分解，分解的结果可以用最简单实用的关系（如雇员和部门）表示。实体的结构语义隐性地包含在两个关系的相同属性（部门编号）中。只有通过连接（Join）、投影（Project）等操作才能体现出结构语义。关系数据库的这一特性非常简洁，既可以用数学理论加以规范和证明，又通俗易懂，易于被人们接受。

2. 多媒体带来的问题

传统的数据库中引入多媒体的数据和操作，是一个极大的挑战。这不是一个只要把多媒体数据加入到数据库中就可以完成的问题。传统的字符数值型数据虽然可以对很多的信息进行管理，但由于这一类数据的抽象特性，应用范围毕竟十分有限。为了构造出符合应用需要的多媒体数据库，必须解决从体系结构到用户接口一系列的问题，多媒体对数据库设计的影响主要表现在以下几个方面。

(1) 数量巨大且媒体之间量的差异也极大，从而影响数据库的组织和存储方法。如动态视频压缩后每秒仍达上百千字节（KB）的数据量，而字符数值等数据可能仅有几个字节，只有组织好多媒体数据库中的数据，选择设计好合适的物理结构和逻辑结构，才能保证磁盘的充分利用和应用的快速存取。数据库的巨大还反映在支持信息系统的范围的扩大，应用范围的扩大。显然不能指望在一个站点上就存储上万兆的数据，而必须通过网络加以分布，这对数据库在这种环境下进行存取也是一种挑战。

(2) 媒体种类的增多增加了数据处理的困难。每一种多媒体数据类型都要有自己的一组最基本的概念（操作和功能）、适当的数据结构和存取方法以及高性能的实现。但除此之外也要有一些标准的操作，包括各种多媒体数据通用的操作及多种新类型数据的集成。虽然前面列出了几类主要的媒体类型，但事实上，在具体实现时往往根据系统定义、标准转换等演变成几十种媒体格式。不同媒体类型对应不同数据处理方法，这便要求多媒体 DBMS 能不断扩充新的媒体类型及其相应的操作方法，新增加的媒体类型对用户应该是透明的。

(3) 数据库的多解查询。传统的数据库查询只处理精确的概念和查询，但在多媒体数据库中非精确匹配和相似性查询将占相当大的比重。因为即使是同一个对象若用不同的媒体进行表示，对计算机来说也肯定是不同的；若用统一一种媒体表示，如果有误差，在计算机看来也是不同的。与之相类似的还有诸如纹理、颜色和形状等本身就不易于精确描述的概念，如果在对图像、视频进行查询时用到它们，很显然是一种模糊的、非精确的匹配方式。对其他媒体来说也是一样。媒体的复合、分散、时序性质及其形象化的特点，注定要使数据库不再是只通过字符进行查询，而应是通过媒体的语义进行查询。然而，我们却很难了解并正确处理许多媒体的语义信息。这些基于内容的语义在有些媒体中是易于确定的（如字符、数值等），但对另一些媒体却不易确定，甚至会因为应用的不同和观察者的不同而不同。

(4) 用户接口的支持。多媒体数据库的用户接口肯定不能用一个表格来描述，对于媒体的公共性质和每一种媒体的特殊性质，都要在用户的接口上、在查询的过程中加以体现。例如对媒体内容的描述、对空间的描述以及对时间的描述。多媒体要求开发浏览、查找和表现多媒体数据库内容的新方法，使得用户可以很方便地描述他的查询需求，并得到相应的数据。在很多情况下，面对多媒体的数据，用户有时甚至不知道自己要查找的是什么，不知道如何描述自己的查询。所以，多媒体数据库对用户的接口要求不仅仅是接收用户的描述，而是要协助用户描述出他的想法，找到他所要的内容，并在用户接口上表现出来。多媒体数据库的查询结果将不仅仅是传统的表格,而将是丰富的多媒体信息的表现,甚至是由计算机组合出来的结果“故事”。

(5) 多媒体信息的分布给多媒体数据库体系带来了巨大的影响。这里所说的分布,主要是指以 WWW 全球网络为基础的分布。Internet 的迅速发展,网络上的资源日益丰富,传统的那种固定模式的数据库形式已经显得力不从心。多媒体数据库系统将来肯定要考虑如何从 WWW 网络信息空间中寻找信息,查询所要的数据。

(6) 传统的事务一般都是短小精悍,在多媒体数据库管理系统中也应尽可能采用短事务。但有些场合,短事务不能满足需要,如从动态视频库中提取并播放一部数字化影片,往往需要长达几个小时的时间,作为良好的 DBMS 应保证播放过程不致中断,因此不得不增加处理长事务的能力。

(7) 服务质量的要求。许多应用对多媒体数据的传输、表现和存储的质量要求是不一样的,系统所能提供的资源也要根据系统运行的情况进行控制。对每一类多媒体数据都必须考虑这些问题:如何按所要求的形式及时地、逼真地表现数据?当系统不能满足全部的服务要求时,如何合理地降低服务质量?能否插入和预测一些数据?能否拒绝新的服务请求或撤销旧的请求?

(8) 多媒体数据管理还要考虑版本控制的问题。在具体的应用中,往往涉及对某个处理对象(如一个 CAD 设计或一份多媒体文献)的不同版本的记录和处理。版本包括两种概念,一是历史版本,同一个处理对象在不同的时间有不同的内容,如 CAD 设计图样,有草图和正式图之分;二是选择版本,同一处理对象有不同的表述或处理,一份合同文献便可以包含英文和中文两种版本。需解决多版本的标识和存储、更新和查询,尽可能减少多版本所占存储空间,而且控制版本访问权限。现有通用型 DBMS 大都没有提供这种功能,而由应用程序编制版本控制程序,显然是不合适的。

由此可见,多媒体对数据库的影响涉及数据库的用户接口、数据模型、体系结构、数据操纵以及应用等许多方面。自 1983 年提出多媒体数据库概念以来,已陆陆续续提出了一些方法,后面将做简单介绍。

8.1.3 多媒体数据与数据库管理

前面已经详细地叙述了各种媒体信息与数据的类型和表示。在数据库中,一般常用的多媒体数据有字符、数值、文本、图像、图形一类的静态数据,也有像声音、视频、动画等基于时间的媒体类型。

1. 字符数值

字符数值类型数据记录的是事物非常简单的属性(如性别)、数值属性(如人数),或是高度抽象的属性(如事物所属类别),这种数据具有简单、规范的特点,因而易于管理。传统数据库主要是针对这种数据的,在多媒体数据库中仍然需要管理大量的这一类数据。

2. 文本数据

文本是最常见的媒体形式,各种书籍、文献、档案等无不是由文本媒体数据为主构成的。在计算机内,文本数据是由一个具有特定意义的字符串表示。字符串长短不一,给数据的存储和再现带来不便。自然语言理解技术的不成熟也使查询文本数据的难度加大。因此，许多通用型数据库系统根本就没有管理和使用文本媒体的有效手段。检索文本数据主要采用关键字检索和全文检索两种方法。关键字检索是在存储文本的同时，自动或手工生成能反映该文本数据主题的关键字的集合，并将其存储在数据库中。检索时通过某些关键字的匹配找到所需的文本数据。全文检索方法可以根据文本数据中的任何单词或词组检索，检索时进行全文扫描。此外，大多数的实用系统使用文件直接存储文本数据，或把数据规范成标准长度的字符串。在普通数据库中并不具备很强的文本数据管理能力。

3. 声音数据

音乐数据在计算机里是由符号表示的，因而数据量很小，对它的存储、查询可以当作文本处理。但计算机目前还无法模拟不同人的口音，以及人们讲话时的抑扬顿挫的语气。因而语音数据还是以数字化的波形数据为主，这样存储空间就比较大。语音识别技术还未达到可以广泛应用的程度，这对语音数据的直接检索带来不利。目前，对语音数据的检索主要有两种方法，第一种方法是给语音数据人工附加属性描述或文本描述，例如可以给录音数据附加上讲话人姓名、讲话日期、讲话题目甚至主要内容。之后，便可借用字符数据和文本数据的检索方法检索语音数据。第二种方法是浏览，把语音逐一播放出来，边听边判断所需查找的语音数据，这种方法最大的缺点是速度太慢。在具体应用中，一般是与第一种方法配合使用，由第一种方法缩小范围之后再进行浏览。

4. 图形数据

图形数据的数据库管理已有一些成功的应用范例，例如地理信息系统、工业图样管理系统、建筑 CAD 数据库等。图形数据可以分解为点、线、弧等基本图形元素，描述图形数据的关键是要有可以描述层次结构的数据模型。对图形数据来说，最大的问题就是如何对数据进行表示，这又与应用密切相关。对图形数据的检索也是如此，一般来说，由于图形符号是用特定的数据结构表示的，更接近计算机的形式，还是易于管理的。但管理方法和检索使用需要有明确的应用背景。

5. 图像数据

图像数据是指位图式图像。图像数据在应用中出现的频率很高，也很有实用价值。图像数据库较早就有研究，已提出许多方法，包括属性描述法、特征提取、分割、纹理识别、颜色检索等。特定于某一类应用的图像检索系统已取得成功的经验，如指纹数据库、头像数据库等，但在多媒体数据库中将更强调对通用图像数据的管理和查询。

6. 视频数据

动态视频要复杂得多，在管理上也存在新的问题。特别是由于引入了时间属性，对视频的管理还要在时间空间上进行。检索和查询的内容可以包括镜头、场景、内容等许多方面，这在传统数据库中是从来没有过的。对于基于时间的媒体来说，为了真实地再现就必须做到实时，而且需要考虑视频和动画与其他媒体的合成和同步。例如，给一段视频加上一段字幕，字幕必须在适当的时候叠加到视频的适当位置上。再如给段视频配音，声音与图像必须配合得恰到好处。合成和同步不仅是多媒体数据管理的问题,它还涉及通信、媒体表现、数据压缩等诸多方面。

8.2 多媒体数据库体系结构

目前尚没有标准的多媒体数据库体系结构。现在大多数多媒体数据库系统还局限在专门的应用(如图像数据库、文本数据库等)上,只对那些专门的应用结构进行了设计。在这里仅介绍一般的多媒体数据库结构形式,在后面的章节中结合具体的应用再讨论特殊的多媒体数据库的体系结构。

8.2.1 多媒体数据库的一般结构形式

1. 联邦型结构

针对各种媒体单独建立数据库,每一种媒体的数据库都有自己独立的数据库管理系统。虽然它们是相互独立的,但可以通过相互通信来进行协调和执行相应的操作。用户既可以对单一的媒体数据库进行访问,也可以对多个媒体数据库进行访问以达到对多媒体数据进行存取的目的。这种多媒体数据库系统的体系结构示意图如图 8-2 所示。在这种数据库体系结构中,对多媒体数据的管理是分开进行的,可以利用现有的研究成果直接进行组装,每一种媒体数据库的设计也不必考虑与其他媒体的匹配和协调。但是,由于这种多媒体数据库对多媒体的联合操作实际上是交给用户去完成的,给用户带来灵活性的同时,也为用户增加了负担。该体系结构对多种媒体的联合操作、合成处理和概念查询等都比较难以实现。如果各种媒体数据库设计时没有按照标准化的原则进行,它们之间的通信和使用都会产生问题。

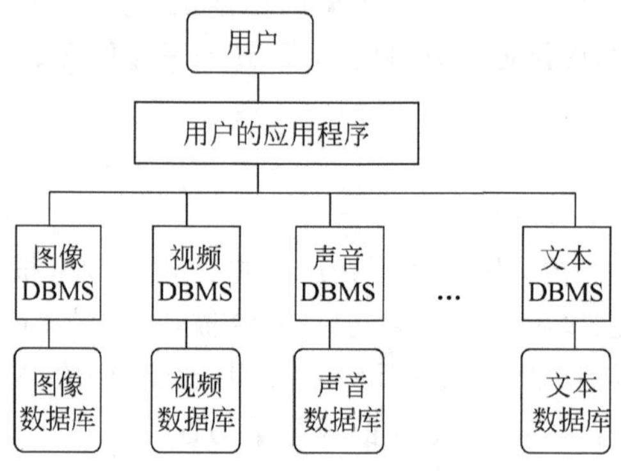

图 8-2 联邦型多媒体数据库结构

2. 集中统一型结构

只存在一个单一的多媒体数据库和单一的多媒体数据库管理系统。各种媒体被统一地建模,对各种媒体的管理与操纵被集中到一个数据库管理系统之中,各种用户的需求被统一到一个多媒体用户接口上,多媒体的查询检索结果可以统一地表现。由于这种多媒体管理系统是统一设计和研制的，所以在理论上能够充分地做到对多媒体数据进行有效地管理和使用。但实际上这种多媒体数据库系统是很难实现的。目前还没有一个比较恰当而且效率很高的方法来管理所有的多媒体数据。虽然面向对象的方法为建立这样的系统带来一线曙光，但要真正做到还有相当长的距离。如果把问题再放大到计算机网络上，这个问题就会更加复杂。结构示意图如图 8-3 所示。

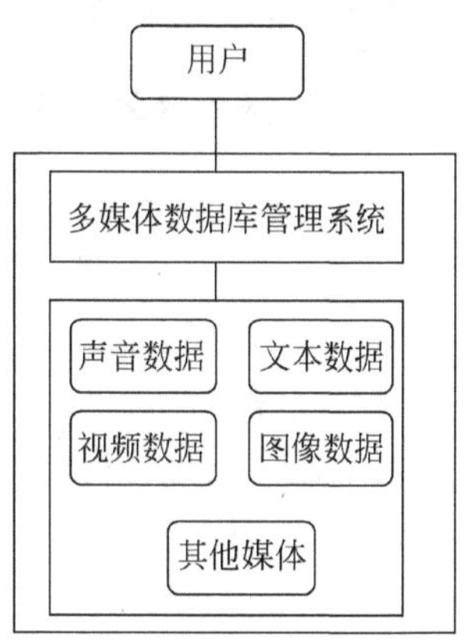

图 8-3　集中统一型多媒体数据结构

3. 客户/服务器体系结构

减少集中统一型多媒体数据库系统复杂性的一个很有效的办法是采用客户/服务器结构。各种多媒体数据仍然相对独立，系统将每一种媒体的管理与操纵各用一个服务器来实现，所有服务器的综合和操纵也用一个服务器完成，与用户的接口采用客户进程实现。客户与服务器之间通过特定的中间系统连接。使用这种类型的体系结构，设计者可以针对不同的需求采用不同的服务器、客户进程组合，所以很容易符合应用的需要，对每一种媒体也可以采用与这种媒体相适合的处理方法。同时，这种体系结构也很容易扩展到网络环境下工作。但采用这种体系结构必须要对服务器和客户进行仔细的规划和统一的考虑，采用标准化的和开放的接口界面，否则也会遇到与联邦型相近的问题。该体系结构的示意图如图 8-4 所示。

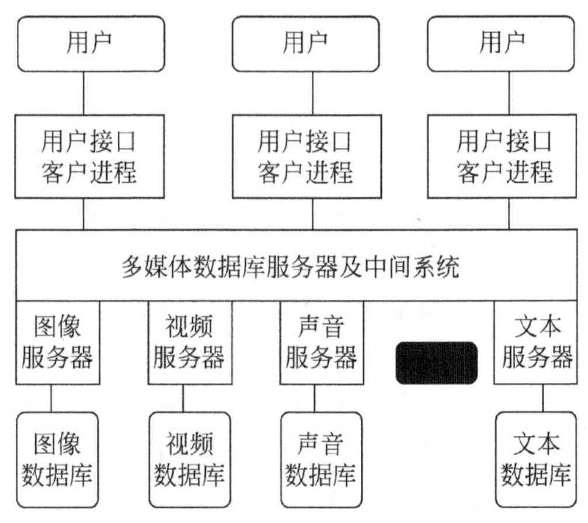

图 8-4　客户/服务器体系的多媒体数据库

4. 超媒体型结构

这种多媒体数据库体系结构强调对数据时空索引的组织，在它看来，世界上所有的计算机中的信息和其他系统中的信息都应该连接一体，而且信息也要能够随意扩展和访问。因此，也就没有必要建立一个统一的多媒体数据库系统，而是把数据库分散到网络上，把它看成一个信息空间，只要设计好访问工具就能够访问和使用这些信息。另外，在多媒体的数据模型上，要通过超链建立起各种数据的时空关系，使得访问的不仅仅是抽象的数据形式，而且还可以去访问形象化的、真实的或虚拟的空间和时间。目前的 WWW 已经使我们看到了这种数据库的雏形。

8.2.2 多媒体数据库的层次结构

1. 传统数据库的层次

传统的数据库系统分为3个层次,按ANSI的定义分别为物理模式、概念模式和外部模式,如图8-5所示。传统的数据库采用这种层次结构是因它所管理的数据而决定的。在这种数据库中,数据主要是抽象化的字符和数值,管理和操纵的技术也是简单的比较、排序、查找和增删改等操作,处理起来容易,也比较好管理。由于数据种类单一,数据模型比较简单,对数据的处理也可以相对采取统一的方法,用户除了表格之外没有更复杂的数据表现工作。因此,如果要引入多媒体的数据,这种系统分层肯定不能满足要求,就必须寻找恰当的结构分层形式。

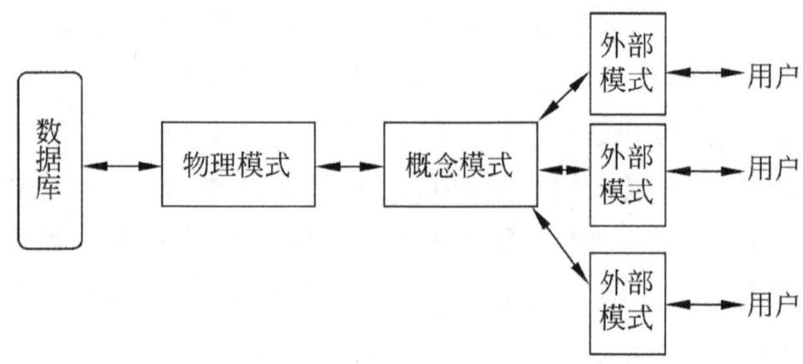

图8-5 传统数据库的三层模式

2. 多媒体数据库的层次划分

已经有许多人提出过多媒体数据库的层次划分,包括对传统数据库的扩展、对面向对象数据库的扩展、超媒体层次扩展等。虽然各有不同但总的思路很相近,大部分是从最低层增加对多媒体数据的控制与支持,在最高层支持多媒体的综合表现和用户的查询描述,在中间增加对多媒体数据的关联和超链的处理。在这里,综合各种多媒体数据库的层次结构的合理成分,我们提出一种多媒体数据库层次划分的概念结构图,如图8-6所示。

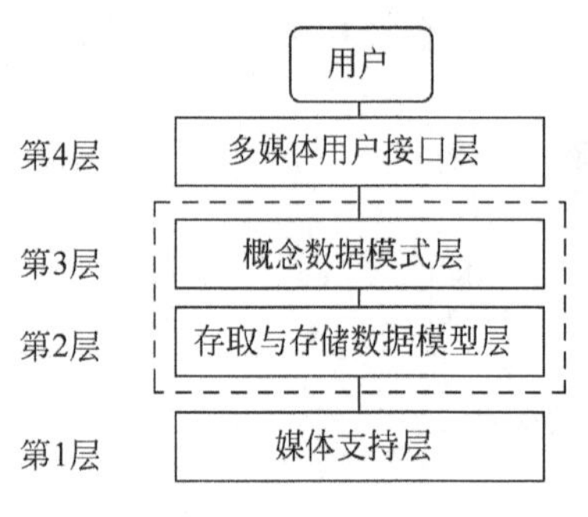

图8-6 多媒体数据库层次示意

在图8-6中,最低层也就是第一层,称为媒体支持层,建立在多媒体操作系统之上。针对各种媒体的特殊性质,在该层中要对媒体进行相应的分割、识别、变换等操作,并确定物理存储的位置和方法,以实现对各种媒体的最基本数据的管理和操纵。由于媒体的性质差别很大,对于媒体的支持一般都分别对待,在操作系统的辅助下对不同的媒体实施不同的处理,完成数据库的基本操作。第二层称为存取与存储数据模型层,完成多媒体数据的逻辑存储与存取。在该层中,各种媒体数据的逻辑位置安排、相互的内容关联、特征与数据的关系以及超链的建立等都需要通过合适的存取与存储数据模型进行描述。第三层称为概念数据模型层,是对现实世界用多媒体数据信息进行的描述,也是多媒体数据库中在全局概念下的一个整体视图。在该层中,通过概念数据模型将为上层的用户接口、下层的多媒体数据存储和存取建立起一个在逻辑上统一的通道。第三和第二层也可以统称为数据模型层。第四层称为多媒体用户接口层,完成用户对多媒体信息的查询描述和得到多媒体信息的查询结果。很显然,这层在传统数据库中是非常简单的,但在多媒体数据库中这层成了最重要的环节之一。首先,用户要能够把他的思想通过恰当的方法描述出来,并能使多媒体系统所接受,这在多媒体数据库系统中本身就是一个十分困难的问题,不是用某一种类似于 SQL 之类的语言所能描述的。其次,查询和检索到的结果需要按用户的需求进行多媒体化的表现,以构造出"叙事"效果,这也是表格一类所不能做到的。

上面的多媒体数据库的层次划分显然是非常概念化的,也是很初步的。多媒体数据库的结构应该能够包含像图像数据库、视频数据库、全文数据库等一系列的专业数据库类型,并能统一地管理和使用,但目前离这一目标还很远。

8.3 多媒体数据模型

数据模型由 3 种基本要素组成:数据对象类型的集合、操作的集合、通用完整性规则的集合。数据对象类型的集合描述了数据库的构造,如关系数据库的关系和域;操作的集合给出了对数据库的运算体系,如关系数据库中的对关系的查询、修改、定义视图和权限等;通用完整性规则给出了一般性的语义约束。多媒体数据库的数据模型是很复杂的,不同的媒体有不同的要求,不同的结构有不同的建模方法。现有的图像数据库、全文数据库等建模方法都是以专有媒体的特性为基本出发点,超媒体数据库等又与其具体的信息结构有关,这里仅介绍部分的数据模型,相当于多媒体数据库系统层次结构的第二和第三层。

8.3.1 NF^2 数据模型

在传统的关系数据库基本关系理论中,所有的关系数据库中的关系必须满足最低的要求,这个要求就是第一范式,简称 1NF。这个要求通俗地说就是在表中不能有表。但由于多媒体数据库中具有各种各样的媒体数据,这些媒体数据又要统一地在关系表中加以表现和处理,就不能不打破关系数据库中关于范式的要求,要允许在表中可以有表,这就是所谓的 NF^2(Non First Normal Form)方法。

NF^2 数据模型是在关系模型的基础上通过更一般的扩展来提高关系数据库处理多媒体数据的能力。主要手段是在关系数据库中引入抽象数据类型,使得用户能够定义和表示多媒体信息对象。数据类型定义所必需的数据表示和操作,可以用关系数据库语言也可以用通用的程序语言来记述。简单地说,这种数据模型还是建立在关系数据库的基础之上的,这样就可以继承关系数据库的许多成果和方法,比较易于实现。现有许多关系数据库都是通过对关系属性字段进行说明和扩展。并且在处理这些特殊的字段时自动地与相应的处理过程相联系,就解决了一部分多媒体数据扩展的需求。例如,给人员档案增加人员的照片、声音,就要在关系的相应地方增加描述这些照片的属性,在处理时给出显示这些照片的方法和位置。对大多数关系数据库来说,现在采用的方法都是利用标准的扩展字段,如 FoxPro 的 General 字段,Paradox for Windows 的动态注释、格式注释、图形和大二进制对象(BLOB)

等,对它们的处理也都是采用应用程序处理、专门的新技术(如 OLE)等方法。由于这些字段和注释中所描述的数据可以具有一定的格式,可以进行专门的解释,所以就打破了 1NF 的限制,但解决了多媒体数据的表示和处理的问题,如图 8-7 所示。

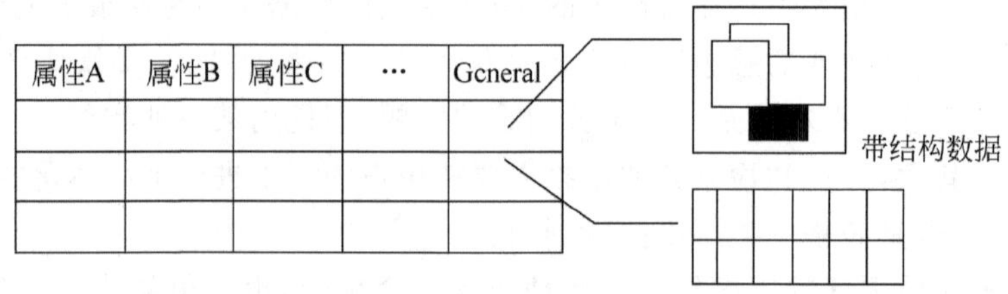

图 8-7 对关系进行拓展 NF^2

虽然这种方法可以利用关系数据库特有的优势,继承许多市场上的成果,但它的缺点也是十分明显的,具有很大的局限性。主要是建模能力不够强,虽然 NF^2 数据模型相对于传统的关系数据模型具有描述更复杂信息结构的能力,但在定义抽象数据类型、反映多媒体数据各成分间的空间关系,时间关系和媒体对象的处理方法方面仍有困难。在特殊媒体的基于内容查询方面、存储效率方面等都有很大的困难。这与它的数据模型的特性是密切相关的。

8.3.2 面向对象数据模型

随着近年来面向对象技术的兴起,面向对象方法在数据库领域也日益显示出其强大的生命力,其中主要的原因在于对象模型能够更好地描述复杂的对象,更好地维护复杂的对象语义信息。由于多媒体数据的特殊性,面向对象数据库的这种机制正好满足了多媒体数据库在建模方面的要求。顺便提一句,面向对象数据库并不等于多媒体数据库,它们在很多方面研究的侧重点是不同的。

1. 对象、属性、方法、消息

(1) 对象。在面向对象的系统中,现实世界所有概念实体被模型化为对象。对象由实体所包含的数据和定义在这些数据上的操作组成。

(2) 属性。组成对象的数据称为对象的属性。对象的属性可以是系统或用户定义的数据类型,也可以是一个抽象数据类型。即组成对象的某个属性本身可能仍是一个对象,具有自己的属性和定义在属性上的操作。属性的这种本身仍可以是对象的性质,可以方便地用来描述不同对象间的“聚合”联系,或称为“part-of”的层次结构联系。

(3) 方法。定义在对象属性上的一组操作称为对象的方法。方法体现了对象的行为能力,它与属性一样是对象的组成部分。在对象这个抽象层次上,用户只需了解对象的外部特征,即对象具备哪些处理能力,而不需了解其内部构成,包括数据和处理能力的实现方法。

(4) 消息。在面向对象的系统中,对象间的通信和请求对象完成某种处理工作是通过消息传送实现的。消息传送相当于一个间接的过程调用。对象对它能接收的每一个消息有一个相应的方法解释消息的内容,执行消息指示的处理操作。一个对象可以同时向多个对象发送消息,也可以接收多个对象发送的消息。由于消息内容由接收消息的对象解释,同样的消息可能被不同的对象解释为不同的含义。

2. 对象类、类层次和继承性

如果系统中每个对象拥有自己的属性名和方法，将会出现许多冗余的信息，因此在面向对象系统中，将类似的对象组合在一起，形成一个对象类。属于同一类的对象具有相同的属性名和定义在这些属性上的方法。它们也响应同样的消息。有了对象类的概念就可以一次定义系统中同类所有对象的属性和方法。

系统中的对象除了具有前面所述的聚合关系外，还有一种概括关系。如果用节点表示对象类，用连接两节点的边表示两个对象类的概括关系，则具有概括关系的对象类形成一个层次结构，称为类层次。其中高层节点是对低层节点的概括，称为低层节点的超类；低层节点是对其高层节点的特殊化，称为高层节点的子类。

子类不仅可以继承其超类对象的部分或全部属性和方法，还可以拥有自己的属性和方法。在许多面向对象的系统中，虽然形式上规定一个子类仅可以继承它的直接超类的属性和方法，但因超类仍可以具有超类和相应的继承性，一个子类实际上可以继承它的超类链上所有对象类的方法和属性。类的层次和继承性描述了对象间“概括”联系，或称为“is_a”联系，减少了系统中的冗余信息和由此引起的更新异常。

现有的许多面向对象系统都允许一个子类具有多个超类，即将类层次由树结构推广为格。由于类格中每个子类可继承所有超类的属性和方法，称此时的子类具有多继承性。例如，“飞机”是机动运输工具和空中运输工具的子类，可以同时继承这两个超类的所有属性和方法。又因机动运输工具是运输工具的子类，它可以进一步继承运输工具的所有属性和方法。

3. 语义关联的描述

在多媒体数据模型中，常用的语义关联主要有以下一些，但它们并不是标准的。在不同的系统中，可能会有不同的定义。

(1) 集义联(Aggregation Association，A 关联)。定义一个实体类的一组属性，这组属性的域既可以是实体类也可以是域类。

(2) 概括关联(Generalization Association，G 关联)。表示实体之间的子类与超类的继承性关系。当一个子类又同时是另一类的超类时，就形成了 G 关联层次结构。当允许有一个或一个以上的超类时，就形成了 G 类关联网格结构。

(3) 相互作用关联(Interaction Association，I 关联)。类似于 E-R 模型中的实体间的 relation 关系，用来表示两个实体类之间的相互作用或关系。I 关联定义的类之间的关系可以是一对一、一对多或多对多的关系。I 关联可以由用户命名，也可以带有属性、操作与约束规则。

(4) 示例关联(Instance Association)。用 IS_INST_OF 表示一个具体对象与所述实体之间的关系，用来对具体对象建模。

(5) has_method 和 has_rule 关联。为表示一个实体类(包括广义实体类)具有数据类型为 METHOD 或 RULE 的属性而引入的比较特殊的聚集关联。

图 8-8 是一个建模的实例示意。

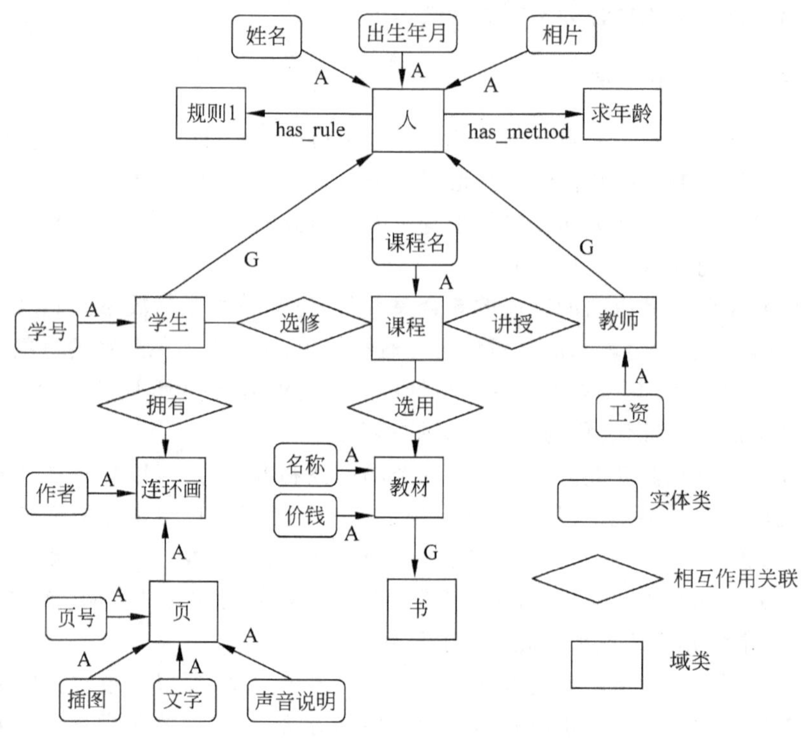

图 8-8 建模实例

4. 运算体系

在数据库系统中运算基本上有 3 种：定义，查询和操纵。对多媒体数据库而言，应对类和对象分别定义这 3 种运算。定义包括类的创建和对象的创建两部分。类的创建需提供 5 个方面的信息：类标识、一组相关属性(包括实例属性和类属性)、一组操作程序、一组语义完整的约束条件和可以继承的超类集合。对象创建时，对象内容与对象所属类的属性必须匹配并符合类定义的约束条件。

查询是使用数据库的基本方法，包括通过类名查询类结构，通过对象名或对象标识查询对象或对象的属性值，通过类名查询该类中满足某些约束条件的对象或对象的属性，以及对对象操作的查询等。在多媒体数据库中，查询还应包括基于内容或概念的检索等。

操纵运算包括插入、删除和修改，其中每种都有类和对象两个操纵对象。类的修改包括对类描述中属性集合、操作集合、约束条件集合、超类集合中元素的更新以及整个类的删除等。类内属性的增加需将类内的所有对象增加此属性域并设其值为空或某默认值；类内的属性删除需将类内所有对象的对应属性域删除，类内属性的修改需看具体情况再对其对象做相应的改变。所有属性的更新都将影响到其所有的子类。类内约束条件的更新需使涉及的所有对象满足新的约束条件。类内定义的超类集合中元素的更新及类本身的删除是比较复杂的。超类中元素的更新需做两点操作：检查类层次结构不出现环路或断路，以及类层次中属性、操作和约束条件的继承性的检查、更新和相应对象的改变。对象的修改必须满足其所属类的约束条件，对象的删除也将引起其所有属性的删除，而当属性是一个对象时，这个对象也同样被删除。

5. 面向对象多媒体数据模型的特点

(1) 聚集层次。多媒体信息往往是多种媒体所提供信息的组合，聚集抽象机制实现了不同媒体信息的有机组合，利用这种机制可以很方便地得到复杂对象的层次结构以及同一级上各子对象间的顺序关系，这一点对多媒体数据的存储是很有意义的。

(2) 关系建模设施。除了聚集层次反映的多媒体数据之间的层次关系外，多媒体数据还具有更复杂的交叉关系，多媒体数据模型应能提供相应的建模设施。

(3) 方法管理。对多媒体数据的存取需要通过具体媒体技术来加以解决，例如对图像的分割、识别、压缩等。

(4) 多种属性的支持和语义信息的维护。这一点实际上是要求多媒体数据库系统支持抽象数据类型。保持多媒体数据语义信息的一种良好的方式就是构造包含语义信息的类属性及操作方法的结构。

(5) 支持特性传播。多媒体应用不仅需要在聚集层次上子类能够自动继承超类的内容，同时也需要聚集层次上各节点的某些属性能够沿着层次结构自动向下传播。

(6) 支持模式的演进。能够动态地修改层次各节点的模式，支持模式演进。这一点在工程中尤为突出，在一张复杂的装配图上更换一个小小的零件，所要做的只是在零件这个属性上做出简单的修改。

(7) 版本管理。能够对每一次的操作都有所反映，版本的创建和控制以及版本变化的通知是十分重要的。

(8) 并发控制和数据恢复。支持多个用户对同一数据的访问。

(9) 数据共享。具有更加灵活的读写机制。

(10) 快速存储和灵活交付。应该对多媒体数据的物理表示和逻辑表示进行有效的映射管理，拥有高效的存储管理于系统，保证媒体数据流的灵活交付。

用面向对象的方法对多媒体数据库进行建模，对多媒体数据的管理具有显而易见的好处。封装允许多媒体类型通过一个公共的界面进行访问和操纵，因此即使系统发生演变，媒体的操纵仍能保持一致；继承能够有效地减少媒体数据的冗余存储，同时它也是聚集分层和特性传播的基本方法；对象类与实例的概念有效地维护了多媒体数据的语义信息，也为聚集抽象提供了一种可行的方案：复合对象根据复合引用的语义，对象间的引用只是被引用对象的标志符放在引用对象的属性中，从而实现共享引用、依赖引用和独立引用，为多媒体数据的关系表示提供了一种很好的机制。

8.3.3 其他数据模型

以下介绍的数据模型严格地说，不是完整的，是通用的数据库的数据模型，但它们的出现确实又使数据库的数据模型受到很大的影响。

1. 超媒体数据模型

超媒体模型的基本结构是网状的，是由节点和链组成的有向图，在这点上有点像传统数据库中的网状数据模型，但又截然不同。节点和链是超媒体模型中的两个核心概念。节点是信息单位(信息元)，链用来组织信息，表达信息间的关系，把节点连成网状结构。由于超媒体节点和链的形式可以比较容易地推广到多媒体的形式，可以基于包括不同媒体的节点，链也可用来表示媒体间的时空关系，所以超媒体模型自然成了一种很普遍的多媒体数据模型。

超媒体数据模型一般来说是比数据库数据模型还要高一个层次，它承担着建立超媒体超链联系的任务。在多媒体数据库中使用超媒体数据模型是为了建立多媒体数据之间的联系，包括时间、空间、位置、内容的关联，支持信息节点网的开放性，支持对信息结构的建模，支持浏览和搜索等新的操作。

2. 文献模型

文献模型的基本结构是层次状的，其主结构是树形的。这种结构符合一般的文献或文章的组织。如一篇技术性论文由标题、作者、摘要和若干章节构成，而每一节又由节的标题和若干段落构成等。这种组织可以很方便地用树形的图表表示。对于一棵树来说，总有中间节点和叶节点，定义不同叶节点的媒体属性，就可以使一组叶节点的双亲节点是一个多媒体化的中间节点。对树的每一层各个节点不同的布局安排，亦即对应同一逻辑结构的文献/文章，可以定义多种不同的布局结构，使之呈现不同的表现形式。

严格地说，文献不是一种数据库，它更像一个实际的应用，例如一本书、一篇文章等。在这里不再介绍。

3. 专有媒体数据模型

像图像数据库、视频数据库、全文数据库等针对特定领域的数据库，往往根据自己的需要建立符合自己特性的体系结构和数据模型，以完成特定的任务。例如，图像数据库建立的五级模式和四级映射的体系结构(见图 8-9)，就是根据图像媒体的特点决定的。它的数据模型根据应用的不同，采用的数据模型有扩展关系数据模型、面向对象数据模型，以及广义图数据模型等。其他的专有媒体数据库也是如此。

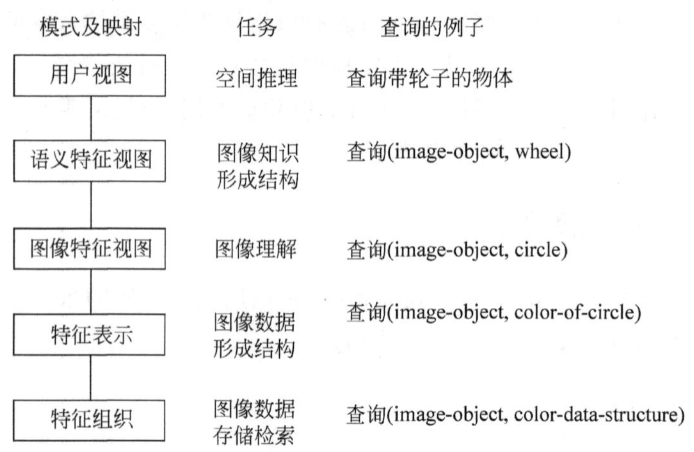

图 8-9 图像数据库的五级模式四级映射

8.4　基于内容检索系统的结构和方法

8.4.1　多媒体与媒体语义

各种多媒体数据中含有大量信息，但有人时常错误地把数据当成信息。信息来源于数据，但信息需要从数据中提取出来。数据可以有多种形式或类型，这些形式取决于其来源，例如图像、视频、声音成其他媒体类型。信息与任务有关，它需要根据特定的上下文并利用知识才能推导解释出来。"一幅画胜过千言万语"，这句话对所有的数据类型都是正确的，它说明了信息表示方法的重要性。但从另一个角度来看，这也说明同样的数据可以提供不同的信息，有时甚至是相互矛盾的信息，这完全取决于使用者的知识和解释，以及对上下文的了解，所谓的"信息爆炸"，实际上只是数据的过载而非信息的过载。

信息的抽象在理解上扮演了一个非常重要的角色。早期的应用中，这个抽象的过程都是由人自己将所获取的数据转换成为某种符号形式，但在其中也已损耗了相当多的信息。抽象过程的复杂程度与任务有关，会有多种不同层次的抽象。一般来说，最接近信息原始状态的数据抽象程度越低，而符号化后的数据抽象程度就越高，数据量也随着抽象程度的增加而逐步减少。抽象的过程实际上就是引入语义的过程，也与任务或领域密切相关。如果计算机只是一个通信的通道，它就可以少管甚至不管数据的任何语义，理解语义的任务直接交给用户。但如果要把两种媒体的信息相互比较或者把它们放在一块，就必须理解这不同媒体的信息，而不管其媒体是什么。

目前大多数多媒体的应用还很少使用到不同媒体间的语义信息，相当多的人把多媒体只看作一种界面工具，而并没有在各种媒体的内容上建立起联系，并且依据这些联系组织、处理和使用这些信息。从另外一个方面来看，多媒体的语义复杂性也是带来其语义瓶颈的重要原因。因此，必须要有相应的方法和工具，对多媒体的数据按不同的形式和来源获取、增加与任务相关的语义，以方便对多媒体信息内容的检索。这对多媒体信息系统来说应该是基本的要求。如何使系统直接从各种媒体中获取信息线索，并将这些线索用于数据库中的检索操作，帮助用户从数据库中检索出合适的多媒体信息对象，这就是基于内容检索(Content Based Retrieval)的主要研究内容，这也是多媒体数据库用户接口的基本内容。

所谓基于内容检索，就是从媒体数据中提取出特定的信息线索，然后根据这些线索从大量存储在数据库中的媒体中进行查找，检索出具有相似特征的媒体数据。对多媒体数据来说，每一种媒体数据都具有难以用符号化方法描述的信息线索。例如，图像中某对象的形状、颜色，视频中的对象运动、镜头的切换、声音的音调、含义等。虽然人能够理解这些媒体的含义，但要利用这些语义线索对多媒体数据库进行检索，就不得不在建立数据库时就事先输入并与媒体数据一起存储对应的字符信息，对这些媒体的语义进行描述；检索时，由人把这些语义再转换为相应的字符，根据字符的匹配寻找相应的媒体信息。很显然，这个转换过程妨碍了有效的交互，被称为"转换障碍"，很难满足用户的各种各样的需求。对设计者来说，给多媒体数据赋予能够表示全部语义特征的关键词也非常困难，这与个人的经验、知识和对媒体信息的理解程度密切相关，而且也并不是所有对象的所有特征都能用字符描述出来的，基于内容检索就是要从媒体中直接地提取媒体的语义线索，根据这些语义线索进行检索。这就把检索过程与语义的提取直接地联系到了一起,使得检索过程更加有效和适应性更强。

8.4.2 基于内容检索系统的一般结构

基于内容检索技术一般用于多媒体数据库系统之中,例如指纹数据库系统、头像数据库系统或其他的应用系统。从基于内容检索的角度出发,系统由组织媒体输入的插入子系统,对媒体做特征提取的媒体处理子系统,储存插入时获得的特征和相应媒体数据的数据库,以及支持对该媒体的查询子系统等组成。同时需要相应的知识辅助支持特定领域的内容处理。多媒体数据库中基于内容检索系统的结构示意如图 8-10 和图 8-11 所示。

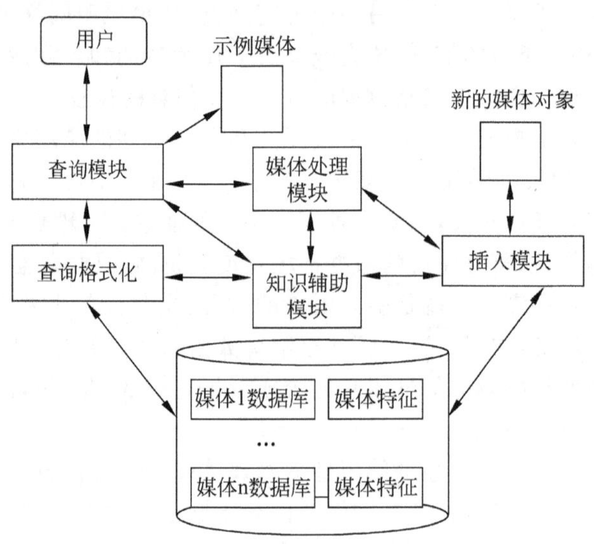

图 8-10 多媒体数据库中基于内容检索的结构示意图

1. 插入子系统

该子系统负责将媒体输入到系统之中,同时根据需要为用户提供一种工具,以全自动或半自动(即需用户部分干预)的方式对媒体进行分割,标识出需要的对象或内容关键点,以便有针对性地对目标进行特征提取。

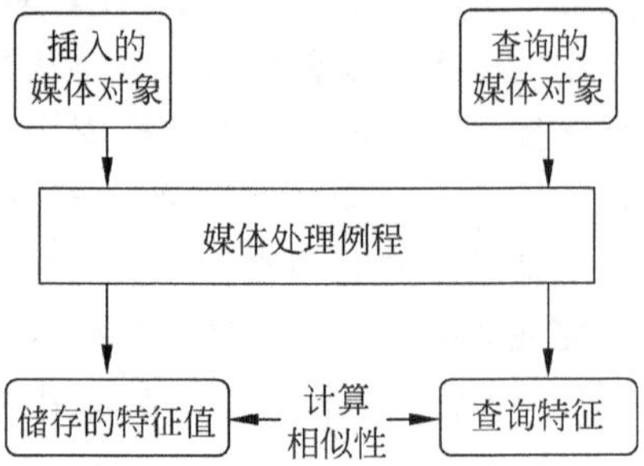

插入的媒体对象
查询的媒体对象
媒体处理例程
储存的特征值
计算相似性
查询特征

图 8-11 查询的方法示意图

2. 特征提取子系统

对用户或系统标明的媒体对象进行特征提取处理。特征提取可以由人完成,例如给出此描述特征的关键字;也可以通过对应的媒体处理例程完成,提取一些所关心的媒体特征。

提取的特征可以是全局性的,如整幅图像或视频镜头的颜色分布;也可以针对某个内部的对象,如图像中的子区域、视频中的运动对象等。在提取特征时,往往需要知识处理模块的辅助,由知识库提供有关的领域知识。

3. 数据库

媒体数据和插入时得到的特征数据分别存入媒体数据库和特征数据库。媒体库包含各种媒体数据，如图像、视频、音频、文本等。特征库包含这种媒体用户输入的特征和预处理自动提取的特征。数据库通过组织与媒体类型相匹配的索引来达到快速搜索的目的，从而可以应用到大规模多媒体数据检索过程中。

4. 查询子系统

主要以示例查询的方式向用户提供检索接口。检索允许针对全局对象，如整幅图像、视频镜头等，也允许针对其中的子对象以及任意组合形式来进行。检索返回的结果按相似程度进行排列，如有必要可以进一步地查询。检索主要是相似性检索，模仿人类的认知过程，可以从特征库中寻找匹配的特征，也可以临时计算对象的特征。对于不同的媒体数据类型，具有各自不同的相似性测度算法，检索系统中包括一个较为有效可靠的相似性测度函数集。

8.4.3 基于内容检索的过程和指标

1. 检索过程

基于内容检索是一个逐步求精的过程，如图 8-12 所示。

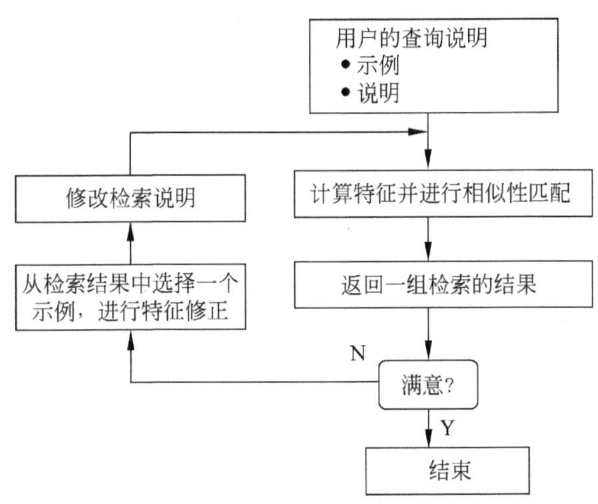

图 8-12　基于内容检索的过程

(1) 初始检索说明。用户开始检索时，要形成一个检索的格式。最初可以用 QBE 或特定的查询语言来形成。系统对示例的特征进行提取，或是把用户描述的特征映射为对应的查询参数。

(2) 相似性匹配。将特征与特征库中的特征按照一定的匹配算法进行匹配。满足相似性的一组候选结果按相似度大小排列返回给用户。

(3) 特征调整。用户对系统返回的一组满足初始特征的检索结果进行浏览。挑选出满意的结果，检索过程完成；或者从候选结果中选择一个最接近的示例，进行特征调整，然后形成一个新的查询。

(4) 重新检索。逐步缩小查询范围,重新开始。该过程直到用户放弃或得到满意的查询结果时为止。

2. 分割

分割(Segment)是指把媒体对象划分为几个有意义的子对象的过程。对于图像,分割指划分区域,例如对图像中的头像指明眼睛、鼻子和嘴的区域;对于声音,分割意味着把声音分段,例如指明某一个声道的某一段时间;对于视频或动画则包括划分域和分段两种含义。

分割有自动和人工两种方法。对于图像,可以采用图像处理中的许多现有算法实现自动分割。对于声音或视频,虽然已有一些研究人员提出了一些自动分割的方法,但还不很成熟,有待于进一步发展。即使对于图像,完全自动分割仍是相当困难的,特别是针对通用领域的图像,而自动分段化的结果往往也需要人工修正。

3. 主要指标

由于基于内容检索系统采用相似性匹配,检索到的对象往往存在一定的误差,这个误差常用查全率(Recall)和查准率(Precision)来表示。查全率是指数据库中所有的相关对象是否都查到了,查准率是指查到的对象是否都是准确的,均用百分比来表示。表 8-1 是一个按某些算法得到的查全率和查准率的结果示例。在表中,无论何种匹配算法应检索到的相似对象都为 22 个,“应检索到的对象”一般都与相似性匹配算法中的相似程度有关,如果相似性阈值低,“应检索到的对象”应该多一些。

表 8-1 检索结果的查全率,查准率示例

检索算法	检索到的	相关的	查全率/%	查准率/%
1	377	22	100	5.8
2	7	7	31.8	100
3	22	22	100	100

8.4.4 特征匹配

特征匹配是基于内容检索中最关键的部分。因为媒体的内容语义无法十分精确,所以要用相似性的匹配办法。在这里,我们用美国 Ramesh Jain 等人设计的视觉信息管理系统(VIMS)作为例子,来介绍特征相似性匹配的一般方法。注意,VIMS 系统中关于人脸面部图像识别检索系统是一个具有领域知识的系统。

1. 模糊值

“真和假”作为逻辑值可分别记为 1 与 0,它是对命题正确与否的一种度量。二值逻辑把真与假绝对化,只允许有 1 与 0 两个值,这对于许多概念是不够的。很多情况下,必须在 1 与 0 之间采用其他中介过渡状态的逻辑值来表示不同的程度。例如,用红绿蓝三色表示各种颜色,函数 $f(c)$=RGB(15,150,200)表示什么?是“带蓝色的绿”?“带绿色的蓝”?还是“一种蓝色”呢?用“是”或“不是”无法回答这一问题。看来用单一的数值描述 RGB(15,

150,200) 不是最佳方案,应该采用模糊集上的隶属函数来描述。

一般地,模糊集与隶属函数可以采用如下定义:所谓给定论域 U 上的一个模糊集 A 是指,对任何 $u \in U$,都指定一个数 $f_A(u) \in [0,1]$与之对应,$f_A(u)$便称为 u 对 A 的隶属度。这意味着做出了一个映射,即

$$f_A: U \to [0,1]$$
$$u \to f_A(u)$$

这个映射称为 A 的隶属函数,其中论域 U 是指被讨论对象的全体。

用隶属函数 f_A 描述特征的结果称为特征的模糊值。在上面的例子中若按如下表示 $f(x,\text{blue})=0.72$ 的含义是 x 等于"蓝色"的可能性是 72%,特征的模糊值作为特征值将存储在数据库中。

2. 特征值分类和计算

特征值 f_i 在 VIMS 中分属于 3 个特征集合 F_u、F_d、F_c。F_u 是由用户描述的特征值,在插入时指定,如年龄、性别等;F_d 是从图像数据中直接导出的特征,插入时由系统自动计算提取出来;F_c 是那些直到需要时才计算的特征值。图像数据库中需要存储图像及其相应的特征信息。F_u 以规范化形式存储,F_c 不需存储,F_d 需要将结果存储起来。例如,一幅图像中表示某一对象的一组点就不能直接存储在库中,而要对这些数据进行一定的计算,将计算结果保存在库中。考虑到查询的效率,用户应尽可能地使用 F_d 和 F_u,而避免使用 F_c。在组合查询时,可以先使用 F_d 和 F_u 缩小搜索空间,然后在缩小的空间内计算 F_c。

当用户开始查找一个面部对象时,最初可以说明一些特征值 F_u,这一部分特征值是由用户直接指定的,如性别、年龄、面部轮廓(宽、窄、中等)、头发长度(长、短等)、头发颜色(灰、白、黑、红等)等。用户说明的每一个原始特征值需通过一个全局统计手段映射成一个标准值,如图 8-13 所示的就是一个例子。对用户没有说明的特征,由系统参照用户说明的其他特征(如性别、身高等)自动赋给一个统计值。例如,如果用户没有说明"鼻子宽度"时可以令"鼻子宽度$=\mu_{鼻宽}$"。使用初始特征值处理查询,得到的查询结果是比较粗糙的,可能包含一大堆图像,从中挑选出目标图像仍相当困难,需做进一步处理。

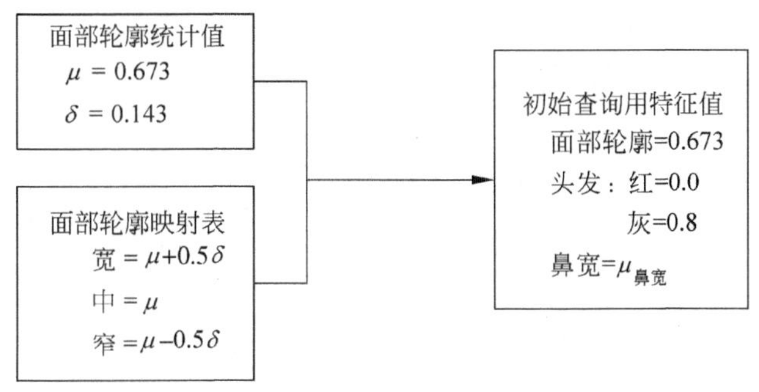

图 8-13 原始特征值到标准值的映射示例

3. 特征调整

初始的查询执行完毕,返回一组满足初始特征的图像。用户要么遍历这组图像挑选用

户所需图像,要么从中挑选一幅图像出来,针对该图像进行特征调整。例如,用户可说明被选图像中对象的头发与目标图像相比应把头发颜色调暗一些,眼睛也应宽些,嘴巴大些等。显然,这比让用户直接说明头发什么颜色、眼睛多大等要容易操作,也更可靠。下式为计算调整以后特征值:

$$f'_i = f_i + \Delta_u(i) \times \delta_i$$

其中,f_i 是特征 i 的当前值;f'_i是特征 i 的结果值;δ_i 是特征 i 的标准误差;$\Delta_u(i)$是由用户说明的改变(即“更窄”、“更宽”等术语)映射成特征的结果,$\Delta_u(i)$由下式计算:

$$\Delta_u(i) = k \times \delta_u / N^{1/2}$$

其中,k 是被检索到的图像数量;δ_u 是用户说明的变化的大小(用户说明的“更窄”、“更宽”等术语由系统依据一定的原则转换为数字);N 是数据库中含特征 f_i 的图像对象的个数。

假定 N 为 64,k 为 3,现有头发长度特征值 0.36,头发长度标准误差 0.182,用户描述要“再长一点”,则用上述公式计算“头发长度”的过程为

$$头发长 = 0.36 + \Delta_u(i) \times 0.182$$

其中,$\Delta_u(i)=3\times\delta_u/8=0.124$。$\delta_u$ 按短得多(−0.66)、短一点(−0.33)、长一点(0.33)、长得多(0.66)描述赋值。经过计算,对“头发再长一点”得到“头发长”为 0.38。

4. 相似特征偏差

为了检索与目标图像相似的图像集合,必须给出每个特征值可以偏差的程度,例如对鼻子大小这一特征,可以给它指定一个范围(例如 10 个像素点),即如果某图像与目标图像中的鼻子区域大或小 10 个像素点,都可认为该图像与目标图像相似。实际情况中,不同的特征值对偏差的容忍程度是不一样的,例如眼睛的特征比鼻子要重要一些,因而对偏差要求更严格。各个特征的重要程度保存在知识库中。

在面部识别中要用到下列一些参数:

(1) W_i。特征 f_i 的权重(重要程度),可以根据需要按统一尺度确定,如 0~10、0~1.0 均可。

(2) Seg_i。对 f_i 分段的可信程度。

(3) $\mathrm{Con}f_i$。对 f_i 的值的可信度。

(4) $\mathrm{delta}(i,F_1,F_2)$。计算两个面部图像 F_1 和 F_2 在特征上相差程度的函数,即

$$\mathrm{delta}(i,F_1,F_2) = \frac{[F_1(i) - F_2(i)]^2}{\delta_i}$$

例如,对于“头发长度”这个特征来说,F_1 为 0.35,F_2 为 0.58,标准偏差为 0.182,则两者的相差程度为

$$\mathrm{delta}(\mathrm{hairlength},F_1,F_2) = \frac{(0.35 - 0.58)^2}{0.182} = 0.226$$

5. 相似度及最终求值

所谓“相似度”是指相似性的度量结果。显然,相似度是用数值形式表示的,而不是用“很像”、“比较像”等一些描述性的词句。在这里,相似性的度量首先在各个节段上进行。例如分别度量两幅图像上人的眼睛、鼻子、嘴等的相似度。由于不同的节段对整个对象的影响

程度不一样，例如在面部识别的应用中，一般眼睛比鼻子更重要，因此需要对不同节段分配不同的权重，整个对象的相似度就将是对每个节段综合考虑的结果。例如对人头像的面部进行求值，求出每个特殊值差异结果，还必须综合，以确定候选的面部 F_c 与用户寻找的目标面部 F_u 之间的总体差异。根据各特征值偏差定义，W_i、Seg_i、Conf_i 越大，$\mathrm{delta}(i, F_c, F_u)$ 反映到整个面部的差异也应越大。因而有下列的公式描述面部偏差：

$$\mathrm{Diff}(F_c, F_u) = \sum_i W_i \times \mathrm{Seg}_i \times \mathrm{Con}f_i \times \mathrm{delta}(i, F_c, F_u)$$

显然 $\mathrm{Diff}(F_c, F_u) \geqslant 0$。

当将所有的 F_c 都与 F_u 进行比较后，会得到一组偏差值，例如，

$$\mathrm{Diff}(F_c, F_u) = \{9.66, 5.21, 11.08, 3.5, \cdots\}$$

此时，可将具有最小偏差值的图像（一个或几个）返回给用户，或是确认，或是继续进一步的查询。

8.5　图像内容分析及检索方法

8.5.1　基于颜色直方图检索

1. 颜色直方图原理及性质

假设一幅图像 G 的颜色（或灰度）由 N 级组成，每一种颜色值用 $q_i(i=1,2,\cdots,N)$ 表示。在整幅图像中，具有 q_i 颜色值的像素数为 h_i，则这一组像素统计值 $h_1, h_2, \cdots, h_N$ 就是该图像的颜色直方图，可用 $H(h_1, h_2, \cdots, h_N)$ 表示。如果用 $H(h_1, h_2, \cdots, h_N)$ 来描述一幅图像的颜色特征，则该直方图具有以下性质（见图 8-14）。

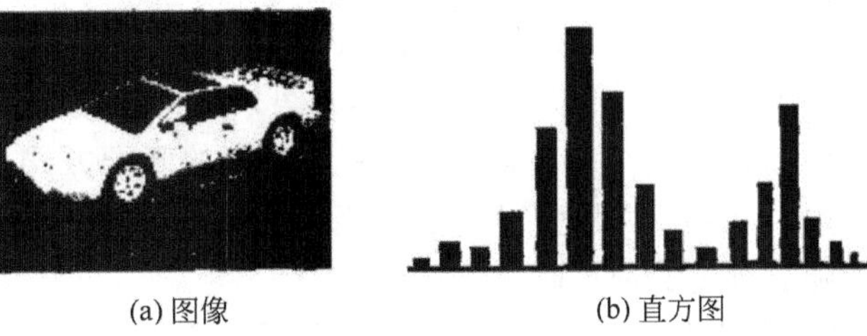

(a) 图像　　(b) 直方图

图 8-14　颜色直方图

（1）直方图中的值都是统计而来，描述了该图像关于颜色的数量特征，可以反映图像的部分内容。举例来说，如果是一幅“蓝色的海洋”的图像，“蓝色”将是像素的主要成分，在数量上将占很大的比例。

（2）直方图丢失了颜色的位置特征。因此，不同的图像可能具有相同的颜色分布，从而也就具有相同的颜色直方图。

（3）如果将图像划分为若干子区域，这所有子区域的直方图之和等于全图直方图。

（4）一般情况下，由于图像上的背景和前景物体颜色分布明显不同，从而在直方图上会出现双峰特性，但前景和背景颜色较为接近的图像不具备该性质。

2. 利用颜色直方图进行检索

对颜色直方图方法来说,采用 QBE 方法,示例可以用以下方法给出。

1) 指明颜色组成

例如,查询"大约 30%红色、50%蓝色的图像",查询"穿深红色衣服的人的头像"等。系统将把这些查询转换为对颜色直方图匹配的模式,前者实际上是限定了"红色"和"蓝色"在直方图中所占总颜色数的比例范围;而后者指明了在颜色直方图中应具有"深红色"和"肉色"这两种主要成分。所以,在这些查询中,所获得的结果是很宽的,对于第二个图像来说,查到的也可能不是人的头像,而是其他图像,只是它的颜色分布恰好符合罢了,但这毕竟缩小了查询空间。一般来说,对颜色的指定也不能用文字,而是用一个"调色盘",以挑选方式进行颜色组合可能会更实际一些。

2) 指明一幅图像

在浏览过程中确定一个示例图像,自然也就得到了它的颜色直方图。然后,用该颜色直方图与数据库中的图像颜色直方图进行匹配,最后确定所要找的图像集合,严格地要求精确匹配实际上是没有多大意义的,但通过色调、颜色组合的相似性找到类似的图像,就可以缩小查找的范围。这种示例方法可以免去组合颜色之苦,因为经实验研究证实,恰恰是组合颜色对用户来说是最难以接受的。

3) 指明图像中的一个子图

这个子图可以是图像分割后的一个子块(区域),也可以是利用对象轮廓方法确定的一个对象。利用这个子图确定相应的颜色直方图,再从图像数据库中寻找出具有类似子图颜色特征的目标图像集合。当然,仅用一般的颜色直方图是难以做到的,必须建立更为复杂的颜色关系,才能描述出其颜色特征。

利用颜色直方图必须确定颜色的级数。当颜色级很大时(例如真彩色),对每一种颜色都要计算与处理显然不合适。一个可行的办法是减少颜色样点数,将其限定在一个较小的范围内(例如 256 色、16 色甚至 RGB 三色)。另外,也可以利用主成分变换(如 K-L 变换)将其变换到一个较为集中的范围之内。在匹配时,采用模糊的匹配方式,也将收到良好的效果。前面所举的例子中,"红色"、"蓝色"也只能看作是"各种各样的红色"、"各种各样的蓝色",只是所占的权重随着颜色的偏离而减弱而已。

值得注意的是,认知科学及视觉心理学证明,人类不能像通常计算机显示器那样只使用 RGB(红、绿、蓝)成分感知颜色。一个恰当的颜色空间是实现颜色直方图方法的基础。同时,这个颜色空间中两种颜色的差别应与人类的感觉差别相对应,才能使颜色值间的距离转变为人眼感觉上的不同。现已知道,用 CIE$L\times U\times V$ 颜色空间可以较好地解决这个问题,并且也易于从 RGB 颜色向 CIE$L\times U\times V$ 颜色转换。

3. 颜色直方图的相似性匹配

假设示例图像直方图用 $G(g_1, g_2, \cdots, g_N)$ 表示,数据库中的目标图像用 $S(s_1, s_2, \cdots, s_N)$ 表示,这两个直方图是否相似可以通过欧氏距离来描述,即将它们看作欧氏空间中两点间的距离,即

$$\mathrm{Ed}(G,S)=\sqrt{\sum_{i=1}^{N}(g_i-s_i)^2}$$

将其规范化并简化,并按“1”为完全相似,“0”为完全不相似来确定两个图像的相似性,则可以用下式描述:

$$\mathrm{Sim}(G,S)=\frac{1}{N}\sum_{i=1}^{N}\left[1-\frac{|g_i-s_i|}{\mathrm{Max}(g_i,s_i)}\right]$$

其中,N 为颜色级数; $g_i\geqslant 0, s_i\geqslant 0$。

从式中可以看出,如果 Sim 靠近 1,则说明两幅图像在颜色上相似;否则不相似。直方图中可能有许多颜色的统计值很小,其中就包含那些“噪声”的点。为了消除这些外来的影响,一般采用一个阈值加以限制,对不超过这个阈值的颜色不进行比较,以减少“噪声”对图像相似程度的影响。这个阈值要根据颜色数和实验结果进行调整,一般在 10 左右。

如果对其中某些颜色要有重要程度的区别,可以用权重因子 $W_j(0\leqslant W_j\leqslant 1, j=1,2,\cdots,N)$来描述,这样上式就变换为

$$\mathrm{Sim}(G,S)=\frac{1}{N}\sum_{i=1}^{N}\left\{W_i\cdot\left[1-\frac{|g_i-s_i|}{\mathrm{Max}(g_i,s_i)}\right]\right\}$$

由于 $0\leqslant W_j\leqslant 1$,它的引入反而会导致 $\mathrm{Sim}(E,S)$的值下降,没有反映出直方图中重要成分在相似性中的地位。为此,将其做一调整,从 N 个颜色值中选取 L 个最大的单元值进行求和平均,即

$$\mathrm{Sim}(E,S)=\frac{1}{L}\sum_{k=1}^{L}\left\{W_k\left[1-\frac{|e_k-s_k|}{\mathrm{Max}(e_k,s_k)}\right]\right\}$$

其中的值是 N 个原始值中最大的 L 个。

这样,利用这个权重公式,再利用直方图性质 4 的双峰特性,结合相似性方法,可以确定重要特征或特征的组合。例如,可以做“寻找某一背景”、“寻找某一前景”、“A 图像的背景,B 图像的前景之组合的图像”等查询。

8.5.2 图像轮廓、纹理特征检索简述

1. 基于骨架或轮廓的检索

轮廓是图像目标的主要特征。基于骨架或轮廓的检索能使用户通过勾勒图像的大致轮廓,从数据库中检索出轮廓相似的图像。

取图像的轮廓线是一个困难的任务,一般的图像分割和边缘检测提取很难得到理想的结果。目前较好的方法是采用图像的自动分割方法结合识别目标的前景和背景模型来得到比较精确的轮廓。由于用户的勾画只是对整个图像目标的大体描述,如果用整个轮廓线来作为匹配特征并不合适,必须用一些轮廓的简化特征作为检索的依据。一般以轮廓的中心为基准,计算中心到边界点的最长轴和最短轴、长轴与短轴之比、周长与面积之比、拐点等作为轮廓检索的特征。事实上,要识别目标的轮廓是很困难的,在有些情况下,也直接采用轮廓追踪方法进行轮廓检索。

对轮廓进行检索的过程是交互完成的。首先对图像进行轮廓提取,并计算轮廓特征,存于特征库中。为方便用户描绘轮廓,一般检索接口应给出基本的绘画工具,用户可以用工具来手绘查询的要求。检索时,通过计算手绘轮廓的特征与特征库中的图像轮廓特征的相似

距离来决定匹配程度。轮廓特征检索也可以结合颜色进行描述,例如用户可用绘图工具在一个绿色的背景上画一个红色的圆,系统将与圆形轮廓相似的目标图像都从数据库中找出来,然后用户再在这些图像中选择需要的内容。

2. 基于纹理的检索

纹理也是图像中重要而又难以描述的特征。很多图像在局部区域内呈现不规则性,但在整体上表现出规律性,习惯上把图像这种局部的不规则而宏观有规律的特性称为纹理。纹理特征包括粗糙性、方向性和对比度。这也就是纹理检索的主要特征。

纹理的分析方法已有不少,大致上可分为统计方法和结构力法。统计方法被用于分析像木纹、沙地、草坪等细密而规则的对象,并根据像素间灰度的统计性质对纹理规定出特征,以及特征与参数的关系。结构方法适用于像布料的印刷图案或砖瓦等排列较规则对象的纹理,可以根据纹理基元及其排列规则来描述纹理的结构及特征,以及特征与参数间的关系。

由于纹理难以描述,因此对纹理的检索都是 QBE 方式的。另外,为缩小查找纹理的范围,纹理颜色也作为一个检索特征。通过对纹理颜色的定性描述,把检索空间缩小到某个颜色范围内,再以 QBE 为基础,调整粗糙度、方向性和对比度 3 个特征,逐步逼近检索目标。

检索时首先将一些大致的图像纹理以小图像形式全部显示给用户,一旦用户选中其中某个和查询要求最接近的纹理形式,则以查询表的形式让用户适当调整纹理特征,如“方向再往左一点”、“再细密一点”、“对比度再强一点”等。通过将这些概念转化为参数值进行调整,并逐步返回越来越精确的结果。

8.6 视频检索与索引

8.6.1 视频媒体基本特性

1. 视频序列

视频数据是连续的图像序列。为了对视频序列进行分类和检索,必须对视频序列的数据结构有所了解。视频序列主要由镜头(Shot)组成,每一个镜头包含一个事件或一组连续的动作。每个镜头中的内容发生在一个场景(Scene)中,一个场景可以分散在多个镜头之中。一个故事将由一组镜头组成,这中间将会有多个场景不断地进行变化。对视频序列的分割最基本的单位就是镜头,往下就是镜头中对象的运动或图像,可以另外处理;往上是场景,将由多个镜头组成。镜头的产生和边界的示意如图 8-15 所示。

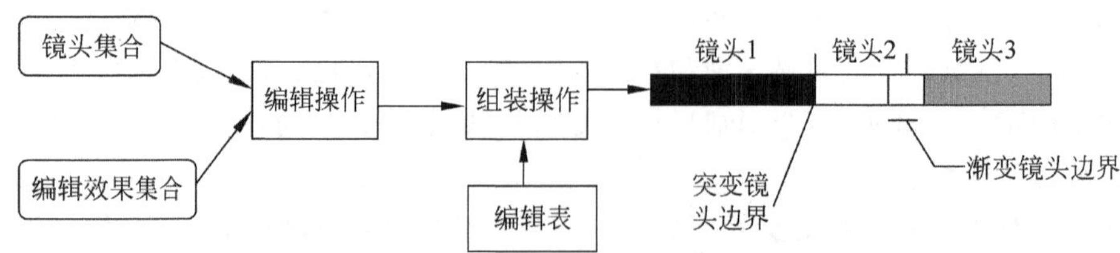

图 8-15 镜头的产生和组装

2. 镜头的切换

镜头的切换点是视频序列中两个不同镜头之间的分隔和衔接，是在导演切换台上或特技发生器上做出来的。切换的方法主要有以下两类。

（1）直接切换。一个镜头与另一个镜头之间没有过渡，由一个镜头的瞬间直接转换为另一个镜头的方法叫做直接切换。由于画面的改变是在视频的消隐场期间进行的，所以画面的接点不会出现跳动。在实际应用中，直接切换可使画面的情节和动作直接连贯，不存在时间上的差异，给人以轻快、利索的感觉。直接切换的次数还反映了视频内容的节奏。

（2）渐变切换。镜头与镜头之间的变换是缓慢过渡的，没有明显的镜头跳跃。包括淡入（Fade in）、淡出（Fade out）、慢转换（Diss）、扫换（Wipe）等。将画面逐渐关闭消失称为淡出，将画面逐渐加强称为淡入。一个画面消失的同时另一个画面逐渐出现称为慢转换。图像从画面的某一部分开始逐渐地被另一画面取而代之的方式称为扫换。扫换是由特技发生器产生出来的，方式有上百种。这些镜头切换的技巧使得镜头之间的连接更加紧密。

3. 镜头的运动

在拍摄时根据剧情的需要，可以采用多种镜头的运动方式对镜头进行处理。镜头的运动主要包括以一些操作。

（1）推拉镜头（Zooming）。从远处开始，逐渐推进到拍摄的对象，这种镜头运动称为“推”；或者是从近处开始，逐渐地拍成全景，这种镜头运动称为“拉”。这两种方式可以用运动摄影的方式实现，也可以用变焦的方式实现。

（2）摇镜头（Panning）。摄像机的拍摄位置不变，在拍摄过程中，以云台为轴心改变拍摄方位。摇摄是观察者在不改变观察位置的情况下，转动眼球或颈项观看对象方式的再现。镜头向一个方向移动，逐步地拍出更大的场景。

（3）跟踪（Tracking）。镜头跟踪着被拍摄对象移动，镜头随拍摄对象的移动而移动，形成追踪的效果。

（4）其他。还有一些镜头运动的方式，如水平、垂直的移动，仰视、侧视拍摄，近摄、远摄等，都取决于所要呈现的内容。

8.6.2　镜头检测方法

为了对视频序列进行分类，就必须检测出镜头的分隔点。最简单的当然是用人工的方式标识出来，但效率显然很低。用计算机自动地进行检测，不仅有利于快速地分割视频，而且还有利于快速地分类。

对镜头分割的关键是找到镜头图像之间的差别。直方图是一种比较简单的镜头分割方法。由于在连续的视频序列中，如果没有特殊的处理，相邻的两幅图像的差别是很小的。这样，这两幅图像的特征在很大程度上也是相差无几的。假设第 t 帧图像的直方图用 $H_t(h_1, h_2, \cdots, h_N)$ 表示，第 $t+1$ 帧的图像直方图用 $H_{t+1}(h_1, h_2, \cdots, h_N)$ 表示，N 为颜色或灰度的级，这两帧图像的直方图差值可以通过欧氏距离描述，即将它们看作欧氏空间中两点间的距离：

$$d(H_t,H_{t+1}) = \sqrt{\sum_{i=1}^{N}[H_t(h_i) - H_{t+1}(h_i)]^2}$$

也可以采用下述的简化公式对直方图进行比较：

$$d(H_t,H_{t+1}) = \sum_{i=1}^{N}\frac{[H_t(h_i) - H_{t+1}(h_i)]^2}{H_{t+1}(h_i)}$$

这样，两者的差值 d 总会限定在一个阈值以内。如果发生了镜头转换，在帧与帧的差值上就会发生大的改变，如图 8-16 所示。从图中可以看出，对于突变镜头切换来说，帧与帧之间的直方图差值是很明显的，也就很容易确定出视频序列中的镜头起点和终点。确定一个阈值，如果直方图差值超过这个阈值，就认为是镜头进行了切换。阈值的确定可以根据统计的结果得出。

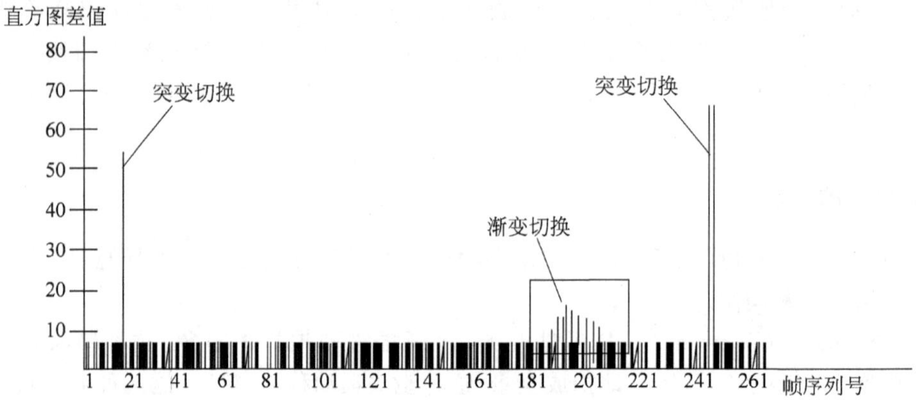

图 8-16 镜头的帧间直方图差值

但是，对于采用渐变类的镜头切换来说，直方图的差值虽然有，但不是很明显。由于镜头是渐变的，所以相邻的两帧直方图也是逐渐改变的。这种变化在采用摇镜头、推拉镜头时都会有十分相似的结果。如果仍采用单一值，要么识别不出镜头的切换点，要么识别的镜头切换点就会有误，可以采用双重比较法(Twin Comparison)来解决这个问题。因为镜头的渐变是很缓慢进行的，而且变化有规律，所以通过双重比较就可以识别出这种变化的规律。在一个较大的范围内进行比较，就能确定出镜头渐变切换部分的起点和终点，从而确定出镜头的分割。

所谓双重比较法，是指采用两个阈值。首先用第一个较低的阈值来确定出潜在渐变切换序列的起始帧。一旦确定了这个帧，就将它与后续的帧进行比较，用得到的差值来取代帧间的差值。这个差值必须是单调的，应该不断地加大，直至这个单调的过程中止。这时，将这个差值与第一个较大的阈值进行比较，如果超过了这个阈值，就可以认为这个不断比较差值单调增的视频序列对应的就是一个渐变切换点。

其他的镜头切换点识别算法还有一些，例如识别淡入淡出的明亮度识别法、识别空间操作的空间编辑识别算法等。也有人研究了对非解压数据进行镜头识别的方法，主要是采用对 MPEG 的 I、P、B 帧的 DCT 系数进行分析的方法。这种方法对大规模的视频数据库进行检索是非常有利的，因为不用完全解压就能达到查询的目的。

8.6.3　视频运动切片

由于内容表现的需要，在拍摄镜头时经常采用不同的拍摄方式来表现内容，例如，采用摇、推、拉、升、降等摄影手法。直接从一幅图像中识别出这些运动显然是不可能的，必须要加入相应的时间信息，对整个镜头的视频序列进行分析。一种被称为"视频X光"图像的方法可以初步解决这个问题。

所谓"视频X光"图像，就是把一个镜头的视频序列看成一个整体，对这个序列沿时间轴进行切片所得到的图像，如图8-17所示。沿时间轴固定某一个x值，得到的y的时间变化切片称为y-t切片图像；沿时间轴固定某一个y值，得到的x时间变化切片称为x-t切片图像。从这些图像中可以发现镜头的运动轨迹，也就为识别这些运动提供了条件。同样，这些切片图像对我们分析视频中的某一对象的运动也是很有好处的。这里只给出这个思想和切片的方法，具体的分析方法可以参考有关的文献。

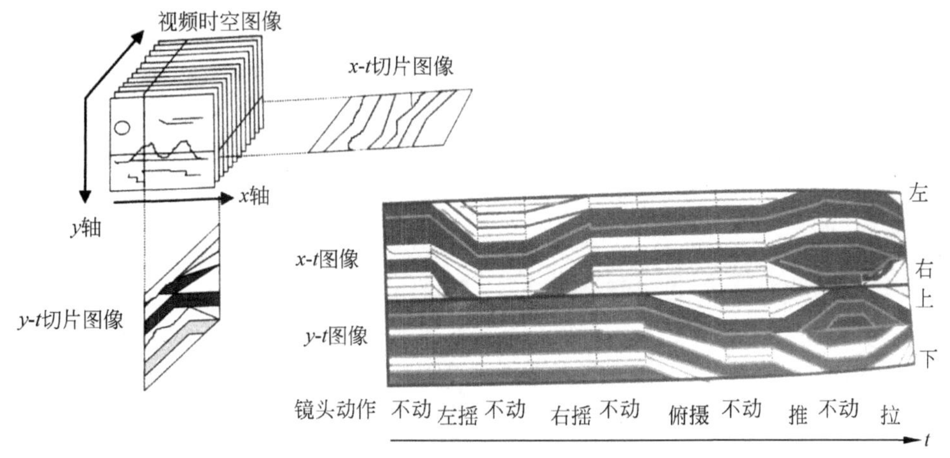

图8-17　视频序列的X光切片

复习思考题

1. 多媒体数据库的主要问题是什么？在哪些地方与传统的数据库系统是相同的？哪些地方是不同的？有了多媒体数据库后，关系数据库会怎样？

2. 多媒体数据库的体系结构有哪几种？对多媒体数据库系统来说，哪一种结构更合适？为什么？

3. 多媒体数据模型中的NF_2模型对关系数据库做了哪些扩展？在什么方面会对关系数据库理论产生影响？这种模型用在多媒体数据库中在什么地方是合适的？什么地方是不合适？

4. 面向对象数据模型为什么可以将多媒体数据的种类和特点进行封装？对多媒体数据库在操作上会带来什么好处？会带来什么问题？

5. 设计一个多媒体数据库系统，给出总体方案。要求采用客户/服务器结构，能够自动收集网络上的信息并加入到数据库中。其他要求和条件自定。

6. 什么是基于内容检索？基于内容检索与模式识别、图像理解等技术的主要区别是什么？它们的各自目的是什么？

7. 在基于内容检索系统中为什么要采用相似性查询？精确性查询能否做到？什么样的媒体可以做到精确查询？

8. 视频检索与图像检索的关系是什么？视频镜头切换点的分辨主要依据什么因素？对缓慢的摇镜头如何处理？

9. 评价基于内容检索的指标是什么？如果相似性阈值提高，对哪一个指标的结果会有影响？检索到的结果是多了还是少了？

10. 如果不进行解压缩，或者只解压很少一部分，能否完成视频或图像的检索工作？能否完成视频或图像的剪切、合并或旋转？试说明理由。

11. 将进行渐变镜头识别的双重比较法的具体算法写出来。

12. 根据上述的基于内容检索的原理，研究对声音进行基于内容检索的问题。写出研究报告，并分组进行讨论。

第9章 流媒体网络技术

网络上的多媒体通信和普通的数据通信有比较大的差别，多媒体应用要求在客户端播放声音和视频图像时要流畅，声音和图像要同步，因此对网络的带宽、时延和抖动的要求很高。而普通的数据通信应用则把可靠性放在第一位，对网络的时延和带宽的要求较低。

多媒体的应用十分广泛，主要的应用有电子(计算机/网络)游戏、万维网、3G/4G移动通信和家庭影院等，其他应用则包括多媒体数据库、多媒体内容检索、虚拟现实、视频点播、IP电话和电视会议等。

本章先给出流媒体的概念和特点，然后讨论传统因特网的不足与改进，最后介绍若干典型的流媒体应用。

9.1 流媒体概述

9.1.1 流媒体的定义

目前尚没有一个关于流媒体的公认定义。一般来说，流媒体(Streaming Media)是指在Internet/Intranet中使用流式技术进行传输的连续时基媒体，如音视频等多媒体内容。其中“流式”(Streaming)技术是指在媒体传输过程中，服务器将多媒体文件压缩解析成多个压缩包后放在IP网上按顺序传输，客户端(通常是指个人计算机)则开辟一块一定大小的缓冲区(计算机内存是用于临时存放数据的存储块)来接收压缩包，缓冲区被充满只需几秒钟或数十秒钟，之后客户就可以解压缩缓冲区中的数据并开始播放其中的内容，客户在消耗掉缓冲区内数据的同时，下载后续的压缩包到空出的缓冲区空间中，从而实现了边下载边播放的流式传输。可见流式传输是流媒体实现的关键技术。

与传统媒体的媒体技术相比，流媒体具有如下特点。

(1) 流媒体是实时的，当用户下载媒体文件时，不需要像传统的播放技术那样将整个文件都下载下来之后再播放，而是边下载边播放，不仅节省了用户端的缓冲区容量，还大大减少了用户的等待时间。

(2) 流媒体数据在播放后即被丢弃，不会存储在用户的计算机上，便于流媒体文件的版权保护。

(3) 流媒体的服务器支持用户端对流媒体进行VCR(录像机)操作控制，即用户可以像使用家用录像机一样对流媒体进行播放、暂停、快进、快退、停止等操作。

9.1.2 流媒体通信原理

由于目前的网络带宽还不能完全满足巨大的 A/V、3D 等多媒体数据流量的要求，所以在流媒体通信技术中，应首先对 A/V、3D 等多媒体文件数据进行预处理后才能进行流式传输。它主要包括降低质量和采用先进、高效的压缩算法两个方面。其次，与下载方式相比，尽管流式传输大大降低了对系统缓存容量的要求，但它的文件仍需要缓存，这是因为 Internet 是以包传输为基础进行断续的异步传输的。数据在传输中要被分解为许多包，但网络又是动态变化的，各个包选择的路由可能不尽相同，故到达用户计算机的时间延迟也就不同。所以，使用缓存系统来弥补延时和抖动的影响，并保证数据包传输顺序的正确，使媒体数据能连续输出，不会因网络暂时拥堵而出现播放停顿。在整个的传输和控制过程中，必须采用一定的网络协议来实现流式传输，为用户提供可靠的服务质量保证。

媒体流传输过程如图 9-1 所示。用户(Web 浏览器)通过 HTTP/TCP 与 Web 服务器(Web Server)交换信息，获取流媒体服务清单，根据获得的流媒体服务清单向媒体服务器(A/V Server)请求相关服务；然后客户机的 Web 浏览器启动相应的媒体播放器(A/V Player)，通过 RTP/UDP 从媒体服务器中获取流媒体数据，实时播放。在播放过程中，客户机的媒体播放器需要实时通过 RTSP/UDP 与媒体服务器交换控制信息，媒体服务器根据客户机反馈的流媒体接收情况智能调整向客户机传送的媒体数据流，从而在客户端达到最优的接收效果。

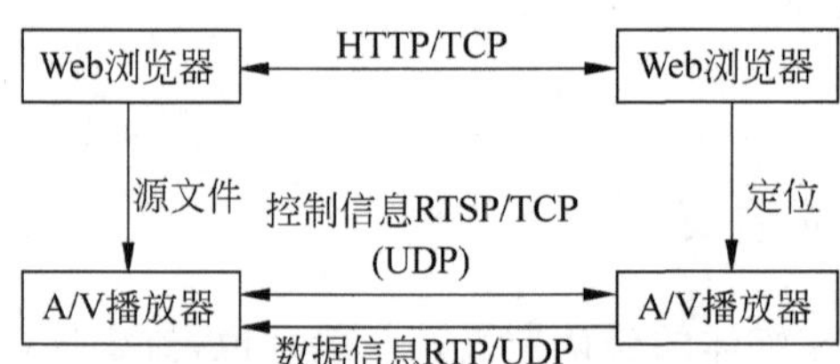

图 9-1 流式传输基本原理

实现流式传输有两种方法：实时流式(Realtime Streaming)传输和顺序流式(Progressive Streaming)传输。一般来说，如果视频为实时广播，或使用流式传输媒体服务器，或应用如 RTSP 的实时协议，则流式传输为实时流式传输。如果使用 HTTP 服务器，文件即通过顺序流发送，这种传输方式就称为顺序流式传输。流式文件在播放前可完全下载到硬盘上。

1. 顺序流式传输

顺序流式传输是顺序下载，在下载文件的同时用户可观看在线媒体，在给定时刻，用户只能观看已下载的那部分，而不能跳到还未下载的后续部分。顺序流式传输不像实时流式传输那样，可在传输期间根据用户连接的速度做调整。由于标准的 HTTP 服务器可发送这种形式的文件，因而不需要其他特殊协议，它经常被称为 HTTP 流式传输。顺序流式传输比较适合高质量的短片段，如片头、片尾和广告，由于该文件在播放前观看的部分是无损下载的，这种方法保证电影播放的最终质量。这意味着用户在观看前必须经历延迟，对较慢的连接尤其如此。

顺序流式文件是放在标准 HTTP 或 FTP 服务器上的，这种文件易于管理，基本上与防火墙无关。顺序流式传输不适合长片段和有随机访问要求的视频，如讲座、演说与演示。它也不支持现场广播，严格来说，它是一种点播技术。

2. 实时流式传输

实时流式传输保证媒体信号带宽与网络连接匹配，使媒体可被实时观看到。实时流式传输与 HTTP 流式传输不同，它需要专用的流媒体服务器与传输协议。实时流式传输总是实时传送，特别适合现场事件，也支持随机访问，用户可快进或后退以观看前面或后面的内容。理论上，实时流一经播放就不可停止，但实际上可能发生周期性暂停现象。

实时流式传输必须匹配连接带宽，这意味着在以调制解调器速度连接时图像质量较差，而且，由于出错丢失的信息被忽略掉，网络拥挤或出现问题时视频质量很差。如欲保证视频质量，采用顺序流式传输也许更好。实时流式传输需要特定服务器，如 QuickTime Streaming Server、RealServer 与 Windows Media Server。这些服务器允许对媒体发送进行更多级别的控制，因而系统设置、管理比标准 HTTP 服务器更复杂。实时流式传输还需要特殊网络协议，如 RTSP(Realtime Streaming Protocol)或 MMS(Microsoft Media Server)。这些协议在有防火墙时有时会出现问题，导致用户不能看到一些地点的实时内容。

9.1.3　流媒体实现原理

流媒体文件原理简单地说就是首先通过采用高效的压缩算法，在降低文件大小的同时伴随质量的损失，让原有的庞大的多媒体数据适合流式传输，然后通过架设流媒体服务器，修改 MIME 标识。通过各种实时协议传输流数据。

按照内容提交的方式，流媒体可以分为两种：实况流媒体广播(即 Web 广播)和由用户按需访问的存档的视频和音频。不论是哪一种类型的流媒体，其实现从摄制原始镜头到媒体内容的回放都要经过一定的过程。下面以 RealMedia 为例来说明流媒体的制作、传输和使用的过程。

(1) 采用视频捕获装置对事件进行录制。

(2) 对获取的内容进行编辑，然后利用视频编辑硬件和软件对它进行数字化处理。

(3) 经数字化的视频和音频内容被编码为流媒体(.RM)格式。

(4) 媒体文件或实况数据流被保存在安装了流媒体服务器软件的宿主计算机上。

(5) 用户点击网页请求视频流或访问流内容的数据库。

(6) 宿主服务器通过网络向最终用户提交数字化内容。

(7) 最终用户利用桌面或移动终端上的显示媒体内容的播放程序(Real Player)进行回放和观看。

9.2　流媒体传输协议

流媒体采用流式传输方式在网络服务器与客户端之间进行传输。流式传输的实现需要合适的传输协议。因特网工程任务组(Internet Engineering Task Force，IETF)制定的很多协议可用于实现流媒体技术。

9.2.1 RTP/RTCP

实时传输协议(Real-time Transport Protocol,RTP)是针对Internet上多媒体数据流的一个传输协议,由IETF作为RFC 1889发布。RTP被定义为在一对一或一对多的传输情况下工作,其目的是为交互式音频、视频等具有实时特征的数据提供端到端的传送服务、时间信息以及实现流同步。RTP的典型应用建立在UDP上,但也可以在TCP或ATM等其他协议之上工作。RTP本身只保证实时数据的传输,并不能为按顺序传送数据包提供可靠的传送机制,也不提供流量控制或拥塞控制,必须由下层网络来保证。

RTP的功能如下:

(1) 分组。RTP协议把来自上层的长的数据包分解成长度合适的RTP数据包。

(2) 复接和分接。RTP复接由定义RTP连接的目的传输地址(网络地址+端口号)提供。例如,对音频和视频单独编码的远程会议,每种媒介被携带在单独的RTP连接中,具有各自的目的传输地址。目标不再将音频和视频放在单一RTP连接中,而根据同步源标识(SSRC Synchronization Source Identifier)、段载荷类型(PT)进行多路分接。

(3) 媒体同步。RTP协议通过RTP包头的时间戳来实现源端和目的端的媒体同步。

(4) 差错检测。RTP协议通过RTP包头数据包的顺序号可检测包丢失的情况;也可通过底层协议如UDP提供的包校验和检测包差错。

实时传输协议(RTP)的报文由报头和净负荷两部分组成,其格式如图9-2所示。

0　　2	3	4	8		16	24　　31
V	P	X	CC	M	(PT)载荷类型	序号(SN)
时间戳(Time Stamp)						
同步源标识符(SSRC)						
提供源标识清单(CSRC)(1~15项)						
用户数据						

图9-2 实时传输协议报文结构

RTP报头为固定长度,共12字节,包含的主要字段如下所示。

(1) V(版本)。2b,标识RTP的版本号。此处为2。

(2) P(填充)。1b,标识RTP报文是否在报文末尾有填充字节,至于填充了多少字节则由填充字节中的最后一个字节指示。填充的目的是一些加密算法可能需要固定字节的报文。

(3) X(扩展)。1b,标识该RTP包头之后是否还有一个包头的扩展,此时RTP包头被修改。

(4) CC(CSRC计数)。4b,标识在该RTP包头之后的CSRC标识符的数量,表示该同步流是由几个提供源组合而成的。

(5) M(标记位)。1b,标识连续码流中的某些特殊事件,例如帧的边界等。至于标记的具体解释则在轮廓文件中定义。

(6) PT(负荷类型)。7b,标识RTP净负荷的数据格式。接收端可以据此解释并播放

RTP 数据。

(7) Sequence Number(序列号)。16b,每发送一个 RTP 报文,该序号值加 1,可以被接收端用来检测报文丢失,并将接收到的报文排序。

(8) Time Stamp(时间戳)。32b,用于标识发送端用户数据的第一字节的采样时刻。如果有多个 RTP 报文逻辑上同时产生,例如它们都属于同一视频帧,则这几个 RTP 报文的时间戳是相同的。时间戳是实时应用的重要信息。

(9) SSRC(同步源标识)。32b,标识一个同步源,该标识符值通过某种算法随机产生,在同 RTP 会话中,不可能有两个同步源有相同的 SSRC 标识符。

(10) CSRC(提供源标识列表)。列表中最多可以列出 15 个提供源的标识,具体数目则由上面的 CC 字段给出。每一项标识的长度为 32b。如果提供源的数量大于 15,也只列出 15 个提供源。该项除混合器插入到报头中。

RTP 协议包含两个密切相关的部分,即负责传送具有实时特征的多媒体数据的 RTP 和负责反馈控制、监测 QoS 和传递相关信息的 RTCP(Real-time Transport Control Protocol)。在 RTP 数据包的头部中包含了一些重要的字段使接收端能够对收到的数据包恢复发送时的定时关系和进行正确的排序以及统计包丢失率等。RTCP 是 RTP 的控制协议,它周期性地与所有会话的参与者进行通信,并采用和传送数据包相同的机制来发送控制包。

实时传输控制协议(Realtime Transport Control Protocol,RTCP)负责管理传输质量在当前应用进程之间交换控制信息。在 RTP 会话期间,各参与者周期性地传送 RTCP 包,包中含有已发送的数据包的数量、丢失的数据包的数量等统计资料,因此,服务器可以利用这些信息动态地改变传输速率,甚至改变有效载荷类型。RTP 和 RTCP 配合使用,能以有效的反馈和最小的开销使传输效率最佳化,故特别适合传送网上的实时数据。

RTCP 主要有 4 个功能:

(1) 用反馈信息的方法来提供分配数据的传送质量,这种反馈可以用来进行流量的拥塞控制,也可以用来监视网络和用来诊断网络中的问题。

(2) 为 RTP 源提供一个永久性的 CNAME(规范性名字)的传送层标志,因为在发现冲突或者程序更新重启时 SSRC 会变,需要一个运作痕迹,在一组相关的会话中接收方也要用 CNAME 来从一个指定的与会者得到相联系的数据流(如音频和视频)。

(3) 根据与会者的数量来调整 RTCP 包的发送串。

(4) 传送会话控制信息,如何在用户接口显示与会者的标识,这是可选功能。

RTP/RTCP 工作过程为,工作时,RTP 协议从上层接收流媒体信息码流(如 H.263),装配成 RTP 数据包发送给下层,下层协议提供 RTP 和 RTCP 的分流。如在 UDP 中,RTP 使用一个偶数号端口,则相应的 RTCP 使用其后的奇数号端口。RTP 数据包没有长度限制,它的最大包长只受下层协议的限制。

RTCP 的控制报文主要有以下几种类型:

(1) SR(Sender Report),发送者报告。

(2) R(Receiver Report),接收者报告。

(3) SDES(Source Description Items),源描述项。

(4) BYE(Indicates End of Participation),再见。

(5) PP(Application Specific Functions),应用特定功能。

9.2.2 RSVP

IETF 的资源预留协议 RSVP(Resource Reservation Protocol)是网络中预留所需资源的传送通道建立和控制的信令协议,它能根据业务数据的 QoS 要求和带宽资源管理策略进行带宽资源分配,在 IP 网上提供一条完整的路径。通过预留网络资源建立从发送端到接收端的路径,使得 IP 网络能提供接近于电路交换质量的业务。它既利用了面向无连接网络的多种业务承载能力,又提供了接近面向连接网络的质量保证。但是 RSVP 没有提供多媒体数据的传输能力,它必须配合其他实时传输的协议来完成多媒体通信服务。

RSVP 能够支持多种消息类型,其中最重要的两个消息是 Path 和 Resv。

RSVP 路径(Path)消息是由发送端主机经路由器逐跳地(hop-by-hop)向下游传送给接收端,其目的是指示数据流的正确路径,以便稍后由 Resv 消息在沿途预留资源。在 Path 消息中包含以下重要内容。

(1) 上一个发送此 Path 消息的网络节点的 IP 地址。

(2) 发送模板(Sender-Template)。定义了发送端将要发送的数据分组的格式,因为一个单播数据流可能有多个发送方,要想从同一个链路上的同一会话的其他分组中区分这个发送端的分组就要用到这个发送端的模板,如这个发送端 IP 地址和端口号。

(3) 发送流量说明(Sender-Tspec)。指明了发送端将产生的数据流的流量特征,以防止下一步预约过程中的过量预约,从而导致不必要的预约失败。

RSVP 资源请求(Resv)消息是由发送端主机向上传送给发送端,这些消息严格地按照 Path 消息的反向路径上传送到所有的发送端主机,其目的是根据 Path 消息指定的路径,逆向在沿途的每个节点处预留资源,同一数据流中的不同分组请求预留的资源(QoS)可以不同。在 Resv 消息中包含以下重要内容。

(1) 流规范(Flow Spec)。用于描述一个请求的 QoS,即描述请求预留的资源。例如带宽为 1Mb/s,端到端的延迟为 10 ms 等。

(2) 过滤器规范(Filter-Spec)。是指能够使用上述预留资源的数据流中的某一组数据分组。此处的预留资源是由 Flow Spec 来描述的。

RSVP 协议的工作过程如图 9-3 所示。

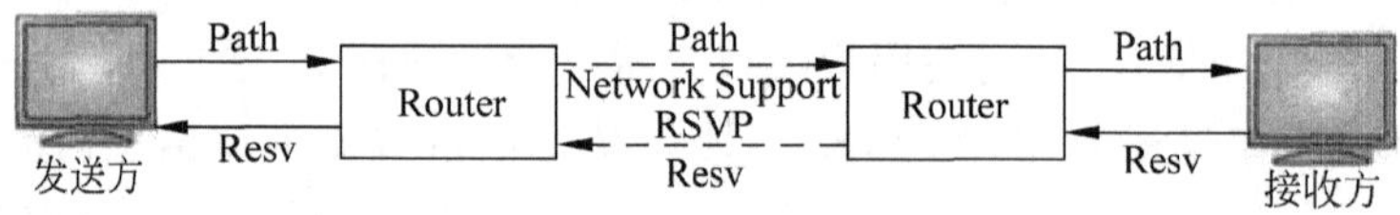

图 9-3 RSVP 协议工作过程

发送端主机发出 Path 消息,路由器根据路由选择协议,例如 OSPF、DVMRP 选择路由器转发此消息。沿途每一个接收到该(Path)消息的节点,都会建立一个"Path 状态",保存在每一个节点中。在"Path 状态"信息中至少包括前一跳节点的单播 IP 地址,Resv 消息就是根据这个前一跳地址来确定反向路由的方向。

接收端主机负责向发送端发出 Resv 消息,Resv 消息依据先前记录在网络节点中的

“Path 状态”信息，沿着与 Path 消息相反的路径传向发送端。在沿途的每一个节点处依照 Resv 消息所包含的资源预留的描述 Flow Spec 和 Filter-Spec 生成“Resv 状态”，各个节点根据这个“Resv 状态”信息，预留出所要求的资源。

发送端的数据沿着已经建立资源预留的路径传向接收端。

在 RSVP 协议的工作过程中，保证了一个数据流的 QoS，其资源预留的实现在网络节点内部是由称为“业务控制”的机制来完成的，这些机制如图 9-4 所示，主要包括以下几个模块：接入控制模块、策略控制模块、分组类别模块、分组调度模块和 RSVP 处理模块。其中接入控制模块用来确定某个节点是否有足够的可用资源来提供请求的 QoS。策略控制模块用来确定接收端用户是否拥有进行资源预留的所有权。

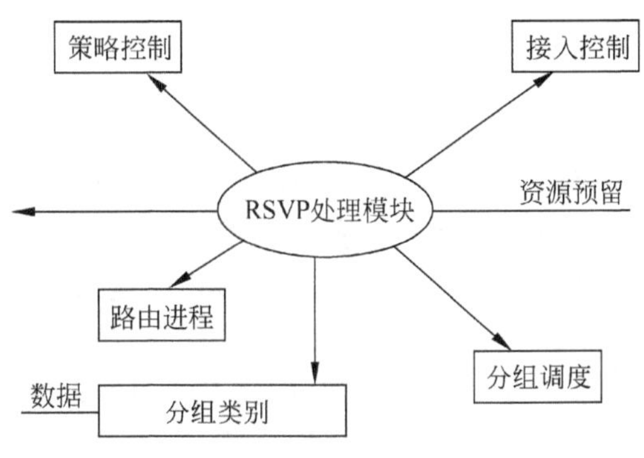

图 9-4　业务控制机制

在预留建立期间，RSVP 处理模块将接收端发来的一个 RSVP QoS 请求——Resv 消息传递给接入控制模块和策略控制模块。如果其中任何一个控制模块测试失败，预留请求都被拒绝，此时 RSVP 处理模块将一个错误的消息返回给接收端。只有两个测试模块都测试成功，节点才会进一步处理，分别依据 RSVP 消息的 Flow Spec 和 Filter-Spec 设置分组类别模块和分组调度模块中的参数，以满足所需的 QoS 请求。

预留资源后便可进行数据传输，当数据传输到该节点后，分组类别模块确定每一个数据分组的 QoS 等级，将具有不同 QoS 等级的数据分组进行分类。然后把它们送到分组调度模块中按照不同的 QoS 等级进行排队，再通过接口发送出去。

综上所述，RSVP 协议具有如下特点。

(1) RSVP 是单工的，仅为单向数据流请求资源，因此 RSVP 的发端和收端在逻辑上被认为是截然不同的。

(2) RSVP 协议是面向接收者的，即一个数据流的接收端初始化资源预留。

(3) RSVP 不是一个路由选择协议，但是依赖于路由选择协议，路由选择协议决定的是分组向何处转发，而 RSVP 仅关心这些分组的 QoS。

(4) RSVP 对不支持 RSVP 协议的路由器提供透明的操作。

(5) RSVP 既支持 IPv4，也支持 IPv6。

9.2.3　RTSP

实时流协议(RTSP)是用于控制具有实时特征数据传输的应用层协议。它提供了一个可扩展的框架以控制、按需传送实时数据,如音频、视频等。数据源既可以是实况数据产生装置,也可以是预先保存的媒体文件。该协议致力于控制多个数据传送会话,提供了一种在UDP、组播UDP和TCP等传输通道之间进行选择的方法,也为选择基于RTP的传输机制提供了方法。

RTSP可建立和控制一个或多个音频和视频连续媒体的时间同步流。虽然在可能的情况下,它会将控制流插入连续媒体流,但它本身并不发送连续媒体流。因此,RTSP用于通过网络对媒体服务器进行远程控制。尽管RTSP和HTTP有很多类似之处,但不同于HTTP,RTSP服务器维护会话的状态信息,从而通过RTSP的状态参数可对连续媒体流的回放进行控制(如暂停等)。

9.2.4 MIME

多用途因特网邮件扩展(Multipurpose Internet Mail Extensions,MIME)是SMTP的扩展,不仅用于电子邮件,还能用来标记在Internet上传输的任何文件类型。通过它,Web服务器和Web浏览器才可以识别流媒体并进行相应的处理。Web服务器和Web浏览器都是基于HTTP协议,而HTTP内建有MIME。HTTP正是通过MIME标记Web上繁多的多媒体文件格式。为了能处理一种特定文件格式,需对Web服务器和Web浏览器都进行MIME类型设置。对于标准的MIME类型,如文本和JPEG图像,Web服务器浏览器提供内建支持;但对Real等非标准的流媒体文件格式,则需设置Audio/x-pn-real Audio等MIME类型。浏览器通过MIME来识别流媒体的类型,并调用相应的程序或Plug-in(插件)来处理。在IE和Netscape这两个最常用的浏览器中,都提供了很多的内建流媒体支持。

9.3 流媒体系统的构成及开发平台简介

9.3.1 流媒体系统的基本构成

一般而言,流媒体系统大致包括媒体内容制作、媒体内容管理、用户管理、视频服务器和客户端播放系统。媒体内容制作包括媒体采集与编码。媒体内容管理主要完成媒体存储、查询及节目管理、创建和发布。用户管理涉及用户的登记、授权、计费和认证。视频服务器管理媒体内容的播放。客户端播放系统主要负责在用户端的计算机上呈现比特流的内容。系统结构如图9-5所示。

当一个网站提供流媒体服务时,首先需要使用媒体内容制作模块中的转档/转码工具,将一般的多媒体文件进行高品质压缩并转成适合网络上传输的流媒体文件,再将转好的文件传送到视频服务器端发送出去;用户通过客户端向流媒体系统发送请求,经用户管理模块认证后,媒体内容管理模块控制视频服务器向该用户发送相应的流媒体内容,最后由客户端播放软件进行播放。对范围广、用户多的播放,常常利用多服务器协作,协同完成播放。

1. 媒体内容制作

媒体内容制作模块可进行Stream的制作与生成。它包括了从独立的视频、声音、图片、

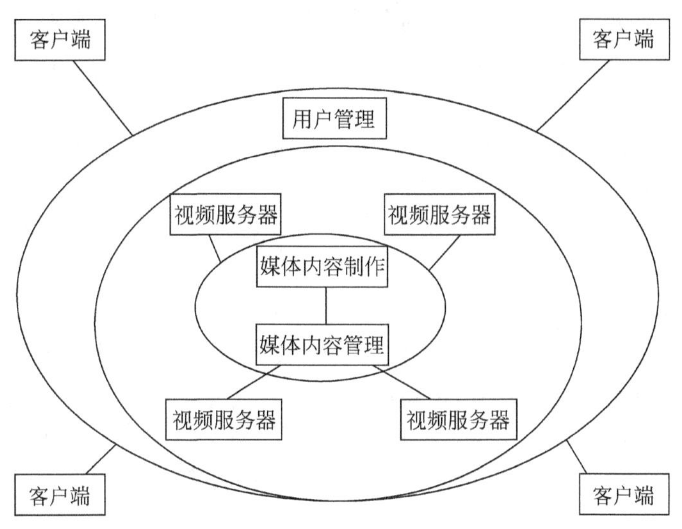

图 9-5 流媒体系统结构示意图

文字组合到制作丰富的流媒体的一系列的工具，这些工具产生的 Stream 文件可以存储为固定的格式，供发布服务器使用。它还可以利用视频采集设备，实时向媒体服务器提供各种视频流，提供实时的多媒体信息的发布服务。

(1) 转档/转码软件。可将普通格式的音频、视频或动画媒体文件通过压缩转换为流服务器进行流式传输的流格式文件，它是最基本的制作软件，实际也就是一个编码器(Encoders)。常见的软件有 Real Producer、Windows Media Encoder。

(2) 流媒体编辑软件。对流媒体文件进行编辑，常与转档/转码软件捆绑在一起。

(3) 合成软件。利用合成软件，可以将各类图片、声音、文字、视频、幻灯片或网页同步，并合成为一个流媒体文件。常见的软件有 RealSlidshow、RealPresenter、Windows Media Author 等。

(4) 编程软件。流媒体系统提供的 SDK 可使开发者对系统进行二次开发。利用 SDK 者通常可以开发流式传输的新数据类型，创建客户端应用，自定义流媒体系统。

2. 媒体内容管理

媒体内容管理包括流媒体文件的存储、查询及节目管理、创建和发布。节目不多时可使用文件系统，当节目量大时，就必须使用数据库管理系统。

(1) 视频业务管理媒体发布系统。视频业务管理媒体发布系统包括广播和点播的管理，节目管理，创建、发布及计费认证服务，提供定时按需录制、直播、传送节目的解决方案，管理用户访问及多服务器系统负载均衡调度的服务。

(2) 媒体存储系统。由于要存储大容量的影视资料，因此媒体存储系统必须配备大容量的磁盘阵列，具有高性能的数据读写能力，访问共享数据，高速传输外界请求数据，并具有高度的可扩展性、兼容性，支持标准的接口。这种系统配置能满足上千小时的视频数据的存储，实现大量片源的海量存储。

(3) 媒体内容自动索引检索系统。媒体内容自动索引检索系统能对媒体源进行标记，捕捉音频和视频文件并建立索引,建立高分辨率媒体的低分辨率代理文件,从而可以用于检索、视频节目的审查、基于媒体片段的自动发布,形成一套强大的数字媒体管理发布应用系统。

(4) 索引和编码。允许同时索引和编码,使用先进的技术实时处理视频信号,而且可以根据内容自动地建立一个视频数据库(或索引)。

(5) 媒体分析软件。可以实时地根据屏幕的文本来识别。实时语音识别可以用来鉴别口述单词、说话者的名字和声音类型,而且还可以感知出屏幕图像的变化,并把收到的信息归类成一个视频数据库。媒体分析软件还可以感知到视觉内容的变化,可以智能化地把这些视频分解成片段并产生一系列可以浏览的关键帧图像,也可以从视频信号中识别出标题文字或是语音文本,同时可以识别出视频中的人像。通过声音识别,该软件可以将声音信号中的话语、说话者的姓名、声音类型转换成可编辑的文本。用户使用这些信息索引还可以搜索想要的视频片段。使用一个标准的 Web 浏览器可以检索视频片段。

3. 用户管理

用户管理主要进行用户的登记、授权、计费和认证。对商业应用来说,用户管理功能至关重要。

(1) 用户身份验证。可以限制非法用户使用系统,只有合法用户才能访问系统。通常可根据不同的用户身份,提供对系统不同的访问控制功能。

(2) 计费系统。根据用户访问的内容或时间进行相应的费用统计。

(3) 媒体数字版权加密系统(DRM)。这是在互联网上以一种安全方式进行媒体内容加密的端到端的解决方案,它允许内容提供商在其发行的媒体或节目中对指定的时间段、观看次数及其内容进行加密和保护。

服务器能鉴别和保护需要保护的内容,DRM 认证服务器支持媒体灵活的访问权限(时间限制、区间限制、播放次数和各种组合),支持其他具有完整商业模型的 DRM 系统集成。包括订金、VOD、出租、所有权、B2B 的多级内容分发版权管理领域等,是运营商保护内容和依靠内容盈利的关键技术保障。

4. 视频服务器

视频服务器是网络视频的核心,直接决定着流媒体系统的总体性能。为了能同时响应多个用户的服务要求,视频服务器一般采用时间片调度算法。视频服务器的主要功能有以下 3 个。

(1) 响应客户的请求,把媒体数据传送给客户。流媒体服务器在流媒体传送期间必须与客户的播放器保持双向通信(这种通信是必需的,因为客户可能随时暂停或快放一个文件)。

(2) 响应广播的同时能够及时处理新接收的实时广播数据,并将其编码。

(3) 可提供其他额外功能,加数字权限管理(DRM)、插播广告、分割或镜像其他服务器的流、组播。

视频服务器为了能够适应实时、连续稳定的视频流,其存储量要大,数据率要高,并应具备以上多种功能,以确保用户请求在系统资源下的有效服务。存储设备多采用 SCSI 接口,以确保高速、并行、多重 I/O 总线的能力。基于 ATM 的 VOD 系统，采用的视频服务器是以多路径自选路由选择开关(Multi Path Self-Routing，MPSR)为中心的宽带视频服务器。这种结构的服务器可提供即时交互式视频点播(Interactive VOD with Instaneous Access，IVOD-I)和延时交互式视频点播(Interactive VOD with Delayed Access，IVOD-D)两种服务方式。在大量用户同时点播时，服务器的传输速率很高，同时要求其他相关设备也能支持这种高传输速率是很难实现的。为此，可以在网络边缘(如 ATM 网络前端开关处)设置视频缓冲池，把点播率高的节目复制到缓冲池中，使部分用户只需访问缓冲池即可，若缓冲池中没有要点播的节目，可再去访问服务器，这减轻了服务器的负担，并可以随着用户增加而增加缓冲池。装载缓冲池可用 150Mb/s 速率，而从缓冲池中向用户传送节目是用 2Mb/s 速率，从而一个服务器可支持多个用户。

在实际应用中，用户数量通常较大，且分布不均匀。这样，一个服务器或多个服务器的简单叠加常常不能满足需求。流媒体系统通常支持多服务器协同工作，服务器之间能自动进行负载均衡，从而使系统能以较好的性能为更多的用户服务。目前常用的服务器软件有 RealServer、Windows Media Server 等。

5. 客户端系统

流媒体客户端系统支持实时音频和视频直播和点播，可以嵌入到流行的浏览器中，可播放多种流行的媒体格式，支持流媒体中的多种媒体形式，如文本、图片、Web 页面、音频和视频等集成表现形式。在带宽充裕时，流式媒体播放器可以自动侦测视频服务器的连接状态，选用更适合的视频，以获得更好的效果。目前使用最多的播放器有 RealNetworks 公司的 RealPlayer、Microsoft 公司的 Media Player 和 Apple 公司的 QuickTime 这三种产品。

9.3.2 流媒体开发平台简介

目前市场上主流的流媒体技术有 3 种：RealNetworks 公司的 RealMedia、Microsoft 公司的 Windows Media 和 Apple 公司的 QuickTime。这 3 家都有各自的流媒体格式、编解码算法和传输控制协议等。

1. RealMedia 流媒体

RealNetworks 公司于 20 世纪 90 年代中期最早推出了流媒体技术——RealMedia，在 Internet 上被公认为流媒体传输技术的先驱者。随着 Internet 的飞速发展，RealNetworks 公司拥有目前最多的用户，其用户数量已经超过 20 亿。

由 RealMedia 技术构成的系统 RealSystem 如图 9-6 所示，该系统由 3 部分组成：媒体内容制作工具 RealProducer、媒体服务器 RealServer 和客户端播放器 RealPlayer。

RealProducer 实际是一个编码器，它的作用是将其他格式的音视频等多媒体文件或实时的现场信号转换成 RealSystem 使用的 Real 格式文件(*.RM 等)传送给 RealServer，RealServer 将 RealProducer 制作好的流媒体内容通过 IP 网传送给用户，用户端则通过安装好的 RealPlayer 播放器提出请求，并对传送来的媒体节目进行播放。Real 格式文件有多种，表 9-1 列出了其中的几种。

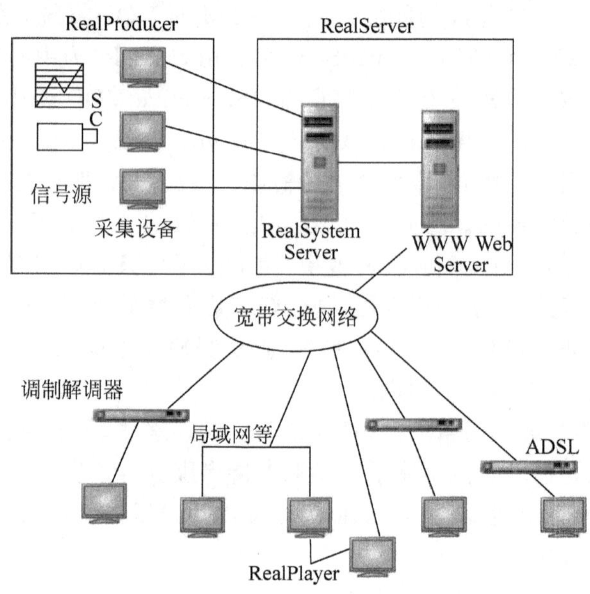

图 9-6　RealSystem 系统结构

表 9-1　Real 格式文件类型

文件类型(扩展名)	文件内容	文件类型(扩展名)	文 件 内 容
RealMovie(*.RM)	音视频流	RealText(*.RT)	
RealAudio(*.RA)	音频流	RealPix(*.RP)	
RealVideo(*.RV)	视频流	RealFlash(*.RF)	RealNetworks 公司与 Macromedia 公司合作推出的高压缩比的动画格式流

RealSystem 的编解码采用自己开发的编解码器，其中包含很多先进的设计，如 SVT(Scalable Video Technology，可扩展视频技术)、Two-psss Encoding(两次编码技术)。SVT 技术是其主要视频编解码技术，采用了基于小波变换的 Real 专用算法。当用户的连接速率低于编码的速率时，服务器端通过丢弃不重要的信息，来自动调整媒体的播放质量。Two-pass Encoding 技术类似于可变比特率编码(VBR)，它可以通过预先扫描整个媒体内容，再根据扫描结果选择最优化的压缩编码从而提高编码质量。RealSystem 的音频部分采用了 RealAudio 编码技术，在低带宽环境中传输时具有非常突出的优良性能。

为了提高流传播的质量，RealNetworks 采用了 SureStream 自适应流技术，该技术是 RealNetworks 公司最具有代表性的技术。首先，确立一个编码框架，编码器可以对同一多媒体数据按多种压缩比率进行编码，对应生成多种传输速率的数据流以适应不同网络带宽的需求，这些数据流集成在一个多媒体节目中。当播放器连接到一个能提供这种节目的媒体服务器时，服务器根据该播放器的连接速度，提供与之匹配的数据流。当播放器的网络带宽下降导致丢包时，服务器就会转向发送更低速率的数据流；而当播放器的连接速度又上升后，服务器又会自动转向提供更高速率的数据流。这中间的转变过程是瞬时完成的，用户不会感觉到中断或有间隔。

RealMedia 发展到现在，各个产品的版本不断升级，产品的功能也在不断壮大。例如，播放器已升级为 RealOne Plus，并且播放器已不再是单纯的播放器，而是将播放器、曲库管理、浏览器功能集于一身，RealProducer 已升级到 RealProducer 10 Plus，服务器则升级到功能更强大的 Helix Server，能够以更低的成本向更多的用户传送高质量的流媒体数据。

2. Windows Media 流媒体

Microsoft 公司是较晚涉足流媒体技术这个市场的，但是利用其 Windows 操作系统的便利性，将它的流媒体产品 Windows Media 捆绑在 Windows 操作系统这个平台上，免费提供流媒体服务以及相应的播放器，从而很快占据了相当的市场份额。

Windows Media 的系统结构类似于 MediaPlayer，也是由 3 部分组成，包括 Windows Media Encoder、Windows MediaServer 和 Windows MediaPlayer。Encoder 用于将源音视频数据转换成 Windows Media 使用的格式文件（*.ASF、*.WMA、*.WMV 等）并传送给 MediaServer；MediaServer 用于网络流媒体发布；Media Player 位于客户端，用于音视频数据的解码。

Windows Media 的核心是高级流格式（Advanced Streaming Format，ASF），它既是一个独立于编码方式的、支持在 IP 网上实时传播多媒体数据的公开技术标准，也是一种数据格式，微软定义为同步媒体的统一容器文件格式。ASF 可以使用任何一种底层传输协议，支持任意的压缩/解压缩编码方式，其在网络上传输的内容，被称为 ASF 流。

音视频、控制命令脚本等多媒体数据通过 ASF 技术编码成 ASF 格式，经网络传输，实现流式多媒体内容的发布。图 9-7 说明了通过 Windows Media 系统向用户提供流媒体内容的过程。

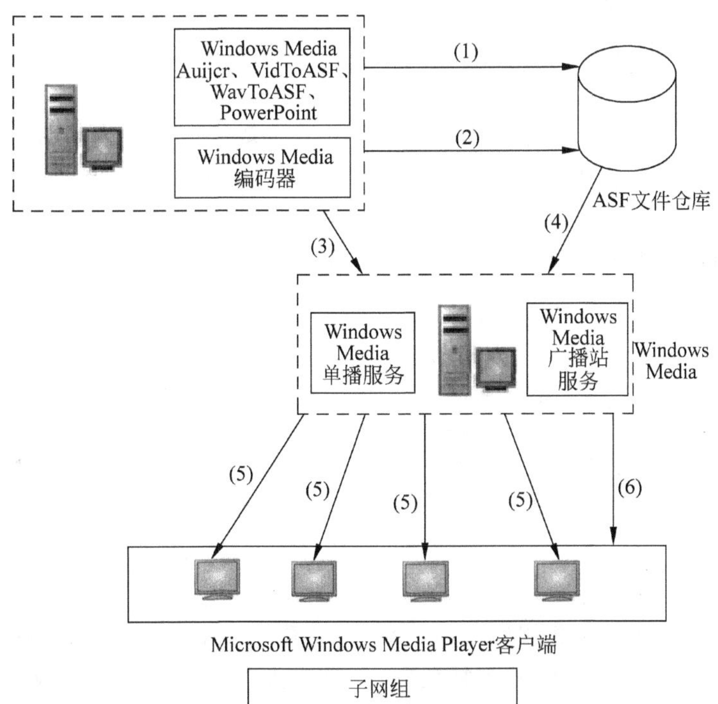

图 9-7 Windows Media 系统结构

(1) Windows Media 工具将其他格式的文件转换为.ASF 格式文件存入 ASF 文件仓库。

(2) Encoder 直接创建.ASF 文件放入 ASF 文件仓库(数据库)中存储起来。

(3) Encoder 将实时媒体内容(如一个摄像头实时捕捉到的信息)通过一个端口传送给 MediaServer。

(4) MediaServer 可以使用 ASF 文件仓库中的非实时文件。

(5) MediaServer 将其发布的媒体内容单播到客户端。

(6) MediaServer 将其发布的媒体内容组播到客户端。

.ASF 文件内容包括音视频数据,后来微软公司将仅限于音频的.ASF 文件改为.WMA 扩展名,将仅限于视频的.ASF 文件改为.WMV 扩展名。

Windows Media 采用了微软公司特有的智能流(Intelligent Stream)媒体技术,它与 RealNetworks 采用的 SureStream 自适应流技术一样,也是一种高级流技术,同样使服务器与播放器之间可以根据网络带宽进行播放以及质量的动态沟通和调整,其原理与 SureStream 自适应流技术相同。

3. QuickTime 流媒体

Apple 公司的 QuickTime 是数字媒体领域事实上的工业标准,它实际是一个媒体集成技术,包含了各种流式和非流式的媒体技术,是一个开放式的结构体系。从 1999 年发布的 QuickTime 4.0 版本它开始支持真正的流媒体。QuickTime 同样依托于其操作系统 Mac OS 的便利,拥有不少的用户。

QuickTime 系统将 QuickTime Broadcaster(编码器)、QuickTime Streaming Server(流媒体服务器)和 QuickTime Player(播放器)结合起来提供了基于 MPEG 4 的 Internet 广播系统。

QuickTime 的优点在于其极大的包容性和灵活的交互性,基于 QuickTime 平台可以使用多种媒体技术共同制作媒体内容,其中包括各种互动的界面和动画。

9.4 流媒体播放方式

1. 单播

客户端与媒体服务器之间是点到点连接,媒体服务器为每一提出请求的客户端单独发送一条媒体流,这种播放方式称为单播。可见,只有当客户端首先发出请求,服务器才会发送单播流,并且请求的用户数越多,单播流就越多,这会给服务器和网络带宽带来沉重负担。

2. 组播

媒体服务器只需发送一条媒体流,之后通过组播转发树再复制并转发该媒体流,使网络中的所有客户端共享同一条流,这种播放方式称为组播。可见,组播的好处是减少了网络上传输的媒体流的数量,从而节省了网络带宽。

3. 点播和广播

点播是指客户端主动与服务器取得联系，要求服务器传送指定的媒体流。点播连接时，用户可以对流进行开始、暂停、后退等 VCR 操作，实现对流的最大控制。由于点播最终传送的是单播流，因此，当点播的用户数不断增加时，网络带宽会迅速消耗殆尽。

广播是指服务器将一条媒体流向网络中的所有用户发布，而用户只能被动接收能通过 VCR 操作来控制流。这种广播连接同样会浪费网络带宽。

9.5 IPTV 系统技术

9.5.1 IPTV 系统定义和需求

IPTV(Internet Protocol TV 或 Interactive Personal TV)也叫交互式网络电视，是一种基于互联网的多媒体通信技术。IPTV 是一种以家用电视机或个人计算机为显示终端，通过互联网络协议传送电视信号，提供包括电视节目在内的内容丰富的多种交互式多媒体服务。IPTV 是计算、通信、多媒体和家电产品崭新技术的融合。IPTV 是一个双向的网络。

IPTV 业务利用 IP 网络(或者同时利用 IP 网络和 DVB 网络)，把来源于电视传媒、影视制片公司、新闻媒体机构、远程教育机构等各类内容提供商的内容，通过 IPTV 宽带业务应用平台(该平台往往不仅支持 TV，也支持其他业务)整合，传送到用户个人计算机、机顶盒＋电视机、多媒体手机(用于移动 IPTV)等终端，使得用户享受 IPTV 所带来的丰富多彩的宽带多媒体业务内容。

目前，IPTV 在全球范围内迅速发展，2006 年 6 月 30 日，全球 IPTV 用户数达到 300 万，是 2005 年同期两倍。其中，欧洲用户数最多并且在 2006 年发展最快，包括法国电信、意大利电信、英国电信都提供了 IPTV 业务，并且从相关咨询机构对 IPTV 的预测来看，IPTV 业务的发展前景非常乐观。在我国，IPTV 也在向积极的方向发展，中国电信和中国网通分别在 6 个地市获得了 IPTV 落地许可。

9.5.2 IPTV 系统组成

IPTV 的工作原理是把源端的电视信号数据进行编码处理，转化成适合 IP 网络传输的数据形式，然后通过 IP 网络传送，最后在接收端进行解码，再通过计算机或是电视播放。由于数据的传输速度要求比较高，所以要采用最新的高效视频压缩技术，例如 H.264、MPEG4 等。

IPTV 系统主要包括了节目提供系统、内容管理系统、中心媒体服务系统、运营支撑系统、IP 网络、边缘流媒体服务器、接入系统和 IPTV 终端等，如图 9-8 所示。

1. 节目提供系统

该部分主要完成节目的数字化，使原始节目成为能够在 IP 网络上传输的数字节目。主要功能是直播节目的编码压缩、转换和传送。

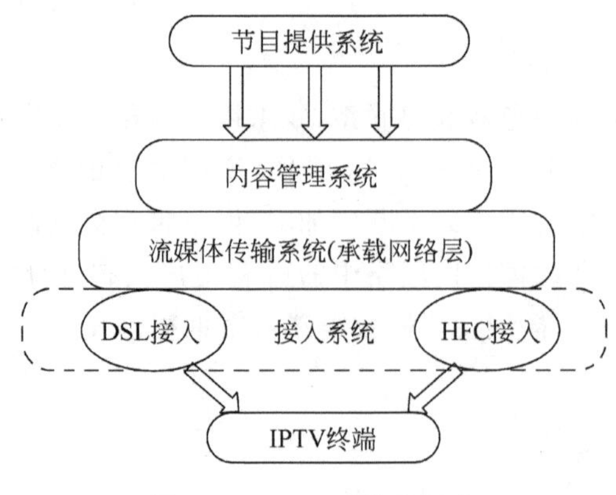

图 9-8 IPTV 系统的组成

2. 内容管理系统

内容管理系统主要功能是对 IPTV 的节目和内容进行管理,主要是内容管理和用户管理,功能包括内容审核、内容发布、内容下载、用户管理以及用户认证计费等。

3. 流媒体传送系统

流媒体传送系统主要包括的设备是中心/边缘流媒体服务器和存储分发网络。存储分发网络可以由多个服务器组成,它们之间通过负载均衡来实现大规模组网内容分发网络(Content Delivery Network,CDN)。

流媒体服务器是提供流式传输的核心设备。要求有很高的稳定性,同时能满足支持多个并发流和直播流的应用需求。

4. 接入系统

接入系统主要为 IPTV 终端提供接入功能,使 IPTV 终端能够顺利接入到 IP 网络,目前常见的接入方式为 xDSL 和 LAN 方式,也可采用 FTTC/FTTD 的方式,结合 ADSL、sDSL、Cable Modem 等技术,也可使用 FTTC+HFC 的方式向用户提供宽带接入。

5. IPTV 终端

目前 IPTV 终端主要有三种形式,即个人计算机、机顶盒+普通电视机和手机。其中,机顶盒+普通电视机是 IPTV 的用户最常见的消费终端。

9.5.3 IPTV 体系架构

为了适应 IPTV 快速推进迅速发展的需求。电信领域两大国际标准组织 ITU-FG 组 IPTV(Focus Group Internt Protocol TV)和 ETSI-TISPAN 为了推进 IPTV 的标准化,对 IPTV 的有关标准进行了定义。ITU-T 于 2006 年 4 月成立焦点 IPTV(FG IPTV)。FG IPTV 的职责是协调和促进全球各标准化组织、论坛、协会以及 ITU-T 相关研究组的 IPTV 标准化活动。FG IPTV 将向全球所有的 ITU-T 成员国、小会员(Sector Member)和协会开放,向任何 ITU-T 会员国的个人和企业开放,包括各种国际性、地区性和国家组织。

FG IPTV 首选需要进行的工作包括以下几个。

(1) 确定 IPTV 的定义，明确 IPTV 的业务场景、驱动力以及与其他业务和网络的关系；确定 IPTV 的业务需求和体系架构。

(2) 对现有 IPTV 标准和正在制定的标准进行审阅，分析标准缺失的环节，明确 ITU-T 在 IPTV 标准化中的工作方向。

(3) 协调现有的 IPTV 标准化工作，开发必要的新标准。

(4) 推进现有不同 IPTV 系统实现互操作。

FG IPTV 给出的 IPTV 的定义为：IPTV 是在 IP 网络上传送包含电视、视频、文本、图形和数据等，提供 QoS/QoE、安全、交互性和可靠性的、可管理的多媒体业务。IPTV 需要能够提供一定的服务质量保证，并满足可控、可管和交互性的相关要求。

FG IPTV 在 IPTV 业务需求文档中专门对 IPTV 的业务需求进行要求和说明。

对于 IPTV 需要支持的业务，FG IPTV 和 TISPAN 的描述虽不尽相同，但是可以看出都需要支持各种广播业务、点播业务、各种交互业务(如信息类、商务类、通信类、娱乐类、学习类等交互业务)。并且将 IPTV 业务所涉及的 4 个角色分别提出了相关需求，包括内容提供商、业务提供商、网络提供商和终端用户。目前我国网络提供商业务都是由运营商承担的，内容很多来自于广电的内容源。下面对 ITU-T FG IPTV 架构进行简单的讨论。

1. IPTV

图 9-9 是中国代表团 2007 在斯洛文尼亚的 Bled 市举行的 ITU-T FG IPTV 第四次议上提交的 IPTV 高层体系架构。

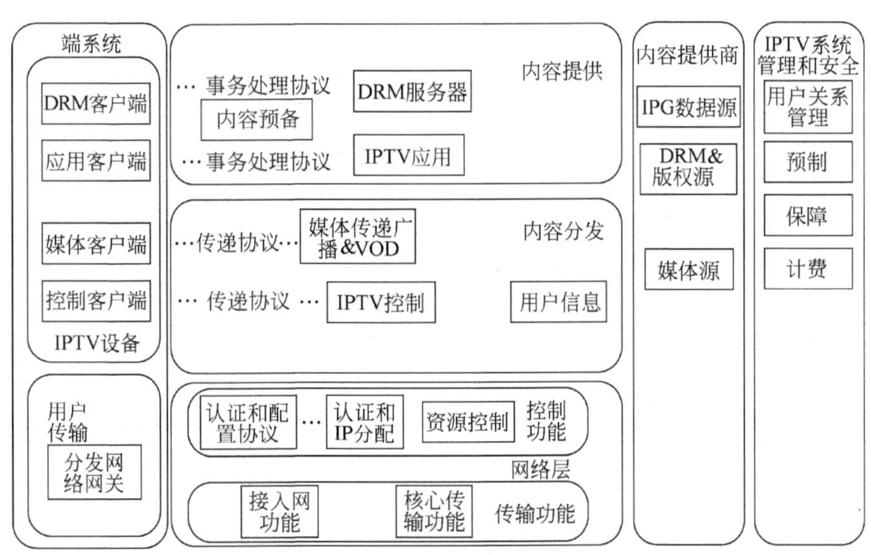

图 9-9 IPTV 高层体系架构

(1) 内容提供。负责提供与 IPTV 相关的内容，包括对 IPTV 进行一些预处理，如格式转换、根据版权管理的要求对内容加密等。

(2) IPTV 控制。提供对 IPTV 业务的预处理和业务提供处理，预处理包括向内容提供请求内容、生成内容分发策略、通过 EPG 部件发布业务信息；业务提供处理包括向用户分发业务信息,根据用户的定制信息提供内容授权信息,同时至少维护三类信息,分别是内容清单、业务清单和用户清单。

(3) 内容分发。在提供 IPTV 业务之前或提供 IPTV 业务过程中,要将内容信息传送给内容分发部分,同时为了实现内容的有效传送。内容分发还提供对内容的存储/缓存功能。当用户请求内容时,由 IPTV 控制指示内容分发功能获取相关的内容。内容分发支持和用户之间的直接交互,如播放、暂停控制等,并控制 IP 承载网实现资源预留。

(4) 端系统。对应 IPTV 业务用户终端需要提供的相关功能,包括采集用户的相关控制命令,和 IPTV 控制功能进行交互获得业务信息(如 EPG)、内容授权信息和加密密钥,还包括内容获取、内容解密和内容解码能力。

(5) IPTV 系统管理和安全。负责对整个系统的状态监测、配置和安全。

2006 年 7 月 10~14 日在日内瓦召开的 IPTV 会议确定了 FG IPTV 的组织架构 IPTV 体系架构,根据第二次会议的讨论,确定了分别开发基于 NGN(ITU-T Rec. Y. 012)和非 NGN 环境下的 IPTV 体系架构工作思路。

图 9-10 是 FG IPTV 体系架构文档中给出的 NGN-Based IPTV 架构。

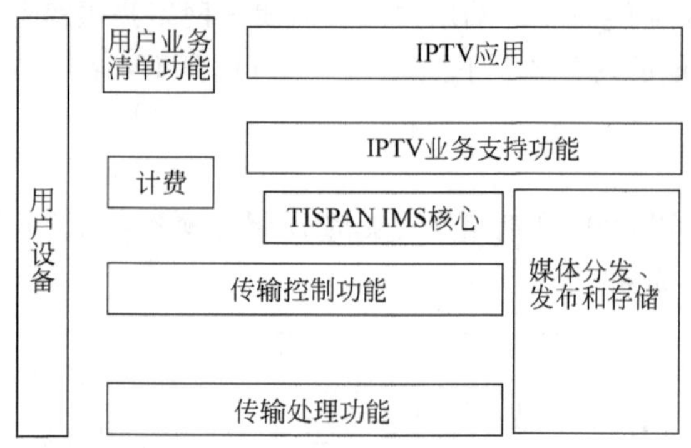

图 9-10 NGN-Based IPTV 架构

① 用户设备(UE)。终止 IPTV 控制和媒体信令,将相应信息显示给用户,用户通过 UE 可以选择节目、内容、业务描述。

② IPTV 业务支持功能(IPTV Service Supporting Function)。为各种 IPTV 业务和应用提供相应的支持功能,并为 IPTV 业务和应用提供相应的能力,如内容管理、业务选择和发现、EPG 等。

③ IPTV 应用(IPTV Application)。执行 IPTV 业务控制功能,向用户提供各种 IPTV 业务。

④ UPSF(用户业务清单功能)。存储和提供与用户相关的业务清单功能。

⑤ 计费(charging)。提供计费相关功能。

⑥ TISPAN IMS 核心(TISPAN Core-IMS)。提供鉴权、授权,以及和业务提供和内容分发相关的信令处理。它负责将信令消息路由到相应的应用服务器,或根据 UPSF 中信息执行业务触发,同时和 RACS(资源接纳控制子系统)进行交互完成资源预留和接纳控制。

⑦ 传送控制(Transport Control)。主要包括 RACS 和 NASS 相关功能。

⑧ 传送处理功能(Transport Process Function)。指接入网和 IP 承载网。

⑨ 媒体分发、发布和存储(Media Delivery，Distribution and Storing)。媒体分发和发布功能接收和保存从内容提供商进入到IPTV系统中的直播信息和媒体流，主要提供媒体处理、分发、存储和发布功能，所有的功能在IPTV业务以及相关的控制之下完成。

2. 组播控制方面

为了支持广播类IPTV业务，IPTV架构还需要考虑提供组播相关的功能，包括组播的实现和组播相关的控制。

在FG IPTV有专门的工作文档研究IPTV组播架构(IPTV Multicast Frameworks)，组播控制可以采用CDN、P2P和Overlay控制方式，或者采用不同控制方式相结合，FG IPTV在组播控制文档中对Overlay这种组播控制架构进行了详细描述。在Overlay这种控制方式下，承载网络中每个节点动态建立组播分发路径(工作方式类似于IP组播路由器)，路径中的每个网络节点负责向下行节点传送上行节点收到的媒体信息，承载网络之上的组播控制节点之间可以进行能力交互，这些组播控制节点中的某些节点将针对IPTV相关的业务部件执行策略管理、配置和监视功能，组播控制节点结合动态信息处理用户的业务请求。

3. 内容安全和版权保护

对于以内容为主要卖点的IPTV来说，离开了内容的保障，开展业务将面临极大的风险。IPTV的内容安全与业务开展息息相关，只有采用了完整的内容安全解决方案，才能保证IPTV业务的正常运营。通过对访问权限进行控制管理，充分保障用户的合法权限，从而有效地防止内容被非法盗看和篡改。而且只有在充分的内容安全条件下，内容提供商才会愿意提供他们的宝贵内容。

FG IPTV专门的工作文档(IPTV Security Aspects)对IPTV面临的安全威胁、安全要求、安全架构以及相应的安全机制进行研究，目前该文档关于安全威胁和安全要求方面的内容相对已经比较完善，但具体的解决方案还需要深入研究。

在目前的IPTV系统中应用较多的安全技术是IP-CAS技术、DRM技术和数字水印技术。

9.5.4 IPTV系统的关键技术

IPTV技术是一项系统技术，其关键技术主要包括音视频编解码技术、流媒体传送技术、宽带接入网络技术、IP机顶盒技术、数字版权管理技术等。

1. 音视频编解码技术

IPTV音视频编解码技术在整个系统中处于重要地位，IPTV作为IP网络上的视频应用，对音视频编解码有很高的要求。首先，编码要有高的压缩效率和好的图像质量，压缩效率越高，传输占用带宽越小；图像质量越高，用户体验则越好。其次，IPTV平台应能兼容不同编码标准的媒体文件，以适应今后业务的发展。最后，要求终端支持多种编码格式或具备解码能力在线升级功能。

IPTV采用了先进高效的视频压缩编码技术，使得视频流在800Kb/s的有限带宽上接近DVD(MPEG2)的视觉效果(DVD的视频传输带宽通常为3Mb/s)。目前主要编解码技术是 MPEG4、H.264 和 AVS 三种。MPEG 系列是重要的视频编码标准,所有的视频编码技术都参照了 MPEG 技术。MPEG4 具有高质量、低传输速率等优点,已广泛应用于网络多媒体、视频会议与监控等图像传输系统中。H.264 是新一代视频编码标准,2003 年 3 月公布了标准的最终草案,全称是 H.264/AVC 或 MPEG4 VisualPart 10。H.264 的压缩率是 MPEG2 的 2 倍以上、MPEG4 的 1.5～2 倍,这样超高的压缩率是以牺牲编码运算量为代价的,但其解码的运算量涨幅较小,比较容易实现用户接收播放。AVS 是我国拥有自主知识产权的第二代音视频编码技术标准,是高清晰度数字电视、宽带网络流媒体、移动多媒体通信、激光视盘等数字音视频产业群的基础性标准。2006 年 3 月正式成为国家标准。2007 年 5 月在斯洛文尼亚举办的 ITU-T FG IPTV 工作组第四次会议期间,AVS 获得国际认证,视频部分成为 IPTV 四个可选视频编码格式之一,这从经济上节约了巨大的专利费开支,否则,如果我国采用 MPEG4 或者 H.254 标准,每年将支付 200 亿～500 亿元人民币的专利费(MPEG2 专利代理公司 MPEGLA 规定,每一台 MPEG-2 解码设备,必须由设备生产商交纳 2.5 美元的专利使用费)。而 AVS 的专利政策对发展中国家较为合理,所有专利打包价格是每台解码器 1 元人民币。AVS 与 MPEG 相比,具有编码效率高、实现复杂度低、专利授权模式简单、收费低等优势。

2. 流媒体传送技术

IPTV 的核心业务是数字音视频流业务,流媒体传送技术相当重要,如果传送技术高效可靠,不仅可以节约系统带宽,还可以减轻系统负担,使系统得到优化。通常,IPTV 系统中流媒体的传送方式随用户接收方式不同而不同。从终端用户看主要有点播和广播两种接收方式。

1) 点播接收方式下流媒体传送

点播接收具有个性化,接收的内容和时间取决于用户喜好,具有实时交互特点。同时,点播业务对网络带宽的需求也很大,为了避免大量消耗骨干带宽,同时保证服务质量,要求 IP 网络能有效地将视频流推送到用户接入网络,使用户尽可能就近访问。内容分发网络(Content Delivery Network,CDN)就能提供这种支持。

CDN 有时也称为 MDN(Media Delivery Network)。CDN 是建立在现有 IP 网络基础结构之上的一种增值网络,是在应用层部署的一层网络架构。在传统的 IP 网络中,用户请求直接指向基于网络地址的原始服务器,而 CDN 业务提供了一个服务层,补充和延伸了 Internet 网络,把频繁访问的内容尽可能向用户推进,提供了处理基于内容进行流量转发的新能力,把路由导引到最佳服务器上,动态获得需要的内容。它改变了分布到使用者信息的方式,从被动的内容恢复转为主动的内容转发。

其具体工作过程是:CDN 把流媒体内容从源服务器复制分发到源靠近终端用户的缓存服务器上,当终端用户请求某个业务时,由最靠近请求来源地的缓存服务器提供服务。如果缓存服务器中没有用户要访问的内容,CDN 会根据配置自动到源服务器中搜索,抓取相应的内容,提供给用户。

CDN 技术具有的特点如下。

(1) 根据用户的地理位置和连接带宽,让用户连接到最近的服务器上去,访问速度快。

(2) 全局负载平衡,提高网络资源的利用率,提高网络服务的性能与质量。

(3) 热点内容主动传送，自动跟踪，自动更新。

(4) 网络具有高可靠、可用性，能容错且容易扩展。

(5) 无缝地集成到原有的网络和站点上去。

CDN 技术具有的优势如下。

(1) 可减少消耗的网络带宽，减少网络访问的延迟和用户响应时间。提高网络性能和网站内容的可用性。

(2) 提高网站资源的管理控制能力、智能分配路由和进行流量管理。

(3) 发送的内容受到保护，未授权的用户不能修改。

(4) 内容提供商可在本地自己决定服务的内容，内容是动态的。

(5) 内容提供商在降低成本的同时，提高了服务质量，提供的内容更多、速度更快。

(6) 可线性、平滑地增加新的设备，保护原有的投资。

因为上述的特点和优势，CDN 技术能加速和提高宽带流媒体的使用，使互联网的多媒体用户更加普及，这些应用包括在线播放、音乐点播、电视直播、游戏等，大大促进网上应用和服务的发展。

2) 广播接收方式下流媒体传送

广播接收在用户看来是被动的，用户对内容选择只限于所提供的频道，是非交互型的。由于收看广播的用户收看的是相同内容，为了减少网络带宽浪费，广播接收方式对 IP 网络提出了组播功能要求。

组播是一种允许一个或多个发送者(组播源)一次并同时发送单一的数据包到多个接收者的网络技术。组播源把数据包发送到特定组播组，只有属于该组播组的地址才能接收到数据包。在 IPTV 里，组播源往往仅有一个，即使用户数量成倍增长，主干带宽也不需要随之增加，因为无论有多少个目标地址，在整个网络的任何一条主干链路上只传送单一视频流，即所谓“一次发送，组内广播”。组播提高了数据传送效率，减少了主干网出现拥塞的可能性。

3. 宽带接入网络技术

IPTV 接入可以充分利用现有宽带接入技术，主要有 xDSL、FTTx＋LAN、CableModem 三种。

1) xDSL

目前，xDSL 技术中常用的技术有 ADSL 和 VDSL。

ADSL 是上、下行传输速率不相等的 DSL 技术，它在一对双绞线上提供的下行速率为 1.5～8Mb/s，上行速率为 640Kb/s～16Mb/s。目前 ADSL 是我国主要的宽带接入方式，普通家庭用户 ADSL 速率通常在下行 1Mb/s 左右，而 IPTV 需要大约 3Mb/s 的下行带宽，因此，普通用户 ADSL 可以通过提速支持 IPTV 业务。

ADSL 在一对双绞线上提供的下行速率为 3～52Mb/s，上行速率为 1.5～2.3Mb/s。因此，ADSL 可以更好地支持 IPTV 业务。

2) FTTx＋LAN

FTTx 技术是光纤到 x 的简称，它可以是光纤到户(FTTH)、光纤到局(FTTE)、光纤到配线盒/路边(FTTC)、光纤到大楼/办公室(FTTB/FFTO)。

光纤具有很宽的带宽,光纤到户技术非常有利于开展 IPTV 业务。

3) CableModem

CableModem 接入方式是利用有线电视的同轴电缆传送数据信息,它的上、下行速率可高达 48Mb/s。但 CableModem 是一种总线型的接入方式,同一条电缆上的用户互相共享带宽,在密集的住宅区,若用户过多,CableModem 一般难以达到较为理想的速率。

4. IP 机顶盒技术

IP 机顶盒主要实现以下 3 方面的功能:

(1) 通过与宽带接入网连接,收发和处理 IP 数据和视频流。

(2) 对 MPEG-1、MPEG-2、MPEG-4、WMV、Real 等编码格式接收的视频流进行解码,对解码,支持视频点播、电视屏幕显示、数字版权管理等功能。

(3) 支持 HTML 网页浏览、网络游戏等。

IPTV 机顶盒所有功能的实现均基于高性能微处理器,对芯片实时解码和纯软件实时解码应用的基本支撑平台是嵌入式操作系统。目前,IPTV 机顶盒的嵌入式操作系统基本上分为嵌入式 WinCE 和嵌入式 Linux 两类。

1) 嵌入式 WinCE 机顶盒

与 API 和 Win32 兼容是 WinCE 最大特点,使用 Windows 环境开发 WinCE 应用非常方便,此外,WMV9 播放器还可直接运行于 WinCE,许多现成的 Windows 组件稍加改造就能应用于终端上的网络管理以及视频流控制等。

2) 嵌入式 Linux 机顶盒

嵌入式 Linux 机顶盒以专用的多媒体微处理器为核心,辅以以太接口和视频接口构成系统。多媒体微处理器带有 MPEG-2 或 MPEG-4 实时解码功能芯片。

系统优点是:

(1) 视频处理速度明显提高,特别适合视频直播系统应用。

(2) 内存占用少,硬件结构紧凑,成本不高。

(3) Linux 源代码公开。有大量免费优秀开发工具和应用软件可用。

(4) Linux 操作系统非常稳定,内核精悍,运行所需资源少,并有优秀的网络功能的硬件数量庞大。高性价比是其最大特色。

5. 数字版权管理技术

数字版权管理(Digital Rights Management,DRM)是保护多媒体内容免受未经授权的播放和复制的一种方法。它为内容提供者保护他们私有的视频、音乐、彩铃、论文、图片等数字数据免受非法复制和使用提供了一种手段。DRM 技术通过对数字内容进行加密和附加使用规则对数字内容进行保护,其中,使用规则可以断定用户是否符合播放数字内容的条件。使用规则一般可以防止内容被复制或者限制内容的播放次数。操作系统和多媒体中间件负责实行这些规则。

DRM 技术的工作原理是:建立数字节目授权中心,编码压缩后的数字节目内容,利用密钥可以被加密保护,加密的数字节目头部存放着 KeyID 和节目授权中心的 URL。用户在点播时,根据节目头部的 KeyID 和 URL 信息,就可以通过数字节目授权中心的验证授权后送出相关的密钥解密，节目才可播放。没有得到数字节目授权中心的验证，受保护的节目即使被用户下载保存，也无法播放。

目前使用广泛的DRM技术是数字水印(Digital Watermark)，在受保护的视频、音乐、图片等数字数据中嵌入某些标志性信息(如作者、公司标志等)，这些信息很难被清除，不会影响用户正常观看节目，并且不易被肉眼察觉。

9.5.5 我国的IPTV现状与发展趋势

1. 我国IPTV发展现状

IPTV作为电视新展现形态的数字媒体，日益成为不可阻挡的大趋势。与全球IPTV快速发展大趋势一样，随着国内运营商IPTV试商用的地区与规模逐渐扩大以及广大消费者对IPTV的认知程度的不断提高，在用户规模总量偏小的基础上，我国IPTV保持了稳定快速增长态势。2010年底，中国IPTV用户规模约300万；2011年底，三网融合试点地区试商用用户达到约350万户；截至2012年8月，全国IPTV用户达到1900万户，据流媒体网统计，截至2012年底，全国IPTV用户达到2300万户，较之前有较大规模的提升。截至2014年底，全国IPTV用户达到3000万户。

IPTV等互联网视听节目服务的发展印证了电信业的媒体属性。就电视内容本身而言，与传统电视(有线、无线、卫星)相比，IPTV可能并无区别。但是由于网络互动性特征的存在，让IPTV可以更方便地提供诸如视频点播、互动游戏等交互式增值服务。电信重组改变了现有电信运营商的格局，中国电信将是IPTV发展的先行者，中国联通是IPTV业务的追随者，中国移动则将凭借其资金实力，将IPTV作为其发展固网业务的主要手段，而为产业发展带来更多的助力。

2. 我国IPTV发展趋势

工业化、信息化、城镇化、市场化和国际化深入发展是我国现代化建设面临的新形势和新任务。推进信息化与工业化融合是我国面临的长期任务。我国广播电视、电信和互联网等原本不同的网络设施产业正加快从产业分立走向产业融合的步伐是产业发展大趋势。在此背景下，尤其是随着2008年新一轮政治体制改革和相关政策的调整，我国包括IPTV在内的三网融合性业务正在进入快速发展期。

IPTV竞争优势来源于其个性化、人性化的电视节目内容和互动形式。随着应用的不断普及、市场规模的扩大，IPTV市场将吸引更多的内容提供商、内容集成商和增值服务提供商的进入，他们将为内容的创新、业务模式的探索带来更广阔的发展空间。而随着TD SCDMA的大规模商用和新一轮电信重组的完成，3G已经走入大众市场。从用户角度来看，3G终端可以成为IPTV用户终端的有效延伸。借助于3G终端个性化，IPTV以人为本的发展目标将会得到极大释放。

随着新一轮电信重组的完成，运营商不同的发展战略对IPTV的发展将形成不同的影响。但是，对于三大全业务电信运营商来讲，IPTV都会是其业务组合中非常重要的一环；已经获得IPTV牌照的5家IPTV牌照运营商已经借助2008年北京奥运会开始发力IPTV；而广电运营商通过数字电视双向改造和互动化也在推进向数字新媒体转型。截止到 2014 年,全国 IPTV 用户近 3000 万。

产业共赢是 IPTV 和数字电视融合发展的必由之路。IPTV 的媒体属性要求 IPTV 运营商以市场为基础,以网络为导向,以客户为中心,积极与媒体、娱乐、信息内容服务合作。IPTV 业务运营的核心问题并不在接入带宽上,而是在内容上,这是电信的弱项。因此,要满足市场需要就必须发挥 IPTV 与数字电视的功能互补性。除功能互补之外,还表现在覆盖区域的互补上。在那些有线电视不能覆盖的地区,IPTV 有很大的发展空间。

IPTV 是下一代网络(NGN)中最重要的业务之一,也是未来数字家庭中非常重要的一种业务形态。随着 ICT 的发展,电信网、互联网、有线电视网三网融合已成必然趋势。三网融合发展要求电视机终端和个人计算机终端都可以同时连接互联网和有线电视网,在接入互联网的同时能够接收数字电视广播。多种接入方式并存保证了能够以最优的方式提供单播、组播、广播和双向交互业务,满足数字新媒体的需求。在这样的趋势下,电信与广电产业价值链的融合也必然随之而实现,IPTV 和数字电视运营主体应该摒弃成见,相互借鉴对方发展战略、运营经验,共同推进三网融合,实现产业共赢的和谐发展新格局。

9.6 P2P 流媒体技术

当流媒体业务发展到一定阶段后,用户总数就会大幅度增加,传统的流媒体服务大都是客户机/服务器(C/S)模式,这种 C/S 模式(用户从流媒体服务器点击观看节目,然后流媒体服务器以单播方式把媒体流推送给用户)加单播方式来推送媒体流的缺陷如流媒体服务器带宽占用大、流媒体服务器处理能力要求高等便明显地显现出来,带宽、服务器等常常成为系统性能瓶颈,系统的可扩展性差。

近年来,人们把 P2P(Point to Point)技术引入到流媒体传输中而形成了 P2P 流媒体技术,该方法的优点有:

(1) 这种技术不需要互联网路由器和网络基础设施的支持,因此性价比高且易于部署。

(2) 在这种技术中,流媒体用户不只是可以下载媒体流,而且还可把媒体流上载给其他用户。

因此,这种方法可以扩大用户组的规模,同时更多的需求也带来了更多的资源。

9.6.1 P2P 流媒体系统基本概念

1. P2P 流媒体系统播送方式

P2P 流媒体系统按照其播送方式可分为直播系统和点播系统,此外近期还出现了既可以提供直播服务也可以提供点播服务的 P2P 流媒体系统。

1) 直播方式

用户按照节目列表收看当前正在播放的节目是流媒体直播服务的主要特点。在直播方式下,由于用户和服务器之间交互性较少,故技术实现相对简单,因此在直播服务方式下 P2P 技术发展迅速。CoolStreaming 原型系统是典型的直播模式,它是 2004 年由香港科技大学开发的,它将高可扩展和高可靠性的网状多播协议应用在 P2P 直播系统当中,被誉为流媒体直播方面的里程碑,后来出现的 PPLive 和 PPStream 等系统都沿用了其网状多播模式。

P2P 直播是最能体现 P2P 价值的表现，用户观看同一个节目，内容趋同，因此可以充分利用 P2P 的传递能力，理论上，在上/下行带宽对等的基础上，在线用户数可以无限扩展。

2）点播方式

相比之下，点播方式与直播方式有两点不同：在 P2P 流媒体点播服务中，用户可以选择节目列表中的任意节目观看；P2P 流媒体点播终端必须拥有硬盘，需要成本较高。在点播邻域，P2P 技术的发展速度相对缓慢，原因有两方面：一是因为点播当中的高度交互性实现的复杂程度较高；二是节目源版权因素对 P2P 点播技术的阻碍。适用于点播的应用层传输协议技术、底层编码技术以及数字版权技术等目前是 P2P 的点播技术主要的发展方向。

2. P2P 流媒体系统网络结构

目前 P2P 流媒体系统从覆盖网络的组织结构上可以被大体分成两大类，即基于树(Tree-based)的覆盖网络结构和数据驱动随机化的覆盖网络结构。

1）基于树的结构

大部分系统都可以归类为基于树形的结构。在这种结构中，节点被组织成某种传输数据的拓扑(通常是树，如图 9-11 所示)，每个数据分组都在同一拓扑上被传输。拓扑结构上的节点有明确定义的关系，例如，树结构中的“父节点-子节点”关系。其工作过程是：当某一节点收到数据包，它就把该数据包的拷贝转发到它的每一个子节点。这一方法是典型的推送方法。既然所有的数据包都遵循这一结构，那么保证这一结构在所有接收节点提供高性能时是最优的。更进一步，当节点随意加入和离开时，该结构必须得以维持。特别地，如果某节点突然崩溃或者其性能显著下降，它在该树结构上所有的后代节点都停止接收数据，即节点失效。靠近树根的节点失效将中断大量用户的数据传输，潜在地带来瞬时低性能的结果。避免出现环是当组建基于树的结构时另一个必须要解决的重要问题。

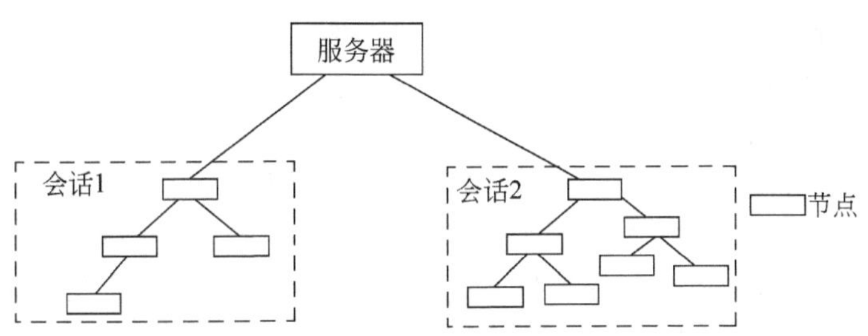

图 9-11 基于树的 P2P 流媒体传输

基于树形结构是最自然的方法，不需要复杂的视频编码算法。此外，在该结构中大多数节点都是叶子节点，没有使用到它们的上行带宽。为了解决这些问题，已有研究提出了一些带有弹性的结构，如基于多重树的方法。

2）数据驱动方法

用于 P2P 的数据驱动的方法是近年来人们提出的另一种网络结构。用数据的可用性去引导数据流，而并不是在高度动态的 P2P 环境下不断地修复拓扑结构是数据驱动的覆盖网络与基于树形结构方式的最大不同。

使用 Gossip 协议是一个不用明确维护拓扑结构的数据分发方法。在典型的 Gossip 协议中，随机选择一些节点，由主节点给这组随机选择的节点发送最近生成的消息；这些节点在下一次做同样的动作，其他节点也做同样的动作，直到该消息传送到所有节点。

对Gossip目标节点进行随机选择的优点在于：可以在存在随机失效的情况下使系统获得较好的健壮性；另外还可以避免中心化操作。但是，随机报送可能导致高带宽视频的大量冗余。此外，在没有明确的拓扑结构支持下，传输时延和最小化启动成为主要问题，所以Gossip不能直接用作视频广播。

Chainsaw、Cool-Streaming拉取技术是为了解决这些问题提出的解决方案。例如，节点维持一组伙伴，并周期性地同伙伴交换数据可用性信息，接着节点可以从一个或多个伙伴找回没有获得的数据，或者提供可用数据给伙伴。由于节点只在没有数据时去主动获取，所以避免了冗余。此外，由于任一数据块可能在多个伙伴上可用，所以覆盖网络对时效是健壮的。随机化的伙伴关系意味着节点间的潜在的可用带宽可以被完全利用是这种方案的另一个优点。

9.6.2 流媒体关键技术

由于P2P流媒体系统中节点存在不稳定性，P2P流媒体系统需要解决如下几个关键技术：文件定位、节点选择、容错机制以及安全机制等。

1. 文件定位技术

由于流媒体服务的实时性要求较高，所以快速准确的文件定位是流媒体系统要解决的基本问题之一。在覆盖网络中以P2P的文件查找方式，找到可提供所需媒体内容的节点并建立连接，接收这些节点提供的媒体内容，是P2P流媒体系统中新加入客户的文件定位方式。

通过分布式哈希表(DHT)算法来实现在P2P网络结构中定位是常用的方式；每个文件经哈希运算后得到一个唯一的标识符，每个节点也对应一个标识符。文件存储到与其标识符相近的节点中。查找文件时，首先哈希运算文件名得到该文件的标识符，通过不同的路径算法找到存放该文件的节点。虽然DHT方式查找文件快速有效，但是也存在一些固有的问题，例如在DHT中各个节点上文件是均匀分布的，媒体文件的热门度不能得到有效的反映，导致负载的不均衡；其次不能提供关键字的搜索也是DHT的一个缺陷，如不能同时包含媒体文件名、媒体类型等丰富信息的文件的查询。学者们对此做了一些改进，所以P2P方式的文件查找研究是近年来P2P计算的一个研究热点。

2. 节点的选择

在一个典型的P2P覆盖网络中，节点可以在任意时间自由地加入或离开覆盖网络，并且由于这些节点来自各个不同区域，从而导致覆盖网络具有很大的动态性和不可控性。因此，确定一个相对稳定的可提供一定QoS保证的服务节点或节点集合是P2P流媒体系统在服务会话初始时迫切需要解决的问题。

节点的选择可以根据不同的QoS需求采取不同的选择策略。若希望服务延迟小，可以选择邻近的节点快速建立会话，如在局域网内有提供服务的节点，就不选择Internet上的节点，这也可以避免Internet上的带宽波动和拥塞；若希望高质量服务，则可选择能够提供高带宽、CPU 能力强的节点，如在宽带接入的个人计算机和不对称数字用户线(ADSL)接入的终端之间选择前者；若希望得到较稳定的服务，应选择相对稳定的节点，如在系统中停留时间较长，不会频繁加入或退出系统的或正在接收服务的节点。通常选择的策略是上述几种需求的折中。具有代表性的节点选择机制有：PROMISE 体系中的端到端的选择机制和感知拓扑的选择机制、P2Cast 系统的“最合适”(Best Fit，BF)节点选择算法等。

3. 容错机制

由于 P2P 流媒体系统中节点的动态性，正在提供服务的节点可能会离开系统，传输链路也可能因拥塞而失效。为了保证接收服务的连续性，必须采取一些容错机制使系统的服务能力不受影响或尽快恢复。

采取主备用节点的方式是解决节点失效问题的一种方法。在选择发送节点时，应选择多个服务节点，其中某个节点(集)作为活动节点(集)，其余节点则作为备用节点。当活动节点失效时则由备用节点继续提供服务。不过，如何快速有效地检测节点的失效，以及如何保证在主备用节点切换的过程中流媒体服务的连续性是值得研究的问题。因为节点的故障检测时间应尽可能短，保证服务不中断才能保障流媒体服务的实时性。目前有大量关于如何缩短故障检测时间的研究，大都是采用软状态协议询问节点的存在，需要考虑询问频度与询问消息开销之间的折中。

另外，采用一些数据编码技术也可以提高系统的容错性，如前向错误编码(FEC)和多描述编码(MDC)。FEC 通过给压缩后的媒体码流加上一定的冗余信息来有效地提高系统的容错性，而 MDC 的基本思想是对同一媒体流的内容采用多种方式进行描述，每一种描述都可以单独解码并获得可以接受的解码质量，多个描述方式结合起来可以使解码质量得到增强。这两种编码都能适应客户异构性的特点，客户可以根据自己的能力选择收取多少数据进行解码。此外，为了取得更好的容错效果通常将 FEC 和 MDC 结合使用。

4. 安全机制

网络安全是 P2P 流媒体系统的基本要求。对 P2P 信息进行安全控制一般通过安全领域的身份识别认证、授权、数据完整性、保密性和不可公认性等技术来实现。现阶段可采用 DRM 技术实现对产权的控制；可以安装防火墙阻止非法用户访问实现基于企业级的 P2P 流媒体播出系统；可以通过数据包加密方式保证因特网上的 P2P 流媒体系统安全。可采用用户分级授权的办法在 P2P 流媒体系统内阻止非法访问。

9.6.3　P2P 流媒体的应用

P2P 流媒体技术的应用将为网络信息交流带来革命性的变化，同时网络的迅猛发展和普及也为 P2P 流媒体业务发展提供了强大市场推动力。目前常见的 P2P 流媒体的应用主要有以下几方面。

(1) 视频点播(VOD)。这是最常见、最流行的流媒体应用类型。

(2) 视频广播。视频广播可以看成是视频点播的扩展，它把节目源组织成频道方式提供。

(3) 交互式网络电视(IPTV)。IPTV 利用流媒体技术通过宽带网络传输数字电视信号给用户,这种应用有效地将电视、电信和计算机这 3 个领域结合在一起,具有很好的发展前景。

(4) 远程教学。远程教学可以看成是前面多种应用类型的综合,在远程教学中,可以采用多种模式,甚至混合的方式实现。远程教学以应用对象明确、内容丰富实用、运营模式成熟,成为目前商业上较为成功的流媒体应用。

(5) 交互游戏。需要通过流媒体的方式传递游戏场景的交互游戏,近年来得到了迅速的发展。其他流媒体系统的一些新的应用和服务,例如虚拟现实漫游、无线流媒体、个人数字助理(PDA)等也在迅速地变革和发展。

9.6.4 面临的挑战

P2P 流媒体发展如此迅速,目前,诸如 Cool Streaming、PPLive 等 P2P 流媒体软件吸引了大量的用户,显示出了巨大的生命力,但是构建一个有效的 P2P 流媒体系统还面临着许多挑战。

1. 管理节点并建立多播树

构建应用级多播树是给大量的接收者提供媒体内容的有效方法,应用较广,但建立有效的多播树,并在节点不断加入和退出时维护多播树存在一定难度,也是急需解决的问题之一。

2. 不可预知的节点失效

节点行为的不可预知性是 P2P 网络的特性和问题,如何快速地恢复系统的正常工作,保证系统的可靠性,减少服务中断时间是 P2P 流媒体系统面临的另一个挑战。

3. 适应网络状态变化

在一个媒体流会话期间网络状态可能改变,如拥塞或丢包率上升,因此流媒体系统的适应性是必需的。

P2P 流媒体系统的优越性引起了许多大学、研究机构以及商业机构的重视。尽管其设计方面仍存在一些需要解决的问题,但是随着运营商的加入,P2P 流媒体的研究势必取得更大的进展并将更加广泛地应用于商业领域。

9.7 流媒体的应用

流媒体应用可以根据传输模式、实时性、交互性粗略地分为多种类型。传输模式主要是指流媒体传输是点到点的方式还是点到多点的方式。点到点的模式一般用单播(Unicast)传输来实现。点到多点的模式一般采用组播(Multicast)传输来实现,在网络不支持组播的时候,也可以用多个单播传输来实现。实时性是指视频内容源是否实时产生、采集和播放。实时内容主要包括实况(Live)内容、视频会议节目内容等;而非实时内容指预先制作并存储好的媒体内容。交互性是指应用是否需要交互,即流媒体的传输是单向的还是双向的。

9.7.1 电子游戏

娱乐一直是多媒体应用的急先锋，而电子(计算机/网络)游戏更是倍受青少年朋友的欢迎。同时，电子游戏也是推动多媒体硬件和技术发展的最主要动力之一，特别是网络游戏的流行，对 3D、GPU 和网络技术的进步都起到了很大的推动作用。

1. 电子游戏发展简史

电子游戏的发展，最早可以追溯到 1961 年，MIT 学生 Martin Graetz 等人，在 PDP-1 小型机上开发的太空战(Spacewar!)。而最早的游戏机则是 1971 年 MIT 学生 Nolan Bushnell 设计的世界上首个业余游戏机——Computer Space(电脑空间)。Bushnell 于 1972 年创立了 Atari 公司，专门从事街机游戏的开发，推出了乒乓球(Pong)等流行游戏，成为电子游戏的鼻祖。

在 Atari 成功的诱惑下，许多公司觉得电子游戏有利可图，也纷纷加入这一领域，呈现出群雄争霸的态势。日本的任天堂(Nintendo)公司则脱颖而出，于 1985 年推出了游戏机 Super Mario Prob(超级马里奥兄弟)，取得了巨大成功，成为当时游戏机的霸主。这一时期角色扮演游戏占主流。

20 世纪 90 年代，涌现出大量计算机游戏，进入计算机游戏的时代，即时战略游戏开始兴盛，第一人称射手游戏也出现了。20 世纪 90 年代后期到近几年所推出的若干游戏机，也带有明显的计算机特征。例如，大量采用标准计算机部件、将游戏存储卡改换成光盘、提供 USB 接口等。

随着万维网应用的普及，从 20 世纪 90 年代后期开始，网络游戏占据了游戏市场的半壁江山，而且大有越演越烈之势。

2. 游戏类型

游戏的种类繁多，而且新的游戏类型还在不断出现。下面列出了目前的主要游戏类型。

(1) 动作游戏(Action Game)。包括战斗(Fighting)游戏和射击(Shooting)游戏等，后者又包括第一人称射手(First-Person Shooter，FPS)游戏和第三人称射手(Third Person Shooter)等，如死亡(Doom)被认为是 FPS 取得突破的一款游戏。

(2) 策略游戏(Strategy Game)。包括古典的回合制(Turn-Based)策略游戏，如文明帝国(Civilization)系列，和现代的即时策略(Real-Time Strategy，RTS)游戏，如沙丘魔堡 2(Dune Ⅱ)和战斗大师(Battlemaster)等。

(3) 角色扮演游戏(Role-Playing Game，RPG)。包括 MMORPG(Massively Multiplayer Online RPG，大型多人在线 RPG)和 MMOSG(Massively Multiplayer Online Social Game，大型多人在线社会游戏)。

(4) 运动游戏(Sports Game)。主要是足球等球类游戏，也包括棋牌类。

(5) 冒险游戏(Adventure Game)。目前发展较慢，主要靠(2D)美观的场景来吸引玩家。

(6) 竞赛游戏(Racing Game)。包括赛车、空战、赛马和赛艇等(非)载具的模拟游戏。

(7) 平台建造游戏(Platformer Game)。建设和管理模拟，不使用 3D 引擎，但是却占据大量的 CPU 运算时间来模拟所塑造的系统,有虚拟现实的发展倾向。

(8) 其他游戏。如人工生命和益智游戏等。

3. 游戏设备种类

(1) 大型游戏设备。20 世纪 80 年代曾流行公共场所娱乐用的大型游戏设备,包括视频廊(家用视频游戏机的前身)、群体(二三十人)乘驾模拟器(真实感电影,少互动)和独立网络模拟器(密闭驾驶舱,如空战技术中心)等,但由于它们的价格昂贵,一般只在游乐场、主题公园和度假胜地等公共娱乐场所才有。

(2) 游戏机。进入 20 世纪 90 年代,家用游戏机成为电子游戏的主流。游戏机一般由主机盒、控制器和(可更换的)游戏存储卡组成,连接电视机进行视频游戏。随着电子和三维技术的不断发展,游戏机的性能越来越高,高清晰电视机的出现,也提高了娱乐效果。当前的主流游戏机有任天堂公司的任天堂 64、GameCube、任天堂 DS、Sony 公司的 PlayStaion 系列、微软公司的 Xbox 系列等。

(3) 计算机。个人计算机也是电子游戏的主力军,甚至比游戏机更普及,是业余爱好者的首选。也有不少专为计算机游戏开发的配套设备,如力回馈摇杆、方向盘和脚踏板等。随着计算机(特别是 3D 显卡)技术的不断发展,计算机在硬件性能方面,可以与专业游戏机媲美。计算机游戏的产品种类更是数不胜数,从简单的俄罗斯方块,到非常复杂的用户可以自己创造和修改的 Counter-Strike。

(4) 便携式游戏设备。掌上游戏机、PDA 和手机,由于体积小、携带方便,也是现在十分流行的电子游戏设备。虽然由于显示界面和计算速度的限制,它们不能运行高性能的大型游戏,但是却是外出休闲和打发时光的一种不错的选择。

4. 主流游戏机

Sony 公司于 1994 年 12 月 3 日推出了采用 32 位芯片的视频游戏控制台 PlayStation(游戏站,PS1),后来于 2000 年 3 月 4 日又推出了带 64 位芯片的更新版 PlayStation 2(PS2)。PlayStation 在市场上取得了巨大成功,至今已销售了 1 亿多台。2000 年 9 月 Sony 公司还推出重新设计的小型版 PSone。PlayStation 3(PS3)也于 2006 年 11 月 11 日正式发布。PS3 具有蓝光光驱、高速 Cell 芯片、高速上网等高科技,但要求配套 1920×1080P 高清电视,参见图 9-12。

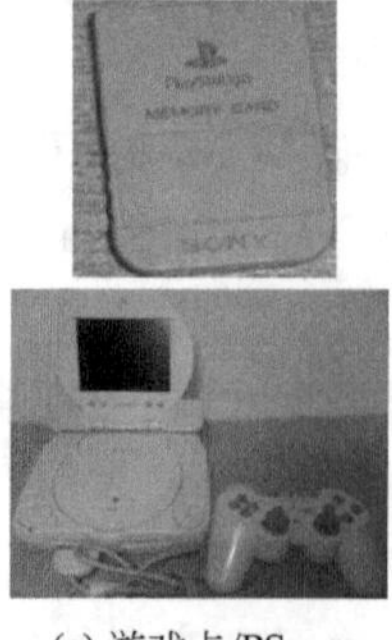

(a) 游戏卡/PSone

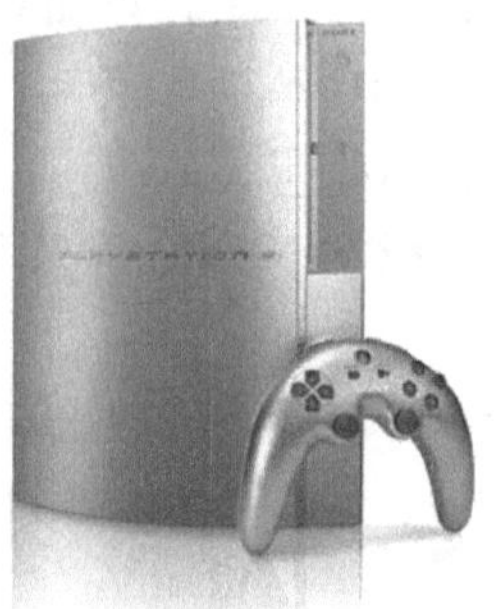

(b) PS3

图 9-12 Sony 公司的 PlayStation 游戏机

为了与 Sony 公司的 PlayStation 竞争，任天堂于 1996 年 6 月 23 日推出采用 64 位芯片和 CD-ROM 存储介质(替代游戏卡)的任天堂 64，销售十分热烈。为了与 Sony 的 PS2 竞争，任天堂又于 2001 年 9 月 14 日推出了 GameCube(游戏屋)，于 2004 年 11 月 21 日推出任天堂 DS，也都销售火旺，参见图 9-13。

(a) 任天堂64

(b) GameCube

(c) 任天堂DS

图 9-13 任天堂公司的游戏机

看见电子游戏市场的发展潜力与丰厚利润，微软也于 2000 年 3 月 10 日宣布了进军游戏机市场的 X-box 计划，并于 2001 年 11 月 15 日推出了视频游戏机 Xbox(未知盒)。Xbox 主要采用计算机硬件，包括 733MHz 的 Pentium Ⅲ CPU、标准硬盘、CD/DVD 存储介质等。2005 年 11 月 22 日又推出了 Xbox 360，采用 IBM 开发的三内核 3.2GHz 的 CPU，有两个 USB 2.0 接口，支持 HDTV 和 HD DVD。Xbox 和 Xbox 360 已销售近 3000 万部，参见图 9-14。

(a) Xbox游戏控制器和主机

(b) Xbox 360

图 9-14 微软公司的 Xbox 和 Xbox 360 游戏机

5. 游戏设计要素

大型游戏的开发需要许多门类的技术人员通力合作才能完成。游戏开发的四个要素分别为策划(游戏的灵魂)、程序(游戏的骨架)、美工(游戏的皮肤)和音效(游戏的外衣)。

1) 游戏的设计要素

(1) 策划。包括创意和设计，设计需针对玩家。

① 创意。游戏的构思靠创意。创意多，策划方案就有特色、内容就丰富。

② 设计。对创意进行可行性分析，确定游戏类型和玩法，设计剧情、实际操作和角色任务等。

③ 玩家。考虑玩者对象，包括学龄前(＜6 岁)、小学(7～11 岁)、青少年(12～16 岁)、

青年(16～24 岁)和成人(>22 岁)等各年龄段的特点。

(2) 程序。选择开发语言工具和接口,为游戏编写代码。

(3) 美工。制作游戏的图像画面和动画效果。

(4) 音效。给游戏添加音效可以营造气氛,感染玩家。

2) 游戏设计的三个基本组成部分

(1) 核心机制。定义游戏世界动作的规则。将设计师的构想转译成一组可以由计算机解读或能够被程序员理解的规则。

(2) 剧情故事。每个游戏都伴随着一段故事,或有玩家在游戏过程中创造的故事。没有故事,或者缺乏让玩家自己塑造故事的方式,游戏就无法使玩家感兴趣。故事的复杂性与深度,视游戏的需要而定。可以通过叙述将一部分故事告诉玩家,这是一种非互动性的故事表现形式。一个尚未成形的问题、一个未知的结局、或者能引起注意并欲罢不能的冲突,这就是故事之所以吸引人的所谓戏剧张力。

(3) 互动性。是玩家进行游戏(在游戏世界中视听与行动)的方式。互动性包含许多不同的主题:图形、音效和使用界面等,它们的组合就代表了游戏的体验。

6. 人工智能

没有人工智能就没有计算机游戏,缺少智能的游戏枯燥无味,吸引不了用户。游戏中的人工智能主要用于控制怪物的出现、行走算法和行为等,以及角色扮演游戏中的 NPC(Non-Player Character,非玩家特性)的说话和行为。聪明的游戏,能利用人类的行为特点,会采用心理战术,可以极大地吸引玩家。

9.7.2 视频点播

VOD(Video On Demand,视频点播/按需视频)也称为交互电视(Interactive TeleVision,ITV),是近年来新兴的传媒方式,也是多媒体应用的主要领域之一。VOD 技术是计算机、网络通信、多媒体、电视广播、数字压缩等多学科、多领域技术融合交叉的产物,有着极大的市场需求和美好的应用前景。特别是,随着数字电视(含 HDTV)的迅速普及,作为其主要应用之一的 VOD,也必将获得飞速发展。

1. VOD 的特点和问题

早在 1970 年,VOD 就引起人们的关注。VOD 能够从根本上改变传统电视的单向传输、用户无权控制收看内容和进程的落后状况,使用户可以根据需要,选择自己喜爱的节目和内容,并且可以完全控制节目的播放过程。目前,VOD 技术已经在许多小区、企业、宾馆、图书馆、博物馆、轮船、电视教学等领域得到了广泛的应用。因为 VOD 符合信息社会中广大消费者的深层次需要,将来必然会成为娱乐和获取信息的主流方式。

不过由于存储和播放影视数据,需要巨大的存储空间和传输带宽,加上现在的高速网络和数字电视技术的发展还不成熟,所以 VOD 的应用还不普遍。目前还只是在一些小区、宾馆和校园网上进行试点工作。数字电视中的 VOD 业务,也由于技术难度大、运营成本高、片源不够丰富等原因,目前也只是处于准点播阶段,还不能做到一一对应的任意交互点播。

2. VOD 的运行平台和 ITV 的主要交互功能

当前运行 VOD 有两大平台：有线电视网和 IP 网络。这两种主要实现方式各有千秋，优缺点如表 9-2 所示。

表 9-2 基于有线电视网和 IP 网络的 VOD 系统的比较

比较项目	基于有线电视网的 VOD	基于 IP 网络的 VOD
优点	线路普及率高 对双向线路无须重新布线	机群方式下支持大规模并发交互式点播,可基于 Web,与因特网接入平滑结合
缺点	对单向线路需进行改造 与有线电视共用线路,传输数据带宽受限制 难以支持大规模的并发交互式点播 由于政策限制,目前不能与因特网接入平滑结合	需进行结构化布线
点播终端	机顶盒＋电视机、计算机＋Cable Modem	机顶盒＋电视机、计算机
主要用户	数字电视用户、宾馆酒店	智能小区、校园网

ITV 的主要交互功能有：

(1) 观众与内容的交互。这是 VOD 的最大贡献,将收视的控制权完全交给用户。采用的方法有视频点播、交互节目指引、数字化的节目录播等。

(2) 媒体节目与内容的交互。不仅可以观看视频节目,还可以看到文本内容(如网页),实现了跨媒体交互。

(3) 播出与接收的交互。使传统的广播变成一种个性化的推播,根据个人的习惯与爱好来推动节目的传播,甚至可以让用户参与节目的制作。

3. VOD 的类型、实现形式和服务方式

1) VOD 的主要类型

(1) NVOD(Near VOD,准视频点播)。多个视频流(如 12 个)一次间隔一定的时间(如 10 分钟)启动,并播放同样的内容,用户可以选择最近的某个时间起点进行收看,等待时间不会超过视频流的间隔(如 10 分钟)。该方式中,一个视频流可以被许多用户共享,但是用户需要一定时间的等待,交互功能十分有限。

(2) TVOD(True VOD,真视频点播)。可真正做到即点即放。对每个不同时间点播的用户,都需要启动新的视频流,即每个视频流一半只为单个用户服务。不过,在该方式中,点播一旦开始,就不能停下来,必须一直播放下去。交互性也不好。

(3) IVOD(Interactive VOD,交互视频点播)。是 TVOD 的改进,不仅可以做到即点即播,还可以让用户对视频流进行交互控制,实现播放/停止、快进/快退和自动搜索等,是 VOD 的理想方式。但是,该方式对 VOD 系统和网络的要求极高,且操作复杂、价格昂贵。

2) VOD 的主要实现形式

(1) 在线交互。将交互内容在线等间隔轮播,用频道带宽换取用户进入的时间,让用户等待时间不超过轮播的间隔。主要应用于股票资讯、网站浏览和 NVOD 等大众内容的传播业务。该方式的优点是不受用户数限制、系统造价低；缺点是频道资源利用率低、内容的数量受频道限制较大、交互功能弱。

(2) 中央交互。通过交互网络与播放中心直接连接,实现各种交互功能,是 VOD 的最高境界。优点是功能全面,交互能力强;缺点是使用成本高、用户数量受带宽限制。

(3) 分布式互动。基于 IP 网络,有一个控制中心和多个播放点,存放有相同和不同的片源,可以根据用户的位置和需要,由控制中心启动某个播放点,来为该用户提供点播服务。

3) VOD 的服务方式有

(1) 单点播。用户独占一个频道,并可对节目进行完全的播放控制。这种服务具有快速响应、交互性好和服务质量高的优点,但是因为频道有限,需要预先申请预定,而且收费偏高。

(2) 多点播。若干用户共同拥有一个节目通道,但节目只能从头到尾线性播放,用户不能进行控制。这种方式相当于预约播放,属于简单的交互式电视,提供中等的服务质量,有较多的用户,收费中等。

(3) 广播。节目通道相当于一个有线电视频道,由 VOD 系统安排节目内容和播放时间表,每个节目可循环播放,供所有用户接收。用户不能控制播出时间,也不能控制播放的进度。该方式类似于电视广播,不具备交互性、提供较差的服务质量、有最多的用户、收费较低。

可见,VOD 的类型、实现形式和服务方式是相关的,是从不同的角度来对 VOD 的功能类型和服务形式进行描述。

4. VOD 的交互式业务分类

1) 存储释放终端交互方式

不需要回传通道,用户可以实时在接收端与接收机交互,或将大量信息保存在终端的存储器中,再实现非实时的终端交互。主要用于基于 IP 网络的计算机终端用户。

2) 面向人的实时交互方式

需要返回通道,响应时间>0.5s。在与电视业务的关系上,可以进一步分成:

(1) 与电视节目时间无关的交互业务。

(2) 与电视内容相关且同时的交互业务。

(3) 电视节目内容之前/后的交互业务。

5. VOD 系统的组成结构

VOD 系统主要由图 9-15 所示的 5 个部分构成。

1) 影视节目源

供用户点播观看的数字化节目内容,包括:

(1) 节目的存储格式(如 MPEG、ASF、AVI、RM 和 MOV 等)和设备(磁带、硬盘阵列和光盘塔/库/阵列等)。

(2) 节目的采集。将各种节目源,进行存储格式转换,采用统一高效的数据格式来存储。主要设备是视频采集卡,专业级的卡带有实时的压缩编码和格式转换功能。

(3) 节目的检索——最好能采用 MPEG-7 的多媒体内容描述接口来进行基于内容的视频节目检索。

2) 视频服务器

是 VOD 系统的关键设备,用于视频节目的存储、检索和传输。可以分成三种体系结构

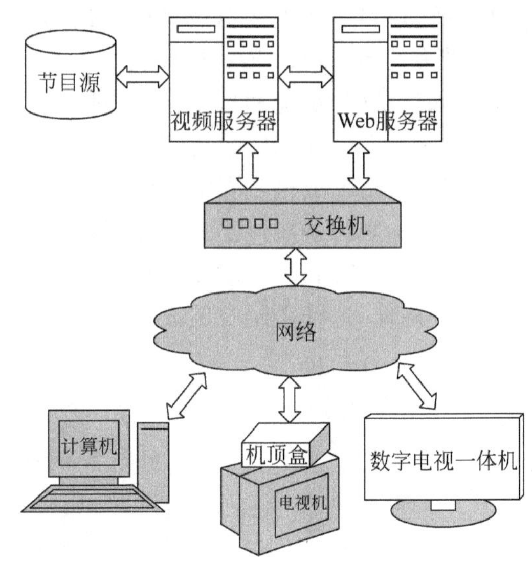

图 9-15 VOD 系统的结构

类型。

(1) 基于通用计算机的视频服务器。以高性能计算机为主机、以大容量硬盘为主要存储介质。由于硬件性能的限制，服务器结构过于简单，能同时服务的用户有限，交互能力也较差。一般面向小型网络的低端用户。

(2) 基于高级工作站的视频服务器。以高级工作站的基础上，增加支持视频数据访问的关键硬件，并对计算机系统进行进一步优化，可实现视频服务器的一般功能（如 Sun 公司的 MediaCenter UltraSPARC 等）。这是目前较为常见的设计思路，是中小规模视频服务器的主流。

(3) 基于专门硬件的视频服务器。从 I/O 单元开始重新设计的专用视频服务器硬件，性能优异、价格高，主要用于有线电视领域。

3) 传输网络

视频流必须通过高速宽带的网络才能传输到用户端播放，该网络必须支持双工、提供足够的带宽，并限制延时和抖动，才能保证传输的视频流质量。常见的传输方式有 ADSL 和 HDSL、有线电视（CATV）同轴电缆（Hybrid Fiber-Coax，HFC）、ATM 光纤等。

4) 用户终端

包括多媒体计算机（个人计算机或无盘工作站）、带机顶盒的电视机和交互式数字电视接收机。

5) 管理收费系统

编码寻址、有偿服务、安全可靠、有效管理、合理收费。

9.7.3 虚拟现实

VR（Virtual Reality，虚拟现实）是一种让用户可与计算机模拟的环境进行交互的技术。大多数虚拟现实环境主要基于视觉体验，由计算机屏幕或通过专用的立体显示器来显示。

但是有一些模拟还包含附加的感官信息,例如喇叭或耳机发出的声音。一些高级的实验系统包含有限的触觉信息,称为受力反馈(Force Feedback)。

用户能够通过使用标准输入设备(如键盘和鼠标)或通过多式设备(如接线手套(Wired Glove)和全向踏车(Omnidirectional Treadmill)等,参见图 9-16)来与虚拟环境交互。模拟的环境可与真实世界相似,例如飞行驾驶或格斗训练;或也可以与现实明显不同,如 VR 游戏。实际上,目前创建一个高保真的虚拟现实体验是非常困难的,主要是因为处理能力、图形分辨率和通信带宽等技术的限制。然而,随着时间的推移,处理器、图像和数据通信技术会越来越强大而且成本也会不断降低,这些限制有望被最终克服掉。

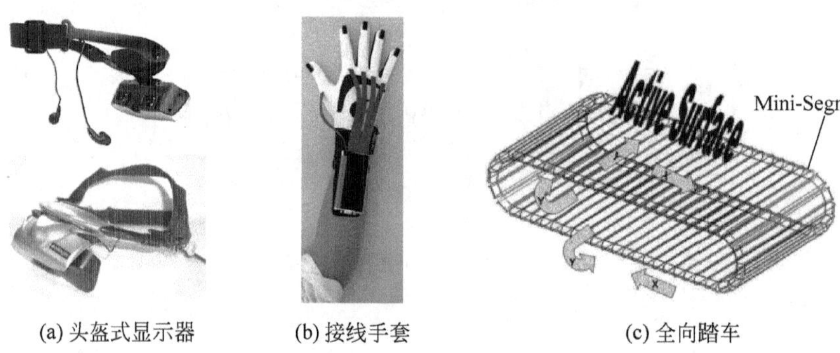

(a) 头盔式显示器　(b) 接线手套　(c) 全向踏车

图 9-16　头盔式显示器、接线手套和全向踏车

VR 是一门发展前景非常广阔的新兴技术。由于 VR 所产生的具有交互作用的虚拟世界,使得人机界面更加形象逼真,激发了人们对它的浓厚兴趣。近些年来,国内外对 VR 技术研究和应用也越来越广泛和深入,在诸如军事、航空航天、科技开发、设计制造、商业展示、医疗手术、教育和娱乐等领域,都得到了不同程度的应用。

1. 发展历史

早在 20 世纪 50 年代中期,美国的 Morton Heilig 就成功地利用电影和其他技术,让观众通过可使观众所有感官被包围的体验电影院(Experience Theater)经历了一次曼哈顿的想象之旅。1962 年 Heilig 又研制出了一种供一人观看的具有多种感官刺激(立体影像、立体声音、气味、风吹、座椅摇摆振动等)的立体电影系统 Sensorama。

1965 年,图灵奖获得者,美国的 Ivan Sutherland 在他的论文《终极显示》中,首次提出生成一种能使观察者沉浸和互动的环境。1968 年他又在其学生 Bob Sproull 的帮助下,研制成功头盔式显示器(Head Mounted Display,HMD),1970 年加入受力反馈装置后制成功能更齐全的 HMD 系统。由于在 VR 技术上所起的里程碑式的作用,Sutherland 被誉为虚拟现实之父。

20 世纪 80 年代初,Jaron Lanier 造出词汇"Virtual Reality"。20 世纪 80 年代美国的国家航天局和国防部组织了一系列的 VR 技术研究(如 1984 年的用于火星探测的虚拟世界视觉显示器),取得了令人瞩目的成果,引起人们对 VR 的关注。

进入 20 世纪 90 年代后,随着计算机硬件技术的不断进步,使得基于大型数据集合的声音和图像的实时三维动画成为可能。人机交互系统的设计不断创新,新颖、实用的输入设备不断涌入市场,VR 技术得到了迅猛发展。典型的成功应用实例有宇航员的航天飞机 VR

训练和波音777飞机的虚拟制造。

2. 系统构成

VR是一种以计算机为核心，生成逼真的视、听、触觉等一体化的虚拟环境的技术，用户借助必要的设备，以自然的方式，与虚拟世界中的物体进行交互并相互影响，从而产生身临其境的感受和体验。

典型的VR系统主要由计算机、应用软件系统、输入输出设备、数据库和用户等部分组成，如图9-17所示。

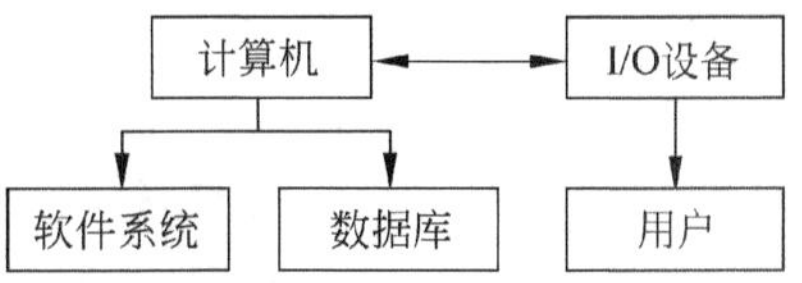

图9-17 VR系统

1）计算机

负责虚拟世界的生成和人机交互的实现，是VR系统的心脏。由于虚拟世界本身的高度复杂性，使得虚拟世界的生成需要极大的计算量，所以VR对计算机的性能和配置提出了极高的要求。

（1）低档VR系统。计算机＋3D图形加速卡。

（2）中档VR系统。Sun或SGI的图形工作站。

（3）高档VR系统。分布式计算机系统。

2）输入输出设备

为了实现人与虚拟世界的自然交互，VR系统必须采用特殊的I/O设备，以产生幻觉和识别用户的各种形式的输入，并实时生成相应的感觉信息（视听觉和受力反馈）。常用的设备有：

（1）数据手套。加上空间跟踪定位设备，可感知物体和运动（位置和方向的变化）。

（2）头盔式显示器。产生立体的声音和图像，同时感知头部的位置、方向和移动。

3）全向行走器

感知人体的行走和位移。

软件系统和数据库。VR应用软件的功能包括：建立虚拟世界中物体的几何/物理/行为模型和虚拟世界的数据库、生成三维虚拟立体声和实时三维图像、管理模型和数据库等。

图9-18是一个典型的沉浸式VR系统的示意图。

3. 技术特性

VR技术有4个主要特性：沉浸性、交互性、想象性和自主性。

（1）沉浸性（Immersion）。用户感受到被虚拟世界所包围，好像完全置身于虚拟世界之中一样，难辨真假。沉浸性来源于对虚拟世界的多感知性，除了常见的视觉和听觉外，还包括力觉、触觉、运动觉、味觉和嗅觉感知等。目前较为成熟的技术是视觉、听觉和触觉的沉浸。

（2）交互性（Interactivity）。主要借助于VR系统中的特殊设备（如数据手套、受力反馈装置和全向行走器等），使用户通过自然方式，来产生同真实世界一样感觉的交互性。如抓取物体、触摸表面、感觉重量等。

（3）想象性（Imagination）。虚拟环境是设计者构造出来的，可以用于解决工程技术、军事和医学等领域的某些棘手问题。如观看未建成的建筑和飞机、进行危险的核试验、经历难

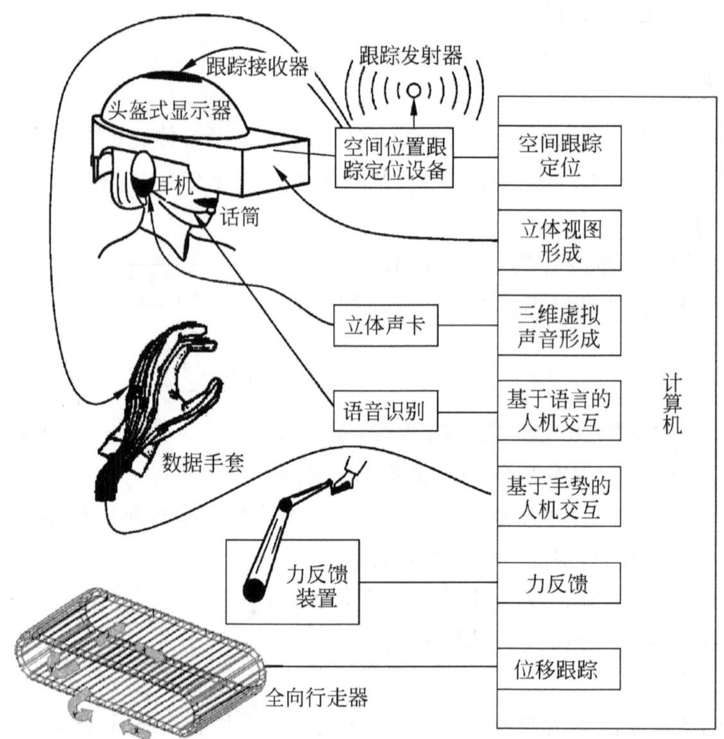

图 9-18 典型的沉浸式 VR 系统

遇的飞机事故、远程外科手术等。

(4) 自主性(Autonomy)。自主性是指虚拟环境中的物体依据现实世界物理运功定律的程度。要求用户能以宏观世界的实际动作或以人类熟悉的方式来操作虚拟系统,让用户感觉到面对的是一个真实的世界。

4. 系统分类

VR 系统可以划分为如下四种主要类型。

(1) 沉浸式 VR 系统。通过头盔和洞穴式显示器、数据手套、受力反馈装置和全向行走器等设备,把参与者的感觉封闭起来,提供高度的沉浸体验,使用户有一种完全置身于虚拟世界之中的感觉。还可以分为基于头盔显示器、投影式和遥在式(远程遥控)的沉浸式 VR 系统。

(2) 桌面式 VR 系统。也称为窗口 VR,利用计算机和图形工作站、数据手套和三维鼠标等设备,采用立体图形、自然交互等技术,并通过计算机屏幕来观看虚拟世界。对硬件要求较低,缺少沉浸感。

(3) 增强式 VR 系统。也叫增强现实(Augmented Reality,AR)。与沉浸式 VR 系统将虚拟世界与真实世界完全隔离不同,AR 系统是将虚拟对象叠加在真实世界之中,把真实环境和虚拟环境结合起来。既可以减少构造复杂场景的开销,又可以操作实际物体,达到虚实融合、亦幻亦真的境界。

(4) 分布式 VR 系统。是 VR 技术和网络技术发展结合产物,构造一个网络虚拟世界。

使位于不同物理位置的多个用户或多个虚拟世界，通过网络有机地连接在一起，并可以互相交互，从而将虚拟现实提升到了一个更高的阶段。

5. 应用领域

统计表明，目前 VR 技术在军事、航空、医学、机器人和娱乐业的应用占主流，其次是教育、艺术和商业方面，另外在可视化、制造业领域也有应用，参见图 9-19。

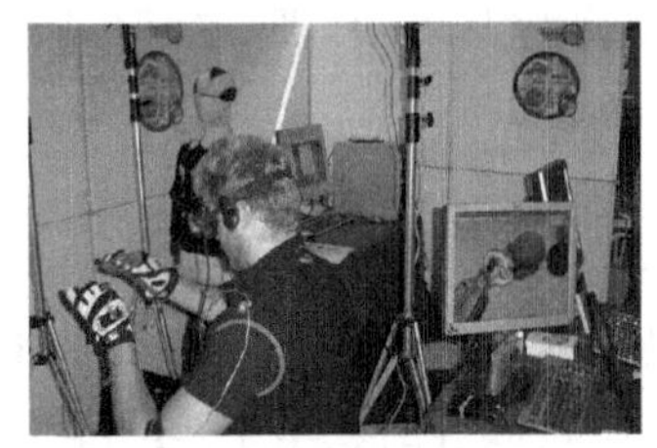

(a) VR实验室

(b) 沉浸式VR

(c) VR汽车模拟驾驶室

(d) VR飞行模拟舱

(e) VR直升飞机驾驶

图 9-19　VR 及其应用

1）军事应用及视景仿真

虚拟现实的视景仿真技术由于其在应用上的安全性，在航空航天、航海、核电等方面一直备受重用，特别是在军事领域。视景仿真技术已成为武器系统研制与试验的先导技术、校验技术和分析技术。美国宇航局利用虚拟现实技术对空间站、哈勃太空望远镜等军事进行了仿真，已经建立了航空、卫星维护、空间站虚拟现实训练系统。美军采用虚拟现实技术进行了包括军事教育、军事训练、飞行训练、战场场景虚拟等研究，并不断开发其在武器试验方面的功能，扩大其应用范围，将其用于导弹的飞行环境仿真、虚拟电磁环境仿真等。美国的响尾蛇空对空导弹，爱国者、罗兰特及尾刺地对空导弹，先进中程对空导弹等都进行了虚拟现实试验。采用虚拟现实仿真技术，可使实弹减少 15%～30%，研制费用节省 10%～40%，研制周期缩短 30%～40%。美军认为："在涉及武器及国防系统的野外试验中，计算机建模与仿真起着很重要的作用，尤其是那些复杂的系统，或者是效果难以重复或根本不可能重复的系统，如战略核武器和电子技术系统更是如此。"

2）科学计算可视化

科学计算可视化是指用计算机图形产生视觉图像，帮助理解科学概念或结果的复杂数值表示。通过视觉信息把握系统中变量之间、变量与参数之间、变量与外部作用之间的变化关系，可直接了解系统的静态和动态特性，深化对系统模型概念化和形象化的理解。这是由于在三维环境中信息的显示要比信息的二维显示更有价值，更容易被理解与应用。物体受力、红外光、微波、雷达、电磁场、在通道中流动的各种物质影响的数据都不是可见的，利用虚拟现实技术,可以很容易地将这些东西可视化和形象化,并进行交互式分析。

3) 教育培训及娱乐

在虚拟环境中培训不仅可以减少费用,而且也允许进行高度冒险和高难度培训。通过虚拟现实技术,领航员和医学人员能再现紧急过程,警察可以用其来恢复人质被劫现场。娱乐应用是虚拟现实系统的一个重要应用领域,它能够提供更为逼真的虚拟环境,从而使人们享受其中的乐趣,带来更好的娱乐感。如高尔夫球虚拟现实系统,可以模拟多个著名球场的实况。另外,利用虚拟现实技术,可以对文物古迹进行复原,并进行漫游,使人们领略古老的文化,同时也对文物起到了保护作用。

4) 医学应用

虚拟现实在医学方面的应用大致上有两类。

一类是虚拟人体,也就是数字化人体。虚拟人体在医学方面的应用具有十分重要的现实意义,使医生更容易了解人体的构造和功能。在虚拟解剖教学中,学生和教师可以直接与三维模型交互。借助于跟踪球、HMD、感觉手套等虚拟的探索工具,可以达到采用模型或真实标本等常规方法不可能达到的效果。

另一类是虚拟技术系统,其意义表现为两个方面:一方面通过虚拟现实再现手术过程,对手术过种进行分析和指导;另一方面可以进行远程手术,医生对病人模型进行手术,他的动作通过通信系统传送给远处的手术机器人,使其对实际的病人进行手术。手术的实际图像也可以传回到远处的医生处,以实现交互。

5) 虚拟制造

虚拟制造技术采用计算机仿真和虚拟现实技术,在分布技术环境中开展群组协同工作,实现产品的外地设计、制造和装配,是 CAD/CAM 等技术的高级阶段。

虚拟现实技术的应用前景十分广阔,它还可以在遥控机器人学、多媒体远程教育、艺术创作等方面得到应用,发展前景诱人。从某种意义上说。它将改变人们的思维方式,改变人们对世界、自己、空间和时间的看法。随着 Internet 技术的发展。Internet 技术与 VR 技术的结合为虚拟现实的未来提供了更广阔的应用的景。

6) 其他方面的应用

(1) 视频广播。视频广播可以看作是视频点播的扩展,它把节目源组织成频道,以广播的方式提供。用户通过加入频道来收看预定好的节目。视频广播不具有交互性。

(2) Internet TV。Internet TV 在提供方式上类似视频广播,也是以频道的方式提供的,但是 Internet TV 的功能更类似于一般的电视,其节目一般也是直接来自电视节目,通过实时的编码、压缩制作而成的。Internet TV 还可以实现实况转播,而且可以实现先进的多视角实况转播,特别是对于体育比赛,用户可以在不同的视角间切换。同时,相关的评论、资料信息也可以传送到用户端的计算机上显示。

(3) 视频监视。通过安装在不同地点并且与网络连接的摄像头,视频监视系统可以实现远程监测。与传统的基于电视系统的监测不同,视频监测信息可以通过网络以流媒体的形式传输,因此更为方便灵活。视频监视也可以应用在个人领域,例如可以远程监控家里的情况。

(4) 视频会议。视频会议可以是双方的,也可以是多方的。前者可以作为视频电话,视频流媒体信息可以点到点的方式传送。多方的视频会议需要多点控制单元,需要以广播的方式传输。视频会议是典型的具有交互性的流媒体应用。

(5) 远程教学。远程教学目前的应用也比较广泛,而且具有很好的市场应用前景。远程教学可以看作是前面多种应用类型的综合。在远程教学中,可以采用多种模式,甚至混合的方式实现。例如,可以采用点播的方式传送教学节目,以广播的方式实况播放老师上课,以会议的方式进行课堂交流等。远程教学以应用对象明确、内容丰富实用、运营模式成熟而成为目前商业上比较成功的流媒体应用。

(6) 电视上网。通过指尖按遥控器,消费者可以将互联网带到他们的电视中,订购食品、在家里存钱、搜寻信息、玩在线游戏等。消费者还可以在舒适的睡椅上发送/接收电子邮件。通过聊天和即时消息与朋友和家人联系,甚至可以通过遥控器举行电视会议。

(7) 音乐播放。用户能通过音乐中心可以点播、收听系统提供的各类音乐节目。

(8) 在线电台。在线电台将广播电台的实时节目转换为相应的各个网络电台,进行实时网络发布,供用户收听,这将大大提高广播电台的覆盖率。在节目播出后系统还可以将点播内容作为音频文件供用户点播。

总之,目前基于流媒体的应用非常多、发展非常快。丰富的流媒体应用对用户有很强的吸引力。在解决了制约流媒体的关键技术问题后,可以预料,流媒体应用必然会成为未来网络的主流应用。

复习思考题

1. 当前市场上主流的流媒体技术有哪几种?
2. 简述流媒体系统的基本构成。
3. 结合某种具体应用简述流媒体工作原理。
4. 阐述 RSVP 的工作原理。
5. 结合用户 IPTV 系统的需求,查阅资料,了解 IPTV 系统在我国和世界上其他国家的发展趋势。
6. 什么是流媒体? 流媒体通信有哪些主要特点?
7. 主要的流媒体公司、产品和文件格式有哪些?
8. 因特网传输层的两个并列协议 TCP 与 UDP 各有什么特性和适用范围?
9. 对流媒体应用来说,IP 网络有哪些缺点?
10. 讨论 IPv4 的不足与 IPv6 的改进。
11. 给出 RTP 与 RTCP 的英文原文与中文译文,以及它们各自的功能。
12. 给出 RSVP 的英文原文与中文译文,以及它的功能。
13. RSVP 有哪些基本特性?
14. 给出 RTSP 的英文原文与中文译文,以及它的功能和特点。
15. RTSP 有哪些基本的命令请求?
16. IPv6、RTP/RTCP、RSVP 和 RTSP 分别位于因特网的哪些层?
17. 与单目标广播相比,多目标广播有什么优点?
18. 多媒体的主要应用有哪些?
19. 电子游戏有哪些种类? 使用哪些硬件设备?

20. 给出 VOD 的英文原文与中文译文。它有哪几种类型？由哪几部分构成？
21. 给出 VR 的英文原文、中文译文和定义。
22. VR 有哪些主要的专用 I/O 设备？
23. VR 有哪些技术特征？如何给 VR 分类？
24. VR 的主要应用领域有哪些？

第10章 多媒体通信

通信有很多种方法，古时的人们用“烽火台”来汇报军情，而近代人们开始使用书信作为通信的主要手段，但随着计算机网络技术的发展，人类社会进入了信息社会，信息的交换以前所未有的速度进行着。

现今网络的速度得到了很大的提升，如 ADSL、视迅宽带、光纤网、无线网络都使得上网越来越大众化，更主要的是网络的接入速度基本可以满足媒体通信的带宽要求，这样使媒体通信成为可能。人们的通信出现了直接“面对面”式的通信方式，使得通信资讯以更快更好的方式进行传达，如 QQ 的视频通信、网络会议系统等。人类社会进入了信息型的新型社会，国力的竞争转变成信息技术的竞争。

10.1 多媒体通信概述

10.1.1 多媒体通信的影响和特点

多媒体网络应用很广泛，如视频会议、远程教育、新闻发布、嵌入音频和视频的 Web 应用等。现在主要的应用有以下几个方面。

(1) 现场的电视广播或视频点播。以前接触比较多的电视现场直播，一般是通过电视网络实现的，但它传播的距离有限，一般限于一定的地区，当需要传播到更远的地方时就要利用卫星技术了。Internet 是全世界的网络，它覆盖到世界的每个角落，把电视广播或预制的内容广播传到 Internet 上，这样就可以使得世界上的任何一个角落可以欣赏电视界面了。这类的软件很多，如图 10-1 所示的 PPStream 1.0.0.1112 网络电视就是为此类目的开发的。

PPStream 与传统的网络电视有些不同，它是基于 P2P-Streaming 技术的，它和现在网络上流行的 BT 下载工具的原理一样，当使用这种软件的用户越多，就越能为宽带用户提供稳定和流畅的视频直播节目，使用它的目的就是充分地利用网络的带宽。它同时支持万人同时在线的大规模访问。这里要注意的是 P2P-Streaming 技术，由于它可以充分利用本地的网络带宽，它在媒体方面的应用必将成为以后技术发展的新趋势。

(2) 网络电话。利用这种技术使得人们可以通过 Internet 进行现场的通话，在网络通话的同时传输视频数据；另外 IP 电话虽然不可以传输视频数据，但它利用网络长途通话费用低的特点，使得人们可以长途通话。如 200、201 等电话服务就是利用这个技术为广大的市民提供高质量而实惠的长途通话。

图 10-1 PPStream 界面

(3) 多媒体网络资讯交流系统。多媒体网络教育现在非常火热,原因在于它提供了人们足不出户就可以学习新知识的途径。知识以前所未有的速度和广度进行传播。如图 10-2 所示为清华网络教学的视频演讲,通过这个系统用户可以一边浏览教学的板书,一边听老师讲解教学内容,还可以随时点击要学习的内容进行复习。

图 10-2 清华网络视频教育

网络资讯交流系统的另外一个应用就是网络会议系统了,在这里不再详述了。

多媒体通信系统有以下几个特点:

(1) 集成性。多媒体通信至少能够传送两种以上的媒体，如声音、视频、图像等，并且能够处理这些媒体的编码和解码。多媒体通信是与多种显示媒体进行通信的多媒体通信系统。

(2) 交互性。多媒体通信不像传统的通信系统那样进行简单的通信，它必须能以交互的方式进行工作。交互的方式就是指多媒体终端用户可以对通信的全过程具有完全的交互控制能力。这是多媒体系统区别于传统系统的主要特征。

(3) 同步性。如图 10-2 在进行远程教育的时候，已经调用了几种媒体，如：

① 视频媒体。图中老师在解说知识要点。

② 图片媒体。图中老师解说的板书。

③ 声音媒体。结合在视频媒体中，同步播放。

多媒体通信终端要以同步方式输出这几种媒体，并时刻保持它们在时间和空间上的相关性，构成一个完整的资料发送给用户。

10.1.2　多媒体通信的实现途径

多媒体通信必须要有很好的体系结构来规范其实现。国际上提出了一种适应于多媒体通信的结构模型，如表 10-1 所示。

表 10-1　多媒体通信的体系结构

<table>
<tr><th colspan="2">一般应用</th><th colspan="2">特殊应用</th></tr>
<tr><td colspan="4">多媒体通信平台</td></tr>
<tr><td colspan="4">网络通信平台</td></tr>
<tr><td colspan="4">传输网络</td></tr>
<tr><td>LAN
MAN
WAN</td><td>ISDN</td><td>B-ISDN(ATM)</td><td>FDDI 等网络</td></tr>
</table>

该结构包括以下 4 方面的内容。

(1) 传输网络。体系结构的最底层，向上提供数据传输的服务。其中 B-ISDN(ATM)、FDDI 是多媒体通信网络的发展方向。

(2) 网络通信平台。提供各种网络服务，使用户可以不用理会底层的网络传输是如何实现的，而直接调用这些服务内容。

(3) 多媒体通信平台。提供各种媒体的通信服务，支持各种媒体的网络操作。

(4) 应用层。分为一般应用和特殊应用。一般应用主要是提供人们媒体检索、联合的媒体编辑等常见的网络服务；而特殊的网络服务指的是业务性很强的媒体应用，如远程教育、视频会议、网上购物等。

随着计算机多媒体通信的广泛应用，人们提出了分布式多媒体计算机系统的概念，它主要有以下的特点。

(1) 多媒体综合性。单一的媒体采集、存储、传输都有其专门的技术，但将各种媒体综合起来，就叫多媒体的一体化技术。多媒体一体化就是把不同的媒体处理采用同样的或非常接近的接口，统一进行管理，这将大大提高多媒体系统的应用效率和水平。这种一体化的多媒体系统，能够改善现存的各种信息的系统性能，将计算机应用技术和人们的生活、娱乐和学习相结合。

(2) 资源分散性。系统的媒体资源可能在一个服务器上,也可能分布在不同的服务器上,系统通过分布式的进程调度来管理不同媒体信息,向客户端提供媒体的信息服务。从操作系统的资源管理的角度来看,这种分布式系统的实现,可能要设计新的分布式的操作系统或对通信协议进行改造和引入远程调用的机制。其资源的调度如图 10-3 所示。

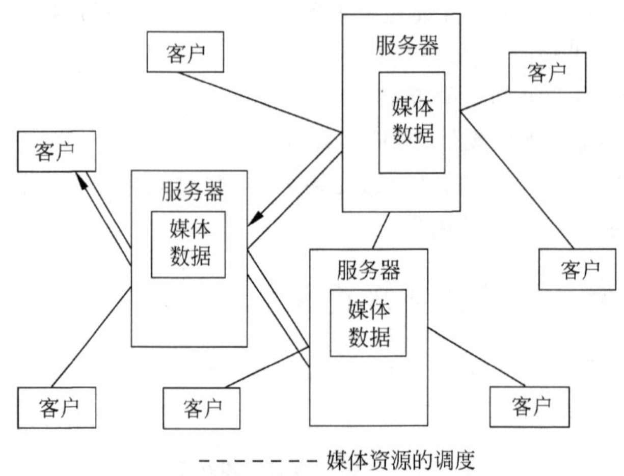

图 10-3 当客户请求媒体资源时的系统资源调度

(3) 运行实时性。文本数据的传输并不存在实时性的要求,而对于多媒体数据则要求很高的实时性。关键在于使得各种媒体同步显示,分布式多媒体系统由于媒体数据资源更加分散,实时性的实现会由于网络的延时而难以实现,故需要一种缓冲机制在某服务器上缓存一定量的媒体数据后,再传输给用户。

(4) 操作交互性。分布式多媒体系统的交互性就是指其在发布、传送和接收各种媒体数据时,采用实时交互的操作方式,随时对各种媒体信息进行加工、处理、修改或重新组合。在这种系统下,用户可以根据不同的需要组合不同的声音,还可以通过摄像机把观众叠加到视频图像上。

(5) 系统透明性。系统透明性是分布式多媒体系统的主要特征。由于系统是分布的,各种资源的调度如果还要考虑资源的位置,就会由于资源分布在广泛的范围内使得用户端难以查询调用。所以用户必须在全局的范围内,使用相同的名字共享全局的所有资源,这样分布式系统在用户处就像单系统一样使用。

10.1.3 多媒体通信的关键技术

多媒体通信的关键技术有:

(1) 多媒体会议系统对网络设施的要求较高,网络质量的好坏直接影响传输视频和音频的质量。多媒体通信系统必须能根据网络的实际情况动态地调整媒体的传输质量,使得它适应网络环境,提供用户连续和较好的视频音频服务。

(2) 由于媒体的数据量大,所以必须解决媒体的编码与解码技术。可以采用硬件或软件方法来实现。采用硬件编码的效率好,费用较高;采用软件编码可以节约成本,而且便于升级维护。

(3) 多点控制技术。多媒体数据必须能够同时在网络上传输给多个用户,这样必然造成服务器由于过多的用户使用而导致的带宽不够的问题。如何使得媒体服务器实现最大限度地为更多的用户服务,这是多点控制技术要解决的问题,它要使网络能够实现通信系统的动态重构。

(4) 多媒体的终端技术问题。多媒体终端负责媒体的输入输出、数据的压缩和解码、通信控制、信息处理和通信问题,实际中必须根据不同的实际需要来处理好这些技术问题。

10.1.4 多媒体通信的网络

通过通信将多台分散于各地独立工作的计算机连接起来,以达到通信和资源共享的目的,这样的一个系统就称为计算机网络。计算机网络是多媒体通信的基础,如果不是现今网络技术的飞速发展,多媒体通信是不可能实现的。计算机网络可以分为局域网、城域网和广域网(互联网)。如表 10-2 所示的是各种网络的特征参数。

表 10-2 网络的特征参数表

<table>
<tr><th>网络分类</th><th>分布距离</th><th>处理机位置</th><th>传输速率</th></tr>
<tr><td>局域网</td><td>10m～1km</td><td>小地区范围内有一台处理机</td><td>4Mb/s～2Gb/s</td></tr>
<tr><td>城域网</td><td>10km</td><td>城市里</td><td>40Kb/s～100Mb/s</td></tr>
<tr><td>广域网</td><td>100km</td><td>国际</td><td rowspan="2">9.6Kb/s～45Mb/s</td></tr>
<tr><td>互联网</td><td>世界范围</td><td>洲或洲际</td></tr>
</table>

Internet 网络技术是根据 IP 协议实现各种网络联合起来组成世界性的互联网的技术,多媒体的通信一般就是在这上面进行的。在网络上传输媒体数据必须先要解决媒体的实时传输问题,这样才可以使得视频和音频保持连续稳定的传输,提供给用户欣赏。要解决媒体传输中的实时传送问题,要注意以下几点。

(1) 实时传输的媒体数据对网络传输的速率、同步方面的要求比较高,而网络传输中的差错控制要求较低。

(2) 音频和视频可以在两种方式下传输:压缩方式和非压缩方式,在压缩方式下对差错要求较高,这是因为数据的冗余小,很容易丢失关键数据。

(3) 经过实验证实,人类对听觉和视觉的差错容忍是不同的。人耳对微小的声音变化会十分敏感,而对视觉的短暂变化却不十分敏感。

下面把网络的需求分为音频和视频这两方面来论述多媒体通信网络。

1. 音频信息的网络需求

(1) 音频流需要的比特率。网络上传输的音频流分为非压缩和压缩的数据流两类,从质量上可以分为电话质量和 CD 质量,不同质量的音频所需的比特率如表 10-3 所示。

(2) 音频流对传输延迟的要求。对于人们之间的交谈,如果延时过大会使人感觉到应答的滞后,超过一定的数值时会出现回声,实际中就需要根据情况使用回音消除技术。

表 10-3 音频流需要比特率

质量		技术或标准	比特率/(Kb/s)
电话质量	标准	G.711 PCM	64
	标准	G.721 ADCMP	32(压缩)
	高级的	G.722 SB-ADCMP	48、56、64
	较差的	G.728 LD-CELP	16(压缩)
CD 质量(立体声)	CD 音频	CD-DA	1411
	CD 音频	MPEG 音频 FFT	192(压缩)
	演播室质量	MPEG 音频 FFT	384

(3) 音频流对延迟抖动的要求。网络上的音频实时传送对延迟变化要求很高,高的延时会使得声音出现抖动,为了克服延时变化,需要建立缓冲区来实现音频的缓冲,实际的做法一般是根据网络的速度,计算出缓冲多少音频流才使得接下来的音频播放可以持续地进行。如图 10-4 所示为音频缓冲播放。

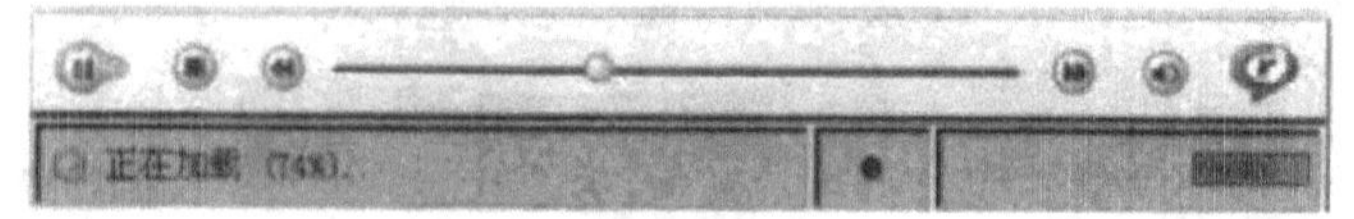

图 10-4 音频缓冲播放(缓冲到 74%)

(4) 音频流对差错率的要求。电话质量音频流的残余误码率应低于 10^{-2},CD 质量音频流的残余误码率在不压缩格式下应低于 10^{-3},在压缩的情况下应低于 10^{-4}。

(5) 媒体间的同步。多媒体信息在传输之后,要实现单个媒体数据流的时间关系恢复和不同的媒体数据流之间的恢复。其中一个重要的应用就是音频流和视频流之间的同步问题,说话者的动作甚至其口型要和音频同步,其图像和声音的播放延时不应超过 100ms。

2. 视频信息的网络需求

(1) 实时视频需要的比特率。实时视频也和音频一样分为压缩和非压缩两种,如表 10-4 所示的是不同质量的视频流的比特率。

表 10-4 视频流需要的比特率

质量	压缩/未压缩	技术或标准	比特率/(Mb/s)
HDTV(192×1080/60fps)	未压缩的 压缩的	MPEG-2	2000 25~40
演播室质量电视	未压缩的	ITU-601	166
	压缩的	MPEG-2	3~6
常规广播质量电视	压缩的	MPEG-2	2~4
VCR 质量	压缩的	MPEG-1	12
视频会议质量	压缩的	H.261	0.1
	压缩的	H.263	0.064
	压缩的	MPEG-4	0.032

（2）视频流对延迟抖动的要求。实时运动的视频通常和音频流同步显示，在这种情况下，传输延时和延迟抖动常常由音频流决定。网络延迟变化对 HDTV 质量来说不可以超过 50ms，对视频会议则不可以超过 400ms。

（3）视频流对差错率的要求。非压缩的视频流对差错的控制并不是很高，但如果视频是经过压缩的那么它对差错率就比较敏感。但现在实际使用的网络一般都可以满足视频对差错率的要求。

10.2 多媒体视频会议系统

10.2.1 视频会议系统的介绍

视频会议系统是一种新的会议系统，使人们的通信方式得到较大的提高，远隔千里之外的人们可以随时举行“面对面”的会议，这样可以很好地促进企业文化的交流。视频会议系统支持点对点和点对多的多媒体通信方式，在传输线路上同时传输视频、音频和数据等服务，实现多点实时交互式通信。同以往的电视会议系统相比，多媒体会议系统的图像声音传输会更逼真和清晰，而且兼容性好，具有交流方式多样的特点。如可以进行电子白板、文件传输、应用程序共享等信息的交流。多媒体会议系统是一种快速高效、日益增长、广泛应用的新的通信业务。

根据通信节点的数量来分，视频会议系统有点对点式会议系统和多点式会议系统两种。如图 10-5 所示。

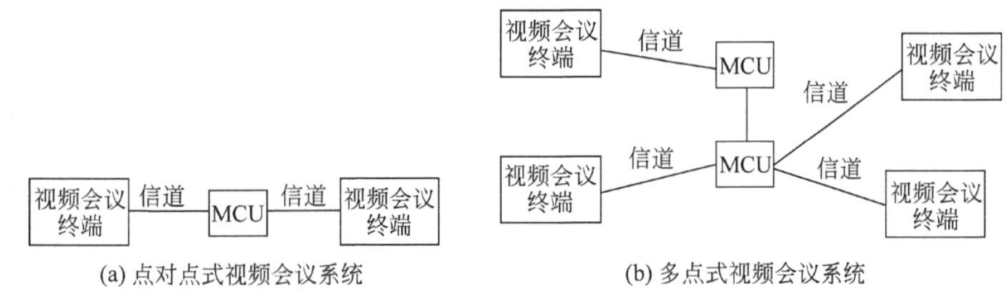

图 10-5 会议系统分类

1. 点对点的视频会议系统

提供两个点间的视频会议通信功能，主要业务有可视电话、台式机-台式机视频会议、会议室-会议室视频会议。

2. 多点视频会议系统

从图 10-5 可知多点会议系统允许多个参与者同时进行会议，其中如何控制媒体流在网络上传输是多点视频会议系统的关键技术。多点控制单元（MCU）在通信网络上控制各个点媒体数据和控制信号的流向，使所有的与会者都可以实时地接收到视频、音频，维持会议正常进行。多点视频会议系统允许多个地方的人进行视频会议交流，它主要的业务有：

(1) 桌面视频会议系统。利用台式机平台以及网络通信设备实现用户间的远程通信，这种系统仅限于两个用户或两个用户组间的通信。它能提供视频通信、协同工作、共享应用程序等会议功能。其中的代表系统有 Intel 公司的 Proshare Personal Conferencing Video System 200。

(2) 可视电话。在公共电话上使用双工的视频传送功能，但电话的带宽较低，故可视电话只能使用较小的屏幕和较低的视频帧率。

(3) 会议室型会议系统。通过特殊的设备，一群与会者集中在一间会议室中与远地的另外一套类似的会议室进行交互通信。一般这种会议对视听的效果要求较高，所以要求的设备也比较特殊，一套典型的系统应有一台或两台大屏幕监视器、高质量摄像机、高分辨率的图像摄像机、音响设备、控制设备、通信设备及其他设备。

多媒体视频会议系统的信息交流可以分为音频、视频、数据和控制信息等。

(1) 音频。数字编码的语音，用于视频会议间的交谈，音频数据速率通常在 6.4～64Kb/s。

(2) 视频。连续的图像数据，视频主要的作用就是使用户有现场交谈的感觉，网络上的视频流编码数据速率一般可以达到每秒几万比特到 2Mb/s。

(3) 数据。包括静止图像、图形、传真、文档、计算机文件等。

(4) 控制信息。用于用户的会议控制，如会议的开始、结束、会议模式控制等。

10.2.2 视频会议系统结构及标准

视频会议系统的网络结构如图 10-6 所示。它主要由视频会议系统终端（网络）及控制管理软件组成。

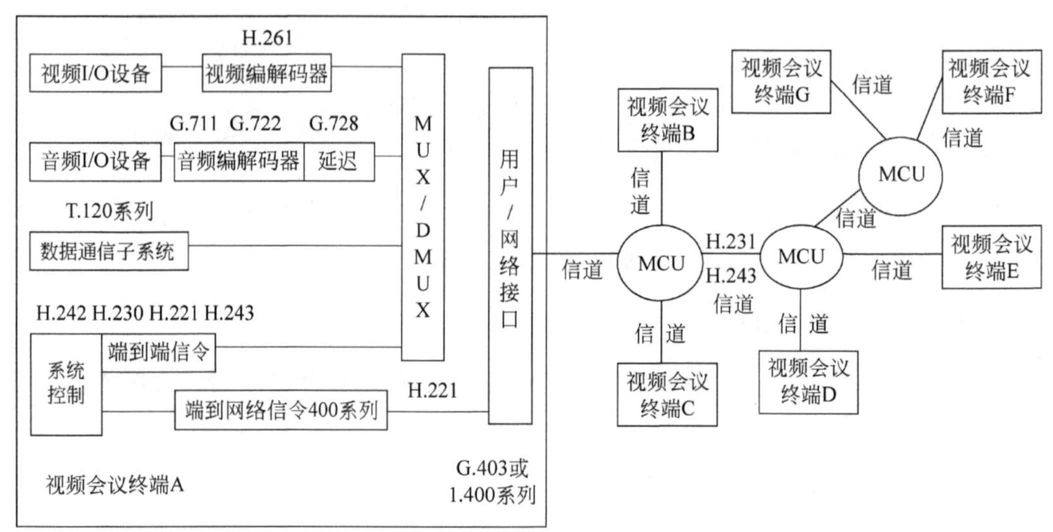

图 10-6 视频会议系统结构

1. 视频会议系统终端

其主要作用是完成视频和音频信导的采集、编辑处理、显示输出等功能。此外，终端还要形成通信的各种控制信息。控制信息主要有同步控制和指示信号、远端摄像机的控制协议、定义帧结构、呼叫规程及多个终端的呼叫规程、加密标准、传送密钥及密钥的管理标准等。其终端的结构如图 10-7 所示。

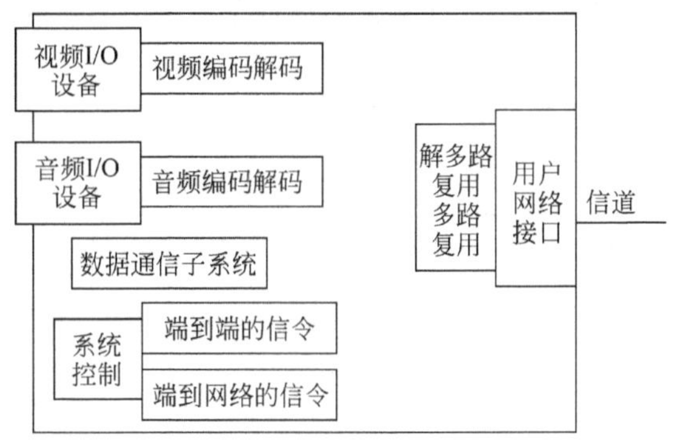

图 10-7 视频会议系统终端

会议系统终端把从视频和音频 I/O 端口输入的信号，经过编码压缩成符合国际标准的压缩编码，通过多路复用输出到网络上。而从信道上将标准压缩码流经线路接口送到终端上，经过视频和音频编码解码后送回到各媒体设备上。

2. 多点控制单元 MCU

多点控制单元 MCU 是视频会议系统的关键设备，它主要由网络接口单元、呼叫控制单元、多路复用和解复用单元、音频处理器、视频处理器、数据处理器、控制处理器、密钥处理分发器及呼叫控制处理器组成。当会议在多会场进行时，MCU 可以解决把视频和音频信号切换到所有会场的问题。

3. 视频会议系统的服务质量 QoS

它是满足视频会议系统需求的核心问题。系统根据用户的服务请求，通过资源的分配和调度使得系统与网络的资源对应起来，满足用户的应用需要。资源的分配和调度可以分为以下两类，分别完成不同的工作。

(1) 静态的资源管理主要完成 QoS 的协商和解释、资源许可、资源的保留、分配和释放。

(2) 动态的资源管理主要完成进程管理、缓冲区管理、传输率和流量差错控制。

4. 安全保密系统

视频会议的安全性是一个重要问题，某些重要的会议对数据安全要求比较高，数据通过安全保密系统形成加密的数据，传送到目的端通过解密来读取。这样即使数据中被人盗窃了没有专用的密钥也是不可读取的。安全保密系统主要由加密模块和解密模块两部分组成。加密模块将会议终端用户数据加密后形成的数据在网络上传输，解密模块则接收加密数据进行解密而得到用户数据。这涉及网络安全的问题，其核心是密钥的生成和管理，事实上这方面的技术涉及很多内容。例如并不是安全的密钥生成后就安全了，密钥的保管也是十分重要的问题。

在20世纪80年代,ITU就专门成立了一个小组研究视频会议,它的主要任务是制定通信标准,以便世界的通信能够相互进行。现在关于视频会议的标准有H系列和T系列建议。

H系列的建议和标准是针对交互式电视会议业务而专门制定的,而T系列是针对其他媒体的管理功能做出规定,两种协议的结合使得多媒体会议的通信具有更完善的依据。

这些协议是为了3种标准的会议系统而制定的,如表10-5所示。

表10-5 三种会议使用的标准

<table>
<tr><th>会议系统媒体</th><th>ISDN会议:H.320</th><th>LAN会议:H.323</th><th>PSTN会议:H.324</th></tr>
<tr><td rowspan="2">视频</td><td rowspan="2">H.261</td><td>H.261</td><td rowspan="2">H.263</td></tr>
<tr><td>H.263</td></tr>
<tr><td rowspan="5">音频</td><td>G.711</td><td>G.711</td><td rowspan="5">G.723.1.1</td></tr>
<tr><td>G.722</td><td>G.722</td></tr>
<tr><td rowspan="2">G.728</td><td>G.723</td></tr>
<tr><td>G.728</td></tr>
<tr><td></td><td></td></tr>
<tr><td>数据</td><td>T.120</td><td>T.120</td><td>T.120</td></tr>
<tr><td>成帧、多路复用</td><td>H.221</td><td>H.225</td><td>H.223</td></tr>
<tr><td rowspan="2">通信规程</td><td>H.242</td><td rowspan="2">H.245</td><td rowspan="2">H.245</td></tr>
<tr><td>H.245</td></tr>
<tr><td>网络接口</td><td>N-ISDN</td><td>LAN</td><td>V.34</td></tr>
</table>

H系列的标准:

H.320系列标准是应用最早的会议系统协议,也是最为成熟的协议,几乎所有会议系统厂家都支持。

H.323系列标准用于无服务质量保证的LAN多媒体通信终端、设备和服务。

H.324系列主要用于低速的多媒体通信终端和在电话线这种窄带网上的电视会议。

整个ITU-T制定的有关会议系统的标准如表10-6所示。

表10-6 会议系统的标准

<table>
<tr><th>分类</th><th>标准号</th><th>名　　称</th></tr>
<tr><td rowspan="7">视听业务的系统和终端设备</td><td>H.320</td><td>窄带可视电话系统和终端设备</td></tr>
<tr><td>H.323</td><td>服务无质量保证的局域网上的可视电话系统和终端设备</td></tr>
<tr><td>H.324</td><td>低比特率多媒体通信终端</td></tr>
<tr><td>H.323/M</td><td>无线移动网络上,超低比特率可视电话业务的多媒体终端</td></tr>
<tr><td>H.310</td><td>宽带可视电话系统终端</td></tr>
<tr><td>H.321</td><td>无线移动网络上,超低比特率可视电话业务多媒体终端</td></tr>
<tr><td>H.322</td><td>高服务质量保证局域网上,可视电话和终端</td></tr>
<tr><td rowspan="2">视频编解码</td><td>H.261</td><td>$P\times64$Kb/s视听业务的视频编解码器</td></tr>
<tr><td>H.263</td><td>用于小于$P\times64$Kb/s窄带远程通信的视频编解码器</td></tr>
<tr><td rowspan="4">音频编码器</td><td>G.711</td><td>3.4kHz PCM电话质量语音脉冲编码调制</td></tr>
<tr><td>G.722</td><td>48/56/64Kb/s ADPCM高保真质量语音压缩标准</td></tr>
<tr><td>G.723</td><td>用于多媒体通信传送的双速率(5.3Kb/s和6.3Kb/s)语音编码</td></tr>
<tr><td>G.728</td><td>16kb/s低延时激励线性预测编码的语音压缩标准</td></tr>
</table>

续表

分类	标准号	名　称
数据协议	T.120	多媒体数据传输规程
	T.121	通用应用模板
	T.122	声像会议多点通信业务服务
	T.123	声像会议的通信规程栈
	T.124	通用会议控制协议
	T.125	多点通信服务的协议规程
	T.126	允许用户在多点文件会议中共享图像,并对图像做分析,还可以交换传真图像
	T.127	为用户提供多二进制文件传输规程
成帧、多路复用和同步	H.221	视听中,64～1920Kb/s信道的帧结构
	H.223	低比特率多媒体通信的多路复用协议
	H.224	使用H.221 LSD/HSD/MLP信道的单体应用实时控制协议
	H.225	在服务无保证的LAN上进行媒体流分组和同步
通信规程	H.242	使用2Mb/s以内数字信道,在视听终端之间建立通信的规程
	H.243	使用2Mb/s以内数字信道在3个或多个视听终端之间建立通信的规程
	H.245	多媒体通信控制协议
系统方面	H.230	视听系统的中央同步控制和指示信号
	H.233	视听业务加密标准
	H.234	视听业务的密钥管理和认证系统
	H.231	定义了多点控制单元
其他	H.281	采用数据链路协议的视频会议远程摄像机控制协议

10.3 可视电话系统

10.3.1 可视电话系统的类型与组成

可视电话(Video Phone)是通过普通公用电话交换网(PSTN)、综合业务数字网(ISDN)或IP网络双向对称实时传送图像和声音的多媒体终端设备。可视电话借用传统电话的概念,利用话音以外的多余带宽,传送多媒体信息,使通话者不仅可听其声,还可观其人。虽然可视电话借用了普通PSTN电话的概念,但两者在终端技术上有很大差别。

早期可视电话由于CPU运算速度和软件算法限制,视频压缩效率较低,图像质量差,每秒只有几帧彩色图像,没有统一标准,各产品之间不能互通,且价格昂贵。国际电信联盟(ITU)1996年底制定了普通电话网上的可视电话标准,即ITU-T H.324《低比特率多媒体通信终端》,在技术方面和互通性方面制定了统一标准,为可视电话的发展奠定了基础。

随着计算机和芯片技术的发展与软件算法的不断完善,图像和语音压缩编码技术得到快速发展,目前PSTN可视电话帧率可达10～15帧/s,且图像质量较好,动作连续。可视电话系统按实现方式可分为基于计算机和独立式两种主要的类型。

1. 基于计算机的可视电话系统

以计算机为核心的可视电话系统,在计算机上运行视频音频处理、通信、控制和管理软件。

视频信号从外部安装的摄像机输入,视频捕捉卡采集视频信号,声音信号通过声卡输入输出,计算机采集的视音频数据由处理软件按照标准算法压缩,压缩后的码流由通信软件按通信标准封装,发送到物理信道。从物理信道接收的数据流,仍由通信软件拆封。分发给视音频处理模块,解码后送显示器显示或声卡播放。

如图 10-8 所示的系统组成包括计算机、视频捕捉卡、声卡、摄像机、调制解调器以及相应的软件系统。如果摄像头是 USB 接口摄像头,则可直接接入计算机而无须捕捉卡。

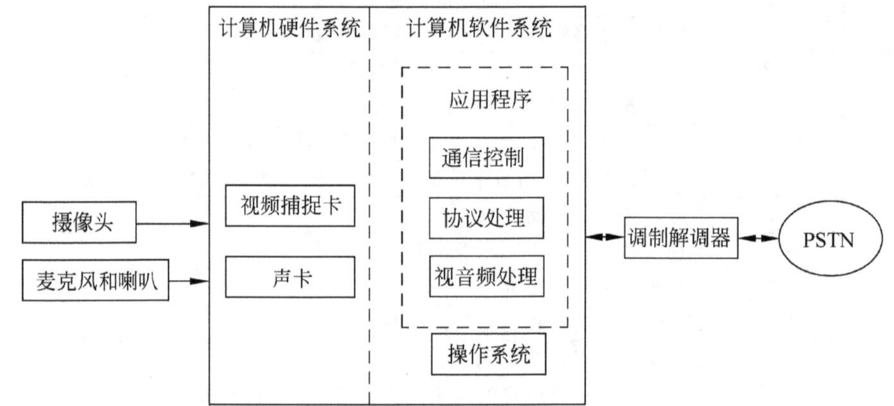

图 10-8 基于计算机的可视电话主要组成部分

2. 独立式可视电话系统

独立式是指加电后系统自动加载应用程序,自动执行,启动完成系统即可进入正常工作状态。

独立式可视电话系统具有紧凑结构,CPU、存储器和外围接口芯片一般集成在一块电路板上。CPU 选用多媒体处理能力强的 DSP。操作系统和应用程序编译后融合在一起形成一个二进制文件,存放于程序存储器 Flash 中,加电后自动程序下载 Flash 的应用程序到 RAM 中执行。视频和音频模拟信号由外围接口电路转换成数字信号,存放于 RAM 中,软件按特定算法压缩处理后由网络接口发送到线路。网络接口还接收线路传送来的多媒体数据,CPU 对这些数据解压缩,送给接口电路显示或播放。人机接口电路实现人机交互。

如图 10-9 所示的系统组成包括视频输入/输出单元、视频编解码器、语音输入/输出单元、语音编解码器、延时单元、系统控制单元、多媒体数据复用/解复用单元和网络接口单元。

10.3.2 可视电话系统的软件实现

可视电话软件设计应遵循相应的国际标准,才能保证不同电话终端之间实现互通互控,为此国际电信联盟(ITU)于 20 世纪 90 年代制定了一系列多媒体通信标准。

PSTN 可视电话,应符合 ITU-TH. 324《低比特率多媒体通信终端》系列建议,该建议主

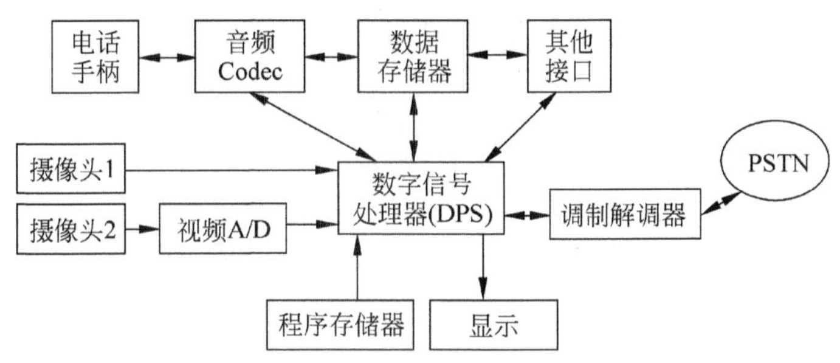

图 10-9 纯硬件的独立式可视电话主要组成部分

要规定 PSTN 可视电话与网络连接的接口参数、通信协议、视频性能、音频性能、安全性能及电磁兼容性能等方面的技术要求。ISDN 可视电话，应符合 ITU-TH. 320(1999)《视听用户终端技术要求——窄带视听系统和终端设备》系列建议。IP 可视电话，应符合 ITU-TH. 323 系列建议，包含若干个建议，如 H. 245、H. 225、H. 261 和 H. 263 等。

以 PSTN 可视电话为例，PSTN 可视电话实现符合 H. 324 系列标准建议，主要包括视频编解码(Video Codec)H. 263 标准、信息流分组复用(Multiplex)H. 223 标准、通信控制规程(Control)H. 245 标准，低码率语音编码(Speech Codec)G. 723. 1 标准以及调制解调器(Modem)V. 34bis 标准等。

G. 723. 1 协议可将 64Kb/s 的脉冲编码调制 PCM 语音信号压缩至 6. 3Kb/s，甚至 5. 3Kb/s。H. 263 协议可将视频信息压缩到 20Kb/s 左右。因此，压缩后的语音和图像信号的码率低于 28. 8Kb/s。

图 10-10 给出了这些协议的关系，视频编解码、语音编解码、通信控件和复用/解复用可由软件实现。

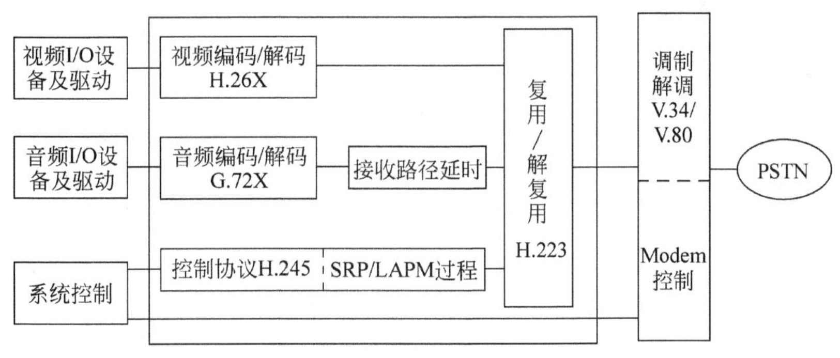

图 10-10 H. 324 可视电话系统框图

软件部分基于 pSOS 的 C++环境进行开发，系统划分为 7 个模块，如图 10-11 所示。具体描述如下。

(1) 主控模块。控制和协调系统中所有模块之间的时序，以及不同模块之间共享参数的传递。

(2) 协议处理模块。负责完成本终端内部或不同终端之间控制信息编码和解码。

(3) 视频数据处理模块。获取视频图像数据，并对视频数据进行压缩和解压缩处理。

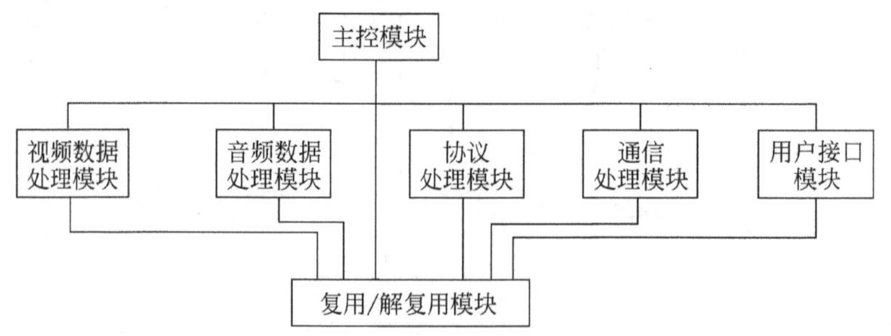

图 10-11 H.324 系统程序模块

(4) 音频数据处理模块。获取音频数据,对音频数据进行压缩和解压缩处理。

(5) 复用/解复用模块。对接收和发送数据进行复用和解复用。

(6) 通信处理模块。负责完成调制解调器硬件接口、链路建立、链路拆除和数据收发等。

(7) 用户接口模块。完成拨号、控制、显示等。

各个模块均直接与主控模块连接。协议处理模块完成终端之间控制信息的编码和解码,并通过主控模块将不同的信息传递给相应的处理模块。在发送端,由于所有传递到对方的信号(包括视频数据、音频数据、控制信号等)都必须经过复用处理混合成单一数据流,因此复用模块是将这些数据经过处理,以调用通信处理模块函数,然后通过硬件将数据送到电话线。类似地,在接收端,解复用模块将从通信处理模块获取的数据、解复用后分送到不同的处理模块。

可视电话的最重要特点之一是实时性。程序设计时,必须尽可能缩短各个模块的处理时间,并协调各个模块的关系,以减少不必要的等待。

10.3.3 可视电话的关键技术

1. 语音编码技术

可视电话受网络条件的限制,工作在较低码率下,为了适应这种低码率语音应用,ITU-T 制定了 G.72x 系列语音压缩标准,其中 G.723.1、G.728、G.729 和 G.729A,在可视电话中得到了广泛应用。

G.723.1 能够产生两种速率的码流,高速率编码器使用多脉冲最大自然量化(MP-MLQ)算法,低速率编码器使用代数码激励线性预测(ACELP)算法。G.729A 是 G.729 的简化版本,G.729A 算法复杂度与 G.729 相比降低了 50%,语音质量略有降低,两种标准编码后的码流可互相解码。当可视电话与普通电话通信时,采用 G.711 标准。G.711 为 PCM 编码,只对语音信号进行采样和量化,产生 64Kb/s 的码流。G.711 编码后的语音质量高,缺点是占用的带宽也很高。实际选择语音压缩标准时,要综合考虑带宽、时延、算法复杂度等各种因素。

2. 视频编码技术

视频压缩是多媒体应用中的核心技术,ITU-T 制定的低码率视频压缩标准对可视电话的发展和实用化起到了重要作用。H.261 是 ITU-T 推出的第一个低码率视频压缩标准,码

率为 $P\times 64$Kb/s,其中 P=1～30,图像格式为 GIF 和 QCIF。H.261 压缩编码算法的基本思想是利用预测编码减少时间冗余度,利用变换编码减少空间冗余度。算法主要由运动估计、运动补偿、DCT 变换、量化和哈夫曼编码构成。每帧图像分 4 个层次:图像层、宏块组(GOB)层、宏块(MB)层和块(Block)层、图像帧分为 I 帧和 P 帧。

后来制定的 H.263、H.264 标准继承了 H.261 的基本思想,在 H.261 的基础上做了一些改进。

H.263 在以下几个方面对 H.261 做了改进:图像格式更多、半像素运动估计、GOB 结构不同、4 个可选模式、头信息开销减少、采用不同的 VIC 表等。在相同的图像质量下,H.263 编码后的码率大约比 H.261 低 30%。为进一步提高 H.263 的编码效率和抗误码性能,ITU-T 在 H.263 的基础上,增加了一些选项,修改后的版本称为 H.263+、H.263++。H.263 是可视电话广泛采用的视频压缩标准。

ITU-T 于 2003 年颁布了一个新的视频编码标准,即 H.264 标准。H.264 与 H.263 相比,宏块和块的分割方式更灵活,运动估计精度进一步提高,可采用 1/4 或 1/8 像素精度的运动估计。H.261 和 H.263 采用的是 DCT 变换,而 H.264 采用的是类似于 DCT 的整数变换。在相同的重建图像质量下,H.264 编码后的码率比 H.263 低 50%。H.264 在提高编码效率的同时,计算复杂度也大大增加,编码的计算复杂度大约相当于 H.263 的 3 倍,解码复杂度大约相当于 H.263 的两倍。随着 DSP 芯片处理能力的进一步提高,H.264 在可视电话等多媒体通信中必将得到越来越广泛的应用。

(3) 通信协议

ITU-T 推出的 H.32x 系列标准,具有相同的系统框架。不同之处在于面向的网络不同,因此具有不同的网络接口、不同的信令过程,以及为适应不同的网络而优化设计的包结构。复用协议规定了视频数据、语音数据等的封装标准,而控制协议的作用是在终端之间协商通信方式,如视频编码标准的协商、语音编码标准的协商、信道带宽的协商等。

10.4 IP 电话

10.4.1 IP 电话的概念

IP 电话(IP Telephone)是在 IP 网络(信息包交换网络)进行的呼叫和通话,而不是在传统的公众电话交换网络进行的呼叫和通话。

目前,IP 电话用于长途通信时的价格比 PSTN 电话的价格便宜,但质量相对较低。由于 IP 电话运营商在保证通话质量方面采用了一系列措施,因此服务质量基本上能够满足要求。

IP 电话允许在使用 TCP/IP 协议的 Internet、Intranet 或者专用 LAN 和 WAN 上进行电话交谈。内联网和专用网络通话质量较好;在 Internet 上目前还达不到 PSTN 的通话质量,但支持保证服务质量(QoS)的协议有望改善这种状况。在 Internet 上的 IP 电话又称为因特网电话(Internet Telephone),只要收发双方使用同样的专有软件,或者使用与 H.323 标准兼容的软件,可以进行自由通话。通过 Internet 电话服务提供者 ITSP(Internet Telephone Service Providers),用户可以在计算机与 IP 电话之间,或 IP 电话与 IP 电话之间,通过 IP 网络进行通话。

10.4.2 IP电话与PSTN电话的技术差别

IP网络传送声音的基本过程,如图10-12所示。拨打IP电话和在IP网络上传送声音的过程可归纳如下。

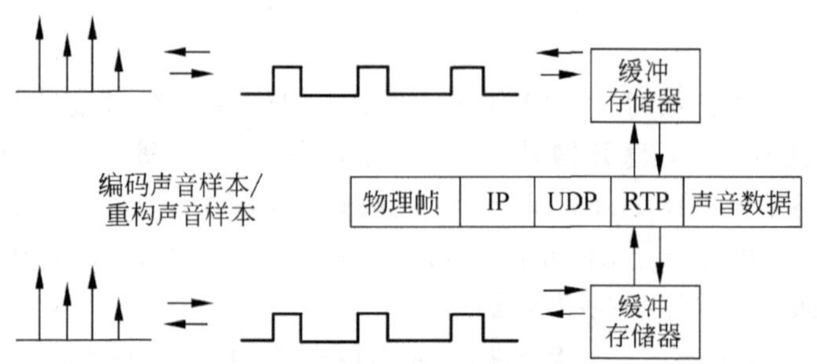

图10-12 IP电话的声音编码过程

来自麦克风的声音在声音输入装置中转换成数字信号,生成“编码声音样本”输出。这些输出样本以帧为单位(如30ms为一帧)组成声音样本块,并复制到缓冲存储器。

IP电话应用程序估算样本块的能量。静音检测器根据估算的能量,确定这个样本块是作为“静音样本块”处理,还是作为“说话样本块”处理。

如果样本块是“说话样本块”,就选择一种算法对它进行压缩编码是H.323推荐的任何一种声音编码算法或者GSM(Global System for Mobile Communications)算法。

在样本块中插入样本块头信息,然后封装到用户数据包协议(UDP)套接接口(Socket Interface)成为信息包。

信息包通过物理网络传送,通话的另一方接收到信息包之后,去掉样本块头信息,使用相应的解码算法重构声音数据,写入到缓冲存储器。再从缓冲存储器中把声音信号输出到声音输出设备,转换成模拟声音,完成一个声音样本块的传送。

IP电话和PSTN电话之间在技术上的主要差别是它们的交换结构。Internet使用动态路由技术,PSTN使用静态交换技术。PSTN电话是在线路交换网络上进行,对每对通话部分配一个固定的带宽,因此通话质量有保证。使用PSTN电话时,呼叫方拿起收/发话器,拨打被呼叫方的国家码、地区码和市区号码,通过中央局建立连接,然后双方就可进行通话。使用IP电话时,用户输入的电话号码转发到位于专用小型交换机PBX(Private Branch eXchange)和TCP/IP网络之间最近的IP电话网关,IP电话网关查找通过Internet到达被呼叫号码的路径,建立呼叫。IP电话网关把声音数据装配成IP信息包,按照TCP/IP网络上查找到的路径,发送IP信息包。对方的IP电话网关接收到这种IP信息包之后,信息包还原成原来的声音数据,并通过小型交换机转发给被呼叫方。

10.4.3 IP电话的3种类型

1. 计算机到计算机

通话双方同时利用计算机和调制解调器拨号上Internet,然后利用多媒体处理软件,实现声音的传送。这种方式需要应用软件支持,适用软件有iPhone、VoxPhone、NetMeeting等。

软件将从麦克风收集的声音通过声卡转换成数字信号，并压缩后通过网络将这些信号传送到接收方一端，再由接收方计算机上的软件将所收到的信号解压缩，通过声卡转换为模拟信号后由音箱或耳机播放，从而完成整个通话过程，如图 10-13 所示。

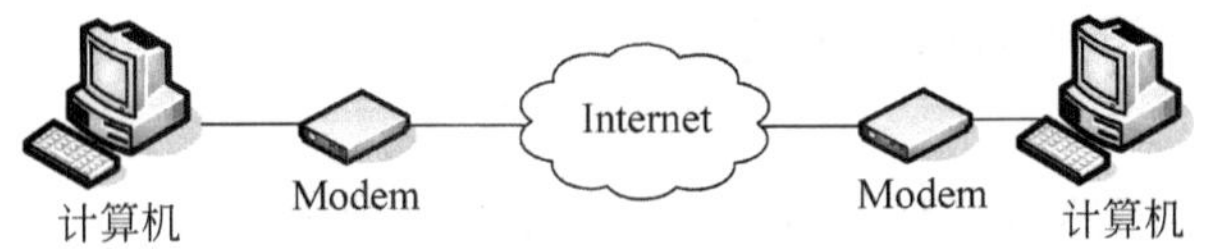

图 10-13 IP 终端与 IP 终端之间的通话

2. 计算机到电话

这种方式与“计算机到计算机”技术比较相近，通话时一方利用计算机连上 Internet，然后通过商业公司提供的 IP 电话服务器(网关)，将电话拨叫到对方普通电话机。支持这种功能的软件有 Net2Phone 和 iPhone 等。

计算机到电话方式实现过程，如图 10-14 所示。例如，Net2Phone 语音到电话的转换是由 Net2Phone 公司的主机完成，Net2Phone 公司的主机通过公司的电话呼叫对方电话。

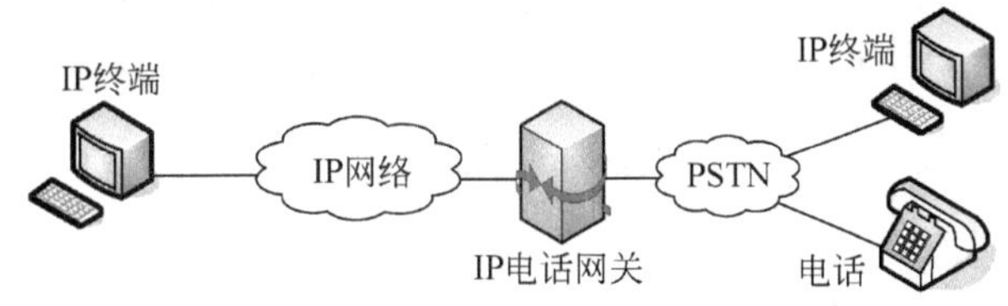

图 10-14 IP 终端与电话终端之间的通话

3. 电话到电话

可分为 3 种不同的应用形式：

(1) 通话双方都有计算机与电话直接连接，用户不必直接操作计算机，但只能进行单点对单点的通话，没有标准的通信服务功能。

(2) 通话双方都不需要使用计算机，只需各自配备上网账号和专用的 IP 电话设备，专用电话设备完成电话号码与 IP 地址的互译，以及拨叫、通话等功能。

(3) IP 电话服务器支持的“电话到电话”方式，由服务提供商提供全套服务，通话双方不需增加任何软硬件设备，只需利用现有电话即可实现 IP 电话功能，如图 10-15 所示。

图 10-15 通过 IP 网络的电话之间的通话

主要用于长途通信。在通话双方的 IP 网络接入点，需要配置有电话接入功能的网关，进行 IP 信息包和声音之间的转换及控制信息的传输。目前通过这种方式的用户，在电话号码前面需要加上一串特服号码，再直接拨打对方的电话号码(包括区号)，就可以和对方通话，十分方便。

3 种类型的 IP 电话在国内已有应用。尽管性能有不同,也不管如何分类,但所有的 IP 电话都要遵循利用 Internet 传送语音的宗旨。

10.5 视频点播 VOD 系统

VOD 系统是按用户需求将视频信息通过宽带发布的一种方式。VOD 服务器环境非常复杂,设计采用 C/S(Client/Server)模型,并且适应分布式计算环境。

VOD 系统是由分布式环境中具有不同功能的一些子系统组成。这些子系统包括一个 VOD 管理工作站、一个或多个控制器和多个数据源。控制器是系统的核心,主要是为优化视频流而完成复杂的算法,处理用户请求等。管理工作站完成全部管理功能,数据源提供视频信息内容的存储和高速的数据连接通道。

按照业务的交互性能,VOD 大致可分为两种类型。

(1) 全交互型 VOD 或真视频点播(TVOD)。根据用户的点播指令,网络向用户提供单独的信息流。

(2) 准 VOD。每个电影节目按照一定的时间间隔,重复发送有限个信息流(如间隔 15min),供给所有的点播用户使用,用户得到响应的时间可能在 0～15min 之间。

10.5.1 真视频点播 TVOD 系统

TVOD(True Video On Demand)系统常简称 VOD 系统,具有双向对称的传输容量,能够完全实现独立收视,实时控制节目的播放,并在收视过程中像使用录像机那样控制节目的快进、快退、暂停等。但它对前端、网络及终端都有严格要求。为了保证足够的频道数和传输质量,必须采用数字压缩方式传输节目,网络要有双向传输功能,在终端要加机顶盒,以解决数字信号的还原及用户指令的回传等问题。

随着数字电视时代的来临,有线电视台一定能够向用户提供丰富的 VOD 节目。下面介绍 VOD 系统的构成工作方式、前端子系统的组成,以及频道数的估算方法。

1. 系统构成

VOD 系统由信源、信道及信宿组成。它们分别对应于 CATV(CAble TeleVision)系统的前端机房、传输网络和用户终端,其构成如图 10-16 所示。用户根据电视机屏幕的菜单提示,利用机顶盒选择节目,并向前端发出点播请求指令。

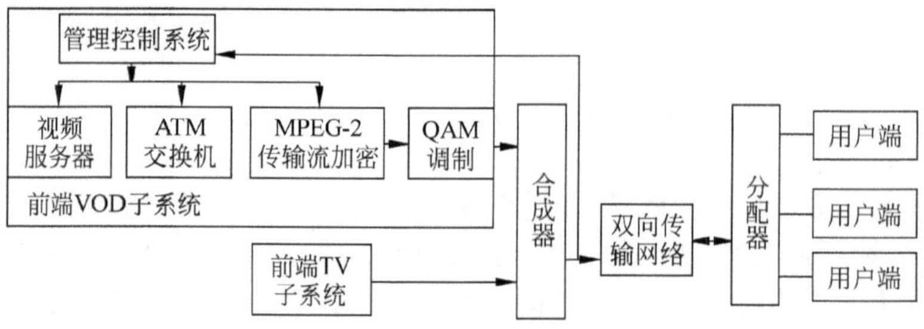

图 10-16 VOD 系统组成框图

具有双向传输功能的 CATV 系统，利用频率分割方式将用户点播的请求信息通过系统的上行通道传输到前端子系统的控制系统。控制系统将点播的节目和主系统的电视信号混合后，由 CATV 系统的下行通道传送到用户终端，经机顶盒解调后进行观看。

VOD 实现常采用切换方式。切换式 VOD 是通过播控开关，使用户随时点播到有线电视台能够提供的任何节目。播控开关依据节目库允许的节目总数进行设计，节目总数的计算依据向用户提供 VOD 服务总数的百分比而得来，同时传送的节目总数受到系统设计结构和高峰容量指标的限制。用户不会在同一时刻点播节目，如果在同一时刻点播的用户数多于系统高峰容许的最大值，播控开关则锁住额外的点播指令，这些用户将不能立即得到点播的节目，此时系统会给出用户重拨的提示或声音。

2. 前端 VOD 子系统的组成

CATV 前端形成电视信号的设备常称为主系统，VOD 等其他多功能设备称为子系统。前端为模拟信号的 VOD 子系统组成，如图 10-17 所示。

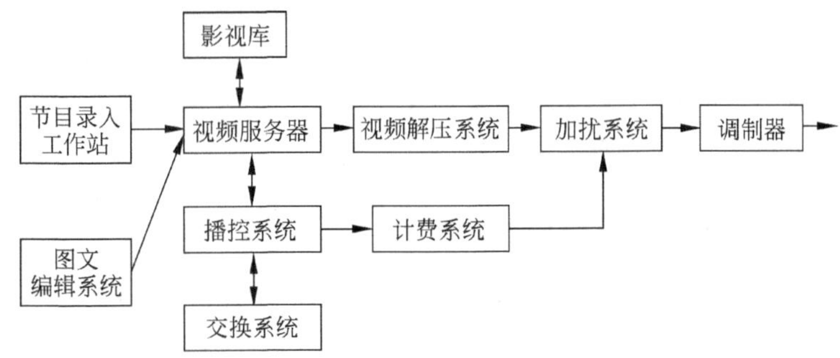

图 10-17 前端 VOD 子系统构成示意图

VOD 子系统功能如下。

(1) 节目录入工作站。录制各种影视节目，可以把磁带、LD、VOD 等资源的 A/V 信号实时数字压缩，存储到影视库供用户点播。

(2) 图文编辑系统。利用图文编辑系统丰富的字幕、特技功能，编辑制作各种图文画面及视、音频节目。

(3) 视频服务器。根据播控系统的指令控制节目的播出，连接录入工作站，补充和更新影像库。视频服务器是节目分配中心，响应用户请求，自动播出点播节目的核心设备。它是由软硬件设备构成的一个复杂组合体，能储存数量巨大的节目信息，而且能在秒级时间内对一部指定影片的请求做出瞬时反应，并能响应更多用户的请求。视频服务器不但容量要大，视频数据流也要连续实时。

(4) 视频解压系统。完成图像信号由数字到模拟信号的转换。

(5) 播控系统。接收或拒绝用户点播请求。当接受用户请求时，对视频服务器的码流检索并给输出系统发出相应的操作指令，如是否给图像信号加入扰码，对点播用户是否进行解扰授权等。

(6) 计费系统。完成用户开放、点播、授权、点播结算、报表统计等。

(7) 视频加扰设备。对收费频道图像进行加入扰码处理，数据编码处理，传送寻址授权信息等。

(8) 调制器。把用户点播的影视信号调制到指定频道上,以供收视。

(9) 交换系统。接收或发出各种指令。

以上为传输模拟电视节目的子系统组成,若为数字电视节目,则需要增加如图 10-16 所示的 MPEG-2 压缩和正交振幅调制 QAM(Quadrature Amplitude Modulation)等。

3. VOD 系统带宽的确定

VOD 系统的带宽是提供影视点播数量的限制因素,保证其带宽是十分必要的。VOD 系统点播数量的估算是确定带宽的基础。目前,国外 VOD 运营实验结果显示:平均月点播率为 25%。在国内,如以平均月点播率约为 10%计,平均每天点播率则约为 0.3%。若该系统有 10 万户,每次点播按一部影视片计算,则每天的点播约为 300 部影视片。

全天 24 小时,点播量的分布是不均匀的,点播量的高峰期为每天的晚 8:00—10:00。在晚 8:00—10:00 期间的点播量约占全天点播量的 1/4,即 300×1/4=75(部),即在点播高峰期需要有 75 个频道才能满足 VOD 运营的需要。这是在所有点播用户点播不同节目时得出的频道数,实际上有不少用户点播的节目都相同,特别是那些在当时很流行的节目,会同时被许多用户点播。因此,实际上所需要的频道数要比估算的少得多。为了在有限的带宽内传输更多的节目,通常采用数字压缩技术。

10.5.2 准视频点播 NVOD 系统

准视频点播 NVOD(Near Video on Demand)是单向数字电视系统,用户对节目没有控制权,不能控制系统何时播放何种节目,只能点播后等待系统为用户安排播放时间。

1. NVOD 系统工作原理

利用视频服务器多通道特性和素材可共享的特性,实现一个节目相隔一段时间由几个通道重播。用户点播该电视节目时,交换机将用户终端与最近将要从头开播的频道连通,用户需等待一段时间,但等待时间不会超过系统播放该节目的时间间隔。

假设视频服务器内一个时间长度为 N 的节目,经视频服务器 8 个输出通道分别输出,第二个通道相对第一个通道延时 $N/8$ 时间播放,第三个通道相对第二个通道延时 $N/8$ 时间播放,依此类推。每个通道节目循环播放,那么第一个通道下一次开始播放的时间相对第八个通道也是延时 $N/8$ 时间播放。这样相邻通道播放的是相同节目,但时间间隔均是 $N/8$。

如图 10-18 所示,通道 1、2、3 播放相同的 P1 节目,通道 4、5、6 播放相同的 P2 节目,相同节目播放的时间间隔为 10min,假如在 13:50 由一用户点播 P1 节目,系统会将播放 P1 节目的通道 3 节目传送给用户终端,该用户 10min 后观看到从头开始的 P1 节目。

2. NVOD 系统组成

(1) 自动播控系统。按服务器指令自动播出视音频节目设备,视音频输出端子与有线电视播出前端子系统相连接。

(2) 电话点播系统。用于自动接听、应答、分类用户的点播电话,并按照用户要求安排

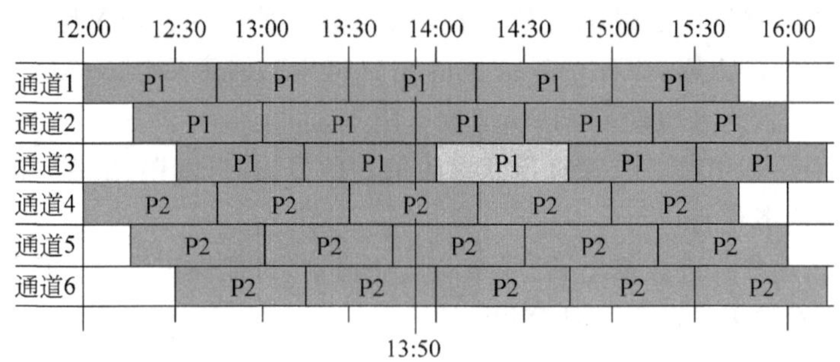

图 10-18 NVOD工作原理示意图

节目播出时间，同时显示当前的点播和节目状态。

(3) 总编系统。用于对播出系统的控制、编辑、监视、字幕编排、查询和统计等。

(4) 节目制作系统。将各种各样的节目源转换成数字压缩文件存储到系统硬盘阵列中，制作成节目库。节目的源包括 VCD 或 DVD 节目、录像带节目等。

(5) 辅助制作系统。用于制作各种节目单、广告、图文、飞字、祝贺词等，并配合电话点播系统将制作好的文件存放在节目硬盘阵列中。

(6) 节目库。用于存放制作好的数字压缩节目。一块硬盘可存储数百分钟的节目，相当于一百多首歌曲的容量，可根据节目量的大小随意增加计算机的硬盘块数。

3. NVOD 系统实现

NVOD 系统的上行点播数据通过普通电话线传输，下行节目数据通过有线电视网络 CATV 广播。用户使用电话机操作电视机的屏幕菜单，点播存储在 NVOD 系统节目库中的节目。如图 10-19 所示，视频服务器是 NVOD 系统的核心设备，节目编辑系统对节目源编辑后复制到视频服务器硬盘阵列中，当用户点播时拨通点播热线，依据系统的语音提示，使用电话机的数字按键输入要点播节目编号、播出时间、留言和字幕等，自动遥控系统便根据用户点播信息按时播出用户点播的节目。节目内容由视频服务器提供。

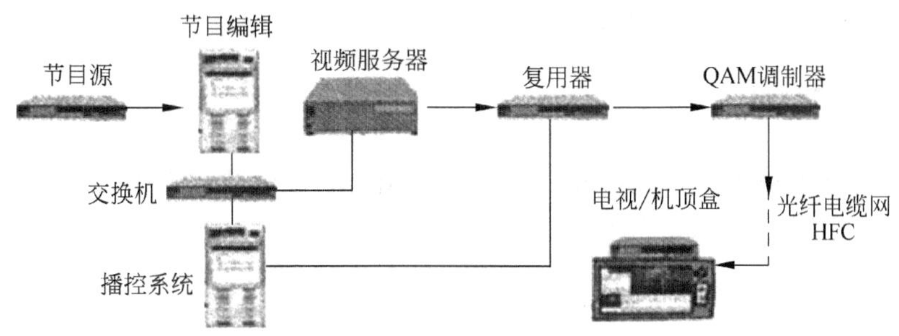

图 10-19 NVOD 系统构成示意图

(1) 节目源。节目编辑系统对节目源进行编辑，存入视频服务器的磁盘阵列。CD 或 DVD 节目、录像带节目等均可作为节目源，但录像带节目需数字化和编码。

(2) 加密。独立的加扰器或内置加扰模块的复用器，对从视频服务器输出的传输流进行加密。

(3) 传输。加扰器输出经过加密后的传输流,比特率一般为36Mb/s左右。加上冗余比特后将近38Mb/s的上限,保证了对信道的充分利用。加密后信号进入QAM调制器调制,输出调制信号进入光纤电缆网HFC下传给用户。

(4) 接收。用户利用数字电视机顶盒接收调制信号,进行解调、解密、解码,得到正确的视、音频传号以及服务信息。

(5) 计费。当用户打进点播电话,系统响应点播请求,提供正常服务后即自动把点播时间、费用等记录到播控系统的管理计算机。

10.6 多媒体远程监控系统

随着通信技术和编码理论的飞速发展,多媒体监控系统广泛应用在机场、宾馆、银行、仓库、交通、电力等各种重要场所和机构。传统的监控系统,其终端与传输设备大多采用模拟技术,设备庞大、连线复杂、操作维修不便,不利于系统的程序化控制,更难以利用现有的通信网络(LAN、PSTN、ISDN等)进行数据传输,实现远距离监控。随着Internet网络技术和多媒体通信技术的发展,一种以数字化、智能化为特点的多媒体过程监控系统应运而生,它实现了由模拟监控到数字监控的质的飞跃,能将监控信息从监控中心释放出来,监控的视频、音频、现场告警与控制信号可传至网络所及的每一个节点,人们可以利用计算机网络在不同地点同时监视、控制远程某一或某些场所,同时控制云台、镜头等设备并获得各种报警信号、进行远程指挥。

远程监控系统主要采用点对点和多址广播两种传输技术,多数情况下以点对点方式为主。它的主要特点是实时性要求高,延迟小,而且往往要求可控制、可切换视频源。另外,因被监控的对象运动幅度不同,所以要求的图像质量也不一样。一般像道路监控这样的场合,被监控的对象是高速运动的车辆,而且要求至少能看清车牌,因而要求的图像质量相当高,采用MPEG-1格式还难以满足要求,必须采用高码流的MPEG-2格式才行;而对楼宇监控这样的场合,在多数情况下被监控的对象是静止不动的,因而图像质量可适当降低一些,一般采用MPEG-1格式就能满足要求。

10.6.1 系统结构

图10-20是多媒体远程监控系统的结构示意图。系统由监控现场、传输网络和监控中心3部分组成。

1. 监控现场

监控现场的核心是本地处理设备,是监控远端必配的设备,其主要功能是对摄像机采集到的图像信息和声音信息进行A/D变换和压缩编码。

监控现场的工作方式有两种。

第一种方式是由本地的主机对所设置的不同地点进行实时监控,适合于近距离监控。摄像机捕获的视频信号既可以实时存储到本地的硬盘中,也可以只供观察,一旦有报警触发,便自动将高质量的画面记录到硬盘中。本地端的主机可以无须外加画面分割器,同时监

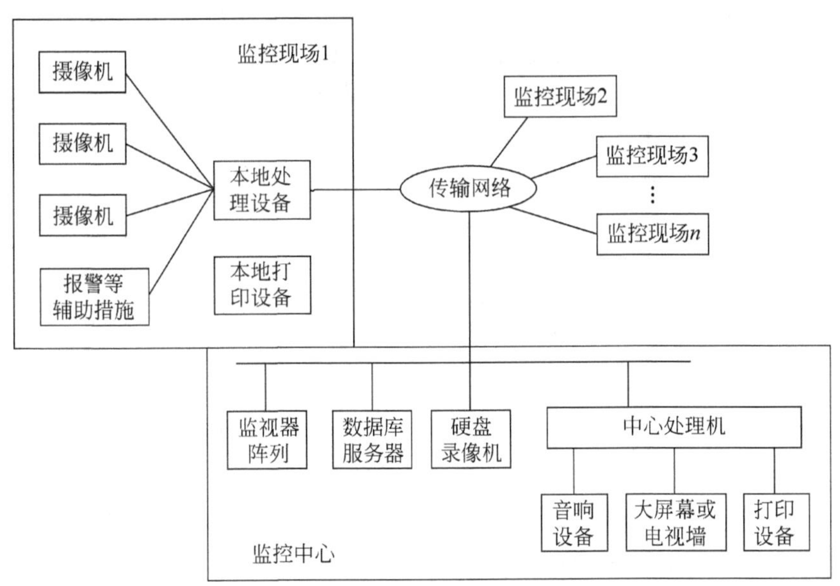

图 10-20　多媒体远程监控系统结构示意图

视多个流动画面(根据需要设置其数量)。录制在硬盘中的视频画面有较高的清晰度,图像的压缩比可调。硬盘中的数据循环存放,硬盘满后可覆盖最开始的记录,这样可以保证存储的数据是最新的。

存储在硬盘中的画面可供工作人员随时回放、搜索、图像调整(局部放大、调光等)等,同时可接打印机打印视频画面,也可以按照数据库方式查询检索。用户在软件中可设置捕捉图像的时间和长度,以及在无人值守时可分不同情况、时段进行不同的系统设置,并采取不同的处理措施。本地主机装有摄像机控制器。其主要作用是调控摄像机参数,如上、下、左、右地摇镜头,拉近、拉远镜头,调整光圈大小,聚焦等。云台的转动及可变焦镜头的控制也可由摄像机控制器通过本地主处理设备接收监控中心的指令来控制。

报警探头可根据现场需要配置不同的类型以满足多种监测需求,如红外、烟雾、门禁等。报警采集器将报警探头传来的报警信号收集起来并上传至本地处理设备,本地处理设备接到报警信号后按照用户设置采取一系列措施,如拨打报警电话、录像、灯光指示、关闭大门、开灯等。

监控现场的第二种工作方式是由本地处理设备将采级的图像通过线路接口送入通信链路并传至监控中心。同时把本地端报警采集器采集到的报警信息打包成一定格式的数据流,通过传输网络传到监控中心;监控现场则把监控中心传来的控制命令抽取出来,进行命令格式分析,并按照命令内容执行相应的操作。

2. 监控中心

监控中心的核心设备是中心主处理机,其任务是将监控远端传来的经过压缩的图像码流解码并输出至监视器,选择接收任意一个远端的声音解码输出到扬声器,并把监控中心下行的声音编码传送给所选择的任意一个远端,也可用广播方式把声音传送给多个远端,同时它还能接收远端上传的报警信息,下达控制指令给远端处理设备,控制远端的各种设备。由于系统需要存储大量的视频信息,因此专门建立了一个硬盘录像机,用来存储现场传输过来的各摄像机拍摄的视频信号。系统中使用了大量的数据库表,包括摄像头信息表、地图和子地图信息表、报警器信息表、报警器预设信息表、视频通道的设置信息表、硬盘录像机的信息设置表、硬盘录像的定时时段设置表、操作日志记录表、硬盘录像停放位置表等。为了方便用户对这些数据进行操作和管理,专门增加了一台数据库服务器。

通过地理信息系统,监控中心可以显示监控地点信息的地图,在需要时也可以随时将某地点的图像信息传送过来。

监控中心的显示设备包括监视器阵列和大屏幕监视器。监视器阵列用以显示各个监控远端的图像,在条件允许的情况下,可使用与监控远端数目相同数量的监视器;当监视器数量少于监控远端的数目时,可在后台通过软件设置轮询功能,定时在各个监视器上轮流播放所有远端的图像。如果某个远端传来报警信号,监控中心就把整个带宽都分配给该远端用于图像传输,这样会得到高速率的图像传输,监控人员可以立即采取相应的措施。在事件发生后,监控中心还可以将存储在该远端处理设备硬盘上的视频图像文件上载过来,回放高质量的监控图像。在监控中心,大屏幕监视器用以显示当前最为关心的一路视频。它主要有两种情况:一种是操作人员在当前想观看的视频画面;另一种是当远端发生告警时,大屏幕上的画面自动切换到报警现场,并自动产生一系列动作,如记录报警时间、地点、场所、类型等参量,启动警铃,遥控远端切换图像至报警源,显示闪烁告警标志等。

10.6.2 系统特点

多媒体远程监控系统与传统的模拟监控系统相比,有无可比拟的优势,主要表现在以下几个方面。

(1) 音频和视频数字化。能够实现活动多画面视窗,完成任意分割,静态存盘及视频捕捉;能够实现长时间大容量、多通道硬盘录像,完成单路/多路回放及检索;能够实现多路视频报警、动态跟踪、图像识别,并能适应各种条件;能够支持多种视频压缩标准,满足各种不同层次的需要。

(2) 监控网络化。由于多媒体远程监控系统的传输网络是基于 LAN/WAN 的数字通信网络,因此,系统可以实现点对点、点对多点、多点对多点的信息网络监控组合,并能通过建立网络间不同级别的安全权限,满足大型网络监控的需求。

(3) 管理智能化。由于系统模块化强,便于扩展,方便维护,能根据需要生成与之相匹配的多级监控系统,并辅助以强大的软件控制,因此,系统能自动跟踪、记录在监控中发生的一切信息并存储起来,进行统计分类,定时完成输出打印工作,实现全自动化管理。

10.6.3 远程监控基于宽带接入网的实现

1. 基于 ADSL/Cable Modem 的点对点实现方式

基于 ADSL/Cable Modem 的点对点方式的远程监控系统的结构如图 10-21 所示。住户家庭若有计算机,则在计算机上增加一视频捕获卡,可接入 1～4 路模拟摄像信号。而 ADSL 用户传输单元 ATU-R 可充当视频处理的网络接口,经双绞线与 ISP 机房内的 DSLAM 数字用户线访问多路复用器中的 ATU-C。远端用户采用 ADSL、CM/LAN、

Modem 等接入方法接入 Internet，再根据住户 ADSL 下的 IP 地址找到家庭内的计算机或视频服务器，提取经 MPEG 压缩的图像信号，对家中老人、小孩、病人进行图像观察和语言交流。因住户需将数字图像上传至 Internet，故速率将受限于 ADSL 上行速率(64～640Kb/s)。通过 Cable Modem 工作时，情况基本相同，只是 ATU-R 换成 Cable Modem，DSLAM 换为 CMTS，而且 HFC 传输图像的上行速率最大可达 1.5Mb/s，速率将高于 ADSL 的最大上行速率，但 HFC 传输存在带宽共享的问题。

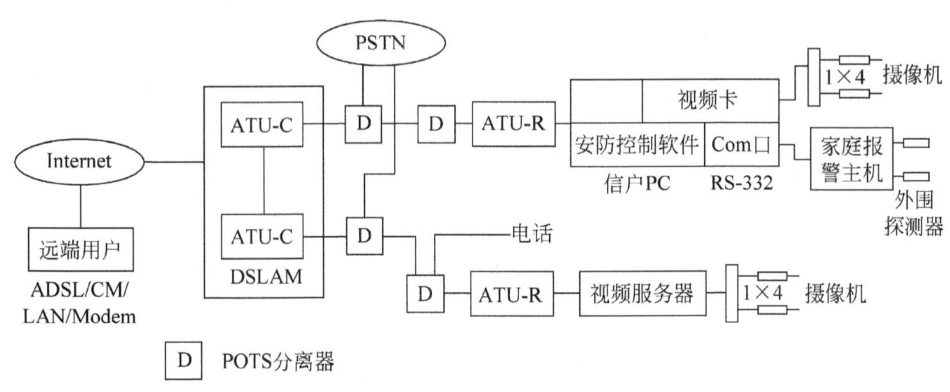

图 10-21 ADSL 方式的家庭远程控制系统的结构图

由于服务提供商不同，ADSL 与 Cable Modem 所提供的 IP 地址可能是动态的，但每次开机后 IP 地址将是不变的，因此远端用户根据这一 IP 地址可以找到住户家庭内的视频服务器，也可由住户家庭计算机开机后固定地向远端用户发送请告知 IP 地址的方法来实现互联。若住户计算机内安装专用安防控制软件，通过串行口接收家庭报警主机的 RS-232 上传信号，可同时实现家庭安防系统的远程监视和控制(设防/撤防等)。

2. 基于宽带智能小区的局域网实现方式

利用 FTTX+LAN 的方式，宽带智能小区向住户提供了多种服务。同样，借助于小区局域网，亦可对住户提供远程监控的新业务。基于宽带智能小区的局域网方式的远程监控系统结构如图 10-22 所示，可在小区局域网上根据用户图像数量设置多台视频服务器，与视频矩阵 RS-232 接口相连。利用 CCTV 控制软件可经视频服务器对视频矩阵的 1000 路摄像机输入进行视频切换，即可由视频服务器 4 个视频输入通路调用 1000 路摄像机输入中的任意一个图像。这样便大大扩展了可监视的图像数量。而家庭安防系统的监控则可由局域网上的安防系统服务器来完成。当然，同时亦允许通过住户的计算机来完成单独的视频图像输入和家庭安防情况的上传。

远端用户经 Internet 找到小区局域网的外部 IP 地址，经权限验证后由接入服务器的 IP 内部地址绑定，找到相应的视频服务器，经 CCTV 控制软件对视频矩阵的 1000 个视频输入进行调用切换。

鉴于大多数小区视频监控系统仍沿用传统的模拟摄像机加视频矩阵方式，以上远程监控系统结构也基于此系统构架。若小区使用数字视频系统，外围使用 IP Camera 或模拟 Camera 加 IP Server，核心使用 NVH(网络视频录像机)或直接使用中心控制软件调用外围图像，则可更方便地实现远程监控功能。

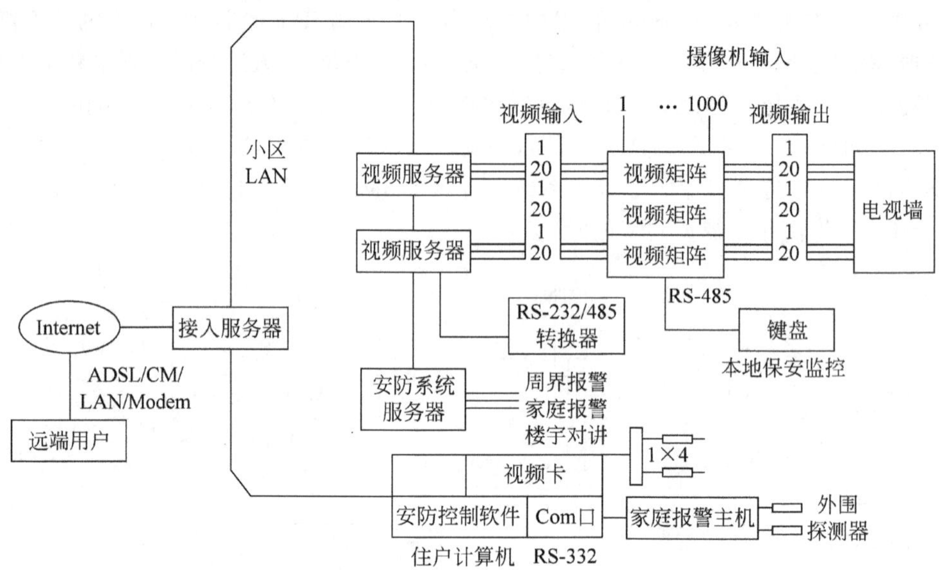

图 10-22　基于宽带智能小区的局域网方式的远程监控系统的结构

3. 基于企业局域网 VPN 的实现方式

随着视频技术的发展,企业视频监控系统也经历了从传统模拟摄像机加视频矩阵、模拟摄像机加数字视频录像机(DVR)、网络摄像机 IP Camcera(或模拟摄像机/视频服务器 IP Encoder)加 NVR 网络视频录像机,到最新中心管理软件/远程客户端软件直接调用控制外围 IP 摄像机的发展过程,具体参数见表 10-7。

表 10-7　企业视频监控系统参数

视频技术发展	中心设备	外围摄像机	远程监控
1	视频矩阵/长时间录像机	模拟摄像机	
2	视频矩阵/DVR	模拟摄像机	客户端软件
3	NVR/IPDecoder+TV Wall	IP Camera 或 Camera+IP Encoder	NVR 客户端软件
4	中心管理软件/档案管理软件(Achiver Manager)	IP Camera 或 Camera+IP Encoder	远程登录视频软件

远程监控基于企业局域网方式的实现为企业的一些实际问题提供了解决方案。

复习思考题

1. 什么是视频会议系统?它与传统的会议系统有何区别?
2. 多媒体会议系统的基本组成与一般结构是什么?
3. 简述视频会议系统数据协议模型各部分的基本功能。
4. ITU-T 制定了哪些视频会议系统标准?
5. 什么是 VOD?从视频点播可以获取哪些服务?
6. 举例说明多媒体监控系统的系统结构。

第11章 多媒体新技术展望

11.1 数据压缩新技术

多媒体技术中常用的数据压缩算法分为无损压缩和有损压缩两大类。无损压缩保证在数据压缩和还原过程中，多媒体信息没有任何的损耗或失真，其压缩效率通常较低；有损压缩则采用一些高效的有限失真数据压缩算法，大幅度减少多媒体中的冗余信息，其压缩效率远高于无损压缩。通常情况下，数据压缩率越高，信息的损耗或失真也越大，需要找出一个相对平衡点。

在多媒体应用中常用的压缩方法有 PCM、预测编码、变换编码(主成分变换、K-L 变换、离散余弦变换等)、插值和外推法(空域亚采样、时域亚采样、自适应)、统计编码(哈夫曼编码、算术编码、Shannon-Fano 编码、行程编码等)、矢量量化和子带编码等，混合编码是近年来广泛采用的方法。

近年来，新的多媒体数据压缩技术不断涌现。知名度较高的技术有矢量量化编码、结构编码、小波变换编码以及基于模型的编码等。

11.1.1 矢量量化编码

矢量量化是一种高效的数据压缩技术，已广泛用于图像压缩、语音和模式识别等领域。矢量量化可以分解为编码器和解码器两个映射，如图 11-1 所示。

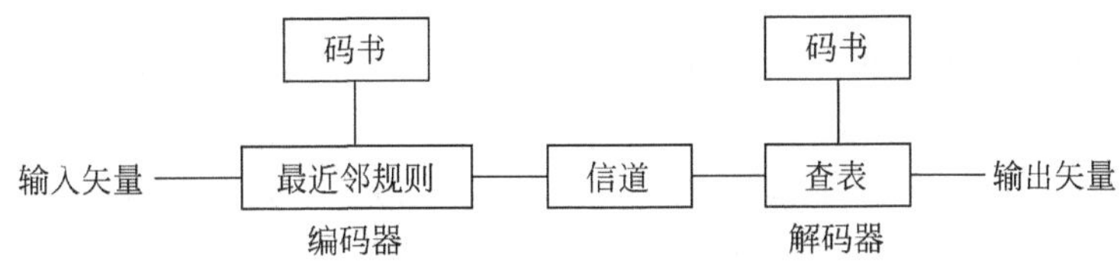

图 11-1 矢量量化器原理

其中，编码器把输入矢量 x 映射为码矢的标号 i，即根据最近邻规则从码书中找到与输入矢量最相似的码矢，并将该码矢的标号 i 通过信道传送到解码端。解码器则把标号 i 映射为矢量 x，即根据标号 i，通过查表法从码书中查出相应的矢量 x。矢量量化的关键是设计一个好的编码书。

11.1.2 结构编码

结构编码也称第二代编码，它并不局限于信息论的框架内，而是充分考虑了人类视觉、生理、心理特点，因而能获得高压缩比。例如可以通过考虑图像的方向特性和区域特性，特别是根据这些特性对人类生理、心理的影响不同而进行不同的编码处理，从而获取更高的压缩比。

11.1.3 图像编码

1. 基于方向性分解的图像编码

基于方向性分解的图像编码，其侧重点在于将原始图像数据在频域内做多层分解，然后对这些信息灵活地、有选择地加以编码。对图像进行方向分解的主要目的是为了能更准确、更有效地检测和表述图像的边缘信息(包括位置信息和形状信息)，并对图像进行恰当的分离。M. Kunt 等人利用一个低通滤波器和 8 个方向滤波器把图像分解为低频部分和 8 个方向的高频部分。对于 8 个方向的高频边缘图，根据人的视觉特性采取不同的编码策略；而对于低频部分则可利用变换编码得到高的压缩比和很小的失真度。

2. 基于区域分解与合并的图像编码

这种方法的基本思路是根据图像不同区域对视觉系统具有不同的特性，对图像信号在时域或空间内进行复杂的分割，其中每一部分都有固定的统计特性。这种编码方法的过程为：

(1) 特征抽取。根据图像的空间特征，首先将图像中的边界、轮廓、纹理等结构特征抽取出来。在这里，特征抽取方法(如分割方法)是关键，它直接影响图像编码的效果。

(2) 编码。用不同的编码方法保存特征抽取阶段所得到的结构特征。例如，对纹理可采用预测编码或变换编码，对边界、轮廓则可采用链码方法进行编码。

(3) 解码。根据结构和参数信息进行合成，从而恢复出原图像。这种编码方法较好地保存了对人眼十分重要的边缘轮廓信息，因此，在压缩比较高时，解码图像质量仍然很好。

11.1.4 小波变换编码

图像数据压缩中最常用的正交变换编码方法是 DCT(离散余弦变换)。然而，比较适合于用 DCT 进行压缩的图像只是那些信号带宽很窄的图像。这类图像进行 DCT 变换后，在其系数矩阵上的非零值将分布在非常有限的局部区域上，因而会取得比较好的压缩效果；而对于宽带信号，其变换系数矩阵上的非零值将分布在相当大的局部区域上，不可能取得满意的压缩效果。小波变换恰好弥补了 DCT 不适合对宽带信号进行压缩的缺陷。小波变换是一种频率上伸缩自由的变换，是一种不受带宽约束的数据压缩方法。对于窄带信号，它可以通过缩小的方法使得对信号的描述较为精细；而对于宽带信号，则可以通过放大的方式使刻画满足精度的需要。

利用小波变换对图像编码压缩的过程为：

(1) 利用离散小波变换将图像分解为亮度分量、水平边缘分量、垂直边缘分量和对角边缘分量。

(2) 对于所得到的 4 个子图，根据人的视觉、生理、心理特点，分别通过对其进行适当的量化和比特分配来达到压缩的目的。例如，对于亮度子图，可以采用快速余弦变换结合哈夫曼编码的方法进行压缩；而对于3个边缘子图，可以采取去掉高频成分、门限值量化和均匀量化结合哈夫曼编码的压缩策略。

对应的解码过程为：

(1) 对不同的编码采用不同的解码方法。

(2) 利用小波反变换还原原来的图像。

目前，小波变换编码已经在JPEG 2000标准中使用，且表现出较高的压缩比和较小的失真度。

11.1.5 基于模型的编码

基于模型的编码实际上是一种基于知识的编码。该方法首先从待压缩数据信息中提取有关模型(包括已知的、未知的、二维的和三维的模型)参数，例如形状参数、运动参数、峰谷参数等，然后将这些模型参数进行编码。解码器则根据收到的模型参数，运用信息合成技术重建原数据信息。与传统的数据压缩技术不同，基于模型的编码充分利用了有关知识和原始信息的内容，因而可以实现非常高的压缩比。

11.1.6 分形编码

分形的概念是由数学家B. Mandelbrot于1975年提出的，他把分形定义为"一种由许多个与整体有某种相似性的局部所构成的形体"。分形概念的提出及分形几何学的创立为描述客观世界提供了更准确的数学模型。图形学是几何学的延伸与发展，分形模型研究成果的积累形成了新的图像学分支——分形图像学。而基于分形的图像编码方法实质是对图像中一个或多个相对大的部分施行压缩变换来接近图像的每一部分。1990年，A. Jacquin提出了全自动的可行的分形压缩编码方法，由于其可以获得极高的压缩比而得到广泛关注。

分形编码也是一种模型编码，它利用模型的方法，对需要传输的图像进行参数估测。分形的方法是把一幅数字图像，通过一些图像处理技术，如颜色分割、边缘检测、频谱分析、纹理变化分析等，将原始图像分成一些子图像。子图像可以是简单的物体，也可以是一些复杂的景物。然后在分形集中查找这样的子图像。分形集实际上并不是存储所有可能的子图像，而是存储许多迭代函数，通过迭代函数的反复迭代，恢复出原来的子图像。表示这样的迭代函数一般只需几个数据即可，从而达到了很高的压缩比。

分形图像压缩编码方法可分以下两类：

(1) 交互式分形图像编码方法。针对给定图像的形状，采用边缘检测、频谱分析、纹理分析、分维方法等传统的图像处理技术进行图像分割，要求被分开的每部分都有比较直观的自相似特征。然后寻找迭代函数系统，确定各个变换系统。再由图像中灰度分布求得各个变换的伴随概率。解码过程是采用随机迭代法来生成近似图像。

(2) 自适应块状分形编码方法。先将图像分割成若干不重叠的值域块R_i和可以重叠的定义域块D_j，接着对每个R_j寻找某个D_j，使D_j经过某个指定的变换映射到R_i，并达到规定的最小误差，记录下确定R_i和D_j的参数及变换W_i，得到一个迭代函数系统，最后对这些参数进行编码。编码过程包括图像的分割、搜索最佳匹配以及记录相关的系数三个步骤。

分形图像压缩编码的研究发展趋势表现为以下几个方面。

(1) 分形编码在人工干预条件下能够达到相当高的压缩比,但对于如何去掉人工干预则需研究给定的图像,以实现计算机自动确定分形生长模型、IFS码和RIFS码等,并寻找新的压缩模型和新的突破点。

(2) 综合分析当前自动编码的各种改进算法,继续寻找加快编码速度、提高压缩比、改善压缩效果的突破性方法。

(3) 研究按分形维数分割图像,探讨将分形维数相同的区域块用分形方法进行编码的理论、方法及实现的算法。

(4) 继续研究分形编码与其他编码方法相结合的新的编码方法。

(5) 进一步研究分形图像压缩的计算机仿真技术和实际应用。

分形图像压缩编码的应用已经深入到人类活动的各个方面,并已取得了令人瞩目的成果。分形图像压缩既考虑局部与局部,又考虑局部与整体之间的相关性,适合于自相似或自仿射的图像压缩;分形图像压缩解码时能放大到任意大的尺寸,且保持精细的结构;在高压缩比的情况下,分形图像压缩自动编码能有很高的信噪比和很好的视觉效果。因此,分形图像压缩是一个有潜力、有发展前途的压缩方法。

11.2 虚拟现实技术

11.2.1 概述

虚拟现实技术是20世纪末兴起的一门崭新的综合性信息技术,它融合了数字图像处理、计算机图形学、多媒体技术、传感器技术等多个信息技术分支,实际上就是利用计算机产生一个能让人以自然的视、听、触、嗅等功能感觉到的三维空间环境,让人身临其境,并用人习惯的能力和方法,对这个生成的"客观世界"进行观察、分析、操作和控制,最终沉浸其中。与通常意义上的多媒体技术相比,该技术将人与计算机间的信息交互通道由二维(声音和图像)扩大到多维(声音、图像和人的其他功能感觉),并且显示的图像由平面变为立体。因此。可以说它是多媒体技术进步的结果,它的出现大大推进了计算机技术的发展。

如上所述,虚拟现实技术提供了更加高级的集成性和交互性,给人以愈发逼真的场景体验,它在航空航天、医药、建筑等诸多领域获得了广泛的应用。美国、日本、欧洲等国家和地区的政府机构和大型的商业公司均已投入大量的人力和物力进行相应的开发研究,有力地推动了此项技术的发展。

虚拟现实并不是真实的世界,而是一种虚拟的可交互的环境,人们可通过计算机等各种媒介进入该环境与之交流和互动。从超脱不同的应用背景来看,虚拟现实技术是把抽象、复杂的计算机数据空间转化为直观的、用户熟悉的虚拟环境。它的技术实质在于提供一种高级的人机接口。利用虚拟现实技术所产生的局部世界是人造和虚构的,并非是真实的,但当用户进入这一局部世界时,在感觉上与现实世界却是基本相同的。因此,虚拟现实技术改变了人与计算机之间枯燥、生硬和被动的现状,给用户提供了一个趋于人性化的虚拟信息空间。

虚拟现实以模拟方式为使用者创造一个实时反映实体对象变化与相互作用的三维图像

世界，在视、听、触、嗅等感知行为的逼真体验中，使参与者可直接参与和探索虚拟对象所处环境中的作用和变化，仿佛置身于一个虚拟的现实世界中。因此，虚拟现实技术最基本的特征就是沉浸感、想象性和交互性。

虚拟现实技术力图使用户在计算机所创建的三维虚拟环境中有身临其境的感觉，处于一种"全身心投入"的感觉状态，即所谓的"沉浸感"；同时要让用户觉得自己是处于现实环境和现实的生活中。虚拟现实技术的"沉浸感"特性使它与一般的交互式三维计算机图形有较大的不同：用户可沉浸于虚拟的现实环境——数据空间，可从数据空间向外观察，从而使用户能以更自然、更直接的方式与人机进行数据交互；利用 VR 的沉浸功能，用户暂时与现实环境隔离，并投入到虚拟的现实环境中，从而能真实地观察数据，处理数据。例如，你可以进入一个仿造出来的飞机场，看到一排排飞机，也看到有些飞机正准备起飞；当你向这些飞机走近时，你就会看到这些飞机的体形变大，甚至能看出准备起飞的飞机的机舱内飞行员的脸形，同时听到正要起飞的飞机的气流声，这些都能使你产生身临其境的感觉。

交互性是指参与者通过使用专用设备，用人类的自然技能实现对模拟环境的考察和操作的程度。例如，用户在机场可以扶梯登机，抓扶模拟环境中的物体，用户有抓扶的感觉，并能感觉到物体的形状等特性，机场中的物体也能立刻随着人的移动而变化。

由于虚拟现实是多种媒介或多个高层终端用户接口，它的应用能解决工程、医学、军事等方面的一些问题。由于这些应用是虚拟现实与设计者并行操作，充分发挥他们的创造性而设计出来的，所以这极大地依赖于人类的想象力。这就是虚拟现实的想象特征。正如 Burdea G. 所发表的 *Virtual Reality Systems and Applications* 一文中曾提出的那样，虚拟现实技术可以用一个由 3 个"I"(Immersion-Interaction-Imagination，沉浸-交互-构想)所构成的三角形来形象地描述。

11.2.2　虚拟现实系统的分类

交互性和沉浸感是虚拟现实技术最重要的两个特征，根据虚拟现实所倾向的特征不同，可将目前的虚拟现实系统划分为 4 个层次：桌面式、增强式、沉浸式和网络分布式虚拟现实。

(1) 桌面式虚拟现实利用计算机或中、低档工作站做虚拟环境产生器，计算机屏幕或单投影墙是参与者观察虚拟环境的窗口。由于受到周围真实环境的干扰，它的沉浸感较差；但其成本较低，仍然比较普及。

(2) 增强式虚拟现实允许参与者看见现实环境中的物体，同时又把虚拟环境的图形叠加在真实的物体上。例如，穿透型头戴式显示器可将计算机产生的图形和参与者实际的即时环境重叠在一起，该系统主要依赖于虚拟现实位置跟踪技术，以达到精确的重叠。

(3) 沉浸式虚拟现实主要利用各种高档工作站、高性能图形加速卡和交互设备，通过声音、力与触觉等方式和有效地屏蔽周围现实环境，使参与者完全沉浸在虚拟世界中。

(4) 网络分布式是由上述几种类型组成的大型网络系统，并用于更复杂任务的研究。

11.2.3　虚拟现实技术的应用

虚拟现实技术是关于人与计算机通信的技术，其应用极其广泛。目前，它已涉及科研、教育培训、工程设计、商业、军事、航天、医学、影视、艺术和娱乐等众多领域。随着软、硬件价格的下降,虚拟现实技术的应用将更加丰富。以下仅列出几个有代表性的领域。

(1) 教育和培训。真实世界中的计算机造型可由虚拟环境来表现。虚拟现实技术可以提供适当的逼真度,用户像在真实环境中一样操作虚拟环境中的对象。教育从虚拟环境技术中的获益是显而易见的。

(2) 遥感操作虚拟现实技术可用于对人类有害或危险的场合,人无须进入现场而只需在现场安装适当的遥感器或机器人。例如,对沉没的泰坦尼克号的探测就是利用遥感操作技术来完成的。

(3) 娱乐场合。由于公众和媒体对虚拟现实技术颇感兴趣,因此,凡是采用了某些“虚拟现实技术”的娱乐方式都有着潜在的经济效益。

(4) 医疗场合。虚拟现实技术可用于解剖教学、复杂手术过程的规划,在手术过程中提供操作和信息上的辅助,预测手术结果以及远程医疗等。

(5) 虚拟现实技术在军事指挥、训练和航天领域的应用十分广泛。例如,虚拟现实的军事训练、演习、航天实验等。

11.2.4 未来的发展趋势

虚拟现实技术实质是构建一种与人可自然交互的“虚拟世界”,允许参与者实时、真实地与其中的对象交互。沉浸式虚拟现实是其最理想的追求。近年来,尽管桌面式虚拟现实系统有一定的局限性,被称为“窗口仿真”,但因其成本低廉而获得了广泛应用;另外,大屏幕投影式虚拟系统亦成为开发的热点之一。总而言之,纵观这三十多年来的发展历程,虚拟现实技术的未来研究还是遵循“低成本、高性能”这一主线,从软件、硬件上分别展开。其主要研究热点方向如下。

1. 动态环境建模技术

虚拟环境的建立是虚拟现实技术的核心内容,动态环境建模技术的目的是获取实际环境的三维数据,并根据应用的需要建立相应的虚拟环境模型。目前,三维数据可以采用CAD技术来建立,更多的情况则需采用非接触式的视觉建模技术,而二者的有机结合则可以有效地提高数据获取的效率。

2. 实时三维图形生成和显示技术

目前,三维图形的生成技术已较成熟,而关键是如何“实时生成”。为了达到实时的目的,如今已提出了不少方法,例如减少分段数、删除和隐藏面、纹理贴图以及使用关联复制等,最终至少要保证图形的刷新频率不低于15帧/s,最好高于25帧/s。因此,在不降低图形的质量和复杂程度的前提下,如何提高刷新频率将是今后重要的研究内容。此外,虚拟现实还依赖于立体显示和传感器技术的发展。现有的虚拟设备还不能满足实时生成和显示的需要,因此有必要开发新的三维图形生成和显示技术。

3. 新型交互设备的研制

虚拟现实能让参与者用人类自然的技能和感知能力与虚拟世界中的对象进行交互作

用,使之身临其境,借助的输入/输出设备主要有头盔显示器、数据手套、数据衣服、三维位置传感器和三维声音产生器等。因此,新型、便宜、可靠性好的数据手套和数据衣服等新型交互设备将成为未来研究的重要方向。

4. 智能化的语音虚拟现实建模

虚拟现实建模是一个比较繁复的过程,需要开发人员花费大量的时间和精力。为了解决这个问题,可以考虑将虚拟现实技术与智能技术、语音识别技术结合起来。任何模型都含有模型的概念、模型的描述、模型的功能约束条件、模型的空间和模型的多种形态等基本特征。这些信息若用计算机语言来描述有时会显得很不方便甚至无法表达清楚,并且工作量也非常大;而人类的语言却可以容易地描述任何简单和复杂的事物。因此,利用语音识别技术将人类对模型的属性、方法和一般特点的描述转化成建模所需的数据,然后利用计算机的图形处理技术和人工智能技术进行设计、导航和评价,即将基本模型用对象表示出来,并符合逻辑地将各种基本模型静态或动态地连接起来,最后形成系统模型。在各种模型形成后进行评价并给出结果,最后由人直接通过语言来进行编辑和确认。

5. 大型网络分布式虚拟现实的应用

网络分布式虚拟现实将分布于多个地点的虚拟现实系统或仿真器通过局域网或广域网连接起来,采用协调一致的结构、标准、协议和数据库,形成一个在时间和空间上互相耦合的虚拟合成环境,参与者可自由地进行交互作用。目前,分布式虚拟交互仿真已成为国际上的研究热点,并相继推出了 DIS、HLA 等相关标准。网络分布式虚拟现实在航空航天中极具应用价值,例如,国际空间站的参与国分布在世界不同区域,分布式虚拟现实训练环境不需要在不同国家重建仿真系统,这样不仅减少了研制费用和设备费用,而且也减少了人员出差的费用和异地生活的不适。

总之,虚拟现实技术是多媒体技术中发展的重要分支之一,未来虚拟现实技术将会是一门成熟的学科和艺术,是一种全新的信息处理方式。它将会在各行各业中得到应用,并且发挥神奇的作用。

11.3 智能交互技术

11.3.1 人机交互技术概述

人机交互是研究人与计算机以及他们之间相互影响的技术。计算机的发展历史,不仅是处理器速度、存储器容量飞速提高的历史,也是不断改善人机交互技术的历史。人机交互技术,如键盘、鼠标、窗口系统、超文本、浏览器等,已对计算机的发展产生了巨大的影响,而且还将继续影响全人类的生活。人机交互技术是当前信息产业竞争的一个焦点,世界各国都将人机交互技术作为重点研究的一项关键技术。

纵观人机交互的发展历史,是一个从人适应计算机到计算机不断地适应人的发展史,它主要经历了以下几个阶段。

(1) 早期的手工作业阶段。当时交互的特点是由设计者——人来使用计算机,他们采用手工操作和依赖机器代码来适应现在看来是十分笨拙的计算机。

(2) 作业控制语言及交互命令语言阶段。这一阶段的特点是计算机的使用者——程序员可采用批处理作业语言或交互命令语言的方式和计算机进行交互,此时虽然程序员要记忆许多命令和熟练地敲击键盘,但已经可以用较方便的手段来使用计算机、调试程序以及了解计算机的执行情况。

(3) 图形用户界面(GUI)阶段。GUI 的主要特点是桌面隐喻、WIMP(Window/Icon/Menu/Pointing Device)技术、直接操纵和"所见即所得(What You See is What You Get,WYSIWYG)"。由于 GUI 简明易学、减少了记忆操作命令的难度和敲击键盘的次数,因而使不懂计算机的普通用户也可以熟练地使用,拓宽了用户群。它的出现使信息产业得到迅猛的发展。

(4) 网络用户界面的出现。以超文本标记语言 HTML 及超文本传输协议 HTTP 为主要技术的网络浏览器是网络用户界面的代表,由它形成的 WWW 网已经成为当今 Internet 网的支柱。这种人机交互技术在某种程度上改变了人机关系,使人们通过计算机和网络实现远程交互,缩短了人与人之间的时空关系。其主要特点是发展快、新的技术不断出现,如搜索引擎、网络加速、多媒体动画、聊天工具等。

(5) 多通道、多媒体的智能人机交互阶段。以虚拟现实为代表的计算机系统的拟人化和以手持电脑、智能手机为代表的计算机的微型化、随身化、嵌入化是当前计算机的两个重要的发展趋势。ACM 图灵奖 1992 年获得者、微软研究院软件总工程师 Butler Lampson 在题为"21 世纪的计算研究"报告中指出"计算机有 3 个作用:第一是模拟,第二是计算机可以帮助人们进行通信,第三个是互动,也就是与实际世界的交流"。而以鼠标和键盘为代表的 GUI 技术是影响它们发展的瓶颈,利用人的多种感觉通道和动作通道(如语音、手写、姿势、视线、表情等输入),以并行、非精确的方式与(可见或不可见的)计算机环境进行交互,可以提高人机交互的自然性和高效性。多通道、多媒体的智能人机交互既是一个挑战,也是一个极好的机遇。

11.3.2 智能交互技术的进展

1. 笔式交互技术

传统的人机交互都是通过鼠标和键盘来实现的,随着人机交互技术的发展,笔式交互技术得到了长足发展。在手写汉字识别方面,中国科学院自动化研究所开发的"汉王笔"手写汉字识别系统经过近二十年的研究和开发,已能识别 27 000 个汉字,当用非草写汉字、以每分钟 12 个汉字的速度书写时,识别率可达 99.18%。我国现在已有约三百万手写汉字识别系统的用户。

微软亚洲研究院多通道用户界面组发明的数字墨水技术,采用全新易操纵的笔交互设备、高质量的墨水绘制技术、智慧的墨迹分析技术等,不仅可作为文字识别、图形绘制的输入,而且可作为一种全新的"Ink"数据模型,使手写笔记更易阅读、获取、组织和使用。数字墨水技术已作为产品结合在微软的平板电脑(Tablet PC)操作系统中,产生了巨大的社会影响,它还将继续发展,有可能成为新一代优秀的自然交互设备。

在笔式交互技术研究中，中国科学院软件研究所人机交互技术与智能信息处理实验室在笔式交互软件开发平台、面向教学的笔式办公套件(包括课件制作、笔式授课、笔式数学公式计算器、笔式简谱制作等)、面向儿童的神笔马良系统的开发应用方面均有出色的表现，其中不少已经实用化、产品化。最近，瑞典 Anoto AB 公司开发了使用蓝牙技术的 Digital Pens、Digital Papers 专利及相关的开发工具包等，在采用纸、笔的有形(实物)操作界面方面带来诱人的应用前景，已引起广泛重视。

2. 语音识别

在中文语音识别方面，IBM 中文语音识别系统经过不断改进，已广泛应用于 Office/XP 的中文版等办公软件和应用软件中，在中文语音识别领域有着重要影响。中国科学院自动化研究所“汉语连续语音听写系统”的特点是建立了基于决策树的上下文相关模型；针对连续语音中声调之间的协同发音问题，建立了相应的变调模型；建立了与识别系统配套的自适应平台，降低 35%左右音节误识率；提出了领域自适应方法，通过较少的领域语料，可得到较好的领域自适应模型和字典。

语音合成技术，又称文语转换技术。1990 年基音同步叠加(Pitch Synchronous Over Lap and Add，PSOLA)方法的提出，使合成语音的音色和自然度明显提高。基于 PSOLA 方法的法语、德语、英语、日语等语种的文语转换系统相继研制成功，在汉语语音合成方面国内起步较晚，大致也经历了共振峰合成至 PSOLA 方法的过程，在政府的支持下，汉语语音合成技术取得了显著进展，如中国科学院声学研究所的 KX2PSOLA、联想佳音、清华大学的 TH SPEECH、中国科学技术大学的 KDTALK 等系统。1999 年，在国家智能计算机研究开发中心、中国科学技术大学人机语音通信实验室的基础上组建了科大讯飞公司，技术上更着眼于合成语音的自然度、可懂度和音质，设计了基于 LMA 声道模型的语音合成器，基于数字串的韵律规则分层构造，基于听感量化的语音库以及基于汉字音、形、义相结合的音韵码等，先后研制成功音色和自然度更高的 KD 863 及 KD 2000 中文语音合成系统，并牵头制定中文语音标准。KD 863 及 KD 2000 中文语音合成系统产品在主流市场有较高占有率，是具有国际先进水平的汉语语音合成技术。

在手语识别和合成方面，中国科学院计算技术研究所研制成功了基于多功能感知的中国手语识别与合成系统，它采用数据手套可识别大词汇量(5177 个)的手语词，该系统建立了中国手语词库，对于给定文本句子(可由正常人话语转换而成)，自动合成相应的人体运动数据，最后采用计算机人体动画技术，将运动数据应用于虚拟人，由虚拟人完成合成的手语运动。该系统可输出大词汇量的手语词，为我国聋哑人的教育、生活提供了有用的辅助工具，使他们用手语与正常人的交流成为可能。

自然语言的理解始终是自然人机交互的最重要目标，虽然目前在语言模型、语料库、受限领域应用等方面均有进展，但由于它本身具有的难度(自然语言的不规范性等)，自然语言的理解仍是计算机科学家和语言学家的一个长期研究目标。

3. 视线跟踪(眼动)技术

由于视线跟踪(眼动)技术的发展使其有可能代替键盘输入、鼠标移动的功能，并可能达到“所视即所得(What You Look at is What You Get)”，因而对残疾人和飞行员等有极大的吸引力。在早期就引起心理学家、交互技术专家的关注：一是研究高质量的眼动跟踪设备；二是如何构造易于操作的用户界面。眼动跟踪设备有强迫式与非强迫式、穿戴式与非穿戴式、接触式与非接触式之分，精度上有所区别，制造成本也差异很大，其中精度和对用户的限制及干扰是一对尖锐的矛盾。目前，一类产品是采用头戴微型摄像头的设备，它用来获取两眼瞳孔(或角膜)中的视点，其采样率和精度高，结果可靠，如 SR Research 公司的 EyeLink Ⅱ的采样率可达 500Hz，位置精度小于 0.1°，异常分辨率小于 0.005°。类似的产品很多，如 Tobii Eye2Tracker、SensoMotoricInst Ruments、ViewPoint EyeTracker、Eye Tech Digital Systems 等；另一类是在计算机前装了两个微型摄像头的设备，精度不高，但适合残疾人使用，如 LC Technologies 公司的 Eye Gaze 系统、Eye Tech Digital Systems 公司的 Quick Glance 系统等。它们的价格差异很大，从上千美元到几万美元不等。Jacob 等对视线跟踪用于人机交互进行了很好的综述，根据视线跟踪(眼动)技术构造的界面现在被称为"注视用户界面(Attentive User Interfaces, AUI)"。1985 年，MIT 的著名专家开发了第一个 AUI——用眼动编制管弦乐的动态窗口，他在一个大显示器上模拟了用视线注视来选取可同时播放立体声音乐的 40 段乐曲图像，以此来创作乐曲。可以预计，在多人多机交互及虚拟现实系统中视线跟踪将有诱人的应用前景。

4. 触觉通道的力反馈装置

触觉通道的力反馈装置在各种人机交互系统中也开始崭露头角，新一代力反馈感应技术主要有触觉感应(TouchSense)技术和动作感应(G2 Force Tilt)技术两种。TouchSense 技术主要用在鼠标、轨迹球等产品中，而 G2 Force Tilt 技术则主要用在动感游戏控制器中。美国 Kensington 公司推出的 Orbit 3D Trackball 力反馈轨迹球采用 Immersion 公司最新的 TouchSense 技术；Feel Mouse 是罗技公司最新的一款支持振动功能的新一代动感鼠标，其外观继承了 2000 年上市极光旋貂，并在其基础上增加了一块控制芯片和一个小马达。因马达的位置在鼠标的中下部，因此主要振动源也来自于手掌根部。在非游戏的高精度触觉反馈装置中，最著名的是由 MIT 人工智能实验室 Massie and Salisbury 开发，美国 SensAble Technologies 公司生产的 Phantom 触觉反馈(6 自由度)设备和 Ghost 软件开发包。由于其精度高，已广泛用于军事、医学、机器人、教学、虚拟现实等各类应用中，我国解放军总医院等单位已将它用于手术的教学培训中，但该设备价格较贵，连同软件约需 15 000 美元/套，从而影响了它的推广。

5. 生物特征识别技术

生物特征识别技术(Biomet Rics)是受到广泛关注的一类新兴识别技术，早期通过对人的 指纹识别来确定人的身份，因而指纹识别被广泛应用于安全、公安等部门。随着反恐斗争的日益重要，各国正在对其他人体特征进行广泛研究，希望能尽快找到快速、准确、方便、廉价的身份识别方法。对眼睛虹膜、掌纹、笔迹、步态、语音、人脸、DNA 等的人类特征的研究和开发，正引起政府、企业、研究单位的广泛注意。唇读、人脸表情识别是又一个人机交互技术的热点。唇读将人们说话的语音和嘴唇变化的形态结合起来，以便更准确地获取人们表达的意图、感情和愿望等；人脸表情识别的模型和方法也在不断改进。

6. 智能空间及智能用户界面

智能空间(Smart Space)是指一个嵌入了计算、信息设备和多通道传感器的工作空间。由于在物理空间中嵌入了计算机视觉、语音识别、墙面投影等 MMI 能力,使隐藏在视线之外的计算机可以识别这个物理空间中人的姿态、手势、语音和上下文等信息,进而判断出人的意图并做出合适的反馈或动作,帮助人们更加有效地工作,提高人们的生活质量。这个物理空间可以是一张办公桌、一个教室或一幢住宅。由于在智能空间里用户能方便地访问信息和获得计算机的服务,因而可高效地单独工作或与他人协同工作。

国际上已开展了许多智能空间的研究项目(Smart X)。MIT 的人工智能实验室从 1996 年开始了名为 InteUigent Room 的研究项目,其目的在于探索先进的人机交互和协作技术,具体目标是建立一个智能房间,解释和增强其中发生的活动,通过在一个普通会议室和起居室内安装多台摄像头、麦克风、墙面投影等设施,使房间可以识别身处其中的人的动作和意图,通过主动提供服务,帮助人们更好地工作和生活。例如,当墙面投影图像是一张地图时,他可以用手指向某个区域并用语音问计算机这是哪个位置,系统也会根据他当前的位置把他需要的图像投影到离他最近的地方。其他研究还有 Stanford 的 Interactive Workspace、Georgia Techl 的 Aware Home、UIUC 的 Active Space、Microsoft 的 Easy Living、IBM 的 Blue Space、欧洲 GMD 的 iLand 等。

我国清华大学计算机系实现了一个智能环境实验系统智能教室(Smart Classroom),该教室把一个普通的教室空间增强为教师和远程教育系统的交互界面,在这个空间中,教师可以摆脱键盘、鼠标、显示器的束缚,用语音、手势,甚至身体语言等传统的授课经验来与进行远程学习的学生交互。在这里,现场的课堂教育和远程教育的界限被取消了,教师可以同时给现场学习的学生和远程学习的学生授课。智能教室实现了实时远程教学,它借助于一种可靠的多播协议和自适应传输机制的支持,可以在网上开展交互式的远程教育。同时,这个空间可以自动记录教学过程中发生的事件,产生一个可检索的复合文档,作为有现场感的多媒体课件来使用。将智能技术结合到用户界面中,便构成"智能用户界面"(Intelligent User Interface,IUI),智能技术是它的核心,IUI 的最终目标是使人机、交互和人-人交互一样自然、方便。智能环境是指用户界面的宿主系统所处的环境应该是智能的。智能环境的特点是它的隐蔽性、自感知性、多通道性及强调物理空间的存在。智能空间是"智能环境"的一种,在当今的无线 Internet 网时代,通过跨地域的 Internet 网已可以和世界上任何地方的人们进行交互。Internet 网、GPS、移动通信、家电一体化等已为更大范围的智能环境创造了良好的基础。

上下文感知是提高计算智能性的重要途径,上下文感知是指计算系统运行环境中的一组状态或变量,其中的某些状态和变量可以直接改变系统的行为,而另一些则可能引起用户兴趣从而通过用户影响系统行为。上下文感知计算是指系统自动地对上下文、上下文变化以及上下文历史进行感知和应用,并根据它调整自身的行为。任何可能对系统行为产生影响的因素都属于上下文感知的范畴,包括用户的位置、状态和习惯、交互历史、设备的物理特征、环境温度、光强、交通、周围人等各种状态。

11.4 MPEG-21标准现实技术

面对网络与多媒体日益广泛的应用，人们对媒体信息的消费需求不断增强，统一的国际标准是使多媒体信息和技术产品在全球范围内通用的必要基础。从MPEG系列标准的演进过程来看，MPEG系列标准的产生最初是出于人们实现多媒体通信的需求，多媒体数据的有效压缩和适当处理成为该领域的关键问题。MPEG-1和MPEG-2提供了压缩视频音频的编码表示方式，为VCD、DVD、数字电视等产业的发展打下了基础。MPEG-4通过本身的特性将音视频业务延伸到了更多的领域。其特性包括可扩展的码率范围，可分级性、差错复原功能、在同一场景中对不同类型对象的无缝合成，实现内容的交互等。MPEG-4采用了基于对象的编码方法，使压缩比和编码效率得到了显著的提高。继MPEG-4之后，视频压缩标准要解决的问题是对日渐庞大的图像、声音信息的有效管理和迅速搜索，针对该问题MPEG提出了解决方案——MPEG-7，它采用标准化技术对多媒体内容进行描述和检索。随着MPEG-7的出现，在互操作方式下用户与网络之间方便地交换多媒体信息成为现实。然而，新的发展带来了新的市场需求，新的市场必然带来新的问题。主要表现为：如何获取数字视频、音频以及合成图形等“数字商品”，如何保护多媒体内容的知识产权，如何为用户提供透明的媒体信息服务，如何检索内容，如何保证服务质量等。此外，有许多数字媒体(图片、音乐等)是由用户个人生成、使用的。这些“内容供应者”同商业内容供应商一样关心相同的事情，如内容的管理和重定位、各种权利的保护、非授权存取和修改的保护、商业机密与个人隐私的保护等。目前虽然建立了传输和数字媒体消费的基础结构并确定了与此相关的诸多要素，但这些要素、规范之间还没有一个明确的关系描述方法，迫切需要一种结构或框架保证数字媒体消费的简单性，并很好地处理“数字类消费”中诸要素之间的关系。MPEG-21就是在这种情况下提出的。

制定MPEG-21标准的目的主要有如下两个。

(1) 将不同的协议、标准、技术等有机地融合在一起。

(2) 制定新的标准。

MPEG-21的重点是为从多媒体内容发布到消费所涉及的所有标准建立一个基础体系，支持连接全球网络的各种设备透明地访问各种多媒体资源。目前，MPEG系列国际标准已经成为影响最大的多媒体技术标准，对数字电视、视听消费电子产品、多媒体通信产业产生了深远影响。

MPEG-21规范主要基于两个基本概念：分布和处理基本单元DI(the Digital Item)以及DI与用户间的互操作。MPEG-21也可表述为：以一种高效、透明和可互操作的方式支持用户交换、接入、使用，甚至操作DI的技术。

(1) DI。DI是MPEG-21框架中一个具有标准表示、身份认证和相关元数据的数字对象。这个实体是框架中分布和处理的基本单元。为定义DI，MPEG-21描述了一系列抽象术语和概念以形成一个实用的模型。这些模型的目的是尽可能地灵活和通用，同时提供尽可能多的功能。

(2) 用户。在MPEG-21中，用户是指与MPEG-21进行环境交互或者使用DI的任何实体。这些用户包括个人、消费者、社团、组织、公司和政府部门。从单纯技术的角度来说，

MPEG-1 认为“内容提供商”和“使用者”(Consumer)之间没有区别——他们都是用户。一个单独的实体可以几种方式使用网络的内容，同时所有这些与 MPEG-21 交互的实体都被平等对待。然而，一个用户可以根据与之交互的其他用户的不同来承担特定的角色，发挥不同的作用。在最基本的层次上，MPEG-21 可以被看成是提供用户间交互的一个框架。

1. 当前 MPEG-21 规范介绍

第一部分：景象、技术和策略(Vision，Technologies and Strategy)。MPEG-21 的第一部分在 2001 年 9 月正式被批准。它主要提供了框架的定义并介绍了用户和 DI 的概念。

第一部分的题目“景象、技术和策略”。用于反映该技术标准的根本目的。

为多媒体框架定义“景象”，使得在大范围内针对不同的终端和网络实现透明传输和对多媒体资源更充分的利用，以满足所有用户的要求。实现器件和标准间的集成，以达到 DI 的产生、管理、传输、控制、分布和使用技术之间的协调一致。制定策略，通过定义好的规范和标准，满足不同用户的需求。

第二部分：DID(Digital Item Declaration)。DID 包括视频、音频、文本和图形等媒体源。对于所有 MPEG-21 系统来说，DID 的确切含义是很重要的；但要想为 DID 定义一个精确的定义，同时满足如此众多的文件格式的要求，是十分困难的。

第三部分：DII(Digital Item Identification)。DII 以标准化的形式来描述特定地点中与之相关的 DI、容器、器件和片断等。在 MPEG-21 的框架中，DI 通过将统一的源标识符(Uniform Resource Identifiers，URI)压缩成标识元素来进行区分。

第四部分：IPMP(Intellectual Property Management and Protection)。MPEG-21 的第四部分为 IPMP 定义了一个互操作的框架。此部分包括从远程位置重新获得 IPMP 工具以及在 IPMP 工具之间、IPMP 和终端之间交换信息的标准方法。它提出了 IPMP 工具的认证，同时实现了权力数据字典(Rights Data Dictionary)和权力表达语言(Rights Expression Language)二者的集成。

第五部分：REL(Rights Expression Language)。MPEG-21 的 REL 是一种机器解释语言，可以提供灵活互操作的机制。它同时支持接入的规范和对数字内容的使用控制。REL 也为个人数据提供灵活的互操作机制，满足个人的要求，保证个人的权益。

第六部分：RDD(Rights Data Dictionary)。MPEG-21 的 RDD 是一个关键术语的字典，其中存放了描述那些控制 DI 的用户的不同权力。它包含一系列清晰、连贯、结构化和集成的术语，用来支持 MPEG-21 的 REL。RDD 规定了字典的结构和核心，同时也规定了如何在注册授权的管理之下进一步定义术语。

为了能在 REL 中使用，RDD 提供了术语的定义。同时，RDD 系统支持元数据从一个命名空间到另一个命名空间的映射和转换，这种变换是基于自动或部分自动方式的，而且语义集成的不确定性和损耗最小。

2. UMA 背景下的 MPEG-1

UMA 负责在不同的网络环境、用户特性和终端设备能力下实现媒体源的传输。UMA 的最初目的就是使具有有限通信、处理、存储和显示能力的终端能够使用到更为丰富的多媒体资源。UMA 提出了接入相同媒体源提供商的有线和无线系统解决方案。UMA 的应用与下一代移动和无线系统相匹配，这在3G移动系统(IMT 2000/UMTS)和3GPP(the Third Generation Project Partnership)的发展中可以看到。UMA在3G系统的业务推动之下得到迅速发展，原因在于UMA可以使用户从中受益。显然，只有不同终端和网络媒体源的接入和分布是相关的，UMA和MPEG-21才可能匹配。而要同时满足UMA和IPMP要求的途径就是使用MPEG-21多媒体框架中的DI。但是，为了达到这些目标，DI必须与实际使用的环境和媒体源(包括内容格式和源的灵活性描述等)相适应。在UMA中，影响流媒体的主要有以下5个因素：内容的可用性、终端的能力、网络性能、用户特性和用户的自然环境。

考虑到流媒体的特点，MPEG在2002年3月提出了MPEG-21的第七部分。

第七部分：DIA(Digital Item Adaptation)。DIA的核心概念是DI要同时受到源适应机(Resource Adaptation Engine)以及描述符适应机(Descriptor Adaptation Engine)的支配。源适应机和描述符适应机共同产生DI，另外还要强调，适应机本身是DIA的非标准化工具。但是，描述(Descriptions)和独立于格式的机制提供源适应、描述符适应和QoS管理等的DIA支持，这些都是标准化的。

1) 不同环境中特定的DIA要求

DIA要求支持不同的环境，同时，强调能表述DI环境的特性。另外，MPEG-21还应该支持以下内容。

(1) 包括终端、网络、传输等在内的环境能力。

(2) 包括器件类型和软件、硬件、系统等在内的终端。

(3) 包括时延、纠错和带宽等在内的网络能力。

(4) 包括位置、用户和终端速率在内的自然环境能力。

(5) 包括用户权限和业务类型在内的业务能力。

(6) 包括不同类型环境之间相关性在内的互操作能力。

2) 媒体源适应性上特定的DIA要求

DIA对于包括内容表述格式和源灵活性描述在内的媒体源的适应性提出了特殊要求。而且，MPEG-21要支持以下内容。

(1) 格式化的表述要独立于实际内容表述。

(2) 内容的表述格式可以升级。

(3) 表述应该独立于格式并能自动从源中取出，相反地，表述应该允许以一个独立于格式的方式产生媒体源。

(4) 根据重要性和相关进程的灵活性描述元数据。

3) 其他DIA要求

DIA也提出了对于使用和处理DIA，并产生影响的其他一些系统要求。

(1) MPEG-21应该支持这样一种机制：允许系统处理表述和与之相适应的媒体源特性之间的关系，基于此还能在不同的特性之间实现均衡。

(2) MPEG-21应该支持IPMP系统和与之相关的权力描述，这使它能控制DI允许的适应性类型。

(3) MPEG-21提供了一种以高效、透明和可互操作的方式，在用户间实现交换、接入、消费、贸易和控制DI的解决方案。

而且，对于 UMA、MPEG-21 包含了对 DI 适应的技术，这使 UMA 可以与服务器、网络和终端处的媒体源相适应。

11.5 信息高速公路及其影响

11.5.1 概述

早在 1955 年，美国国会议员阿尔伯特·戈尔就曾提出“洲际高速公路”议案，计划建立七万多千米连通美国各州的高速公路。提案获得了议会通过，有力地促进了美国经济繁荣和社会发展。1991 年，另一位美国国会议员、第 45 任副总统小阿尔伯特·阿诺德·戈尔在美国科学与电视艺术研究院的一次讲演中，首次提出“信息高速公路”的概念。他主张把全美国所有公用的信息库及信息网络连接在一起，形成一个全国性的大网络，再把大网络接到作为用户的所有机构和家庭，使人们利用、传递信息更加方便。美国前总统克林顿在 1993 年 2 月发表的题为“促进美国经济增长的技术与经济发展新方向”的《国情咨文》中正式援用“信息高速公路”这一概念。美国政府给“信息高速公路”的定义是：“一个能给用户提供大量信息的，由通信网络、计算机、数据库以及日用电子产品组成的完备网络。它能使所有美国人享用信息，并在任何时间和地点，通过声音、数据、图像或文表相互传递信息。”也就是在美国的政府、研究机构、大学、企业以及家庭之间，利用先进的计算机、通信和视频技术，建立可以交流各种信息的大容量、高速率的通信网络，向用户更有效地提供大量而及时的信息。

由此可见，“信息高速公路”指的不是跑汽车的公路，而是一条跑信息的公路，简单地说，就是以多媒体为车，以光纤为路，通过数字化大容量光纤通信网络，将全国乃至全球的政府机构、企业、大学、科研机构、图书馆、医院和家庭连接起来，以交互式方式快速传递数据、文字、图像和声音的高信息流量的信息网络。利用远距离的银行业务、教学、信息检索、购物、纳税、电子邮件、电视会议、点播电影、医疗诊断等使每个人都连在一起。在美国，信息高速公路的正式名称是“全国性信息基础设施”(National Information Infrastructure，NII)。

自从 1993 年 9 月美国提出 NII 计划以来，在全球引发了一个“电磁波”式的振荡，一个全球化互联网络运动蓬勃兴起。加拿大、英国、法国、日本、欧共体等发达国家和地区先后宣布了雄心勃勃的实现信息高速公路计划；新加坡宣布要建立智能岛；韩国也成为要建成通往信息高速公路的第一批国家。根据西方七国政府首脑会议决定，1995 年 2 月 25…26 日由欧洲委员会负责组织召开了“七国信息社会部长级会议”，专门讨论实现全球信息社会宏伟计划的有关问题，会议取得圆满成功。一致表示：“决心合作促进全球信息社会的发展。”我国政府亦采取积极对策，1995 年 12 月在清华大学正式建成中国科技教育网 CERNET 并与 Internet 联网，及时提出代号为 CHINA 的《中国人的高速信息网络行动计划》。经过 10 年的发展，我国民用 Internet 网的网民总数已经达到 1 亿，名列亚洲第一、世界第二，仅次于美国。然而，Internet 网在我国的发展极不平衡，到目前为止仍然主要集中在城市。虽然大城市的网民比例已经达到或接近 50%左右，但在小城市，尤其是农村的 Internet 网使用则远没有普及。令人瞩目的是，Internet 网作为新型信息传播技术，正在改变传统媒体的作用和人们日常交流的方式，在一定程度上也正开始改变政府和民众交往的方式。Internet 网作为一种开放的技术，正对我国相对封闭的传统、文化和体制产生深刻的影响。

11.5.2 信息高速公路对社会的影响

信息高速公路是一场跨越时空的新的信息网络革命,它比历史上的任何一次技术革命对社会、经济、政治、文化等带来的冲击更为巨大,它将改变人们的生产方式、生活方式和工作方式以及治理国家的方式。

1. 信息高速公路改变了社会物质生产方式,加速社会产业结构的更大规模变革

人类社会的生产方式基本上是劳动者通过劳动工具改变劳动对象的物质形态,生产出满足人类生产和生活需要的产品和商品。从古代经过近代到现代,这已经发生了很大变化。近代,由于蒸汽机的发明和应用,使劳动者作用于劳动对象的生产方式发生了变革,在生产工具中增加了新的成分,即动力机、传动机和工作机。由此而引起了许多人所共知的新兴产业的产生,引起了社会生产结构的巨大变革,使人类社会由农业社会进入了工业社会。到20世纪中叶,由于计算机与自动控制技术的产生和发展,特别是20世纪90年代出现的信息高速公路的普遍应用,使劳动者作用于劳动对象的生产工具中增加了新的成分——信息化、智能化、网络化的计算机控制系统,即它是与信息高速公路互联的信息控制机。作为新的生产工具,它大大提高了劳动生产率,由此必然要引起社会产业结构的更巨大的变革,促使社会生产方式发生根本变化和人类社会的不断发展。

2. 信息高速公路促使社会经济形态由物质型向信息型更快转变

在人类社会发展的长河中,人类最先认识和开发的重点是物质材料,人类社会的进步,始终取决于人对物质材料的认识和利用程度,是它决定了人类社会由原始社会向奴隶社会再向封建社会的过渡。在古代这三种社会形态基本上属于农业社会,主要产品是农产品,它的社会经济形态是物质型经济。到了近代,由于蒸汽机以及后来的电机等动力机械的发明和应用,使人类社会走进了工业社会,其主要产品是工业品,人类认识和开发的重点转向了能量、动力,并使能量与物质资源很好地结合起来,但其经济形态仍然是物质型。只有到20世纪中叶,人类才对信息的认识有了很大提高,特别是计算机的发明应用和开始深入的开发信息资源,并利用信息资源与物质、能量资源相结合,创造出各种智能化、信息化、网络化的信息控制生产工具。信息控制生产工具与动力机械工具相结合形成了具有强大生产能力的复合生产工具,并生产出越来越多的信息产品和工业产品,而在工业产品中则占有越来越多的信息成分。目前,社会经济形态正从物质型向信息型转变。

3. 信息高速公路必将引起的变革

众所周知,信息是继材料和能源之后的第三大资源,是人类物质文明与精神文明赖以发展的三大支柱之一。相应于这三大资源的基础设施是运输物质、人员的交通运输网络和输送能量的电力传输网络。科技史证明交通运输网络和电力网络的产生和发展,都与当时材料和能源的技术革命分不开,这些变革极大地推动了人类社会的发展,改变了人们的生产和生活方式及思想观念,亦引起了管理行为、管理思想、管理方式、管理方法以及管理组织和理论的相应变革。没有蒸汽机的发明和应用就没有近代的交通事业和交通网络;没有内燃机的发明和应用就没有现代的高速公路网络和空中交通网络;没有电力革命就没有电力事业

和电力运输网络的产业和发展，管理科学的产生和发展与技术革命息息相关，从科学技术革命的观点来看，最早亚当·斯密等人的管理思想产生是与近代第一次技术革命分不开的；没有电气技术的发展就没有泰勒的科学管理理论；没有第二次世界大战后的现代科学技术革命就不会有组织理论、行为科学、系统管理等管理科学的产生和发展。同理，没有当今信息技术（电子计算机和通信技术）的产生和应用，就不可能有信息高速公路的产生。据此，我们可以推断，在当代信息处理自动化、信息服务网络化、信息应用全民化的发展浪潮中，亦将会产生出新的管理方式、管理方法和管理理论。如果说以往的技术革命中心任务是解放人的体力，其管理理论着重探讨如何充分有效开发利用材料和能源资源，而今天的新技术革命的中心任务是解放人的脑力，扩大人的智力。那么今天我们的管理理论应着重探讨如何充分有效地开发、利用信息资源，并借助信息技术更好地开发利用材料和能源的资源，及由此引起的管理行为、管理思想、管理方式、管理方法以及管理组织和理论的变革。

国外已出版了信息经济学与经济信息论、信息经济的定义及其创造、传播等新的经济管理专著，国内学者亦正组织出版《信息资源管理》丛书。1985 年管理信息系统已正式成为一门运用信息技术于经济管理的边缘学科，并普遍应用于宏观与微观管理之中。全国正在积极推进金桥、金卡、金关三金工程，目前各部门正在进行专业部门局域网的建设，以适应信息化管理的需要。如国家经贸委的“金企”工程，石化总公司的石油广域网、民航总公司的旅客服务系统网络中的 Intranet 网为加入全球的 Internet 网做好了技术上的准备。我国许多大型国企为适应 Internet 网发展的新形势，以便能在国际上开展卓有成效的竞争，已在公司内部建立了 Intranet 网并与国际联网，并在网络平台上实现了信息管理。这些管理信息系统的应用，已使管理面貌为之一新。

近年来，在一些国家企业之间借助于 Internet 网连接成的相互的信息通信网络系统叫做 CALS(Commerce At Light Speed)。原来的 CALS 是 1985 年美国国防部为了有效地采购运送军事物资的信息系统的名称缩写。CALS 推广到企业界后，其内涵也随之变化，现在所说的 CALS 表示生产、采购及运用支援、综合信息系统。CALS 利用信息通信技术的发展和标准化，通过产品的设计、零件的采购及维护等，以便更有效地进行生产，以达到减少生产经费、提高产品质量的目的，CALS 愈来愈引起人们的重视，并耗巨资研究开发。

多个企业为了同一目的和目标，通过 Internet 网集合在一起的信息通信系统，形成一个虚拟企业，像一个企业一样进行设计、采购、制造、交货、运行，甚至付款结算均可通过网络实施。

4. 信息高速公路使科研教育方式发生了根本性转变

一个需要解决的问题是一切科研工作的起点，选题准确与否决定了科研工作的成败与成效。要使选题准确、得当，具有科学性、创造性、可行性，符合科学发展和社会需要，必须要有准确的、大量的信息。一旦选题确定后，就应针对问题，运用各种手段（包括实验、观察）从现有信息库中或通过通信系统等方式收集所需的资料，进行信息存储与整理加工、处理，形成科学概念、原理和理论，然后将这种认识的结果以信息的形式输出，通过实践活动与物质世界相互作用，与他人进行交流，以科研成果的论文等形式存入人类信息库（如以图书等形式），作为人类的共同财富，或与他人进行直接的交流，这时物质世界可能又有新的现象，提出新的问题，需要人们再认识。信息高速公路使上述科研活动的方式发生了质的变化，它在信息传递的各个阶段都可利用信息高速公路和多媒体等信息技术,大大加快了信息的获取、存储、加工处理、传递的渠道速率和容量,加速了科学研究的进程,提高了质量和成功率,扩大了科学研究的范围和方便了科学家交流、协同合作研究。科学家可以通过信息高速公路、电子信箱(E-mail)随时通信,进行信息联系,可以通过多媒体电视会议把分布于各大洲、各地区不同职业的人员聚在一起开会,犹如真的共聚一堂,既闻其声又见其人,频繁地交流学术成果,大大提高了工作效率,而且可以方便地进行合作,共同担负一个课题,就像在一个单位工作一样方便。对此,不仅在国外可以做到,而且在我国也做到了。1995 年 8 月中旬,由中国科学院高能物理所主持召开的第 17 届国际轻光子相互作用大会,从准备工作到大会进行的全过程以及与全世界有关单位的联系、进行电视会议,面对面地相见,都是利用 Internet 网实现的。另外,还可以提供电子公告、自由论坛、信息研讨等。科研人员还可以运用 Internet 网上的远程登录(Telnet)功能,实时启用远在天边的远程计算机对外开放全部资源。如输入数据、进行情报检索或运行该机上的程序等。当主机上没有某些服务,或所需要服务不能满足时,通过 Telnet 就能从其他主机上获得这些服务。还可以运用文件传送服务系统(FTP),将网中某一主机上的文件送到所希望的主机上去。Internet 网上有丰富的信息资源、多媒体信息服务,如目前的环球互联网络(World Wide Web,WWW)可以为用户提供当天新闻、当前科研成果,以及其他所需的信息。它可以将 Internet 网上位于世界不同地点的相关信息,有机地组织起来,如何查询以及到什么地方查询则全由 WWW 自动完成。WWW 除了能浏览文本信息外,还可以通过相应的软件 Masaic 或 Netscape 来显示文本所附带的图像、影视和声音等信息。甚至可以查到图书馆中找不到的资料。

信息高速公路对教育方式的变革亦有极大的推动,Internet 网作为全球信息网络改变了信息传送的方式,加快了传递速度,为广大教师、学生以及科研人员提供了一个全新的网络计算机环境,从根本上改变并促进了他们之间的信息交流、资源共享、科学计算和科研合作。进入 20 世纪 80 年代以后,世界上几乎所有发达国家都相继建成了国家级的教育和科研计算机网络,并相互连成覆盖全球的国际性计算机网络,成为这些国家教育和科研工作的最主要的基础设施,从而促进了这些国家的教育和科研事业的迅速发展。1995 年 12 月,我国教育科研计算机网 CERNET 示范工程的建立,使中国大部分高等院校的教师、研究生和科研人员在全国和全世界的计算机网络环境下进行学习和开展科研工作,极大地提高了教学质量和科研水平,成为中国高等学校进入世界科技领域的快捷方便的入口和科学研究的重要基础设施,培养出面向世界、面向未来的高层次人才。这个网络可为用户提供丰富的网络应用资源。包括国内外通达的电子邮件服务、提供查询网络用户信息的网络目录服务、文件访问和共享服务;图书科技情报查询服务;具有丰富的学科信息资源的电子新闻服务;能够帮助用户查询、获取并组织信息的信息发现服务;远程高速信息服务和计算机服务;远程计算机教育;远程计算机协同工作;教育和科研管理信息服务等。总之,它的建成不仅可以大大促进我国教育科研事业的发展,而且可以缩小与发达国家的差距,使我国在 21 世纪的竞争中处于较主动的地位。

目前,美国、日本等发达国家正在采取更为积极的措施,加大投入扩大 Internet 网的应用,促进中、小学教育的发展和变革。Internet 网的应用必将引起教育观、学习能力观点的变革。未来的教育应培养有创造力、有个性、善于思考、有丰富表现力、能提出问题、具有创造性、提出解决问题的办法的人才。这种由过去被动型变为主动型的教育观的变革应引起高度重视。

5. 信息高速公路开创了信息网络文化新时代

人们对文化的理解有两种：狭义地理解文化是指人的精神生活方式，如知识、哲学、思想、文学艺术、道德和宗教等意识形态现象，广义地理解文化是指人类文明所形成的生活方式或生存方式，包括人类的物质文明和精神文明方式。从广义上说，存在3种不同的人类文化，即物质文化、行为文化和意识文化。意识文化是人的意志活动的成果，表现为经验、科学知识、文艺、社会心理等；行为文化是人的行为活动本身的文化；而物质文化则是人的物质活动的成果，表现为各种生产资料和生活用品等。自古以来，人类已经历了采集文化、农业文化、工业文化3个历史阶段，这些都属于物质文化。

20世纪50年代以来随着信息技术的产生和20世纪90年代信息高速公路、信息网络技术的发展，人们运用信息网络技术与自然界沟通和调节自然界运动；运用它实现人与人的信息沟通并调节人类社会活动。不仅根本改变了人类的物质生产方式，而且极大地改变了人们的精神生活方式。马克思、培根、拿破仑等伟人曾高度评价历史上印刷术的发明对人类社会进程的革命性功绩，今天的电子出版物和信息、网络技术的产生，亦必将对社会变革起到更大的推动作用，信息网络技术将会重建当代的社会结构。

今天的信息技术和信息网络技术已创造了许多意想不到的奇迹，它实现了信息的获取、加工处理、传输等的重大变革。它实现了"六无"革命，即无纸邮政、无纸贸易、无纸货币、无纸会议、无纸报刊、无纸书籍。它可以通过数字压缩技术把声音、图像、文字等保存在计算机资料库中，随时提供人们使用，并实现信息共享。多媒体数据库可以在任何时候、任何地点，通过任何网络向任何有接收装置的任何人输出。利用信息高速公路1s内可以传送1本大英百科全书，可以将美国国会图书馆拥有的1800万册图书，全部存储在20盘IBM 3850磁带或光盘中，并可借助卫星传输系统，在8小时内将整座国会图书馆"搬到"欧洲任何一个国家去。

参考文献

[1] 曹加恒，李晶．新一代多媒体技术与应用[M]．武汉：武汉大学出版社，2006.

[2] 肖金秀，蔡均涛．多媒体技术及应用[M]．北京：冶金工业出版社 2006.

[3] 潘卫东，黄金国．多媒体技术基础及应用[M]．南京：东南大学出版社，2003.

[4] 崔浩，袁可．多媒体技术基础与应用[M]．重庆：重庆大学出版社，2007.

[5] 李希文，赵小明．多媒体技术及应用[M]．北京：高等教育出版社，2003.

[6] 刘天惠．多媒体技术及应用[M]．沈阳：东北大学出版社，2002.

[7] 李大友．多媒体技术及其应用[M]．北京：清华大学出版社，2001.

[8] 张晓燕．多媒体通信技术[M]．北京：北京邮电大学出版社，2009.

[9] 孙学康．多媒体通信技术[M]．北京：北京邮电大学出版社，2006.

[10] 李小平，曲大成．多媒体网络通信[M]．北京：北京理工大学出版社，2001.

[11] 李立杰．多媒体及其通信技术[M]．北京：机械工业出版社，2002.

[12] 雷虎．多媒体技术基础[M]．北京：冶金工业出版社，2008.

[13] 朱范德．多媒体技术概论[M]．南京：东南大学出版社，2006.

[14] 张晓燕，刘振霞，马志强．网络多媒体技术[M]．西安：西安电子科技大学出版社，2009.

[15] 罗洪涛．中文 Photoshop CS3 图像处理教程[M]．西安：西北工业大学出版社，2007.

[16] 刘广瑞，张瑜．新编中文 Photoshop CS3 实用教程[M]．西安：西北工业大学出版社，2008.

[17] 胡晓峰，吴玲达，老松杨．多媒体技术教程[M]．北京：人民邮电出版社，2009.

[18] 叶华．Adobe Photoshop CS3 平面设计案例实训[M]．北京：科学出版社，2007.

[19] 雷波．Photoshop CS3 中文版标准教程[M]．北京：科学出版社，2007.

[20] 李杰红．中文 Photoshop CS3 基础与案例教程[M]．西安：西北工业大学出版社，2008.

[21] 吴玲达，老松杨，魏迎梅．多媒体技术[M]．第 2 版．北京：电子工业出版社，2009.

[22] 袁晶，廖浩得．平面设计标准教程[M]．西安：西北工业大学出版社，2009.

[23] 袁晶，王璞．中文 Flash CS3 从入门到精通[M]．西安：西北工业大学出版社，2009.

[24] 赵英杰．中文版 Flash CS3 动画制作宝典[M]．北京：海洋出版社，2009.

[25] 刘鹰，李琳．中文 Flash CS3 基础与案例教程[M]．西安：西北工业大学出版社，2008.

[26] 王璞．中文版 Flash CS3 动画制作教程[M]．西安：西北工业大学出版社，2008.

[27] 吴万明，叶巍峨．Flash CS3 基础与实例教程[M]．重庆：重庆大学出版社，2009.